国防科技图书出版基金

弹箭飞行试验与气动参数辨识

Flight Test and Aerodynamic
Coefficients Identification of Projectiles

刘世平　等著

国防工业出版社
·北京·

图书在版编目（CIP）数据

弹箭飞行试验与气动参数辨识/刘世平等著. —北京：国防工业出版社，2023.3
ISBN 978-7-118-12826-0

Ⅰ. ①弹… Ⅱ. ①刘… Ⅲ. ①导弹飞行力学-研究 Ⅳ. ①TJ760.12

中国国家版本馆 CIP 数据核字（2023）第 057177 号

※

国防工业出版社出版发行
（北京市海淀区紫竹院南路 23 号 邮政编码 100048）
北京龙世杰印刷有限公司印刷
新华书店经售

*

开本 710×1000 1/16 插页 1 印张 25¾ 字数 448 千字
2023 年 3 月第 1 版第 1 次印刷 印数 1—1500 册 定价 189.00 元

（本书如有印装错误，我社负责调换）

| 国防书店：(010) 88540777 | 书店传真：(010) 88540776 |
| 发行业务：(010) 88540717 | 发行传真：(010) 88540762 |

致 读 者

本书由中央军委装备发展部**国防科技图书出版基金**资助出版。

为了促进国防科技和武器装备发展，加强社会主义物质文明和精神文明建设，培养优秀科技人才，确保国防科技优秀图书的出版，原国防科工委于1988年初决定每年拨出专款，设立国防科技图书出版基金，成立评审委员会，扶持、审定出版国防科技优秀图书。这是一项具有深远意义的创举。

国防科技图书出版基金资助的对象是：

1. 在国防科学技术领域中，学术水平高，内容有创见，在学科上居领先地位的基础科学理论图书；在工程技术理论方面有突破的应用科学专著。

2. 学术思想新颖，内容具体、实用，对国防科技和武器装备发展具有较大推动作用的专著；密切结合国防现代化和武器装备现代化需要的高新技术内容的专著。

3. 有重要发展前景和有重大开拓使用价值，密切结合国防现代化和武器装备现代化需要的新工艺、新材料内容的专著。

4. 填补目前我国科技领域空白并具有军事应用前景的薄弱学科和边缘学科的科技图书。

国防科技图书出版基金评审委员会在中央军委装备发展部的领导下开展工作，负责掌握出版基金的使用方向，评审受理的图书选题，决定资助的图书选题和资助金额，以及决定中断或取消资助等。经评审给予资助的图书，由国防工业出版社出版发行。

国防科技和武器装备发展已经取得了举世瞩目的成就，国防科技图书承担着记载和弘扬这些成就，积累和传播科技知识的使命。开展好评审工作，使有限的基金发挥出巨大的效能，需要不断摸索、认真总结和及时改进，更需要国防科技和武器装备建设战线广大科技工作者、专家、教授，以及社会各界朋友的热情支持。

让我们携起手来，为祖国昌盛、科技腾飞、出版繁荣而共同奋斗！

国防科技图书出版基金
评审委员会

国防科技图书出版基金
2019 年度评审委员会组成人员

主 任 委 员　吴有生

副主任委员　郝　刚

秘 书 长　郝　刚

副 秘 书 长　刘　华　袁荣亮

委　　　员　（按姓氏笔画排序）

于登云　王清贤　王群书　甘晓华　邢海鹰

刘　宏　孙秀冬　芮筱亭　杨　伟　杨德森

肖志力　何　友　初军田　张良培　陆　军

陈小前　房建成　赵万生　赵凤起　郭志强

唐志共　梅文华　康　锐　韩祖南　魏炳波

前　　言

　　武器系统方案论证、系统设计、技术鉴定、定型等环节都需要进行大量的外弹道工程计算，其中弹箭气动力系数是完成外弹道工程计算的关键参数。历史上，为了获取外弹道工程计算所需的弹箭气动参数等核心数据，人们发展了很多外弹道测试手段和试验技术，积累了大量的宝贵经验，并正在形成一个外弹道学的学科分支——弹箭试验飞行动力学。这一学科分支服务于武器系统的外弹道工程试验，它以现代的外弹道测试技术为基础，主要研究弹箭飞行试验及其动力学原理和数据处理方法。其中，外弹道测试技术主要包含以靶道技术为核心的平射试验测试技术、以雷达等外测设备为代表的现代外测技术、以弹载传感器技术为核心的全飞行过程的现代测试技术，以及与弹箭发射和飞行环境相关的测试技术。本书作为弹箭试验飞行动力学的核心书籍，以实验外弹道学的基本手段研究系统获取弹箭气动参数的方法，并侧重于研究弹箭飞行试验与气动参数辨识的原理和方法，以满足武器系统研制过程中对外弹道工程计算之需求。

　　随着现代战争对武器系统的射程、精度和威力等指标的要求越来越高，现代高新技术的应用使得武器系统在威力、射程、精度、反应速度、机动性等方面均有了显著进步。特别是战术武器系统中，远程精确打击的新型弹药研制发展迅猛，出现了底排弹、火箭增程弹、复合增程弹、弹道修正弹、简易控制火箭、制导火箭、末制导炮弹、炮射导弹、火箭助推远程滑翔增程弹等一批新型弹箭。由于它们的射程更远，对相关的外弹道计算精度要求越来越苛刻，而诸类新型弹箭的外弹道（或制导弹箭的方案弹道）计算质量在很大程度上都取决于它们的气动参数精度，因此也对确定弹箭系统气动力的方法提出了更高的要求。例如，弹道修正弹在受到脉冲火箭、阻力器或气动偏转等装置作用后，改变飞行轨迹，提高密集度；主动段简易控制火箭利用燃气流作用，产生控制力矩抵消干扰，抑制弹轴的摆动；被动段简易控制火箭通过控制机构调整飞行轨迹，提高落点密集度；滑翔增程弹箭采用火箭助推和滑翔飞行弹道控制技术，提高射程和命中精度。这些弹箭技术均存在新的弹道问题，需要发展相应的外弹道理论及计算方法，其中通过弹箭飞行试验辨识气动参数就是不可或缺的环节。此外还可以展望，如果通过系统辨识精准确定了现代弹箭的气动参数，可利用国家气象监测网的气象预报（模型）数据和实时测量的部分气象数据作为气象保障，结合校射雷达或校射弹获取实时的弹道数据，以科学的辨识方法建立与射击关联的外弹道气象修正模型，则可快速获取更加精准的射击诸元数据，这对提高我国炮兵的无控弹箭射击技术将具有重大意义。

按照外弹道计算模型与实际弹道相一致的要求，提高弹箭气动参数精度的最理想途径就是应用弹箭飞行动力学原理，通过一系列弹箭气动力射击试验，直接获取弹箭自由（或开环控制）飞行状态数据，以及与试验相关联的发射条件和飞行环境条件数据，采用科学的参数辨识方法，确定弹道计算模型中主要的气动力系数和弹道参数。这类方法在世界各国的实际外弹道工程中已得到广泛应用，特别是在对弹箭气动参数精度要求极高的火控模型及射表计算方面，普遍采用弹箭飞行试验来辨识气动参数及初值条件，以确定更加精准的外弹道计算模型。

近些年来，随着微机电测试、人造卫星导航、光电测控、信号采集与处理、计算机、信息融合处理、精密加工等新型技术的快速进步，在弹箭系统研制需求的强势推动下，相继发展出了一些新的外弹道测试方法和相应的飞行试验理论和技术，为本书增加了新的内涵。

本书内容在传统弹箭飞行试验方法的基础上，归纳总结了国内外兵器科学与技术在弹箭系统气动参数辨识方面研究的新成果、新技术，并按照火控系统及射表技术和新型弹箭发展的现实需求进行了实用化提升。为了保证内容的完整性和系统性，本书除保留个别经典实用的试验方法外，主要介绍现代飞行试验及其以计算机为基础的气动参数辨识方法，增加了现代弹箭气动力飞行试验组合与辨识计算流程设计。为了便于实际应用参考，在内容选取上以介绍弹箭飞行试验与气动参数辨识方法为主，特别在飞行试验与数据处理方面给出了一些示例，以方便火控弹道模型和射表编拟等相关科技工作者应用参考。为便于学习和查阅，本书在结构的安排上以分项基本试验及其气动参数辨识方法研究为主，扩展了非线性气动参数的辨识方法和近些年研究的组合试验理论与辨识流程设计方法，有针对性地将其融入弹箭飞行试验组合和气动参数辨识流程设计的内容中。

全书共分 12 章，其中：第 1 章介绍系统辨识及本书相关的名词术语的定义和概念、弹箭自由飞行试验与气动辨识的基本原理，以及国内外射表试验与弹箭气动参数辨识现状；第 2、3、4 章分别介绍弹箭气动参数辨识的数学方法、采用的外弹道学模型和气象诸元数据处理的基本理论和方法，它们是弹箭气动参数辨识的基础；第 5 章介绍弹箭气动力飞行试验的发展现状和技术特点，以及弹箭飞行试验的几种基本类型，它们建立在现代外弹道测试技术上，并成为组合试验的基础；第 6、7 章分别介绍弹箭平射试验方法与气动参数辨识技术，其中包含各种气动力平射试验原理及方法，以及弹箭飞行初速、气动力和力矩参数的辨识方法；第 8 章介绍从弹箭全弹道飞行速度数据提取阻力系数的辨识方法；第 9、10 章分别介绍旋转稳定弹箭和尾翼稳定弹箭的转速试验与旋转阻尼力矩和导转力矩系数的辨识方法，以及用高、低速旋转弹箭飞行姿态的不同遥测数据提取气动参数的辨识方法，其中前者为转速试验及其旋转力矩参数辨识的专题篇，后者是弹载测姿数据辨识气动参数的专题篇；第 11 章为弹箭飞行轨迹数据辨识弹箭气动参数的方法，介绍以各种弹道方程为数学模型，从弹箭飞行弹道轨迹坐标数据提取升力和马格努斯力系数的辨识方法；第 12 章主要介绍基本类型飞行试验的各种组合，以及相应的气动参数辨识计算流程，作为组合试验的气动参数辨识的一种新的尝试。

由于火炮和火箭炮、炮弹、火箭弹与航空炸弹、引信、雷达、火控、制导和导航、靶场试验与弹箭飞行控制等与武器系统有关的专业，在不同程度上都需要了解弹箭飞行试验与气动辨识方面的知识，因此本书可以作为相关专业技术人员、机关人员、军队人员的参考用书，也可用于弹道专业和上述相关专业的高年级本科生、研究生的教学和学习参考。

本书由刘世平研究员主笔，管军博士后（江苏科技大学讲师）参与了第 2、4、8、11 章的部分内容的撰写，常思江副研究员参与撰写了第 3、9、11 章的部分内容，李岩副研究员、马国梁副研究员参与了第 5、10 章部分内容的撰写。管军博士后、常思江副研究员、宋永杰硕士等编制了计算机程序进行实例计算和结果验证。易文俊研究员自始至终参与了本书内容的研究工作，并提供了靶道试验的实际算例。

全书的基本内容取自作者从事弹箭飞行试验与数据处理工作及技术研究近 40 年的经验积累和技术总结。写作此书的目的是与同行共享和传承这些技术，共同提高弹箭试验飞行动力学的整体水平，并服务于国防现代化。希望本书的出版能够充实和丰富弹箭试验飞行动力学的内涵，进一步促进行业整体水平的发展和提高。在本书的撰写过程中，作者参考了国内外部分专家、学者、工程技术人员的著作、论文和相关的技术资料，在此谨向这些同志表示衷心的感谢！

这里还要特别感谢陆军炮兵防空兵学院刘怡昕院士，他在武器系统运用方面的指导意见使得本书内容更加充实。此外，还要感谢国防科技图书出版基金评审委员会专家们对本书内容的评阅，他们的修改意见非常中肯，使得本书的体系和结构安排更加合理，内容表述更加科学、严谨。

由于作者水平所限，书中难免存在缺点和错误，作者乐于见到读者指出书中的错误和不足之处，并恳请批评指正。

刘世平
2023 年 1 月于南京理工大学

目 录

第1章 绪论 ······ 1

1.1 有关系统辨识的基础知识 ······ 1
    1.1.1 有关本书的一些名词术语的定义及概念 ······ 1
    1.1.2 系统辨识及其研究目的 ······ 5
    1.1.3 数学建模与系统辨识 ······ 6

1.2 弹箭气动参数辨识的基本内容 ······ 8
    1.2.1 获取弹箭气动参数的技术途径与应用关系 ······ 9
    1.2.2 弹箭飞行试验与气动参数辨识的研究内容 ······ 12

1.3 弹箭气动参数辨识与飞行试验的基本原理 ······ 14
    1.3.1 弹箭气动力飞行试验的基本原理 ······ 14
    1.3.2 弹箭气动参数辨识与飞行试验的关系 ······ 15

1.4 弹箭系统的气动参数辨识技术的发展历程 ······ 17
    1.4.1 弹箭系统的气动参数辨识技术的发展历程 ······ 17
    1.4.2 国内外射表试验与弹箭气动参数辨识现状 ······ 19

第2章 弹箭气动参数辨识的数学方法 ······ 21

2.1 最小二乘准则的辨识方法 ······ 21
    2.1.1 最小二乘准则 ······ 21
    2.1.2 线性最小二乘法 ······ 23
    2.1.3 显函数模型的最小二乘法 ······ 26
    2.1.4 Chapman-Kirk（C-K）方法 ······ 27
    2.1.5 最小二乘原理辨识方法的误差估计 ······ 32

2.2 最大似然法 ······ 32
    2.2.1 最大似然准则 ······ 33
    2.2.2 牛顿-拉夫逊方法 ······ 35
    2.2.3 输出误差的参数估计方法 ······ 37

2.3 智能优化辨识方法 ······ 38
    2.3.1 遗传优化算法 ······ 39
        2.3.1.1 遗传算法的原理及特点 ······ 39
        2.3.1.2 遗传算法的操作过程 ······ 42

2.3.1.3 二进制编码遗传算法计算目标函数极值的操作
过程 ·· 44
　　2.3.2 粒子群优化算法 ·· 45
　　　　2.3.2.1 粒子群算法的原理及运算流程 ················· 45
　　　　2.3.2.2 基于粒子群算法的目标函数优化 ··············· 48

第3章 弹箭气动参数辨识常用的弹道模型 ····························· 50
3.1 坐标系及坐标变换 ··· 50
　　3.1.1 地面坐标系、基准坐标系和弹道坐标系 ················ 50
　　3.1.2 弹轴坐标系 $O-\xi\eta\zeta$ 与弹体坐标系 $O-x_1y_1z_1$ ··············· 51
　　3.1.3 各方位角之间的关系 ···································· 54
3.2 作用于弹箭运动的力和力矩 ··································· 55
　　3.2.1 弹箭的气动外形与飞行稳定方式 ······················· 56
　　3.2.2 地球引力场和旋转对弹箭的作用力 ····················· 60
　　3.2.3 作用于弹箭的空气动力和力矩 ·························· 65
3.3 弹箭六自由度刚体弹道方程 ··································· 70
　　3.3.1 弹道坐标系上的弹箭质心运动方程 ····················· 71
　　3.3.2 弹轴坐标系上弹箭绕质心转动的动量矩方程 ··········· 72
　　3.3.3 弹箭六自由度刚体弹道方程 ····························· 73
3.4 描述平射试验弹体角运动的攻角方程 ·························· 78
　　3.4.1 复数平面上弹箭角运动的几何描述 ····················· 78
　　3.4.2 弹箭角运动方程 ··· 81
　　3.4.3 平射试验条件下的弹箭攻角方程 ······················· 84
3.5 平射试验中弹箭起始扰动产生的角运动规律 ·················· 86
　　3.5.1 平射试验条件下的攻角方程齐次解 ····················· 86
　　3.5.2 由起始扰动产生的弹轴运动规律 ······················· 87
3.6 旋转稳定弹箭的修正质点弹道方程 ···························· 90
　　3.6.1 动力平衡角 ·· 91
　　3.6.2 修正质点弹道方程的矢量形式 ·························· 93
　　3.6.3 修正质点弹道方程在地面坐标系中的表述 ············· 94
　　3.6.4 弹道坐标系中的修正质点弹道方程 ····················· 96
3.7 质点弹道方程 ·· 98

第4章 外弹道气象诸元数据处理方法 ································· 99
4.1 大气状态与气象诸元随高度分布规律 ·························· 99
　　4.1.1 描述大气状态的物理参数、空气状态方程 ············ 100
　　4.1.2 标准气象条件与气象诸元随高度的标准分布 ·········· 103

    4.1.2.1 国家标准大气（国际标准大气） …………… 103
    4.1.2.2 我国炮兵采用的标准气象条件 …………… 104
    4.1.2.3 气象诸元的标准分布数据计算方法 …………… 106
  4.2 实测气象诸元随高度分布数据的处理方法 …………… 109
   4.2.1 多站实测气象数据的气动参数辨识弹道计算分析 ………… 109
   4.2.2 弹箭气动力飞行试验对气象诸元的测试要求 …………… 111
   4.2.3 实测气象诸元随高度分布数据的处理方法 …………… 113
    4.2.3.1 气象诸元数据的分层格式化 …………… 114
    4.2.3.2 弹箭射击时刻的气象诸元数据的换算方法 …………… 116
   4.2.4 测点位置坐标变换及风速换算方法 …………… 121
   4.2.5 气象探测高度不足时的气象数据处理方法 …………… 124
  4.3 在气动参数辨识计算中的气象数据处理方法 …………… 124
   4.3.1 单站法 …………… 124
   4.3.2 多站气象数据在弹道计算中的应用方法 …………… 125

第 5 章 弹箭气动力飞行试验 …………… 128
  5.1 弹箭飞行试验与气动参数辨识技术的特点 …………… 128
  5.2 弹箭飞行试验与气动参数辨识的实施过程 …………… 133
  5.3 弹箭气动参数辨识与飞行试验方法设计 …………… 136
  5.4 弹箭气动力飞行试验方法的基本类型 …………… 139
   5.4.1 弹箭气动力平射试验（A 或 B 型试验） …………… 140
   5.4.2 弹箭气动力外测飞行试验（F 型试验） …………… 142
    5.4.2.1 弹箭零升阻力系数的辨识结果的散布规律分析 …… 142
    5.4.2.2 F 型试验（弹箭气动力外测飞行试验）的兼顾
       实施方法 …………… 145
   5.4.3 弹箭转速试验（C 或 C^* 型试验） …………… 146
   5.4.4 弹箭测姿传感器遥测试验（D 或 D^* 型与 E 或 E^* 型
     试验） …………… 147

第 6 章 弹箭飞行试验的初速与阻力系数辨识 …………… 149
  6.1 弹箭平射试验的初速换算方法 …………… 149
   6.1.1 弹箭初速测试原理及场地布置 …………… 149
   6.1.2 弹箭平射试验的初速换算方法 …………… 151
    6.1.2.1 无风时弹箭初速的换算方法 …………… 151
    6.1.2.2 有风时弹箭初速的换算方法 …………… 152
  6.2 弹箭阻力系数的平射试验方法 …………… 154
   6.2.1 多区截方法测阻力系数 …………… 154

6.2.2 从速度-距离数据辨识零升阻力和诱导阻力系数的
方法 ·· 157
6.3 多普勒雷达测速数据处理方法 ·· 160
6.3.1 初速雷达测速数据的修正换算方法 ·································· 160
6.3.2 初速雷达测速数据的初速辨识方法 ·································· 161
6.3.3 用初速雷达数据辨识弹箭的阻力系数 ································ 162
6.3.3.1 弹道直线段上弹箭速度-时间的函数关系
（数学模型） ··· 163
6.3.3.2 多项式拟合速度数据换算弹箭阻力系数的方法 ······ 164
6.3.3.3 线性最小二乘拟合速度数据的参数辨识方法 ········· 165

第7章 弹箭飞行姿态平射试验与气动参数辨识 ······························· 169
7.1 弹箭飞行姿态测试的平射试验 ··· 169
7.1.1 弹箭飞行姿态试验的场地布置 ·· 169
7.1.2 弹箭气动力平射试验实施方法 ·· 172
7.2 弹箭气动力平射试验的气动参数辨识方法及分类 ······················ 173
7.2.1 攻角纸靶测试弹箭飞行姿态角数据的预处理 ····················· 173
7.2.2 从平射试验数据辨识弹箭气动参数的方法分类 ·················· 174
7.3 弹箭飞行攻角数据换算气动参数的公式方法 ···························· 176
7.3.1 章动波长法测弹箭俯仰力矩系数 ····································· 176
7.3.2 弹箭平射试验测弹箭起始扰动的试验方法 ························ 179
7.4 弹箭平射试验数据处理的 Murphy 方法 ·································· 180
7.4.1 利用弹箭飞行姿态数据辨识气动参数的方法 ····················· 180
7.4.1.1 Murphy 方法的数学模型与试验原理 ··················· 180
7.4.1.2 从弹箭飞行姿态数据提取气动参数的辨识方法 ······ 182
7.4.1.3 姿态数据关于辨识参数的灵敏度计算方法 ············ 185
7.4.2 弹箭纸靶测试数据的 Murphy 方法应用示例 ····················· 186
7.4.2.1 纸靶试验与数据的判读与预处理 ························ 186
7.4.2.2 气动参数辨识计算流程与辨识结果 ····················· 187
7.4.2.3 纸靶试验确定的气动力矩曲线 ··························· 190
7.4.3 弹箭平射试验坐标数据的气动参数辨识方法 ····················· 191
7.4.3.1 弹箭飞行轨迹坐标数据的数学模型 ····················· 191
7.4.3.2 弹箭升力和马格努斯力系数导数的辨识方法 ········· 193
7.4.4 某榴弹模型靶道试验数据的 Murphy 方法应用示例 ··········· 194
7.5 弹箭靶道试验数据的非线性气动参数的最大似然辨识 ················ 198
7.5.1 最大似然法辨识气动参数采用的数学模型 ························ 198

  7.5.2 从靶道试验数据群辨识非线性气动参数的最大似然法 …… 201
  7.5.3 最大似然辨识处理方法采用的灵敏度方程 ……………… 204

第8章 从外测速度数据辨识弹箭阻力系数的方法 …………………… 207
 8.1 弹箭速度测试数据的预处理方法 …………………………………… 207
  8.1.1 弹道跟踪多普勒雷达测速数据的修正换算 …………… 207
  8.1.2 火箭助推炮弹速度数据分段及特征参数求取 ………… 209
  8.1.3 底部排气弹质量的计算 …………………………………… 212
 8.2 多项式模型辨识弹箭阻力系数的方法 …………………………… 214
  8.2.1 弹箭阻力系数换算模型 …………………………………… 214
  8.2.2 多项式分段拟合速度数据换算弹箭阻力系数 ………… 215
 8.3 弹道方程数值解分段拟合速度数据辨识阻力系数 ……………… 220
  8.3.1 弹箭阻力系数的分段辨识 ………………………………… 220
  8.3.2 质点弹道模型及灵敏度方程 ……………………………… 222
  8.3.3 修正质点弹道模型及灵敏度方程 ………………………… 224
    8.3.3.1 地面坐标系中的修正质点弹道模型及灵敏度
      方程 ……………………………………………… 224
    8.3.3.2 弹道坐标系中的修正质点弹道及灵敏度方程 … 226
  8.3.4 六自由度弹道模型及灵敏度方程 ………………………… 229
 8.4 六自由度弹道模型分段辨识阻力系数计算示例 ………………… 232
 8.5 弹箭阻力系数的样条函数辨识方法 ……………………………… 236
  8.5.1 弹箭阻力系数曲线的样条函数表示 ……………………… 238
  8.5.2 弹箭阻力系数的样条函数辨识 …………………………… 239
  8.5.3 质点弹道模型及灵敏度方程 ……………………………… 242
  8.5.4 修正质点弹道及灵敏度方程 ……………………………… 244
  8.5.5 六自由度弹道方程辨识弹箭阻力系数的灵敏度方程 … 247

第9章 弹箭转速试验与旋转力矩系数辨识方法 …………………… 251
 9.1 弹箭飞行转速方程 ………………………………………………… 251
 9.2 旋转稳定弹箭转速试验 …………………………………………… 252
 9.3 旋转稳定弹箭的极阻尼力矩系数辨识方法 ……………………… 254
  9.3.1 旋转稳定弹箭极阻尼力矩系数的辨识 ………………… 255
  9.3.2 辨识过程的灵敏度计算 …………………………………… 257
  9.3.3 旋转稳定弹箭极阻尼力矩系数的辨识计算示例 ……… 258
    9.3.3.1 辨识参数变换与计算程序验证 ………………… 258
    9.3.3.2 某转速试验数据群的气动辨识计算结果 …… 261
 9.4 尾翼弹平射试验与旋转力矩系数辨识 …………………………… 263

9.4.1 尾翼弹旋转力矩系数平射试验原理 ··············· 264
9.4.2 旋转力矩系数的辨识方法 ··············· 267
9.4.2.1 两次射击试验确定旋转力矩系数的辨识 ··············· 267
9.4.2.2 一次射击确定旋转力矩系数的试验与辨识 ··············· 268
9.5 尾翼弹转速仰射试验与气动参数辨识方法 ··············· 272
9.5.1 尾翼弹气动力仰射转速试验 ··············· 272
9.5.1.1 试验原理 ··············· 272
9.5.1.2 尾翼稳定弹箭的转速试验数据群 ··············· 273
9.5.2 从平衡转速数据辨识平衡转速系数 ··············· 274
9.5.2.1 目标函数与辨识参数 ··············· 274
9.5.2.2 平衡转速系数的辨识方法 ··············· 275
9.5.3 转速过渡过程数据辨识旋转力矩系数 ··············· 276
9.5.3.1 转速过渡过程的试验数据截取与初始转速的确定 ··············· 276
9.5.3.2 数学模型 ··············· 277
9.5.3.3 目标函数 ··············· 278
9.5.3.4 旋转力矩系数的辨识计算 ··············· 279
9.5.3.5 辨识方法中计算灵敏度的微分方程 ··············· 280

第10章 飞行姿态遥测数据的气动参数辨识方法 ··············· 283
10.1 太阳方位角测姿数据辨识气动参数的方法 ··············· 283
10.1.1 太阳方位角传感器测姿试验数据群与量测方程 ··············· 283
10.1.2 太阳方位角数据分段辨识气动参数的方法 ··············· 286
10.1.3 弹箭姿态运动的动力学模型及灵敏度方程 ··············· 288
10.2 三轴角速率数据辨识俯仰力矩校正系数的方法 ··············· 293
10.2.1 气动参数辨识的试验数据群结构 ··············· 293
10.2.2 三轴角速率试验数据辨识俯仰力矩校正系数的方法 ··············· 293
10.2.3 六自由度弹道模型校正系数辨识的灵敏度方程 ··············· 296
10.3 从三轴角速率分段数据辨识气动参数的方法 ··············· 300
10.3.1 角速率分段数据辨识气动力矩系数的方法 ··············· 300
10.3.2 六自由度弹道模型的角速率灵敏度方程 ··············· 303

第11章 从飞行轨迹数据辨识弹箭气动力系数的方法 ··············· 308
11.1 数据射角与射向角修正量的确定 ··············· 308
11.1.1 数据射角与射向角修正量的概念及定义 ··············· 309
11.1.2 数据射角与射向角修正量的辨识方法 ··············· 310
11.1.3 数据射角与射向角修正量辨识计算示例 ··············· 311

XIII

　　　　11.1.3.1　轨迹数据辨识射角和射向角修正量的数据段
　　　　　　　　选取 ··· 312
　　　　11.1.3.2　数据射角与射向角修正量的辨识结果 ············· 313
　11.2　升力和马格努斯力系数导数的分段辨识方法 ························ 315
　　11.2.1　升力和马格努斯力系数导数的分段辨识方法 ················ 316
　　11.2.2　修正质点弹道模型的灵敏度方程 ································· 318
　　　　11.2.2.1　地面坐标系中的弹道模型及灵敏度方程 ············· 318
　　　　11.2.2.2　弹道坐标系中的弹道模型及灵敏度方程 ············· 321
　11.3　升力系数导数的辨识方法及示例 ·· 323
　　11.3.1　马格努斯力辨识的困难与升力系数导数辨识方法 ········· 323
　　11.3.2　升力系数导数的辨识计算示例 ···································· 325
　　　　11.3.2.1　修正质点弹道的 $c_y'(Ma)$ 辨识程序的仿真验证 ··· 325
　　　　11.3.2.2　修正质点弹道模型升力系数导数的辨识计算 ······ 327
　11.4　升力系数导数的最大似然辨识方法 ····································· 329
　　11.4.1　测量信息对升力系数的灵敏度分析 ······························ 329
　　11.4.2　升力系数导数的最大似然分段辨识方法 ······················· 330
　　11.4.3　六自由度弹道模型的灵敏度方程 ································· 332
　　11.4.4　升力系数导数的最大似然分段辨识仿真 ······················· 335
　11.5　六自由度弹道模型的升力系数的校正方法 ··························· 336
　　11.5.1　六自由度弹道模型的升力系数校正方法 ······················· 336
　　11.5.2　六自由度弹道模型辨识计算灵敏度的微分方程 ············ 338

第12章　弹箭气动力组合试验与辨识计算流程 ···························· 341
　12.1　几种典型的弹箭气动力飞行试验组合方法 ··························· 341
　12.2　气动参数辨识方法与计算流程设计 ····································· 344
　12.3　采用转速试验数据的弹箭气动参数辨识流程 ······················· 346
　　12.3.1　弹箭气动力飞行试验组合二辨识流程 ··························· 346
　　12.3.2　弹箭气动力飞行试验组合一辨识流程 ··························· 354
　12.4　采用姿态遥测数据的气动参数辨识流程 ······························ 360
　　12.4.1　弹箭射击试验组合（三或四）的气动参数辨识流程 ······ 361
　　12.4.2　弹箭飞行试验组合（五或六）的气动参数辨识计算
　　　　　流程 ·· 364
　12.5　重构弹道与试验数据群的残差分析 ····································· 364
　　12.5.1　重构弹道与速度数据的残差分析方法 ··························· 365
　　　　12.5.1.1　残差分析的智能优化算法 ································· 365
　　　　12.5.1.2　均匀试验设计方法的残差分析示例 ····················· 366

  12.5.2 重构弹道与飞行轨迹坐标数据的残差分析方法 …………… 369
    12.5.2.1 重构弹道与飞行轨迹坐标数据的残差分析方法 …… 369
    12.5.2.2 残差分析分步确定校正系数函数的方法讨论 ……… 370

附录 ……………………………………………………………………… 372

参考文献 ………………………………………………………………… 381

Contents

Chapter 1　Introduction ·· 1
  1.1　Fundamental Knowledge Related to System Identification ················ 1
    1.1.1　Definitions and Conceptions of Some Nouns and Terms in
This Book ·· 1
    1.1.2　System Identification and Its Research Objective ····················· 5
    1.1.3　Mathematical Modeling and System Identification ·················· 6
  1.2　Basic Contents of Aerodynamics Identification for Projectiles ············· 8
    1.2.1　Technical Access and Application Relationship for Obtaining
Projectile's Aerodynamic Coefficients ···································· 9
    1.2.2　Research Contents of Projectile's Flight Test and Aerodynamic
Parameters Identification ··· 12
  1.3　Fundamental Principles of Projectile's Aerodynamics Identification
and Flight Test ·· 14
    1.3.1　Fundamental Principles of Projectile's Flight Test for Obtaining
Aerodynamic Coefficients ·· 14
    1.3.2　Relationship Between Projectile's Aerodynamics Identification
and Flight Test ·· 15
  1.4　Development of Aerodynamics Identification Techniques for
Projectile's System ··· 17
    1.4.1　Development of Aerodynamic Coefficients Identification
for Projectile's System ·· 17
    1.4.2　Current Research on Firing Table Tests and Projectile's
Aerodynamics Identification in China and Abroad ··················· 19

**Chapter 2　Mathematical Approaches of Aerodynamics Identification for
Projectiles** ··· 21
  2.1　Identification Methods Based on Least Square Criterion ··················· 21
    2.1.1　Least Square Criterion ·· 21
    2.1.2　Linear Least Square Method ··· 23
    2.1.3　Least Square Method of Explicit Function Models ·················· 26
    2.1.4　Chapman-Kirk (C-K) Method ··· 27

  2.1.5 Estimated Error of Identification Method based on Least Square Criterion ………………………………………… 32
 2.2 Maximum Likelihood Method ……………………………………… 32
  2.2.1 Maximum Likelihood Criterion ……………………………… 33
  2.2.2 Newton-Raphson Method ……………………………………… 35
  2.2.3 Output Error Method for Parameter Estimation ………………… 37
 2.3 Intelligent Optimization Identification Method ……………………… 38
  2.3.1 Genetic Algorithm ………………………………………… 39
   2.3.1.1 Principles and Characteristics of Genetic Algorithm …… 39
   2.3.1.2 Operational Procedure of Genetic Algorithm …………… 42
   2.3.1.3 Operational Procedure of Calculating Extreme Value of Objective Function Using Binary Coding Genetic Algorithm ………………………………………… 44
  2.3.2 Particle Swarm Optimization Algorithm ……………………… 45
   2.3.2.1 Principles and Operational Procedure of Particle Swarm Optimization …………………………………… 45
   2.3.2.2 Objective Function Optimization Based on Particle Swarm Optimization …………………………………… 48

Chapter 3 Exterior Ballistic Models used for Projectile's Aerodynamics Identification ……………………………………………… 50

 3.1 Coordinate Systems and Transformations …………………………… 50
  3.1.1 Earth-Fixed Coordinate System, Reference Coordinate System, and Trajectory Coordinate System ……………………………… 50
  3.1.2 Non-Rolling Coordinate System $O-\xi\eta\zeta$ and Body Coordinate System $O-x_1y_1z_1$ …………………………………… 51
  3.1.3 Spatial Direction Relationships of Various Angles ……………… 54
 3.2 Aerodynamic Forces and Moments Acting on Projectiles …………… 55
  3.2.1 Aerodynamic Shape and Flight Stability Fashions of Projectiles ………………………………………………… 56
  3.2.2 Forces Acting on Projectiles in Rotating Earth's Gravity Field …………………………………………………… 60
  3.2.3 Aerodynamic Forces and Moments Acting on Projectiles ……… 65
 3.3 Six-Degree-of-Freedom Rigid Body Trajectory Equations of Projectiles ……………………………………………………… 70
  3.3.1 Mass Center Motion Equations of Projectile Expressed in

      Trajectory Coordinate System ················· 71
   3.3.2 Angular Motion Equations About Mass Center of Projectile
      Expressed in Non-Rolling Coordinate System ·············· 72
   3.3.3 Six-Degree-of-Freedom Rigid Body Trajectory Equations ········· 73
 3.4 Equations of Angle of Attack Describing Projectile's Angular
   Motion in Direct Firing Test ·································· 78
   3.4.1 Geometric Description of Projectile's Angular Motion
      in Complex Plane ······································ 78
   3.4.2 Equations of Projectile's Angular Motion ······················ 81
   3.4.3 Equations of Projectile's Angle of Attack in the Condition
      of Direct Firing Test ··································· 84
 3.5 Angular Motion Law Induced by Projectile's Initial Disturbance
   in Direct Firing Test ·· 86
   3.5.1 Homogeneous Solution of Equations of Angle of Attack in the
      Condition of Direct Firing Test ····························· 86
   3.5.2 Motion Law of Projectile's Axis Induced by Initial
      Disturbance ··· 87
 3.6 Modified Point Mass Trajectory Equations ·························· 90
   3.6.1 Yaw of Repose ······································· 91
   3.6.2 Vector Form of Modified Point Mass Trajectory Equations ········· 93
   3.6.3 Modified Point Mass Trajectory Equations Expressed in
      Earth-Fixed Coordinate System ····························· 94
   3.6.4 Modified Point Mass Trajectory Equations Expressed in
      Trajectory Coordinate System ····························· 96
 3.7 Point Mass Trajectory Equations ································ 98

**Chapter 4 Data Processing Methods of Meteorological Elements in
     Exterior Ballistics** ··· 99
 4.1 Atmospheric Status and Distribution Law of Meteorological Elements
   Varying with Height ··· 99
   4.1.1 Physical Parameters and Air State Equation Describing
      Atmospheric Status ··································· 100
   4.1.2 Standard Meteorological Condition and Standard Distribution
      of Meteorological Elements Varying with Height ················ 103
      4.1.2.1 State Standard Atmosphere (International Standard
         Atmosphere) ··································· 103

    4.1.2.2 Standard Meteorological Condition used by Chinese Artillery ································ 104
    4.1.2.3 Calculation Method of Standard Distribution Data of Meteorological Elements ································ 106
 4.2 Processing Method of Measured Distribution Data of Meteorological Elements ································ 109
  4.2.1 Calculation and Analysis of Aerodynamics Identification Using Meteorological Data from Multiple Stations ···················· 109
  4.2.2 Requirement of Projectile's Aerodynamics Flight Expriment on Meteorological Elements ································ 111
  4.2.3 Processing Method of Measured Distribution Data of Meteorological Elements ································ 113
    4.2.3.1 Layered Format of Meteorological Elements Data ·········· 114
    4.2.3.2 Conversion Method of Meteorological Elements Data at Firing Time ································ 116
  4.2.4 Coordinate Transform of Measured Position and Method for Converting Wind Velocity ································ 121
  4.2.5 Methods for Processing Meteorological Data in the Case of Insufficient Detecting Height ································ 124
 4.3 Methods for Processing Meteorological Data in the Calculation of Identifying Aerodyanmic Parameters ································ 124
  4.3.1 Single Station Method ································ 124
  4.3.2 Application of Meteorological Data from Multiple Stations in Trajectory Calculation ································ 125

Chapter 5 Flight Tests for Identifying Projectile's Aerodynamic Coefficients ································ 128

 5.1 Features of Projectile's Flight Test and Aerodynamics Identification Technique ································ 128
 5.2 Implementation Process of Experiments for Projectile's Aerodynamic Coefficients Identification ································ 133
 5.3 Design of Projectile's Aerodynamics Identification and Flight Test Schedule ································ 136
 5.4 Basic Types of Methods of Projectile's Aerodynamic Flight Test ·········· 139
  5.4.1 Direct Firing Test of Projectile's Aerodynamics (Type A or B) ································ 140

5.4.2 Free-Flight Test of Projectile's Aerodynamics by Measurement of Land Station (Type F) ……………………… 142
    5.4.2.1 Dispersion Property Analysis of Identified Zero-Yaw Drag Coefficient of Projecitles ……………………… 142
    5.4.2.2 Implementation Approach of Type F Test …………… 145
5.4.3 Test of Projectile's Spin Rate (Type C or C^*) ……………… 146
5.4.4 Telemetering Test using Attitude Sensors (Type D or D^* and Type E or E^*) ……………………………………… 147

Chapter 6 Identification of Muzzle Velocity and Drag Coefficient of Projectile's Flight Tests ……………………… 149

6.1 Conversion Method of Muzzle Velocity in Projectile's Direct Firing Test ……………………………………… 149
  6.1.1 Principle of Measuring Muzzle Velocity and Site Layout ……… 149
  6.1.2 Method of Converting Muzzle Velocity in Projectile's Direct Firing Test ……………………………………… 151
    6.1.2.1 Method of Converting Muzzle Velocity without Wind Velocity ……………………………………… 151
    6.1.2.2 Method of Converting Muzzle Velocity with Wind Velocity ……………………………………… 152
6.2 Direct Firing Test Approach of Projectile's Drag Coefficient ………… 154
  6.2.1 Method of Measuring Drag Coefficient using Multiple Interval Truncations ……………………………………… 154
  6.2.2 Method of Extracting Zero-Yaw Drag Coefficient and Quadratic Yaw-Drag Coefficient from Velocity-Range Data ……………… 157
6.3 Data processing methods of velocity by Doppler radar measuring …… 160
  6.3.1 Correction and Conversion Method of Velocity Data Measured by Muzzle Velocity Radar ……………………………… 160
  6.3.2 Method of Identifying Muzzle Velocity from Velocity Data of Radar ……………………………………………… 161
  6.3.3 Identifying Projectile's Drag Coefficient Using the Data of Muzzle Velocity Radar ……………………………… 162
    6.3.3.1 Functional Relation (Mathematical Model) of Velocity-Time during Projectile's Straight-Line Trajectory ……… 163
    6.3.3.2 Method of Obtaining Projectile's Drag Coefficient Using Polynomial Fitting of Velocity Data ………………… 164

    6.3.3.3 Method of Identifying Parameters Using Linear Least Square Fitting ……………………………………… 165

Chapter 7 Directing Firing Test of Projectile's Flight Attitude and Identification of Aerodyanmic Coefficients …………………… 169

 7.1 Direct Firing Test for Measuring Projectile's Flight Attitude ………… 169
  7.1.1 Site Layout of Projectile's Flight Attitude Test ……………… 169
  7.1.2 Implementation Approach of Direct Firing Test for Obtaining Aerodynamics ……………………………………… 172
 7.2 Methods and Classification of Aerodynamic Parameters Identification in Direct Firing Test for Obtaining Aerodynamics ………………… 173
  7.2.1 Pre-Processing of Projectile's Attitude from Yaw-Card Test ……………………………………………………… 173
  7.2.2 Classification of Methods of Aerodynamics Identification using Data from Direct Firing Test ……………………………… 174
 7.3 Formulas and Methods of Converting Aerodynamic Parameters from Angle-of-Attack Data in Free-Flight ………………………………… 176
  7.3.1 Measuring Projectile's Pitch Moment Coefficient by Using Wavelength of Yaw Method ……………………………… 176
  7.3.2 Method of Measuring Initial Disturbances in Projectile's Direct Firing Test ………………………………………………… 179
 7.4 Murphy's Method for Processing the Data from Projectile's Direct Firing Test ………………………………………………………… 180
  7.4.1 A Method for Extracting Aerodynamic Parameters from Projectile's Flight Attitude Data ……………………………… 180
   7.4.1.1 Mathematical Model and Test Principle of Murphy's Method ……………………………………………… 180
   7.4.1.2 Identification Method of Extracting Aerodynamic Parameters from Projectile's Flight Attitude Data …… 182
   7.4.1.3 Calculation Method of Sensitivity of Attitude Data with Regards to Parameters to be Identified ……………… 185
  7.4.2 Application Demonstration of Processing Projectile's Yaw-Card Test Data Using Murphy's Method ……………………… 186
   7.4.2.1 Yaw-Card Test and Interpretation and Pre-Process of Its Data ……………………………………………… 186
   7.4.2.2 Calculation Procedure and Identification Results of

                    Aerodynamic Parameters ……………………… 187
            7.4.2.3 Aerodynamic Moment Curves Determined by Yaw-Card
                     Test ……………………………………………………… 190
      7.4.3 Method of Aerodynamics Identification using Trajectory Data
             from Projectile's Direct Firing Test ……………………………… 191
            7.4.3.1 Mathematical Model of Projectile's Trajectory Data …… 191
            7.4.3.2 Methods of Identifying Projectile's Lift Force Coefficient
                     Derivative and Magnus Force Coefficient Derivative …… 193
      7.4.4 Application Demonstration of Processing a Howitzer-Launched
             Projectile's Range Data Using Murphy's Method ……………… 194
  7.5 Maximum Likelihood Identification of Projectile's Nonlinear
       Aerodynamic Parameters from Range Test Data ……………………… 198
      7.5.1 Mathematical Model for Processing Range Test Data with
             Maximum Likelihood Method ……………………………………… 198
      7.5.2 Maximum Likelihood Method of Identifying Nonlinear
             Aerodynamic Parameters from Data Population of Range
             Tests ……………………………………………………………………… 201
      7.5.3 Sensitivity Equations Required by Using Maximum Likelihood
             Method …………………………………………………………………… 204

Chapter 8 Methods of Identifying Projectile's Drag Coefficient from External Measured Velocity Data ……………………… 207

  8.1 Method of Pre-Processing Projectile's Velocity Data ………………… 207
      8.1.1 Correction and Conversion of Velocity Data Measured by
             Trajectory Tracking Doppler Radar ……………………………… 207
      8.1.2 Velocity Data Subsection and Characteristic Parameters
             Acquirement for Rocket-Assisted Projectiles ………………… 209
      8.1.3 Calculation of Mass for Base Bleed Projectiles ……………… 212
  8.2 Method of Identifying Projectile's Drag Coefficient Using Polynomial
       Model ………………………………………………………………………… 214
      8.2.1 Conversion Model of Projectile's Drag Coefficient ………… 214
      8.2.2 Converting Projectile's Drag Coefficient by Using Polynomial
             Piecewise Fitting of Velocity Data ……………………………… 215
  8.3 Method of Identifying Drag Coefficient Using Polynomial Piecewise
       Fitting of Velocity Data …………………………………………………… 220
      8.3.1 Sectional Identification of Projectile's Drag Coefficient ……… 220

8.3.2	Point Mass Trajectory Model and Sensitivity Equations	222
8.3.3	Modified Point Mass Trajectory Model and Sensitivity Equations	224
8.3.3.1	The Trajectory Model and Sensitivity Equations Expressed in Earth-Fixed Coordinate System	224
8.3.3.2	The Trajectory Model and Sensitivity Equations Expressed in Trajectory Coordinate System	226
8.3.4	Six-Degree-of-Freedom Trajectory Model and Sensitivity Equations	229

8.4 Demonstration of Sectional Identification of Drag Coefficients Using Six-Degree-of-Freedom Trajectory Model ············ 232
8.5 Identification Method of Projectile's Drag Coefficient Using Spline Functions ············ 236
    8.5.1 Projectile's Drag Coefficient Curve Expressed by Spline Functions ············ 238
    8.5.2 Identification of Projectile's Drag Coefficient Based on Spline Functions ············ 239
    8.5.3 Point Mass Trajectory Model and Sensitivity Equations ············ 242
    8.5.4 Modified Point Mass Trajectory Model and Sensitivity Equations ············ 244
    8.5.5 Sensitivity Equations of Six-Degree-of-Freedom Trajectory Model Used to Identify Projectile's Drag Coefficient ············ 247

Chapter 9 Flight Test of Projectile's Spin Rate and Identification Method of Spinning Moment Coefficient ············ 251

9.1 Equation of Rolling Motion for Projectiles ············ 251
9.2 Spin Rate Test for Spin-Stabilized Projectiles ············ 252
9.3 Method of Identifying Roll Damping Moment Coefficient for Spin-Stabilized Projectiles ············ 254
    9.3.1 Identification of Roll Damping Moment Coefficient for Spin-Stabilized Projectiles ············ 255
    9.3.2 Sensitivity Calculation in the Procedure of Identification ············ 257
    9.3.3 Demonstration of Identifying Roll Damping Moment Coefficient for Spin-Stabilized Projectiles ············ 258
        9.3.3.1 Conversion of Identified Parameters and Verification

of Calculation Program ·· 258
9.3.3.2 Identification Results of Data Population from a Spin Rate Test ·· 261
9.4 Direct Firing Test and Identification of Rolling Moment Coefficient for Fin-Stabilized Projectiles ·· 263
   9.4.1 Principle of Direct Firing Test for Identifying Rolling Moment Coefficient of Fin-Stabilized Projectiles ···························· 264
   9.4.2 Method of Identifying Rolling Moment Coefficient ············ 267
      9.4.2.1 Identification of Determining Rolling Moment Coefficient Using Double Firing Test ······················ 267
      9.4.2.2 Identification of Determining Rolling Moment Coefficient Using Single Firing Test ······················ 268
9.5 Indirect Firing Test and Identification of Aerodynamic Coefficients for Fin-Stabilized Projectiles ·· 272
   9.5.1 Spin Rate Test of Indirect Firing for Identifying Aerodynamic Coefficients of Fin-Stabilized Projectiles ························ 272
      9.5.1.1 Principle of Test ·· 272
      9.5.1.2 Spin Rate Data Population of Fin-Stabilized Projectiles ·· 273
   9.5.2 Identifying Steady-State Spin Rate Coefficient from Steady-State Spin Rate Data ·· 274
      9.5.2.1 Objective Function and Parameters to be Identified ······ 274
      9.5.2.2 Method of Identifying Steady-State Spin Rate Coefficient ·· 275
   9.5.3 Identifying Rolling Moment Coefficient Using Transient Process Data of Spin Rate ·· 276
      9.5.3.1 Truncation of Transient Process Data of Spin Rate and Determination of Initial Velocity ······················ 276
      9.5.3.2 Mathematical Model ·· 277
      9.5.3.3 Objective Function ·· 278
      9.5.3.4 Identification Calculation of Rolling Moment Coefficient ·· 279
      9.5.3.5 Differential Equations of Calculating Sensitivity in Identification Method ·· 280

Chapter 10 Identification Methods of Aerodynamic Coefficients Using Telemetering Attitude Data of Projectiles ………………… 283

10.1 Method of Identifying Aerodynamic Parameters Using Solar Yaw-Sonde ………………………………………………………… 283

    10.1.1 Data Population and Measurement Equations of Attitude Test Using Solar Yaw-Sonde ………………………… 283

    10.1.2 Sectional Identification Method of Aerodynamic Parameters Using Data from Solar Yaw-Sonde ……………… 286

    10.1.3 Projectile's Attitude Dynamic Model and Sensitivity Equations ………………………………………………… 288

10.2 Method of Identifying Pitch Moment Correction Coefficient Using Three-Axis Angular Rate Data ……………………………… 293

    10.2.1 Structure of Test Data Population for Aerodynamic Parameters Identification ………………………………… 293

    10.2.2 Method of Identifying Pitch Moment Correction Coefficient Using Three-Axis Angular Rate Data ………… 293

    10.2.3 Sensitivity Equations of Six-Degree-of-Freedom Trajectory Model for Correction Coefficient Identification … 296

10.3 Method of Aerodynamic Parameters Identification Using Sectional Data of Three-Axis Angular Rate ………………………… 300

    10.3.1 Method of Identifying Aerodynamic Moment Coefficients Using Sectional Data of Three-Axis Angular Rate … 300

    10.3.2 Angular Rate Sensitivity Equations of Six-Degree-of-Freedom Trajectory Model ……………………………… 303

Chapter 11 Identification Methods of Projectile's Aerodynamic Coefficients Using Trajectory Data ………………………… 308

11.1 Determination of Data Elevation Angle and Correction Quantity of Firing Direction Angle ………………………………… 308

    11.1.1 Concept and Definition of Data Elevation Angle and Correction Quantity of Firing Direction Angle ………… 309

    11.1.2 Method of Identifying Data Elevation Angle and Correction Quantity of Firing Direction Angle ……………… 310

    11.1.3 Demonstration of Identifying Data Elevation Angle and

Correction Quantity of Firing Direction Angle from Test Data ·· 311

  11.1.3.1 Selection of Trajectory Data Used for Identifying Data Elevation Angle and Correction Quantity of Firing Direction Angle ··· 312

  11.1.3.2 Identification Results of Data Elevation Angle and Correction Quantity of Firing Direction Angle ········· 313

11.2 Piecewise Identification Method of Lift Force Coefficient Derivative and Magnus Force Coefficient Derivative ································· 315

 11.2.1 Piecewise Identification Method of Lift Force Coefficient Derivative and Magnus Force Coefficient Derivative ············ 316

 11.2.2 Sensitivity Equations of Modified Point Mass Trajectory Model ··· 318

  11.2.2.1 Trajectory Model and Corresponding Sensitivity Equations Expressed in Earth-Fixed Coordinate System ·· 318

  11.2.2.2 Trajectory Model and Corresponding Sensitivity Equations Expressed in Trajectory Coordinate System ·· 321

11.3 Method and Demonstration of Identifying Lift Force Coefficient Derivative ··· 323

 11.3.1 Difficulty in Identifying Magnus Force and Method of Identifying Lift Force Coefficient Derivative ································· 323

 11.3.2 An Example of Identifying Lift Force Coefficient Derivative ··· 325

  11.3.2.1 Simulated Validation of the Program Identifying $c'_y(Ma)$ of Modified Point Mass Trajectory Model ··············· 325

  11.3.2.2 Identification Calculation of Lift Force Coefficient Derivative of Modified Point Mass Trajectory Model ··· 327

11.4 Maximum Likelihood Method for Identifying Lift Force Coefficient Derivative ··· 329

 11.4.1 Analysis for the Sensitivity of Measurement Information to Lift Force Coefficient ·· 329

 11.4.2 Maximum Likelihood Method of Piecewise Identification of Lift Force Coefficient Derivative ·································· 330

  11.4.3 Sensitivity Equations of Six-Degree-of-Freedom Trajectory Model ⋯⋯ 332

  11.4.4 Simulation of Maximum Likelihood Method of Piecewise Identification of Lift Force Coefficient Derivative ⋯⋯ 335

 11.5 Method of Correcting Lift Force Coefficient of Six-Degree-of-Freedom Trajectory Model ⋯⋯ 336

  11.5.1 Method of Correcting Lift Force Coefficient of Six-Degree-of-Freedom Trajectory Model ⋯⋯ 336

  11.5.2 Differential Equations of Sensitivity Calculation Using Six-Degree-of-Freedom Trajectory Model ⋯⋯ 338

Chapter 12 Combined Tests of Projectile's Aerodynamics and Procedure of Identification Calculation ⋯⋯ 341

 12.1 Some Typical Combination Method of Projectile's Flight Test for Obtaining Aerodynamics ⋯⋯ 341

 12.2 Method of Aerodynamic Parameters Identification and Design of Calculation Procedure ⋯⋯ 344

 12.3 Procedure of Identifying Projectile's Aerodynamic Parameters Using Data from Spin Rate Test ⋯⋯ 346

  12.3.1 Identification Procedure of Combined Flight Tests for Obtaining Aerodynamics (2) ⋯⋯ 346

  12.3.2 Identification Procedure of Combined Flight Tests for Obtaining Aerodynamics (1) ⋯⋯ 354

 12.4 Procedure of Identifying Projectile's Aerodynamic Parameters Using Attitude Data from Telemetering Test ⋯⋯ 360

  12.4.1 Identification Procedure of Combined Flight Tests for Obtaining Aerodynamics (3 or 4) ⋯⋯ 361

  12.4.2 Identification Procedure of Combined Flight Tests for Obtaining Aerodynamics (5 or 6) ⋯⋯ 364

 12.5 Trajectory Reconstruction and Residual Analysis of Test Data Population ⋯⋯ 364

  12.5.1 Methods of Reconstructing Trajectory and Residual Analysis of Velocity Data ⋯⋯ 365

   12.5.1.1 Residual Analysis Using Intelligent Optimization Algorithm ⋯⋯ 365

   12.5.1.2 Demonstration of Residual Analysis Using Uniform

      Design of Experiment 366
  12.5.2 Methods for the Residual Analysis of Reconstructing Trajectory
     and Corresponding Test Data 369
    12.5.2.1 Methods for the Residual Analysis of Reconstructing
       Trajectory and Corresponding Test Data 369
    12.5.2.2 Discussion About the Method of Determining Correction
       Coefficient Function Using Residual Analysis Step by
       Step 370

Appendix 372

References 381

第1章 绪　　论

弹箭空气动力参数是武器系统总体设计、性能指标分解、火控设计及射表编制等外弹道计算模型的基础和依据，其精度是影响弹箭系统研制水平的重要因素。确定弹箭的各种空气动力参数，对于弹箭设计、论证、确定其飞行稳定与否，以及研制过程中问题诊断分析来说，都是必不可少的内容。弹箭飞行试验与气动参数辨识是以实验外弹道学方法确定其气动参数的主要手段。为了深入了解这方面的内容，本章主要介绍系统辨识的概念、与气动参数辨识相关的名词术语的定义和概念、弹箭气动参数辨识的基本内涵、弹箭气动力飞行试验的基本原理、飞行试验及气动力参数辨识的发展历程等内容。

1.1　有关系统辨识的基础知识

弹箭系统气动参数辨识的主要内容包含气动力飞行试验与气动参数估计方法两个方面，其中前者是气动参数辨识的基础，后者的核心就是系统辨识技术。为了更好地理解它们的内涵、范畴和本质，首先需要了解有关系统辨识和弹箭气动参数辨识的基本概念，为此本节专门介绍与系统辨识与弹箭系统辨识相关的基础知识。

1.1.1　有关本书的一些名词术语的定义及概念

在弹箭气动参数辨识中，常常用到系统辨识理论，并涉及系统、模型集、辨识方法、试验条件、试验数据、弹箭、弹箭参数、飞行状态参数、弹道参数等名词。有些名词术语在本书中具有特定的含义，它们与习惯上的称谓略有区别，为了后续章节的叙述更加严谨，下面给出这些相关的名词、术语概念和定义。

1. 弹箭、弹丸、弹箭气动参数

弹箭是一种简称，其中：弹主要是指火炮发射的弹药，也称炮弹，有时也指枪弹；而箭则指用火箭发射的弹药，也称火箭弹。炮弹和火箭弹分为制导和非制导两类，前者飞行弹体带有制导或简易控制系统，能够实现控制飞行，称为有控弹箭；后者没有飞行控制功能，是传统意义的弹箭，称为无控弹箭。为便于叙述，本书后面一些章节有时也用到弹丸一词，本书所述的弹丸专指弹箭的飞行本体，它是有控弹箭和无控弹箭的飞行本体及其对应的弹体模型的统称。所谓弹箭气动参数，一般也称为弹箭气动力系数或弹丸气动力系数，它是作用于弹丸的各种气动力、力矩系数及其导数的泛指。

2. 系统、弹箭系统

系统泛指由一群有关联的个体组成的集合，可根据预先编排好的规则工作，能完成个别元件不能单独完成的工作群体。通常在定义上，系统是在一定的假设条件下，对某一物理对象的数学描述，是多元素相互联系和相互作用的综合体。试验数据是从物理实体中得到的，其物理对象实际上是数据生成的过程。为了对整个过程进行理论上的辨识分析，有必要对数据引入一些假设。在这些假设条件下，常常用"系统"这个概念来表示该物理实体的数学描述。在实际应用中得到真实数据时，系统有时是未知的，甚至是理想化的。一般在讨论辨识方法时，并不要求系统已知。实践中可以通过辨识，将未知系统在一定条件下近似为已知系统。本书经常用到弹箭系统这个概念，这里弹箭系统应包含弹箭本体及其发射、飞行、毁伤等过程的多方面特性及数学模型。例如，在讨论各种飞行条件下采用不同方法辨识弹箭气动参数时，主要指怎样确定弹箭系统的飞行特性模型的辨识问题。显然，系统这个概念非常有用，当利用弹箭系统试验数据的辨识模型来模拟其特性时，不仅该系统本身已知，而且还能够直接在计算机中生成弹箭系统的特性数据。

3. 数学模型、模型集、弹道模型、弹道计算模型

所谓数学模型，就是把关于系统的实际过程在本质部分的信息描述成理论上或工程上有用的数学计算形式，即用数学结构和形式来反映系统实际过程行为特性的模型。系统辨识理论中，数学模型一般用参数向量来表征。本书将参数向量记作 C，相应的模型往往是复合形式的，可以记作 $f(C)$。当参数 C 在所有可能的值构成的集合内变化时，就可以得到一类模型的集合，并将 $f(C)$ 称为模型集（a set of models）。

弹箭飞行系统辨识中常常用到这样的参数模型集，这类模型集具有明确的数学结构和形式，但其中的参数无法表示成显函数形式，但可以用曲线、函数或表格形式的数据表示出来。该系统辨识所采用的弹道模型就是具有明确的数学结构和形式的模型集，它被用来描述弹箭飞行特性。而弹箭系统的弹道计算模型则是针对某一特定的弹箭系统，从该模型集中采用该弹箭的气动参数确定的一个专用数学计算模型。例如，在实际弹道的工程计算中，弹道计算模型就是用弹道方程的数学结构和形式，反映特定弹箭的实际飞行过程行为特性的参数模型。模型中的气动参数包含了该弹箭不同气动力特征信息的曲线数据，一般多用曲线数据或表格形式来表示，为便于叙述，本书称之为气动参数数据包。简言之，弹道计算模型是与特定的弹箭系统相联系的，这种模型具有专用性，在工程应用中一般称为某弹的弹道计算模型。

4. 数据

数据就是数值，也就是通过观察、试验或计算得出的结果。数据有很多种，

最简单的就是数字。它是用于表示客观事物的未经加工的原始素材，是事实或观察的结果，也可以是对客观事物的逻辑归纳结果。从广义来说，数据是信息的表现形式和载体，可以是符号、文字、数字、语音、图像、视频等。数据和信息是不可分离的，数据是信息的表达，信息是数据的内涵。数据可以是连续的，如声音、图像，称为模拟数据；也可以是离散的，如符号、文字，称为数字数据。数据本身没有意义，数据只有对实体行为产生影响时才成为信息。

5. 试验数据

试验数据是指通过特定试验，按照一定的试验条件控制试验对象而搜集到的变量信息。搜集数据的方法是试验，在试验中控制一个或多个变量，在规定的试验条件下得到一个或多个变量的观测结果。对弹箭气动力飞行试验来说，试验数据则是通过弹箭飞行试验获取信息的统称，它的含义与特定的试验相联系，其内容包括试验弹箭的发射条件数据、弹箭飞行本体的外形参数和物理参数数据、弹箭飞行过程的环境数据等输入信息，也包括弹箭飞行状态参数信息等输出数据。

6. 气象诸元参数、气象数据、地面气象数据、气象诸元曲线数据

气象诸元参数是指气温、气压、湿度、风速、风向等描述大气状态的参数。气象诸元数据是气象诸元参数的数值表达，通常也简称为气象数据。气象数据包含了地面气象诸元数据和气象诸元随高度（时间）分布的数据，它们是弹箭飞行环境数据的主要内容。为表述简单、明确，本书将地面气象诸元数据称为地面气象数据，而将气象诸元随高度（或时间）分布的数据称为高空气象诸元（曲线）数据。

7. 弹箭飞行状态参数、弹箭飞行状态数据、弹箭飞行状态曲线数据

弹箭飞行状态参数是指描述弹箭飞行体运动状态的参数，主要包含飞行速度、轨迹坐标、飞行姿态等。弹箭飞行状态数据是描述弹箭在飞行弹道某一点（位置或时刻）的运动状态参数的数值，而弹箭飞行状态曲线数据则是指弹箭飞行过程中，描述其状态参数变化过程的数据。

8. （试验）数据群、数据组群、数据链群、数据组合群

弹箭飞行试验数据是获取信息的统称，是气动参数辨识的基础。然而辨识所需的试验数据是多样的、全面的、系统的，并具有完备性要求。由于气动参数辨识所用数据的多样性，并具有特定含义，若简单地用笼统的"数据"定义描述显得不够明确，容易误解。为了使气动参数辨识中的试验数据描述更具体、明确，本书将具有单元性质的基本试验获取的单项或部分飞行状态参数曲线数据、地面气象数据和气象诸元曲线数据、弹丸外形参数和物理参数数据（集）、发射条件数据（集）等构成的试验数据集合定义为数据群。将成组弹箭在相同试验条件中获取的数据群组的集合定义为数据组群；将相关联并具有某参数（例如马赫数）前后相互链接关系的同种试验数据群（或组群）的集合定义为数据链群；将相关联的不同试验组合的数据群（或链群）的集合定义为数据组合群。由于

弹箭气动参数辨识对试验数据群均有完备性的要求，故本书所述的数据群、组群、链群、组合群，一般都专指满足完备性要求的数据群、组群、链群、组合群。

例如在弹箭飞行试验数据群结构中，飞行状态参数曲线数据主要指弹箭飞行速度、轨迹坐标、飞行姿态等参数的曲线数据。在气动参数辨识方法讨论时，为方便叙述也把弹箭飞行状态参数曲线数据简称为弹箭飞行状态数据。气象诸元数据则由地面气温、气压、湿度、风速及风向等参数和它们随高度（时间）变化的曲线数据构成。发射条件数据主要指与弹箭气动参数辨识相关的火炮、射角、射向、炮位坐标及试验场地条件等参数数据；弹箭外形参数一般指弹径、弹长、圆弧部、弹带、船尾部等外形尺寸，静态物理量参数则指弹丸质量、极（轴向）转动惯量、赤道（横向）转动惯量、质量偏心、动不平衡等参量数据。

9. 系统辨识方法

系统辨识方法是指利用试验数据群确定系统数学模型的方法。在现有的系统辨识的书籍和文献中，介绍了许多种不同的系统辨识方法，也包括现代辨识理论中的一些优化算法。本书将针对弹箭系统的气动参数辨识问题，详细讨论一些比较重要的和经典方法。需要注意的是，一些方法虽被称作不同的名称，但它们在本质上往往是同一数学方法在不同的模型集上的应用。

10. 试验条件

在一般情况下，试验条件指的是系统辨识在何种条件下进行的。它包括系统的输入信号如何选择和生成，其中可能存在的反馈回路、抽样区间、估计参数前的数据前置滤波等。对弹箭飞行试验而言，试验条件包含了火炮条件、弹药条件、发射条件、试验场地条件、飞行环境条件（例如，天气条件）、飞行体的物理量参数测试条件、气象测量条件、飞行过程参数测试条件等。

11. 弹箭气动参数辨识、弹箭系统气动参数辨识

根据弹丸的定义，本书一般将弹箭飞行体的气动参数辨识简称为弹箭气动参数辨识或弹丸气动参数辨识。广义上说，弹箭系统气动参数辨识是探索弹箭飞行系统中弹丸气动特性的重要手段，它包含了弹箭飞行试验和气动参数辨识处理两个部分（阶段），前者主要研究获取弹丸气动参数辨识所需数据的方法，后者研究利用飞行试验数据辨识弹丸的气动参数。

应该说明，上面的名词概念中，系统是既定的，客观存在的，也就是说它的各种性质均不能被使用者改变；在系统辨识过程中，当开始收集数据时，试验条件就已经确定了，它只能在一定范围内被使用者所影响。然而针对弹箭系统辨识而言，对于某些限制条件，如安全问题、场地条件、天气条件等，使用者不能随意设定试验条件。当完成数据收集后，使用者就可以选择辨识方法和模型集。对于同一套试验数据群，试验条件是确定的，但可以有多种不同的模型集，使用者可根据需要从中选择一个较为满意的结果。

1.1.2　系统辨识及其研究目的

系统辨识是指根据系统的试验数据来确定系统的数学模型，并为已经存在的系统建立数学模型提供精确有效的技术基础。按照控制理论，系统辨识有几个比较典型的定义[2]。

（1）L. A. Zadeh 定义（1962 年）：辨识就是在输入和输出数据的基础上，从一组给定的模型集中，确定一个与所测系统等价的模型。

（2）P. Eykhoff 定义（1974 年）：辨识问题可以归结为用一个模型来表示客观系统（或将要构造的系统）本质特征的一种演算，并用这个模型把客观系统表示成有用的形式。

（3）L. Ljung 定义（1978 年）：辨识有 3 个要素，即数据、模型集和准则。其中，数据是辨识的基础，准则是辨识的依据，模型集是辨识的范围。辨识就是按照一个准则在一组模型集中选择一个与数据拟合得最好的模型。

按照上述定义，可以认为系统辨识的研究目的，就是通过试验获取能够反映系统本质特性的信息数据，按照一个准则在一组模型集中选择一个对试验数据拟合得最好的模型。在提出和解决一个辨识问题时，明确最终模型的使用目的是至关重要的。它对模型集（模型结构）、输入信号和等价准则的选择都有很大的影响。例如，弹箭系统气动参数辨识的主要目的是确定更加精准的气动参数，使得计算模型与弹箭飞行过程的试验数据拟合得最好。换言之，弹箭气动参数辨识的主要目的就是通过气动力飞行试验获取能够敏感反映弹箭气动特性的飞行数据，并利用试验数据群辨识弹箭的各种气动参数，以确定外弹道计算模型。其中，与此相关的系统辨识理论和方法即构成了弹箭气动参数辨识方法的数学基础。

系统辨识建立的数学模型通常可应用于如下几个方面：

（1）系统仿真。

为了研究不同输入情况下系统的输出情况，最直接的方法是对系统本身进行试验。但实际上这是很难实现的，其可能存在的主要原因有如下几种：①利用实际系统进行全面试验的费用太大，所需经费得不到支持；②试验过程中系统可能会不稳定，从而导致试验过程带有一定的危险性；③系统的时间常数可能会很大，以至于试验周期太长，工程上不可接受。因此，需要按照已有的基础条件，通过辨识建立数学模型，并利用模型仿真系统的特性或行为，间接地对系统进行仿真研究。

（2）系统状态预测。

无论在自然科学领域还是在社会科学领域，往往需要研究系统未来发展的规律和变化趋势，才能预先做出决策和采取措施。科学的定量预测大多需要采用模型预测方法，先建立所预测系统的数学模型，再根据模型对系统中的某些变量的未来状态进行预测。

（3）系统设计和控制。

在工程设计中，必须掌握系统所包括的所有部件的特性或者子系统的特性。一项完善的设计，必须使系统各部件的特性与系统的总体设计要求相适应。为此，需要用数学模型来分析考察系统各部分的特性、各部分之间的相互作用，以及它们对系统总体特性的影响。

（4）系统分析。

根据试验数据建立起系统的数学模型，可以将相关系统的主要特征及其主要变化规律表达出来，并将所要研究的系统中主要变量之间的关系比较集中地揭示出来，从而为该系统设计的诊断分析提供线索和依据。

（5）故障诊断。

许多复杂的系统，如导弹、飞机、核反应堆、大型化工和动力装置以及大型传动机械等，需要经常监视和检测可能出现的故障，以便及时排除故障。这就要求必须不断地收集系统运行过程的信息，通过建立数学模型，推断过程动态特性的变化情况。然后，根据动态特性的变化情况，判断故障是否已经发生、何时发生、故障大小及故障的位置等。

（6）验证机理模型。

利用试验数据建立的系统数学模型，将非常有利于理解所获得的试验数据，从而可以探索和分析不同的输入条件对该系统输出变量的影响，以检验所提出的理论，更全面地理解系统的动态行为。

1.1.3　数学建模与系统辨识

所谓建模，顾名思义就是针对系统表现出来的某一现象或过程建立模型，一般指用某种方法（理论或其他方法）表述某一动态系统状态与实际过程的本质及其变化规律，并形成理论上或工程上有用的形式，用以描述系统状态的动态信息。

广义上说，动态系统的模型是复杂多样的，它可以分成很多类型，包括：意识、心智、语言模型、图形和表格模型、数学模型。其中，数学模型一般是用微分、差分方程或某种已知函数表示的模型，利用这样的模型，可进行分析、预测，以及设计动态系统、控制器、调节器和滤波器等。动态系统的数学模型在很多领域及其应用中都非常有用。

在模型类型中，数学模型是本书研究的重点内容，虽然图形也可以称为数学上的"函数"模型，但本书讨论的数学模型特指弹箭飞行动力学模型，即外弹道模型。它是微分方程或其解析解以某种已知函数表示的模型，而图线形式的"函数"模型在本书中主要用到气动参数的曲线数据或拟合曲线。

在很多情形下，建模最基本的目标是用于工程设计计算，其目的是通过所建模型得到其他（试验）条件下的系统信息。如果模型可以恰当地表述观测数据，那么它在一定程度上也许能够解释观察的现象。从更一般的意义上讲，在很多科学分支上，建立模型都可以从本质上帮助理解和说明对应系统的特性。总的来说，建立数学模型有如下两种方法。

（1）数学建模：如果系统的结构、组成和运动规律是已知的，则系统称为"白箱"。它适合用机理分析和数学推导的方法建模，这是一种理论分析方法。例如，用物理学中的基本定律（如牛顿定律和平衡方程）描述一个现象或过程。

（2）系统辨识：系统辨识是一种试验方法，其通俗含义是根据被控对象或被辨识系统的输入、输出观测信息来推断其数学模型，即针对系统进行试验，利用获取的试验数据，通过赋予参数恰当的数值，以这种方式确定一个合理的系统模型。

系统辨识建模有非参数辨识和参数辨识两种方法。如果对系统的客观规律不了解，只能根据试验中测量设备的响应数据，应用辨识方法建立系统的数学模型，则称系统为"黑箱"，一般采用非参数辨识方法建模；如果已知系统的某些基本规律，但还有些机理还不够明确，则称系统为"灰箱"，一般采用参数辨识方法建模。本书研究的弹箭飞行系统就是一种"灰箱"，主要采用气动参数辨识方法来建立弹道计算模型。

从概念上讲，系统辨识是利用试验数据对动态系统进行建模的领域。图1.1表述了一个动态系统，该系统由输入变量$u(t)$和干扰$v(t)$驱动，其中$u(t)$可以调节和控制，而干扰$v(t)$则是未知的，输出信号能够反映系统的内部信息。对于一个动态系统而言，t时刻的控制变量$u(t)$只会影响时刻t_0以后的输出$y(t) t > t_0$。在一些信号处理的实际应用中，$u(t)$也可能是不存在的。

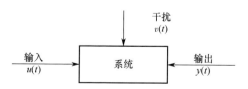

图 1.1 动态系统示意图

输入—$u(t)$；输出—$y(t)$；干扰—$v(t)$；t—时间。

例如，在飞行动力学中，制导炮弹一般被看作是比较复杂的动态系统。若要确保弹体保持预定的弹道飞行，可将它们看作输出变量$y(t)$。此时，弹体在空中的质心位置坐标等状态参数和舵面或脉冲火箭的控制力则是输入$u(t)$。飞行状态也受到其质量变化和大气状况的影响，这些变量可看作干扰$v(t)$。若要设计一个制导炮弹的飞行控制系统，使其飞行弹体按照并保持规定的方案弹道飞行，在飞行控制系统的半实物仿真时，通常需要一个数学模型来描述其飞行状态如何受输入和干扰的影响。弹箭飞行系统的状态参数（如飞行速度和高度）变化较大，因此弹体在飞行中也需要用辨识方法跟踪这些变化。

对于无控弹箭，同样可以被看作是一个复杂的动态系统，其射击诸元条件可看作输入变量，飞行过程受到大气状况的影响。若要确保射击能够命中目标，需要按照目标相对于炮位的位置、装药的初速预测和气象诸元等数据，同时可根据校射雷达数据或校射弹传回的数据，实时辨识气象数据误差等各种干扰的修正系数预测落弹点坐标，并按照射表数据正确装定或修正射击诸元，以实现闭环射击。显见，若要保证射表或火控弹道计算模型数据正确，则需要一个更加精准的数学模型（弹道计算模型）来描述其飞行状态，以保证该模型计算弹道数据的准确性。

上面例子说明了在兵器科学技术、工业生产等领域建立动态模型的必要性。事实上，在大多数信号处理如预测、数据通信、语音处理、雷达装置、声呐系统和心电图分析等实际应用中，要对记录数据进行滤波，一个好的滤波设计应反映信号的性质（如高通特性、低通特性、共振特性等），为了描述这些谱的性质，也需要建立信号的模型。

应该说明，系统辨识的内涵非常广泛，若在一个较大范围内的实际应用中进行讨论，一般所指的系统都包含输入、输出，也包括时间序列分析，其输入、输出信号甚至可能就是一列离散时间序列，而采用辨识方法可能就是时间序列分析的方法。有时，一些技术上的系统目前并不存在，但这种系统在未来有可能创建出来，此时也有需要对该系统进行建模的可能。不过在这种情况下，建模是为了得到相关知识，深入了解和分析所研究的动态系统。举个例子，受地球上的引力和大气的影响，大型空间结构的动态行为不能通过地球上进行的试验来推断出来。当然，在这样的例子中，由于不能得到试验数据，建模必须以理论和空间观测数据为主的先验信息为基础。

所谓弹箭飞行系统的气动参数辨识，只是系统辨识理论的一项具体应用。本书无意全面讨论系统辨识理论，仅给出后面各章节讨论气动参数辨识的理论与方法涉及的基本知识，例如最小二乘准则的辨识方法、最大似然函数法以及现代辨识理论新推出的遗传算法、粒子群优化算法等。

1.2 弹箭气动参数辨识的基本内容

弹箭系统飞行过程的辨识通常定义为选择描述其飞行特性的模型结构和其中未知参数的估计。可以认为，弹箭系统气动参数辨识包含弹箭飞行试验和气动参数辨识分析两部分。前者主要研究获取气动参数所需可辨识数据群的试验方法，后者研究利用弹箭飞行试验数据群获取气动参数的辨识理论及方法。弹箭系统气动参数辨识以系统辨识理论和外弹道学模型为基础，主要研究弹箭本体气动参数辨识的飞行试验方法，以及利用试验数据辨识其气动参数的数学处理方法，是实验外弹道学与空气动力学交叉的分支。

1.2.1　获取弹箭气动参数的技术途径与应用关系

在弹箭空气动力学中，表征弹箭空气动力特性的关键参数是空气动力系数，获取各类弹箭空气动力系数的技术途径有理论计算法、风洞试验法和飞行试验法，这三种途径涉及的理论和方法分别为弹箭计算空气动力学、弹箭实验空气动力学和弹箭飞行试验与气动参数辨识的主要内容。弹箭计算空气动力学和弹箭实验空气动力学是弹箭空气动力学的分支，其中：前者是根据弹箭空气动力学理论主要研究空气与弹箭相互作用及空气动力的计算方法；后者是用吹风实验方法研究气体相对于弹体的流动特性和气流对弹体的作用，其实验基础包含了弹箭风洞实验设备、测试仪器以及相应试验技术，为各种弹体提供气动力数据就是它的主要任务之一。第三种途径就是本书研究的内容，主要以实验外弹道学的方法获取弹箭系统的气动参数，是实验外弹道学和试验飞行动力学的重要内容。

弹箭空气动力系数的理论计算法一般分为工程算法和数值计算方法。前者将空气动力学基本方程进行简化，建立不同情况下的解法（如源汇法、二次激波膨胀法等），再加上一些吹风试验数据、经验公式等形成了一套独立算法的分支。由于工程算法的计算时间很短，且成本低廉，故特别适于常规弹箭系统方案寻优过程中的气动力反复计算。目前由计算法获得的气动力精度是：对旋成体的阻力和升力误差大约为 5%，对静力矩大约为 10%。但对于尾翼弹，计算所得气动力精度要稍低一些，动导数的计算误差更大一些。数值计算方法以空气动力学方程（Naver-Stokes 方程）为基础，在一组弹体外形边界条件和起始条件下，采用严格的数学方法（例如，有限元法和有限差分法等）将流场分成许多网格进行数值积分运算，获得作用在弹表每一微元上的压强，再进行全弹积分求得各个气动力和力矩分量，以数值形式确定弹箭的气动参数。该方法的研究范围较大，可计算各种复杂外形飞行器的气动力特性，能给出各种来流和边界条件下的定量结果（包括定常流动的空间流场和非定常流动的时、空流场的定量结果），可详细描述弹箭外形微小变化（如头部、弹带、翼梢、翼根等）对气动特性的影响，这是工程算法往往难以做到的。从现状看，尽管理论计算的方法有多种多样，但无论哪一种方法均有一些未考虑到的因素，并存在一些不可忽视的方法误差。

风洞是一种用人工气流测量空气动力诸参量用的试验设备。在风洞的实验段，气流参数分布均匀，并能模拟真实大气情况又可对气流进行控制。从 1871 年出现第一个风洞到现在，已有 150 年的历史，但它的主要发展阶段是在最近的 70 多年。随着飞行器速度的不断提高，飞行范围的不断扩大，人们建造了各种能满足不同实验要求的风洞。风洞试验法属于实验空气动力学的研究内容，弹箭气动参数的风洞试验是一种模拟试验方法，通常将按原设计弹箭外形按一定比例专门设计和加工的模型用天平杆支撑在风洞试验段内，让空气以一定速度流过弹箭模型，气流的马赫数用更换形状不同的喷管来实现。试验采用风洞天平等专门测试设备测得三个方向的分力及力矩，最后整理出弹箭的气动参数。从原理上讲，只要试验满足必要的相似条件，风洞试验法就与弹箭实物在静止空气中飞行具有相同的物理特性。吹风时模型不动，可获得弹箭的静态气动参数，如阻力、升力及俯仰力矩等；采用模型转动过程的吹风方法，可以获得弹箭的动态气动参数，如赤道阻尼力矩、马格努斯力矩等。在风洞试验中能对气流速度、温度、压力等参数进行控制，并可以很好地变换模型姿态，利用力和力矩天平、纹影或阴影照相等方法获取测试数据。这种方法的优点是气流参数易于控制，不受气象变化的影响，可以在确定的马赫数和固定攻角下，对作用在弹箭上的空气动力和力矩进行较长时间的、多次重复的测量，数据处理较简单，因而能得到较一致的气动力和力矩系数随马赫数变化的函数关系。此外，利用风洞试验还能较好地观测弹箭周围的流场情况，便于分析研究各种气动力产生的物理本质。对于有控弹箭，其操纵面（舵面）上的气动力，尤其是操纵力矩，目前主要由风洞试验获得。

  风洞试验采用弹箭缩比模型在风洞中模拟弹体周围的流场作用，是一种具有相似性的模拟试验。其主要缺点是风洞的流场无法满足与弹箭实际飞行流场的全部相似条件，甚至有些弹箭的缩比模型连最基本的几何相似也不能完全满足（只能达到某种程度的近似满足）。特别是在风洞试验中，洞壁对流场存在反射、试验模型的支撑杆件对吹风流场存在干扰等多种因素均无法消除，使得所测气动力在试验原理上就带有不可忽视的系统误差。尽管通过对风洞试验结果数据进行修正可以减小这种误差，但现实情况是，无论采用何种方法都难以做到精准修正。

  弹箭气动力飞行试验法本质上是以系统辨识理论为基础的试验方法，其试验原理就是弹箭气动参数辨识方法。该方法回答了弹道计算的逆问题，即采用什么样的气动参数才能产生弹箭飞行试验的运动规律。实施这类方法大都采用一定的射击平台，将弹箭或试验模型以某一初始速度发射出去，用各种弹道测试技术和仪器获取弹箭飞行历程的状态参数和飞行条件参数，并构成完备数据群。然后以此为基础，采用适当的弹道模型和数学方法从中辨识相关联的气动参数。由于弹箭气动力飞行试验大都采用发射方式实现飞行，因此在工程实践中也称为弹箭气动力射击试验。在原理上，弹箭气动力飞行试验与实际飞行运动的环境完全相同，因此利用其试验数据群辨识弹箭气动参数，更能反映弹箭飞行运动的真实情况，由它确定的气动参数使得弹道计算模型与弹箭实际飞行状态符合得更好，能够更好地满足精度要求。

  比较前面确定弹箭空气动力系数的各种途径及其特点描述不难发现，在获取弹箭气动参数的各类方法（理论计算法、风洞试验法和飞行试验法）中，理论计算和风洞吹风试验虽然可以获得覆盖所有马赫数的气动参数曲线，两者确定的气动参数与弹箭真实的气动参数相比均存在一些系统误差，有时这种系统误差甚至偏大（主要气动参数的误差甚至能达到10%以上）。这一现象产生的主要原因是它们来自不同的系统，其确定方法与弹箭的实际飞行状态均存在一定差异，因此不可避免地存在原理误差。这种误差使得弹箭气动参数的精度不能得到充分保证，导致工程应用中无法完全满足弹道计算的精度要求。

事实上，无论是理论计算还是风洞试验法，所确定的气动参数一般都是在一定假设条件或模拟飞行试验条件下取得的近似结果。该结果并不能完全代表弹箭实际飞行状态下的气动参数，用于外弹道计算必然存在原理上的系统误差。在弹箭系统研制过程中，这两种确定气动参数的方法所获取的数据，除了用于弹箭的初步设计阶段以外，也可用作弹箭气动力飞行试验设计；作为补充，还可用作弹箭气动参数辨识结果对其进行校核的基础数据。例如，当采用参数微分法等类似方法辨识气动参数时，可将其用作基础数据，以初值的形式代入计算，从而避免辨识计算的迭代过程发散或错误收敛。此外，利用理论计算或风洞试验数据曲线规律作为基础，通过弹箭飞行试验对其气动参数进行校核处理，可以更加全面地确定气动参数曲线。

一般在弹箭系统的论证和设计初期，由于没有成形的弹箭实体模型，常常首先采用气动力计算方法确定多种设计方案，然后按照弹箭多种方案设计的模型采用风洞试验确定各方案弹体模型的气动参数，最后通过分析比较来选定弹体的外形结构。在弹箭设计的中、后期，为了满足更高精度要求的需要，鉴于弹体外形已接近定型，故一般采用气动力飞行试验作为补充和修正，以确定更加精准的气动参数。鉴于气动力飞行试验确定气动参数数据需要严格控制试验条件，并且对试验数据的测试环境及精度要求非常严苛，因而在试验准备阶段确定试验方案的弹道计算中，也需要充分利用气动力计算和风洞试验确定的结果。

在实际应用中，特别是在弹道工程设计、弹箭设计缺陷的诊断和弹道分析、射表编拟等科研环节，所采用的外弹道计算均要涉及诸如初速、起始扰动量、气动参数等许多未知参数的确定。工程上，确定这些参数最可靠的手段就是以弹箭气动力飞行试验的测试数据为基础，利用对应参数的辨识技术对这些参数做出评估和分析。惯常的处理方法是利用理论计算和（或）风洞试验数据，设计和实施气动力飞行试验，并确定弹箭气动参数曲线。在方法上可采取将弹箭飞行试验确定气动参数作为基准，采用气动参数校正方法，确定气动参数曲线数据，即：利用气动参数基准数据，充分结合理论计算和风洞试验的气动力曲线规律，确定校正系数，校核确定弹箭气动参数曲线数据，使得最终确定的弹道计算模型与弹箭实际飞行弹道的状态参数达到最佳拟合。

综上所述，上述三种获取弹箭气动参数的途径各有优缺点，它们往往根据自身特点应用于弹箭研制的不同阶段，并形成按武器系统研制过程逐级递进的互补关系。例如，在弹箭系统总体论证和图纸设计阶段，根据对弹箭空气动力的精度要求和研制周期的不同，主要应用弹箭计算空气动力学的工程方法或数值方法进行计算；当弹箭系统的初步方案确定后，往往需要制作样弹（或对应的缩比模型）进行风洞试验，这是弹箭实验空气动力学的应用内容；在弹箭研制的中、后期，在工程上必须精准掌握研制样弹的飞行特性，此时须针对确定的样弹模型、实弹模型或者实弹开展一系列飞行试验，以确定更加贴合弹箭实际飞行的气动参数。利用这些经飞行试验校核后的气动力数据，可直接用于外弹道工程计算、飞行稳定性分析和弹道设计，并以此为最终结果用作火控弹道计算模型、编制射表和各类相关定型文件的依据。对一些制导控制类弹箭，气动参数辨识是其中一个重要环节。利用辨识确定的弹道计算模型，可以计算符合制导弹箭实际飞行的方案弹道，并直接用于确定飞行器控制系统参数的仿真试验和半实物仿真试验，为弹箭的飞行控制系统的控制参数设计提供必要的试验基础。

1.2.2 弹箭飞行试验与气动参数辨识的研究内容

根据外弹道测试方法所需要的试验条件和精度要求，弹箭气动力飞行试验可分为平射试验和仰射试验两类。一般在弹箭系统的研制中期，飞行试验多采用其模型的气动力平射试验方法；而在研制后期，通常在专门的外弹道试验靶场采用全弹道飞行的实弹或实弹模型，系统实施弹箭飞行试验，以确定其最终的气动参数。

所谓平射试验，就是将试验模型以接近水平的射角发射，使得弹道线与地平面保持较短的距离，以便于在弹道线附近架设和安装各种测试仪器，对弹箭飞行状态及条件进行定点测量。平射试验有两种实施方法，一种是在外弹道靶道（用于室内飞行试验的专门设施）内进行射击试验，另一种是在野外试验靶场的露天靶道进行射击试验。平射试验需要沿预定弹道定点架设仪器测试弹箭的飞行状态参数，为了保证数据的准确捕获和试验安全，被试弹箭模型必须保持飞行稳定（尾翼弹要求静态稳定，旋转弹要求陀螺稳定）。一般说来，在平射试验测量段的弹道线上，弹箭飞行状态参数的测试方法主要有纸靶测试法、闪光阴影照相法等。由于受测量站点有效视场（或纸靶面积）的限制，多数平射试验的测试弹道段的测量站点数量不多，实测弹道段范围不长，因此一次射击试验往往只能获得一个马赫数范围的气动参数，且试验数据的判读处理过程比较繁琐和复杂。

一般对于综合性的弹箭气动力平射试验，所获取的试验数据大都在计算机上采用专门的辨识方法进行优化处理。目前用的比较多的弹箭气动参数辨识方法有：用弹道方程近似解析解拟合测试数据辨识气动参数；直接用其弹道微分方程的数值解拟合测试数据辨识气动参数。对某些单项内容测试的弹箭气动力平射试验，若精度要求不高，为了计算简单也可采用公式代入法计算。

在靶道实施的气动力平射试验常常采用与实体弹箭外形相同的缩比模型，在有条件情况下，必要时也采用原型弹箭的实体模型（例如填砂弹）。试验模型在弹道靶道内的飞行过程多采用以闪光阴影照相技术为核心的靶道测试系统获取图像及试验信息，所获取数据的测试精度和试验条件控制水平均明显优于野外自由飞行试验。通常，野外开展的弹箭气动力平射试验主要采用以纸靶测试技术为核心，配以区截装置-测时仪或/和初速雷达、高速摄影或狭缝同步摄影技术获取试验数据，其试验条件控制水平和弹箭飞行状态参数的测试数据精度均不如在靶道内试验。

弹箭气动力仰射试验一般适用于全弹道自由飞行试验，它可以获取全弹道的飞行试验数据群，所确定的气动参数数据能够覆盖飞行弹道的马赫数范围。通常，这类试验只能在野外试验条件下进行，一般可采用弹道跟踪雷达、光电经纬仪、弹道相机、弹载测试传感器等野外弹道测试设备获取长距离的试验数据；试验时还需要分时释放探空仪，以获取气动参数辨识所需的高空气象诸元数据和地面气象诸元数据，使得各种试验数据相互匹配，并构成全面的完备数据群。这类试验规模庞大，实施过程中的各个试验环节及测试系统都通过复杂的数据传输和通信联络条件协同完成，并且试验数据量极大，处理方法更加复杂多样。

利用弹箭飞行试验数据群，通过系统辨识气动参数确定的弹道计算模型，可以更好地实现弹箭外弹道计算和飞行稳定性分析，其结果可作为弹箭设计问题诊断分析的依据。这一方法同样适用于建立各类新型弹箭的弹道计算模型。对于制导弹药而言，贴合弹箭实际飞行的气动参数可以使其方案弹道计算模型更精准，并有利于制导控制类弹箭飞行控制参数的数值仿真或半实物仿真确定。现代战争条件下，为了提高作战效能和生存能力，火炮等武器系统广泛采用了先进的火控系统配合相应的校射雷达或校射弹药进行射击，而火控系统的弹道计算模型本质上与射表计算模型相通，尽管采用了弹着点坐标符合计算手段，但此类模型的延展计算精度仍在很大程度上取决于模型中弹箭气动参数的精度；校射雷达实测弹道数据或校射弹药在飞行过程中发回的弹道信息均需要实时分析处理，同样需要以精准的空气动力系数为基础。当前，世界各国的弹道学家们都一致将弹箭飞行试验确定的空气动力数据认定为最终的结果数据。在确定气动参数的处理方法上，通常以飞行试验结果为基准，参考弹箭气动参数的理论计算数据和（或）风洞试验数据的曲线规律，对原有的数据进行替代和全面分析校正。通过一系列数据统计分析和加工处理，最终确定出更加准确可靠的气动参数曲线数据，并以此作为编制各类定型文件和射表计算的依据。

由于现代战争对武器系统的射程、精度和威力指标的要求越来越高，在战术武器系统中，远程精确打击新型弹药的研制发展，对其弹箭气动力精度也有较高的要求。这一需求背景推动了弹箭飞行试验及测试技术与气动参数辨识技术的发展，并逐渐形成系统的弹箭飞行试验与气动参数辨识的理论体系。近百年来，各种飞行器的气动参数辨识数学模型从线性系统发展到非线性系统；新型弹箭的出现使得辨识方法从频域法、回归技术发展到最大似然法、卡尔曼滤波、分割算法、遗传算法、粒子群优化算法、神经网络等；辨识对象从飞机扩展到炮弹、火箭、战术导弹、再入弹头、飞船返回舱等。这些技术的相互借鉴和交叉融合，不断充实着弹箭飞行试验与气动参数辨识的内涵，使得这一交叉领域逐渐发展为相对独立的学科分支。

1.3 弹箭气动参数辨识与飞行试验的基本原理

按照前述系统辨识的基本概念，弹箭系统气动参数辨识应分为弹箭气动力飞行试验和利用试验数据群辨识确定其气动参数两个环节。在原理上，获取气动力飞行试验数据群的试验条件与弹箭实际应用飞行条件完全相同，因此由它确定的弹道计算模型更能反映真实的弹箭飞行运动情况，一般可将其气动参数确定为最终结果，其数据在一定程度上能够满足火控及射表弹道计算模型的精度要求。

1.3.1 弹箭气动力飞行试验的基本原理

按照 L. Ljung 关于辨识的定义（1978年）可以认为，弹箭气动参数辨识就是通过大量试验数据确定弹道计算模型，并使该模型的计算结果与该弹箭飞行试验数据拟合最好。由于外弹道学理论研究已确定出几种较为成熟的外弹道模型，因此弹箭气动参数辨识就简化为根据外弹道模型的结构形式，从反映弹箭运动规律的试验数据中，确定气动参数等相关参数的问题。在气动辨识问题讨论中，常常将需要辨识的"气动参数等相关参数"简称为辨识参数。

按照系统辨识理论，如果一个系统在给定的模型集中的估计是相容的，就称该系统在该模型集中是可辨识的。在实际应用中，模型集的选择非常重要，各种不同的系统都应该选择符合自己特性的模型集，否则，所得出的参数估计很可能不相容。一般而论，一个给定系统的可辨识性与模型集、辨识方法和试验条件及方法的选择密切相关，选择的模型集只有包含了系统的内在性质，才可能得出合适的估计模型。由此推论，弹箭飞行系统的可辨识性应与外弹道模型、辨识方法和弹箭飞行试验及测试条件的选择有关，如果三者之间的关系不相容，则认为该系统不具有可辨识性。为了摸清弹箭系统飞行运动的可辨识性问题，首先需要研究其内在性质，弄清弹箭飞行动力学模型的辨识参数与可测物理量参数之间的内在联系，以便选择并确定外弹道模型、辨识方法和相应的气动力飞行试验方法。

根据外弹道学理论，弹箭飞行状态参数的变化规律与飞行过程中的气动力和力矩参数、弹丸物理参数、飞行起始条件、发射条件等诸多因素相关。这些因素与弹箭飞行状态的关系，以及弹箭空气动力和力矩的形成机理，确定了决定弹箭运动状态历程与各种因素之间的关系，如图 1.2 所示。

由弹箭空气动力学可知，试验弹箭的气动参数是其弹体外形及形态、弹体表面材料形态、质心位置参数、静不平衡参数等因素综合影响决定的。由于各个弹体之间由加工和装配过程产生的差异（误差）很小，弹体形态虽然难以用物理量精确描述，但在加工工艺上能够保证较好的一致性；虽然弹体质心位置参数、静不平衡参数的随机性很强，但参量的绝对量值变化也很小。因此在实际应用中，一般都将它们的影响全部综合归总在弹箭气动参数的散布误差中，由此说明弹箭气动参数是含有各种误差的随机变量。

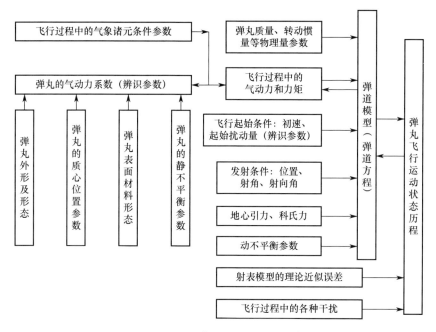

图 1.2　弹道模型及辨识参数与可测物理量参数的关系图

由实验外弹道学可知，关系图中的弹箭参数、发射条件均可通过非常成熟的测量方法直接确定下来，弹箭质量、转动惯量等物理参数能够用相应的测试方法精确获取，试验时的气象诸元参数可以利用气象探空仪直接测出。因此按照图中关系，在原理上只要通过弹箭飞行试验能够获取弹箭自由飞行的运动状态参数，同时测出其他可直接测量的全部关联参数，即可确定弹箭的飞行起始条件参数和气动力系数。因此为了确定弹道模型（例如，六自由度弹道方程）中弹箭的气动参数，在弹箭飞行试验获取的可辨识数据的手段中，最关键的技术环节是弹箭自由飞行运动状态参数的获取方法。

1.3.2　弹箭气动参数辨识与飞行试验的关系

按照弹箭气动参数辨识定义，气动参数辨识有 3 个基本要素，即试验数据、辨识采用的弹道模型（即数学模型集）和辨识准则。其中，数据是辨识的基础；准则是辨识目标的依据；弹道模型则决定了辨识的范围，是决定辨识的方法的主要因素。对于弹箭系统来说，其飞行系统的可辨识性与弹道模型、辨识方法和弹箭飞行试验数据群的试验及测试条件选择有关,如果三者之间的关系不相容,则认为该系统不具有可辨识性。因此,开展弹箭系统的气动参数辨识的主要工作是:获取气动参数辨识所需的试验数据群,以此为基础确定气动参数辨识准则,建立气动参数辨识的弹道模型和辨识方法。

根据物理参数的间接测量原理,由弹箭系统气动参数辨识内容可以看出,辨识的基础是可辨识弹箭气动参数的飞行试验数据群。所谓可辨识的试验数据群是指与弹箭气动参数存在密切关联的数据集合,获取该试验数据群需要建立相关联的弹箭飞行试验方法,而方法的实施则依靠各种可靠的并满足功能和精度要求的试验设施和测试系统。弹箭气动参数辨识的主要研究过程就是从理论上建立弹箭飞行试验数据群的辨识参数(即气动参数和相关的弹道参数)的数学关系入手,采用科学合理的辨识准则(按照准则的辨识结果应满足无偏性、最佳性、条件一致性要求),设计出相应的辨识计算方法,通过实施方法确定弹箭气动参数,最终建立弹道计算模型。弹箭气动参数的辨识理论与方法构成了其飞行试验的动力学原理,并用它们指导飞行试验方法的设计和实施。由此说明,弹箭气动参数辨识理论与可辨识试验数据的获取方法是相互对应的,它们之间的关系密不可分。也就是说,建立弹箭系统的弹道计算模型是一个综合工程问题,它需要系统研究获取可辨识数据群的飞行试验方法和弹箭气动参数辨识方法。解决该问题涉及的内容很多,例如弹箭飞行动力学、弹箭空气动力学、气动参数辨识理论和方法、试验原理及方法、大气条件、试验场地与弹箭飞行体发射条件、测试内容及对应的测试设备条件、测试参数的数据精度等。其中,有些内容之间往往还存在一定程度的相互关联,每项内容的细节以及各项数据之间的关联都需要弄清楚。否则,将可能造成试验数据的精度不满足要求,使得气动参数辨识结果误差显著增大,甚至还可能造成某些测试数据缺失,丧失试验数据群的完备性,导致弹箭气动参数辨识失败。

按照上述分析,这里将气动参数辨识研究大致划分为气动参数辨识试验数据群的获取方法研究与气动参数辨识模型及辨识方法研究两大部分。它们之间的关系如图1.3所示。

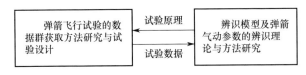

图1.3 弹箭飞行试验设计与气动参数的辨识理论与方法研究

图示内容表明,弹箭系统气动参数辨识的两个方面研究是平行的,不可分割的,它们之间存在着明确的对应关系。表1.1概括性地描述了弹箭系统气动参数辨识所涉及的两方面的内容和它们之间的对应关系。通过充分研究和梳理清楚这些内容及关系，可以在工程应用上科学确定弹箭系统气动参数辨识的总体技术方案。

表1.1 弹箭飞行试验与气动参数辨识的内容概览

弹箭飞行试验与气动参数辨识方法												
飞行试验数据的获取方法研究与试验设计（试验大纲）							气动参数辨识理论与方法					
气动力飞行试验方法				试验的测试参数设计			参数辨识估计方法				气动参数的统计校正	
气动力组合试验原理与场地条件要求	试验的弹箭编组与确定各组试验射击诸元	各项试验的实施方法与测试参数	各项试验的射击条件与控制方法	飞行试验的原始数据的现场检查分析	试验测试参数确定及数据精度要求	满足要求的弹道参数测量手段选择	满足要求的弹箭参数测量手段选择	各项测试参数的关联与系统整理要求	飞行试验数据的检查与预处理方法	选择辨识准则与目标函数设计	飞行试验的气动参数辨识模型	飞行试验的气动参数辨识方法	气动参数的统计处理方法	主要气动参数的误差计算方法	弹道仿真与气动参数的验证方法	气动参数的残差分析与校正方法
气动力飞行试验实施方案（细则）							气动参数辨识流程（方法实施）方案					
实施弹箭气动力飞行试验，获取各项试验数据（链）群							气动参数辨识计算与统计分析，弹道重构检查与校正					
飞行试验数据群汇总，建立可辨识的完备数据组合群							弹箭气动力数据包与主要误差数据包					

1.4 弹箭系统的气动参数辨识技术的发展历程

纵观外弹道学和弹箭气动力飞行试验的发展历程可以看出，自热兵器诞生以来，人们一直在围绕提高兵器系统的射程、精度和威力而努力。由于射表编制技术及精度的提高主要依赖于提高弹道计算精度，其核心在于弹箭气动参数的精度提高。这些均与弹箭飞行试验及测试技术水平和气动参数辨识技术水平息息相关。

1.4.1 弹箭系统的气动参数辨识技术的发展历程

由前所述，弹箭系统气动参数辨识就是通过飞行试验获取数据（链）群，并按照一个准则从中提取弹箭气动参数曲线数据，最终确定弹道计算模型的科学。

辨识理论的发展历史可以追溯到19世纪初，从最小二乘法的提出到1912年，Fisher提出最大似然概念，并建立了相应的估计理论和方法，为系统辨识领域的数学理论发展打下了坚实的基础。

自20世纪初建立线性气动力模型并逐渐发展成空气动力学系统理论以来，弹道学家们将空气动力学的气动力模型成功地应用于外弹道方程，标志着弹箭气动参数辨识技术开始形成。

1920年英国弹道学家R.H.福勒（R.H. Fowler）等人在其公开出版的著作中，首次提出了利用纸靶试验数据群辨识弹箭气动参数的方法，并建立了提取高速旋转弹丸的气动力及力矩参数的换算公式。到了20世纪40年代，章动周期法、动能原理测量法等获取弹箭气动参数的方法在气动参数辨识领域已得到了广泛应用。第二次世界大战末，在弹箭气动参数辨识领域，美国阿伯汀靶场等各国靶场都在应用章动纸靶试验方法、动能原理测量方法，并获取了大量弹箭的气动力及力矩系数。第二次世界大战大大促进了军工技术的发展，相继出现了超音速风洞、闪光阴影照相靶道和电子计算机等具有里程碑意义的技术成果。

20世纪50年代，随着弹道靶道试验技术的应用成熟，一种使用最小二乘法从飞行数据中辨识小扰动线性化模型的方法被提出。由于当时飞行器传感器技术和数据处理技术相对落后，无法有效地进行计算，尽管弹箭气动参数辨识技术有所提高，但仍缺乏实质性的进展。比较典型的事件是，美国著名的弹道学家墨菲（C.H. Murphy）于1956年提出了线化理论（quasi-linear theary），但由于当时计算机技术的限制，实际应用仍采用原始图线和公式换算方法。这些方法往往限于从平射飞行试验数据图线提取特征参数，以此换算中阻力、升力、俯仰力矩等主要的气动参数，且很难达到实际应用的精度要求。

到了20世纪60年代，随着计算机技术的应用推广，计算机技术开始大量应用于弹道计算和数据处理，使得弹箭气动参数辨识技术得到显著的提高。1963年，墨菲（C.H. Murphy）在其著作中深入研究了从弹道靶道试验数据辨识气动参数的数据处理问题，提出了Murphy方法[13]，并利用弹道靶道试验数据确定出了弹箭非线性的气动力及力矩，其结果数据与风洞试验获取的气动力及力矩具有良好的一致性。从此，Murphy方法得到了广泛应用，它有效解决了利用靶道试验数据辨识气动参数的基本问题。

1969年，G.T. Charpman和D.B. Kirk在其论文中提出了利用微分方程数值解拟合试验数据的Charpman-Kirk方法[20]（简称C-K方法），该方法直接采用刚体弹道方程作为数学模型，解决了从弹箭仰射飞行试验数据群提取气动参数的辨识问题，使得气动参数辨识技术全面突破，辨识结果更加精确。进入20世纪80年代后，气动参数辨识应用技术研究进入高潮，世界上技术先进的国家纷纷开展C-K方法的应用研究；特别在20世纪80年代中、后期，随着弹道试验与测试技术的不断进步，欧美等技术先进的国家已广泛开展了应用C-K方法和以C-K方法为基础的最大似然法解决弹箭系统的气动参数辨识问题研究。

20世纪90年代以后，人们以C-K方法和最大似然法为主体，针对各种外弹道试验数据对应气动参数辨识的工程方法研究已趋成熟，并在靶场射表等各种飞行试验中得到广泛应用。大量飞行试验证明，理论计算、风洞试验得出的气动数据，只有通过飞行试验辨识气动参数并经过验证和校核后，其结果才能最终成为准确可靠的飞行器气动参数。因此国际弹道学界公认，通过弹箭气动力飞行试验数据进行气动参数辨识确定的气动数据为弹箭气动力的最终结果。经过50多年的发展，弹箭气动力飞行试验及其参数辨识技术越来越成熟，目前已成为火控模型、射表编制及武器系统定型中不可或缺的方法。

鉴于C-K方法和最大似然法辨识弹箭的气动参数需要推导非常复杂的灵敏度方程，为了降低气动参数辨识的实施难度，近20多年来人们以最小二乘准则和最大似然准则为目标函数，相继开展了诸多辨识优化新技术研究。其主要特点是利用智能优化算法避开原来复杂公式的推导，比较典型的有遗传算法、基本粒子群优化算法、自适应混沌变异粒子群算法等。这些算法通过追随当前搜索到的最优值来寻找全局最优解，在气动参数辨识理论中也开展了一些有益的探索。

1.4.2　国内外射表试验与弹箭气动参数辨识现状

由于无控弹箭的射击完全依赖射表装定射击参数，其射击精度在很大程度上取决于射表或火控计算模型精度，因此弹道学界普遍认为，射表计算及火控模型对其气动参数的精度要求及其严格，其精度是目前最高的水准。然而在射表试验中，弹箭气动力飞行试验是其中最关键的试验内容之一。国外，以美国为核心的北约组织采用的射表编制方法，主要依据北约组织（NATO）STANAG 4144-2005"间瞄射击火控系统使用的火控输入诸元的确定流程"[18]。通过对协议的处理流程和相关资料的研究分析，总结出北约组织采用的射表试验与数据处理方法主要有以下几个特点：

（1）在射表编制试验中，全面采用了先进的测试手段，例如国外射表试验大量采用了多普勒测速雷达、弹道跟踪坐标雷达、弹箭攻角探测装置等，使得数据处理所需的信息非常齐全、完整。

（2）采用射击方法实施弹箭飞行试验确定比较完整的气动参数，明确这些参数的获取途径是：弹载攻角探测装置的弹箭姿态角测量的气动力飞行试验、弹道靶道试验（其中靶道试验主要采用闪光阴影照相测试试验，也含有章动纸靶测试试验）、风洞试验。

（3）采用先进成熟弹道测试方法获取完备试验数据群作为气动参数辨识的基础，主要以修正质点弹道方程为辨识数学模型集，在攻角探测器试验数据群的气动参数辨识中也采用六自由度弹道方程或其衍生方程作为数学模型。

（4）气象诸元测试采用了多站布点测量方法，并参考或采用（国家和国际气象组织）大气观测的网格气象分布数据，其试验气象条件要求以及气象数据及处理方法更充分、完善。

（5）主要的气动参数，如阻力、升力、俯仰力矩等，全部采用了气动参数辨识方法确定，并且采用了非线性气动力模型的表达形式。

（6）利用弹箭飞行轨迹曲线数据进行了射角和方位角修正量的分析计算。

（7）对气动参数辨识结果采用了重构弹道计算结果进行弹道吻合度检查，必要时进行残差分析。

（8）采用了阻力、升力、章动角阻力、马格努斯力的符合系数用于弹道计算。

国内于 20 世纪 70 年代初期开始采用多普勒雷达测试弹箭初速，射表编制所用的气动力以 43 年阻力定律为基础。80 年代中期，从丹麦 TERMA 公司引进了弹道跟踪测速雷达 DR582 后，采用了程控跟踪方式测量传统大口径武器的部分升弧段弹道的弹箭速度，射表编制所用阻力系数采用了实测弹箭速度数据的辨识结果。

在 20 世纪 90 年代末及 2000 年以后，国内靶场相继引入了大型单脉冲体制的精密跟踪弹道测量雷达和具有测距功能的连续波测量雷达，这些雷达均具有自动跟踪目标的能力，它可以同时测出一发弹丸的飞行速度、空间坐标等状态参数。为了充分利用好现代先进的弹道测试设备，目前仍在开展这些测试设备测试数据的弹箭飞行试验和气动参数辨识技术的研究。

第2章　弹箭气动参数辨识的数学方法

由前所述，所谓弹箭气动参数辨识就是利用相关的弹箭飞行试验数据群，在给定的准则条件下，采用合理的辨识方法获取弹道模型中的气动力及相关的弹道参数，以确定与试验数据拟合最佳的弹道计算模型。其中合理的辨识方法，就是按照一定的准则确定辨识目标函数，并将弹箭气动参数辨识问题转化为目标函数的优化问题。目前，常用的优化算法有迭代计算法、递推计算法、优选法等，其中迭代计算法应用较多。常用的迭代算法有牛顿法、梯度法、高斯法、修正牛顿-拉夫逊算法等。近些年来，弹道工作者对智能优化算法在气动参数辨识中的应用开展了大量探索性研究，其中包括遗传算法、基本粒子群优化算法、自适应混沌变异粒子群算法等。本章主要介绍弹箭气动力辨识中以最小二乘准则和最大似然准则为基础的经典辨识技术的数学原理及方法，同时也简单介绍近些年新发展的遗传算法、粒子群算法等智能优化算法和试验设计优化方法。

2.1　最小二乘准则的辨识方法

弹箭气动参数辨识方法中最经典的是最小二乘准则和最大似然准则的辨识方法，本节主要介绍基于最小二乘准则的辨识方法，其中包括线性最小二乘法、显函数的非线性最小二乘法和微分方程数值解的拟合方法（C-K方法）等内容。

2.1.1　最小二乘准则

在弹箭气动参数辨识中，常常会遇到利用 n 个测量数据点估计表征弹箭运动规律的问题。这 n 个测量数据点通常是一组带有与特征参数相关的规律性曲线数据。例如，弹箭速度与飞行时间的 n 个数据点 (v_i, t_i)，$i = 1, 2, \cdots, n$，即反映了弹箭速度随时间的变化规律。弹箭气动参数辨识就是依据系统辨识准则，从弹箭飞行状态参数曲线数据估计弹箭的气动力参量。最小二乘准则是常用气动参数辨识准则之一，其基本原理和辨识方法表述如下。

设已知测试数据为

$$y(t_1),\ y(t_2),\ \cdots,\ y(t_n) \tag{2.1}$$

由于该测试数据中存在随机误差，则数据 $y(t_i)$ 可表示为其物理量值 μ_i 与随机误差 δ_i 之和，即

$$y(i) = y(t_i) = \mu_i + \delta_i \quad i = 1, 2, \cdots, n$$

若观测物理量 y 随参量 t 变化，则可以认为它们满足某一数学模型，即

$$y(t) = f(c_1, c_2, \cdots, c_J; t) + \delta(t) \qquad t \in [t_1, t_n] \qquad (2.2)$$

式中：$f(c_1, c_2, \cdots, c_J; t)$ 为观测物理量 y 与 t 的函数表达式；$\delta(t)$ 为误差函数，它代表了误差 δ 在对参数 y 的测量中随 t 的数值关系。该式的函数形式是确定的，但其中含有 J 个未知数值的特征参数 $c_1, c_2, \cdots, c_J$，可以认为 $f(c_1, c_2, \cdots, c_J; t)$ 是测量曲线数据（式（2.1））的平均结果。

为了便于叙述，将未知参数 $c_1, c_2, \cdots, c_J$ 的集合表述为 $\boldsymbol{C}$，即 $\boldsymbol{C} = (c_1, c_2, \cdots, c_J)$。若将式（2.2）中的函数式 $f(\boldsymbol{C}; t)$ 作为逼近数据［式（2.1）］的拟合模型，记实测数据 y_i 与拟合模型计算值 $f(\boldsymbol{C}; t_i)$ 之差为

$$e_i = y(i) - f(\boldsymbol{C}; t_i) \qquad i = 1, 2, \cdots, n \qquad (2.3)$$

式中：e_i 为残差。最小二乘拟合问题就是求使式（2.3）表达的残差平方和［式（2.4）］最小时的参数 $\hat{\boldsymbol{C}}$。

$$Q(\boldsymbol{C}) = \sum_{i=1}^{n} e_i^2 = \sum_{i=1}^{n} [y(i) - f(\boldsymbol{C}; t_i)]^2 \qquad (2.4)$$

即在由 $c_1, c_2, \cdots, c_J$ 和 Q 构成的 $J+1$ 维参数空间中，选择 $\boldsymbol{C}$ 使之满足

$$Q(\hat{\boldsymbol{C}}) = \sum_{i=1}^{n} e_i^2 = \min_{(c_1, c_2, \cdots, c_J)} \left\{ \sum_{i=1}^{n} [y(i) - f(\boldsymbol{C}; t_i)]^2 \right\} = \sum_{i=1}^{n} [y(i) - f(\hat{\boldsymbol{C}}; t_i)]^2 \qquad (2.5)$$

式（2.5）为最小二乘准则的数学表达式，一般称 $f(\boldsymbol{C}; t_i)$ 为拟合数学模型，其中未知的参数 $\boldsymbol{C} = (c_1, c_2, \cdots, c_J)$ 为待辨识参数，残差平方和 Q 为最小二乘准则的目标函数。显见，Q 值的大小直接反映了拟合数学模型与试验数据的逼近程度。

一般而论，在基于最小二乘准则的系统辨识方法中，最重要的也是最困难的是确定拟合函数 $f(\boldsymbol{C}; t_i)$ 的类型和具体的表达形式。试验数据拟合通常有已知或可定出拟合函数的类型和不知道拟合函数的类型两种情况。前者是对整个物理过程已有了较深入了解的情况，并从物理过程中可以导出其规律；后者是对其物理过程不甚了解，理论上无法确定其规律的情况。由于人们对弹箭飞行动力学原理有所了解，因此弹箭飞行状态参数的气动参数辨识问题主要是前一种情况，这类情况实际上就转化为弹道模型的参数估计问题。例如，多普勒雷达测速数据处理中，拟合模型的函数形式在特定条件下可以从理论上导出。

根据最小二乘原理，一般可以将拟合数学模型 $f(\boldsymbol{C}; t_i)$ 认为是试验观测值 y_i 的数学期望，即

$$E(y(i)) = f(\boldsymbol{C}; t_i)$$

这是因为若将 t_i 视为自变量的某一准确值时，由于测试误差及各种干扰存在，对应于某一固定的 t_i，观测值 $y(i)$ 是一个随机变量。如果测量中的系统误差和拟合数学模型本身引起的系统误差可以忽略，在随机误差 δ_i 的影响下，试验观

测值 y_i 在其理论值的左右摆动,由于 $f(\boldsymbol{C};t_i)$ 是一个具有确定值的量,对于均值为零的随机误差有 $E(\delta_i)=0$,故 $f(\boldsymbol{C};t_i)$ 为观测数据 y_i 的数学期望。

2.1.2 线性最小二乘法

按多项式的理论表述,$J-1$ 次代数多项式是 $1,t,\cdots,t^{J-1}$ 的线性组合,即

$$y_m = p_m(\boldsymbol{C};t) = \sum_{j=1}^{J} c_j t^{j-1} \qquad m=1,2,\cdots,N_1 \tag{2.6}$$

而 $p_m(\boldsymbol{C};t)$ 是由 J 个系数集合 $\boldsymbol{C}=(c_1,c_2,\cdots,c_J)$ 唯一确定,所以式(2.6)通常称为由 N_1 个 J 阶多项式构成的方程组。

更一般地,设 $u_{mj}(t)$,$j=1,2,\cdots,J$,是自变量 t 的函数,并且它们线性无关,则其线组合

$$y_m(t) = p_m(\boldsymbol{C};t) = \sum_{j=1}^{J} c_j u_{mj}(t) \qquad m=1,2,\cdots,N_1 \tag{2.7}$$

称为 J 阶广义多项式。显然,$p_m(\boldsymbol{C};t)$ 为参数 $\boldsymbol{C}=(c_1,c_2,\cdots,c_J)$ 的线性函数,则取广义多项式 $p_m(\boldsymbol{C};t)$ 为拟合函数的最小二乘法,即线性最小二乘法。

按照最小二乘准则(式(2.4)),令试验测试数据为

$$y_m(t_1),y_m(t_2),\cdots,y_m(t_n) \qquad m=1,2,\cdots,N_1 \tag{2.8}$$

那么线性最小二乘问题的目标函数应为广义多项式 $p_m(\boldsymbol{C};t)$ 在 $t=t_i$ 处的计算值与数据 $y_m(i)=y_m(t_i)$ 的残差平方和,即

$$Q = \sum_{i=1}^{n} \sum_{m=1}^{N_1} \left[y_m(i) - \sum_{j=1}^{J} c_j u_{mj}(t_i) \right]^2 \tag{2.9}$$

显见,欲使广义多项式 $p_m(\boldsymbol{C};t)$ 与试验数据(式(2.8))逼近,应调整待定参数 $\boldsymbol{C}=(c_1,c_2,\cdots,c_J)$ 的取值,使目标函数 Q 最小。由此,上述问题就转化为在 $J+1$ 维参数空间中求多元目标函数 $Q(\boldsymbol{C})=Q(c_1,c_2,\cdots,c_J)$ 的极小值问题。由多元函数极值的必要条件

$$\frac{\partial Q}{\partial c_k} = 2 \sum_{i=1}^{n} \sum_{m=1}^{N_1} \left[y_m(i) - \sum_{j=1}^{J} \hat{c}_j u_{mj}(t_i) \right] u_{mk}(t_i) = 0 \qquad k=1,2,\cdots,J \tag{2.10}$$

得待定参数 $\boldsymbol{C}=(c_1,c_2,\cdots,c_J)$ 的线性代数方程组,即

$$\sum_{j=1}^{J} \hat{c}_j \left[\sum_{i=1}^{n} \sum_{m=1}^{N_1} u_{mj}(t_i) \cdot u_{mk}(t_i) \right] = \sum_{i=1}^{n} \sum_{m=1}^{N_1} u_{mj}(t_i) \cdot y_{mi} \qquad k=1,2,\cdots,J \tag{2.11}$$

为了便于观察和书写,令方程组系数为

$$\begin{cases} A_{jk} = \sum_{i=1}^{n} \sum_{m=1}^{N_1} u_{mj}(t_i) \cdot u_{mk}(t_i) \\ B_j = \sum_{i=1}^{n} \sum_{m=1}^{N_1} u_{mj}(t_i) \cdot y_{mi} \end{cases} \qquad j,k=1,2,\cdots,J \tag{2.12}$$

可得出 J 元线性代数方程组，即

$$\begin{cases} A_{11}\hat{c}_1 + A_{12}\hat{c}_2 + \cdots + A_{1J}\hat{c}_J = B_1 \\ A_{21}\hat{c}_1 + A_{22}\hat{c}_2 + \cdots + A_{2J}\hat{c}_J = B_2 \\ \cdots \\ A_{J1}\hat{c}_1 + A_{J2}\hat{c}_2 + \cdots + A_{JJ}\hat{c}_J = B_J \end{cases} \quad (2.13)$$

式中：$\hat{c}_j(j=1,2,\cdots,J)$ 为满足式（2.10）的参数 c_j 的估计值。式（2.13）为式（2.9）的线性最小二乘问题的正规方程。

以 $A_{jk}(j,k=1,2,\cdots,J)$ 为元素的式（2.13）的系数行列式，有

$$\det|\boldsymbol{A}| = \begin{vmatrix} A_{11} & A_{12} & \cdots & A_{1J} \\ A_{21} & A_{22} & \cdots & A_{2J} \\ \vdots & \vdots & \vdots & \vdots \\ A_{J1} & A_{J2} & \cdots & A_{JJ} \end{vmatrix} \quad (2.14)$$

若式（2.14）不为零时，可以唯一地解出参数估计值 $\hat{c}_j(j=1,2,\cdots,J)$。将这组估计值代入拟合数学模型［式（2.7）］，可得

$$\hat{y}_m = \hat{c}_1 u_{m1}(t) + \hat{c}_2 u_{m2}(t) + \cdots + \hat{c}_J u_{mJ}(t) \quad m=1,2,\cdots,N_1 \quad (2.15)$$

式（2.15）为与实测数据［式（2.8）］最逼近的线性函数，通常称为以线性拟合模型［式（2.7）］为基础的最终方程，也称为经验线性回归方程。

若采用矩阵方法表达上面过程，可设

$$\boldsymbol{y}_m = \begin{bmatrix} y_m(1) \\ y_m(2) \\ \vdots \\ y_m(n) \end{bmatrix}, \quad \boldsymbol{\delta}_m = \begin{bmatrix} \delta_{m1} \\ \delta_{m2} \\ \vdots \\ \delta_{mn} \end{bmatrix}, \quad \boldsymbol{e}_m = \begin{bmatrix} e_{m1} \\ e_{m2} \\ \vdots \\ e_{mn} \end{bmatrix}, \quad \boldsymbol{U}_m = [u_{mij}]_{n\times J} \quad m=1,2,\cdots,N_1$$

$$\boldsymbol{C} = \begin{bmatrix} c_1 & c_2 & \cdots & c_J \end{bmatrix}^\mathrm{T}$$

式中：e_{mi} 为残差；矩阵元素 $u_{mij} = u_{mj}(t_i)$，$i=1,2,\cdots,n$，$j=1,2,\cdots,J$。

若将拟合模型［式（2.7）］看作真值，则残差就是观测误差。此时，式（2.2）所示的观测方程可表示为

$$\boldsymbol{y}_m = \boldsymbol{U}_m \boldsymbol{C} + \boldsymbol{\delta}_m \quad m=1,2,\cdots,N_1 \quad (2.16)$$

实际上，在最小二乘法中，拟合数学模型［式（2.7）］构成的最终方程为

$$\hat{\boldsymbol{y}}_m = \boldsymbol{U}_m \hat{\boldsymbol{C}} \quad m=1,2,\cdots,N_1$$

它是由一组观测数据（子样）确定的。可以认为，最小二乘估计值 $\hat{\boldsymbol{C}}$ 所确定的最终方程代表了该组数据的子样均值，故残差为

$$\boldsymbol{e}_m = \boldsymbol{y}_m - \boldsymbol{U}_m \hat{\boldsymbol{C}} \quad m=1,2,\cdots,N_1 \quad (2.17)$$

残差平方和可表示为

$$Q = \sum_{m-1}^{N_1} \bm{e}_m^{\mathrm{T}} \bm{e}_m = \sum_{m-1}^{N_1} (\bm{y}_m - \bm{U}_m \hat{\bm{C}})^{\mathrm{T}} (\bm{y}_m - \bm{U}_m \hat{\bm{C}}) \tag{2.18}$$

式中：Q 为 J 个估计值 $\hat{c}_1, \hat{c}_2, \cdots, \hat{c}_J$ 的二次函数。因为 Q 是非负的，所以 Q 的极小值存在，并且满足 $\dfrac{\partial Q}{\partial \bm{C}} = 0$。由此将式（2.18）代入，可得

$$\frac{\partial Q}{\partial \bm{C}} = 2 \sum_{m=1}^{N_1} \left(\frac{\partial \bm{e}_m^{\mathrm{T}}}{\partial \bm{C}} \right) \bm{e}_m = -2 \sum_{m=1}^{N_1} \frac{\partial (\hat{\bm{C}}^{\mathrm{T}} \bm{U}_m^{\mathrm{T}})}{\partial \bm{C}} (\bm{y}_m - \bm{U}_m \hat{\bm{C}}^{\mathrm{T}}) = -2 \sum_{m=1}^{N_1} \bm{U}_m^{\mathrm{T}} (\bm{y}_m - \bm{U}_m \hat{\bm{C}}^{\mathrm{T}}) = 0$$

故有

$$\sum_{m=1}^{N_1} \bm{U}_m^{\mathrm{T}} \bm{U}_m \hat{\bm{C}} = \sum_{m=1}^{N_1} \bm{U}_m^{\mathrm{T}} \bm{y}_m \tag{2.19}$$

令

$$\begin{cases} \bm{A} = \sum_{m=1}^{N_1} \bm{U}_m^{\mathrm{T}} \bm{U}_m \\ \bm{B} = \sum_{m=1}^{N_1} \bm{U}_m^{\mathrm{T}} \bm{y}_m \end{cases} \tag{2.20}$$

则式（2.19）可写为

$$\bm{A} \hat{\bm{C}} = \bm{B} \tag{2.21}$$

显见，式（2.21）为正规方程组式（2.13）的矩阵形式，而式（2.20）就是式（2.12）的矩阵表达式。由于矩阵元素 $A_{jk} = A_{kj}$，故 $\bm{A}$ 为 $J \times J$ 的对称矩阵。

一般，只要 $n \geqslant J$，系数矩阵 $\bm{A}$ 的行列式 $\det|\bm{A}| \neq 0$，即矩阵 $\bm{A}$ 是满秩的，则 $\hat{\bm{C}}$ 的解必然存在，而且是唯一确定的。这时，只要用 $\bm{A}$ 的逆矩阵 $\bm{A}^{-1}$ 左乘式（2.21），即可得出该正规方程的解为

$$\hat{\bm{C}} = \bm{A}^{-1} \bm{B} = \bm{A}^{-1} \sum_{m=1}^{N_1} \bm{U}_m^{\mathrm{T}} \bm{y}_m \tag{2.22}$$

式（2.22）为线性参数最小二乘估计的矩阵表示式，将它代回式（2.7），即可得出最终方程式（2.15）。若将最终方程表示为矩阵形式，有

$$\hat{\bm{y}}_m = \bm{U}_m \hat{\bm{C}} \qquad m = 1, 2, \cdots, N_1 \tag{2.23}$$

可以证明，最小二乘估计具有唯一性、最优性（最小方差性）和无偏性，且测试数据的标准残差的估计公式为

$$\hat{\sigma}_y = \sqrt{\frac{Q_{\min}}{n - J}} \tag{2.24}$$

待辨识参数 c_j 的估计值 $\hat{c}_j$ 的标准残差估计公式为

$$\hat{\sigma}_{c_j} = \sqrt{A_{jj}^*} \cdot \hat{\sigma}_y \qquad j = 1, 2, \cdots, J \qquad (2.25)$$

上两式中：$Q_{\min}$ 为最小残差平方和，其值等于目标函数式（2.9）中以 $\hat{c}_j$ 代替 c_j 的计算结果；A_{jj}^* 为式（2.22）中逆矩阵 $\boldsymbol{A}^{-1}$ 的第 j 行第 j 列元素的值。由于上述结果的证明过程较繁，限于篇幅，这里略去。

2.1.3 显函数模型的最小二乘法

对于测试数据 $y_m(t_1), y_m(t_2), \cdots, y_m(t_n)$，$m = 1, 2, \cdots, N_y$，如果拟合模型函数为

$$y_m(t) = f_m(\boldsymbol{C}; t) = f_m(c_1, c_2, \cdots, c_J; t) \qquad m = 1, 2, \cdots, N_y \qquad (2.26)$$

$$\boldsymbol{C} = \begin{bmatrix} c_1 & c_2 & \cdots & c_J \end{bmatrix}^{\mathrm{T}} \qquad (2.27)$$

若 $f_m(\boldsymbol{C}; t)$ 关于其中某一参数 c_k 是非线性的，则称 c_k 为非线性参数，$f_m(\boldsymbol{C}; t)$ 为非线性拟合函数。根据最小二乘拟合原理，记拟合目标函数为测试值 $y_m(i) = y_m(t_i)$ 与函数计算值 $f_m(\boldsymbol{C}; t_i)$ 的残差平方和，即

$$Q = \sum_{i=1}^{n} \sum_{m=1}^{N_1} \left[y_m(i) - f_m(\boldsymbol{C}; t_i) \right]^2 \qquad (2.28)$$

则非线性最小二乘拟合的参数辨识问题就是上面目标函数的极小化问题，也是一个优化拟合问题。

通常非线性优化问题的计算方法有两类：一类为一般优化技术；另一类是高斯-牛顿型方法，即把考虑的问题归结为平方和函数的极小化问题。在弹箭飞行试验数据的非线性最小二乘拟合中，通常可用实用的线性化技术把非线性拟合模型线性化后迭代求解。下面主要介绍这类非线性最小二乘拟合问题。

在拟合函数 $f_m(\boldsymbol{C}; t_i)$，$m = 1, 2, \cdots, N_1$ 中，设已知参数 $\boldsymbol{C}^{[l]}$ 是待定参数 $\boldsymbol{C}$ 的第 l 次近似（若 l 为零，$\boldsymbol{C}^{[l]}$ 表示为参数 $\boldsymbol{C}$ 的经验估计值），且 $\boldsymbol{C}^{[l]}$ 是 $\boldsymbol{C}$ 在目标函数 Q 极小值的附近点。为求 $\boldsymbol{C}$ 的第 $l+1$ 次近似 $\boldsymbol{C}^{[l+1]}$，将拟合函数 $f_m(\boldsymbol{C}; t)$ 在 $\boldsymbol{C}^{[l]}$ 附近作泰勒级数展开，有

$$f_m(\boldsymbol{C}; t) = f_m(\boldsymbol{C}^{[l]}; t) + \frac{\partial f_m(\boldsymbol{C}^{[l]}; t)}{\partial \boldsymbol{C}^{\mathrm{T}}} [\Delta \boldsymbol{C}^{[l]}] + \frac{1}{2} [\Delta \boldsymbol{C}^{[l]}]^{\mathrm{T}} \frac{\partial^2 f_m(\boldsymbol{C}^{[l]}; t)}{\partial \boldsymbol{C}^{\mathrm{T}} \partial \boldsymbol{C}} [\Delta \boldsymbol{C}^{[l]}] + \cdots \qquad (2.29)$$

$$\frac{\partial f_m(\boldsymbol{C}^{(l)}; t)}{\partial \boldsymbol{C}^{\mathrm{T}}} = \begin{bmatrix} \dfrac{\partial f_m(\boldsymbol{C}^{(l)}; t)}{\partial c_1} & \dfrac{\partial f_m(\boldsymbol{C}^{(l)}; t)}{\partial c_2} & \cdots & \dfrac{\partial f_m(\boldsymbol{C}^{(l)}; t)}{\partial c_J} \end{bmatrix}$$

$$[\Delta \boldsymbol{C}^{[l]}]^{\mathrm{T}} = \boldsymbol{C}^{\mathrm{T}} - [\boldsymbol{C}^{[l]}]^{\mathrm{T}} = \begin{bmatrix} c_1 - c_1^{(l)} & c_2 - c_2^{(l)} & \cdots & c_J - c_J^{(l)} \end{bmatrix}^{\mathrm{T}}$$

$$\frac{\partial f_m(\boldsymbol{C}^{(l)};t)}{\partial \boldsymbol{C}^{\mathrm{T}} \partial \boldsymbol{C}} = \begin{bmatrix} \dfrac{\partial f_m(\boldsymbol{C}^{(l)};t)}{\partial c_1 \partial c_1} & \dfrac{\partial f_m(\boldsymbol{C}^{(l)};t)}{\partial c_1 \partial c_2} & \cdots & \dfrac{\partial f_m(\boldsymbol{C}^{(l)};t)}{\partial c_1 \partial c_J} \\ \dfrac{\partial f_m(\boldsymbol{C}^{(l)};t)}{\partial c_2 \partial c_1} & \dfrac{\partial f_m(\boldsymbol{C}^{(l)};t)}{\partial c_2 \partial c_2} & \cdots & \dfrac{\partial f_m(\boldsymbol{C}^{(l)};t)}{\partial c_2 \partial c_J} \\ \vdots & \vdots & \vdots & \vdots \\ \dfrac{\partial f_m(\boldsymbol{C}^{(l)};t)}{\partial c_J \partial c_1} & \dfrac{\partial f_m(\boldsymbol{C}^{(l)};t)}{\partial c_J \partial c_2} & \cdots & \dfrac{\partial f_m(\boldsymbol{C}^{(l)};t)}{\partial c_J \partial c_J} \end{bmatrix}$$

显然，在 $\boldsymbol{C}^{[l]}$ 附近，式（2.29）中二阶以上的量较其前两项小得多，粗略考虑可将该式取到线性项代入式（2.28），得

$$Q = \sum_{i=1}^{n} \sum_{m=1}^{N_1} \left[y_m(i) - f_m(\boldsymbol{C}^{(l)};t_i) - \frac{\partial f_m(\boldsymbol{C}^{(l)};t_i)}{\partial \boldsymbol{C}^{\mathrm{T}}} \Delta \boldsymbol{C}^{(l)} \right]^2$$

上式可作为已线性化的拟合模型构成的目标函数。参照线性最小二乘法的求解过程，由

$$\frac{\partial Q}{\partial \boldsymbol{C}} = \sum_{i=1}^{n} \sum_{m=1}^{N_1} \left[\frac{\partial f_m(\boldsymbol{C}^{(l)};t_i)}{\partial \boldsymbol{C}^{\mathrm{T}}} \right] \left[y_m(i) - f_m(\boldsymbol{C}^{(l)};t_i) - \frac{\partial f_m(\boldsymbol{C}^{(l)};t_i)}{\partial \boldsymbol{C}^{\mathrm{T}}} \Delta \boldsymbol{C}^{(l)} \right] = 0$$

可得出矩阵形式的正规方程，即

$$\boldsymbol{A} \Delta \boldsymbol{C}^{(l)} = \boldsymbol{B} \tag{2.30}$$

$$\begin{cases} \boldsymbol{A} = \sum_{i=1}^{n} \sum_{m=1}^{N_1} \dfrac{\partial f_m(\boldsymbol{C}^{(l)};t_i)}{\partial \boldsymbol{C}} \cdot \dfrac{\partial f_m(\boldsymbol{C}^{(l)};t_i)}{\partial \boldsymbol{C}^{\mathrm{T}}} \\ \boldsymbol{B} = \sum_{i=1}^{n} \sum_{m=1}^{N_1} \left[y_m(i) - f_m(\boldsymbol{C}^{(l)};t_i) \right] \dfrac{\partial f_m(\boldsymbol{C}^{(l)};t_i)}{\partial \boldsymbol{C}} \end{cases} \tag{2.31}$$

以矩阵 $\boldsymbol{A}$ 的逆矩阵 $\boldsymbol{A}^{-1}$ 左乘式（2.30）两端，得

$$\Delta \boldsymbol{C}^{(l)} = \boldsymbol{A}^{-1} \boldsymbol{B} \tag{2.32}$$

由此，待定参数 $\boldsymbol{C}$ 的第 $l+1$ 次近似值计算公式为

$$\boldsymbol{C}^{(l+1)} = \boldsymbol{C}^{(l)} + \Delta \boldsymbol{C}^{(l)} = \boldsymbol{C}^{(l)} + \boldsymbol{A}^{-1} \boldsymbol{B} \tag{2.33}$$

利用式（2.33），反复迭代计算逐次逼近，最后总可以求出足够精确的 $\boldsymbol{C}$ 的估计值 $\hat{\boldsymbol{C}}$。

2.1.4 Chapman-Kirk（C-K）方法

前面介绍的非线性最小二乘法有一个共同的条件，即在前面的方法计算中必须要求拟合函数 $f(\boldsymbol{C};t)$ 是解析函数。虽然引入特定的平射试验条件，通过近似处理可以导出简化弹道方程的近似解析解，但所做的简化假设不同，所得的解析解的形式也不一样。因此，在运用解析解作为数学模型辨识气动系数时，所得到的各系数值以及相应的拟合精度也会有所不同。这使得解析解辨识方法的应用范围

受到一定程度的限制。

由于弹箭飞行运动微分方程很复杂，在弹箭飞行试验测试数据处理中，并不是在任何条件下都能将弹箭的飞行规律以解析函数的形式表示出来。特别在需要建立较完整运动方程或者考虑作用在弹箭上的气动力和力矩是非线性的场合，弹箭运动方程无法求出解析解。此时，若把引入诸多近似条件得出的解析解用作拟合数学模型，则会产生不必要的模型误差。因此，直接采用弹道方程作为拟合数学模型，可以提高模型精度。

针对类似问题，1970年Chapman G. T.和Kirk D. B.在他们合作的论文[16]中，全面导出了以微分方程的数值解拟合弹箭飞行试验数据的方法，该方法在原理上避开了数学上求解非线性常微分方程的困难，从根本上解决了微分方程数值解拟合试验数据的参数辨识问题。Chapmann-Kirk方法采用微分方程组作为数学模型，可以从试验数据中更精确地辨识出各气动参数的值，对辨识方法具有里程碑的重要意义。下面对Chapmann-Kirk方法进行讨论。

在显函数形式的非线性最小二乘法的迭代计算中，每次迭代必须先计算迭代修正量 $\Delta \boldsymbol{C}^{(l)}$，而该修正量的计算依赖于正规方程式（2.30）的系数矩阵 $\boldsymbol{A}$ 和 $\boldsymbol{B}$ 的计算。由式（2.31）知，矩阵 $\boldsymbol{A}$ 和 $\boldsymbol{B}$ 的确定需要计算矢量矩阵 $\frac{\partial f}{\partial \boldsymbol{C}}$ 的元素 $\frac{\partial f(\boldsymbol{C}^{(l)};t_i)}{\partial c_j}$ （$j=1,2,\cdots,J$）和函数值 $f(\boldsymbol{C}^{(l)};t_i)$ （$i=1,2,\cdots,n$）。通常，在拟合函数 $f(\boldsymbol{C};t)$ 为显函数的情况下，可直接采用函数表达式 $f(\boldsymbol{C}^{(l)};t)$ 及 $\frac{\partial f(\boldsymbol{C}^{(l)};t)}{\partial c_j}$ （$j=1,2,\cdots,J$）计算在 $t=t_i$ （$i=1,2,\cdots,n$）时的值，而当拟合函数无法写成显函数形式时，可以考虑采用微分方程的数值解法来计算其函数值。

设拟合函数满足微分方程，即

$$\frac{\mathrm{d}y}{\mathrm{d}t} = F(\boldsymbol{C};y,t) \tag{2.34}$$

式中：y 为拟合函数，记为 $y=f(\boldsymbol{C};t)$，是待定参数［式（2.27）］和 t 的连续可微的函数。方程式（2.34）求解的初始条件为

$$y_0 = f(\boldsymbol{C};t_0) \tag{2.35}$$

由于一般的常微分方程均可化为方程式（2.34）的形式，为了求灵敏度函数（Sensitivity Functions） $\frac{\partial f(\boldsymbol{C};t)}{\partial c_j}$ （$j=1,2,\cdots,J$）在 $t=t_i$ （$i=1,2,\cdots,n$）时的值，这里将方程式（2.34）的两端同时对待定参数 C 求偏导数，有

$$\frac{\partial}{\partial \boldsymbol{C}}\left(\frac{\mathrm{d}y}{\mathrm{d}t}\right) = \frac{\partial F(\boldsymbol{C};t)}{\partial \boldsymbol{C}} \tag{2.36}$$

因为 $y=f(\boldsymbol{C};t)$ 连续可微，故有 $\dfrac{\partial}{\partial \boldsymbol{C}}\left(\dfrac{\mathrm{d}y}{\mathrm{d}t}\right)=\dfrac{\mathrm{d}}{\mathrm{d}t}\left(\dfrac{\partial y}{\partial \boldsymbol{C}}\right)$，令

$$\boldsymbol{P}=\frac{\partial y}{\partial \boldsymbol{C}}=\frac{\partial f(\boldsymbol{C};t)}{\partial \boldsymbol{C}}, \quad \boldsymbol{G}(\boldsymbol{C},\boldsymbol{P};y,t)=\frac{\partial F(\boldsymbol{C};y,t)}{\partial \boldsymbol{C}} \tag{2.37}$$

$$\boldsymbol{P}=\begin{bmatrix}p_1\\p_2\\\vdots\\p_J\end{bmatrix}, \quad \frac{\partial y}{\partial \boldsymbol{C}}=\begin{bmatrix}\dfrac{\partial y}{\partial c_1}\\\dfrac{\partial y}{\partial c_2}\\\vdots\\\dfrac{\partial y}{\partial c_J}\end{bmatrix}, \quad \boldsymbol{G}=\begin{bmatrix}G_1\\G_2\\\vdots\\G_J\end{bmatrix}, \quad \frac{\partial F}{\partial \boldsymbol{C}}=\begin{bmatrix}\dfrac{\partial F}{\partial c_1}\\\dfrac{\partial F}{\partial c_2}\\\vdots\\\dfrac{\partial F}{\partial c_J}\end{bmatrix}$$

将式（2.37）代入式（2.36）得

$$\frac{\mathrm{d}\boldsymbol{P}}{\mathrm{d}t}=\boldsymbol{G}(\boldsymbol{C};y,t) \tag{2.38}$$

式（2.38）为求解 $\dfrac{\partial y}{\partial c_j}(j=1,2,\cdots,J)$ 的微分方程组，由它与式（2.34）联立，即构成了由 $J+1$ 个微分方程组成的完备体系。方程式（2.38）的初始条件由式（2.35）可以导出，即

$$\boldsymbol{P}_0=\frac{\partial f(\boldsymbol{C};t_0)}{\partial \boldsymbol{C}}=\begin{bmatrix}p_{01} & p_{02} & \cdots & p_{0J}\end{bmatrix}^{\mathrm{T}} \tag{2.39}$$

$$p_{0j}=\begin{cases}1 & c_j=y_0\\0 & c_j\neq y_0\end{cases} \quad (j=1,2,\cdots,J)$$

由此可以看出，上述完备体系可归结为微分方程组

$$\frac{\mathrm{d}y}{\mathrm{d}t}=F(\boldsymbol{C};y,t), \quad \frac{\mathrm{d}\boldsymbol{P}}{\mathrm{d}t}=\boldsymbol{G}(\boldsymbol{C};y,t) \tag{2.40}$$

关于初值问题

$$y_0=f(\boldsymbol{C};t_0), \quad \boldsymbol{P}_0=\frac{\partial f(\boldsymbol{C};t_0)}{\partial \boldsymbol{C}}$$

的解。由常微分方程的数值解法（如龙格-库塔法）即可求出 y 和 $p_j(j=1,2,\cdots,J)$ 在 $t=t_i(i=1,2,\cdots,n)$ 时的数值解。利用这些数值解进行插值计算后代入式（2.31），即可确定矩阵 $\boldsymbol{A}$ 和 $\boldsymbol{B}$，再由式（2.33）进行迭代计算。

对于微分方程组，也有类似的方法。设有含 K 个一阶微分方程的方程组和初始条件组

$$\frac{\mathrm{d}y_m}{\mathrm{d}t}=F_m(t,y_1,y_2,\cdots,y_K,c_1,c_2,\cdots,c_{N_c}) \quad (y_m|_{t=t_0}=y_{m_0},m=1,2,\cdots,K)$$

$$\tag{2.41}$$

式中：t 为自变量；$y_1, y_2, \cdots, y_K$ 为独立因变量；K 为该类独立变量以及相应初始条件的个数；$c_1, c_2, \cdots, c_{N_c}$ 为待定参数，共 N_c 个；$y_{10}, y_{20}, \cdots, y_{K0}$ 为初始条件。

设已测得独立变量中 N_e 个变量（$N_e \leq K$）在 $i=1,2,\cdots,n$ 个观测点上的数值为

$$y_{me}(i) = y_{me}(t_i) \quad (m=1,2,\cdots,N_e, i=1,2,\cdots,n) \tag{2.42}$$

欲利用试验结果，辨识式（2.41）中的 N_c 个待定参数 $c_1, c_2, \cdots, c_{N_c}$ 以及 K 个初始条件 $y_1(0), y_2(0), \cdots, y_K(0)$，现将第 i 观测点处相应的计算值记为 $y_m(t_i)$，下列残差平方和作为辨识准则的目标函数，即

$$Q = \sum_{i=1}^{n} \sum_{m=1}^{N_e} W_{im} [y_{me}(i) - y_m(c_1, c_2, \cdots, c_J; t_i)]^2 \tag{2.43}$$

式中：W_{im} 为对不同数据在不同测试点上取的加权因子。再记

$$c_{N_c+1} = y_1(0), \quad c_{N_c+2} = y_2(0), \quad \cdots, \quad c_{N_c+K} = y_K(0) \tag{2.44}$$

显见，式（2.43）中有

$$J = N_c + K \tag{2.45}$$

由以上可知

$$1 \leq N_e \leq K \leq J \leq n \tag{2.46}$$

最小二乘拟合原理，就是要选取一组待定参数 $c_1, c_2, \cdots, c_J$，使残差平方和 [式（2.43）] 最小，这就须使 Q 对 c_k 的 J 个偏导数等于零，即 $\partial Q / \partial c_k = 0$（$k=1,2,\cdots,J$），但这个等式关于待定参数 c_k 一般也不是线性的。与显函数模型的最小二乘法类似，可采用将 $y_m(c_1, c_2, \cdots, c_J; t_i)$ 在给定的一组参数 $c_j(j=1,2,\cdots,J)$ 的第 l 次近似值 $c_j^{(l)}$ 附近展开成泰勒级数，并取一次项的方法，得

$$y_m = y_m^{(l)} + \sum_{j=1}^{J} \left[\frac{\partial y_m}{\partial c_j} \right]_{c^{(l)}} \Delta c_j \quad (m=1,2,\cdots,K) \tag{2.47}$$

将式（2.47）代入式（2.43）中，Q 就为 c_j（$j=1,2,\cdots,J$）的函数。根据微分求极值的原理，将 Q 对 c_j 求偏导数，并令其为零，则可得到如下矩阵形式的正规方程，即

$$[A_{jk}]_{J \times J} [\Delta c_k]_{J \times 1} = [B_k]_{J \times 1} \tag{2.48}$$

$$[\Delta c_k]_{J \times 1} = (\Delta c_1, \Delta c_2, \cdots, \Delta c_J)^{\mathrm{T}} \tag{2.49}$$

$$\begin{cases} A_{jk} = \sum_{i=1}^{n} \sum_{m=1}^{N_e} W_{im} p_{mj}(t_i) \cdot p_{mk}(t_i) \\ B_k = \sum_{i=1}^{n} \sum_{m=1}^{N_e} W_{im} [y_{me}(i) - y_m^{(l)}(t_i)] p_{mk}(t_i) \quad (j,k=1,2,\cdots,J) \\ p_{mj}(t_i) = \dfrac{\partial y_m(t_i)}{\partial c_j} \end{cases} \tag{2.50}$$

式中：矩阵 [ ] 的下标为该矩阵的阶数（后同）。

如果微分方程组 [式（2.41）] 存在解析解，则可直接求出各偏导数 p_{mj} 的解析表达式，并计算出各时间（距离）点上的偏导值 $p_{mj}(t_i)$，进而解出各 Δc_k 并加到 $c_k^{(0)}$ 上得到 $c_k^{(1)}$，重新计算 Q 值，并循环迭代直至 Q 满足精度为止。但对于一般的非线性微分方程 [式（2.41）] 是求不出解析解的，因而也得不到各 $p_{mj}(t)$ $(j=1,2,\cdots,J)$ 的表达式，这就是困难所在。

C-K 方法的最显著的特点就是利用式（2.41），将各独立变量 y_m 对待辨识参数 c_j 求偏导，以形成关于偏导数 $p_{mj}(j=1,2,\cdots,J,m=1,2,\cdots,K)$ 的方程组，称这种共扼方程为方程式（2.41）的灵敏度方程。只要求解该方程组，就能获取所需的灵敏度 p_{mj} 值。

若记

$$\frac{dp_{mj}}{dt} = \frac{d}{dt}\left(\frac{\partial y_m}{\partial c_j}\right) = \frac{\partial}{\partial c_j}\left(\frac{dy_m}{dt}\right) = \frac{\partial F_m}{\partial c_j} \quad (j=1,2,\cdots,J, \ m=1,2,\cdots,K) \quad (2.51)$$

式中交换了求导次序，这种运算对于一般的连续可微函数是成立的。将式（2.41）对 c_j 求偏导，可得如下的灵敏度方程组，即

$$\frac{dp_{mj}}{dt} = \frac{\partial F_m}{\partial c_j} = G_{mj}(x;y_1,y_2,\cdots,y_K,c_1,c_2,\cdots,c_{N_c},p_{11},\cdots,p_{KJ})$$

$$(j=1,2,\cdots,K,K+1,\cdots,J, m=1,2,\cdots,K) \quad (2.52)$$

该方程组的初始条件为，当 $t=0$ 时，有

$$\frac{\partial y_m}{\partial c_j} = p_{mj}(0) = \begin{cases} 1 & (\text{当} j=N_c+m \text{时}) \\ 0 & (\text{其他情况}) \end{cases} \quad (j=1,2,\cdots,J, \ m=1,2,\cdots,K) \quad (2.53)$$

这是因为当 $j=N_c+m$ 时第 j 个参量 c_j 恰为独立变量 y_m 的初始条件 $y_m(t_0)$，自然就有 $\left(\frac{\partial y_m}{\partial c_j}\right)_0 = 1$。由于每一个初始条件 $y_j(0)$ 与待定参数 $c_1,c_2,\cdots,c_{N_c}$ 以及其他的初始条件无关，故当 $j \neq K+m$ 时有 $p_{mj}(0)=0$。

式（2.52）的各右端函数还与独立因变量 $y_1,y_2,\cdots,y_K$ 有关，故它必须与原方程同时计算。由式（2.41）算出测试点的 $y_m(t_i)$ 后，代入式（2.52）中求解 p_{mj}。再将 p_{mj} 代入式（2.50）中就可求得矩阵元素 A_{lk}，B_k，然后由式（2.48）解出微分修正量 Δc_j $(j=1,2,\cdots,J)$，有

$$[\Delta c_k]_{J \times 1} = [A_{jk}]^{-1}[B_k]_{J \times 1}, \quad [A_{jk}]^{-1} = \frac{1}{|A|}\begin{bmatrix} A_{11}^* & A_{12}^* & \cdots & A_{1J}^* \\ A_{21}^* & A_{22}^* & \cdots & A_{2J} \\ \vdots & \vdots & \ddots & \vdots \\ A_{J1}^* & A_{J2}^* & \cdots & A_{JJ}^* \end{bmatrix} \quad (2.54)$$

式中：$|A|$ 为矩阵 $[A_{jk}]_{J \times J}$ 的行列式；A_{jk}^* 为矩阵元素 A_{jk} 对应的代数余子式。

迭代时需要对参数 c_j 给定第 0 次近似值 $c_j^{(0)}$，$c_j^{(0)}$ 为起始参数（$j=1,2,\cdots,J$），在求得 $\Delta c_j^{(l)}$（$l=0,1,2,\cdots$）后，即可求得参数 c_j 的 $l+1$ 次近似估值，即

$$c_j^{(l+1)} = c_j^{(l)} + \Delta c_j^{(l)} \quad (j=1,2,\cdots,J) \tag{2.55}$$

然后，再用 $c_j^{(l+1)}$ 计算 $y_m(t_i)$ 和 Q；如果 Q 已满足最小值要求，或 $\Delta c_j^{(l)}$ 满足精度要求，则迭代计算停止，此时得到的这一组参数 $c_j^{(l+1)}$ 即为所求。否则，取 l 为 $l+1$，继续上面迭代过程，直到 Q 满足要求为止。

由上述步骤知，应用 C-K 方法的主要工作是建立和求解数学模型［式（2.41）］及其灵敏度方程组［式（2.52）］。式（2.41）的变量越多，待定参数越多，则灵敏度方程组中方程的个数和计算复杂度都将呈几何级数急剧膨胀。不过在现代高速计算机广泛应用的今天，这并不是难以克服的困难。

2.1.5　最小二乘原理辨识方法的误差估计

从前面内容可知，C-K 方法和显函数模型的最小二乘法均是先将拟合函数做线性化近似处理，再按线性最小二乘法迭代求解，只要迭代过程收敛，则可认为在测试数据的覆盖范围内，拟合函数在最终得出的估计值 $\hat{c}_j$ 附近线性展开的近似表达式同样具有足够的精度。由此推理，只要采用迭代过程的最终估计值 $\hat{c}_j$，则线性最小二乘法拟合标准误差［式（2.24）］和参数估计值 $\hat{c}_j$ 的标准差［式（2.25）］同样适用于 C-K 方法模型和显函数模型的最小二乘法（包含 C-K 方法）为基础的误差计算。

应该说明，最小二乘原理辨识方法的误差与辨识过程采用的模型形式密切相关。在辨识中采用最小二乘法时，通过相容性分析确定更精确的模型，严格控制试验条件使得试验数据与模型更加匹配，这样可以减小拟合标准误差［式（2.24）］和参数估计值 $\hat{c}_j$ 的标准差［式（2.25）］得出的误差估计数据。

2.2　最大似然法

最大似然法（Maximum Likelyhood）是建立在概率统计原理基础上的经典辨识方法，它需要构造一个以观测数据和未知参数为自变量的似然函数，并通过极大化似然函数获得模型的参数估计值。该方法的应用最早由高斯（C. F. Guass）提出，他认识到根据概率的方法能够导出由观测数据确定系统参数的一般方法，并且应用贝叶斯定理讨论了这一参数估计法，当时使用的符号和术语至今仍然沿用。然而，最大似然法却是由英国著名统计学家费希尔（R. A. Fisher）命名发展起来的，并成为能给出参数无偏估计的有效方法，且证明了它作为参数估计方法所具有的性质。最大似然法因为其收敛性好、辨识精度高、能够实现无偏估计，在飞行器的气动参数辨识和导航领域等方面得到了广泛的应用。

2.2.1 最大似然准则

最大似然估计是一类概率性的估计方法，它根据观测数据和未知参数一般都具有随机统计特性这一特点，通过引入观测量的条件概率密度或条件概率分布，构造一个以观测数据和未知参数为自变量的似然函数，以观测值出现的概率最大作为估计准则，获得系统模型的参数估计值。

用数学语言归纳，最大似然估计的原理可表述为：设 y 为一随机变量，在未知参数 C 的条件下，y 的概率分布密度函数 $p(y/C)$ 的分布类型已知。为了得到 C 的估计值，对随机变量 y 进行 n 次观测，得到一组随机观测序列 $\{y(i)\}$，其中 $i=1,2,\cdots,n$。如果把这 n 个观测值记作 $\boldsymbol{Y}_n=(y(1),y(2),\cdots,y(n))^\mathrm{T}$，则联合概率密度（或概率分布）为 $p(\boldsymbol{Y}_n/C)$，那么参数 C 的最大似然估计就是使观测值 $\boldsymbol{Y}_n$ 出现概率为最大的参数估计值 $\hat{C}$，并称 $\hat{C}$ 为参数 C 的最大似然估计，即

$$p(\boldsymbol{Y}_n/C)\big|_{C=\hat{C}} = \max p(\boldsymbol{Y}_n/C)$$

最大似然参数估计的意义在于：对一组确定的随机观测值 $\boldsymbol{Y}_n$，设法找到最大似然估计值 $\hat{C}$，使随机变量 y 在 $C=\hat{C}$ 的条件下的概率密度函数最大可能地逼近随机变量 y 在 C（真值）条件下的概率密度函数。

由于观测数据 $\boldsymbol{Y}_n$ 是确定的，则 $p(\boldsymbol{Y}_n/C)$ 仅仅是未知参数 C 的函数，已不再是概率密度函数的概念，此时 $p(\boldsymbol{Y}_n/C)$ 称作参数 C 的似然函数，记为 $L(\boldsymbol{Y}_n|C)$。显然，若系统模型是正确的，则有关系统中未知参数的信息全部包含于似然函数之中。对于给定的观测量 $\boldsymbol{Y}_n$，参数估计的最大似然法就是选取参数 $\hat{C}$ 使似然函数 L 达到最大值，即

$$\hat{C} = \underset{C\in\Theta}{\mathrm{ARGmax}} L(\boldsymbol{Y}_n|C) \tag{2.56}$$

在实际应用中，计算使得似然函数 $L(\boldsymbol{Y}_n|C)$ 达到极大值的 C，即为其极大似然估计值 $\hat{C}$，一般通过求解下列方程获得 $L(\boldsymbol{Y}_n|C)$ 的驻点，从而解得 $\hat{C}$。

$$\left[\frac{\partial L(\boldsymbol{Y}_n/C)}{\partial C}\right]^\mathrm{T}_{C=\hat{C}} = 0 \tag{2.57}$$

式（2.57）称为似然方程。由于对数函数是单调递增函数，$L(\boldsymbol{Y}_n|C)$ 和 $\ln L(\boldsymbol{Y}_n|C)$ 具有相同的极值点。因此在实际应用中，为了使得求取 $\hat{C}$ 的计算更简单，将似然函数 $L(\boldsymbol{Y}_n|C)$ 取对数为 $\ln L(\boldsymbol{Y}_n|C)$，连乘计算即转变为连加。这一基本概念适用于线性和非线性系统，有过程噪声和观测噪声的情况。

对给定的观测数组 $\boldsymbol{Y}_n = [y(1)\ \ y(2)\ \ \cdots\ \ y(n)]^\mathrm{T}$，$y(i)=y(t_i)$ 是 k 维观测矢量，其条件概率为 $p(\boldsymbol{Y}_n|C)$。连续应用贝叶斯公式，可推得 $L(\boldsymbol{Y}_n|C)$ 的表达式，即

$$L(\boldsymbol{Y}_n|\boldsymbol{C}) = p(y(1)|\boldsymbol{C})p(y(2)|\boldsymbol{C})\cdots p(y(n)|\boldsymbol{C}) = \prod_{i=1}^{n} p(y(i)|\boldsymbol{C}) \quad (2.58)$$

由于对数是单调函数，最大似然估计可写为

$$\hat{\boldsymbol{C}} = \underset{C \in H}{\text{ARGmax}}[\ln L(\boldsymbol{Y}_n|\boldsymbol{C})] = \underset{C \in H}{\text{ARGmax}}\left[\sum_{i=1}^{n} \ln p(y(i)|\boldsymbol{C})\right] \quad (2.59)$$

式中：$\ln L(\boldsymbol{Y}_n|\boldsymbol{C})$ 为似然函数。

当观测数据足够多时，根据概率论的中心极限定理，可以合理地假定 $P(y(i)|\boldsymbol{Y}_{i-1},\boldsymbol{C})$ 服从正态分布，并由其均值和方差唯一确定。记其均值（数学期望）为

$$\text{E}\{y(i)|\boldsymbol{Y}_{i-1},\boldsymbol{C}\} \equiv \hat{y}(i|\boldsymbol{Y}_{i-1}) \quad (2.60)$$

此均值是在给定前 $i-1$ 个观测量的条件下第 i 个观测量的最优估计。记其协方差为

$$\text{Cov}\{y(i)|\boldsymbol{Y}_{i-1},\boldsymbol{C}\} = \text{E}\{[y(i) - \hat{y}(i|\boldsymbol{Y}_{i-1})][y(i) - \hat{y}(i|\boldsymbol{Y}_{i-1})]^\text{T}\}$$
$$\equiv \text{E}\{\boldsymbol{V}(i)\boldsymbol{V}^\text{T}(i)\} \equiv \boldsymbol{B}(i) \quad (2.61)$$

式中：$\boldsymbol{V}(i)$ 为第 i 点的信息。$\boldsymbol{B}(i)$ 趋向于服从正态分布，且 $y(i)$，$\boldsymbol{Y}_{i-1}$ 也趋向正态分布，故前面假定概率密度为正态分布是合理的，即

$$p(y(i)|\boldsymbol{Y}_{i-1},\boldsymbol{C}) \approx \frac{\exp\left\{-\frac{1}{2}\boldsymbol{V}^\text{T}(i)\boldsymbol{B}^{-1}(i)\boldsymbol{V}(i)\right\}}{(2\pi)^{m/2}|\boldsymbol{B}(i)|^{1/2}} \quad (2.62)$$

由此可得

$$\ln p(y(i)|\boldsymbol{Y}_{i-1},\boldsymbol{C}) = -\frac{1}{2}\boldsymbol{V}^\text{T}(i)\boldsymbol{B}^{-1}(i)\boldsymbol{V}(i) - \frac{1}{2}\ln|\boldsymbol{B}(i)| + \text{const.} \quad (2.63)$$

显见，参数 $\boldsymbol{C}$ 的最大似然估计可写为

$$\hat{\boldsymbol{C}} = \underset{C \in \Theta}{\text{ARGmax}}[\ln L(\boldsymbol{C}|\boldsymbol{Y}_n)]$$
$$= \underset{C \in \Theta}{\text{ARGmax}}\left\{-\frac{1}{2}\sum_{i=1}^{n}[\boldsymbol{V}^\text{T}(i)\boldsymbol{B}^{-1}(i)\boldsymbol{V}(i) + \ln|\boldsymbol{B}(i)|]\right\} \quad (2.64)$$

上式表明，参数的最大似然估计问题即转化为寻求参数 $\hat{\boldsymbol{C}}$，使下面函数 Q 达到极小值的问题。

$$Q(\boldsymbol{C}) = \sum_{i=1}^{n}[\boldsymbol{V}^\text{T}(\boldsymbol{C};i)\boldsymbol{B}^{-1}(i)\boldsymbol{V}(\boldsymbol{C};i) + \ln|\boldsymbol{B}|] \quad (2.65)$$

式中：Q 为参数的最大似然估计的判据（目标函数），通常称为似然准则函数，它依赖于信息 $\boldsymbol{V}(i)$ 和信息协方差矩阵 $\boldsymbol{B}(i)$，而两者都是广义卡尔曼滤波的输出。

辨识理论业已证明，最大似然估计具有如下性质：

（1）若 $\hat{\boldsymbol{C}}$ 是参数 $\boldsymbol{C}$ 的最大似然估计，且函数 $h(\boldsymbol{C})$ 满足 $\frac{\partial h}{\partial \boldsymbol{C}} \neq 0$，则 $\hat{h} = h(\hat{\boldsymbol{C}})$ 是参数 h 的最大似然估计。

（2）若观测量 Y_n 是分布函数 $p(Y_n;C)$ 的随机样本，$\hat{C}$ 是参数 C 的最大似然估计，则当样本容量 $n\to\infty$ 时，$\hat{C}$ 趋向正态分布，即

$$p(\hat{C};C) \to N(C_{tr};P_C) \tag{2.66}$$

$$P_C = [P_{ij}] \equiv [W_{ij}]^{-1}, \quad W_{ij} = n\left[-\frac{\partial^2 p(Y_n;C)}{\partial c_i \partial c_j}\right] \tag{2.67}$$

式中：P_C 为协方差矩阵。

（3）当样本容量 $n\to\infty$ 时，$\hat{C}$ 的数学期望是其真值 C_{tr}，则最大似然估计是渐近无偏估计量。

（4）最大似然估计 $\hat{C}$ 是渐近一致的，即当 $n\to\infty$ 时，其估计值 $\hat{C}$ 无限地靠近真值 C_{tr}。

（5）最大似然估计 $\hat{C}$ 是渐近最有效的。

业已证明，若存在方差最小的无偏估计（即最有效估计），则它必然是最大似然估计。以上理论已成功应用于工程实践，并证明极大似然法是飞行器动力学系统辨识最实用且非常有效的参数估计方法。

2.2.2 牛顿-拉夫逊方法

对于非线性微分方程组在约束条件下求估计值 $\hat{C}$，使极大似然准则函数 Q 达到最小值的泛函极值的问题，牛顿-拉夫逊算法是最常用的方法。由于非线性微分方程组较为复杂，在通常情况下无法求得解析解，也无法直接进行数值积分，只能采用迭代算法求解。大量实践证明，尽管泛函极值的迭代求解法已经有多种，但相比之下普遍认为，牛顿-拉夫逊算法对于动力学系统辨识是最有效的方法。

采用牛顿-拉夫逊迭代算法求 $\hat{C}$，首先要给出预估值 $C^{(l)}$，代入式（2.65）有 $Q(C^{(l)}) = Q^{(l)}$。当 $Q^{(l)}$ 不是极小值时，必须调整 $C^{(l)}$ 使 $Q^{(l+1)}$ 进一步逼近极小值，其必要条件为

$$\frac{\partial Q^{(l+1)}}{\partial C} = \frac{\partial Q^{(l+1)}(C^{(l)} + \Delta C^{(l)})}{\partial C} = \frac{\partial Q(C^{(l)})}{\partial C} + \frac{\partial^2 Q(C^{(l)})}{\partial C^2}\Delta C^{(l)} + O(\Delta C^{(l)2}) = 0 \tag{2.68}$$

略去二阶以上小量 $O(\Delta C^{(l)2})$，达到极值的必要条件就转化成选取 $\Delta C^{(l)}$ 满足

$$A\Delta C^{(l)} = -\left(\frac{\partial Q}{\partial C}\right) \tag{2.69}$$

$$\frac{\partial Q}{\partial C} = \begin{bmatrix} \frac{\partial Q}{\partial c_1} & \frac{\partial Q}{\partial c_2} & \cdots & \frac{\partial Q}{\partial c_J} \end{bmatrix}^T = \begin{bmatrix} \frac{\partial Q}{\partial c_k} \end{bmatrix}_{J\times 1} \tag{2.70}$$

式中：$\left(\dfrac{\partial Q}{\partial \boldsymbol{C}}\right)$ 为 $J\times 1$ 阶向量矩阵。式（2.69）是一个线性代数方程组，系数 $\boldsymbol{A}$ 是 $J\times J$ 阶矩阵，一般称为信息矩阵，即

$$\boldsymbol{A} = \frac{\partial^2 Q(\boldsymbol{C}^{(l)})}{\partial \boldsymbol{C}^2} = \begin{bmatrix} \dfrac{\partial^2 Q(\boldsymbol{C}^{(l)})}{\partial c_1^2} & \dfrac{\partial^2 Q(\boldsymbol{C}^{(l)})}{\partial c_1 \partial c_2} & \cdots & \dfrac{\partial^2 Q(\boldsymbol{C}^{(l)})}{\partial c_1 \partial c_J} \\ \dfrac{\partial^2 Q(\boldsymbol{C}^{(l)})}{\partial c_2 \partial c_1} & \dfrac{\partial^2 Q(\boldsymbol{C}^{(l)})}{\partial c_2^2} & \cdots & \dfrac{\partial^2 Q(\boldsymbol{C}^{(l)})}{\partial c_2 \partial c_J} \\ \vdots & \vdots & \vdots & \vdots \\ \dfrac{\partial^2 Q(\boldsymbol{C}^{(l)})}{\partial c_J \partial c_1} & \dfrac{\partial^2 Q(\boldsymbol{C}^{(l)})}{\partial c_J \partial c_2} & \cdots & \dfrac{\partial^2 Q(\boldsymbol{C}^{(l)})}{\partial c_J^2} \end{bmatrix}$$

$$= \left[\frac{\partial^2 Q(\boldsymbol{C}^{(l)})}{\partial c_j \partial c_k}\right]_{J\times J} \quad (j,k=1,2,\cdots,J) \tag{2.71}$$

将信息矩阵 $\boldsymbol{A}$ 的逆矩阵 $\boldsymbol{A}^{-1}$ 左乘式（2.69）两端，即得出线性代数方程组式（2.69）的解，即

$$\Delta \boldsymbol{C}^{(l)} = -\boldsymbol{A}^{-1}\left(\frac{\partial Q}{\partial \boldsymbol{C}}\right) \tag{2.72}$$

再以下式重复迭代上述步骤算出 $Q^{(l+1)}$，反复迭代直到 Q 收敛为止，最后 $\boldsymbol{C}$ 的收敛值即为其估计值 $\hat{\boldsymbol{C}}$。

$$\boldsymbol{C}^{(l+1)} = \boldsymbol{C}^{(l)} + \Delta \boldsymbol{C}^{(l)} \tag{2.73}$$

显见，欲完成上面迭代，必须给出 $\left[\dfrac{\partial Q}{\partial c_k}\right]_{J\times 1}$ 和 $\left[\dfrac{\partial^2 Q(\boldsymbol{C}^{(l)})}{\partial c_j \partial c_k}\right]_{J\times J}$ 的矩阵表达式。解决这一为问题的途径是求目标函数式（2.65）关于 c_k 的偏导数，即可得矩阵 $\left[\dfrac{\partial Q}{\partial c_k}\right]_{J\times 1}$ 的元素为

$$\begin{aligned}\frac{\partial Q(\boldsymbol{C})}{\partial c_k} &= \sum_{i=1}^{n}\left[2\boldsymbol{V}^{\mathrm{T}}(\boldsymbol{C};i)\boldsymbol{B}^{-1}\frac{\partial \boldsymbol{V}(\boldsymbol{C};i)}{\partial c_k} + \boldsymbol{V}^{\mathrm{T}}(\boldsymbol{C};i)\frac{\partial \boldsymbol{B}^{-1}}{\partial c_k}\boldsymbol{V}(\boldsymbol{C};i) + \frac{1}{|\boldsymbol{B}|}\frac{\partial |\boldsymbol{B}|}{\partial c_k}\right] \\ &= \sum_{i=1}^{n}\left[2\boldsymbol{V}^{\mathrm{T}}(\boldsymbol{C};i)\boldsymbol{B}^{-1}\frac{\partial \boldsymbol{V}(\boldsymbol{C};i)}{\partial c_k} + \boldsymbol{V}^{\mathrm{T}}(\boldsymbol{C};i)\frac{\partial \boldsymbol{B}^{-1}}{\partial c_k}\boldsymbol{V}(\boldsymbol{C};i) + \mathrm{tr}\left(\boldsymbol{B}^{-1}\frac{\partial \boldsymbol{B}}{\partial c_k}\right)\right]\end{aligned}$$
$$(k=1,2,\cdots,J) \tag{2.74}$$

式中：$\mathrm{tr}\left(\boldsymbol{B}^{-1}\dfrac{\partial \boldsymbol{B}}{\partial c_k}\right)$ 为矩阵 $\left(\boldsymbol{B}^{-1}\dfrac{\partial \boldsymbol{B}}{\partial c_k}\right)$ 的迹。

将式（2.74）两端对 $c_j(j=1,2,\cdots,J)$ 再次求偏导数，即可得出似然准则目标函数 Q 的二次导数，略去信息矩阵及其方差的二阶导数，整理可得矩阵 $\left[\dfrac{\partial^2 Q(\boldsymbol{C}^{(l)})}{\partial c_j \partial c_k}\right]_{J\times J}$ 的元素表达式，即

$$\frac{\partial^2 Q(\boldsymbol{C})}{\partial c_j \partial c_k} \approx \sum_{i=1}^{n} \left[\begin{array}{l} 2 \dfrac{\partial \boldsymbol{V}^{\mathrm{T}}(\boldsymbol{C};i)}{\partial c_j} \boldsymbol{B}^{-1} \dfrac{\partial \boldsymbol{V}(\boldsymbol{C};i)}{\partial c_k} - 2\boldsymbol{V}^{\mathrm{T}} \boldsymbol{B}^{-1} \dfrac{\partial \boldsymbol{B}}{\partial c_j} \boldsymbol{B}^{-1} \dfrac{\partial \boldsymbol{V}(\boldsymbol{C};i)}{\partial c_k} \\ -2\boldsymbol{V}^{\mathrm{T}} \boldsymbol{B}^{-1} \dfrac{\partial \boldsymbol{B}}{\partial c_k} \boldsymbol{B}^{-1} \dfrac{\partial \boldsymbol{V}(\boldsymbol{C};i)}{\partial c_j} - \mathrm{tr}\left(\boldsymbol{B}^{-1} \dfrac{\partial \boldsymbol{B}}{\partial c_j} \boldsymbol{B}^{-1} \dfrac{\partial \boldsymbol{B}}{\partial c_k} \right) \end{array} \right]$$

$$(j,k = 1, 2, \cdots, J) \tag{2.75}$$

上式略去了信息矩阵及其方差的二阶导数，这是因为如果 Q 的迭代过程收敛，往往只需 3~5 次迭代就收敛了，此时二阶导数很快趋于零，可忽略之。上面给出了非线性动力学系统参数估计的最大似然法迭代运算过程的基本计算式（2.72）~式（2.75）。可以看出，整个迭代运算过程只用了信息矩阵和方差的一阶导数，大大简化了计算工作量。这一计算方法应用非常广泛，人们将其称为牛顿-拉夫逊法。

2.2.3 输出误差的参数估计方法

由于参数的最大似然估计就是寻求参数 $\hat{\boldsymbol{C}}$，使似然准则函数 Q 达到极小值。如果弹箭飞行试验要求较为严格，这时系统的过程噪声很小，式（2.65）中信息协方差矩阵 $\boldsymbol{B}(i)$ 近似等于观测噪声的协方差矩阵 $\boldsymbol{R}$（即 $\boldsymbol{B} \approx \boldsymbol{R}$），故有

$$Q(\boldsymbol{C}) = \sum_{i=1}^{n} \left[\boldsymbol{V}^{\mathrm{T}}(\boldsymbol{C};i) \boldsymbol{R}^{-1} \boldsymbol{V}(\boldsymbol{C};i) + \ln|\boldsymbol{R}| \right] \tag{2.76}$$

$$\boldsymbol{V}(\boldsymbol{C};i) = \boldsymbol{Y}(i) - \boldsymbol{Y}_e(i) \tag{2.77}$$

$$\boldsymbol{Y}(i) = [y_1(t_i), y_2(t_i), \cdots, y_K(t_i)]^{\mathrm{T}} \quad (i = 1, 2, \cdots, n) \tag{2.78}$$

$$y_1 = f_{y1}(\boldsymbol{u};t), \quad y_2 = f_{y2}(\boldsymbol{u};t), \quad \cdots, \quad y_K = f_{yK}(\boldsymbol{u};t) \tag{2.79}$$

$$\frac{\mathrm{d}u_1}{\mathrm{d}t} = F_{u1}(\boldsymbol{C},\boldsymbol{u};t), \quad \frac{\mathrm{d}u_2}{\mathrm{d}t} = F_{u2}(\boldsymbol{C},\boldsymbol{u};t), \quad \cdots, \quad \frac{\mathrm{d}u_L}{\mathrm{d}t} = F_{uL}(\boldsymbol{C},\boldsymbol{u};t) \tag{2.80}$$

$$\boldsymbol{C} = (c_1, c_2, \cdots, c_J)^{\mathrm{T}} \tag{2.81}$$

式中：$\boldsymbol{C}$ 为待辨识参数；$\boldsymbol{V}(\boldsymbol{C};i)$ 为输出误差矩阵；$\boldsymbol{Y}_e(i) = [y_{e1}(t_i), y_{e2}(t_i), \cdots, y_{eK}(t_i)]^{\mathrm{T}}$ 为观测量矩阵，由实测曲线数据构成；$\boldsymbol{Y}(i)$ 为与 $\boldsymbol{Y}_e(i)$ 对应的理论计算值；$\boldsymbol{u} = (u_1, u_2, \cdots, u_L)^{\mathrm{T}}$ 满足动力学状态方程；$\boldsymbol{C}$ 为待辨识参数。

显然，$\boldsymbol{Y}(i)$ 是由含有辨识参数 $\boldsymbol{C}$ 的动力学方程组［式（2.80）］（例如弹道方程）联立观测方程（2.79）的计算值，$\boldsymbol{Y}_e(i)$ 是观测量的实测值。

当观测噪声的统计特性未知时，取 Q 对 $\boldsymbol{R}$ 的导数为零，可求得 $\boldsymbol{R}$ 的最优估计为

$$\hat{\boldsymbol{R}}(\boldsymbol{C}) = \frac{1}{n} \sum_{i=1}^{n} \boldsymbol{V}(\boldsymbol{C};i) \boldsymbol{V}^{\mathrm{T}}(\boldsymbol{C};i) \tag{2.82}$$

为求似然准则函数 Q 的极小值，可用优化法寻求待辨识参数 $\boldsymbol{C}$ 的估计值 $\hat{\boldsymbol{C}}$，使得判据函数式（2.76）达到极小值，即

$$\hat{C} = \min_{C \in \Theta} Q(C) \tag{2.83}$$

气动参数辨识实践表明，牛顿-拉夫逊法（又称高斯-牛顿法）具有较快的收敛速度。由 2.2.1 节可知，牛顿-拉夫逊法的迭代修正计算公式为

$$C^{(l+1)} = C^{(l)} + \Delta C^{(l)} \tag{2.84}$$

式中：$C^{(l)}$ 为参数 C 的第 l 次迭代近似值；$\Delta C^{(l)}$ 为修正量。由式（2.72）可得出计算表达式为

$$\Delta C = -\left(\frac{\partial^2 Q}{\partial c_k \partial c_j}\right)_{J \times J}^{-1} \left(\frac{\partial Q}{\partial c_k}\right)_{J \times 1} \tag{2.85}$$

根据式（2.83），将式（2.76）中的似然函数 Q 关于辨识参数 c_k 求偏导，取一阶导数近似，注意到 $\dfrac{\partial V(C;i)}{\partial c_k} = \dfrac{\partial Y(C;i)}{\partial c_k}$，$\dfrac{\partial V^{\mathrm{T}}(C;i)}{\partial c_k} = \dfrac{\partial Y^{\mathrm{T}}(C;i)}{\partial c_k}$，有

$$\begin{cases} \dfrac{\partial Q}{\partial c_k} \approx 2\sum_{i=1}^{n} V^{\mathrm{T}}(i) R^{-1} \dfrac{\partial Y(i)}{\partial c_k} \\ \dfrac{\partial^2 Q}{\partial c_j \partial c_k} \approx 2\sum_{i=1}^{n} \dfrac{\partial Y^{\mathrm{T}}(i)}{\partial c_j} R^{-1} \dfrac{\partial Y(i)}{\partial c_k} \end{cases} \quad (j,k=1,2,\cdots,J) \tag{2.86}$$

$$\frac{\partial Y(i)}{\partial c_j} = \begin{bmatrix} \dfrac{\partial y_1}{\partial c_j} & \dfrac{\partial y_2}{\partial c_j} & \cdots & \dfrac{\partial y_K}{\partial c_j} \end{bmatrix}^{\mathrm{T}} \tag{2.87}$$

式中：$\dfrac{\partial Y(i)}{\partial c_j}$ 为观测参量关于待辨识参数 c_j 的灵敏度，它是一个 $K \times 1$ 的矢量矩阵。通过将状态方程式（2.80）和观测方程式（2.79）对待辨识参数求导，可以推导出观测参量的灵敏度方程为

$$\begin{cases} \dfrac{\partial y_k}{\partial c_j} = \sum_{j=1}^{J} \dfrac{\partial f_{yk}(\boldsymbol{u};t)}{\partial u_l} \cdot \dfrac{\partial u_l}{\partial c_j} \\ k=1,2,\cdots,K \quad l=1,2,\cdots,L \end{cases} \quad (j=1,2,\cdots,J) \tag{2.88}$$

式中：$\dfrac{\partial u_l}{\partial c_j}$ 为弹箭飞行状态参数 u_l 关于待辨识参数 c_j 的灵敏度。$\dfrac{\partial u_l}{\partial c_j}$ 的求解可由状态方程式（2.80）关于待辨识参数 c_j 求导，可得其灵敏度方程为

$$\frac{\partial u_l}{\partial c_j} = \frac{\partial u_l(C,\boldsymbol{u};t)}{\partial c_j} \quad (j=1,2,\cdots,J;\ l=1,2,\cdots,L) \tag{2.89}$$

将灵敏度方程与状态方程联立求解，代入式（2.86）即可计算观测量关于待辨识参数的灵敏度。

2.3 智能优化辨识方法

随着优化理论的发展，一些新的智能算法得到了迅速发展和广泛应用，例如

遗传算法、蚁群算法、粒子群算法、差分计算方法等均形成了独特的非线性系统辨识问题，它们通过模拟自然现象和过程来实现其优点和机制，并成为解决传统非线性系统辨识问题的新方法。近些年来，这些算法丰富了弹箭气动力系统辨识技术，为解决弹箭气动力辨识问题提供了一些新的思路。在气动参数辨识结果重构弹道的残差分析问题上，智能优化方法具有良好的应用前景，因此本节主要介绍遗传算法和粒子群算法，力图为残差分析推荐一类新型方法。

2.3.1 遗传优化算法

20世纪70年代初，美国密歇根大学的Holland教授和他的学生提出并创立了一种新的优化算法——遗传算法（Genertic Algorthm，GA）。该方法植根于自然进化与遗传机理，原先用于模拟自然界的自适应（适者生存）行为，后来被引向广泛的工程问题，进而快速发展成一种"自适应启发式概率性迭代式全局搜索算法"。20世纪80年代以来，遗传算法在自动控制、计算机科学、机器人学、模式识别、工程设计和神经网络等诸多领域得到了广泛应用。随着遗传算法理论的发展与成熟，遗传算法在系统辨识领域中的应用越来越多，尤其是在非线性系统辨识中的应用潜力越来越大。本节主要介绍遗传算法的基本原理及其应用方法。

2.3.1.1 遗传算法的原理及特点

遗传算法是以达尔文的自然选择学说为基础发展起来的。自然选择学说包括遗传和变异、生存斗争和适者生存三个方面。

遗传是生物的普遍现象，亲代把生物信息交给子代，子代按照所得信息发育分化，因而子代总是和亲代具有相同或者相似的性状。生物有了这个特征物种才能稳定存在。

变异是指亲代和子代之间以及子代的不同个体之间存在的差异，这种差异现象是随机发生的，变异的选择和积累是生命多样性的根源。

生存斗争和适者生存是一种长期的、缓慢的、连续的自然选择过程。由于弱肉强食的生存斗争不断地进行，其结果是适者生存。具有适应性变异的个体被保留下来，不具有适应性变异的个体被淘汰，通过一代代的生存环境的选择作用，性状逐渐与祖先有所不同，演变为新的物种。

1. 遗传算法的原理

遗传算法流程如图2.1所示，该方法具有算法简单，可并行处理，并能得到全局最优解的特点，其算法的基本操作有复制、交叉、变异三种。

（1）复制（Reproduction Operator）。

复制是从一种旧种群中选择生命力强的个体位串产生新种群的过程。根据位串的适配值复制，也就是指具有高适配值的位串更有可能在下一代中产生一个或者多个子孙。它模仿自然进化现象，运用了达尔文的适者生存理论。复制操作可以通过随机方法来实现。如果用计算机程序来实现，可考虑首先产生在 0~1 之间均匀分布的随机数。若某串的复制概率为 40%，则只有当产生的随机数在 0.40~1.0 之间时该串被复制，否则被淘汰。此外还可以通过计算方法来实现，其中较典型的几种方法为适应度比例法、期望值法、排位次法等，适应度比例法较常用，选择运算方法是复制中的重要步骤。

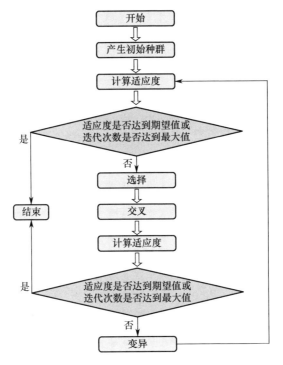

图 2.1 遗传算法流程框图

（2）交叉（Crossover Operate）。

复制操作能从旧种群中选择出优秀者，但不能创造新的染色体。而交叉模拟了生物进化过程中的繁殖现象，通过两个染色体的交换组合来产生新的优良品种。它的过程为，任选两个染色体进行匹配，随机选择一点或者多点交换点位置。例如，交换双亲染色体交换点右边的部分，即可得到两个新的染色体数字串。交叉操作体现了自然界中信息交换的思想。交叉有一点交叉、多点交叉、一字交叉、顺序交叉和周期交叉等多种方法。其中，一点交叉方法是最基本的，应用较广。通过交叉，遗传算法的搜索能力得以飞跃提高。

交叉算子根据交叉率将种群中的两个个体随机地交换某些基因，能够产生新的基因组合，期望将有益基因组合在一起。根据编码表示方法的不同有以下几种算法：①实值重组（Real Valued Recombination）有离散重组、中间重组、线性重组、扩展线性重组等；②二进制交叉（Binary Valued Crossover）有单点交叉、多点交叉、均匀交叉、洗牌交叉、缩小代理交叉等。

最常用的交叉算子为单点交叉，具体操作是：在个体串中随机设定一个交叉点，实行交叉时，该点前或后的两个个体的部分结构进行互换，并生成两个新个体。例如，下例中将染色体 A 的后四个位点和染色体 B 的后四个位点进行交叉操作，得到新的染色体，即

    A： 10110011   10111011

    B： 00101011   00100011

（3）变异（Mutation Operator）。

变异运算用来模拟生物在自然的遗传环境中由于各种偶然因素引起的基因突变，它以很小的概率随机地改变遗传基因（表示染色体符号串的某一位）的值。在染色体以二进制编码的系统中，变异随机地将染色体的某一基因由 1 变为 0，或者由 0 变为 1。在遗传算法中引入变异运算，能够使得遗传算法既具有局部的搜索能力，又能够维持群体多样性，以防早熟现象。依据个体编码表示方法的不同，可以有多种变异算法，如实值变异、二进制变异等。

一般来说，变异算子操作的基本步骤如下：①对种群中所有的个体以事先设定的变异概率判断是否进行变异；②对进行变异的个体随机选择变异位进行变异。

以基本变异算子为例。基本变异算子是指对群体中的个体编码串随机挑选一个或多个基因座，并对这些基因座的基因值做变动。例如下例中在第 4 个位点进行了变异操作，染色体 A 经变异操作后变成了染色体 B（0，1）二进制编码中的基本变异操作如下：

（个体 A）11010110→11000110（个体 B）

若只有选择和交叉，而没有变异，则无法在初始基因组合以外的空间进行搜索，使进化过程在早期就陷入局部解而进入终止过程，从而影响解的质量。为了在尽可能大的空间中获得质量较高的优化解，必须采用变异操作。

2. 遗传算法的特点

遗传算法将"优胜劣汰适者生存"的生物进化原理引入优化参数形成的编码串联群体中，按所选择的适配值函数并通过遗传中的复制（选择）、交叉和变异对个体进行筛选，此时适应度高的个体被保留下来组成新的群体，新的群体既继承了上一代的信息，又优于上一代。通过周而复始的操作，使得群体中个体适应度不断提高，直到满足一定的条件。这种算法主要有以下几个特点：

（1）遗传算法是对参数的编码进行操作，而非对参数本身。遗传算法在优化计算过程中借鉴生物学中染色体和基因等概念，模仿自然界中生物的遗传和进化等机理，对参数的编码进行操作。

（2）遗传算法同时使用多个搜索点的搜索信息。传统的优化方法往往是从

解空间的一个初始点开始最优解的迭代搜索过程，单个搜索点所提供的信息不多，搜索效率不高，有时甚至使得搜索过程陷入局部最优解而停滞不前。遗传算法从很多个体组成的一个初始群体开始最优解的搜索过程，而不是从单一的个体开始搜索，这是遗传算法所特有的一种隐含并行性，因此遗传算法的搜索效率较高。

（3）遗传算法直接与目标函数作为搜索信息。传统的优化算法不仅需要利用目标函数值，而且需要目标函数的导数值等辅助信息才能确定搜索方向。遗传算法仅使用由目标函数值作为适应度函数值，就可以确定进一步的搜索方向和搜索范围，无需目标函数的导数值等其他一些辅助信息。因此，遗传算法可应用于目标函数无法求导数或者导数不存在的函数的优化，以及组合优化等问题。此外，直接利用目标函数值或者个体适应度也可以将搜索范围集中到硬度较高的部分搜索空间中，从而提高搜索效率。

（4）遗传算法使用概率搜索技术。许多传统的优化算法使用的是确定性的搜索算法，一个搜索点到另一个搜索点的转移有确定的转移方法和转移关系，这种确定性的搜索方法有可能使得搜索无法达到最优点，因而限制了算法的使用范围。遗传算法的选择、交叉、变异等运算都是以一种概率的方式来进行的，因而遗传算法具有很好的灵活性。随着进化过程的进行，遗传算法新的群体会产生出许多新的优良个体。

（5）遗传算法在解空间进行高效启发式搜索，而不是盲目的穷举或者完全随机搜索。

（6）遗传算法对于评优的函数基本无限制。遗传算法既不要求函数连续，也不要求函数可微，既可以是数学解析式所表示的显函数，又可以是隐函数，因此应用范围较广。

（7）遗传算法具有并行计算的特点，因而可通过大规模并行计算来提高计算速度，适合大规模复杂问题的优化。

2.3.1.2 遗传算法的操作过程

遗传算法的操作过程可以用图 2.2 来表示。按照图中操作过程首先要确定染色体编码方法、个体适应度评价、遗传算子、基本遗传算法的运行参数等遗传算法的构成要素。

1. 遗传算法的构成要素

（1）染色体编码方法。

基本遗传算法使用固定长度的二进制符号来表示群体中的个体，其等位基因是由二值符号集（0，1）所组成。初始个体的基因值可用均匀分布的随机值来生成，例如 $x = 100111001000010101101$ 又可以表示为一个个体，该个体的染色体长度是 $n = 18$。

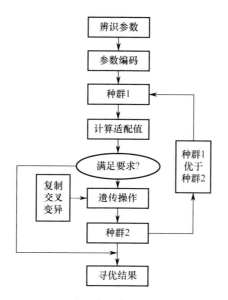

图 2.2 遗传算法参数辨识流程图

（2）个体适应度评价。

基本遗传算法与个体适应度成正比的概率来决定当前群体中每一个个体遗传到下一代群体中的概率多少。为正确计算这个概率，要求所有个体的适应度必须为正数或者零。因此，必须先确定由目标函数值到个体适应度之间的转换规则。

（3）遗传算子。

基本遗传算法中的三种运算使用下述三种遗传算子：①选择运算使用比例选择算子；②交叉运算使用单点交叉算子；③变异运算使用基本位变异算子。

（4）基本遗传算法的运行参数。

一般遗传算法需要提前设定的 4 个运行参数如下。

M：群体大小，指群体中所含个体的数量，待辨识参数越多，则种群规模越大。

G：遗传算法的终止进化代数，一般取为 100~500。

P_c：交叉概率，一般取为 0.4~0.99。

P_m：变异概率，一般取为 0.0001~0.1。

2. 遗传算法的应用步骤

对于一个需要进行优化的实际问题，一般可按下述步骤构造遗传算法。

（1）确定决策变量及各种约束条件，即确定出个体表现型 X 和问题的解空间；

（2）建立优化模型，即确定出目标函数的类型、数学描述形式或者量化方法；

(3) 确定表示可行解的染色体编码方法，即确定出个体基因型 x 及遗传算法的搜索空间；

(4) 确定个体适应度的量化评价方法，即确定出目标函数值 $Q(x)$ 到个体适应度函数的转换规则；

(5) 设计遗传算子，确定选择运算、交叉运算和变异运算等遗传算子的具体操作方法；

(6) 确定遗传算法的有关运算参数 M、G、P_c、P_m；

(7) 确定解码方法，即确定出有个体表现型 X 到个体基因型 x 的对应关系或者转换方法。

2.3.1.3 二进制编码遗传算法计算目标函数极值的操作过程

采用二进制编码遗传算法求函数极值的构造过程如下：

(1) 确定决策变量的约束条件。

(2) 建立优化模型。

如果采用最大似然函数准则作为优化模型的目标函数，则可将式（2.76）作为优化模型。

(3) 确定编码方法。

可用长度为 10bit 的二进制编码串来分别表示决策变量 $\hat{C} = [c_1, c_2, \cdots, c_J]^T$，10bit 二进制编码串可表示从 0 到 1023 之间的 1024 个不同的数。因此在操作中，可将待辨识参数 c_j 的定义域 $[a_j, b_j]$ ($j=1,2,\cdots,J$) 离散化为 1023 个均等的区域，包括两个端点 a_j、b_j 在内共有 1024 个不同的离散点。从离散点 a_j 到 b_j ($j=1,2,\cdots,J$)，依次让它们对应从 0000000000（0）到 1111111111（1023）之间的二进制编码。再分别将表示参数 $c_1, c_2, \cdots, c_J$ 的 J 个 10bit 长的二进制编码串联接在一起，组成一个 $J \times 10$bit 长的二进制编码串，这就构成了目标函数优化问题的染色体编码方法。使用这种编码方法，解空间和遗传算法的应用搜索空间具有一一对应的关系。例如，0000110111100…00111011110001 的 $J \times 10$bit 长的二进制编码串表示一个个体的基因型，其中前 10 位 0000110111 表示 c_1，最后 10 位 1110111100001 表示 c_J。

(4) 确定解码方法。

解码时需要将 $J \times 10$bit 长的二进制编码串切断为 J 个 10bit 长的二进制编码串，然后分别将它们转换为对应的 10 进制整数代码分别记为 d_1，d_2，…，d_J。由个体编码方法和对定义域的离散化方法可知，将代码 d_j 转换为变量 c_j 的解码公式为

$$c_j = 4.096 \times \frac{d_j}{1023} - 2.048 \quad (j = 1, 2, \cdots, J)$$

例如，对于 10bit 长的二进制编码串个体 0110011001 1100101100，由两个代

码 $d_j = 409$，$d_{j+1} = 812$ 组成。这两个代码经过解码后，可以得到两个实际的值 $c_j = -0.4104$，$c_{j+1} = 1.2032$。

（5）确定个体评价方法。

由于目标函数式（2.76）的值域总是非负的，并且优化目标是求函数的最小值，故可以将个体的适应度直接取为对应的目标函数值，即 $F(\hat{C}) = Q(\hat{C})$。

（6）设计遗传算子。

例如，选择运算可使用比例选择算子，交叉运算使用单点交叉算子，变异运算可使用基本位变异算子。

（7）确定遗传算法的运行参数。

例如，确定群体大小 $M = 500$，终止进化代数 $G = 300$，交叉概率 $P_c = 0.80$，变异概率 $P_m = 0.10$。

上述 7 个步骤即构成了用于求目标函数极小值优化计算的二进制编码遗传算法。

2.3.2 粒子群优化算法

粒子群优化算法（Particle Swarm Optimization，PSO）也称为粒子群算法，源于对鸟群捕食的行为研究，是一种进化计算技术。该算法由 Eberhart 博士和 Kennedy 博士在 1995 年提出，是近年来迅速发展的一种新的进化算法。

最早的 PSO 算法是模拟鸟群觅食行为而发展起来的一种基于群体协作的随机搜索算法，让一群鸟在空间里自由飞翔觅食，每只鸟都能记住它曾经飞过最高的位置，然后就随机地靠近那个位置，不同的鸟之间可以互相交流，他们都尽量靠近整个鸟群中曾经飞过的最高点。这样，经过一段时间，鸟群就可以找到近似的最高点。

粒子群算法属于进化算法的一种。和遗传算法相似，它是从随机解出发，通过迭代寻找最优解；通过适应度来评价解的品质，但它比遗传算法更简单，没有遗传算法的"交叉"和"变异"操作，只需通过追随当前搜索到的最优值来寻找全局最优。这种算法以实现容易、精度高、收敛快等优点引起了学术界的重视，并且在解决实际问题中凸显了其优越性。目前已广泛应用于函数优化、系统辨识、模糊控制等应用领域。

2.3.2.1 粒子群算法的原理及运算流程

粒子群算法模拟鸟类的捕食行为。设想这样一个场景：一群鸟在随机搜索食物，在这个区域里只有一块食物，所有的鸟都不知道食物在哪里，但是他们知道当前的位置离食物还有多远。那么找到食物的最优策略就是搜寻目前离食物最近的鸟的周围区域。粒子群算法就是从这种模型中得到启示并用于解决优化问题。

粒子群算法中，每一个优化问题的解都是搜索空间中的一只鸟，称为"粒子"。所有的粒子都有一个由被优化的函数决定的适应度值，适应度值越大，解的品质越好。每个粒子还有一个速度决定它们飞行的方向和距离，粒子们追随当前的最优粒子在解空间中搜索。

粒子群算法首先初始化为一群随机粒子（随机解），然后通过迭代找到最优解。在每次迭代中，粒子通过跟踪两个极值来更新自己的位置。第一个极值是粒子本身所找到的最优解，这个解称为个体极值。另一个极值是整个种群目前找到的最优解，这个极值称为全局极值。

1. 粒子群算法的参数设置

应用粒子群算法解决优化问题的过程中有两个重要的步骤：问题解的编码和适应度函数。

1）问题解的编码

粒子群算法的一个优势就是采用实数编码，例如，对于目标函数式（2.76）的求极小值问题，粒子可以直接编码为（$c_1, c_2, \cdots, c_J$），而适应度函数就是目标函数 $Q(\boldsymbol{C})$。

2）粒子群算法中需要调节的参数

粒子群算法中需要调节的参数如下：

（1）粒子数。

通常情况下粒子数一般取为 20~40，对于复杂问题，粒子数可以取到 100~200。

（2）最大速度 $V_{\max}$。

最大速度 $V_{\max}$ 决定了粒子在一个循环中最大的移动距离，最大速度通常小于粒子的范围宽度。如果 $V_{\max}$ 较大，则可以保证粒子种群的全局搜索能力；若 $V_{\max}$ 较小，则意味着粒子种群的局部搜索能力更强。

（3）学习因子 a_1 和 a_2。

a_1 和 a_2 通常设定为 2.0，前者为局部学习因子，后者为全局学习因子。实际应用时一般将 a_2 取得大一些。

（4）惯性权重。

惯性权值较大有利于全局寻优，惯性权重较小则有利于局部寻优。当粒子的最大速度 $V_{\max}$ 很小时，惯性权重的取值接近于 1；当粒子的最大速度 $V_{\max}$ 不是很小时，惯性权重值取 0.8 较好。

（5）终止条件。

粒子群算法的终止条件一般设定为最大循环数或者最小误差要求。

2. 粒子群算法流程

粒子群算法流程如图 2.3 所示，图中各框图含义如下。

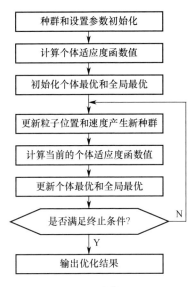

图 2.3 粒子群算法流程图

(1) 种群和设置参数初始化。

设定参数运动范围，设定学习因子 a_1 和 a_2，最大进化代数 G，kg 表示当前的进化代数。在一个 D 维参数的搜索解空间中，粒子组成的种群规模大小为 Size，每个粒子代表解空间的一个候选解，其中第 i（$1 \leq i \leq$ Size）个粒子在整个解空间的位置表示为 X_i，速度表示为 V_i。第 i 个例子从初始到当前迭代次数搜索产生的最优解、个体极值 P_i、整个种群目前的最优解为 BestS。随机产生 Size 的粒子，随机产生初始种群的位置矩阵和速度矩阵。

(2) 计算个体适应度函数值，初始化个体最优和全局最优。

计算群体中各个粒子的初始适应值 $f(X)$，并计算出单个粒子和种群的最优位置。

(3) 更新粒子位置和速度产生新种群。

更新粒子位置和速度，产生新种群，并对粒子的速度和位置进行越界检查，即

$$V_i^{kg+1} = w(t) \times V_i^{kg} + a_1 r_1 (p_i^{kg} - X_i^{kg}) + a_2 r_2 (\text{BestS}_i^{kg} - X_i^{kg}) \qquad (2.90)$$

$$X_i^{kg+1} = X_i^{kg} + V_i^{kg+1} \qquad (2.91)$$

式中：$kg = 1, 2, \cdots, G$；$i = 1, 2, \cdots,$ Size；r_1 和 r_2 为 0~1 的随机数；a_1 和 a_2 分别为局部学习因子和全局学习因子，一般取 a_2 大一些。

(4) 计算当前的个体适应度函数值，更新个体最优和全局最优。

比较粒子的当前适应值 $f(X_i)$ 和自身历史的最优值 p_i，如果 $f(X_i)$ 优于 p_i，则置 p_i 为当前值 $f(X_i)$，并更新粒子位置。

比较粒子当前适应值 $f(X_i)$ 与种群最优值 BestS，如果优于 BestS，则置 BestS 为当前的 $f(X_i)$，更新种群的全局最优值。

（5）检查结果条件是否达到终止条件要求。

检查终止条件（寻优达到最大循环数或者评价值小于最小误差要求），若满足，则结束寻优；否则转到步骤（3）。

2.3.2.2.2 基于粒子群算法的目标函数优化

以目标函数式（2.76）为例，讨论利用粒子群算法求目标函数式（2.92）的极小值。

$$\begin{cases} Q(\boldsymbol{C}) = \sum_{i=1}^{n} \left[\boldsymbol{V}^{\mathrm{T}}(\boldsymbol{C};i)\boldsymbol{R}^{-1}\boldsymbol{V}(\boldsymbol{C};i) + \ln|\boldsymbol{R}| \right] \\ a_j \leq c_j \leq b_j \quad (j = 1, 2, \cdots, J) \end{cases} \quad (2.92)$$

全局粒子群算法中，粒子 i 的邻域随着迭代次数的增加而逐渐增加。第 1 次迭代开始时，它的邻域粒子的个数为 0；随着迭代次数的增加，其邻域线性变大，最后邻域扩展到整个粒子群。全局粒子群算法收敛速度快，但容易陷入局部最优。而局部粒子群算法收敛速度慢，但可以有效地避免局部最优。

全局粒子群算法中，根据粒子自己的历史最优值 p_i 和粒子群全局最优值 p_g 更新粒子速度。为了避免陷入局部极小，可采用局部粒子群算法，每个粒子速度更新都根据粒子自己历史最优值 p_i 和粒子邻域类的粒子的最优值 p_{ilocal} 确定。

根据取邻域的方式不同，一个粒子群算法有很多不同的实现方法。本例采用最简单的环形邻域法，如图 2.4 所示。下面以 8 个粒子为例按照图中的粒子群算法流程，说明局部粒子群算法。

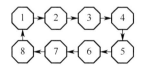

图 2.4　环形邻域法

在每次进行速度和位置更新时，粒子 1 追踪 1、2、8 这 3 个粒子中的最优个体，依此类推。采用计算机程序计算时，求解某个粒子邻域中的最优个体一般采用调用子程序算法来完成。

局部粒子群算法中，更新粒子的速度和位置，即

$$V_i^{kg+1} = w(t) \times V_i^{kg} + a_1 r_1 (p_i^{kg} - X_i^{kg}) + a_2 r_2 (p_{\mathrm{ilocal}}^{kg} - X_i^{kg}) \quad (2.93)$$

$$X_i^{kg+1} = X_i^{kg} + V_i^{kg+1} \quad (2.94)$$

式中：p_{ilocal}^{kg} 为局部寻优的粒子。

同样，对粒子的速度和位置要进行越界检查，为避免算法陷入局部最优解，加入一个局部自适应变异算子进行调整。采用实数编码求目标函数极小值，用实

数 a_{sj} 表示决策变量 $c_j(j=1,2,\cdots,J)$，将 c_j 的定义域 $\begin{bmatrix} a_j & b_j \end{bmatrix}$ 离散化为从离散点 a_j 到 b_j 的 Size 个实数。个体的适应度直接取为对应的目标函数值，即取适应度函数 $F(\hat{C})=Q(\hat{C})$，其值越小越好。

在粒子群算法计算中，需要调节的参数是根据问题的复杂程度确定的。例如，可将粒子群个数取为 Size＝50，最大迭代次数取为 $G=100$，粒子运动最大速度取为 $V_{\max}=1.0$（即速度范围为 $[-1,1]$），学习因子取为 $a_1=1.3$，$a_2=1.7$，采用线性递减的惯性权重，惯性权重采用从 0.90 线性递减到 0.10 的策略。

与遗传算法类似，利用粒子群算法解决气动参数辨识问题的效果不及经典算法好，表 2.1 给出了基于粒子群算法弹丸阻力系数辨识计算模拟的结果证明了这一结论，图 2.5 所示为目标函数值随进化代数的变化关系。但是，由于这些算法不需要计算灵敏度，对于多因素优化计算显得更简单、方便，因此在辨识结果的残差分析中，将它们用于确定气动参数的校正系数明显具有优势。

表 2.1 不同射角不同误差条件下辨识结果比较

射角/°	5	25	45	55	65
真实值	0.4000	0.4000	0.4000	0.4000	0.4000
情况 1	0.4068	0.4012	0.4008	0.3981	0.4017
相对误差	1.70%	0.3%	0.2%	−0.48%	0.43%
情况 2	0.3889	0.4078	0.4079	0.3931	0.4099
相对误差	−2.78%	−1.95%	−1.97%	−1.73%	2.48%

注：情况 1 为仿真值作为测量值；情况 2 为仿真值加上随机白噪声作为测量值，信噪比为 100∶5

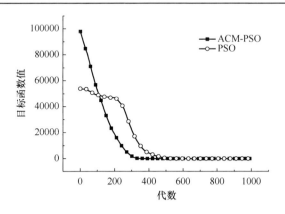

图 2.5 目标函数值随进化代数的变化

第3章　弹箭气动参数辨识常用的弹道模型

由前所述，弹箭气动参数辨识原理及方法构成了气动力飞行试验获取可测物理量的基本原理。按照这一原理开展弹箭射击试验，能够获取弹箭飞行状态参数和其他可直接测量参数构成弹箭气动参数辨识的数据群。弹箭气动参数辨识中，无论采用何种辨识方法，都需要根据试验数据群确定辨识准则和（数学）模型集，以及相应的优化算法。数学模型集表征了待辨识参数与可测物理量之间的对应关系，它是建立辨识目标函数基础条件，因此选择数学模型集是至关重要的。由于外弹道方程或其解析解描述了弹箭气动参数与其飞行状态参数、气象诸元参数、弹箭参数等可测物理量之间的对应关系，将其用作数学模型可从弹箭飞行试验数据中辨识气动参数，因此弹箭气动参数辨识的目标函数所涉及的数学模型均以弹道方程为基础。本章主要介绍如何建立各种外弹道模型作为弹箭气动参数辨识的模型集，并通过求解弹道方程讨论弹箭的飞行运动规律，为后面章节讨论气动参数辨识方法采用的数学模型集提供理论依据。

3.1　坐标系及坐标变换

为了分析和观测弹箭飞行运动，必须建立一些坐标系作为基准。尽管弹箭的运动规律是客观存在的，不因坐标系的选取不同而改变，但若坐标系选得合理，可使运动微分方程形式简单，便于进行分析和求解。

3.1.1　地面坐标系、基准坐标系和弹道坐标系

如图3.1所示，地面坐标系 $O_i\text{-}xyz$ 是与地面固连的坐标系，简记为 E。该坐标系的原点在炮口中心，O_ix_E 轴沿水平线指向射击前方，O_iy_E 轴铅直向上，$O_i\text{-}x_Ey_E$ 平面为射击面，O_iz_E 轴垂直于射击面指向右方。地面坐标系以 (x,y,z) 描述弹箭质心坐标，在分析弹箭运动时，常常将此坐标系的原点移至弹箭质心作为确定弹轴和速度方向的基准，这就是随弹箭质心平动的基准坐标系 $O\text{-}x_Ny_Nz_N$，简称 N，它只用于确定弹轴和速度的方位。

弹道坐标系 $O\text{-}x_2y_2z_2$ 亦称速度坐标系，用 V 表示，原点在弹的质心，Ox_2 轴与速度矢量重合，Oy_2 轴垂直于 Ox_2 轴，在铅直面内指向上方，Oz_2 轴由右手定则确定。

如图3.1所示，弹道坐标系可以看作是基准坐标系 N 经过两次旋转得到的。

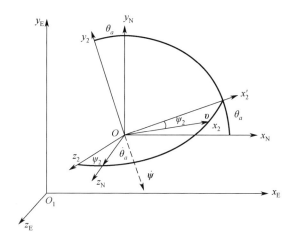

图 3.1 地面坐标系（E）、基准坐标系（N）和弹道坐标系（V）示意图

第一次是绕 Oz_N 轴正向旋转 θ_a 角到达 $O\text{-}x_2'y_2z_N$ 的位置；第二次是把 $O\text{-}x_2'y_2z_N$ 系绕 Oy_2 轴负向转过一个 Ψ_2 角，最后到达到 $O\text{-}x_2y_2z_2$ 位置。由图 3.1 中的几何关系，可以导出弹道坐标系与基准坐标系之间的转换关系为

$$\begin{pmatrix} x \\ y \\ z \end{pmatrix} = \mathbf{A}_{\theta_a \Psi_2} \begin{pmatrix} x_2 \\ y_2 \\ z_2 \end{pmatrix} \tag{3.1}$$

$$\mathbf{A}_{\theta_a \Psi_2} = \begin{bmatrix} \cos\theta_a \cos\Psi_2 & -\sin\theta_a & -\sin\Psi_2 \cos\theta_a \\ \cos\Psi_2 \sin\theta_a & \cos\theta_a & -\sin\Psi_2 \sin\theta_a \\ \sin\Psi_2 & 0 & \cos\Psi_2 \end{bmatrix} \tag{3.2}$$

因为转换矩阵 $\mathbf{A}_{\theta_a \Psi_2}$ 为正交矩阵，所以 $\mathbf{A}_{\theta_a \Psi_2}^{-1} = \mathbf{A}_{\theta_a \Psi_2}^{\mathrm{T}}$。其中，$\mathbf{A}_{\theta_a \Psi_2}^{-1}$ 为 $\mathbf{A}_{\theta_a \Psi_2}$ 的逆矩阵，$\mathbf{A}_{\theta_a \Psi_2}^{\mathrm{T}}$ 为矩阵 $\mathbf{A}_{\theta_a \Psi_2}$ 的转置矩阵。

弹道坐标系（V）是一个随速度矢量方位变化而转动的动坐标系，其转动角速度矢量为 $\dot{\boldsymbol{\theta}}_a$ 与 $\dot{\boldsymbol{\psi}}_2$ 之和，即

$$\boldsymbol{\Omega} = \dot{\boldsymbol{\theta}}_a + \dot{\boldsymbol{\psi}}_2 \tag{3.3}$$

式中：矢量 $\dot{\boldsymbol{\theta}}_a$ 沿 Oz_N 轴方向；矢量 $\dot{\boldsymbol{\psi}}_2$ 沿 Oy_2 轴的负向。

3.1.2 弹轴坐标系 $O\text{-}\xi\eta\zeta$ 与弹体坐标系 $O\text{-}x_1y_1z_1$

如图 3.2 所示，弹轴坐标系的原点在质心，$O\xi$ 轴沿弹轴方向指向弹头部为正；$O\eta$ 轴在铅直面内，垂直于 $O\xi$ 轴向上为正；$O\zeta$ 轴由右手法则确定。弹轴坐标系也可视为基准坐标系 $O\text{-}x_Ny_Nz_N$（为便于叙述，后面将下标"N"略去）经过两次旋转得到，第一次是绕 Oz 轴正向旋转 φ_a 角到达 $O\text{-}\xi'\eta z$ 的位置，第二次是

把 $O\text{-}\xi'\eta z$ 绕 $O\eta$ 轴负向旋转 φ_2 角,到达 $O\text{-}\xi\eta\zeta$ 位置。φ_a 为弹轴高低角,φ_2 为弹轴方位角(也称方向摆动角),此二角决定了弹轴的空间方位。由图可以看出,弹轴系是一个随弹轴方位变化而转动的动坐标系,其转动角速率矢量 $\boldsymbol{\omega}_a$ 为 $\dot{\boldsymbol{\varphi}}_a$ 与 $\dot{\boldsymbol{\varphi}}_2$ 之和,即

$$\boldsymbol{\omega}_a = \dot{\boldsymbol{\varphi}}_a + \dot{\boldsymbol{\varphi}}_2 \tag{3.4}$$

式中:矢量 $\dot{\boldsymbol{\varphi}}_a$ 沿 Oz_N 轴方向;矢量 $\dot{\boldsymbol{\varphi}}_2$ 沿 $O\eta$ 轴负向。

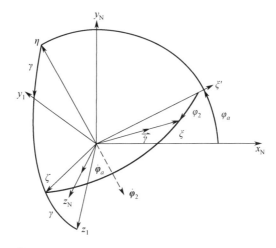

图 3.2 弹轴坐标系(A)、弹体坐标系(B)和基准坐标系(N)的几何关系

根据图 3.2 的几何关系,基准坐标系(N)与弹轴坐标系(A)之间的转换关系为

$$\begin{pmatrix} x \\ y \\ z \end{pmatrix} = \boldsymbol{A}_{\varphi_a\varphi_2} \begin{pmatrix} \xi \\ \eta \\ \zeta \end{pmatrix} \tag{3.5}$$

$$\boldsymbol{A}_{\varphi_a\varphi_2} = \begin{bmatrix} \cos\varphi_a\cos\varphi_2 & -\sin\varphi_a & -\sin\varphi_2\cos\varphi_a \\ \cos\varphi_2\sin\varphi_a & \cos\varphi_a & -\sin\varphi_2\sin\varphi_a \\ \sin\varphi_2 & 0 & \cos\varphi_2 \end{bmatrix} \tag{3.6}$$

弹体坐标系 $O\text{-}x_1y_1z_1$ 记为(B),其原点在质心,其 Ox_1 轴为弹轴,但 Oy_1 和 Oz_1 轴固连在弹体上并与弹体一同绕纵轴 Ox_1 旋转。弹体坐标系可以看作是弹轴坐标系经过一次旋转而得到的。绕 $O\xi$ 轴转过一个 γ 角就到达 $O\text{-}x_1y_1z_1$ 的位置,如图 3.3 所示。

根据图中几何关系,可以导出弹体坐标系与弹轴坐标系之间的转换关系为

$$\begin{pmatrix} \xi \\ \eta \\ \zeta \end{pmatrix} = \boldsymbol{A}_\gamma \begin{pmatrix} x_1 \\ y_1 \\ z_1 \end{pmatrix} \tag{3.7}$$

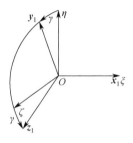

图 3.3 弹体坐标系与弹轴坐标系的几何关系图

$$\boldsymbol{A}_\gamma = \begin{pmatrix} 1 & 0 & 0 \\ 0 & \cos\gamma & -\sin\gamma \\ 0 & \sin\gamma & \cos\gamma \end{pmatrix} \quad (3.8)$$

外弹道学中，为了便于确定弹轴相对于速度的方位和计算空气动力，需要以弹道坐标系 $O\text{-}x_2y_2z_2(\text{V})$ 为基础定义弹轴坐标系。为了区别于基准系定义的弹轴坐标系，将其称为第二弹轴坐标系 $O\text{-}\xi\eta_2\zeta_2$，坐标系 A_2 的原点和 $O\xi$ 轴与弹轴坐标系 $O\text{-}\xi\eta\zeta(\text{A})$ 相同，但 $O\eta_2$ 轴和 $O\zeta_2$ 轴不是由基准坐标系（N）旋转而来，而是自弹道坐标系 $O\text{-}x_2y_2z_2(\text{V})$ 旋转而来。第一次是 $O\text{-}x_2y_2z_2$ 绕 Oz_2 轴旋转 δ_1 角到达 $O\text{-}\xi''\eta_2z_2$ 位置，再由 $O\text{-}\xi''\eta_2z_2$ 绕 $O\eta_2$ 轴负向转 δ_2 角到达 $O\text{-}\xi\eta_2\zeta_2$ 位置，如图 3.4 所示。

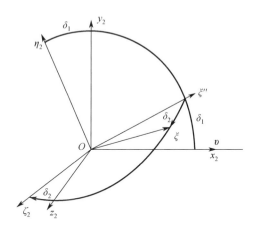

图 3.4 坐标系（A）与坐标系（V）的几何关系

根据图中所示的几何关系可以得出弹道坐标系（V）与第二弹轴坐标系（A）的换算关系为

$$\begin{pmatrix} x_2 \\ y_2 \\ z_2 \end{pmatrix} = \boldsymbol{A}_{\delta_1\delta_2} \begin{pmatrix} \xi \\ \eta_2 \\ \zeta_2 \end{pmatrix} \quad (3.9)$$

$$\boldsymbol{A}_{\delta_1\delta_2} = \begin{bmatrix} \cos\delta_2\cos\delta_1 & -\sin\delta_1 & -\sin\delta_2\cos\delta_1 \\ \cos\delta_2\sin\delta_1 & \cos\delta_1 & -\sin\delta_2\sin\delta_1 \\ \sin\delta_2 & 0 & \cos\delta_2 \end{bmatrix} \quad (3.10)$$

式中：δ_1 为纵向攻角；δ_2 为横向攻角。

应该指出，弹轴坐标系与第二弹轴坐标系不完全重合，但二者具有共同的纵轴 $O\xi$。由于 $O\eta_2$ 轴与 $O\eta$ 轴都与弹轴垂直，故它们之间存在一个夹角 β。类似式 (3.7) 的推导过程，第一弹轴坐标系与第二弹轴坐标系之间的换算关系为

$$\begin{pmatrix} \xi \\ \eta_2 \\ \zeta_2 \end{pmatrix} = \boldsymbol{A}_\beta \begin{pmatrix} \xi \\ \eta \\ \zeta \end{pmatrix} \quad (3.11)$$

$$\boldsymbol{A}_\beta = \begin{pmatrix} 1 & 0 & 0 \\ 0 & \cos\beta & -\sin\beta \\ 0 & \sin\beta & \cos\beta \end{pmatrix} \quad (3.12)$$

3.1.3 各方位角之间的关系

根据上面各几何关系，将弹轴坐标系中的量转换到弹道坐标系有两种途径：第一种途径是经由第二弹轴坐标系转换到弹道坐标系；第二种途径是经由基准坐标系转换到弹道坐标系。

按第一种途径，有

$$\begin{pmatrix} x_2 \\ y_2 \\ z_2 \end{pmatrix} = \boldsymbol{A}_{\delta_1\delta_2} \begin{pmatrix} \xi \\ \eta_2 \\ \zeta_2 \end{pmatrix} = \boldsymbol{A}_{\delta_1\delta_2} \boldsymbol{A}_\beta \begin{pmatrix} \xi \\ \eta \\ \zeta \end{pmatrix}$$

$$\boldsymbol{A}_{\delta_1\delta_2} \cdot \boldsymbol{A}_\beta = \begin{bmatrix} \cos\delta_2\cos\delta_1 & -\sin\delta_1 & -\sin\delta_2\cos\delta_1 \\ \cos\delta_2\sin\delta_1 & \cos\delta_1 & -\sin\delta_2\sin\delta_1 \\ \sin\delta_2 & 0 & \cos\delta_2 \end{bmatrix} \begin{pmatrix} 1 & 0 & 0 \\ 0 & \cos\beta & -\sin\beta \\ 0 & \sin\beta & \cos\beta \end{pmatrix}$$

$$= \begin{bmatrix} \cos\delta_2\cos\delta_1 & \begin{aligned}(&-\sin\delta_1\cos\beta \\ &-\sin\delta_2\cos\delta_1\sin\beta)\end{aligned} & \begin{aligned}(&\sin\delta_1\sin\beta \\ &-\sin\delta_2\cos\delta_1\cos\beta)\end{aligned} \\ \cos\delta_2\sin\delta_1 & \begin{aligned}(&\cos\delta_1\cos\beta \\ &-\sin\delta_2\sin\delta_1\sin\beta)\end{aligned} & \begin{aligned}(&-\cos\delta_1\sin\beta \\ &-\sin\delta_2\sin\delta_1\cos\beta)\end{aligned} \\ \sin\delta_2 & \cos\delta_2\sin\beta & \cos\delta_2\cos\beta \end{bmatrix} \quad (3.13)$$

按第二种途径，有

$$\begin{pmatrix} x_2 \\ y_2 \\ z_2 \end{pmatrix} = \boldsymbol{A}_{\theta_a\psi_2}^{-1} \begin{pmatrix} x \\ y \\ z \end{pmatrix} = \boldsymbol{A}_{\theta_a\psi_2}^{\mathrm{T}} \begin{pmatrix} x \\ y \\ z \end{pmatrix} = \boldsymbol{A}_{\theta_a\psi_2}^{\mathrm{T}} \cdot \boldsymbol{A}_{\varphi_a\varphi_2} \begin{pmatrix} \xi \\ \eta \\ \zeta \end{pmatrix}$$

$$A_{\theta_a\Psi_2}^{\mathrm{T}} \cdot A_{\varphi_a\varphi_2} = \begin{bmatrix} \cos\theta_a\cos\Psi_2 & \cos\Psi_2\sin\theta_a & \sin\Psi_2 \\ -\sin\theta_a & \cos\theta_a & 0 \\ -\sin\psi_2\cos\theta_a & -\sin\Psi_2\sin\theta_a & \cos\Psi_2 \end{bmatrix} \begin{bmatrix} \cos\varphi_a\cos\varphi_2 & -\sin\varphi_a & -\sin\varphi_2\cos\varphi_a \\ \cos\varphi_2\sin\varphi_a & \cos\varphi_a & -\sin\varphi_2\sin\varphi_a \\ \sin\varphi_2 & 0 & \cos\varphi_2 \end{bmatrix}$$

$$= \begin{bmatrix} \begin{pmatrix} \cos\theta_a\cos\psi_2\cos\varphi_a\cos\varphi_2 \\ +\cos\psi_2\sin\theta_a\cos\varphi_2\sin\varphi_a \\ +\sin\psi_2\sin\varphi_2 \end{pmatrix} & \begin{pmatrix} -\cos\theta_a\cos\psi_2\sin\varphi_a \\ +\cos\psi_2\sin\theta_a\cos\varphi_a \end{pmatrix} & \begin{pmatrix} -\cos\theta_a\cos\psi_2\sin\varphi_2\cos\varphi_a \\ -\cos\psi_2\sin\theta_a\sin\varphi_2\sin\varphi_a \\ +\sin\psi_2\cos\varphi_2 \end{pmatrix} \\ \begin{pmatrix} -\sin\theta_a\cos\varphi_a\cos\varphi_2 \\ +\cos\theta_a\cos\varphi_2\sin\varphi_a \end{pmatrix} & \begin{pmatrix} \sin\theta_a\sin\varphi_a \\ +\cos\theta_a\cos\varphi_a \end{pmatrix} & \begin{pmatrix} \sin\theta_a\sin\varphi_2\cos\varphi_a \\ -\cos\theta_a\sin\varphi_2\sin\varphi_a \end{pmatrix} \\ \begin{pmatrix} -\sin\psi_2\cos\theta_a\cos\varphi_a\cos\varphi_2 \\ -\sin\psi_2\sin\theta_a\cos\varphi_2\sin\varphi_a \\ +\cos\psi_2\sin\varphi_2 \end{pmatrix} & \begin{pmatrix} \sin\psi_2\cos\theta_a\sin\varphi_a \\ -\sin\psi_2\sin\theta_a\cos\varphi_a \end{pmatrix} & \begin{pmatrix} \sin\psi_2\cos\theta_a\sin\varphi_2\cos\varphi_a \\ +\sin\psi_2\sin\theta_a\sin\varphi_2\sin\varphi_a \\ +\cos\psi_2\cos\varphi_2 \end{pmatrix} \end{bmatrix}$$

(3.14)

显见，式（3.13）和式（3.14）中，涉及 θ_a、ψ_2、φ_a、φ_2、δ_1、δ_2、γ、β 等 8 个角度，它们除了自转角 γ 外，只有 4 个方位角是独立的。例如，当由 θ_a、ψ_2 和 φ_a、φ_2 分别确定了弹道坐标系和弹轴坐标系相对于基准坐标系的位置后，则此二坐标系的相互位置也就唯一确定了。于是，β 以及 δ_1、δ_2 就不能任意变动，而是由 θ_a、ψ_2、φ_a、φ_2 来确定，当然也可以由 φ_a、φ_2、δ_1、δ_2 确定 β 以及 θ_a、ψ_2，即应有三个几何关系式作为这些角度之间的约束。

由上面坐标转换过程可知，式（3.13）和式（3.14）这两种转换方法的结果应相等。根据两矩阵相等的条件，可在此等式两边的 3×3 矩阵中选三个对应元素相等，选择的原则是易算、易判断角度的正负号，得

$$\sin\delta_2 = \cos\psi_2\sin\varphi_2 - \sin\psi_2\cos\varphi_2\cos(\varphi_a - \theta_a) \tag{3.15}$$

$$\sin\delta_1 = \cos\varphi_2\sin(\varphi_a - \theta_a)/\cos\delta_2 \tag{3.16}$$

$$\sin\beta = \sin\psi_2\sin(\varphi_a - \theta_a)/\cos\delta_2 \tag{3.17}$$

对于正常飞行的弹箭，在弹道计算时可直接用此 3 个表达式。对于平射试验，弹轴与速度之间的夹角较小，弹道偏离射击面也很小，即 δ_1、δ_2、φ_2、ψ_2、$(\varphi_a - \theta_a)$ 均可视为小量，此时可略去二阶小量，上面 3 个表达式可近似写为

$$\delta_1 = \varphi_a - \theta_a, \quad \delta_2 = \varphi_2 - \psi_2, \quad \beta = 0 \tag{3.18}$$

在利用平射试验获取的弹箭姿态角辨识气动参数时，将采用近似表达式（3.18）。

3.2 作用于弹箭运动的力和力矩

一般而论，弹箭按其稳定方式分为旋转稳定与尾翼稳定两类。一种是利用高

速旋转的陀螺稳定效应保证弹体稳定飞行,称这类弹箭为旋转稳定弹;另一种是在弹尾安装翼片(即尾翼),使得作用于弹箭的阻力中心移到质心后面,此时作用于弹体的空气动力形成了一个迫使弹箭攻角不断减小的力矩,达到稳定飞行效果,称这类弹箭为尾翼稳定弹。弹箭飞行时由于弹体与空气之间的相互作用存在着空气动力的影响。作用于弹箭的空气动力大小主要取决于弹体外形、飞行速度和攻角。所谓攻角,通常指弹轴方向线与弹丸速度矢量线之间的夹角 δ,如图 3.5 所示。弹箭在空气中飞行将受到空气动力 **R** 和力矩 **M** 的作用,其中空气动力直接影响质心的运动,使速度大小、方向和质心坐标改变,而空气动力矩则使弹箭产生绕质心的转动并进一步改变空气动力,影响到质心的运动。这种转动有可能使弹箭翻滚造成飞行不稳而达不到飞行目的,因此,保证弹箭飞行稳定是外弹道学、飞行力学、弹箭设计、飞行控制系统最基本和最重要的问题。

3.2.1 弹箭的气动外形与飞行稳定方式

根据飞行性能要求和战斗性能要求,弹箭的气动外形和气动布局是各种各样的,甚至是奇形怪状的,但就对称性来分,有轴对称形、面对称形和非对称形。面对称弹箭一般用于飞机形的飞航式导弹和布撒器等,非对称弹箭的典型例子是由气动偏心导旋扫描的末敏子弹。

一般无控弹箭的气动外形都是轴对称形,如图 3.5 所示。这类弹箭又分为完全旋成体形和旋转对称面形,例如:普通线膛火炮弹丸是完全旋成体形(图 3.5(b)),其外形由一条母线绕弹轴旋转形成;尾翼沿弹尾或弹头或弹身圆周均布的弹箭具有旋转对称外形(图 3.5(a))。

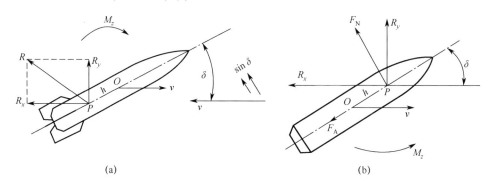

图 3.5 弹箭的两种稳定方式
(a)尾翼稳定;(b)旋转稳定。

目前使弹箭飞行稳定有两种基本方式:一是安装尾翼实现风标式稳定;二是采用高速旋转的方法形成陀螺稳定。图 3.5(a)为尾翼弹飞行时的情况,其中弹轴与质心速度方向间的夹角称为攻角。由于尾翼空气动力大，使全弹总空气动力 R 位于质心和弹尾之间，总空气动力与弹轴的交点 P 称为压力中心。总空气动力 R 可分解为平行于速度反方向的阻力 R_x 和垂直于速度的升力 R_y，也可分解为沿弹轴反方向的轴向力 F_A 和垂直于弹轴的法向力 F_N。显然，此时总空气动力对质心的力矩 M 力图使弹向轴向速度线方向靠拢，起到稳定飞行的作用，故称之为稳定力矩，这种弹称为静稳定弹，这种稳定原理与风标稳定原理相同。

图 3.5（b）为无尾翼的旋成体弹箭。这时空气动力的主要部分作用在头部，故总空气动力 R 和压力中心 P 在质心之前，将 R 也分解为平行于速度反方向的阻力 R_x 和垂直于速度方向的升力 R_y。这时的力矩 M 是使弹轴离开速度线，使 δ 增大，如不采取措施，弹就会翻跟斗造成飞行不稳，故称之为翻转力矩，这种弹称为静不稳定弹。使静不稳定弹飞行稳定的办法就是令其绕弹轴高速旋转（如线膛火炮弹丸或涡轮式火箭），利用其陀螺定向性保证弹头向前稳定飞行。由于陀螺稳定能力限制，旋转稳定弹的长径比相对较小，通常不大于 6。一般说来，无控弹箭的弹道轨迹，包括最大射程、最大弹道高等，主要取决于作用在弹箭上的阻力和升力，其中阻力是无控弹箭气动力研究的核心。

有控弹箭也有旋转稳定和尾翼稳定两种形式，前者主要应用于一维修正弹和双体二维修正弹，后者主要应用于远程制导弹箭。有控弹箭的主流弹体广泛采用尾翼（或安定面）稳定，其中尾翼、鸭翼、弹翼或舵面沿弹尾或弹体圆周均布，弹身具有旋转对称外形。由于这种弹箭需要顾及操纵特性，其舵面偏转形成的操纵力矩可以适度地改变或调节总稳定力矩大小，还可用前翼形成反安定面，减小稳定力矩，从而调节弹的稳定性、操纵性及动态品质，因此有控弹箭的稳定储备量普遍低于无控弹箭。有控弹箭的气动布局是十分重要的问题，目前最常见的有正常式、鸭式、无尾式和旋转弹翼式。正常式布局的操纵面在弹尾部，鸭式布局的操纵面在弹头部，无尾式的操纵面与弹尾相连接，旋转弹翼式的翼面就是操纵面。由于有控弹箭涉及操纵性和弹道机动问题，因而，升力、稳定力矩和操纵力矩则成为与阻力同等重要的气动力。对机动性要求很强的弹种，例如用于对付高机动目标的制导炮弹，其重要性甚至超过阻力。

最典型的有控弹箭是远程制导炮弹，是近 30 多年发展起来的新型弹种。图 3.6 所示为某滑翔增程制导炮弹的结构布局和外形示意图。与无控炮弹不同的是，制导炮弹增加了飞行控制系统，并通过控制舵翼偏转来改变弹体姿态，以达到按预期弹道的飞行控制目的。为便于从身管炮内发射，远程制导炮弹多采用鸭式布局，并采用火箭助推结合滑翔增程的方式提高射程。为了提高滑翔增程的效率，在外形设计上必须有效地提高升阻比，在力矩平衡状态下，总升力为弹体、尾翼升力和鸭舵升力之和（正常布局总升力为二者之差），小小的鸭翼可使升力增大 40%~50%。远程制导炮弹的弹道一般分无控飞行和有控飞行两个部分：在无控飞行段弹道，由于鸭式布局的控制舵翼收于弹体内部，其外形类似于圆柱部加长的尾翼弹;当弹箭进入有控飞行段弹道,此时控制舵翼已经弹出,可由飞控系统实现弹道控制。

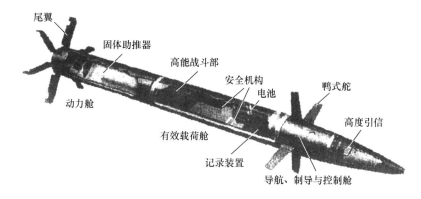

图3.6 某滑翔增程制导炮弹的结构布局和外形示意图

远程制导炮弹具有射程远、命中精度高等优点。目前,绝大多数利用滑翔增程的弹箭采用了全球卫星定位+捷联惯导(GPS/INS)制导体制,国内则将GPS过渡为"北斗"卫星定位系统,少数采用其他制导体制。为了满足远射程的需要,常在弹道升弧段用火箭发动机或冲压发动机助推到较大的高度和速度,其起始滑翔高度可达几十千米。滑翔弹道段中控制系统力求使弹箭按方案弹道滑翔飞行。影响滑翔增程弹射程的因素很多,其中弹体外形结构的升阻比是主要因素。

一些远程制导炮弹或某些破甲弹,弹体较长,或带有增程火箭,用同口径尾翼不能满足稳定性要求,故多采用张开式尾翼;某些脱壳穿甲弹要求比动能及长细比都较大,采用旋转稳定无法达到稳定性要求,也多采用尾翼稳定。总之,稳定方式的选择与弹种、结构等方面有关。

需要指出,弹箭稳定方式决定于弹箭性能要求和火炮类型。迫击炮弹和一些反坦克炮弹用滑膛炮发射,只能采用尾翼稳定;旋转稳定炮弹,依靠高速自转的陀螺效应稳定飞行,其初始转速是线膛火炮发射过程中形成的,故必须用线膛炮发射。

一般而论,线膛火炮身管内膛线(亦称来复线)有若干条,每条膛线都呈螺旋状从药室向炮口延伸,如图3.7和图3.8所示。膛线的凸起部为阳线,凹槽

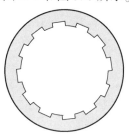

图3.7 线膛炮身管横截面示意图

部分为阴线。弹箭在圆柱部靠近船尾处的圆周安装有 1~2 条紫铜（或软钢）制作的弹带，弹带高出圆柱部 1~2 mm 左右，宽约 5~12mm，随火炮的口径不同而异。发射时弹带在火药气体的压力推动下被挤进膛线凹槽内，使弹箭在沿身管轴线前进的过程中也沿膛线滑动而旋转，形成炮口转速 γ_0。

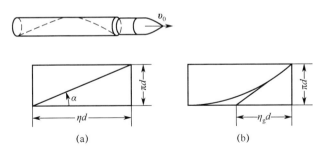

图 3.8 膛线导程、缠度与缠角
(a) 等齐膛线；(b) 渐速膛线。

膛线的形状类似于螺距拉长的弹簧，它与炮膛内壁联成一体。沿膛线旋转一周（2π 弧度）前进的距离称为膛线导程 h（相当于管道的内螺纹的螺距），将导程用身管口径 d 的倍数 η 来表示，则有 $h = \eta d$，η 称为膛线缠度，而对膛线的缠角 α 则有

$$\tan\alpha = \frac{\pi d}{h} = \frac{\pi}{\eta} \tag{3.19}$$

设弹丸的炮口速度为 v_g，在 dt 时间内弹箭前进的距离为 $v_g \cdot dt$，在此距离内弹丸在炮膛内转过的角度为 $d\gamma = \frac{2\pi v_g dt}{h}$ 弧度，故弹箭在炮口的转速可表示为

$$\gamma_0 = \left(\frac{d\gamma}{dt}\right)_0 \approx \frac{2\pi v_0}{\eta d} = \frac{2v_0}{d}\tan\alpha \,(\text{rad/s}) \tag{3.20}$$

由上式可以看出，炮口转速与初速 v_0 成正比而与炮口处的缠度和口径成反比。在初速相同的情况下，同一口径火炮，缠度越小则炮口转速越高。缠度相同的枪或炮，口径越小炮口转速越高。

膛线缠度有等齐和渐速之分，如将身管纵向剖开展成平面，等齐缠度的膛线是一条直线，如图 3.8（a）所示，渐速膛线是一条缠角越来越大或缠度 η 越来越小的曲线，如图 3.8（b）所示。渐速膛线有利于减小身管最大膛压点附近的缠角，以减小局部膛线的过度磨损，延长火炮使用寿命。一般枪炮弹丸的初始转速决定于炮口速度和膛口处的缠度，膛口缠度范围约为 20~50，转速多在 10000~20000 r/m 的范围，口径越小转速越高。表 3.1 中列出了部分枪炮的膛线缠度与初始转速。

表 3.1　几种弹丸的膛线缠度及转速参考表

口径/mm	缠度	初速/(m/s)	转速/(rad/s)	转速/(r/min)
7.62	31.5	800	20941	199975
37	30	1000	5660	54054
152	25	655	1083	10342

对于尾翼稳定弹箭，一般在生产加工和装配过程均存在误差，不能完全满足轴对称条件，导致其外形或多或少会产生气动偏心，内部结构不对称会产生质量偏心，火箭增程也有推力偏心等。因此，在弹箭设计时一般采用使弹箭在飞行中低速旋转的方式，以减少它们对飞行弹道的影响。尾翼弹旋转除了采用微旋弹带外，目前大都采用斜置尾翼或斜切翼面方法。

所谓斜置尾翼（图 3.9 左图）是将尾翼片平面与弹轴成一倾斜角 δ_f；而斜切翼面（图 3.9 右图）是将尾翼片平面的一侧削去一部分，使削面与弹轴成一倾角 δ_f。由于倾角 δ_f 的存在，使得作用在尾翼斜面上的空气动力产生偏转，其切向空气动力分量即构成了使弹箭转速不断增大的导转力矩 M_{xw}。由于尾翼弹的旋转，其弹体和尾翼将会产生阻碍其旋转运动的极阻尼力矩 M_{xz}。由导转力矩 M_{xw} 和极阻尼力矩 M_{xz} 的共同作用，导致弹体旋转能够达到某转速平衡值，即平衡转速。

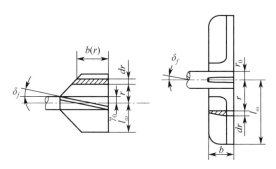

图 3.9　斜置尾翼或斜切尾翼面示意图

3.2.2　地球引力场和旋转对弹箭的作用力

弹箭在飞行过程中，若将地球视为惯性系，则地球引力场和旋转对其的等效作用有地心引力、科里奥利力和惯性离心力。

1. 地心引力及加速度

地心引力可根据万有引力定律表示为

$$\boldsymbol{R}_g = m\boldsymbol{g}' = -G \cdot \frac{M_e m}{r^3}\boldsymbol{r} \tag{3.21}$$

式中：M_e，m 分别为地球质量和弹箭质量；G 为引力常数；r 为地心到弹箭位置的矢径。

若将地球表面的引力加速度表示为 $g_o' = G \cdot \dfrac{M_e}{r_e^2}$，则可将地心引力加速度矢量写为

$$\boldsymbol{g}' = -g_0 \cdot \frac{r_e^2}{r^3}\boldsymbol{r} \tag{3.22}$$

式中：r_e 为地球的平均半径；g_0' 可视为常量，一般可取值为 $g_0' = g_0 = 9.80665\text{m/s}^2$。

设弹箭在地面坐标系 $O\text{-}xyz$ 中的位置坐标为 (x,y,z)，根据图 3.10 中的几何关系，有

$$r = \sqrt{x^2 + (r_e + y)^2 + z^2} \approx \sqrt{x^2 + (r_e + y)^2}$$

将上式代入式（3.22），并在地面坐标系中表示为

$$\boldsymbol{g}' = -g_0 \cdot \left(\frac{r_e}{\sqrt{x^2 + (r_e+y)^2}}\right)^3 \frac{\boldsymbol{r}}{r_e} \approx -g_0\left(1 + 2\frac{y}{r_e} + \left(\frac{y}{r_e}\right)^2 + \left(\frac{x}{r_e}\right)^2\right)^{\frac{3}{2}} \begin{bmatrix} \dfrac{x}{r_e} \\ 1 + \dfrac{y}{r_e} \\ 0 \end{bmatrix}$$

将上式中 $\left(1 + 2\dfrac{y}{r_e} + \left(\dfrac{y}{r_e}\right)^2 + \left(\dfrac{x}{r_e}\right)^2\right)^{\frac{3}{2}}$ 作级数展开，略去 $\dfrac{x}{r_e}$、$\dfrac{y}{r_e}$ 的三次方以上的小量，可以将地面坐标系中的引力加速度表达式简化为

$$\boldsymbol{g}' = \begin{bmatrix} g_x' \\ g_y' \\ g_z' \end{bmatrix} \approx -g_0 \begin{bmatrix} \dfrac{x}{r_e}\left(1 - \dfrac{3y}{r_e} - \dfrac{3}{2}\left(\dfrac{x}{r_e}\right)^2 + 6\left(\dfrac{y}{r_e}\right)^2\right) \\ 1 - \dfrac{2y}{r_e} - \dfrac{3}{2}\left(\dfrac{x}{r_e}\right)^2 + 3\left(\dfrac{y}{r_e}\right)^2 \\ 0 \end{bmatrix} \tag{3.23}$$

若将上式变换到弹道坐标系中，引力加速度矢量表达式为

$$\boldsymbol{g}' = \begin{bmatrix} g_{x2}' \\ g_{y2}' \\ g_{z2}' \end{bmatrix} = \boldsymbol{A}_{\theta_a\psi_2}^{-1}\begin{bmatrix} g_x' \\ g_y' \\ 0 \end{bmatrix} = \begin{bmatrix} \cos\theta_a\cos\psi_2 & \cos\psi_2\sin\theta_a & \sin\psi_2 \\ -\sin\theta_a & \cos\theta_a & 0 \\ -\sin\psi_2\cos\theta_a & -\sin\psi_2\sin\theta_a & \cos\psi_2 \end{bmatrix}\begin{bmatrix} g_x' \\ g_y' \\ 0 \end{bmatrix}$$

$$= -\begin{bmatrix} g_x'\cos\theta_a\cos\psi_2 + g_y'\cos\psi_2\sin\theta_a \\ -g_x'\sin\theta_a + g_y'\cos\theta_a \\ -g_x'\sin\psi_2\cos\theta_a - g_y'\sin\psi_2\sin\theta_a \end{bmatrix} \tag{3.24}$$

在普通火炮的射程范围内，由于 $\dfrac{x}{r_e}$ 和 $\dfrac{y}{r_e}$ 均为小量，即 $g_x' \ll g_y'$，故常常将地

心引力表示为重力，即

$$m\boldsymbol{g} = m\begin{bmatrix} g_{x2} \\ g_{y2} \\ g_{z2} \end{bmatrix} \approx -mg'_y \begin{bmatrix} \cos\psi_2 \sin\theta_a \\ \cos\theta_a \\ -\sin\psi_2 \sin\theta_a \end{bmatrix}$$

$$= -mg_0 \left(1 - \frac{2y}{r_e} - \frac{3}{2}\left(\frac{x}{r_e}\right)^2 + 3\left(\frac{y}{r_e}\right)^2\right) \begin{bmatrix} \cos\psi_2 \sin\theta_a \\ \cos\theta_a \\ -\sin\psi_2 \sin\theta_a \end{bmatrix} \quad (3.25)$$

若加入惯性离心加速度的影响，即考虑重力加速度随纬度 Λ 的变化，此时，重力加速度的计算公式可改写为

$$g \approx -g'_y(1 - 0.00265\cos\Lambda) = -g_0(1 - 0.00265\cos\Lambda)\left(1 - \frac{2y}{r_e} - \frac{3}{2}\left(\frac{x}{r_e}\right)^2 + 3\left(\frac{y}{r_e}\right)^2\right)$$

$$(3.26)$$

$$\begin{bmatrix} g_{x2} \\ g_{y2} \\ g_{z2} \end{bmatrix} \approx -g_0(1 - 0.00265\cos\Lambda)\left(1 - \frac{2y}{r_e} - \frac{3}{2}\left(\frac{x}{r_e}\right)^2 + 3\left(\frac{y}{r_e}\right)^2\right)\begin{bmatrix} \cos\psi_2 \sin\theta_a \\ \cos\theta_a \\ -\sin\psi_2 \sin\theta_a \end{bmatrix}$$

$$(3.27)$$

应该说明，上式中不再是平均地球半径，而是在特定纬度上考虑了该纬度的离心加速度影响所取的有效地球半径。而用于计算北纬 $45°32'33''$ 的 r_0、r_e 为 $6356.765km$。在我国进行弹道计算中，重力加速度地面标准值常取为 $g_0 = 9.80m/s$，对应的地球纬度大约为 $38°$，即黄河流域一带，这对于我国地理位置来说还是比较适中的，与此相应的有效地球半径为 $r_e = 6358.922km$。按此值计算表明，若 $y=32km$，g 约减小了地面值 g_0 的 1%。对远程、大高度弹道的计算，可采用国际通行的取值，即 $g_0 = 9.80665m/s$，地球平均半径 $r_e = 6371km$，且采用精度更高的表达式 （3.24） 更为恰当。

2. 科里奥利力及加速度

按理论力学，科里奥利力加速度产生于地球旋转和弹箭相对地球的运动速度 $\boldsymbol{v}$。科氏惯性力恰与科氏加速度方向相反，其定义为

$$\boldsymbol{F}_K = -m\boldsymbol{g}_K = -2m\boldsymbol{\Omega}_E \times \boldsymbol{v} \quad (3.28)$$

式中：$\boldsymbol{g}_K$ 为科里奥利力加速度矢量；$\boldsymbol{\Omega}_E$ 为地球的自转角速度矢量。为了求得科氏惯性力的标量形式，必须选择一个坐标系投影。在图 3.10 中假定在北半球纬度为 Λ 处进行射击，射击方向为从正北方算起顺时针转 α_N 角的方向即可确定地面坐标系 $O-xyz$。地球自转角速度 $\boldsymbol{\Omega}_E$ 在地球的极轴方向，将其平移到射出点 O，再向 $O-xyz$ 三轴分解得

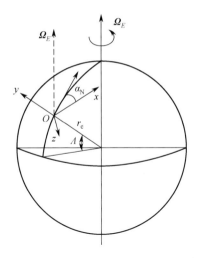

图 3.10 地球转速及科氏加速度的分解

$$\begin{pmatrix} \Omega_{Ex} \\ \Omega_{Ey} \\ \Omega_{Ez} \end{pmatrix} = \Omega_E \begin{pmatrix} \cos\Lambda\cos\alpha_N \\ \sin\Lambda \\ -\cos\Lambda\sin\alpha_N \end{pmatrix} \quad (3.29)$$

g_K 在 O-xyz 的分量可表示为 $\begin{bmatrix} g_{Kx} & g_{Ky} & g_{Kz} \end{bmatrix}^T$。

按照科里奥利力的定义，在地面坐标系 O-xyz 中其三个分量表达式为

$$\begin{pmatrix} F_{Kx} \\ F_{Ky} \\ F_{Kz} \end{pmatrix} = m \begin{pmatrix} g_{Kx} \\ g_{Ky} \\ g_{Kz} \end{pmatrix} = -2m \begin{pmatrix} \Omega_{Ey}v_z - \Omega_{Ez}v_y \\ -\Omega_{Ex}v_z + \Omega_{Ez}v_x \\ \Omega_{Ex}v_y + \Omega_{Ey}v_x \end{pmatrix}$$

$$= -2m\Omega_E \begin{bmatrix} v_z\sin\Lambda + v_y\cos\Lambda\sin\alpha_N \\ -v_x\cos\Lambda\sin\alpha_N - v_z\cos\Lambda\cos\alpha_N \\ v_y\cos\Lambda\cos\alpha_N - v_x\sin\Lambda \end{bmatrix} \quad (3.30)$$

将式（3.29）做坐标变换，可得出它在弹道坐标系中的表达式为

$$\begin{pmatrix} \Omega_{Ex_2} \\ \Omega_{Ey_2} \\ \Omega_{Ez_2} \end{pmatrix} = A_{\theta_a\psi_2}^T \begin{pmatrix} \Omega_{Ex} \\ \Omega_{Ey} \\ \Omega_{Ez} \end{pmatrix} = \Omega_E A_{\theta_a\psi_2}^T \begin{pmatrix} \cos\Lambda\cos\alpha_N \\ \sin\Lambda \\ -\cos\Lambda\sin\alpha_N \end{pmatrix}$$

$$= \Omega_E \begin{pmatrix} \cos\theta_a\cos\psi_2 & \cos\psi_2\sin\theta_a & \sin\psi_2 \\ -\sin\theta_a & \cos\theta_a & 0 \\ -\sin\psi_2\cos\theta_a & -\sin\psi_2\cos\theta_a & \cos\psi_2 \end{pmatrix} \begin{pmatrix} \cos\Lambda\cos\alpha_N \\ \sin\Lambda \\ -\cos\Lambda\sin\alpha_N \end{pmatrix}$$

$$= \Omega_E \begin{pmatrix} \cos\theta_a\cos\psi_2\cos\Lambda\cos\alpha_N + \cos\psi_2\sin\theta_a\sin\Lambda - \sin\psi_2\cos\Lambda\sin\alpha_N \\ -\sin\theta_a\cos\Lambda\cos\alpha_N + \cos\theta_a\sin\Lambda \\ -\sin\psi_2\cos\theta_a\cos\Lambda\cos\alpha_N - \sin\psi_2\sin\theta_a\sin\Lambda - \cos\psi_2\cos\Lambda\sin\alpha_N \end{pmatrix} \quad (3.31)$$

同理，由于速度矢量 v 在弹道坐标系中的三个分量分别为 $v_{x2}=v$、$v_{y2}=0$、$v_{z2}=0$，因此按照科里奥利力的定义，可写出它在弹道坐标系中的三个分量形式为

$$\begin{pmatrix} F_{Kx_2} \\ F_{Ky_2} \\ F_{Kz_2} \end{pmatrix} = m \begin{pmatrix} g_{Kx_2} \\ g_{Ky_2} \\ g_{Kz_2} \end{pmatrix} = -2m \begin{pmatrix} \Omega_{Ey_2}v_{z_2} - \Omega_{Ez_2}v_{y_2} \\ -\Omega_{Ex_2}v_{z_2} + \Omega_{Ez_2}v_{x_2} \\ \Omega_{Ex_2}v_{y_2} + \Omega_{Ey_2}v_{x_2} \end{pmatrix} = -2m \begin{pmatrix} 0 \\ \Omega_{Ez_2}v \\ \Omega_{Ey_2}v \end{pmatrix}$$

$$= 2m\Omega_E v \begin{pmatrix} 0 \\ \sin\psi_2\cos\theta_a\cos\Lambda\cos\alpha_N + \sin\psi_2\sin\theta_a\sin\Lambda \\ + \cos\psi_2\cos\Lambda\sin\alpha_N \\ \sin\theta_a\cos\Lambda\cos\alpha_N - \cos\theta_a\sin\Lambda \end{pmatrix} \quad (3.32)$$

3. 惯性离心力及加速度

惯性离心力 $\boldsymbol{R}_\Omega$ 是由地球自转产生的一种附加作用力，根据图 3.11 所示的矢量关系，惯性离心力矢量可表示为

$$\boldsymbol{F}_\Omega = m\boldsymbol{g}_\Omega = m \cdot \Omega_E^2 r_e \cos\Lambda \boldsymbol{i}_R \quad (3.33)$$

式中：$\boldsymbol{g}_\Omega$ 为离心加速度矢量；Λ 为地球纬度；$\boldsymbol{i}_R$ 为惯性离心力方向上的单位矢量。由图 3.10 和图 3.11 所示的几何关系，$\boldsymbol{i}_R$ 在地面坐标系中的表达为

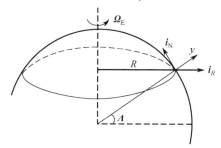

图 3.11 惯性离心力方向示意

$$\boldsymbol{i}_R = [-\sin\Lambda\cos\alpha_N \quad \cos\Lambda \quad \sin\Lambda \cdot \sin\alpha_N]^T$$

式中：α_N 为射击方位角。由图 3.10 可知，α_N 以正北方向 $\boldsymbol{i}_N$ 为基准，逆时针旋转为正。将上式代入式（3.33），可得离心加速度在地面坐标系中 $O\text{-}xyz$ 中的表达式为

$$\boldsymbol{g}_\Omega = \begin{bmatrix} g_{\Omega x} \\ g_{\Omega y} \\ g_{\Omega z} \end{bmatrix} = \Omega_E^2 r_e \begin{bmatrix} -\cos\Lambda\sin\Lambda\cos\alpha_N \\ \cos^2\Lambda \\ \cos\Lambda\sin\Lambda\sin\alpha_N \end{bmatrix} \quad (3.34)$$

将式（3.34）作坐标变换，可得出它在弹道坐标系中的表达式为

$$\begin{bmatrix} g_{\Omega x2} \\ g_{\Omega y2} \\ g_{\Omega z2} \end{bmatrix} = A_{\theta_a\psi_2}^T \begin{bmatrix} g_{\Omega x} \\ g_{\Omega y} \\ g_{\Omega z} \end{bmatrix} = \begin{pmatrix} \cos\theta_a\cos\psi_2 & \cos\psi_2\sin\theta_a & \sin\psi_2 \\ -\sin\theta_a & 0 \\ -\sin\psi_2\cos\theta_a & -\sin\psi_2\sin\theta_a & \cos\psi_2 \end{pmatrix} \begin{bmatrix} g_{\Omega x} \\ g_{\Omega y} \\ g_{\Omega z} \end{bmatrix}$$

$$= \begin{bmatrix} g_{\Omega x}\cos\theta_a\cos\psi_2 + g_{\Omega y}\cos\psi_2\sin\theta_a + g_{\Omega z}\sin\psi_2 \\ -g_{\Omega x}\sin\psi_2 + g_{\Omega y}\cos\theta_a \\ -g_{\Omega x}\cos\theta_a\sin\psi_2 - g_{\Omega y}\sin\psi_2\cos\theta_a + g_{\Omega z}\cos\psi_2 \end{bmatrix} \quad (3.35)$$

3.2.3 作用于弹箭的空气动力和力矩

弹箭在飞行过程中，由于弹体与空气之间的相互作用，存在着空气动力的影响。作用于弹箭空气动力的大小主要取决于弹体的外形、空气密度，相对于空气的飞行速度和飞行姿态。其中空气密度为描述空气的物理参数，相对于空气的飞行速度 v_w 除了取决于弹箭飞行速度外，还受到风速的影响。在一般条件下，弹轴并不与弹丸的飞行方向重合，而是围绕其飞行方向附近摆动。通常将弹轴与相对速度矢量线之间的夹角称为相对攻角，并表示为 δ_r，而将弹轴线与弹体飞行速度矢量线所张开的平面称为攻角平面。弹箭在飞行过程中，当攻角不为零时，总空气动力 $\boldsymbol{R}$ 的作用点不在质心，并且方向也不与速度矢量线重合。此时，$\boldsymbol{R}$ 可分解为平行于速度反方向的阻力 $\boldsymbol{R}_x$、垂直于速度的升力 $\boldsymbol{R}_y$ 和马格努斯力 $\boldsymbol{R}_z$，由此产生的空气动力矩 $\boldsymbol{M}$ 主要由俯仰力矩 $\boldsymbol{M}_z$、马格努斯力矩 $\boldsymbol{M}_y$、赤道阻尼力矩 $\boldsymbol{M}_{zz}$、极阻尼力矩 $\boldsymbol{M}_{xz}$ 与尾翼导转力矩 $\boldsymbol{M}_{xw}$ 组成。根据弹箭空气动力学理论，先将它们的定义及表达式分述如下。

1. 阻力

无论哪种弹箭外形，其阻力 $\boldsymbol{R}_x$ 的方向始终与弹箭质心相对于空气的运动速度共线反向，其矢量表达式为

$$\boldsymbol{R}_x = -\frac{\rho S}{2}c_x(Ma)v_w^2\boldsymbol{i}_{vw} = -mb_x v_w \boldsymbol{v}_w \quad (3.36)$$

式中：S 为弹箭的参考面积，且有 $S = \pi d^2/4$，其中 d 为弹箭直径，有时也可取为特征长度；v_w 为弹箭相对于空气的飞行速度，在无风时，v_w 与弹箭质心速度相同，且有 $\boldsymbol{v}_w = \boldsymbol{v} + \boldsymbol{w} = v_w \boldsymbol{i}_{vw}$，其中 $\boldsymbol{v}$ 为弹箭飞行速度，$\boldsymbol{w}$ 为风速矢量，$\boldsymbol{i}_{vw}$ 为速度 v_w 方向的单位矢量；c_x 为阻力系数，它与弹箭飞行马赫数 Ma、攻角 δ 及其他因素有关，其中马赫数定义为 $Ma = v_w/c_s$，c_s 为声速；ρ 为空气密度；b_x 为便于书写引入的符号，本书将其称为阻力参数，且有

$$b_x = \frac{\rho S}{2m}c_x \quad (3.37)$$

与上面表达式类似，后面有关空气动力和力矩的表达式中，ρ、c_s、$\boldsymbol{w}$ 均与气象条件有关，其基本概念及数据处理方法，本书将在第4章详细讨论。

阻力系数与弹箭的外形密切相关。对于不同的弹箭外形，其阻力系数的量值差异较大，其形成机理可参见《弹箭外弹道学》[5]。图 3.12 列出了几种弹形的阻力系数比较曲线。由图中曲线可见，旋转稳定弹的阻力系数最小，适于远射弹使

用。它是当前压制兵器应用最广泛的弹形。次口径的杆形尾翼弹次之，当前主要用作穿甲弹。滴状尾翼弹在亚音速时的阻力系数最小，它广泛用作迫击炮弹。在超音速下，杆式尾翼弹比超口径尾翼弹的阻力系数小，稳定力矩系数大，而且能使破甲弹具有合理的结构。所以，超音速下的破甲弹大多采用此种弹形。超口径尾翼弹虽然阻力大，但稳定性易于调整，且稳定装置形式多样，所以一般可用作制导炮弹；在直接瞄准的武器中多配用榴弹或破甲弹。

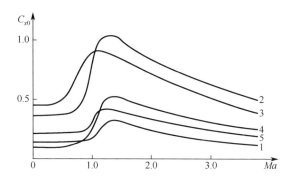

图 3.12　几种弹形的阻力系数比较曲线图

1—旋转稳定弹箭；2—超口径尾翼弹箭；3—杆式尾翼弹箭；4—滴状弹体尾翼弹箭；5—杆式尾翼弹箭。

阻力系数与马赫数 Ma 和弹箭的相对飞行攻角 δ_r 相关，一般可表示为

$$c_x(Ma) = c_{x0}(Ma) + c_{x2}(Ma)\delta_r^2 + \Delta c_{xR}(Ma) \qquad (3.38)$$

式中：c_{x0} 为弹轴与相对速度矢量 $\boldsymbol{v}_w$ 重合时的阻力系数，称为零升阻力系数；c_{x2} 为攻角 δ_r 对阻力系数的影响因子，称为诱导阻力系数，Δc_{xR} 为阻力系数的雷诺数修正量。它们三者均是马赫数 Ma 的函数，其中修正量 Δc_{xR} 还是雷诺数 R_e 的函数，马赫数 Ma 和雷诺数 R_e 的表达式为

$$Ma = \frac{v_w}{c_s}, \quad R_e = \rho l \frac{v_w}{\mu} \qquad (3.39)$$

式中：c_s 为当地声速；ρ 为空气密度；l 为弹体长度；μ 为空气的动力黏性系数，其计算公式为式（3.40）。在弹道高不太大时，雷诺数修正量 Δc_{xR} 可忽略。

$$\mu = \mu_0 \left[\left(\frac{\tau}{288.15} \right)^{1.5} \left(\frac{288.15 + 110.4}{\tau + 110.4} \right) \right], \quad \mu_0 = 1.7894 \times 10^{-5} \qquad (3.40)$$

通常，在雷诺数对阻力系数的影响的计算中，雷诺数修正量 Δc_{xR} 的计算公式可表示为

$$\Delta c_{xR} = \Delta c_{xf} + \Delta c_{xb}, \quad \Delta c_{xf} = c_{xfs} - c_{xfN}, \quad \Delta c_{xb} = c_{xbs} - c_{xbN} \qquad (3.41)$$

式中：c_{xfN} 为标准气象条件下弹箭摩阻系数；c_{xfs} 为实际弹道上弹箭的摩阻系数；c_{xbN} 为标准气象条件下弹箭底阻系数；c_{xbs} 为实际弹道上弹箭的底阻系数。

c_{xb} 计算表达式为

$$c_{xf} = 0.032 \frac{\eta_\lambda S_f}{R_e^{0.145} S}(1+0.2Ma)^{-0.467}, \qquad c_{xb} = 0.029 \frac{1}{\sqrt{c_{xf}}}\zeta^3 \qquad (3.42)$$

式中：ζ 为弹箭收缩比（d_b/d）；d_b 为弹箭底部直径；τ 为空气虚温；S_f 为弹箭表面摩擦面积，一般取为除弹体底部以外的表面积；η_λ 为弹箭形状修正系数，它是弹体长径比 l/d 的函数，如表 3.2 所列。

表 3.2 弹箭形状修正系数 η_λ 表

l/d	4	5	6	7	8
η_λ	1.36	1.25	1.18	1.14	1.11

在地面坐标系 $O\text{-}xyz$ 和弹道坐标系 $O\text{-}x_2y_2z_2$ 中，由于弹箭速度矢量可分别表示为

$$\boldsymbol{v}_w = [v_{wx}\ v_{wy}\ v_{wz}]^T, \qquad \boldsymbol{v}_w = [v_{wx2}\ v_{wy2}\ v_{wz2}]^T \qquad (3.43)$$

根据式（3.36），在 $O\text{-}xyz$ 中弹箭阻力矢量可表示为

$$\begin{pmatrix} R_{xx} \\ R_{xy} \\ R_{xz} \end{pmatrix} = -\frac{\rho S}{2} c_x v_w \begin{pmatrix} v_{wx} \\ v_{wy} \\ v_{wz} \end{pmatrix} \qquad (3.44)$$

同理，在弹道坐标系 $O\text{-}x_2y_2z_2$ 中，弹箭阻力矢量可表示为

$$\begin{pmatrix} R_{xx2} \\ R_{xy2} \\ R_{xz2} \end{pmatrix} = -\frac{\rho S}{2} c_x v_w \begin{pmatrix} v_{wx2} \\ v_{wy2} \\ v_{wz2} \end{pmatrix} \qquad (3.45)$$

2. 升力 $\boldsymbol{R}_y$ 与马格努斯力 $\boldsymbol{R}_z$

升力 $\boldsymbol{R}_y$ 在相对攻角平面内，且与相对速度 $\boldsymbol{v}_w$ 垂直，与弹轴在同一侧，如图 3.13 所示。

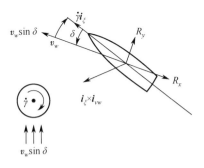

图 3.13 升力和马格努斯力的方向

如果定义升力方向的单位矢量为 $\boldsymbol{i}_{Ry}$，按照弹箭空气动力学，可将升力矢量

R_y 的表达式写为

$$R_y = \frac{\rho v_w^2}{2} S c_y \boldsymbol{i}_{Ry} \tag{3.46}$$

式中：c_y 为升力系数，它是马赫数 Ma 的函数。

当攻角较小时，升力系数可表示为 $c_y = c_y' \delta_r$，其中 c_y' 称为升力系数导数，即 $c_y' \approx \frac{\partial c_y}{\partial \delta_r}$。当攻角较大时，需考虑升力系数的非线性效应，此时升力系数可表示为

$$c_y(Ma) = c_y'(Ma)\delta_r = c_{y1}(Ma)\delta_r + c_{y3}(Ma)\delta_r^3 \tag{3.47}$$

式中：$c_{y1}(Ma) = \frac{\partial c_y}{\partial \delta_r}$，$c_{y3}(Ma) = \frac{\partial^3 c_y}{\partial \delta_r^3}$ 分别为升力系数的一阶偏导数和三阶偏导数。

设 $\boldsymbol{i}_\xi$ 为弹轴 ξ 方向的单位矢量，$\boldsymbol{i}_{vw}$ 为速度 v_w 方向的单位矢量，矢量 $\boldsymbol{i}_\xi$ 与 $\boldsymbol{i}_{vw}$ 之间的夹角为 δ_r，则有

$$\boldsymbol{i}_{Ry} = \frac{1}{\sin\delta_r} \boldsymbol{i}_{vw} \times (\boldsymbol{i}_\xi \times \boldsymbol{i}_{vw}) \tag{3.48}$$

由于 $\boldsymbol{v}_w = v_w \boldsymbol{i}_{vw}$，故升力 $\boldsymbol{R}_y$ 也可用矢量表示为

$$\boldsymbol{R}_y = \frac{\rho S}{2\sin\delta_r} c_y v_w^2 \boldsymbol{i}_{vw} \times (\boldsymbol{i}_\xi \times \boldsymbol{i}_{vw}) = \frac{\rho S}{2\sin\delta_r} c_y \boldsymbol{v}_w \times (\boldsymbol{i}_\xi \times \boldsymbol{v}_w) \tag{3.49}$$

由此，可写出上式在弹道坐标系 $O\text{-}x_2 y_2 z_2$ 中的分量表达式为

$$\begin{pmatrix} R_{yx_2} \\ R_{yy_2} \\ R_{yz_2} \end{pmatrix} = \frac{\rho S}{2\sin\delta_r} c_y \begin{pmatrix} v_w^2 \cos\delta_2 \cos\delta_1 - v_{u\xi} v_{wx_2} \\ v_w^2 \cos\delta_2 \sin\delta_1 - v_{u\xi} v_{wy_2} \\ v_w^2 \sin\delta_2 - v_{u\xi} v_{wz_2} \end{pmatrix} \tag{3.50}$$

马格努斯力矢量 $\boldsymbol{R}_z$ 与升力矢量 $\boldsymbol{R}_y$ 垂直，两者都在与速度方向单位矢量 $\boldsymbol{i}_{vw}$ 垂直的 $O\text{-}y_2 z_2$ 平面内，由图 3.13 所示的矢量关系可将其表示为

$$\boldsymbol{R}_z = \frac{\rho S}{2\sin\delta_r} c_z v_w^2 (\boldsymbol{i}_\xi \times \boldsymbol{i}_{vw}) \tag{3.51}$$

式中：c_z 为马格努斯力系数，它除了随马赫数 Ma 变化外，还与弹箭的转速 $\dot{\gamma}$ 和攻角 δ_r 相关。由于马格努斯力对弹道影响远不及阻力和升力，在弹道模型中通常仅考虑其线性气动力形式，并表示为

$$\boldsymbol{R}_z = \frac{\rho S}{2\sin\delta_r} d c_z'' \left(\frac{\dot{\gamma} d}{v_w}\right) \delta_r v_w^2 (\boldsymbol{i}_\xi \times \boldsymbol{i}_{vw}), \quad c_z'' = \frac{\partial c_z'}{\partial \delta_r} = \frac{\partial c_z}{\partial \delta_r \, \partial (\dot{\gamma} d/v)}$$

式中：气动参数 c_z'' 为马格努斯力系数 c_z 对攻角 δ_r 和 ($\dot{\gamma} d/v$) 的联合偏导数，一般简称为马格努斯力系数导数。

根据马格努斯力矢量 $\boldsymbol{R}_z$ 的表达式（3.51），可将 $\boldsymbol{R}_z$ 在弹道坐标系 $O-x_2y_2z_2$ 中的分量表达式写为

$$\begin{pmatrix} R_{zx2} \\ R_{zy2} \\ R_{zz2} \end{pmatrix} = \frac{\rho S}{2\sin\delta_r} c_z v_w \begin{pmatrix} -v_{wy2}\sin\delta_2 + v_{wz2}\cos\delta_2\sin\delta_1 \\ v_{wx2}\sin\delta_2 - v_{wz2}\cos\delta_2\cos\delta_1 \\ -v_{wx2}\cos\delta_2\sin\delta_1 - v_{wy2}\cos\delta_2\cos\delta_1 \end{pmatrix} \quad (3.52)$$

3. 俯仰力矩 M_z 与马格努斯力矩 M_y

俯仰力矩 M_z 与马格努斯力矩 M_y 都在与弹轴垂直的赤道面内。有风时，俯仰力矩的矢量形式可表示为

$$\boldsymbol{M}_z = \frac{\rho Sl}{2\sin\delta_r} m_z v_w (\boldsymbol{v}_w \times \boldsymbol{i}_\xi) \quad (3.53)$$

小攻角时有 $m_z = m_z'\delta_r$。对旋转稳定弹箭，有 $m_z' > 0$，习惯称为翻转力矩；对尾翼稳定弹箭，有 $m_z' < 0$，习惯上称为稳定力矩。大攻角时，需考虑俯仰力矩系数的非线性效应，此时该系数可表示为

$$m_z(Ma) = m_z'(Ma)\delta_r = m_{z1}(Ma)\delta_r + m_{z3}(Ma)\delta_r^3 \quad (3.54)$$

式中：$m_{z1}(Ma) = \dfrac{\partial m_z}{\partial \delta_r}$，$m_{z3}(Ma) = \dfrac{\partial^3 m_z}{\partial \delta_r^3}$ 分别为俯仰力矩系数的一阶偏导数和三阶偏导数。

由式（3.53），俯仰力矩在弹轴坐标系中的三分量可表达为

$$\begin{pmatrix} M_{z\xi} \\ M_{z\eta} \\ M_{z\zeta} \end{pmatrix} = \frac{\rho Sl}{2\sin\delta_r} m_z v_w \begin{pmatrix} 0 \\ v_{w\zeta} \\ v_{w\eta} \end{pmatrix} \quad (3.55)$$

式中：$v_{w\eta}$ 和 $v_{w\zeta}$ 分别为相对速度在弹轴坐标系上的分量。若记 $v_{w\eta_2}$ 和 $v_{w\zeta_2}$ 为相对速度在第二弹轴坐标系上的分量，则它们之间的关系可写为

$$v_{w\eta} = v_{w\eta2}\cos\beta + v_{w\zeta2}\sin\beta, \quad v_{w\zeta} = -v_{w\eta2}\sin\beta + v_{w\zeta2}\cos\beta \quad (3.56)$$

马格努斯力矩 M_y 由马格努斯力产生，并与俯仰力矩垂直，位于相对攻角平面内，其大小和方向可表示为

$$\boldsymbol{M}_y = \frac{\rho Sld}{2\sin\delta_r} m_y' \omega_\xi \boldsymbol{i}_\xi \times (\boldsymbol{i}_\xi \times \boldsymbol{v}_w) \quad (3.57)$$

按照上面矢量关系，马格努斯力矩在弹轴坐标系中的分量表达式为

$$\begin{pmatrix} M_{y\xi} \\ M_{y\eta} \\ M_{y\zeta} \end{pmatrix} = \frac{\rho Sld}{2\sin\delta_r} m_y' \omega_\xi \begin{pmatrix} 0 \\ v_{w\eta} \\ v_{w\zeta} \end{pmatrix} \quad (3.58)$$

$$m_y' = \frac{\partial m_y}{\partial \delta} = m_y'' \left(\frac{\omega_\xi d}{v}\right), \quad m_y'' = \frac{\partial^2 m_y}{\partial \left(\dfrac{\omega_\xi d}{v}\right) \partial \delta} \quad (3.59)$$

式中：m_y'' 为马格努斯力矩系数的二阶导数，在不引起混淆的情况下，也简称为马格努斯力矩系数导数。

4. 赤道阻尼力矩 $\boldsymbol{M}_{zz}$、极阻尼力矩 $\boldsymbol{M}_{xz}$ 与尾翼导转力矩 $\boldsymbol{M}_{xw}$

赤道阻尼力矩 $\boldsymbol{M}_{zz}$ 是阻尼弹箭摆动的力矩，故与弹箭摆动角速度 $\boldsymbol{\omega}_a$ 矢量的方向相反，其表达式为

$$\boldsymbol{M}_{zz} = -\frac{\rho Sld}{2} m_{zz}' v_w \boldsymbol{\omega}_a \tag{3.60}$$

式中：$\boldsymbol{\omega}_a$ 在弹轴坐标系的分量矩阵形式为 $\begin{bmatrix} \omega_{a\xi} & \omega_{a\eta} & \omega_{a\zeta} \end{bmatrix}^{\mathrm{T}}$。由式（3.75）可知，$\omega_{a\xi} = \dot{\varphi}_a \sin\varphi_2$ 为可以忽略的小量，故赤道阻尼力矩矢量的分量形式可近似写为

$$\begin{pmatrix} M_{zz\xi} \\ M_{zz\eta} \\ M_{zz\zeta} \end{pmatrix} = -\frac{\rho Sld}{2} m_{zz}' v_w \begin{pmatrix} \omega_{a\xi} \\ \omega_{a\eta} \\ \omega_{a\zeta} \end{pmatrix} \approx -\frac{\rho Sld}{2} m_{zz}' v_w \begin{pmatrix} 0 \\ \omega_{a\eta} \\ \omega_{a\zeta} \end{pmatrix} \tag{3.61}$$

极阻尼力矩 $\boldsymbol{M}_{xz}$ 是阻止弹箭绕纵轴旋转的力矩，由弹箭的角速度 $\omega_\xi \approx \dot{\gamma}$ 所引起，故其矢量方向与角速度矢量 $\boldsymbol{\omega}_\xi$ 的方向相反，即

$$\boldsymbol{M}_{xz} = -\frac{\rho Sld}{2} m_{xz}' v_w \boldsymbol{\omega}_\xi \tag{3.62}$$

对于右旋弹 $\boldsymbol{M}_{xz}$ 在弹轴的反方向，故它在弹轴坐标系里的分量为

$$\begin{pmatrix} M_{xz\xi} \\ M_{xz\eta} \\ M_{xz\zeta} \end{pmatrix} = -\frac{\rho Sld}{2} m_{xz}' v_w \begin{pmatrix} \omega_\xi \\ 0 \\ 0 \end{pmatrix} \tag{3.63}$$

尾翼导转力矩 $\boldsymbol{M}_{xw}$ 是由斜置或斜切尾翼所产生，其作用是驱使弹箭自转，故其矢量沿弹轴方向为

$$\boldsymbol{M}_{xw} = \frac{\rho Sl}{2} m_{xw}' v_w^2 \delta_f \boldsymbol{i}_\xi \tag{3.64}$$

$\boldsymbol{M}_{xw}$ 在弹轴坐标系里的分量形式表示为

$$\begin{pmatrix} M_{xw\xi} \\ M_{xw\eta} \\ M_{xw\zeta} \end{pmatrix} = \frac{\rho Sl}{2} m_{xw}' v_w^2 \delta_f \begin{pmatrix} 1 \\ 0 \\ 0 \end{pmatrix} \tag{3.65}$$

式中：δ_f 为弹箭尾翼的斜置角或斜切角；m_{xw}' 为尾翼弹箭的导转力矩系数导数。

3.3 弹箭六自由度刚体弹道方程

弹箭的运动可分为质心运动和围绕质心的运动。质心运动规律由质点动力学

定律确定，围绕质心的转动则由动量矩定理来描述。为了使运动方程形式简单，下面将质心运动矢量方程和围绕质心运动矢量方程分别向弹道坐标系 $O\text{-}x_2y_2z_2$ 和弹轴坐标系 $O\text{-}\xi\eta\zeta$ 分解，以得到标量形式的弹箭运动方程组。

3.3.1 弹道坐标系上的弹箭质心运动方程

弹箭质心相对于惯性坐标系的运动服从牛顿第二定律，弹箭质心运动方程可表示为

$$m\frac{\mathrm{d}\boldsymbol{v}}{\mathrm{d}t} = \sum_i \boldsymbol{F}_i = \boldsymbol{F} \tag{3.66}$$

若将地面坐标系视为惯性参照系，则地球旋转的影响须用科氏惯性力来等效。现将矢量方程式（3.66）向弹道坐标系 $O\text{-}x_2y_2z_2$ 上分解，注意到弹道坐标系是非惯性动坐标系，其转动角速度矢量 $\boldsymbol{\Omega}$ 为式（3.3），由图 3.1 可知它在 $O\text{-}x_2y_2z_2$ 三轴上的分量为

$$\begin{pmatrix} \Omega_{x2} \\ \Omega_{y2} \\ \Omega_{z2} \end{pmatrix} = \begin{pmatrix} \dot{\theta}_a \sin\psi_2 \\ -\dot{\psi}_2 \\ \dot{\theta}_a \cos\psi_2 \end{pmatrix} \tag{3.67}$$

按照理论力学，如果用 $\dfrac{\partial \boldsymbol{v}}{\partial t}$ 表示速度矢量 $\boldsymbol{v}$ 相对于动坐标系 $O\text{-}x_2y_2z_2$ 的矢端速度（或相对导数），而 $\boldsymbol{\Omega}\times\boldsymbol{v}$ 是由于动坐标系以 $\boldsymbol{\Omega}$ 转动产生的牵连矢端速度，则绝对矢端速度为二者之和，即

$$\frac{\mathrm{d}\boldsymbol{v}}{\mathrm{d}t} = \frac{\partial \boldsymbol{v}}{\partial t} + \boldsymbol{\Omega} \times \boldsymbol{v} \tag{3.68}$$

设作用于弹箭的外力矢量和 $\sum_i \boldsymbol{F}_i$ 在弹道坐标系三轴上的分量依次为 F_{x2}、F_{y2}、F_{z2}，则由方程式（3.66）得到质心运动方程的标量方程为

$$\begin{pmatrix} m\dfrac{\mathrm{d}v}{\mathrm{d}t} \\ mv\cos\psi_2 \dfrac{\mathrm{d}\theta_a}{\mathrm{d}t} \\ mv\dfrac{\mathrm{d}\psi_2}{\mathrm{d}t} \end{pmatrix} = \begin{pmatrix} \sum_i F_{ix2} \\ \sum_i F_{iy2} \\ \sum_i F_{iz2} \end{pmatrix} = \begin{pmatrix} F_{x2} \\ F_{y2} \\ F_{z2} \end{pmatrix} \tag{3.69}$$

该方程组描述了弹箭质心速度大小和方向变化与外作用力之间的关系，故称为质心运动的动力学方程组。其中，第一个方程描述速度大小的变化，当切向力 $F_{x2}>0$ 时弹箭加速，当 $F_{x2}<0$ 时则弹箭减速；第二个方程描述速度方向在铅直面内的变化，当 $F_{y2}>0$ 时弹道向上弯曲，θ_a 角增大，当 $F_{y2}<0$ 时弹道向下弯曲，θ_a 角减小；第三个方程描述速度偏离射击面的情况，当侧力 $F_{z2}>0$ 时弹道向右偏

转，ψ_2 角增大，当 $F_{z2}<0$ 时弹道向左偏转，ψ_2 角减小。

速度矢量 v 沿弹道坐标系三轴上的分量为 $[v \ \ 0 \ \ 0]^T$，由坐标变换矩阵式（3.2）即得地面坐标系中质心位置坐标变化方程组为

$$\frac{dx}{dt} = v\cos\psi_2 \cos\theta_a, \quad \frac{dy}{dt} = v\cos\psi_2 \sin\theta_a, \quad \frac{dz}{dt} = v\sin\psi_2 \tag{3.70}$$

这一组方程称为弹箭质心运动的运动学方程。

3.3.2 弹轴坐标系上弹箭绕质心转动的动量矩方程

弹箭绕质心的转动用动量矩定理可描述为

$$\frac{d\boldsymbol{G}}{dt} = \sum_i \boldsymbol{M}_i = \boldsymbol{M} \tag{3.71}$$

式中：$\boldsymbol{G}$ 为弹箭对质心的动量矩矢量；$\boldsymbol{M}$ 为所有作用于弹体的外力矩之和。

将 $\dfrac{d\boldsymbol{G}}{dt}$ 看作 $\boldsymbol{G}$ 的矢端速度，与式（3.68）相仿，可将动量矩方程式（3.71）写成如下形式，即

$$\frac{d\boldsymbol{G}}{dt} = \frac{\partial \boldsymbol{G}}{\partial t} + \boldsymbol{\omega}_a \times \boldsymbol{G} = \boldsymbol{M} \tag{3.72}$$

根据定义，动量矩 $\boldsymbol{G}$ 可表示为

$$\boldsymbol{G} = [\boldsymbol{J}]\boldsymbol{\omega} \tag{3.73}$$

$$\boldsymbol{\omega} = \boldsymbol{\omega}_a + \dot{\boldsymbol{\gamma}} \tag{3.74}$$

式中：$[\boldsymbol{J}]$ 为弹体的转动惯量张量；$\boldsymbol{\omega}$ 为弹体转动的角速度矢量；$\boldsymbol{\omega}_a$ 为弹轴坐标系 $O\text{-}\xi\eta\zeta$ 的摆动角速度矢量。由于坐标系 $O\text{-}\xi\eta\zeta$ 随弹轴摆动，因而也是一个转动坐标系，其转动角速度为式（3.4），由图 3.2 可求出 $\boldsymbol{\omega}_a$ 矢量在弹轴坐标系三轴上的分量，即

$$\boldsymbol{\omega}_a = \begin{pmatrix} \omega_{a\xi} \\ \omega_{a\eta} \\ \omega_{a\zeta} \end{pmatrix} = \begin{pmatrix} \dot{\varphi}_a \sin\varphi_2 \\ -\dot{\varphi}_2 \\ \dot{\varphi}_a \cos\varphi_2 \end{pmatrix} \tag{3.75}$$

故式（3.74）可写为

$$\boldsymbol{\omega} = \begin{pmatrix} \omega_\xi \\ \omega_\eta \\ \omega_\zeta \end{pmatrix} = \begin{pmatrix} \omega_{a\xi} + \dot{\gamma} \\ \omega_{a\eta} \\ \omega_{a\zeta} \end{pmatrix} = \begin{pmatrix} \dot{\gamma} + \dot{\varphi}_a \sin\varphi_2 \\ -\dot{\varphi}_2 \\ \dot{\varphi}_a \cos\varphi_2 \end{pmatrix} \tag{3.76}$$

其中，$\omega_{a\xi}$ 可表示为

$$\omega_{a\xi} = \dot{\varphi}_a \sin\varphi_2 = \dot{\varphi}_a \cos\varphi_2 \frac{\sin\varphi_2}{\cos\varphi_2} = \omega_\zeta \tan\varphi_2 \tag{3.77}$$

对于轴对称弹体，转动惯量张量为

$$[\boldsymbol{J}] = \begin{pmatrix} C & 0 & 0 \\ 0 & A & 0 \\ 0 & 0 & A \end{pmatrix} \tag{3.78}$$

注意到式（3.75），可将式（3.73）表示为

$$\boldsymbol{G} = \begin{pmatrix} G_\xi \\ G_\eta \\ G_\zeta \end{pmatrix} = \begin{pmatrix} C & 0 & 0 \\ 0 & A & 0 \\ 0 & 0 & A \end{pmatrix} \begin{pmatrix} \omega_\xi \\ \omega_\eta \\ \omega_\zeta \end{pmatrix} = \begin{pmatrix} C\omega_\xi \\ A\omega_\eta \\ A\omega_\zeta \end{pmatrix} \tag{3.79}$$

对上式求偏导，有

$$\frac{\partial \boldsymbol{G}}{\partial t} = \begin{pmatrix} G_\xi \\ G_\eta \\ G_\zeta \end{pmatrix} = \begin{pmatrix} C\omega_\xi \\ A\omega_\eta \\ A\omega_\zeta \end{pmatrix} \tag{3.80}$$

由式（3.75）和式（3.79），注意到式（3.77）中 $\omega_{a\xi} = \omega_\zeta \tan\varphi_2$，可得 $\boldsymbol{\omega}_a \times \boldsymbol{G}$ 在弹轴系上的分量表达式为

$$\boldsymbol{\omega}_a \times \boldsymbol{G} = \begin{pmatrix} \omega_{a\eta}G_\zeta - \omega_{a\zeta}G_\eta \\ \omega_{a\zeta}G_\xi - \omega_{a\xi}G_\zeta \\ \omega_{a\xi}G_\eta - \omega_{a\eta}G_\xi \end{pmatrix} = \begin{pmatrix} A(\omega_\eta\omega_\zeta - \omega_\zeta\omega_\eta) \\ C\omega_\zeta\omega_\xi - A\omega_\zeta^2\tan\varphi_2 \\ A\omega_\zeta\omega_\eta\tan\varphi_2 - C\omega_\eta\omega_\xi \end{pmatrix} \tag{3.81}$$

将式（3.80）和式（3.81）代入式（3.72），整理可得

$$\begin{pmatrix} \dot{\omega}_\xi \\ \dot{\omega}_\eta \\ \dot{\omega}_\zeta \end{pmatrix} = \begin{pmatrix} \dfrac{d\omega_\xi}{dt} \\ \dfrac{d\omega_\eta}{dt} \\ \dfrac{d\omega_\zeta}{dt} \end{pmatrix} = \begin{pmatrix} \dfrac{1}{C}\sum_i M_{\xi i} \\ \dfrac{1}{A}\sum_i M_{\eta i} - \dfrac{C}{A}\omega_\zeta\omega_\xi + \omega_\zeta^2\tan\varphi_2 \\ \dfrac{1}{A}\sum_i M_{\zeta i} - \omega_\zeta\omega_\eta\tan\varphi_2 + \dfrac{C}{A}\omega_\eta\omega_\xi \end{pmatrix} \tag{3.82}$$

由式（3.76）和式（3.77），可得弹箭绕心运动学方程为

$$\begin{pmatrix} \dot{\gamma} \\ \dot{\varphi}_2 \\ \dot{\varphi}_a \end{pmatrix} = \begin{pmatrix} \dfrac{d\gamma}{dt} \\ \dfrac{d\varphi_2}{dt} \\ \dfrac{d\varphi_a}{dt} \end{pmatrix} = \begin{pmatrix} \omega_\xi - \omega_\zeta\tan\varphi_2 \\ -\omega_\eta \\ \omega_\zeta/\cos\varphi_2 \end{pmatrix} \tag{3.83}$$

显见，式（3.69）、式（3.70）、式（3.82）、式（3.83）连同几何关系式（3.15）~式（3.17）即构成下一节所述的弹箭刚体运动方程组。

3.3.3 弹箭六自由度刚体弹道方程

将上一节所述作用于弹箭上的所有力的表达式按照相同坐标系的分量求和方

法，可以得出弹道坐标系中作用力三轴分量的表达式分别为

$$F_{x2} = -\frac{\rho v_w}{2} S c_x (v - w_{x_2}) + \frac{\rho S}{2} c_y \frac{1}{\sin\delta_r} [v_w^2 \cos\delta_2 \cos\delta_1 - v_{w\xi}(v - w_{x_2})] +$$

$$\frac{\rho v_w}{2} S c_z \frac{1}{\sin\delta_r} (-w_{z_2} \cos\delta_2 \sin\delta_1 + w_{y_2} \sin\delta_2) + m g'_{x2} + m g_{Kx2} + m g_{\Omega x2} \quad (3.84)$$

$$F_{y2} = \frac{\rho v_w}{2} S c_x w_{y_2} + \frac{\rho S}{2} c_y \frac{1}{\sin\delta_r} [v_w^2 \cos\delta_2 \sin\delta_1 + v_{w\xi} w_{y_2}] +$$

$$\frac{\rho v w_w}{2} S c_z \frac{1}{\sin\delta_r} [(v - w_{x_2}) \sin\delta_2 + w_{z_2} \cos\delta_2 \cos\delta_1] + m g'_{y2} + m g_{Ky2} + m g_{\Omega y2}$$

$$(3.85)$$

$$F_{z2} = \frac{\rho v_w}{2} S c_x w_{z_2} + \frac{\rho S}{2} c_y \frac{1}{\sin\delta_r} [v_w^2 \sin\delta_2 + v_{w\xi} w_{z_2}] +$$

$$\frac{\rho v_w}{2} S c_z \frac{1}{\sin\delta_r} [-w_{y_2} \cos\delta_2 \cos\delta_1 - (v - w_{x_2}) \cos\delta_2 \sin\delta_1] + m g'_{z2} + m g_{Kz2} + m g_{\Omega z2}$$

$$(3.86)$$

$$\begin{bmatrix} g'_{x2} \\ g'_{y2} \\ g'_{z2} \end{bmatrix} = -\begin{bmatrix} g'_x \cos\theta_a \cos\psi_2 + g'_y \cos\psi_2 \sin\theta_a \\ -g'_x \sin\theta_a + g'_y \cos\theta_a \\ -g'_x \sin\psi_2 \cos\theta_a - g'_y \sin\psi_2 \sin\theta_a \end{bmatrix}$$

$$\begin{pmatrix} g_{Kx_2} \\ g_{Ky_2} \\ g_{Kz_2} \end{pmatrix} = 2m\Omega_E v \begin{pmatrix} 0 \\ \sin\psi_2 \cos\theta_a \cos\Lambda \cos\alpha_N + \sin\psi_2 \cos\theta_a \sin\Lambda + \cos\psi_2 \cos\Lambda \sin\alpha_N \\ \sin\theta_a \cos\Lambda \cos\alpha_N - \cos\theta_a \sin\Lambda \end{pmatrix}$$

$$\begin{bmatrix} g_{\Omega x2} \\ g_{\Omega y2} \\ g_{\Omega z2} \end{bmatrix} = \begin{bmatrix} g_{\Omega x} \cos\theta_a \cos\psi_2 + g_{\Omega y} \cos\psi_2 \sin\theta_a + g_{\Omega z} \sin\psi_2 \\ -g_{\Omega x} \sin\psi_2 + g_{\Omega y} \cos\theta_a \\ -g_{\Omega x} \cos\theta_a \sin\psi_2 - g_{\Omega y} \sin\psi_2 \cos\theta_a + g_{\Omega z} \cos\psi_2 \end{bmatrix}$$

$$\begin{bmatrix} g'_x \\ g'_y \end{bmatrix} \approx -g_0 \begin{bmatrix} \frac{x}{r_e}\left(1 - \frac{3y}{r_e} - \frac{3}{2}\left(\frac{x}{r_e}\right)^2 + 6\left(\frac{y}{r_e}\right)^2\right) \\ 1 - \frac{2y}{r_e} - \frac{3}{2}\left(\frac{x}{r_e}\right)^2 + 3\left(\frac{y}{r_e}\right)^2 \end{bmatrix}, \quad \begin{bmatrix} g_{\Omega x} \\ g_{\Omega y} \\ g_{\Omega z} \end{bmatrix} = \Omega_E^2 r_e \begin{bmatrix} -\cos\Lambda \sin\Lambda \cos\alpha_N \\ \cos^2\Lambda \\ \cos\Lambda \sin\Lambda \sin\alpha_N \end{bmatrix}$$

将上一节所述作用于弹箭上的所有的力矩表达式按照相同坐标系的分量求和方法，可以得出弹轴坐标系中作用力矩的三轴分量的表达式分别为

$$M_\xi = -\frac{\rho S l d}{2} m'_{xz} v_w \omega_\xi + \frac{\rho S l}{2} v_w^2 m'_{xw} \delta_f \quad (3.87)$$

$$M_\eta = \frac{\rho Sl}{2} v_w m_z \frac{1}{\sin\delta} v_{w\zeta} - \frac{\rho Sld}{2} v_w m'_{zz} \omega_\eta - \frac{\rho Sld}{2} m'_y \frac{1}{\sin\delta} \omega_\xi v_{w\eta} \quad (3.88)$$

$$M_\zeta = -\frac{\rho Sl}{2} v_w m_z \frac{1}{\sin\delta} v_{w\eta} - \frac{\rho Sld}{2} v_w m'_{zz} \omega_\zeta - \frac{\rho Sld}{2} m'_y \frac{1}{\sin\delta} \omega_\xi v_{w\zeta} \quad (3.89)$$

对于一般飞行稳定的弹箭，其飞行攻角 $\delta_r = \arccos(v_{w\xi}/v_w)$ 较小，此时有

$$c_y = c'_y \delta_r, \quad c_z = c''_z \delta_r \left(\frac{\dot{\gamma} d}{v_w}\right), \quad m_z = m'_z \delta_r, \quad m'_y = m''_y \delta_r, \quad \frac{\delta_r}{\sin\delta} \approx 1 \quad (3.90)$$

将第 3.3.1 节和第 3.3.2 节的弹箭质心运动和绕心运动的各分量方程式（3.69）、式（3.70）和式（3.82）、式（3.83）汇总，注意到式（3.90），即可得出六自由度弹道方程组为

$$\begin{cases}
\dfrac{dv}{dt} = -\dfrac{\rho S}{2m} c_x v_w (v - w_{x_2}) + \dfrac{\rho S}{2m} c'_y \left[v_w^2 \cos\delta_2 \cos\delta_1 - v_{w\xi}(v - w_{x_2}) \right] + \\
\qquad \dfrac{\rho S}{2m} c''_z \left(\dfrac{\dot{\gamma} d}{v_w}\right) v_w (-w_{z_2} \cos\delta_2 \sin\delta_1 + w_{y_2} \sin\delta_2) + g'_{x_2} + g_{Kx_2} + g_{\Omega x_2} \\[4pt]
\dfrac{d\theta_a}{dt} = \dfrac{\rho S}{2mv\cos\psi_2} c_x v_w w_{y_2} + \dfrac{\rho S}{2mv\cos\psi_2} c'_y \left[v_w^2 \cos\delta_2 \sin\delta_1 + v_{w\xi} w_{y_2} \right] + \\
\qquad \dfrac{\rho S}{2mv\cos\psi_2} c''_z \left(\dfrac{\dot{\gamma} d}{v_w}\right) v_w \left[(v - w_{x_2}) \sin\delta_2 + w_{z_2} \cos\delta_2 \cos\delta_1 \right] + \dfrac{g'_{y_2} + g_{Ky_2} + g_{\Omega y_2}}{v\cos\psi_2} \\[4pt]
\dfrac{d\psi_2}{dt} = \dfrac{\rho S}{2mv} c_x v_w w_{z_2} + \dfrac{\rho S}{2mv} c'_y \left[v_w^2 \sin\delta_2 + v_{w\xi} w_{z_2} \right] + \\
\qquad \dfrac{\rho S}{2mv} c''_z \left(\dfrac{\dot{\gamma} d}{v_w}\right) v_w \left[-w_{y_2} \cos\delta_2 \cos\delta_1 - (v - w_{x_2}) \cos\delta_2 \sin\delta_1 \right] + \dfrac{g'_{z_2} + g_{Kz_2} + g_{\Omega z_2}}{v} \\[4pt]
\dfrac{dx}{dt} = v\cos\psi_2 \cos\theta_a, \qquad \dfrac{dy}{dt} = v\cos\psi_2 \sin\theta_a, \qquad \dfrac{dz}{dt} = v\sin\psi_2 \\[4pt]
\dfrac{d\omega_\xi}{dt} = -\dfrac{\rho Sl}{2C} m'_{xz} v_w \omega_\xi + \dfrac{\rho Sl}{2C} v_w^2 m'_{xw} \delta_f \\[4pt]
\dfrac{d\omega_\eta}{dt} = \dfrac{\rho Sl}{2A} v_w m'_z v_{w\zeta} - \dfrac{\rho Sl}{2A} v_w m'_{zz} \omega_\eta - \dfrac{\rho Sld}{2A} m''_y \omega_\xi v_{w\eta} - \dfrac{C}{A} \omega_\xi \omega_\zeta + \omega_\eta^2 \tan\varphi_2 \\[4pt]
\dfrac{d\omega_\zeta}{dt} = -\dfrac{\rho Sl}{2A} v_w m'_z v_{w\eta} - \dfrac{\rho Sld}{2A} v_w m'_{zz} \omega_\zeta - \dfrac{\rho Sld}{2A} m''_y \omega_\xi v_{w\zeta} + \dfrac{C}{A} \omega_\xi \omega_\eta - \omega_\eta \omega_\zeta \tan\varphi_2 \\[4pt]
\dfrac{d\varphi_a}{dt} = \dfrac{\omega_\zeta}{\cos\varphi_2}, \qquad \dfrac{d\varphi_2}{dt} = -\omega_\eta, \qquad \dfrac{d\gamma}{dt} = \omega_\xi - \omega_\zeta \tan\varphi_2
\end{cases}$$

$$(3.91)$$

该方程组共计 12 个方程，连同其关联物理参数表达式（3.93），共有 15 个

变量，分别为 v、θ_a、ψ_2、φ_a、φ_2、δ_1、δ_2、ω_ξ、ω_η、ω_ζ、γ、x、y、z、β，还需加上如下 3 个辅助方程，才能构成完备的方程组。

$$\begin{cases} \sin\delta_2 = \cos\psi_2\sin\varphi_2 - \sin\psi_2\cos\varphi_2\cos(\varphi_a - \theta_a) \\ \sin\delta_1 = \dfrac{\cos\varphi_2\sin(\varphi_a - \theta_a)}{\cos\delta_2} \\ \sin\beta = \dfrac{\sin\psi_2\sin(\varphi_a - \theta_a)}{\cos\delta_2} \end{cases} \quad (3.92)$$

显见，式（3.91）、式（3.92）共计 15 个方程，即构成了完备的六自由度弹道方程组。其中，相关联的物理参数表达式为

$$\begin{cases} v_w = \sqrt{(v - w_{x_2})^2 + w_{y_2}^2 + w_{z_2}^2}, \quad \delta_r = \arccos(v_{u\xi}/v_w) \\ v_{u\xi} = (v - w_{x_2})\cos\delta_2\cos\delta_1 - w_{y_2}\cos\delta_2\sin\delta_1 - w_{z_2}\sin\delta_2 \\ v_{w\eta} = v_{w\eta_2}\cos\beta + v_{w\zeta_2}\sin\beta, \quad v_{w\zeta} = -v_{w\eta_2}\sin\beta + v_{w\zeta_2}\cos\beta \\ v_{w\eta_2} = -(v - w_{x_2})\sin\delta_1 - w_{y_2}\cos\delta_1 \\ v_{w\zeta_2} = -(v - w_{x_2})\sin\delta_2\cos\delta_1 + w_{y_2}\sin\delta_2\sin\delta_1 - w_{z_2}\cos\delta_2 \\ w_{x_2} = w_x\cos\psi_2\cos\theta_a + w_z\sin\psi_2, \quad w_{y_2} = -w_x\sin\theta_a \\ w_{z_2} = -w_x\sin\psi_2\cos\theta_a + w_z\cos\psi_2 \\ w_x = -w\cos(\alpha_w - \alpha_N), \quad w_z = -w\sin(\alpha_w - \alpha_N) \end{cases} \quad (3.93)$$

为了更加精确地描述弹箭的飞行运动，上面方程中阻力系数 c_x 可以考虑弹箭飞行攻角和黏性（雷诺数）的影响，并表示为

$$c_x = c_{x0} + c_{x2}\delta_r^2 + \Delta c_{xR} \quad (3.94)$$

式中：Δc_{xR} 为阻力系数 c_x 的雷诺数修正项，可由式（3.41）计算。

为便于阅读理解，下面列出了六自由度弹道方程式（3.91）、辅助关系式（3.92）和关联表达式（3.93）中各参数符号代表的物理意义，分别为

m——弹箭质量/kg； S——弹箭最大横截面积/m²；

l——弹箭参考弹长/m； d——弹箭参考弹径/m；

ρ——空气密度/(kg/m³)； A——弹箭横向转动惯量/(kg·m²)；

C——弹箭极转动惯量/(kg·m²)；

R——地球平均半径，且有 $R = 6370$ km；

g——重力加速度/(m/s²)，且有 $g_0 = 9.80665$ m/s²；

Ma——马赫数；

v——弹箭相对地面坐标系的速度/(m/s)；

v_w——弹箭相对空气运动速度/(m/s)；

v_{wx_2}，v_{wy_2}，v_{wz_2}——弹箭相对空气的飞行速度在弹道坐标系 x_2，y_2，z_2 轴方向

上的分量/(m/s);

$v_{u\xi}$, $v_{u\eta}$, $v_{u\zeta}$——弹箭相对速度在弹轴坐标系 ξ, η, ζ 轴方向上的分量/(m/s);

x, y, z——弹箭在地面坐标系中的飞行轨迹坐标/m;

ω_ξ, ω_η, ω_ζ——弹箭飞行角速率在弹轴坐标系 ξ, η, ζ 轴方向上的分量/(rad/s);

θ_a——弹箭速度高低角/rad;　　ψ_2——弹箭速度方向角/rad;

φ_a——弹轴高低角/rad;　　　φ_2——弹轴方向角/rad;

γ——弹箭飞行滚转角/rad;　　δ_r——弹箭相对空气的总攻角/rad;

δ_1——弹箭飞行的纵向攻角/rad;　　δ_2——弹箭飞行的横向攻角/rad;

δ_f——弹箭尾翼斜置（或斜切）角/rad;

w——（水平）风速/(m/s);

β——第一弹轴坐标系和第二弹轴坐标系之间的滚转角/rad;

w_x——纵风风速/(m/s);　　　w_z——横风风速/(m/s);

w_{x_2}, w_{y_2}, w_{z_2}——风速在弹道坐标系 x_2, y_2, z_2 轴方向上的分量/(m/s);

α_w——风的来向与正北方向的夹角/rad;

α_N——射击方向与正北方向的夹角/rad;

c_x——阻力系数;　　　　　　　c_y'——升力系数导数;

c_z''——马格努斯力系数的2阶导数;　m_{xz}'——极阻尼力矩系数导数;

m_z'——翻转力矩系数导数;　　　m_{zz}'——赤道阻尼力矩系数导数;

m_{xw}'——尾翼导转力矩系数导数;

m_y''——马格努斯力矩系数的2阶导数。

如果考虑非线性气动力情况，则有阻力系数 $c_x = c_{x0} + c_{x2}\delta_r^2$，$c_{x0}$ 为零升阻力系数，c_{x2} 为诱导阻力系数；升力系数导数 $c_y' = c_{y1} + c_{y3}\delta_r^2$，$c_{y1}$ 为升力系数一阶导数，c_{y3} 为升力系数三阶导数；俯仰力矩系数导数 $m_z' = m_{z1} + m_{z3}\delta_r^2$，$m_{z1}$ 为俯仰力矩系数一阶导数，m_{z3} 为俯仰力矩系数三阶导数。

若已知弹箭结构参数、气动力参数、射击条件、气象条件、起始条件，利用弹箭准确的六自由度刚体弹道方程组，就可积分求得弹箭的运动规律和任一时刻的弹道诸元。其计算的准确度取决于各气动参数的准确程度。六自由度弹道方程可以用作各种工程条件的弹道计算模型，也可用作射表计算模型，其计算结果最全面，计算精度最高。

根据不同的气动力飞行试验数据特征及所研究问题的不同，可以六自由度弹道方程为基础，经不同的变换可得到其他形式的弹箭运动方程。例如，在确定火控和射表采用的弹道计算模型弹箭气动力射击试验中，为配合射表技术编制，通常采用与火控及射表计算相同的弹道方程进行相关的气动力系数辨识。

3.4 描述平射试验弹体角运动的攻角方程

上一节建立的弹箭六自由度弹道方程组可以全面反映弹箭的飞行运动,但由于不可能求出解析解,只能用电子计算机求数值解,得不出运动特性与弹箭结构参数、气动参数间的明显关系,一般适用仰射条件下弹道试验的气动辨识模型。

对于平射条件的试验数据处理来说,六自由度弹道方程组结构很复杂,气动辨识计算往往不胜其烦,为了使问题简单,可以将此方程组做适当的简化。这样,一方面能够得出求解析解的方程,使得气动辨识更简单,甚至可以直接采用公式计算;另一方面利用简化后的攻角方程可以更深入地理解弹箭飞行运动的本质,以便利用辨识结果分析得出影响被试弹箭飞行运动的主要因素。由于绝大多数常规弹箭都是轴对称的,故这里按轴对称无控弹体的特点建立攻角方程,并采用复数来描述其角运动。

3.4.1 复数平面上弹箭角运动的几何描述

对于设计良好的弹箭,由于实际弹道接近于理想弹道,因此弹箭的角运动可以近似地认为是在理想弹道的基础上的附加运动。所谓理想弹道,一般指气动参数仅考虑阻力系数、重力加速度为常数且方向铅直向下、攻角为零、科氏加速度为零、无风等理想假设条件下的弹道。在理想假设条件下,弹箭六自由度刚体弹道方程式(3.91)前面 6 个方程可简化为在自然坐标系下的理想弹道方程组,即

$$\begin{cases} \dfrac{\mathrm{d}v_i}{\mathrm{d}t} = -\dfrac{\rho S}{2m}c_x v_i^2 - g\sin\theta_i, & \dfrac{\mathrm{d}\theta_i}{\mathrm{d}t} = -\dfrac{g\cos\theta_i}{v_i} \\ \dfrac{\mathrm{d}x}{\mathrm{d}t} = v_i\cos\theta_i, & \dfrac{\mathrm{d}y}{\mathrm{d}t} = v_i\sin\theta_i \end{cases} \quad (3.95)$$

式中:以下标"i"表示理想弹道参数。

利用理想弹道为基础,可将弹箭六自由度弹道方程组做简化推导。为了形成比较直观的空间概念,并便于叙述攻角方程的简化推导过程,下面采用几何描述的方法来讨论弹箭角运动。

为便于描述弹箭运动的角度关系,这里设单位球面以理想弹道坐标系 O_i-$X_iY_iZ_i$ 的原点 O_i 为球心,其半径为单位长度,描述弹箭运动的所有坐标轴的延长线穿过原点 O_i,如图 3.14(a)所示。图中,将弹箭速度矢量延长线与单位球面的交点标为 T,弹轴延长线与单位球面的交点标为 B。显见,只要确定了单位球面上 B 点和 T 点的位置,也就确定了弹轴和速度矢量的空间方位。若弹轴与速度矢量的方向发生改变,则单位球面上 B 点和 T 点的轨迹就形象地反映了弹轴和速度方向的改变过程。

如图 3.14（a）所示，设理想弹道坐标系 $O_i\text{-}x_iy_iz_i$ 的 $O_i\text{-}x_i$ 轴沿理想弹道的切线方向，即理想弹道的速度矢量方向，记它与单位球面的交点为 O。$O_i\text{-}x_iy_iz_i$ 由基准坐标系统 $O\text{-}z_N$ 轴右旋 θ_i 角而成，θ_i 为理想弹道的弹道倾角。由于单位球面的半径为 1，故弹轴延长线与单位球面的交点 B 的位置可用从 O_i 算起的纵向角度 φ_1 和横向角度 φ_2 来表示，速度与单位球面交点 T 的位置也可用纵向角度 ψ_1 和横向角度 ψ_2 来表示。显然，如果弹轴方位改变，则 φ_1 和 φ_2 也相应改变。同理，如速度方向在空间变化，则 ψ_1 和 ψ_2 也相应改变。

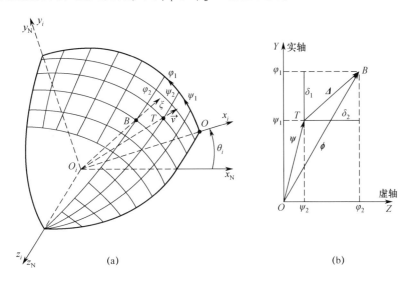

图 3.14 单位球面和复数平面
(a) 单位球面；(b) 复数平面。

实际上受到扰动以后的弹道尽管出现了复杂的角运动，但它偏离理想弹道并不大，因而 φ_1、φ_2 和 ψ_1、ψ_2 都是比较小的角度，故 B 和 T 点在 O 点附近变化的范围并不大。因此，在研究弹轴和速度矢量的运动时只须关注 O 点附近的一小块球面。为了方便，将这一小块球面展开近似为平面 $O\text{-}YZ$，如图 3.14（b）所示。在平面 $O\text{-}YZ$ 上，纵坐标轴 OY 是代表了 $O_i\text{-}x_iy_i$ 平面的交线，横坐标轴 OZ 代表了 $O_i\text{-}x_iz_i$ 平面的交线。由此，球坐标系里的纵向角度 φ_1、ψ_1 和横向角度 φ_2、ψ_2 即可分别表示为直角坐标系 $O\text{-}YZ$ 的坐标轴 OY 和 OZ 上的线段。将此平面坐标系 $O\text{-}YZ$ 设为复数平面，取纵轴 OY 为实轴，向上为正；取 OZ 轴为虚轴，向右为正（与数学中定义的横轴为实轴不同），并定义以下复数，即

$$\boldsymbol{\Phi} = \varphi_1 + \mathrm{i}\varphi_2,\ \boldsymbol{\psi} = \psi_1 + \mathrm{i}\psi_2 \tag{3.96}$$

式中：φ_1 和 φ_2 分别为弹轴的纵向和横向摆动角，$\boldsymbol{\Phi}$ 即确定了弹轴的空间方位，称为复摆动角；ψ_1 和 ψ_2 分别为速度矢量的纵向和横向偏角，$\boldsymbol{\psi}$ 即可确定速度线的方位，称为复偏角。

根据弹轴坐标系和弹道坐标系的定义，以及从基准坐标系两次旋转而成的方式可知，φ_1 与 φ_a 和 ψ_1 与 θ_a 的关系可分别表示为

$$\varphi_1 = \varphi_a - \theta_i, \quad \psi_1 = \theta_a - \theta_i, \quad \varphi_1 - \psi_1 = \varphi_a - \theta_a \quad (3.97)$$

因为 φ_1、ψ_1、φ_2、ψ_2 均为小量，故 $\varphi_1-\psi_1$ 或 $\varphi_a-\theta_a$ 也为小量。利用弹轴的纵向攻角 δ_1 和横向攻角 δ_2，可定义复攻角，即

$$\boldsymbol{\Delta} = \delta_1 + i\delta_2 \quad (3.98)$$

将小角度下近似关系式 (3.18) 及式 (3.96) 代入式 (3.98)，可得

$$\begin{aligned}\boldsymbol{\Delta} &= \delta_1 + i\delta_2 = \varphi_a - \theta_a + i(\varphi_2 - \psi_2) = \varphi_1 - \psi_1 + i(\varphi_2 - \psi_2) \\ &= \varphi_1 + i\varphi_2 - (\psi_1 + i\psi_2) = \boldsymbol{\Phi} - \boldsymbol{\psi}\end{aligned} \quad (3.99)$$

图 3.14 (a) 中，复攻角 $\boldsymbol{\Delta}$ 代表单位球面上从 T 点到 B 点的圆弧线段，即在图 3.14 (b) 的复数平面上，$\boldsymbol{\Delta}$ 为从 T 点指向 B 点的线段，$\boldsymbol{\Delta}$ 的方位在攻角平面与单位球面（或复数平面）的交线上。在复数平面上，$\boldsymbol{\Delta}$ 的绝对值为

$$|\boldsymbol{\Delta}| = \delta = \sqrt{\delta_1^2 + \delta_2^2} \quad (3.100)$$

用极坐标表示，复攻角 $\boldsymbol{\Delta}$ 以及 δ_1、δ_2 可写为

$$\boldsymbol{\Delta} = \delta e^{i\nu}, \quad \delta_1 = \delta\cos\nu, \quad \delta_2 = \delta\sin\nu \quad (3.101)$$

式中：ν 为复攻角 $\boldsymbol{\Delta}$ 线段与纵坐标轴之间的夹角，一般用它描述弹轴的进动运动，故称为进动角。

在复数平面上 T 点的运动描述了速度方向的变化。按照动力学理论，速度方向的变化是作用在质心上的法向力产生的，法向力作用在哪个方向上，质心速度就向哪个方向偏转，于是复平面上的 T 点就向法向力所指的方向移动。由于法向力垂直于速度，故法向力的大小和方向可用复数平面上的复数（或矢量）表示。

同理，在复数平面上 B 点的平移反映了弹轴方位的变化，描述了弹轴的横向摆动。从动力学理论知，弹箭的摆动是由作用在弹箭上的横向力矩产生的。当只考虑力所产生的力矩对弹箭转动运动的影响而不考虑它对质心运动的影响时，作用在弹箭上的力矩 $\boldsymbol{M}$ 可以等效为作用在弹轴前方、距质心单位长度上的力，如图 3.15 所示。按复平面上 B 点的定义，它正好是等效力的作用点。这个力在大小上应等于力矩矢量 $\boldsymbol{M}$ 的大小，而方向则由它对质心的力矩矢量应正好与 $\boldsymbol{M}$ 方向一致来确定。例如，在弹轴坐标系中，力矩分量 M_η 在 $O\eta$ 轴方向，则等效于在图中 B 点作用了一个沿 $O\zeta$ 轴负方向的力 $f_\zeta=-M_\eta$，它对质心的力矩为 M_η；同理，力矩分量 M_ζ 沿 $O\zeta$ 轴正方向，则等效为在图中 B 点作用了一个沿 $O\eta$ 轴正方向的力 $f_\eta=M_\zeta$，它对质心的力矩为 M_ζ。因

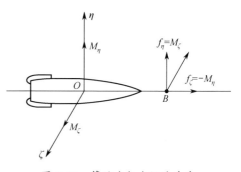

图 3.15 等效力与力矩的关系

此，等效力分量与力矩分量的关系为

$$f = f_\eta + if_\zeta = M_\zeta - iM_\eta = -i(M_\eta + iM_\zeta) = -i\boldsymbol{M} \tag{3.102}$$

式中：复数 f 为复数力矩 $\boldsymbol{M}=M_\eta+iM_\zeta$ 的等效力。由上式可见，复数力矩 $\boldsymbol{M}$ 的等效力，作用在复平面的 B 点上，大小与力矩大小相等，方向比复力矩方向滞后 $90°$。

等效力的引入，可以将弹箭的摆动直观地看作是复数平面上一个等效质点 B 的运动，这个质点的等效质量是弹箭的横向转动惯量 A，作用在这个质点上的力就是与力矩等效的等效力 f，质点 B 在复平面上的速度和加速度就代表了弹箭的摆动角速度和角加速度。等效力的引入为分析作用在弹箭上的力矩及弹箭角运动的图像和规律带来了很多方便。

3.4.2 弹箭角运动方程

实际上从第 3.3 节的推导过程可知，六自由度弹道方程组［式（3.91）］并不受理想假设条件的限制，考虑了各种因素、各种力和力矩的影响，特别是考虑了攻角和绕心运动，较符合弹箭飞行的实际情况。但这样计算出的弹道必然偏离理想弹道方程组［式（3.95）］的计算结果。

借助小扰动理论处理方法，如果将方程组［式（3.91）~式（3.93）］描述的刚体弹道看作是在理想弹道基础上，叠加了由于理想假设之外的各种因素产生的扰动弹道，即可使六自由度弹道方程组大为简化。也就是说，若将弹箭绕心运动视为以理想弹道为基准的扰动运动，则可将六自由度弹道方程组分解为理想弹道方程组［式（3.95）］和由于扰动作用产生的弹箭角运动方程。

为推导弹箭角运动方程，将式（3.97）改写为

$$\theta_a = \theta_i + \psi_1, \qquad \varphi_a = \theta_i + \varphi_1 \tag{3.103}$$

鉴于刚体弹道与理想弹道之间的偏差较小，在建立角运动方程时可以认为 φ_1、φ_2、ψ_1、ψ_2、δ_1、δ_2 都是小量，并且有如下近似关系成立，即

$$v_i = v_w = v_{w\xi} = v - w_{x_2} \approx v, \quad \frac{\delta_r}{\sin\delta_r} \approx 1 \tag{3.104}$$

考虑到

$$c_y = c'_y \delta_r, \ m_z = m'_z \delta_r, \ c_z = c''_z \delta_r \tag{3.105}$$

为书写方便，记 θ_i 为 θ 并引入以下气动力和力矩参数符号，即

$$\begin{cases} b_x = \dfrac{\rho S}{2m}c_x, \qquad b_y = \dfrac{\rho S}{2m}c'_y, \qquad b_z = \dfrac{\rho Sd}{2m}c''_z, \\[6pt] k_z = \dfrac{\rho Sl}{2A}m'_z, \quad k_{zz} = \dfrac{\rho Sl^2}{2A}m'_{zz}, \quad k_{xz} = \dfrac{\rho Sld}{2C}m'_{xz} \\[6pt] k_{xw} = \dfrac{\rho Sl}{2C}m'_{xw}, \quad k_y = \dfrac{\rho Sld}{2A}m''_y \end{cases} \tag{3.106}$$

因研究弹箭角运动时不考虑由扰动产生的质心速度微小偏差，故质心速度方程不变，即式（3.95）可写为

$$\frac{\mathrm{d}v}{\mathrm{d}t} = -b_x v^2 - g\sin\theta \tag{3.107}$$

根据上述简化条件，不计科氏惯性力，式（3.91）的第 2 个方程和第 3 个方程可分别简化为

$$\begin{cases} \dfrac{\mathrm{d}\theta}{\mathrm{d}t} + \dfrac{\mathrm{d}\psi_1}{\mathrm{d}t} = b_y v\left(\delta_1 + \dfrac{w_{y_2}}{v}\right) + b_z\gamma\left(\delta_2 + \dfrac{w_{z_2}}{v}\right) - \dfrac{g}{v}\cos\theta_a + b_x w_{y_2} \\ \dfrac{\mathrm{d}\psi_2}{\mathrm{d}t} = b_y v\left(\delta_2 + \dfrac{w_{z_2}}{v}\right) - b_z\gamma\left(\delta_1 + \dfrac{w_{y_2}}{v}\right) + \dfrac{g}{v}\sin\theta_a \cdot \psi_2 + b_x w_{z_2} \end{cases} \tag{3.108}$$

利用式（3.95）中的第二个方程消去式（3.108）第一个方程中的理想弹道项，并略去其中含 ψ_1、ψ_2 的高阶小量项，然后将式（3.108）中第二个方程乘以 i 与第一个方程相加，可得

$$\frac{\mathrm{d}\psi}{\mathrm{d}t} = b_y v \mathbf{\Delta} - ib_z\gamma\mathbf{\Delta} + \frac{g\sin\theta}{v}\cdot\psi + \left(b_x + b_y - ib_z\frac{\gamma}{v}\right)\boldsymbol{w}_\perp \tag{3.109}$$

$$\boldsymbol{w}_\perp = w_{y_2} + \mathrm{i}w_{z_2} \tag{3.110}$$

式（3.109）称为复偏角方程。式中：$\boldsymbol{w}_\perp$ 为垂直于速度的复垂直风。

对于式（3.91），因为弹箭自转角速度 γ 一般远大于横向摆动角速度 ω_ζ，并且 $\tan\varphi_2$ 又是小量，故可将 $\omega_\zeta\tan\varphi_2$ 项视为小量略去，即取 $\omega_\xi \approx \gamma$，注意到式（3.87）和式（3.106），则式（3.91）的第 7 个方程可简化为

$$\frac{\mathrm{d}\gamma}{\mathrm{d}t} = -k_{xz}v\gamma + k_{xw}v^2\delta_f \tag{3.111}$$

由式（3.91）的第 8 个方程和第 9 个方程，注意到式（3.103），有

$$\omega_\zeta \approx \dot{\varphi}_a = \dot{\varphi}_1 + \dot{\theta}, \quad \omega_\eta = -\dot{\varphi}_2 \tag{3.112}$$

将上式代入式（3.91）的第 8 个方程和第 9 个方程，取 $\beta = 0$，并略去一些高阶小量，则可写为

$$-\ddot{\varphi}_2 + \frac{C}{A}\dot{\gamma}(\dot{\varphi}_1 + \dot{\theta}) = -k_z v^2\left(\delta_2 + \frac{w_{z_2}}{v}\right) + k_{zz}v\dot{\varphi}_2 + k_y v\dot{\gamma}\left(\delta_1 + \frac{w_{y_2}}{v}\right) \tag{3.113}$$

$$\ddot{\varphi}_1 + \ddot{\theta} + \frac{C}{A}\dot{\gamma}\dot{\varphi}_2 = k_z v^2\left(\delta_1 + \frac{w_{y_2}}{v}\right) - k_{zz}v(\dot{\varphi}_1 + \dot{\theta}) + k_y v\dot{\gamma}\left(\delta_2 + \frac{w_{z_2}}{v}\right) \tag{3.114}$$

若将式（3.113）乘以（$-i$）与式（3.114）相加，整理可得弹箭的复摆动方程为

$$\ddot{\boldsymbol{\Phi}} + \left(k_{zz}v - \mathrm{i}\frac{C}{A}\dot{\gamma}\right)\dot{\boldsymbol{\Phi}} - (k_z v^2 - \mathrm{i}k_y v\dot{\gamma})\left(\boldsymbol{\Delta} + \frac{\boldsymbol{w}_\perp}{v}\right) = \mathrm{i}\frac{C\dot{\gamma}}{A}\dot{\theta}_i - \ddot{\theta}_i - k_{zz}v\dot{\theta}_i \tag{3.115}$$

式中：$C\dot{\gamma}\dot{\Phi}$ 为陀螺力矩，即以 $\dot{\gamma}$ 旋转的弹箭，当弹轴以角速度 $\dot{\Phi}$ 摆动时产生的惯性力矩；$C\dot{\gamma}$ 为弹箭的轴向动量矩。用复数 $iC\dot{\gamma}\dot{\Phi}$ 表示此陀螺力矩矢量的方向垂直于弹箭摆动角速度矢量的方向，这是因为 $i=\cos\dfrac{\pi}{2}+i\sin\dfrac{\pi}{2}=e^{i\frac{\pi}{2}}$，复数乘以 i 就相当于复数方向转过 90°。

在式（3.115）中如果仅考虑陀螺力矩的作用，可得

$$\ddot{\Phi}=iC\dot{\gamma}\dot{\Phi}/A \tag{3.116}$$

故 $iC\dot{\gamma}\dot{\Phi}/A$ 则为由陀螺力矩产生的摆动角加速度，它与摆动角速度 $\dot{\Phi}$ 垂直，表明当复平面上的 B 点以 $\dot{\Phi}$ 运动时，随即产生与 $\dot{\Phi}$ 相垂直的法向加速度 $\ddot{\Phi}$，并使弹轴摆动方向改变，如图 3.16 所示。B 点的拐弯即 $\dot{\Phi}$ 方向改变，而式（3.116）决定了 $\dot{\Phi}$ 方向改变后又会形成

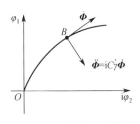

图 3.16 陀螺力矩的作用

新的 $\ddot{\Phi}$ 继续改变 $\dot{\Phi}$ 的方向，循环往复。由此说明，如果弹箭转速 $\dot{\gamma}$ 很高，其惯性力矩足够大，则弹轴就只能不断地改变摆动方向，围绕速度矢量转圈，而不会翻倒，这种现象称为陀螺稳定原理。

若把弹箭自转 $\dot{\gamma}$ 看作是相对于弹轴坐标系的运动，弹轴坐标系的运动 $\dot{\Phi}$ 为牵连运动。式（3.116）说明，当弹箭仅有相对运动而弹轴不动（$\dot{\Phi}=0$，$\dot{\gamma}\neq 0$）或仅有摆动而无自转（$\dot{\gamma}=0$，$\dot{\Phi}\neq 0$）时，都不产生陀螺力矩。故只有在相对运动和牵连运动都存在时才会产生陀螺力矩。换句话说，只有当陀螺上的质点有科氏惯性力存在时，才会产生陀螺力矩。可以证明，陀螺力矩 $iC\dot{\gamma}\dot{\Phi}$ 就是弹箭各质点的科氏惯性力对定点（这里是质心）之力矩的总和。

当弹道切线以角速度 $\dot{\theta}$、$\ddot{\theta}$ 向下转动时，则弹轴相对于随弹道切线转动的理想弹道坐标而言则是以 $-\dot{\theta}$、$-\ddot{\theta}$ 向上转动，由此就产生了方程右边的重力陀螺力矩项 ($-C\dot{\gamma}\dot{\theta}$)，重力阻尼力矩项 $k_{zz}v\dot{\theta}$，同理还产生了重力摆动阻尼力矩项 ($-A\ddot{\theta}$)。

式（3.109）、式（3.111）、式（3.115）组成了弹箭的角运动方程组。解此方程组就能获得弹箭姿态角 φ_1、φ_2，速度方位角 ψ_1、ψ_2 的变化规律。再由

$$\delta_1=\varphi_1-\psi_1, \qquad \delta_2=\varphi_2-\psi_2 \tag{3.117}$$

也就获得了攻角的变化规律。解此方程时所用到的质心速度 v 的大小和飞行高度

y 则由理想弹道方程式（3.95）求得。

3.4.3 平射试验条件下的弹箭攻角方程

从研究弹箭的运动稳定性和散布而言，最关心的是弹轴相对于速度的攻角变化的规律，特别是在弹箭平射试验时往往可以直接获取攻角曲线数据。因此，直接建立攻角方程可为弹箭平射试验数据提供气动参数辨识的数学模型，使之成为弹箭的运动稳定性和散布研究的重要工具。下面推导攻角方程的主要思路是：由关系式 $\boldsymbol{\Phi}=\boldsymbol{\psi}+\boldsymbol{\Delta}$、$\dot{\boldsymbol{\Phi}}=\dot{\boldsymbol{\psi}}+\dot{\boldsymbol{\Delta}}$、$\ddot{\boldsymbol{\Phi}}=\ddot{\boldsymbol{\psi}}+\ddot{\boldsymbol{\Delta}}$，先从方程式（3.109）算出 $\dot{\boldsymbol{\psi}}$，再将 $\dot{\boldsymbol{\psi}}$、$\ddot{\boldsymbol{\psi}}$ 代入关于 $\boldsymbol{\Phi}$ 的方程式（3.115）中消去 $\boldsymbol{\Phi}$ 和 $\boldsymbol{\psi}$，即可得到仅含复攻角 $\boldsymbol{\Delta}$ 的方程。

在复偏角方程式（3.109）中，$g\sin\theta \cdot \psi$ 是重力在理想弹道速度线上的分力（$-\sin\theta \cdot \psi$）再向扰动弹道垂直于速度的方向分解而产生的，称为重力侧分力，其数值很小，只有在沿全弹道积分时才显示出有影响。对于平射试验，一般要求在风速很小的条件下进行，其横风 $w_\perp$ 所产生的附加马氏力更小，在研究弹箭角运动时也可将它们忽略。于是式（3.109）就可简化为

$$\dot{\psi} = b_y v \Delta - i b_z \dot{\gamma} \Delta + (b_x + b_y) w_\perp \tag{3.118}$$

由此得

$$\ddot{\psi} = b_y \dot{v} \Delta + b_y v \dot{\Delta} - i b_z \ddot{\gamma} \Delta - i b_z \dot{\gamma} \dot{\Delta} \tag{3.119}$$

将关系式 $\dot{\boldsymbol{\Phi}}=\dot{\boldsymbol{\psi}}+\dot{\boldsymbol{\Delta}}$、$\ddot{\boldsymbol{\Phi}}=\ddot{\boldsymbol{\psi}}+\ddot{\boldsymbol{\Delta}}$ 代入式（3.115），有

$$b_y \dot{v}\Delta + b_y v\dot{\Delta} - ib_z \ddot{\gamma}\Delta - ib_z \dot{\gamma}\dot{\Delta} + \ddot{\Delta} + \left(k_{zz}v - i\frac{C}{A}\dot{\gamma}\right)(b_y v\Delta - ib_z \dot{\gamma}\Delta + (b_x+b_y)w_\perp + \dot{\Delta}) - (k_z v^2 - ik_y v\dot{\gamma})\left(\Delta + \frac{w_\perp}{v}\right) = i\frac{C\dot{\gamma}}{A}\dot{\theta}_i - \ddot{\theta}_i - k_{zz}v\dot{\theta}_i$$

整理得

$$\ddot{\Delta} + b_y v\dot{\Delta} + b_y \dot{v}\Delta - ib_z \ddot{\gamma}\Delta - ib_z \dot{\gamma}\dot{\Delta} + \left(k_{zz}v - i\frac{C}{A}\dot{\gamma}\right)(\dot{\Delta} + b_y v\Delta - ib_z \dot{\gamma}\Delta + (b_x+b_y)w_\perp) - k_z v^2 \Delta + ik_y v\dot{\gamma}\Delta - k_z v w_\perp + ik_y \dot{\gamma} w_\perp = i\frac{C\dot{\gamma}}{A}\dot{\theta}_i - \ddot{\theta}_i - k_{zz}v\dot{\theta}_i \tag{3.120}$$

根据与气动力有关的定义式（3.106），上式中只有 k_z 约为 10^{-2} 量级，而 b_x、b_y、k_{zz}、$g\sin\theta/v^2$ 的量级为 $10^{-4} \sim 10^{-3}$，而 b_z 的量级只有 10^{-5}，这些系数相互的乘积项均可以忽略。对于炮弹来说，在不长的一段弹道上，其飞行转速可视为不变，即 $\ddot{\gamma} \approx 0$。在讨论绕心转动攻角变化时，马格努斯力的影响也可忽略。

将式（3.107）表示成 $\dot{v}=-b_x v^2-g\sin\theta$ 代入式（3.120），忽略 b_x、b_y、k_{zz}、$g\sin\theta/v^2$ 的乘积项等小量后，整理得出攻角方程为

$$\ddot{\boldsymbol{\Delta}}+\left[k_{zz}+b_y-\mathrm{i}\frac{C\dot{\gamma}}{Av}\right]v\dot{\boldsymbol{\Delta}}-\left[k_z+\mathrm{i}\frac{C\dot{\gamma}}{Av}\left(b_y-\frac{A}{C}k_y\right)\right]v^2\boldsymbol{\Delta}=$$

$$-\ddot{\theta}-k_{zz}v\dot{\theta}+\mathrm{i}\frac{C\dot{\gamma}}{Av}v\dot{\theta}+\left[k_z+\mathrm{i}\frac{C\dot{\gamma}}{Av}\left(b_x+b_y-\frac{A}{C}k_y\right)\right]v\boldsymbol{w}_\perp \quad (3.121)$$

为了消去 $\boldsymbol{\Delta}$ 和 $\dot{\boldsymbol{\Delta}}$ 前的因子 v^2 和 v，将时间自变量改为弧长，并利用导数关系 $v'=\dot{v}/v$ 得如下变量代换关系式，即

$$\frac{\mathrm{d}\boldsymbol{\Delta}}{\mathrm{d}t}=\frac{\mathrm{d}\boldsymbol{\Delta}}{\mathrm{d}s}\cdot\frac{\mathrm{d}s}{\mathrm{d}t}=v\boldsymbol{\Delta}',\quad \frac{\mathrm{d}^2\boldsymbol{\Delta}}{\mathrm{d}t^2}=\frac{\mathrm{d}(v\boldsymbol{\Delta}')}{\mathrm{d}s}\cdot\frac{\mathrm{d}s}{\mathrm{d}t}=\boldsymbol{\Delta}''v^2-\boldsymbol{\Delta}'\left(b_x+\frac{g\sin\theta}{v^2}\right)v^2 \quad (3.122)$$

将变量代换式（3.122）代入方程式（3.121），则得到以弧长为自变量的攻角方程为

$$\boldsymbol{\Delta}''v^2-\boldsymbol{\Delta}'\left(b_x+\frac{g\sin\theta}{v^2}\right)v^2+\left[k_{zz}+b_y-\mathrm{i}\frac{C\dot{\gamma}}{Av}\right]\boldsymbol{\Delta}'v^2-\left[k_z+\mathrm{i}\frac{C\dot{\gamma}}{Av}\left(b_y-\frac{A}{C}k_y\right)\right]\boldsymbol{\Delta}v^2$$

$$=-\ddot{\theta}-k_{zz}v\dot{\theta}+\mathrm{i}\frac{C\dot{\gamma}}{Av}v\dot{\theta}+\left[k_z+\mathrm{i}\frac{C\dot{\gamma}}{Av}\left(b_x+b_y-\frac{A}{C}k_y\right)\right]v\boldsymbol{w}_\perp \quad (3.123)$$

为便于书写，定义

$$\begin{cases} H=k_{zz}+b_y-b_x-\dfrac{g\sin\theta}{v^2} \\ P=2\alpha=\dfrac{C\dot{\gamma}}{Av},\quad M=k_z,\quad T=b_y-\dfrac{A}{C}k_y \end{cases} \quad (3.124)$$

式中：H 为角运动的阻尼，主要取决于赤道阻尼力矩和非定态阻尼力矩的大小，同时升力也有助于增大阻尼。这是因为升力总是使质心速度方向转向弹轴进而减小攻角，起到了阻尼的作用。但阻力却使飞行速度降低，使阻尼力矩减小，故阻力起负阻尼作用。M 主要与俯仰力矩有关，弹轴角运动频率主要取决于此项，并与飞行稳定性有关。T 主要与升力和马格努斯力矩有关，常称为升力和马格努斯力矩耦合项，它影响动稳定性。

将式（3.124）代入，可将方程式（3.123）简写为

$$\boldsymbol{\Delta}''+(H-\mathrm{i}P)\boldsymbol{\Delta}'-(M+\mathrm{i}PT)\boldsymbol{\Delta}=-\frac{\ddot{\theta}}{v^2}+\frac{\dot{\theta}}{v}(k_{zz}-\mathrm{i}P)+$$

$$\left[k_z+\mathrm{i}P\left(b_x+b_y-\frac{A}{C}k_y\right)\right]\frac{\boldsymbol{w}_\perp}{v} \quad (3.125)$$

上式是一个关于复攻角 $\boldsymbol{\Delta}$ 的线性变系数非齐次方程，外弹道学中一般称为攻角方

程。该方程描述了弹轴角运动的基本规律，是利用靶道等平射试验数据辨识气动参数时常常采用的基本方程和数学模型。

3.5 平射试验中弹箭起始扰动产生的角运动规律

上一节内容中，将六自由度弹道方程组描述的弹道看作是弹轴偏离理想弹道的扰动，在此基础上作适当的简化，建立描述弹轴角运动规律的攻角方程式（3.125）。利用该方程可求解弹箭在各种因素影响下的运动规律，并进行稳定性分析。在求得了攻角后，再将攻角代入偏角方程式（3.109）中积分，即可得出用于弹箭质心速度和坐标辨识的数学模型，并确定出偏角的变化规律，以分析各种因素对弹箭质心速度和坐标的影响，进而建立利用弹箭飞行轨迹坐标辨识气动参数的方法。本节通过求解攻角方程，主要讨论由起始扰动产生的弹箭角运动规律，为靶道等平射试验数据处理理论和方法建立基本的理论基础。

3.5.1 平射试验条件下的攻角方程齐次解

在六自由度弹道方程的基础上，应用复攻角的理论和方法，通过忽略一些次要因素，经简化处理可导出描述弹箭角运动规律的攻角方程。著名的 Murphy 方法就是以攻角方程为基础，利用它求出攻角方程的齐次解，即二圆运动的解析函数解作为数学模型，最后采用第 2.1.3 节所述的非线性最小二乘法辨识弹箭的气动力矩系数。

由于在弹道靶道等平射试验条件下，可以将 $\dot{\theta}$、$\ddot{\theta}$ 近似为 0，且风速接近于为零，即 $w \approx 0$，因此攻角方程式（3.125）可简化为

$$\Delta'' + (H - iP)\Delta' - (M + iPT)\Delta = 0 \quad (3.126)$$

式中：符号 H、P、M、T 为与弹箭结构参数、气动参数及弹道参数相关的综合参数，其定义见式（3.124）；$\Delta = \delta_1 + i\delta_2$ 为复攻角；Δ'' 和 Δ' 分别为复攻角关于距离 s 的二阶导数和一阶导数。

需要指出，在方程式（3.126）中，旋转稳定弹箭的俯仰力矩为翻转力矩，故俯仰力矩项参数 $M = k_z > 0$；该方程同样适用于尾翼稳定弹或其他静稳定弹，此时俯仰力矩为稳定力矩，参数 $M = k_z < 0$。

由于平射试验研究的弹道段不长（一般只有几百米），可将各气动参数近似"固化"为常量（平均值），因此攻角方程式（3.126）可视为常系数方程。按照常微分方程理论，该方程的特征方程为

$$l^2 + (H - iP)l - (M + iPT) = 0 \quad (3.127)$$

解出其特征根为

$$l_{1,2} = \frac{1}{2}(-H + iP \pm \sqrt{4M + H^2 - P^2 + 2iP(2T - H)}) \quad (3.128)$$

由于上面二特征根均为复数，故可表示为

$$l_1 = \lambda_1 + i\varphi'_1, \ l_2 = \lambda_2 + i\varphi'_2 \tag{3.129}$$

由此按照常微分方程理论，攻角方程式（3.126）的齐次解可表示为

$$\boldsymbol{\Delta} = k_1 \exp(i\varphi_1) + k_2 \exp(i\varphi_2) \tag{3.130}$$

上式右端为两个线性无关的复数模态矢量，每个模态矢量都是单独的解。也就是说，线化角运动的齐次解是两个线性无关解的线性组合，它描述了起始条件产生的角运动。参数 k_1、k_2 由起始条件确定为

$$k_j = k_{j0}\exp(\lambda_j s), \ \varphi_j = \varphi_{j0} + \varphi'_j s \ (j = 1, 2) \tag{3.131}$$

式中：k_1、k_2 为模态振幅；λ_1、λ_2 为阻尼指数；φ'_1 和 φ'_2 为角运动对弧长 s 的模态频率。

根据复数矢量的表示方法，$e^{i\varphi_j}$ 代表一个向量，其模为 1，幅角为 φ_j。若 φ_j 以角频率 φ'_j 变化，此向量的矢端在复数平面上的轨迹是一个圆。因此，如果 $\lambda_1 = \lambda_2 = 0$，$k_1$ 和 k_2 的大小不变，式（3.130）右边两项分别表示半径为 k_1 和 k_2，角频率为 φ'_1 和 φ'_2 的圆运动。也就是说，复攻角 $\boldsymbol{\Delta}$ 为两个圆运动的合成，故称这种角运动为二圆运动，其矢量合成如图 3.17 所示。所合成的复攻角向量矢端曲线表现为圆外摆线或圆内摆线（由弹箭是静不稳定的还是静稳定的来区分）。

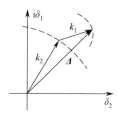

图 3.17 模态矢量和二圆运动合成

如果 $\lambda_1 < 1$，$\lambda_2 < 1$，则由于此二圆运动的半径 k_1 和 k_2 不断缩小，每个圆运动都成为收缩的螺线，复攻角 $\boldsymbol{\Delta}$ 的模 $|\boldsymbol{\Delta}|$ 也将不断缩小，$\boldsymbol{\Delta}$ 的矢端将画出不断缩小的外摆线或内摆线，这时弹箭运动是渐近稳定的。相反，如果 λ_1、λ_2 中只要有一个大于零，则相应的一个或两个圆运动就变成发散的或不收敛的螺线，复攻角之模将随时间增大，理论上则认为此弹箭运动不稳定（但工程上认为，只要 λ_1、λ_2 有一个大于零且接近于 0，复攻角之模增大极其缓慢，也可视为该弹箭飞行稳定）。

3.5.2 由起始扰动产生的弹轴运动规律

由于弹箭俯仰力矩占所有气动力矩的主导地位，在讨论起始扰动产生的弹轴运动时，为使问题更加清楚，这里忽略赤道阻尼力矩、马格努斯力矩等气动力系数动导数的影响，将攻角齐次方程进一步简化为

$$\boldsymbol{\Delta}'' - iP\boldsymbol{\Delta}' - M\boldsymbol{\Delta} = 0 \tag{3.132}$$

此时式（3.128）简化为

$$l_1 = \lambda_1 + i\varphi'_1 = i\frac{1}{2}(P + \sqrt{P^2 - 4M}), \ l_2 = \lambda_2 + i\varphi'_2 = i\frac{1}{2}(P - \sqrt{P^2 - 4M}) \tag{3.133}$$

将 $\lambda_1=\lambda_2=0$ 代入,得

$$\varphi_1' = \frac{1}{2}(P + \sqrt{P^2 - 4M}), \qquad \varphi_2' = \frac{1}{2}(P - \sqrt{P^2 - 4M}) \qquad (3.134)$$

由此,可写出方程式(3.132)的解为

$$\begin{aligned}\boldsymbol{\Delta} &= k_1 \exp(\mathrm{i}\varphi_1's) + k_2 \exp(\mathrm{i}\varphi_2's)\\ &= k_1 \exp\left(\mathrm{i}\left(\frac{1}{2}(P+\sqrt{P^2-4M})\right)s\right) + k_2 \exp\left(\mathrm{i}\left(\frac{1}{2}(P-\sqrt{P^2-4M})\right)s\right)\end{aligned}$$

$$(3.135)$$

上式说明,复攻角 $\boldsymbol{\Delta}$ 由角频率分别为 φ_1'、φ_2' 的两个圆运动合成。因为旋转稳定弹的压心在质心之前,俯仰力矩是翻转力矩,故 $M=k_z>0$。式(3.135)中的待定常数 k_1 和 k_2 由起始条件 $\boldsymbol{\Delta}_0'$ 和 $\boldsymbol{\Delta}_0$ 确定。根据线性常微分方程的特性,其解可认为是单独有 $\boldsymbol{\Delta}_0'$ 和单独有 $\boldsymbol{\Delta}_0$ 时两种解的叠加。由于一般线膛火炮的起始攻角 δ_0 只有几角分,而起始攻角速度 $\dot{\delta}_0$ 可达 10rad/s,故可只考虑由 $\boldsymbol{\Delta}_0'$ 产生的角运动;但对于从飞机、军舰上向侧方向射击,以及转管炮射击、大风条件下的射击、弹道顶点附近有大的横风情况下,起始攻角 $\boldsymbol{\Delta}_0$ 的数值也较大,必须予以考虑。下面分别就这两种情况讨论弹轴运动的规律。

根据靶道等平射试验条件,在只考虑由 $\boldsymbol{\Delta}_0'$ 产生的角运动时,弹箭角运动的起始条件为

$$s=0, \quad \boldsymbol{\Delta}_0 = 0, \quad \boldsymbol{\Delta}_0' = \dot{\boldsymbol{\Delta}}/v_0 = \dot{\delta}_0 \mathrm{e}^{\nu_0}/v_0 = \delta_0' \mathrm{e}^{\nu_0} \qquad (3.136)$$

利用上式,由 $\boldsymbol{\Delta}_0 = k_1 + k_2 = 0$,得 $k_1 = -k_2$;将式(3.135)对 s 求导,有

$$\boldsymbol{\Delta}_0' = k_1 \varphi_1' + k_2 \varphi_2' = k_1(\varphi_1' - \varphi_2') = \delta_0' \mathrm{e}^{\nu_0} \qquad (3.137)$$

将 $\varphi_1'-\varphi_2' = \sqrt{P^2-4M}$ 代入式(3.137)中,得

$$k_1 = -k_2 = \boldsymbol{\Delta}_0'/(\mathrm{i}\sqrt{P^2-4M}) = \frac{\delta_0' \mathrm{e}^{\nu_0}}{\mathrm{i}\sqrt{P^2-4M}} \qquad (3.138)$$

将上式及式(3.134)代入式(3.135),得出复攻角的表达式为

$$\boldsymbol{\Delta} = \frac{\delta_0' \mathrm{e}^{\nu_0}}{\mathrm{i}\sqrt{P^2-4M}}\left(\exp\left(\frac{\mathrm{i}}{2}(P+\sqrt{P^2-4M})s\right) - \exp\left(\frac{\mathrm{i}}{2}(P-\sqrt{P^2-4M})s\right)\right)$$

$$(3.139)$$

应用欧拉公式,式(3.139)可写为

$$\boldsymbol{\Delta} = \frac{2\delta_0'}{\sqrt{P^2-4M}} \exp\left(\mathrm{i}\left(\frac{P}{2}s + \nu_0\right)\right) \sin\frac{\sqrt{P^2-4M}}{2}s = \delta\exp(\mathrm{i}\nu) \qquad (3.140)$$

$$\delta = \frac{2\delta_0'}{\sqrt{P^2-4M}} \sin\frac{\sqrt{P^2-4M}}{2}s \qquad (3.141)$$

$$\nu = \frac{P}{2}s + \nu_0 \qquad (3.142)$$

式中：δ 为复攻角 **Δ** 的模，称为攻角，其物理意义是弹轴与速度矢量之间的夹角，弹轴与速度矢量构成的平面称为攻角平面。

对于旋转稳定弹，习惯上用攻角 δ 大小变化描述弹轴章动，故攻角 δ 也称为章动角；用攻角平面的方位角 ν 的变化描述弹轴进动运动，故将 ν 称为进动角。式（3.141）说明，章动角按正弦规律变化，即在攻角平面内，弹轴随距离 s 通过速度矢量线按正弦规律摆动；式（3.142）说明，进动角 ν 随斜距离 s 呈线性变化关系，即攻角平面以进动角速率 $\frac{P}{2}$ 随斜距离 s 绕速度矢量接近匀速转动。

应该说明，上述复攻角运动规律的表述与图 3.17 中所示的二圆运动曲线表述等同。由于忽略了赤道阻尼力矩等动导数的影响，这里的快慢圆半径相同，且不再衰减。

按照式（3.141）和式（3.142），可绘出章动角 δ 和进动角 ν 的变化规律曲线，如图 3.18（a）所示。在第 7.3 节将要介绍的靶道等平射试验数据的图线法处理中，章动角 δ 和进动角 ν 的变化规律曲线还有另一种等价表示方式，即章动角 δ 采用绝对值表示时，其负数波形相当于攻角平面旋转了 180°，因而其对应的进动角 ν 曲线向下平移了 180°，如图 3.18（b）所示。

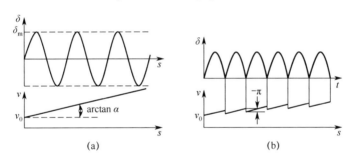

图 3.18 章动角 δ 和进动角 ν 随距离 s 的变化

由式（3.134）还可以看出：对于旋转稳定弹箭如果不旋转或转速不够高，使 $P^2-4M<0$，则根号下为负数，其平方根可写为 $\sqrt{P^2-4M}=\mathrm{i}\sqrt{4M-P^2}$，这样第二个特征根所描述的圆运动为

$$k_2\exp\left(\mathrm{i}\frac{P}{2}s\right)\cdot\exp\left(\frac{1}{2}\sqrt{4M-P^2}s\right)\xrightarrow{s\to\infty}\infty \qquad (3.143)$$

随着飞行时间增大或弹道弧长增大，攻角 **Δ** 幅值将无限增大，产生运动不稳定。因此，对于静不稳定弹（$M=k_z>0$）必须使其高速旋转，一直到满足

$$P^2-4M>0 \qquad (3.144)$$

才能保证特征根不为正实数，形成周期运动，而不致迅速翻倒。外弹道学称这种稳定为陀螺稳定，式（3.144）为陀螺稳定条件。

对于尾翼稳定弹箭，由于 $M=k_z<0$，因此无论转速多么小，即 $P\to 0$ 时，式（3.144）始终成立，且式（3.140）和式（3.141）同样适用。此时，由式（3.142）可知，进动角曲线 $v(s)$ 几乎为一条接近水平的直线，其幅值变化很缓慢。

在弹箭气动力射击试验中，为了研究旋转稳定弹箭的飞行稳定性问题，常常需要确定陀螺稳定因子。按外弹道理论，陀螺稳定因子的定义为

$$S_g = \frac{P^2}{4M} \tag{3.145}$$

在 $M=k_z>0$ 的条件下，不等式（3.144）还可写为

$$S_g > 1 \text{ 或 } \frac{1}{S_g} < 1 \tag{3.146}$$

由式（3.145）可见，S_g 的分子为 P^2，称为陀螺转速项，它表示陀螺效应的强度；S_g 的分母 $M=k_z$ 表示翻转力矩的作用。前者有使弹箭稳定的作用，后者有使弹箭翻倒的作用，S_g 即为两种作用之比。$S_g>1$ 表示陀螺效应大于翻转力矩的作用，弹箭作周期性运动而不会翻倒，运动稳定；$S_g<1$ 则表示陀螺效应不足以抵抗翻转力矩的作用，于是发生运动不稳、攻角无限增大。

在满足 $P^2-4M>0$ 的条件下，由式（3.134）知，$\varphi_1'>0$，$\varphi_2'>0$，且有 $\varphi_1'>\varphi_2'$。$\varphi_1'>0$ 和 $\varphi_2'>0$ 说明两个圆运动的转向相同，$\varphi_1'>\varphi_2'$ 说明了第一个圆运动的角频率 φ_1' 大于第二个圆运动的角频率 φ_2'。因此，第一个圆运动为快圆运动，第二个圆运动为慢圆运动。

利用 S_g 的定义式（3.145），可将角频率表达式（3.134）改写为

$$\varphi_1' = \frac{P}{2}\left(1 + \sqrt{1-\frac{1}{S_g}}\right), \quad \varphi_2' = \frac{P}{2}\left(1 - \sqrt{1-\frac{1}{S_g}}\right) \tag{3.147}$$

对于高速旋转稳定弹，弹道上 S_g 一般较大，其量值在 5~50 的范围，因而 $1/S_g$ 较小，利用二项式展开将上式中的根式展成级数，并只取 $1/S_g$ 的一次项得

$$\varphi_1' = \frac{P}{2}\left(1 + 1 - \frac{1}{2S_g}\right) \approx P, \quad \varphi_2' = \frac{P}{2}\left(1 - 1 + \frac{1}{2S_g}\right) \approx \frac{M}{P} \tag{3.148}$$

由此两式可见，快圆运动的角频率 φ_1' 基本上是由弹箭自转产生的，并且与 P 成正比；而慢圆运动的角频率 φ_2' 则主要由俯仰力矩项 M 产生，并且与 M 成正比，与 P 成反比。$M=0$ 时，$\varphi_2'=0$，转速越高（P 越大）则角频率 φ_2' 越小。

3.6 旋转稳定弹箭的修正质点弹道方程

在弹箭质心运动方程式（3.66）中，$\sum_i F_i$ 为作用于弹箭上各种力的矢量之

和。由第 3.2.2 节可知，如果考虑地球旋转的影响，作用于弹箭上的力有空气阻力 $\boldsymbol{R}_x$、升力 $\boldsymbol{R}_y$、马格努斯力 $\boldsymbol{R}_z$，地心引力 $\boldsymbol{F}_e$，科氏力 $\boldsymbol{F}_K$ 和由于地球旋转产生的惯性离心力 $\boldsymbol{F}_\Omega$。由此，弹箭质心运动矢量方程的一般形式可以写为

$$m\frac{\mathrm{d}\boldsymbol{v}}{\mathrm{d}t} = \boldsymbol{R}_x + \boldsymbol{R}_y + \boldsymbol{R}_z + \boldsymbol{F}_e + \boldsymbol{F}_K + \boldsymbol{F}_\Omega \tag{3.149}$$

3.6.1 动力平衡角

由第 3.5.2 节可知，由起始扰动产生的角运动可以分为弹轴在攻角平面内，绕其速度矢量线的来回摆动和攻角平面绕速度矢量线的转动。根据复攻角的定义式（3.98），将式（3.140）的复攻角写为

$$\boldsymbol{\Delta} = \delta\exp(\mathrm{i}\nu) = \delta_1 + \mathrm{i}\delta_2 \tag{3.150}$$

式中：δ 为章动角 $\boldsymbol{\Delta}$ 的幅值；ν 为进动角；δ_1 和 δ_2 分别为章动角 $\boldsymbol{\Delta}$ 的纵向分量和横向分量。

弹箭在飞行中，由于重力作用使得弹道线向下弯曲，并由此产生出非周期变化的平衡攻角，称为动力平衡角，并用 δ_p 表示。为了便于利用复攻角方程式（3.125）求解动力平衡角，这里采用复数 $\boldsymbol{\Delta}_p$ 表示为

$$\boldsymbol{\Delta}_p = \delta_{p1} + \mathrm{i}\delta_{p2} \tag{3.151}$$

式中：δ_{p2} 和 δ_{p1} 分别为动力平衡角复数 $\boldsymbol{\Delta}_p$ 在复平面中的横向（虚轴）分量和纵向（实轴）分量，如图 3.19 所示。

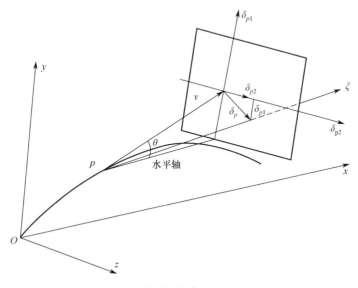

图 3.19 动力平衡角在空间的几何关系

由式（3.141）的变化规律可知，对于稳定飞行弹箭来说，弹箭的扰动攻角

δ 是一个周期变化量,其幅值衰减较快,在距离炮口较远的弹道上扰动攻角幅值很小,其平均值趋于零。在这种情况下,弹轴实际上是围绕其圆锥运动的中心轴(即动力平衡轴)以极小的扰动攻角摆动,因而可以忽略扰动攻角的影响,此时攻角的主要部分为平衡攻角,即动力平衡角 $\boldsymbol{\Delta}_p$。

由于动力平衡角是由于重力的作用使得弹道线向下弯曲形成的,因此仅保留复攻角方程式(3.125)右端的重力作用项,即

$$\boldsymbol{\Delta}'' + (H - iP)\boldsymbol{\Delta}' - (M + iPT)\boldsymbol{\Delta} = -\frac{\ddot{\theta}}{v^2} + \frac{g\cos\theta}{v^2}(k_{zz} - iP) \quad (3.152)$$

上面方程关于重力作用项的特解(求解过程详见文献[7]),为动力平衡角 $\boldsymbol{\Delta}_p$ 的表达式,即

$$\boldsymbol{\Delta}_p = -\left[\frac{P^2}{M^2v^2} - \frac{P^4T^2}{M^4v^2} - \frac{1}{Mv^2}\right]\ddot{\theta} - \frac{P^2T}{M^2v}\dot{\theta} + i\left[-\frac{P}{Mv}\dot{\theta} - \frac{PT}{M^2v^2}\ddot{\theta} + \frac{2P^3T}{M^2v^2}\ddot{\theta}\right] \quad (3.153)$$

$$\begin{cases} \dot{\theta} = -\dfrac{g\cos\theta}{v} \\ \ddot{\theta} = -\dfrac{d}{dt}\left(\dfrac{g\cos\theta}{v}\right) = -\dfrac{g}{v^2}(g\cos\theta\sin\theta + b_x\cos\theta + g\cos\theta\sin\theta) \end{cases} \quad (3.154)$$

将式(3.151)代入式(3.153),可以得出动力平衡角的纵向分量 δ_{p1}(实部分量)和横向分量 δ_{p2}(虚部分量)的标量表达式,即

$$\delta_{p2} = -\frac{P}{Mv}\dot{\theta} - \frac{PT}{M^2v^2}\ddot{\theta} + \frac{2P^3T}{M^2v^2}\ddot{\theta} \quad (3.155)$$

$$\delta_{p1} = -\left[\frac{P^2}{M^2v^2} - \frac{P^4T^2}{M^4v^2} - \frac{1}{Mv^2}\right]\ddot{\theta} - \frac{P^2T}{M^2v}\dot{\theta} \quad (3.156)$$

式中:相关的参数 P、M、T 由式(3.124)确定。其中,阻力、升力、翻转力矩、赤道阻尼力矩、马氏力矩参见式(3.106)。

由于弹道坐标系中动力平衡角矢量 $\boldsymbol{\delta}_p$ 的复攻角表达形式为 $\boldsymbol{\Delta}_p$,对照图 3.19 中复攻角 $\boldsymbol{\Delta}_p$ 相对于速度矢量的空间几何关系,显然动力平衡角矢量 $\boldsymbol{\delta}_p$ 各分量与动力平衡角 $\boldsymbol{\Delta}_p$ 的纵向分量 δ_{p1} 和横向分量 δ_{p2} 之间的关系为 $\delta_{px2} = 0$,$\delta_{py2} = \delta_{p1}$,$\delta_{pz2} = \delta_{p2}$。因此,在弹道坐标系中可表示为

$$\boldsymbol{\delta}_p = 0\boldsymbol{i}_2 + \delta_{p1}\boldsymbol{j}_2 + \delta_{p2}\boldsymbol{k}_2 = \begin{bmatrix} 0 & \delta_{p1} & \delta_{p2} \end{bmatrix}^T \quad (3.157)$$

由式(3.157),按照弹道坐标系与基准坐标系之间的转换关系,可将动力平衡角矢量 $\boldsymbol{\delta}_p$ 在地面坐标系中表述为

$$\boldsymbol{\delta}_p = \begin{bmatrix} \delta_{px} \\ \delta_{py} \\ \delta_{pz} \end{bmatrix} = \boldsymbol{A}_{\theta_a\psi_2}\begin{bmatrix} 0 \\ \delta_{p1} \\ \delta_{p2} \end{bmatrix} = \begin{bmatrix} \cos\theta_a\cos\psi_2 & -\sin\theta_a & -\sin\psi_2\cos\theta_a \\ \cos\psi_2\sin\theta_a & \cos\theta_a & -\sin\psi_2\sin\theta_a \\ \sin\psi_2 & 0 & \cos\psi_2 \end{bmatrix}\begin{bmatrix} 0 \\ \delta_{p1} \\ \delta_{p2} \end{bmatrix}$$

$$= \begin{bmatrix} -\delta_{p1}\sin\theta_a - \delta_{p2}\sin\psi_2\cos\theta_a \\ \delta_{p1}\cos\theta_a - \delta_{p2}\sin\psi_2\sin\theta_a \\ \delta_{p2}\cos\psi_2 \end{bmatrix} \approx \begin{bmatrix} -\delta_{p1}\sin\theta \\ \delta_{p1}\cos\theta \\ \delta_{p2} \end{bmatrix} \quad (3.158)$$

3.6.2 修正质点弹道方程的矢量形式

修正质点弹道方程本质上是在考虑动力平衡角作用的条件下的弹箭质点运动方程。由于该方程考虑了动力平衡角作用，在质点弹道方程的基础上增加了 1 个自由度，因此也将它称为四自由度（4D）弹道方程。一般认为，弹箭在飞行中形成的攻角有扰动攻角和动力平衡角两个部分。其中，扰动攻角是由发射过程和飞行过程中的扰动而形成的攻角。扰动攻角有三种：①由发射过程中的起始扰动形成的攻角；②由弹箭自身的轻微不对称而形成的周期性扰动攻角；③在弹箭飞行过程中由于弹道弯曲造成气流相对弹体方向持续变化形成的扰动。在理论上，起始扰动攻角的变化规律由攻角方程式（3.132）的齐次解来描述，弹箭轻微不对称形成扰动攻角则需在方程右边加上一周期性强迫振动项，求出其特解来描述（在求特解的数学处理上与动力平衡角有相似之处）。第三种扰动在弹道顶点附近影响较大，主要由绕动力平衡轴的章动引起，是造成弹道降弧段阻力系数与升弧段不一致的主要原因。理论和试验均已证明，对于飞行稳定的弹箭，在炮口附近的一段距离内，由起始扰动形成的攻角是弹箭飞行攻角的主要成分。此期间，起始扰动攻角幅值较大，动力平衡角和弹箭轻微不对称引起的周期扰动攻角均较小；随着飞行时间的增长，扰动攻角的幅值很快地衰减为一很小的量，而弹箭轻微不对称引起的周期性扰动也得到一定程度的衰减，此时由于弹道弯曲形成的动力平衡角变得更大而成为主要部分。因此，采用修正质点弹道方程描述弹箭质心运动规律具有足够的精度，在弹道测速雷达的数据处理中也常常将它作为气动力系数辨识的基本方程。

为了描述方便，可将地心引力 $\boldsymbol{F}_g$、科氏力 $\boldsymbol{F}_K$ 和惯性离心力 $\boldsymbol{F}_\Omega$ 表示为

$$\boldsymbol{F}_g = m\boldsymbol{g}', \quad \boldsymbol{F}_K = m\boldsymbol{g}_K, \quad \boldsymbol{F}_\Omega = m\boldsymbol{g}_\Omega \quad (3.159)$$

将作用于弹箭的各种力的矢量表达式（3.21）、式（3.28）、式（3.33）和气动力表达式（3.36）、式（3.46）、式（3.51）代入式（3.149），整理可得

$$\frac{\mathrm{d}\boldsymbol{v}}{\mathrm{d}t} = -\frac{\rho S}{2m}c_x v_w^2 \boldsymbol{i}_{vw} + \frac{\rho S}{2m}v_w^2 c_y' \delta_p \boldsymbol{i}_{Ry} + \frac{\rho S}{2m}c_z''\left(\frac{\dot{\gamma}d}{v_w}\right)\delta_p v_w^2(\boldsymbol{i}_{Ry} \times \boldsymbol{i}_{vw}) + \boldsymbol{g}' + \boldsymbol{g}_K + \boldsymbol{g}_\Omega$$

$$(3.160)$$

根据图 3.19 中对动力平衡角矢量 $\boldsymbol{\delta}_p$ 的定义，有

$$\boldsymbol{\delta}_p = \delta_p \boldsymbol{i}_{Ry} \quad (3.161)$$

考虑到 δ_p 很小，一般有 $\sin\delta_p \approx \delta_p$，则式（3.160）可写为

$$\frac{\mathrm{d}\boldsymbol{v}}{\mathrm{d}t} = -\frac{\rho S}{2m}c_x v_w \boldsymbol{v}_w + \frac{\rho S}{2m}v_w^2 c_y' \boldsymbol{\delta}_p + \frac{\rho S}{2m}c_z''\left(\frac{\dot{\gamma}d}{v_w}\right)v_w(\boldsymbol{\delta}_p \times \boldsymbol{v}_w) + \boldsymbol{g}' + \boldsymbol{g}_K + \boldsymbol{g}_\Omega \quad (3.162)$$

式中：$\boldsymbol{v}_w$ 为弹箭相对于空气的飞行速度，且有 $\boldsymbol{v}_w = \boldsymbol{v} + \boldsymbol{w}$。式（3.162）为考虑动力平衡角影响的弹箭质心运动的矢量方程，其中动力平衡角矢量 $\boldsymbol{\delta}_p$ 可由式（3.155）、式（3.156）和式（3.158）计算得出。

从动力平衡角的计算式（3.155）和式（3.156）可以看出，动力平衡角与弹箭的自转角速度相关，方程式（3.162）并不完备。因此，还需要建立描述弹箭自转角速度变化规律的方程才能构成完备的方程组。

由于旋转稳定弹的尾翼导转力矩 $M_{xw}=0$，根据动量矩定理，在弹箭轴向上有

$$C \cdot \frac{\mathrm{d}\dot{\gamma}}{\mathrm{d}t} = -M_{xz} \quad (3.163)$$

式中：M_{xz} 为极阻尼力矩，表达式为 $M_{xz} = -\frac{\rho S l d}{2}m_{xz}' v_w \dot{\gamma}$。将 M_{xz} 代入式（3.163），有

$$\frac{\mathrm{d}\dot{\gamma}}{\mathrm{d}t} = -\frac{\rho S l d}{2C}m_{xz}' v_w \dot{\gamma} \quad (3.164)$$

将式（3.162）和式（3.164）合在一起，连同其辅助方程，即构成了完备的矢量方程，外弹道学中将其称为修正质点弹道方程的矢量形式，该方程在不同坐标系下可写成不同分量形式方程组，常常用来辨识弹箭气动参数。

3.6.3 修正质点弹道方程在地面坐标系中的表述

为了将修正质点弹道矢量方程式（3.162）在地面坐标系中表示出来，必须先导出其中有关矢量的各分量表达式。该方程以地球表面为参考系，同时考虑了地球旋转的影响，因此这里将第 3.1.1 节引入的地面坐标系推广为如图 3.20 所示的形式。图中地面坐标系 $O\text{-}xyz$ 的定义与第 3.1.1 节所述坐标系定义相同。

下面推导矢量方程式（3.162）中各个矢量在地面坐标系 $O\text{-}xyz$ 中的分量形式。为了表达方便，后面的矢量表述一般采用矩阵表现形式，其下标 "x"、"y" 和 "z" 分别表示矢量在地面坐标系中与 Ox 轴、Oy 轴和 Oz 轴方向上的分量。例如，在地面坐标系 $O\text{-}xyz$ 中，矢量 $\boldsymbol{u} = u_x\boldsymbol{i} + u_y\boldsymbol{j} + u_z\boldsymbol{k}$ 用矩阵形式表示为 $\boldsymbol{u} = [u_x \ u_y \ u_z]^\mathrm{T}$。

由此，方程式（3.162）中各个矢量在地面坐标系 $O\text{-}xyz$ 中则以分量形式描述如下。

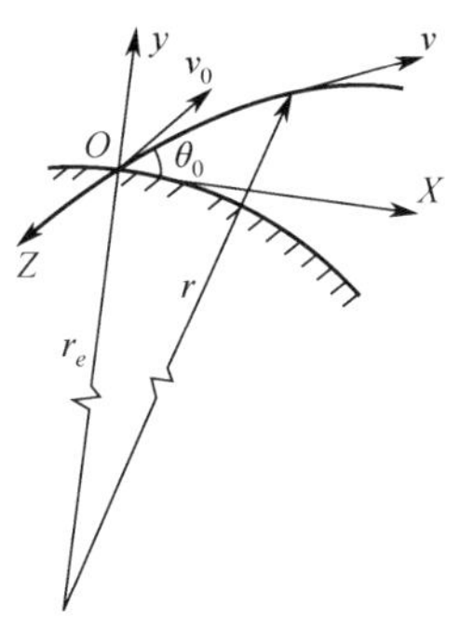

图 3.20 考虑地球条件的地面坐标系

1. 速度矢量

弹箭飞行速度矢量依照参照系不同,可分为相对于地面的速度v和相对于空气的速度v_w。它们之间的关系为$v_w = v + w$,w为风速矢量。在地面坐标系$O\text{-}xyz$中,v、v_w和w可分别表示为

$$v = \begin{bmatrix} v_x \\ v_y \\ v_z \end{bmatrix}, \quad v_w = \begin{bmatrix} v_{wx} \\ v_{wy} \\ v_{wz} \end{bmatrix}, \quad w = \begin{bmatrix} w_x \\ w_y \\ w_z \end{bmatrix} \tag{3.165}$$

由于风速的铅直分量w_y很小,在气象测量中一般不测w_y的值,故在弹箭阻力系数的辨识计算中将w_y取为0。由此,弹箭相对于空气的速度可写为

$$v_w = \begin{bmatrix} v_{wx} - w_x & v_{wy} & v_{wz} - w_z \end{bmatrix}^\mathrm{T} \tag{3.166}$$

2. 动力平衡角δ_p与叉积$\delta_p \times v_w$矢量

由式(3.158),动力平衡角矢量δ_p在地面坐标系中的表达式为

$$\delta_p \approx \begin{bmatrix} -\delta_{p1}\sin\theta & \delta_{p1}\cos\theta & \delta_{p2} \end{bmatrix}^\mathrm{T} \tag{3.167}$$

由此,叉积矢量$\delta_p \times v_w$在地面坐标系中可表示为

$$\delta_p \times v_w = \begin{bmatrix} i & j & k \\ -\delta_{p1}\sin\theta & \delta_{p1}\cos\theta & \delta_{p2} \\ v_{wx} & v_{wy} & v_{wz} \end{bmatrix} = \begin{bmatrix} v_{wz}\delta_{p1}\cos\theta - v_{wy}\delta_{p2} \\ v_{wz}\delta_{p1}\sin\theta + v_{wx}\delta_{p2} \\ -v_{wy}\delta_{p1}\sin\theta - v_{wx}\delta_{p1}\cos\theta \end{bmatrix} \tag{3.168}$$

将式(3.162)中各矢量在地面坐标系中的表达式代入,可得修正质点弹道方程在坐标系$O\text{-}xyz$中的分量方程组为

$$\begin{cases}
\dfrac{\mathrm{d}v_x}{\mathrm{d}t} = -\dfrac{\rho S}{2m}c_x v_w v_{wx} - \dfrac{\rho S}{2m}v_w^2 c_y' \delta_{p1}\sin\theta + \\
\qquad \dfrac{\rho S}{2m}c_z'' \left(\dfrac{\dot{\gamma}d}{v_w}\right) v_w (v_{wz}\delta_{p1}\cos\theta - v_{wy}\delta_{p2}) + g_x' + g_{Kx} + g_{\Omega x} \\[4pt]
\dfrac{\mathrm{d}v_y}{\mathrm{d}t} = -\dfrac{\rho S}{2m}c_x v_w v_{wy} + \dfrac{\rho S}{2m}v_w^2 c_y' \delta_{p1}\cos\theta + \\
\qquad \dfrac{\rho S}{2m}c_z'' \left(\dfrac{\dot{\gamma}d}{v_w}\right) v_w (v_{wz}\delta_{p1}\sin\theta + v_{wx}\delta_{p2}) + g_y' + g_{Ky} + g_{\Omega y} \\[4pt]
\dfrac{\mathrm{d}v_z}{\mathrm{d}t} = -\dfrac{\rho S}{2m}c_x v_w v_{wz} + \dfrac{\rho S}{2m}c_y' v_w^2 \delta_{p2} - \\
\qquad \dfrac{\rho S}{2m}c_z'' \left(\dfrac{\dot{\gamma}d}{v_w}\right) v_w (v_{wy}\delta_{p1}\sin\theta + v_{wx}\delta_{p1}\cos\theta) + g_{Kz} + g_{\Omega z} \\[4pt]
\dfrac{\mathrm{d}x}{\mathrm{d}t} = v_x, \quad \dfrac{\mathrm{d}y}{\mathrm{d}t} = v_y, \quad \dfrac{\mathrm{d}z}{\mathrm{d}t} = v_z \\[4pt]
\dfrac{\mathrm{d}\dot{\gamma}}{\mathrm{d}t} = -\dfrac{\rho S l d}{2C} m_{xz}' v_w \dot{\gamma}
\end{cases} \tag{3.169}$$

弹箭相对于空气的飞行速度以及动力平衡角 δ_{p1}、δ_{p2} 可由下面辅助方程计算，即

$$\begin{cases} \delta_{p2} = -\dfrac{P}{Mv}\dot{\theta} - \dfrac{PT}{M^2v^2}\ddot{\theta} + \dfrac{2P^3T}{M^2v^2}\ddot{\theta} \\ \delta_{p1} = -\left[\dfrac{P^2}{M^2v^2} - \dfrac{P^4T^2}{M^4v^2} - \dfrac{1}{Mv^2}\right]\ddot{\theta} - \dfrac{P^2T}{M^2v}\dot{\theta} \\ \dot{\theta} = -\dfrac{g\cos\theta}{v}, \qquad \ddot{\theta} = -\dfrac{g}{v^2}(g\cos\theta\sin\theta + b_x\cos\theta + g\cos\theta\sin\theta) \\ \theta = \arctan\dfrac{v_y}{v_x} \qquad v_w = \sqrt{v_{wx}^2 + v_{wy}^2 + v_{wz}^2} \\ v_{wx} = v_x - w_x, \qquad v_{wy} = v_y, \qquad v_{wz} = v_z - w_z \end{cases} \quad (3.170)$$

式中：重力加速度可取值为 $g \approx g_0 = 9.80665\,\mathrm{m/s}$。

$$\begin{bmatrix} g'_x \\ g'_y \end{bmatrix} \approx -g_0 \begin{bmatrix} \dfrac{x}{r_e}\left(1 - \dfrac{3y}{r_e} - \dfrac{3}{2}\left(\dfrac{x}{r_e}\right)^2 + 6\left(\dfrac{y}{r_e}\right)^2\right) \\ 1 - \dfrac{2y}{r_e} - \dfrac{3}{2}\left(\dfrac{x}{r_e}\right)^2 + 3\left(\dfrac{y}{r_e}\right)^2 \end{bmatrix}, \quad \begin{bmatrix} g_{\Omega x} \\ g_{\Omega y} \\ g_{\Omega z} \end{bmatrix} = \Omega_E^2 r_e \begin{bmatrix} -\cos\varLambda\sin\varLambda\cos\alpha_N \\ \cos^2\varLambda \\ \cos\varLambda\sin\varLambda\sin\alpha_N \end{bmatrix}$$

$$\begin{pmatrix} g_{Kx} \\ g_{Ky} \\ g_{Kz} \end{pmatrix} = -2\Omega_E \begin{bmatrix} v_z\sin\varLambda + v_y\cos\varLambda\sin\alpha_N \\ -v_x\cos\varLambda\sin\alpha_N - v_z\cos\varLambda\cos\alpha_N \\ v_y\cos\varLambda\cos\alpha_N - v_x\sin\varLambda \end{bmatrix}$$

其中，动力平衡角 δ_{p1}、δ_{p2} 表达式分别取自式（3.155）和式（3.156）。

3.6.4 弹道坐标系中的修正质点弹道方程

根据第 3.2 节对各种空气动力的描述，将弹箭各气动力表达式中的攻角 δ 换为动力平衡角 δ_p，即可构成仅考虑动力平衡角时作用于弹箭上的空气动力和力矩的表达式。由此，将

$$c_y = c'_y \delta_p = c_{y1}\delta_p + c_{y3}\delta_p^3, \qquad c_z = c''_z \delta_p\left(\dfrac{\dot{\gamma}d}{v_w}\right)$$

代入式（3.69）和式（3.70），注意到 δ_p 较小，有 $\dfrac{\delta_p}{\sin\delta_p} \approx 1$，则可将弹箭质心运动方程式（3.69）连同转速方程式（3.164）联立，整理写为

$$\begin{cases}
\dfrac{\mathrm{d}v}{\mathrm{d}t} = -\dfrac{\rho S}{2m}c_x v_w(v-w_{x_2}) + \dfrac{\rho S}{2m}c_y'[v_w^2\cos\delta_{p2}\cos\delta_{p1} - v_{w\xi}(v-w_{x_2})] + \\
\qquad \dfrac{\rho v_w}{2m}Sc_z''\left(\dfrac{\dot\gamma d}{v_w}\right)(-w_{z_2}\cos\delta_{p2}\sin\delta_{p1} + w_{y_2}\sin\delta_{p2}) + g_{x2}' + g_{Kx2} + g_{\Omega x2} \\
\dfrac{\mathrm{d}\theta}{\mathrm{d}t} = \dfrac{\rho S}{2mv\cos\psi_2}c_x v_w w_{y_2} + \dfrac{\rho S}{2mv\cos\psi_2}c_y'[v_w^2\cos\delta_{p2}\sin\delta_{p1} + v_{w\xi}w_{y_2}] + \\
\qquad \dfrac{\rho S}{2mv\cos\psi_2}c_z''\left(\dfrac{\dot\gamma d}{v_w}\right)vw_w[(v-w_{x_2})\sin\delta_{p2} + w_{z_2}\cos\delta_{p2}\cos\delta_{p1}] + \dfrac{g_{y2}' + g_{Ky2} + g_{\Omega y2}}{v\cos\psi_2} \\
\dfrac{\mathrm{d}\psi_2}{\mathrm{d}t} = \dfrac{\rho S}{2mv}c_x v_w w_{z_2} + \dfrac{\rho S}{2mv}c_y'[v_w^2\sin\delta_{p2} + v_{w\xi}w_{z_2}] + \\
\qquad \dfrac{\rho S}{2mv}c_z'' v_w\left(\dfrac{\dot\gamma d}{v_w}\right)[-w_{y_2}\cos\delta_{p2}\cos\delta_{p1} - (v-w_{x_2})\cos\delta_{p2}\sin\delta_{p1}] + \\
\qquad \dfrac{1}{v}(g_{x2}' + g_{Kx2} + g_{\Omega x2}) \\
\dfrac{\mathrm{d}x}{\mathrm{d}t} = v\cos\psi_2\cos\theta, \qquad \dfrac{\mathrm{d}y}{\mathrm{d}t} = v\cos\psi_2\sin\theta, \qquad \dfrac{\mathrm{d}z}{\mathrm{d}t} = v\sin\psi_2 \\
\dfrac{\mathrm{d}\dot\gamma}{\mathrm{d}t} = -\dfrac{\rho Sld}{2C}m_{xz}' v_w \dot\gamma
\end{cases}$$

(3.171)

按照质点弹道的假设，可以忽略纵向偏角 ψ_1 的影响，即由式（3.97）取 $\theta_a = \theta + \psi_1 \approx \theta$。因此式中，$\theta_a$ 均改写成理想弹道的弹道倾角 θ，动力平衡角 δ_{p2}、δ_{p1} 等相关联的参量由下面辅助方程计算，即

$$\begin{cases}
\delta_{p2} = -\dfrac{P}{Mv}\dot\theta - \dfrac{PT}{M^2v^2}\ddot\theta + \dfrac{2P^3T}{M^2v^2}\ddot\theta \\
\delta_{p1} = -\left[\dfrac{P^2}{M^2v^2} - \dfrac{P^4T^2}{M^4v^2} - \dfrac{1}{Mv^2}\right]\ddot\theta - \dfrac{P^2T}{M^2v}\dot\theta \\
\ddot\theta \approx -\dfrac{g}{v^2}(g\cos\theta\sin\theta + b_x\cos\theta + g\cos\theta\sin\theta) \\
v_w = \sqrt{(v-w_{x_2})^2 + w_{y_2}^2 + w_{z_2}^2} \\
v_{w\xi} = (v-w_{x_2})\cos\delta_{p2}\cos\delta_{p1} - w_{y_2}\cos\delta_{p2}\sin\delta_{p1} - w_{z_2}\sin\delta_{p2} \\
w_{x_2} = w_x\cos\psi_2\cos\theta + w_z\sin\psi_2, \qquad w_{y_2} = -w_x\sin\theta \\
w_{z_2} = -w_x\sin\psi_2\cos\theta + w_z\cos\psi_2 \\
w_x = -w\cos(\alpha_W - \alpha_N), \qquad w_z = -w\sin(\alpha_W - \alpha_N)
\end{cases}$$

(3.172)

将式（3.171）连同辅助方程式（3.172）合在一起，即构成了修正质点弹道方程在弹道坐标系中的分量方程组。

3.7 质点弹道方程

在弹箭速度测量数据处理中，常常需要根据弹箭飞行运动规律去获取弹箭阻力系数等有关弹道特征量。这一换算过程一般都采用弹箭质点运动方程及导出公式作为数学模型，在外弹道学中一般将该模型称为弹箭质点弹道方程，它是弹箭测速数据处理中应用最多的基本方程。

所谓质点弹道方程，就是仅仅考虑弹箭的质心运动，不考虑弹箭的飞行姿态变化，将弹箭作为一个质点描述其运动规律的弹道方程。按照这一假设，可以将弹箭的飞行姿态角取为零，即方程式（3.66）中的升力 $\boldsymbol{R}_y$、马格努斯力 $\boldsymbol{R}_z$，科氏力 $\boldsymbol{F}_K$ 可取为 0。如果不考虑重力随飞行高度的变化，则取

$$\boldsymbol{F}_g + \boldsymbol{F}_K + \boldsymbol{F}_\Omega = m\boldsymbol{g}$$

由此，修正质点弹道矢量方程式（3.162）可简化为

$$\frac{\mathrm{d}\boldsymbol{v}}{\mathrm{d}t} = -\frac{\rho S}{2m}c_x(Ma)v_w\boldsymbol{v}_w + \boldsymbol{g} \tag{3.173}$$

若将上式在自然坐标系中表示，由图 3.19 中的几何关系即可得出沿弹道切向的分量方程，即

$$\frac{\mathrm{d}v}{\mathrm{d}t} = -\frac{\rho S}{2m}c_x(Ma)v_w^2 - g\sin\theta \tag{3.174}$$

上式也可以由六自由度刚体弹道方程简化得出。事实上，由于不考虑弹箭的飞行姿态，故有弹箭飞行攻角为零，由攻角引起的飞行偏角也等于零，式（3.84）可简化为

$$F_{x2} = -\frac{\rho S}{2}c_x v_w(v - w_{x_2}) - mg\sin\theta \tag{3.175}$$

将上式代入方程式（3.91）第 1 个方程，考虑到 $v_w \approx v - w_{x_2}$，基准坐标系 $O\text{-}x_N y_N z_N$ 与地面坐标系 $O_E\text{-}x_E y_E z_E$ 的各个坐标轴均平行。即由式（3.97）取 $\theta_a = \theta + \psi_1 \approx \theta$，整理得出在自然坐标系中，描述弹箭质心速度变化规律的运动方程式（3.174）。由于该方程大量用作弹箭的阻力系数的辨识模型，故也称之为描述弹箭质心运动的阻力方程。

第4章　外弹道气象诸元数据处理方法

由于弹箭飞行弹道范围都在大气层中，大气的实际状态直接影响作用弹箭的空气动力和弹道性能。从弹箭气动参数辨识的外弹道模型可以看到，模型中除了风速参数外，表征气动力和力矩的表达式均还含有空气密度参数 ρ 等。由于气象数据对辨识气动参数结果精度的影响较大，因此只有采用弹箭所在空域的实测气象诸元观测数据，才能有效保证气动参数的辨识精度。气象观测数据来源有定时观测和临时观测两种，定时观测数据通常由气象台站按观测制度获取。气象台站均设有专用的观测场，观测场设在空旷平坦能较好地反映本地区气象要素特点的地方。观测场内按规定布置各种观测仪器，一般有测风仪，测温湿的百叶箱，测雨量、蒸发等的仪器，测气压通常在室内进行。弹箭飞行试验的气象观测通常根据试验需要临时决定，属于临时观测，其内容包含地面气象数据观测和高空气象数据观测。实际应用时，试验所需气象诸元由试验场气象测试部门（站）在试验现场根据弹箭飞行试验要求设点及时观测，所给出的气象通报数据集还需进行相关的加工处理才能确定弹箭飞行环境的空气密度、当地声速和风速参数。为了满足弹箭气动参数辨识计算的要求，本章主要讨论根据实测气象通报数据换算弹箭飞行环境气象数据的处理方法。

4.1　大气状态与气象诸元随高度分布规律

地球被包围在浓密的空气层中，其周围聚集的空气称为大气。由于引力的作用，包裹在地球周围的大气体圈层，称为大气层，即地球被包围在由空气构成的大气层中。描述大气状态及特性的物理量有气温、气压、湿度、风速和风向等，为便于叙述，一般将这些描述大气状态的物理参数统称为气象诸元。由于气动参数辨识的主要对象是通过弹箭的飞行运动规律研究其空气动力，而作用于弹箭的空气动力和力矩是由于它在大气中运动而产生的，因此气象诸元参数对气动参数辨识结果有着直接的影响，使得气象诸元测试及其数据处理显得尤为重要。为了加深理解大气的状态及特性及其测试原理，以便在弹箭气动参数辨识过程中准确合理地运用大气状态的数据处理方法，有必要了解有关大气及其状态特性方面的知识。由于气温、气压、湿度、密度、声速等大气状态参数之间存在一定规律的物理联系，本节主要讨论这些参数之间的关系和标准大气等方面的基础知识。

4.1.1 描述大气状态的物理参数、空气状态方程

物理学实验证明：当一定质量的某种气体的温度保持不变时，它的压强和体积的乘积是一个常数；体积不变时，其压强与温度之比为一常数；压强不变时，气体的体积与温度之比也为常数。根据这一规律，可以得出如下表达式，即

$$\frac{p_i V_i}{T} = \text{Const} \tag{4.1}$$

式中：Const 为常数，其值的大小取决于气体的质量；p_i 和 V_i 分别为气体的压强和体积；下标 i 代表某一种具体的气体（如氮气）；T 为热力学温度。热力学温度 T 与摄氏温度 t_w（℃）的关系为

$$T = 273.15 + t_w \text{（K）} \tag{4.2}$$

对于 1000mol（1.0kmol）的任何气体，在标准状态（$p_N = 1.01325 \times 10^5$ Pa，$T_N = 273.15$ K）下，式（4.1）的常数为 $R^* = \frac{p_N V_N}{T_N} = 8.3145 \times 10^3$ J/(kmol·K)，它适用于所有的气体，称为普适气体常数。由此，可将 1000mol 的某种气体的状态方程表示为

$$p_i V_i = R^* T \tag{4.3}$$

利用简单的比例关系，可将质量为 m_i（kg）气体的状态方程写为

$$p_i V = \frac{m_i}{M_i} R^* T \tag{4.4}$$

式中：M_i 为某种气体的千摩尔（kmol）质量（按国际单位制 M_i 在数值上等于其分子量，单位 kg/kmol）；V 为质量为 m_i 气体的体积。若以 $\rho_i = \frac{m_i}{V}$ 表示气体密度，上式可写为

$$p_i = \rho_i \frac{R^*}{M_i} T \tag{4.5}$$

空气是多种气体的混合物，设干空气中第 i 种气体成分的压强、密度和分子量分别为 p_i、ρ_i 和 M_i，根据道耳顿（Dolton）分压定律，大气压强应为大气中所含各种气体的分压强之和，即

$$p = \sum_i p_i = \sum_i \rho_i \frac{R^*}{M_i} T \tag{4.6}$$

由于干空气密度 $\rho_d = \frac{m_d}{V_d}$，而 $\rho_i = \frac{m_i}{V_d}$，则上式可表示为

$$p_d = \sum_i p_i = \rho_d \frac{1}{m_d} \sum_i \left(\frac{m_i}{M_i}\right) R^* T \tag{4.7}$$

若记

$$M_d = \frac{m_d}{\sum_i \left(\frac{m_i}{M_i}\right)} \quad (4.8)$$

则式（4.7）可表示为与式（4.5）相同的形式，即

$$p_d = \rho_d \frac{R^*}{M_d} T \quad (4.9)$$

式中：M_d 为干空气的千摩尔质量（数值上为平均分子量，单位：kg/kmol）。根据实验测定，大气中各种气体的质量百分含量和分子量由式（4.8）可计算出 $M_d = 28.966$ kg/kmol。如果令

$$R = \frac{R^*}{M_d} \quad (4.10)$$

则式（4.9）可写为更简单的形式，即

$$\rho_d = \frac{p_d}{RT} \quad (4.11)$$

上式即为干空气的状态方程，式中：R 为干空气的气体常数。将前面已知的参数值代入式（4.10）可得

$$R = 287.04 \ (\text{J} \cdot \text{kg}^{-1} \cdot \text{K}^{-1}) \quad (4.12)$$

在地球大气中含有水蒸气，而水蒸气的含量与空气的湿度有关，由式（4.5）水蒸气的状态方程可表示为

$$p_e = \rho_e \frac{R^*}{M_e} T \quad (4.13)$$

式中：p_e、ρ_e 和 M_e 分别为湿空气的水蒸气分压、密度和千摩尔质量。若以干空气的气体常数 R 代入上式，可得

$$\rho_e = \frac{p_e}{\frac{M_d}{M_e} RT} = \frac{1}{RT} \frac{M_e}{M_d} p_e \quad (4.14)$$

由于大气密度 ρ 为干空气与水蒸气的密度之和，故有

$$\rho = \rho_d + \rho_e = \frac{1}{RT}\left(p_d + \frac{M_e}{M_d} p_e\right) \quad (4.15)$$

由道尔顿分压定律可知，湿空气压强 $p = p_d + p_e$，故上式可写为

$$\rho = \frac{p}{RT}\left(1 - \frac{M_d - M_e}{M_d} \frac{p_e}{p}\right) \quad (4.16)$$

式中，水蒸气的千摩尔质量经实验测定为 $M_e = 18.016$ kg/kmol，由此有

$$\frac{M_d - M_e}{M_d} = \frac{28.966 - 18.016}{28.966} = 0.378 \approx \frac{3}{8} \quad (4.17)$$

将这一计算数值代入式（4.16），即得出湿空气的状态方程为

$$\rho = \frac{p}{RT}\left(1 - 0.378\frac{p_e}{p}\right) \approx \frac{p}{RT}\left(1 - \frac{3}{8}\frac{p_e}{p}\right) \qquad (4.18)$$

若令

$$\tau = \frac{T}{1 - 0.378\dfrac{p_e}{p}} \approx \frac{T}{1 - \dfrac{3}{8}\dfrac{p_e}{p}} \qquad (4.19)$$

则式（4.18）可简化为与干空气状态方程式（4.11）相同的形式，即

$$\rho = \frac{p}{R\tau} \qquad (4.20)$$

式中：τ 由式（4.19）计算，它相当于将湿空气等效为干空气进行计算时采用的等效温度值。其物理意义是，在同一压力（强）下，若取实际的湿空气密度等于干空气密度，则干空气应具有的等效温度 τ。由于这一温度并不代表真实的气温，它是由式（4.19）确定的虚拟值，故通常称之为虚温。显见，虚温 τ 是为了计算处理方便而引入的，利用它可以将实际的湿空气等效为干空气来处理，在弹道计算及气动参数辨识的气象数据处理中普遍采用虚温值进行空气密度计算。

湿度表示空气中水汽的含量或干湿程度。在计量学中，规定湿度为物象状态的量，定义为气体中水汽的含量。炮兵常用的表示湿度的量是水汽压 p_e 和相对湿度 e，在靶场气象观测仪表中常用相对湿度来表示。相对湿度 e 定义为湿空气中实际水汽压 p_e 与同温度下饱和水汽压 p_b 的百分比，即

$$e = \frac{p_e}{p_b} \times 100\%\text{RH} \qquad (4.21)$$

相对湿度的大小能直接表示空气距离饱和的相对程度。空气完全干燥时，相对湿度为零。相对湿度越小，表示当时空气越干燥。当相对湿度接近于 100% 时，表示空气很潮湿，并接近于饱和。

根据式（4.21），在湿空气虚温计算中，必须先计算大气中水蒸气的分压 p_e，即

$$p_e = p_b \cdot e \qquad (4.22)$$

式中：e 为相对湿度实测值；p_b 为饱和蒸汽压，它是随气温变化的量，计算时可根据气温实测摄氏温度值 t℃，查饱和蒸汽压表（表 A1）确定 p_b。

根据空气动力学理论，声速的表达式为

$$c_s = \sqrt{\frac{\mathrm{d}p}{\mathrm{d}\rho}} = \sqrt{kR\tau} \qquad (4.23)$$

式中：k 为定压比热与定容比热之比，称为绝热常数。实际应用中，空气的绝热常数一般取为 $k=1.404$。

应该指出，在气象诸元数据处理中所用的气温大都指虚温 τ。在后面的章节中一般直接用符号 τ 表示虚温，不再做出专门的说明。

4.1.2 标准气象条件与气象诸元随高度的标准分布[7]

由于空气密度 ρ 与气温 τ 和气压 p 有关，而 p 和 τ（包括水蒸气压力 p_e）等气象诸元不仅随地点不同而异，而且在同一地点，它们还随时间和高度的不同而变化。在弹箭飞行试验的数据处理中，为了便于比较，有时也为了弥补实际气象测量数据集的不足，以及处理弹道参数的数据标准化问题，有必要采用一种标准的气象分布条件，即标准气象条件。

所谓标准气象条件，实际上是参考中纬度地区全年的平均大气特征，人为确定的一种与该特征相近的假设气象条件作为标准，具有标准气象条件的大气称为标准大气。由于大气参数的垂直分布和水平分布都是不均匀的，按照前述大气参数气温的垂直分布特征，大气划分为对流层、平流层、中间层、暖层（热成层）、散逸层（外层）5 个层次。由于普通弹箭的飞行高度不可能达到中间层以上的高度，因而相应的标准气象条件通常仅考虑平流层以下高度的气象诸元。

在弹箭飞行试验中，有时只测出了气象诸元的地面值，而缺乏随高度分布的气象诸元数据或者气象诸元随高度分布的数据不充分，此时在数据处理中作为弥补，需要采用与标准气象条件变化规律相同的气象诸元随高度标准分布数据来补充。

关于标准气象条件问题，由于历史上的原因和特定需要，目前我国存在两类标准：一类是国家标准；另一类是各军兵种按照自身需要制定的气象标准。

4.1.2.1 国家标准大气（国际标准大气）

我国的国家标准大气（GB/T 1920—1980）在 30km 以下与国际标准相同。国家标准总局已将国际标准（指国际民航组织标准大气和国际标准化组织标准大气）的 30 km 以下部分选作我国的标准大气，因此这里列出的国家标准大气也是国际标准大气。

1. 气象诸元的地面标准值

气温：$t_{N0} = 15.0℃$，$T_{N0} = 288.15K$

气压：$p_{N0} = 1013.25\text{mb} = 101325\text{Pa}$ (4.24)

空气密度：$\rho_{N0} = 1.225\text{kg/m}^3$

2. 气压随高度的变化

气压随高度分布的标准定律是指气压随高度分布服从流体静力学方程且地面气压为标准气压所表达的规律，即

$$dp = -\rho g dy \quad (4.25)$$

式中：p、ρ、g 和 y 分别为气压、空气密度、重力加速度和高度。

我国在 1980 年公布了 30km 以下的标准大气，直接采用 1976 年美国标准大气，使用时可直接查表（见表 A2 和表 A3）。

3. 气温、声速随高度的变化

气温随高度的变化有以下规律

$$T_N(y) = \begin{cases} T_{N0} - 0.0065y\,\text{K}\,(y \leq 11000\text{m}) \\ 216.65\text{K}\,(11000\text{m} < y \leq 20000\text{m}) \\ 216.65 + 0.001y\,\text{K}\,(20000\text{m} < y \leq 30000\text{m}) \end{cases} \tag{4.26}$$

国际标准大气是干空气标准，它没有规定空气的湿度，在进行有关换算时仍可采用空气状态方程式（4.20）及其等效处理的方法，前面引入的虚温表达式（4.19）及其概念同样适用。虚温取值为气温随高度的标准分布定律 $\tau_N(y)$，即

$$\tau_N(y) = \frac{T_N(y)}{1 - 0.378\dfrac{p_{eN}(y)}{p_N(y)}} \approx \frac{T_N(y)}{1 - \dfrac{3}{8}\dfrac{p_{eN}(y)}{p_N(y)}} \tag{4.27}$$

式中：p_N 为标准气压，可由气压随高度分布的流体静力学方程式（4.25）确定。

由式（4.23）可知，声速随高度 y 的分布定律为

$$c_{sN}(y) = \sqrt{kR\tau_N(y)} \tag{4.28}$$

按国际标准大气的数据，声速地面值应为

$$c_{s0N} = 340.294\text{m/s} \tag{4.29}$$

4.1.2.2 我国炮兵采用的标准气象条件

对流层是地球大气最低的一层，在中纬度地区平均高度为 10~12km。我国炮兵用标准气象条件规定，在对流层 9300m 高度以下，气温随高度递减。在对流层顶部有一个厚度为数百米到 1~2km 的过渡层。在过渡层，气温随高度不变或变化很小，炮兵标准气象条件中称之为亚同温层，其高度在 9300~12000m 的范围。

平流层位于对流层之上，顶界可达 50km 左右。在平流层中，气温最初保持不变或稍有上升，但到了 30~35km 高度上，气温则随高度急剧上升。在炮兵标准气象条件中，仅考虑 30km 以下的高度。由于平流层中在这一高度之下的气温几乎不变，因而称之为同温层。

根据上述大气垂直分布的情况，标准气象条件规定了如下两方面的内容，为了区分实际气象诸元，采用下标"0"和"N"分别表示气象诸元的海平面值和标准值。

1. 气象诸元的地面（海平面）标准值

炮兵弹箭的飞行中采用的气象条件地面标准值如下。

气温 $t_{0N} = 15℃$； 气压 $p_{0N} = 100\text{kPa}$；
水蒸气分压 $p_{e0N} = 846.6\text{Pa}$； 相对湿度 $e_{0N} = 50\%$； (4.30)
虚温 $\tau_{0N} = 288.9\text{K}$； 空气密度 $\rho_{0N} = 1.206\text{kgm}^{-3}$；
声速 $c_{s0N} = 341.1\text{m/s}$； 无风。

严格说来,"地面标准值"这一概念是不确切的,因为气象诸元是随高度变化的,而各个地区的地面又有不同的海拔高度,这样就会引出各地采用的基准高度不统一的现象。所以,这里地面标准值特指海平面的气象诸元标准值。

2. 气象诸元随高度分布的标准定律

(1) 气温随高度的分布定律可表示为

$$\tau_N = \begin{cases} \tau_{0N} - G_1 y & (y \leq 9300\text{m}) \\ A_1 - G_1(y-9300) + C_1(y-9300)^2 & (9300\text{m} < y < 12000\text{m}) \\ \tau_N = 221.5\text{K} & (12000\text{m} \leq y \leq 30000\text{m}) \end{cases} \quad (4.31)$$

式中:系数 $A_1 = -230\text{K}$;$G_1 = -6.238 \times 10^{-3}\text{K} \cdot \text{m}^{-1}$;$C_1 = 1.172 \times 10^{-6}\text{K} \cdot \text{m}^{-2}$。显然,按常用的标准气象条件,由上式计算声速的地面标准值为

$$c_{s0N} = \sqrt{kR\tau_{0N}} = 341.1\text{m/s} \quad (4.32)$$

(2) 气压随高度分布的标准定律。

气压随高度的变化仍按前述流体静力学方程和空气状态方程进行计算。根据流体静力学规律,将空气状态方程式(4.20)代入流体静力学方程式(4.25),分离变量积分即得标准气压函数 $\pi_N(y)$ 的定义式,即

$$\frac{p_N}{p_{0N}} = \exp\left(-\frac{g}{R}\int_0^y \frac{dy}{\tau}\right) = \pi_N(y) \quad (4.33)$$

式中:p_N 为在高度 y 处的气压标准值;$\pi_N(y)$ 代表了气压随高度变化的标准定律。在弹箭气动力飞行试验数据处理中常常要用空气密度函数的概念,空气密度函数通常定义为

$$H(y) = \frac{\rho(y)}{\rho_{0N}(y)} = \pi(y) \cdot \frac{\tau_{0N}(y)}{\tau(y)} \quad (4.34)$$

式中:$\pi(y)$、$\tau(y)$ 为高度 y 处的实际气压函数和虚温。

利用式(4.33),可将标准气压函数 $\pi_N(y)$ 积分出来。

在对流层($y \leq 9300\text{m}$),有

$$\pi_N(y) = (1 - 2.1904 \times 10^{-5} y)^{5.4}, \quad H_N(y) = (1 - 2.1904 \times 10^{-5} y)^{4.4}$$

在亚同温层($9300\text{m} < y < 12000\text{m}$),有

$$\pi_N(y) = 0.2922575 \exp\left(-2.1206426\left(\arctan\frac{2.344(y-9300) - 6328}{32221.057}\right) + 0.19392520\right)$$

在同温层($y \geq 12000\text{m}$),有

$$\pi_N(y) = 0.1937254 \exp\left(-\frac{y - 12000}{6483.305}\right)$$

将上面各式代入式(4.34),即可得出空气标准密度函数 $H_N(y)$ 的表达式。

需要说明,国内炮兵系统采用的气象标准是以1957年《军事工程学院工学学报》第二卷第二期中的《我国炮兵用标准气象条件的确定》为根据的。根据

目前国际上的发展趋势，国内用于出口武器的试验数据处理普遍采用国际通用的标准气象条件或所出口国家的炮兵标准气象条件。如果现有的炮兵文件（如弹道表、射表等）采用了炮兵气象标准，则在一般弹道测试数据处理中仍采用炮兵标准气象条件，必要时也可采用国际标准气象条件。后面的章节中所述的标准气象条件，如不专门说明则指炮兵标准气象条件。

应该指出，现在许多武器的飞行高度已突破了30km，如射程为150km和300km火箭的最大弹道高可达50~100km，而探空气球可达的最大高度也仅有30km。由于目前尚未建立30km以上炮兵的军用标准大气，对这些大高度武器试验的气象诸元数据暂可借用国际标准大气（见表A3），用标准气象分布数据代替。

图4.1是美国1976年标准大气和苏联1964年标准大气的气温-高度曲线的比较图。

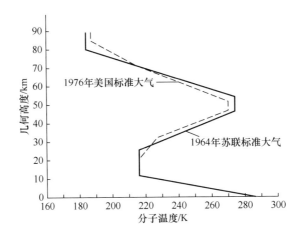

图4.1 美国1976年标准大气和苏联1964年标准大气

特别应指出，即使在平稳天气，大高度上的地转风也可达每秒几十甚至上百米（见图4.2）。对于超过30km高度上的气象诸元数据，气象诸元数据可能与一般天气情况差别过大，必要时可采用探空火箭探测高空风。

4.1.2.3 气象诸元的标准分布数据计算方法

所谓气象诸元标准分布数据一般指气象诸元随高度的标准分布，在弹箭气动参数辨识中一般以实测最大高度的气象诸元数据为基础，采用与标准气象条件规律相似的方法外推气象诸元的数据。习惯上，将采用这种按标准大气定律的变化规律外推确定的气象诸元随高度的分布数据称为气象诸元标准分布数据。注意，阅读在下面内容时，应注意区分气象诸元标准分布与标准气象条件的差异。

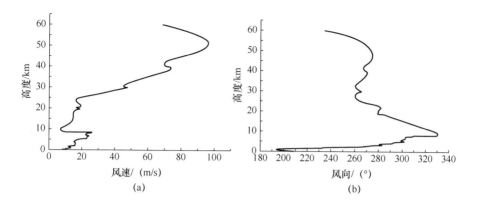

图 4.2 某地区实测风速和风向随高度的变化

1. 按国家标准大气的气象诸元随高度的标准分布

$$T_B(y) = \begin{cases} T(y_q) - 0.0065(y - y_q)\mathrm{K} & (y \leq 11000\mathrm{m}) \\ 216.65\mathrm{K} & (11000\mathrm{m} < y \leq 20000\mathrm{m}) \\ T(y_q) + 0.001(y - y_q)\mathrm{K} & (20000\mathrm{m} < y \leq 30000\mathrm{m}) \end{cases} \quad (4.35)$$

式中：$T(y_q)$ 为在高度 y_q 处的实测气温。

实际应用时，可根据高度 y_q 处的实测气象诸元数据 $T(y_q)$、$p(y_q)$、$\rho(y_q)$ 按照我国标准大气（例如表 A2）和 1976 年美国标准大气（表 A3）的数据作曲线平移修正确定。

2. 按炮兵标准大气的气象诸元随高度的标准分布

如果在弹箭飞行试验中最高只测出了某一高度 y_q 的气象诸元，缺乏随更高高度分布的气象诸元数据，此时在气象诸元数据处理中，式（4.31）中的 τ_{0N} 则取为实测虚温值 $\tau(y_q)$。这样，采用如下气温随高度分布的计算公式，即

$$\tau_B(y) = \begin{cases} \tau(y_q) - G_1(y - y_q) & (y \leq 9300\mathrm{m}) \\ \tau(y_q) - G_1(y - y_q) + C_1(y - y_q)^2 & (9300\mathrm{m} < y < 12000\mathrm{m}) \\ \tau(y_q)\mathrm{K} & (12000\mathrm{m} \leq y \leq 30000\mathrm{m}) \end{cases} \quad (4.36)$$

式中：系数 $G_1 = -6.238 \times 10^{-3}\mathrm{K} \cdot \mathrm{m}^{-1}$；$C_1 = 1.172 \times 10^{-6}\mathrm{K} \cdot \mathrm{m}^{-2}$。显然，由上式计算气温高度的分布数据可以近似看作气温随高度的标准分布，它与标准气象条件中气温随高度的分布定律的差异从图 4.3 中可以看出。

若将上式中虚温取值为气温随高度的标准分布 $\tau_B(y)$，可得出声速随高度变化的标准分布数据，即

$$c_{sB}(y) = \sqrt{kR\tau_B(y)} \quad (4.37)$$

同理，按照气压随高度的标准分布计算公式（4.38）的推导过程可知，该公式在这里同样适用。

按照气压随高度的标准分布是指气压随高度分布服从流体静力学方程，由

式（4.25）可以导出

$$p = p_q \exp\left(-\frac{1}{R}\int_{y_q}^{y}\frac{g(y)}{\tau_B(y)}\mathrm{d}y\right) \tag{4.38}$$

式中：p_q 为在高度 y_q 处的气压实测值；g 和 y 分别为重力加速度和高度；$\tau_B(y)$ 由前述气温随高度分布的计算公式确定，对于国家标准大气的气象诸元标准分布，$\tau_B(y)$ 由式（4.36）确定。

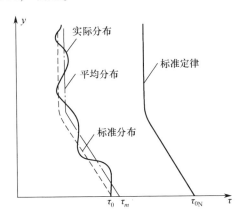

图 4.3 气温随高度分布计算值比较

在实测气象诸元数据处理中，若采用气压函数的标准分布规律作为实测气象诸元数据的补充，则前述气压随高度分布的标准定律公式可改写如下。

在对流层（$y \leqslant 9300\mathrm{m}$），有

$$\pi(y) = \Delta\pi_N + (1 - 2.1904 \times 10^{-5}(y - y_{\max}))^{5.4} \quad y \geqslant y_{\max} \geqslant 0 \tag{4.39}$$

式中：$y_{\max}$ 为实测气象诸元数据的对应的最大高度，下同。

在亚同温层（$9300\mathrm{m} < y < 12000\mathrm{m}$），有

$$\begin{cases} \pi(y) = \Delta\pi_N + 0.2922575\exp\left(-2.1206426\left(\arctan\frac{2.344(y - y_{\max}) - 6328}{32221.057}\right) + 0.19392520\right) \\ y \geqslant y_{\max} \geqslant 9300 \end{cases}$$

$$\tag{4.40}$$

同温层（$y \geqslant 12000\mathrm{m}$），有

$$\pi(y) = \Delta\pi_N + 0.1937254\exp\left(-\frac{y - y_{\max}}{6483.305}\right) \quad y \geqslant y_{\max} \geqslant 12000 \tag{4.41}$$

$$\Delta\pi_N = \pi_e(y_{\max}) - \pi_N(y_{\max}) = \frac{p(y_{\max}) - p_N(y_{\max})}{p_{0N}} \tag{4.42}$$

式中：$\pi_e(y_{\max})$、$\pi_N(y_{\max})$ 分别为按实测最高高度（标准定律确定的起始高度）$y_{\max}$ 的气象诸元数据确定的气压函数值和按标准定律确定的起始高度 $y_{\max}$ 时的气

压函数值；$p(y_{max})$ 为实测气压值。将上面各式代入式（4.34），即可得出空气标准分布的密度函数 $H(y)$ 的表达式。

4.2 实测气象诸元随高度分布数据的处理方法

根据实测气象数据研究表明，在天气平稳的条件下，沿弹道设置两个气象站的实测气象数据差别不大，对弹道计算结果的平均影响很小。所谓天气平稳，这里指大气湍流影响较弱，气象诸元参数随时间和空间均没有产生急剧变化。在天气平稳的条件下，采用单站数据在多数情况下也可以满足要求。由于采用地面气象数据为基准的标准分布气象数据与实测气象数据相差较大，因此利用弹箭飞行试验数据开展气动参数辨识必须采用实时测量的气象诸元数据。

本节以 GPS 气象探空仪测试数据为例，讨论实测气象诸元随高度分布数据的处理方法。为了加深上述结论的感性认识，下面先了解一下多站实测气象数据的气动参数辨识弹道计算分析的结果。

4.2.1 多站实测气象数据的气动参数辨识弹道计算分析

为了分析气象数据对弹道计算的影响，以某次试验的气象诸元测量数据为例，以六自由度弹道方程为基础，分别采用多站数据加权平均方法确定弹箭位置的气象数据和单站气象诸元测量数据进行弹道计算，比较其结果的符合程度。

表 4.1 列出了以某次试验弹箭的发射条件的数据为基础，分别采用试验的标准气象分布条件、单站和双站（站间距离约 15km）实测气象诸元数据，由六自由度弹道方程计算典型射角的弹箭落点弹道诸元参数的计算结果。表中，U 代表

表 4.1 按不同气象数据弹道计算落点诸元比较表

组号-弹序	落点诸元	射角	采用的气象数据的计算条件				不同数据条件计算结果差		
			标准分布 U_b	第1站数据 U_1	第2站数据 U_2	两站数据加权平均 U_{12}	ΔU_{1-2}	ΔU_{1-12}	ΔU_{1-b}
组平均	X/m	30°	21412.7	21357.3	21424.6	21395.2	67.3	−29.5	−55.4
概率差	E_X		22.9	23.0	23.8	23.6	0.8	0.3	0.3
组平均	Z/m		359.0	510.0	477.0	498.5	−32.9	21.5	151.0
概率差	E_Z		0.7	0.7	1.0	0.8	0.3	0.1	0.1
组平均	X/m	45°	24952.7	24995.4	24979.1	25001.8	−16.3	22.7	42.7
概率差	E_X		54.5	53.6	59.1	55.6	11.6	9.8	8.2
组平均	Z/m		2133.6	2210.4	2201.7	2207.4	−8.7	5.7	76.7
概率差	E_Z		6.4	5.7	6.9	6.1	2.4	1.7	2.4

落点（注意，不是落弹点）弹道诸元（代表 X 或 Z）；$E_{\Delta X}$ 和 $E_{\Delta Z}$ 分别为按照试验弹箭的发射条件，计算落点弹道诸元 U 经统计处理得出的概率误差；下标"b"、"1"、"2" 和 "12" 分别代表采用"气象诸元的标准分布"、"第 1 站实测气象诸元数据"、"第 2 站实测气象诸元数据" 和 "第 1、2 站实测气象诸元加权处理的数据" 落弹点弹道诸元的计算结果。

表 4.1 中，列项目 ΔU_{1-2} 代表 U_1 列与 U_2 列之差值，列项目 ΔU_{1-12} 代表 U_1 列与 U_{12} 列之差值，列项目 ΔU_{1-b} 代表 U_1 列与 U_b 列之差值，它们代表了采用不同气象数据对落点坐标计算的差异。将表中的各 X、Z 坐标的平均差数据 ΔX、ΔZ 汇总，可分别得出平均差 ΔX、ΔZ 随射角的变化规律曲线，如图 4.4 和图 4.5 所示。

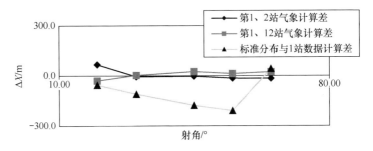

图 4.4 不同气象数据计算落弹量 X 坐标之差值曲线 ΔX

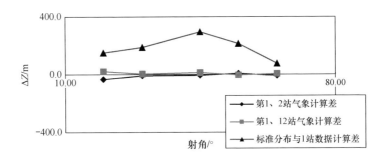

图 4.5 不同气象数据计算落弹量 Z 坐标的差值 ΔZ 曲线

从图 4.4 及图 4.5 可以看出，用单站或双站气象数据计算落弹点诸元的计算相差相对较小，落点坐标的差值一般都大大小于落弹点散布；对于 20° 射角试验条件，两种气象数据的计算结果相差相对较大，但仍比落弹点散布小很多；对于 30° 射角试验条件，两种气象数据的计算结果相差很小，其差值更是远远小于落弹点散布；而采用标准气象分布数据（地面气象诸元为实测值，随高度分布为规律值）计算的落点诸元数据与采用单站或双站气象数据的计算结果相差较大，落点坐标的差值远远大于落弹点散布。由此说明，在天气平稳的条件下，如果两站间的距离相差不是太远（不大于20km），其实测的气象数据差别不大，则对弹道计算结果的影响很小。由于采用地面气象数据为基准的标准分布气象数据与实测气象数据相差较大，因此气动参数辨识必须采用实时测量的气象诸元数据，在天气平稳（即试验区域的天气对时间和空间都处于平稳状态）的条件下，采用单站数据也可以满足要求。应该指出，上面结论虽然是以一个具体的实例得出的，但根据计算原理仿真分析结果，只要满足天气平稳的条件，也能得出与上面相同的结论。但对于射程在50km以上的高远程飞行弹箭，最好还是采用两站或更多站点观测气象条件。

4.2.2 弹箭气动力飞行试验对气象诸元的测试要求

由于弹箭气动参数辨识计算的基础建立在弹箭飞行试验获取的完备数据群之上，而完备数据群包含了各种飞行状态参数数据集、发射数据集、各气象诸元数据集，因此为了获取完备数据群，必须对气象条件及气象诸元数据及测试精度要求做出明确规定，以满足气动参数辨识对气象诸元数据集的需要。

1. 对气象诸元测试时间、空间及数据平稳状态的要求

根据相关试验实测气象诸元数据的分析结果，参考国内外的相关标准，在对弹箭气动力飞行试验中，可按照如下要求实施气象诸元测试。

（1）必须测试气象诸元随高度分布数据。测试气象诸元随高度分布数据，具体说来就是既要测试地面气象数据，也要采集从地面向上到最大弹道高300m以上，最好是1000m以上（取自北约标准STANAG4144）各个高层的气象诸元数据。

（2）试验开始和结束时应检测天气平稳状态条件。根据射程采用双站（必要时也可采用多站）测量气象数据的检测方式，确定气象诸元（空间、时间）的平稳状态，两站之间的距离应在20km以上，最好在弹道升弧段中部区域设置主要的气象观测点，在降升弧段靠近落弹区附近设置一个副气象观测点，以便于气象诸元数据的平稳状态观测，同时也保证气象数据具有较高的精度。

（3）在风速及气压、气温满足大气平稳状态条件时，可采用单站测量的方法提供气象诸元数据集。所谓风速及气压、气温的平稳状态条件，一般需要采用双站观测的气象数据进行比较，按弹箭气动力飞行试验的气象限制要求判定。

（4）参考北约组织的试验标准，测试项目包括每小时的风的数据，应每隔0.5h测一次；大气压力、温度和湿度数据应按照1h左右的时间间隔采集，最大间隔不超过1.5h。数据采集应在第一发炮弹射击之前开始，并在最后一发炮弹射击之后方可结束。

（5）气象测试设备和气象站的测量，应考虑向上不低于30km高度的有效量程。

（6）所有气象测量的有效区域应涵盖全部弹道，应测量武器位置的地面气象数据。

（7）最好由气象专业人员参考卫星云图、气象台站的气象预报模型，按照气象诸元的分布模型系统分析结合试验现场气象数据判定大气是否平稳，是否满足当天允许试验的气象条件，并提供每发试验弹箭射击时刻的气象诸元数据。

2. 弹箭气动力仰射试验的气象限制要求

弹箭气动力仰射试验应要求在大气平稳的条件下实施，其气象限制要求与火炮距离射弹道性能试验相同。若需要单独实施弹箭气动力仰射试验，可参考如下气象限制要求。

1）射击试验的限制条件

如果气象诸元数据满足如下条件之一，则认为大气条件不平稳，不能进行射击试验。

（1）地面平均风速超过 10m/s。

（2）地面平均风速小于 5m/s 时，阵疾风速超过 2.5m/s，地面平均风速为 5~10m/s 时，阵疾风速超过平均风速的 50%。

（3）距离射弹道高不超过 3000m 时，弹道纵风大于 15m/s；若超过 3000m 时，弹道纵风大于 25m/s。

（4）从 300m 至最大坐标高度的风速变化值大于 7.5m/s，且下列条件之一成立：①同一个海拔高度上，来自两个气象观测点的气象通报的风速比较；②同一个海拔高度上，来自相邻两次气象通报的风速比较。

（5）从 300m 至最大坐标高度的风向变化值大于 45°，且下列条件之一成立：①同一个海拔高度点上，来自两个气象观测点的气象通报的风向比较；②同一个海拔高度点上，来自相邻两次气象通报的风向比较。

（6）雨、雪天、气象条件不平稳、能见度影响观测的天气。

2）风向忽略条件

若任何海拔高度点上的风速都小于 2.5m/s，则可以忽略风向变化，继续进行射程射击试验。

3）气象保障

地面和高空气象测量应根据射程范围，在弹道线上至少设置 2 个气象测量点，两测量点之间的距离为 20km 以上，并在发射试验开始前至少 1h 测量气象数据，以保证气象条件满足要求。

例如，国家气象服务或天气分析中心等单位已提供其他来源的气象数据和/或技术（例如天气预报），且数据质量不低于现场所测得的气象数据，则可以借用其气象数据判定能否试验，并只设 1 个气象测量点。

3. 弹箭气动力仰射试验的气象数据要求

（1）火炮位置以及气象站位置的地面气象数据，包括环境大气压力、温度、湿度、北风风速和东风风速（或风速和风向）。

（2）高空大气数据，包括气压、温度、湿度、北风风速和东风风速（或风速和风向）。最好是 50m 或 100m 的高度间隔，自火炮海拔高度位置至最大弹道高度加 300m 以上的高度。

（3）若使用风向数据，则应注明风来自的方向，例如标注风向为"0"，表明风自正北方向吹来。应注明给定的高度值是自平均海平面高度或是自地面高度风向，并且应标注"北向"是地理北、网格坐标北或是磁北。

（4）高空气象数据的精度要求如表 4.2 所列。

表 4.2 高空气象数据的精度要求

测量数据	单位	标准误差
日期和时间	min	0.5
高度	m	50
气压	hPa	0.133
气温	℃	0.5
湿度	%RH	5
风速	m/s	1
风向	°	1

（5）应记录气象站的坐标值，包括其平均海平面海拔高度，并给出气象站与火炮以及弹箭飞行轨迹相对位置的足够数据。条件允许时，应尽可能给出各个时刻气象诸元的测点坐标。

4.2.3 实测气象诸元随高度分布数据的处理方法

对于实测气象诸元随高度分布数据的采集，一般从首次射击零时点前 1h 开始，按照第 4.2.2 节的要求每隔一定时间释放一次探空气球，测量气象诸元随高度的分布数据。在更高区域或具有特殊要求时，也可采用发射探空火箭的方法，将探空仪器发射到高空，然后采用伞降方法采集气象诸元数据。

若在弹箭距离射试验中兼顾气动力飞行试验，则应根据气动参数辨识的需要，采用 GPS 气象探空系统获取的气象诸元数据为基础，以合理的气象数据处理方法，换算各发试验弹箭飞行时刻与空域的气象诸元随高度的变化规律，为气动参数辨识、射表计算模型符合和射程标准化提供规范的气象数据。

根据上述要求，鉴于气象诸元随时间的变化规律相对弹箭在空中的飞行过程非常缓慢，可以近似认为弹箭的飞行过程中各高程的气象诸元数据不随时间变化，将弹箭飞行过程的气象条件视为该弹箭发射时刻的气象条件进行处理。为了获取各发弹箭飞行时刻的气象诸元随高度的变化规律，首先应根据实测气象数据规律，将实测气象数据按预定的高层格式化，以便根据弹箭发射时刻结合气象数据的测试时间进行插值运算，以获取各发弹箭发射时刻的气象诸元数据及对应的空间坐标；然后将各气象诸元数据对应的空间坐标变换为外弹道学中的地面坐标系的坐标；最后建立各发试验弹箭对应的气象诸元数据包。

为了具体说明上述处理过程，这里以某次弹道性能试验的实测气象诸元数据为例，气象数据处理过程如图4.6所示。

图4.6 气象数据处理过程流程图

4.2.3.1 气象诸元数据的分层格式化

根据气象诸元数据的变化规律可知，同一地区同一高层，同时段（每一时段长不超过2h）的气象诸元随时间的变化规律具有单调性。如果对于多站测量的气象诸元数据，一般以炮口的海拔高度为基准，统一换算以炮口为基准高度0点（例如：某次外弹道试验的炮口基准高度为海拔125m）的84坐标系条件下的测点（探空气球位置）的气象诸元数据。

1. 气象诸元数据文件的命名规则与数据格式

由于每次试验的气象通报数据文件数量较多，内容非常繁杂，在实际气象数据处理中为了便于计算机自动识别，测试信息传递和规范处理，应规定便于识别且满足规范的文件名。

这里以某次试验采用的GPS探空仪获取的气象通报原始数据为例，将文件名规定为 Qa放球日期（年月日）_时间（时分秒）-探空站号。例如，"Qa20110515_100801-1"表示2011年5月15日10时8分1秒时刻1号站释放探空仪所测数据。其中以"Qa"代表原始数据，经后继处理过的气象诸元数据可依次改变，例如可改为以"Qb"、"Qc"、"Qd"等开头。同时，后继数字命名同样可根据文件信息识别的需要进行编排。

该GPS探空仪采集数据的输出格式为"时间、高度、气压、温度、湿度、经度、纬度、北风、东风、风向、风速"，其含义如下：

时间——释放探空仪时刻为时间零点，以 s 为单位；
高度——探测点位置的海拔高度，以 m 为单位；
气压——探测点位置的大气压强，以 hPa 为单位；
温度——探测点位置的大气温度，以 ℃ 为单位；

湿度——探测点位置的大气相对湿度，以饱和蒸汽压的百分比"%"为单位；

经度——探测点位置在地球坐标系中的经向坐标，以角度"°"为单位；

纬度——探测点位置在地球坐标系中的纬向坐标，以角度"°"为单位；

北风——探测点位置自北向南的风速分量，以 m/s 为单位；

东风——探测点位置自东向西的风速分量，以 m/s 为单位；

风向——探测点位置的风速方向，以正北为基准，顺时针方向为正，单位角度"°"；

风速——探测点位置的风速，以 m/s 为单位。

2. 气象诸元数据的分层格式化计算

由于弹箭发射时刻的气象诸元数据的插值运算必须在同一高度条件下计算，因此有必要进行气象诸元数据的分层格式化计算，其计算过程如下：

（1）以炮位的海拔高度为基准点，按每隔一定的间距 Δh（例如 $\Delta h = 50\text{m}$ 或 100m 间隔）将高度分层 h_{ni}，分层计算公式为

$$h_{ni} = i \times \Delta h \text{m} \quad (i = 0,1,2,\cdots,N_q) \tag{4.43}$$

由于该探空仪气象诸元的时间采集周期为 0.01s，探空气球上升高度一般不到 10m，线性插值方法具有足够高的精度。因此，这里以气象通报数据为基础，采用线性插值方法计算分层高度为 h_{ni} 的气象数据。

例如：某次试验的气象数据格式化处理中，以炮口位置的海拔高度 285m 为基准，即 h_{n0} 对应的海拔高度 $y_{n0}=285\text{m}$。取式（4.43）定义高度分层的海拔高度为 y_{ni}，采用线性插值方法计算与规定高度 y_{ni} 对应的时间、气压、温度、湿度、经度、纬度、北风速、东风速数据，线性插值计算公式为

$$u_{ni} = u_a + \frac{y_{ni} - y_a}{y_b - y_a} * (u_b - u_a), \quad y_a \leq y_{ni} < y_b \tag{4.44}$$

式中：u 分别代表时间、气压的对数值（$u=\ln p$）、温度、湿度、经度、纬度、北风风速、东风风速；下标 a、b 分别代表与层高 y_{ni} 相邻的数据。

$$y_{ni} = h_{ni} + y_{n0} \quad (i = 0,1,2,\cdots,N_q) \tag{4.45}$$

（2）计算与高度 y_{ni} 对应的虚温 τ，建立格式化气象数据文件。采用式（4.19），有

$$\tau = \frac{T}{1 - \frac{3}{8}\frac{p_e}{p}}$$

式中：p 为气压；p_e 为水蒸气分压；T 为热力学气温。由式（4.2）知，$T = 273.15+t_w$（K），t_w 为摄氏温度。

分层格式化后输出气象数据文件的数据格式可规定为"层高 h_{ni}/m、时间/s、海拔高 y_{ni}/m、气压/hPa、虚温/K、经度/(°)、纬度/(°)、北风速/m/s、东风

速/m/s"。其中,海拔高、经度、纬度为对应气象数据的测点位置的诸元数据。气象数据文件中各列数据的物理量含义如下:

层高——以炮口为基准,高度为 $h_{ni}(i=0,1,2,\cdots,N_q)$;

时间——试验当天探空仪气球采集数据的北京时间,以 s 为单位;

高度——与 h_{ni} 对应的海拔高度,以 m 为单位;

气压——与 h_{ni} 对应的大气压强,以 hPa 为单位;

虚温——与 h_{ni} 对应的大气虚温,以 K 为单位;

经度——与 h_{ni} 对应的地球坐标系中的经向坐标,以角度"°"为单位;

纬度——与 h_{ni} 对应地球坐标系中的经向坐标,以角度"°"为单位;

北风——与 h_{ni} 对应的自北向南的风速分量,以 m/s 为单位;

东风——与 h_{ni} 对应的自东向西的风速分量,以 m/s 为单位。

按照前述命名规则,可将分层格式化气象数据文件的文件名命名为"Qb 放球日期(年月日)_时间(时分秒)-探空站号"。例如"Qb20110515_100801-1",表示 2011 年 5 月 15 日 10 时 8 分 1 秒时刻 1 号站释放探空仪实测的格式分层数据文件。

4.2.3.2 弹箭射击时刻的气象诸元数据的换算方法

由于弹箭的全飞行过程的气象诸元数据可以近似为弹箭射击时刻的气象诸元数据,因此可以采用实测气象数据网格分布对时间插值的方法换算出弹箭的全飞行过程的气象诸元数据。

1. 实测气象数据的网格分布图

由于气象条件对弹箭在空中的飞行过程影响较大,并且气象诸元数据的误差直接影响到弹箭气动力系数辨识结果的精度。为了保证弹箭自由飞行试验数据的科学性和完整性,需要科学合理的气象诸元数据相匹配。因此,根据试验弹箭的最大飞行高度,事先设计探空气球的释放方案显得尤为重要。鉴于探空气球的上升速度限制,气象诸元的探测时间不可能与被试弹箭飞行时间一致。为了保证弹箭飞行时间段的气象诸元精度,在气动力飞行试验中,一般从首次射击零时刻前1h 开始,每隔一定时间释放一次探空气球,测量气象诸元随高度的分布数据。

为了便于观察分析,可采用网格图线的方法分析气象数据与试验时间、探测高度的关系。这里以某次弹道性能试验为例,给出了探空仪气球的上升高度-时间规律与弹箭运动高度时间规律之间的匹配关系。按照高空气象诸元数据的探测要求,各组试验弹箭的气象数据与时间、高度关系曲线可以采用网格图形式来表示。图 4.7 为某次试验场释放探空气球实测气象数据的对应时间、试验弹箭发射时间随高度的变化网格图。

图 4.7 中,横坐标以炮口位置为基准的高度,纵坐标为试验当天的北京时间(单位:s),斜线(粗实线)为探空仪气球的上升高度-时间规律,水平横线

(细线)为试验弹箭的发射时间,横线长度代表了该组试验对应试验弹箭的最大飞行高度。

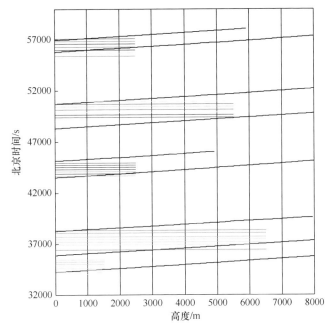

图 4.7　2011 年 6 月 29 日试验弹箭的气象数据与试验时间关系图

可以看出,图 4.7 中的关系曲线全面反映了分层气象数据与弹箭发射试验时间的关系,并且探空仪气球上升的高度-时间曲线与全部格式化时间轴将上面图中的高度轴和时间轴构成的平面划分为便于气象数据处理的网格化平面,气球上升的高度-时间曲线与任一时间轴线的交点即为网格节点。网格节点的高度间隔为 50m,时间间隔为释放探空仪气球的时间间隔。

显见,利用上述网格图方法,可以非常直观地看出气象数据的探测时间与弹箭发射试验时间匹配是否科学合理。利用网格纵坐标的时间数据,可以通过气象诸元数据的格式化计算,确定所有网格节点处的气象诸元的实测数据和气象探空仪的位置坐标。利用这些网格节点处的位置坐标和气象诸元的实测数据,即可换算试验弹箭射击时刻的气象诸元数据。

2. 高空气象诸元随时间节点的变化规律

为了摸清高空气象诸元随时间的变化规律,以某试验基地某年 6 月 19 日的气象数据为例,分别绘制出 2000m、4000m 高层的气象诸元随时间的变化规律曲线。图 4.8~图 4.11 给出了 2000m 高层的气象诸元随时间节点的变化规律曲线,图 4.12~图 4.15 列出了 4000m 高层的气象诸元随时间节点的变化规律曲线。

117

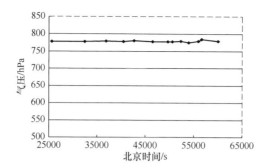

图 4.8　2000m 高层气压随时间的变化规律

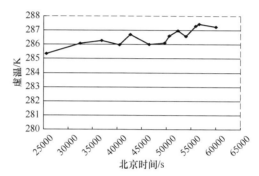

图 4.9　2000m 高层虚温随时间的变化规律

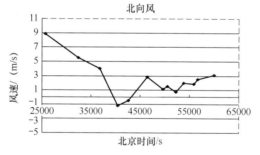

图 4.10　2000m 高层北风随时间的变化规律

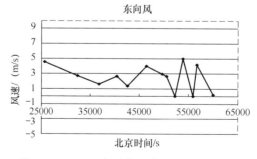

图 4.11　2000m 高层东风随时间的变化规律

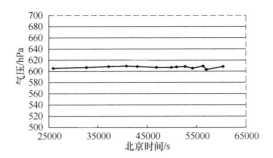

图 4.12　4000m 高层气压随时间的变化规律

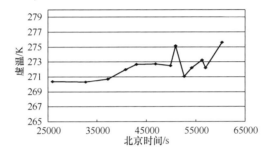

图 4.13　4000m 高层虚温随时间的变化规律

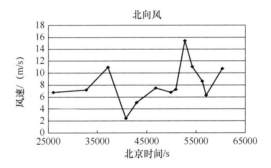

图 4.14　4000m 高层北风随时间的变化规律

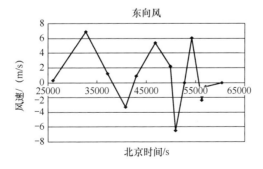

图 4.15　4000m 高层东风随时间的变化规律

根据上面各图中的气象诸元随时间节点的变化规律曲线，参考文献［17］的气象诸元日变化曲线可知，在天气平稳条件下，在 1~2h 时间范围内，气压、虚温数据变化都接近线性关系，但风速变化有明显的小幅跳动。因此欲计算出弹箭发射时刻的气压、虚温数据，可利用对应其发射时刻相邻时间（时间间隔最好不大于 2h）的两组数据，采用线性插值方法计算能够保证数据精度。而对于风速数据，由于随时间变化存在明显的跳动，且规律性不够强，因此在气象数据处理中，只有在时间间隔足够短（最好不大于 0.5h）的条件下，利用对应其发射时刻相邻时间采集的两组数据，采用线性插值方法计算才能够保证风速数据的精度。

3. 弹箭射击时刻气象诸元数据的换算方法

根据上面图中典型高层的气象诸元的曲线规律分析认为，若要获得试验弹箭对应的气象诸元数据，应按照探空仪气球的高度-时间曲线与时间轴构成直观的"网格气象数据"的分布规律，确定弹箭射击时刻的气象诸元随高度变化曲线的处理方法更为科学合理。因此，在弹箭气动力飞行试验的气象数据处理中，以相同高度条件下时间网格节点的气象诸元数据为依据，可采用线性插值（以内插法为主）方法计算弹箭射击时刻在规定层高的气象诸元数据。按照这一原理，确定出弹箭射击时刻的气象诸元随高度变化曲线计算采用的时间插值公式为

$$u_{jk} = u_a + \frac{t_{jk} - t_a}{t_b - t_a}(u_b - u_a), \quad t_a \leq t_{jk} < t_b \quad (4.46)$$

$$t_a(h_{ni}) = t_{a0} + t_{ah}(h_{ni}), \quad t_b(h_{ni}) = t_{b0} + t_{ah}(h_{ni}) \quad (4.47)$$

式中：所有参数均为高度 h_{ni} 的函数；t_{jk} 为试验当天第 j 组第 k 发弹箭的发射时间（北京时间/s）；u_{jk} 为各分层高度 h_{ni} 对应的气压/hPa、虚温/K、经度/(°)、纬度/(°)、北风风速/(m/s) 或东风风速/(m/s)；t_a 和 t_b 分别为在相同高层 h_{ni} 下，发射时间 t_{jk} 之前（探空仪 a）和之后（探空仪 b）测试的气象数据对应的时间；t_{a0} 和 t_{b0} 分别为同一气象站相邻两次释放探空仪气球的北京时间；t_{ah} 和 t_{bh} 分别为相应的探空仪气球释放后上升到高度（h_{ni}）所经历的时间；下标 a、b 分别代表弹箭发射前、后探空仪的测试数据；t_a 和 t_b 均为与分层高度 h_{ni} 对应网格节点的北京时间（s）。

通过时间插值计算后，规定各发弹箭射击时刻的分层气象数据的格式为"分层高度/m、海拔高度/m、气压/hPa、虚温/K、经度/(°)、纬度/(°)、北风风速/(m/s)、东风风速/(m/s)"。按照 4.2.3.1 节的命名规则，可将经时间插值得出的试验弹箭发射时刻分层气象数据文件的文件名命名为"Qb 试验日期（年月日）-组号-弹序-弹箭标识号-气象数据号"。例如"Qb2011-6-16-3-6-52-1"表示 2011 年 6 月 16 日第 3 组第 6 发弹号为 52 弹箭射击时刻，由 1 号气象站测试数据插值计算结果的分层数据文件。

4.2.4 测点位置坐标变换及风速换算方法

由于气象数据"分层高度/m、海拔高度/m、气压/hPa、虚温/K、经度/(°)、纬度/(°)、北风风速/(m/s)、东风风速/(m/s)"的测点坐标是在以地心为基准的 WGS-84（球面）坐标系表述的[经度/(°)，纬度/(°)，海拔高度/m，其中海拔高度为 GPS 采用的地球椭球模型进行换算的结果]，为了便于弹道分析计算，在计算出弹箭发射时刻分层气象数据后，还需要将数据文件中的气象诸元的测点位置坐标和北风风速、东风风速变换到以炮口为原点的地面坐标系中。

由于弹箭飞行轨迹等弹道状态参数计算与测试数据通常都建立在地面坐标系中，因此在弹道状态参数数据的气动参数辨识中，测点位置坐标及风速数据均需要在地面坐标系中表述出来。由此，需要建立 WGS-84 坐标系中 GPS 的实测数据变换到地面坐标系的换算方法。

1. 大地直角坐标系中测点位置坐标变换方法

由于 GPS 单点定位的坐标以及相对定位中解算的基准向量属于 WGS-84（球面）大地坐标系，故设大地直角坐标系（$O\text{-}X_D Y_D Z_D$）下 P 点的坐标为 (x_D, y_D, z_D)，设图 4.16 所示的大地椭球坐标系中 P 点的位置坐标为 (Λ, lon, h)，根据大地椭球坐标系与大地直角坐标系 $O\text{-}X_D Y_D Z_D$ 的几何关系，有如下 WGS-84 坐标系转换到大地直角坐标系公式成立，即

$$\begin{cases} x_D = (N+h)\cos\Lambda\cos(\text{lon}) \\ y_D = (N+h)\cos\Lambda\sin(\text{lon}) \\ z_D = [N(1-e^2)+h]\sin\Lambda \end{cases} \quad (4.48)$$

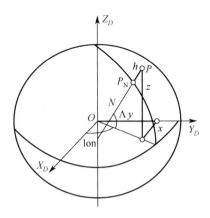

图 4.16 大地坐标系与直角坐标系

式中：N 为 P_N 点位置的椭球卯酉圈曲率半径，

$$N = \frac{a}{\sqrt{1-e^2\sin^2 \varLambda}} = \frac{a^2}{\sqrt{a^2\cos^2\varLambda + b^2\sin^2\varLambda}} \quad (4.49)$$

其中，e 为大地椭球偏心率；根据 WGS-84 坐标系椭球模型的定义，有

$$b = a(1-f), \quad e = \frac{\sqrt{a^2-b^2}}{a} = \sqrt{2f-f^2} \quad (4.50)$$

其中，参数 a 和 f 的含义及取值见表 4.3。

表 4.3 WGS-84 坐标系基本大地参数定义表

基本大地参数	数值和单位
基准椭球的长半轴 a	6378137.0 ±2（m）
基准椭球体的极扁率 f	1/298.527223563
地球自转角速度 $\dot{\varOmega}_e$	7.2921151467×10⁻⁵（rad/s）
地球引力常数 $\mu = GM$	（3986005±0.6）×10⁸（m³/s²）
真空中光速 c	2.99792458×10⁸（m/s）

在气象诸元测点位置坐标换算中，定义 WGS-84 坐标系中炮口和 GPS 气象探空仪测点位置的坐标（纬度 $\varLambda$，经度 L，高度 H）分别为 $(\varLambda_0, \mathrm{lon}_0, h_0)$ 和 $(\varLambda, \mathrm{lon}, h)$。根据大地椭球坐标系与大地直角坐标系之间的关系式（4.48），大地直角坐标系下炮口坐标 (x_{D0}, y_{D0}, z_{D0}) 和探空仪探测点位置的坐标 (x_D, y_D, z_D) 可分别表示为

$$\begin{cases} x_{D0} = (N_0 + h_0)\cos\varLambda_0\cos(\mathrm{lon}_0) \\ y_{D0} = (N_0 + h_0)\cos\varLambda_0\sin(\mathrm{lon}_0) \\ z_{D0} = [N_0(1-e^2) + h_0]\sin\varLambda_0 \end{cases} \quad (4.51)$$

$$\begin{cases} x_D = (N + h)\cos\varLambda\cos(\mathrm{lon}) \\ y_D = (N + h)\cos\varLambda\sin(\mathrm{lon}) \\ z_D = [N(1-e^2) + h]\sin\varLambda \end{cases} \quad (4.52)$$

上面公式中，N_0 为炮口位置处椭球卯酉圈曲率半径，N 为探空仪测点位置处椭球卯酉圈曲率半径，其计算公式分别为

$$N_0 = \frac{a}{\sqrt{1-e^2\sin^2\varLambda_0}} = \frac{a^2}{\sqrt{a^2\cos^2\varLambda_0 + b^2\sin^2\varLambda_0}} \quad (4.53)$$

$$N = \frac{a}{\sqrt{1-e^2\sin^2\varLambda}} = \frac{a^2}{\sqrt{a^2\cos^2\varLambda + b^2\sin^2\varLambda}} \quad (4.54)$$

式中，大地椭球的长、短半轴的长度 a、b 和大地椭球偏心率 e 由公式（4.50）

计算。

2. 探空仪测点位置从 84 坐标系到地面坐标系 E 的转换

设 (Λ, lon, h) 为探空仪测点位置在 84 坐标系中的坐标，(x_{D0}, y_{D0}, z_{D0}) 和 (x_D, y_D, z_D) 分别为在大地直角坐标系下，炮口和探空仪测点位置的坐标。由两坐标系的几何关系可导出，在炮口为原点的地面坐标系中，探空仪测点位置坐标为

$$\begin{bmatrix} x_T \\ y_T \\ z_T \end{bmatrix} = C_D^E \begin{bmatrix} x_D - x_{D0} \\ y_D - y_{D0} \\ z_D - z_{D0} \end{bmatrix} \tag{4.55}$$

$$C_D^E = \begin{bmatrix} -\cos\alpha_N \sin(\text{lon}) + \sin\alpha_N \cos\Lambda\cos(\text{lon}) & \cos\alpha_N \cos(\text{lon}) + \sin\alpha_N \cos\Lambda\sin(\text{lon}) & \sin\alpha_N \sin\Lambda \\ -\sin\Lambda\cos(\text{lon}) & -\sin\Lambda\sin(\text{lon}) & \cos\Lambda \\ \sin\alpha_N \sin(\text{lon}) + \cos\alpha_N \cos\Lambda\cos(\text{lon}) & -\sin\alpha_N \cos(\text{lon}) + \cos\alpha_N \cos\Lambda\sin(\text{lon}) & \cos\alpha_N \sin\Lambda \end{bmatrix}$$

式中：坐标 (x_{D0}, y_{D0}, z_{D0}) 和 (x_D, y_D, z_D) 分别由式（4.51）和式（4.52）计算；$(x_T, y_T, z_T)^T$ 为在地面坐标系中探空仪测点的位置坐标；α_N 为射向角，北向为 0°，顺时针方向为正。

3. 弹道纵风速 w_x 和横风速 w_z 的换算

对于我国境内的一般弹箭的飞行试验来说，可以忽略测点位置的真北与炮口位置的真北之差，确定北风风速 w_{NS} 和东风风速 w_{EW} 与弹道纵风速 w_x 和横风速 w_z 之间的换算公式为

$$\begin{cases} w_x = -w_{NS}\cos\alpha_N - w_{EW}\sin\alpha_N \\ w_z = w_{NS}\sin\alpha_N - w_{EW}\cos\alpha_N \end{cases} \tag{4.56}$$

经坐标变换计算后，规定地面坐标系中各发弹箭射击时刻的分层气象数据的格式为"分层高度/m、y/m、x/m、z/m、气压/hPa、虚温/K、纵风速/（m/s）、横风速/（m/s）"，其中 x、y、z 为当发试验弹箭的气象诸元数据的测点位置坐标。

为了便于规范处理操作，按照 4.2.3 节所述的命名规则，在实际气象数据处理中，可将坐标变换得出的试验弹箭发射时刻分层气象数据文件的文件名规定为"Qd 试验日期（年月日）-组号-弹序-弹箭标识号-气象数据号"。例如，"Qd2011-6-16-3-6-52-2"表示 2011 年 6 月 16 日第 3 组第 6 发弹号为 52 弹箭射击时刻，由 2 号气象站测试数据插值计算结果在地面坐标系中的分层数据文件。

应该指出，坐标变换后的测点高度与当地的分层高度是不同的，在以往的气象数据处理应用中，由于没有关注测点坐标数据（气象通报只提供高度数据，也不提供坐标数据），往往将两者视为相等的量。事实上，分层高度数据是以炮口为原点的曲面坐标系中的当地高度，而坐标 y 为以炮口为原点的地面直角坐标系

中的高度。由于地球曲率影响,测点距离炮口位置越远,两者差别越大。根据实测气象数据的测点坐标计算表明,在距炮口分别为30km、40km的距离(指探空球横向移动距离)上,两者高差分别可达64m、121m,已经超过了分层高度差,可见对于远程飞行弹箭来说,两者的差别不应该被忽略。

4.2.5 气象探测高度不足时的气象数据处理方法

在实际气象诸元探测中,有时会遇到气象诸元数据的探测高度未达到实际弹道高的情况。在实测数据分析处理中,此时作为弥补应以最大探测高度的气象诸元数据为基准,气温和气压采用4.1.2.3节的气象诸元随高度的标准分布外推气象诸元数据。对于风速、风向数据,由于高空风主要受大气环流和季风的影响,气象数据处理时可采用最大探测高度的数据为基准,以当地同季节最近日程的风速、风向数据规律(例如图4.2的规律)外推数据来弥补。

4.3 在气动参数辨识计算中的气象数据处理方法

在进行试验弹箭的气动参数辨识和弹道分析计算时,需要应用该发弹箭飞行时刻的气象诸元数据。对于远程火炮或火箭的距离射弹道性能试验,由于弹箭飞行距离较远,实际弹道往往超出了单个气象站的测试数据所覆盖的区域。在弹道分析和弹箭气动力飞行数据处理中,有时需采用多个气象站的测试数据,以满足气象诸元的精度要求。对于气象数据的应用,本节针对单站和多站气象数据情况,分别介绍几种具体的应用方法。

4.3.1 单站法

单站法采用距离弹道升弧段较近的气象站测试数据,按照4.2节所述方法,经处理后换算出了被试弹箭射击时刻的气象数据随高度的分布曲线数据,其形式为"分层高度/m、y_T/m、x_T/m、z_T/m、气压/hPa、虚温/K、纵风速/(m/s)、横风速/(m/s)",其中x_T、y_T、z_T为当发试验弹箭的气象诸元数据的测点位置在地面坐标系中的坐标。

由于气象诸元的高层分布是椭球面形状(相同海拔高度),对于远程火炮或火箭弹箭的飞行距离较远,弹箭气象数据按高度插值时,不能沿用传统的地面坐标系中的高度插值方法。这里所述的单站法计及了地表的弯曲,即气象诸元数据是按椭球球面形式分层分布,在气象诸元的高度插值计算时,采用下面方法计算。

设地面坐标系 o-xyz(其定义见3.1节)中弹箭位置坐标为(x,y,z),其位置矢量可表示为

$$\mathbf{r} = x\mathbf{i} + y\mathbf{j} + z\mathbf{k} = \mathbf{r}_{xz} + y\mathbf{j} \tag{4.57}$$

式中矢量

$$r_{xz} = x\mathbf{i} + z\mathbf{k} \quad (4.58)$$

斜距离

$$r_{xz} = \sqrt{x^2 + z^2} \quad (4.59)$$

由此，地面坐标系 $o\text{-}xyz$ 中，由矢量 r_{xz}、$y\mathbf{j}$ 构成的平面可表述为图 4.17。图中 R 为炮口位置到地心的距离，可表示为

$$R = N + h_0 \quad (4.60)$$

式中：N 为弹箭所在位置的水准面（可近似为平均海平面）到地心的距离；h_0 为炮口位置的海拔高度。计算时一般可将 N 近似取为 $N \approx R_e$，R_e 为地球平均半径。

由图中弹箭位置坐标与海拔高度的几何关系，并将式（4.59）代入，可得

$$\Delta h = \sqrt{(R+y)^2 + x^2 + z^2} - R \quad (4.61)$$

故弹箭位置的海拔高度 h 与其位置坐标 (x, y, z) 的关系为

$$h = h_0 + \Delta h = \sqrt{(R_e + h_0 + y)^2 + x^2 + z^2} - R_e \quad (4.62)$$

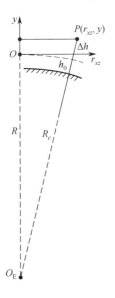

图 4.17 弹箭位置坐标与海拔高度的几何关系图

由上式，可以试验弹箭的单站气象数据"分层高度/m、y/m、x/m、z/m、气压/hPa、虚温/K、纵风速/(m/s)、横风速/(m/s)"为基础，根据弹箭位置坐标 (x, y, z) 计算对应的海拔高度 h，插值计算弹箭位置的气象诸元，即

$$u_{jk} = u_a + \frac{h_{jk} - h_a}{h_b - h_a} * (u_b - u_a), \quad h_a \leq h_{jk} < h_b \quad (4.63)$$

式中：下标 j，k 代表第 j 组第 k 发弹的数据；h_{jk} 为弹箭位置的海拔高度，由式（4.62）计算；u_a 和 u_b 分别为分层高度为 h_a 和 h_b 时气象诸元数据（气压数据则取对数值插值）。例如，若弹道性能试验的气象诸元数据按 50m 高度分层处理，即 $\Delta h_c = h_b - h_a = 50\text{m}$，此时式（4.63）也可表述为

$$u_{jk} = u_a + \frac{h_{jk} - h_a}{\Delta h_c} * (u_b - u_a) = u_a + \frac{h_{jk} - h_a}{50} * (u_b - u_a), \quad h_a \leq h_{jk} < h_b$$

$$(4.64)$$

4.3.2 多站气象数据在弹道计算中的应用方法

多站气象数据在弹道计算中的应用中，首先须根据弹道计算的弹道高 y，采

用插值方法将所有站点的数据统一为弹道高 y 对应水平面的气象诸元数据和气象测点的位置诸元，然后再换算对应于弹箭位置坐标 (x,y,z) 的气象诸元数据。

1. 高度插值

经 4.2 节的方法处理后，射击时刻第 j 个气象探测点实测气象观测点在地面坐标系中的位置坐标及气象诸元数据的形式为

$$h_j、y_j、x_j、z_j、p_j、\tau_j、w_{xj}、w_{zj} \qquad (j = 1,2,\cdots,N_q) \qquad (4.65)$$

式中：h_j 为分层高度/m；$x_j、y_j、z_j$ 为测点位置坐标/m；$p_j、\tau_j、w_{xj}、w_{zj}$ 分别为气压/hPa、虚温/K、纵风速/(m/s)、横风速/(m/s)，N_q 为试验设置气象探测站的数量。

对于气象观测点位置坐标数据集 [式 (4.65)]，由弹道计算时的弹箭空间坐标 (x,y,z) 数据，利用弹箭位置高度 y 由式 (4.62) 计算得该位置对应的海拔高度 h，再由插值公式 (4.63)，按海拔高度 h 分别计算与弹箭位置高度 y 对应的气象诸元数据和气象测量点的位置诸元，即

$$(p_k, \tau_k, w_{xk}, w_{zk}, x_k, y_k, z_k) \quad (k = 1,2,\cdots,N_q) \qquad (4.66)$$

式中：符号 $p_k、\tau_k、w_{xk}、w_{zk}$ 分别为与气象数据测点坐标 (x_k, y_k, z_k) 对应的气压/hPa、虚温/K、纵风速/(m/s)、横风速/(m/s)；N_q 为试验设置的气象探测点数量。

2. 多站数据在弹道计算中的应用方法

对于气象诸元数据和对应的气象观测点位置坐标数据 [式 (4.66)]，利用计算程序可从选出距离弹箭空中位置最近的 A、B 两套气象诸元数据和对应的气象观测点位置坐标数据，即

$$(气压 p_A, 虚温 \tau_A, 纵风 w_{xA}, 横风 w_{zA}, x_A, y_A, z_A) \qquad (4.67)$$

$$(气压 p_B, 虚温 \tau_B, 纵风 w_{xB}, 横风 w_{zB}, x_B, y_B, z_B) \qquad (4.68)$$

设在同一高度 y 的平面上，计算弹箭所在位置 (x,y,z) 到气象点 A、B 间的距离，有

$$s_A = \sqrt{(x - x_A)^2 + (y - y_A)^2 + (z - z_A)^2} \qquad (4.69)$$

$$s_B = \sqrt{(x - x_B)^2 + (y - y_B)^2 + (z - z_B)^2} \qquad (4.70)$$

对于多站测量的气象诸元数据 [式 (4.65)]，本书提出了如下 2 种在弹道计算中的应用方法，可供参考。由于还缺乏大量数据的系统分析计算比较，究竟哪一种方法更合理，或许还有更加合理的方法目前还无法得出结论。

（1）多站数据加权平均法。

取权重为

$$w_A = \frac{s_B^{N_s}}{s_A^{N_s} + s_B^{N_s}} \qquad (4.71)$$

$$w_B = \frac{s_A^{Ns}}{s_A^{Ns} + s_B^{Ns}} \qquad (4.72)$$

式中：Ns 为加权指数。计算气象诸元数据的加权平均值的公式为

$$u = w_A u_A + w_B u_B \qquad (4.73)$$

显见指数 Ns 值越大，距离弹箭较近的测点数据的权重就越大；若取 $Ns=0$，即为算术平均值计算公式。

（2）就近取值方法。

比较距离 s_A 和 s_B，若 s_A 小于 s_B，则取弹箭位置的气象诸元数据为气压 p_A、虚温 τ_A、纵风 w_{xA}、横风 w_{zA}；反之，取弹箭位置的气象诸元数据为气压 p_B、虚温 τ_B、纵风 w_{xB}、横风 w_{zB}。

第5章 弹箭气动力飞行试验

由弹箭气动参数辨识理论可知，外弹道计算模型的精度代表了其计算结果与实际弹道的吻合程度。精度高的弹道计算模型能够准确描述运动弹箭的飞行特性，而该弹箭的气动参数精度是决定弹道计算模型精度的先决条件。由于最符合实际的弹箭气动参数确定方法，是利用弹箭的一系列飞行试验，获取描述弹箭飞行状态等各种参数的试验数据群，采用参数辨识方法确定弹道模型的气动力系数等未知参数。

按照系统辨识理论，弹道模型的气动参数辨识需要以弹箭飞行试验数据群为基础。因此，弹箭飞行试验的目的和主要任务就是全面获取参数（含气动参数）辨识所需的弹箭飞行试验数据群。一般来说，弹箭飞行试验数据群结构主要分三个部分：发射试验前的弹箭参数测量数据、弹箭飞行状态参数测量数据、试验现场条件参数和飞行环境参数测量数据。发射试验前的弹箭参数测量主要指弹箭几何尺寸、质量、质心位置、质量偏心、转动惯量、动不平衡角等物理量参数测量。试验现场条件参数测量主要有火炮（或其他发射装置）参数、射击场地参数测量（如炮位坐标）、射击参数（如方位角和高低角），现场测试仪器的布置与试验场地条件等参数测量和试验现象记录；飞行环境参数测量主要指飞行试验时的气象诸元参数测量等。弹箭飞行状态参数测量主要依赖于试验过程采用的外弹道测试技术，主要包括弹箭飞行过程中的速度、轨迹坐标、姿态、转速等状态参数的测量，是弹箭飞行试验的核心内容。由于试验测试条件所限，目前很难从单次试验中获取全面的弹道测试数据，因此必须考虑选用适当的测试技术，以组合的方式构成完备的弹箭飞行试验，以达到实际工程的气动参数辨识对试验数据的要求。

本章在总结弹箭飞行状态参数测量误差来源和辨识技术特点的基础上，介绍几种典型的弹箭气动力飞行试验方法的基本类型，以便于第12章讨论弹箭飞行试验的组合方式。为了加深对弹箭飞行试验组合与辨识技术的了解，本章介绍国内外飞行试验与辨识处理的基本特点和常规炮射弹箭（包含火箭弹或战术导弹）的气动参数辨识的技术差异，以便客观认识和理解后面各节讨论的内容。

5.1 弹箭飞行试验与气动参数辨识技术的特点

由第3章可知，无论采用哪一种弹道方程进行弹道计算，都必须事先确定作用于弹箭的空气动力和力矩。按照弹箭空气动力学理论，3.2.3 节给出了作用于弹箭的阻力、升力、马格努斯力和俯仰力矩、赤道阻尼力矩、马格努斯力矩等空气动力和力矩的函数表达式。由于这些函数表达式中最关键的部分是对应的气动力系数，并且是弹箭飞行马赫数的函数，因而确定弹箭空气动力和力矩的主要方法就是确定其气动参数与马赫数的数据关系。此外，这些气动力系数还根据自身的产生机理分别与弹箭飞行姿态角、转速、雷诺数等一项或多项参数相关。对于一些特种弹药，这些气动参数往往还与引起自身空气动力变化的因素有关联。

根据弹箭的空气动力和力矩表达式，旋转稳定弹箭的气动参数主要有：零升阻力系数 c_{x0}、诱导阻力系数 c_{x2}、升力系数导数 c'_y、马格努斯力系数导数 c''_y、俯仰力矩系数导数 m'_z、赤道阻尼力矩系数导数 m'_{zz}、极阻尼力矩系数导数 m'_{xz}、马格努斯力矩系数导数 m''_y。此外，对于尾翼稳定弹箭，还须加上尾翼导转力矩系数导数 m'_{xw}。

由弹道方程可以看出，若要求旋转稳定弹箭的弹道模型能够准确地再现实际弹道，至少需要确定上面 8 个气动参数和方程数值解所需的初始条件，并且要求主要的气动参数精确可靠，以保证模型的计算结果与实测平均弹道的差别限制在允许的误差范围内。如果进一步考虑升力和俯仰力矩的非线性情况，则需取升力系数导数 $c'_y = c_{y1} + c_{y3}\delta_r^2$ 和俯仰力矩系数导数 $m'_z = m_{z1} + m_{z3}\delta_r^2$，式中：$c_{y1}$ 为升力系数 1 阶导数；c_{y3} 为升力系数 3 阶导数；m_{z1} 为俯仰力矩系数 1 阶导数；m_{z3} 为俯仰力矩系数 3 阶导数。此时弹道模型需要确定的气动参数则增加为 10 个。

显然，提高弹道方程中各气动参数的精度是提高弹道计算模型精度的必要条件，即准确确定弹箭气动参数就是弹道计算模型是否精确的先决条件。然而根据参数辨识原理，提高弹箭气动参数精度的最直接的方法就是提高弹箭飞行状态数据的精度。因此，弹箭气动力飞行试验的最低要求是必须达到弹箭气动参数辨识对数据精度的要求，这样才能保证弹道计算模型的精度。

一般说来，试验方法与弹箭飞行状态参数的测量原理及方法有关，其测试的精度水平与外弹道测试技术的发展水平息息相关。按照测试技术实施条件的要求，可将弹箭气动力飞行试验划分为两种类型：一种是平射试验；另一种是仰射试验。前者一般在预计的弹道线附近布设一系列外弹道测试站点，利用各站点的弹道测试仪器设备捕获弹箭飞行状态参数。平射试验可以在室内试验条件下完成，也可以在野外试验条件下完成。仰射试验一般采用弹道跟踪测试设备和（或）弹载传感器及遥测设备，在野外试验条件下获取弹箭自由飞行状态参数。

平射试验最大的优点就是能够获得高精度的弹箭飞行状态数据和与之匹配最好的实测气象诸元数据，并构成高质量的完备数据群。仰射试验采用的弹道跟踪测试设备和弹载传感器及遥测设备的测试精度远不如平射试验测试设备的精度。由于弹道高度变化很快，目前还没有测试手段能够直接测量射击时刻的气象诸元随高度分布的数据，因此试验中往往采取定时释放探空气球的方法获取高空气象诸元数据。显然，仰射试验所获取的气象诸元数据与弹箭飞行状态数据的匹配精度远不及平射试验。

一般而论，一套完备的数据组合群需要通过一系列飞行试验获取，其中每项试验均需要利用外弹道组合测试技术来完成。目前这类方法已得到了广泛应用，特别是在对弹箭气动参数精度要求极高的火控模型和射表计算模型确定方面，世界技术先进的国家普遍采用了弹箭飞行试验组合方法来确定气动参数及初值条件。例如，以美国为核心的北约组织采用的射表编制方法，一般都在弹箭气动力平射试验的基础上，采用北约组织（NATO）标准化协议4144-2005"间瞄射击火控系统使用的火控输入诸元的确定流程"确定射表及火控模型。其中，气动参数辨识采用的流程如图5.1和图5.2所示。

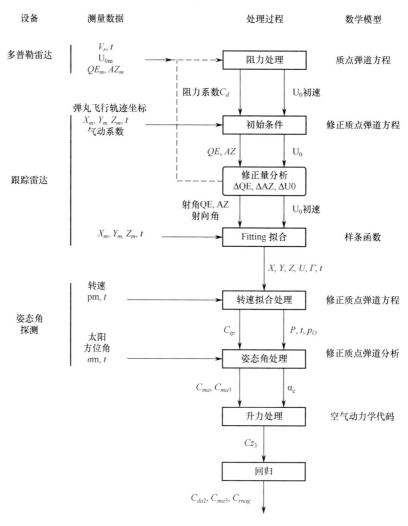

图5.1 法国DGA/ETBS气动力学射击试验数据处理流程示例（第1部分）

图中符号的含义如下：

v_r，t—弹箭径向速度-时间数据； U_{0m}—初速测量数据；

QE_m，AZ_m—射角 θ_0、射向角 α_N 测量数据； α_e—动力平衡角 δ_p；

ΔQE，ΔAZ，ΔU_0—射角 θ_0、射向角 α_N、初速 U_0 的修正量；

X，Y，Z，U，r，t—弹箭飞行轨迹坐标 (x, y, z)、速度 v、斜距离 r 随时间 t 的插值数据，若有下标"m"即代表该数据的测量值；

Ctp—弹箭极阻尼力矩系数导数； P，t，P_0—转速因子 P，时间 t，初始转速因子 P_0；

C_{ma}，C_{ma3}—俯仰（翻转）力矩系数导数 m'_{z1}，m'''_{z3}，且有 $m'_z = m'_{z1} + m'''_{z3}\delta_p^2$；

C_{da2}，C_{mag}—诱导阻力系数 c_{x2}，马格努斯力矩系数导数 m''_y。

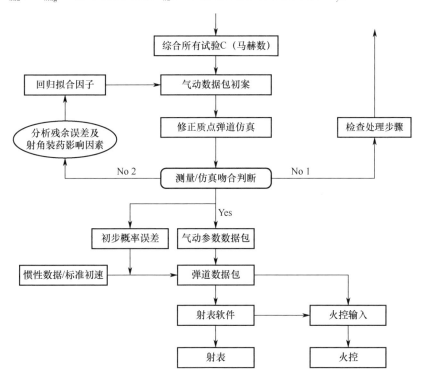

图 5.2 法国 DGA/ETBS 气动力学射击试验数据处理流程示例（第 2 部分）

根据图 5.1 和图 5.2 的协议处理流程，结合其他相关资料分析，总结出北约组织采用的射表试验与数据处理方法主要有以下几个特点：

（1）在确定火控模型和射表计算模型的飞行试验中，全面采用了先进的测试手段，例如国外此类试验大量采用了多普勒测速雷达、弹道跟踪坐标雷达、弹箭攻角探测装置等，使得气动参数辨识所需的信息相当齐全、完整。

（2）弹道模型采用的气动参数比较完整，这些参数的试验获取途径主要有弹载攻角探测装置测量弹箭姿态角的飞行试验、弹道靶道试验（其中靶道试验主要采用闪光阴影照相测试，也含有章动纸靶测试的平射试验）、风洞试验。

（3）采用先进成熟的外弹道测试方法获取弹箭飞行状态数据，并构成完备的飞行试验数据群作为辨识气动参数的基础，主要以修正质点弹道方程为辨识模型。在攻角探测器数据的气动参数辨识中也采用六自由度弹道方程作为数学模型。

（4）气象诸元测试采用多站布点测量方法，并参考或采用（国家和国际气象组织）大气观测的网格气象分布数据，其试验气象条件要求以及气象数据及处理方法更充分、完善。

（5）主要的气动参数，例如阻力系数、俯仰力矩系数、升力系数等，均采用非线性气动力模型的表达形式，最终都以飞行试验数据群为基础，采用气动参数辨识方法确定。

（6）利用弹道轨迹数据进行了射角和方位角修正量的分析计算，减小了测试系统误差。

（7）对气动参数辨识结果采用了重构弹道方法进行试验吻合度检查，必要时进行残差分析。

（8）对于火控及射表计算模型的确定，除将弹道计算模型的阻力、升力符合落弹点坐标外，还采用了章动角阻力、马格努斯力的符合技术。

在20世纪70年代初期，国内就开始采用雷达测试技术进行弹道试验。由于当时科技水平的限制，直到20世纪80年代中期，用于兵器试验的弹道测量雷达仅有初速雷达（例如640雷达）。该雷达采用分立元件结构和模拟信号提取技术，其测试距离短、工作时需要预热，且工作可靠性差，主要用于弹箭飞行初速测量。对于弹箭长距离飞行试验，往往采取接近平射、多台雷达分段测试的接力方法，或者采用初速雷达和大地测试仪器测量落弹点坐标，确定炮口附近的阻力系数。由于条件限制，一般以43年阻力定律为基础，采用质点弹道模型进行工程计算。

20世纪80年代中期，国内从丹麦TERMA公司引进了弹道跟踪测速雷达DR582系统，开始采用程控跟踪方式的测速。该雷达具有跟踪飞行弹道的功能，采用了集成电路和先进的模拟信号处理技术提取速度信息，使得测程显著增加，可以测量传统各种口径枪弹、炮弹和火箭弹升弧段弹道的飞行速度。该测速雷达系统投入使用后，外弹道计算模型普遍采用了实测弹箭飞行速度数据辨识阻力系数曲线，其主要特点是不再依赖原有的阻力定律，而以弹箭飞行速度数据辨识的阻力系数曲线为基础。这项测试技术改变了传统43年阻力定律为基础的弹道计算模型和射表编拟方法，大大减少了飞行试验的用弹量，并且弹道计算精度也明显提高。可以认为，这次弹道计算模型和射表编拟的技术变革是建立在弹道跟踪测速雷达测试技术基础上的，这一方法的改进对于外弹道学发展具有里程碑的意义。

20世纪90年代后期以来，国内靶场对原有雷达进行了数字化处理技术改造，相继引进了大型单脉冲体制的精密跟踪弹道测量雷达和具有测距功能的连续波测量雷达。这些雷达采用了运动目标探测（Moving Target Detection，MTD）技术，具有自动跟踪目标的能力，并能有效抑制地杂波，实现低空精密跟踪测量。它可以同时测出一发或多发弹箭的飞行速度、轨迹坐标等状态参数。有了这些先进的弹道测试设备，通过充分研究先进测试设备为基础的弹箭飞行试验和气动参数辨识技术，提高了国内弹箭飞行试验与气动参数辨识的技术水平，缩短了与国外先进技术的差距。

5.2 弹箭飞行试验与气动参数辨识的实施过程

从更宽泛的工程角度来说，确定系统的数学模型是一个非常复杂而繁琐的工作，其确定方法主要有理论分析法和测试法两种。前者主要通过分析系统的运动规律，运用已知的定律、定理和原理，采用数学推导方法建立数学模型；后者利用系统反映其动态特性的输入、输出数据信息来建立其数学模型。由于实际工程应用对弹道计算模型的精度要求极高，仅仅依靠外弹道学与空气动力学的理论分析远远不够，因此弹道工程计算势必需要通过试验数据信息建立更高精度的计算模型，弹箭气动参数辨识技术就是在这一现代需求背景下发展起来的。利用这类技术，通过大量飞行试验数据可以确定更高精度的弹道计算模型，使其计算结果与弹箭飞行试验的运动数据达到最佳拟合。

对于常规发展很成熟的弹箭，在理论上可直接导出外弹道模型，这类弹箭的气动参数辨识大都将其用作系统辨识的数学模型集，利用反映弹箭运动规律的飞行试验数据群辨识相关联的气动参数，以确定描述弹箭飞行的弹道计算模型。对于特殊弹箭或新型弹箭，常常需要将理论分析方法与各种试验及测试方法相结合，引入更多关联参数建立专门的弹道模型；对于弹道模型机理的已知部分，采用理论分析方法确定模型的结构形式；对于模型机理的未知部分或不够清楚的部分，还需采用其他试验（例如，地面模拟试验）及测试方法作为补充，以确定模型的关联参数和修正系数等。

综上所述，弹箭气动参数辨识就是从反映弹箭运动规律的试验数据中，提取弹道模型各种气动参数及弹道参数，最终确定其弹道计算模型的过程。然而实际上，弹箭气动参数辨识方法的具体应用还需要做大量的研究和辅助工作。例如，如何选定（或推导）描述弹箭运动规律的数学模型；采用什么样的试验方法组合能够获取全面反映弹箭运动规律的数据，并构成完备数据（链）群；各项试验中，采用什么样的测试技术组合才能保证各数据群的完备性，并保证各试验数据达到精度要求；如何在含有各种误差的数据中进行有效的数据处理；如何确定弹道模型中各种参数的估计方法；如何验证所建立的弹道计算模型是否符合实际。

弹箭气动参数辨识在数据、模型集和准则的选择上有相当大的自由度，在进行系统辨识时，一般遵循如图5.3所示的流程。现分述如下：

（1）明确辨识的目的。

弹箭气动参数辨识的目的就是，通过弹箭飞行（射击）试验获取完备数据群，采用科学合理的数据处理方法，为弹道模型提供更加精准的气动参数和弹道特征参数，以确定满足精度要求的弹道计算模型。弹箭飞行试验数据群质量决定了弹道计算模型的精度，进而也决定了飞行试验的精度要求以及所采用的试验辨识方法。

（2）掌握弹箭运动的先验知识。

确定弹道计算模型涉及的弹箭气动力及外弹道学理论、描述弹箭的飞行运动规律以及气动参数辨识所需的试验数据群结构、获取数据群所需要的测试方法及精度要求、数据群中各试验数据的变化规律及统计特征等。收集并掌握这些先验知识，对确定弹箭气动参数辨识的弹道模型和飞行试验设计均能起到指导性的作用。

（3）明确弹箭飞行试验的基本原理。

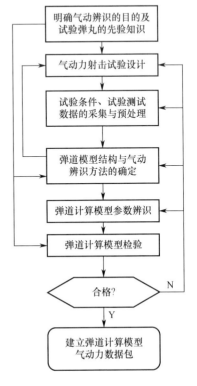

图5.3 弹箭系统气动参数辨识流程

利用先验知识可以确定类似于第3章描述的弹道模型结构形式，以及描述其飞行运动规律的状态参数，以确定弹箭气动参数辨识原理和总体实施方法，用以指导弹箭飞行试验设计。

（4）弹箭（射击）飞行试验设计。

按照现有的外弹道测试设备的技术指标和试验条件，应用弹箭系统的弹道模型与气动参数辨识理论及方法确定各项试验的测试参数及数据精度要求、采样间隔、数据长度等，记录输入和输出数据，设计出获取完备数据群的弹箭射击试验方案及其操作细则。

（5）飞行试验数据的相容性检查与预处理。

飞行试验的实测数据往往含有各种各样的误差成分，它们对辨识精度都有不利的影响，需要对试验数据进行相容性检查，以保证数据与弹道模型的匹配度。必要时，可采用滤波器等科学方法（例如卡尔曼滤波方法）对数据平滑处理和野值剔除或替换，以提高数据的可辨识性，使得辨识结果达到预定的精度要求。

（6）弹道模型、辨识参数选取和气动参数辨识方法确定。

首先根据试验数据群的特点，确定辨识弹道模型结构形式，在此前提下结合外弹道理论，采用灵敏度分析方法确定合理的辨识参数，确定与试验数据群相匹配的弹箭气动参数辨识方法和辨识计算流程。

（7）弹道模型气动参数辨识与弹道计算模型的确定。

以弹箭飞行试验数据群为基础，利用上面辨识方法及计算流程确定弹道模型的气动参数和相关的弹道特征参数。一般说来，采用辨识方法确定的弹箭飞行起始条件和气动参数是随机的。主要原因有两方面：一是由于试验数据除含有不定系统误差和随机误差，导致试验确定的弹箭气动参数含有误差；二是各发弹箭本身的气动参数存在差异。实际上在弹箭生产过程中，尽管现代的加工工艺能够保证各发弹箭外形的一致性，加工装配过程也能够保证弹箭外形及形态、弹箭表面材料形态、质心位置参数、静不平衡参数的绝对量值差异（随机误差）很小，但是各发弹箭的外形及形态之间的差异仍是客观存在的，并且这些参数的随机性很强，难以用物理量值精确描述。因此在实际应用中，只能将这些差异对弹箭气动参数的影响作为误差综合于具体弹箭的气动参数之中，使得弹箭的气动参数本身就是含有各种误差的随机变量。因此在辨识参数的数据处理中，应采用弹箭气动参数的统计平均值确定其弹道计算模型。

（8）弹道计算模型检验。

检验弹道计算模型可接受的标准是检查其实际应用效果是否满足要求，在工程应用中可以从不同的侧面检验弹箭气动参数和弹道特征参数是否可以接受。检验弹道计算模型是否能合理描述弹箭的飞行过程并不是一个简单的问题，主要难点在评判标准的"接受程度"是否科学合理。目前，最普遍的方法就是利用辨识气动参数的统计平均值确定弹道计算模型，然后按照试验条件检查模型计算值与试验结果的一致性。其中，最直接的验证方法就是以计算模型重构弹道与试验数据相比较，以其平均残差作为判据，通过结果分析检查它是否达到了可以接受的程度。

在工程实践中，根据其精度要求不同，弹道计算模型常用的验证方法有以下4种：①用不同时间段或不同地点采集的弹箭飞行试验数据分别检验模型，如果模型符合判据要求，则认为该弹道计算模型是可靠的。②用采集到的部分飞行试验数据建立弹道计算模型，用其余的试验数据进行预测。然后与不同条件（例如，发射条件不同）下实际测量到的外弹道数据进行比较，如果相差较小，可认为模型正确。③利用不同试验方法得到的结果相互验证。例如，弹箭的气动参数可以从飞行数据中辨识出来，也可以通过数值模拟和风洞试验获得，如果几种手段较为一致，也可验证弹道计算模型的正确性。④利用模型与实测数据的残差进行验证。理想的外弹道计算模型对应的理想数据群的残差序列应该是零均值白噪声。由于外弹道计算模型与测试数据均存在系统偏差，验证的标准应是该系统误差是否在合理范围，是否可接受。

如果所确定模型的外弹道计算结果满足要求或其合适的程度能够接受，则辨识结束。否则，根据弹道计算的特点和精度要求，对弹箭气动参数辨识结果采用残差分析方法修正；或者分析检查气动参数辨识的全过程，或改变飞行试验方法，或检查各项试验数据曲线，或改变弹道模型结构，或改变辨识方法，并重新执行辨识过程第（4）步~第（8）步，直到获得一个可以接受的模型为止。

应该说明，在上面气动参数辨识流程的过程的各个步骤中，设置了试验数据的预处理环节，其主要目的是提高数据质量和数据与模型的相容性。实际上，数据误差影响着气动参数辨识流程的每一环节，只有高质量的试验数据群，才能辨识出高精度的气动参数。因此，特别是在试验设计环节，除了需要弄清楚各种外弹道测试方法及其特点之外，还需要了解其测试误差及误差来源。只有这样，才能使得试验方案科学合理，所获取的试验数据能够满足气动参数辨识的精度要求。

5.3 弹箭气动参数辨识与飞行试验方法设计

在工程应用中，为了使得弹道计算结果精确可靠，弹道计算模型对气动参数的精度要求都很高。根据前述章节分析结论，若要使得弹道模型的计算结果能够精确描述弹箭实际飞行弹道，最符合实际飞行条件的参数确定方法是先通过一系列飞行试验获取与之相关联的完备数据（链）群，再采用参数辨识方法反求其弹道模型的未知参数。也就是说，提高弹道模型的计算精度的最佳途径，就是利用弹箭飞行试验数据（链）群，运用严谨的方法科学地辨识弹箭的气动参数曲线，以消除不同来源气动参数的系统误差。在弹箭研制后期工程的弹道计算中，必须通过弹箭飞行试验确定弹箭的气动参数曲线。显见，弹箭飞行试验是获取弹箭飞行试验数据（链）群的基本手段，然而试验方法设计是其试验过程中的重要环节。设计科学的弹箭飞行试验方案，可以提高试验数据的质量，它是提高弹箭的气动参数曲线辨识精度的基本保证。

为了使得弹箭飞行试验方案更科学，在设计弹箭飞行试验方案之前，一般需要了解各种外弹道测试方法的测试误差水平。为此，可根据弹道测试误差分析方法，综合有关文献资料的报道结果，通过对纸靶测试数据、靶道试验测试数据、弹载传感器测试数据进行比较分析，总结出如下数据误差量级，以供参考。

（1）弹箭飞行姿态角测试误差。

国外有文献报道，在封闭的试验靶道内，采用纸靶精细测试方法的最高精度的姿态角误差为 0.1°；高水准的纸靶试验姿态角数据误差可达 0.3°~0.5°，即在精细测量条件下能够达到低于 0.5°的水平，也有资料认为其测量精度水平与闪光阴影照相的测试精度相当。对手在露天靶道进行的纸靶试验，如果操作不够精细，其姿态角测量误差则可能达到1°以上。对于采用闪光阴影照相方法的中小断面弹道靶道试验，其姿态角测试误差一般为0.2°（13′），坐标测试精度可达1mm的标准误差；国外有资料认为，靶道测试误差不大于0.1°（6′），坐标测试精度可达1mm的标准误差。弹载传感器测试姿态数据的测试误差范围一般为$0.5°\sim1.0°$。可见，纸靶测试姿态的数据误差较靶道闪光阴影照相试验测试姿态数据误差略大，但略低于弹载传感器测试姿态角数据误差（误差范围为$0.5°\sim1.0°$）。

（2）弹箭飞行速度测试误差。

一般说来，多普勒雷达的测速标准误差不大于其速度值的0.1%，当弹箭飞行速度在500m/s以下时，测速标准误差不大于其速度值的0.2%。弹载卫星定位系统采用了多路信号的多普勒原理测速，一般认为其测试精度水平与之相当。

（3）弹箭飞行轨迹坐标的测试误差。

按照雷达测试原理分析，坐标雷达测试弹箭轨迹的误差主要源于目标高低角和方向角的测试误差，目前高精度的坐标雷达测角精度可达$1\sim2$mrad，测距精度可达1m，这也决定了雷达测试弹箭轨迹的误差随测试距离而增加。若采用弹载卫星定位技术获取弹箭轨迹坐标数据，其动态飞行轨迹坐标数据精度更高，其误差可控制在10m左右。

一般说来，不同类型试验获得的数据种类和数量有所区别，可辨识的气动参数和精度也不尽相同。例如，弹箭气动力平射试验（弹道靶道试验或纸靶试验）获取的弹箭飞行姿态数据主要用于辨识弹箭的起始扰动、俯仰力矩系数、赤道阻尼力矩系数和马格努斯力矩系数；试验获取的坐标数据主要用于辨识弹箭的阻力系数、升力系数、马格努斯力系数。弹载传感器测试试验获取的弹箭飞行姿态角数据和转速数据曲线主要用于辨识覆盖全弹道的俯仰力矩、极阻尼力矩等气动力矩系数；而弹道跟踪雷达测速数据和弹箭飞行轨迹坐标数据主要用于辨识弹箭的阻力和升力等气动参数。针对具体的弹箭气动参数辨识问题，需要仔细研究表1.1（见1.3.2节）中的内容及关系，充分了解试验采用的设备及其测试误差，以制定科学合理的弹箭气动力飞行试验的组合方案。

理论上，弹箭气动参数的辨识基础是具有可辨识性的飞行试验数据群，其中完整的数据群应包含弹箭飞行状态参数、飞行体物理参数、火炮发射参数和气象诸元等试验环境参数等。根据气动参数辨识原理，欲利用弹箭飞行试验确定其完整的气动参数曲线，则需要精确测出与之相关联的试验数据组合群。该组合群是由多项关联试验获取的完备数据链群组合构成，其中包含炮口附近弹道试验和全弹道飞行试验获取的数据群或链群。这些数据链群之间还存在相互关联的组合关系，并构成完备的与其他试验互通的数据链群结构。由实验外弹道学可知，完成组合试验数据群的测试，除需要弹道靶道测试系统或攻角纸靶测试系统等平射试验测试设备外，还需要获取相关联的仰射试验数据群测试设备。其中，通过仰射试验获取弹箭全弹道飞行状态参数的外弹道测试设备有连续波雷达、光电经纬仪、弹道相机以及具有姿态与卫星定位（例如 GPS）测试功能的弹载测试系统，必要时还包括落弹点坐标的各种测试设备。

通常，弹箭气动力基本飞行试验方案设计按图 5.4 所示的设计步骤开展。

图 5.4 中，各框图的说明如下：

（1）确定基本飞行试验的内容及测试参数。

明确试验目的要求，按照基本飞行试验原理（见 1.3.1 节）和对应参数的可辨识条件，参考各种外弹道测试方法，研究弹箭气动参数的辨识原理。必要时可采用灵敏度分析方法，针对主要气动参数进行灵敏度分析和测试参数分析，并确定各项试验的基本内容、测试参数及完备数据群结构。

图 5.4 弹箭气动力基本飞行试验方案设计步骤

（2）研究气动参数辨识所需试验数据群结构及精度要求，选择满足条件的测量手段。

以现有的外弹道测量手段为约束条件，根据各项试验内容和已有的与弹箭飞行试验相关的各种物理参数的测量方法及特点，研究气动参数的辨识原理所需的数据群结构和各项数据特点及精度要求，选择满足精度要求和可实施条件的测量手段，并研究各项试验对应的数据获取与处理方法。如果某些测量手段不满足精度要求，则需修改气动参数辨识原理和试验方法，重新确定试验内容及测量手段，以期科学地确定出试验的最佳测试组合方案。

（3）设计试验方法和与之对应的试验条件要求。

根据试验目的、要求和试验原理，研究试验方案中各项试验的分组方法，设计各项试验的气象条件要求及测试方法，并确定各项试验的场地条件、试验设备条件，试验火炮或发射装置、弹药、装药量、射角等发射条件的具体要求。

（4）编制试验大纲及各项试验的实施细则。

根据确定的试验目的、内容、测试参数，以及所确定的测试弹道状态参数的测量手段和试验条件要求，编制试验大纲及各项试验环节的实施细则。可以看出，整个设计过程最关键的要素是现有试验及测试条件，它是确定弹箭飞行试验原理及测试方法的基础，也是能否达到试验目的和要求的关键。在弹箭飞行试验原理及测试方法确定之后，即可顺理成章地确定出具有系统性、条理性、可行性、经济性的试验大纲，并完成各项试验的实施细则。

应该说明，按照辨识理论和试验原理，最佳试验条件是从单发弹试验就能获取满足要求的完备数据群，并通过多发弹分组射击试验构成具有统计规律的完备数据组群，这样可以避免由于不同试验条件带来的系统误差。遗憾的是，目前的外弹道试验及测试技术条件无法实现这种最理想状态的气动力飞行试验。工程应用中只好采用组合方法，以互补性的方式将相关联的基本试验相结合，以获取辨识完整气动参数曲线所需的数据组合群。

总而言之，要使辨识的弹箭气动参数曲线完整无缺，其先决条件是获取可辨识的完备试验数据组合群。该试验数据组合群必须包含弹箭完整气动参数曲线的敏感信息，工程上可以采用多种基本试验方法系列来组合完成。根据这一要求，有必要弄清楚弹箭气动力飞行试验方法的基本类型，它们是试验组合的基本单元。下一节主要介绍一些基本单元类型，有关它们的组合问题，后续将在第12章具体讨论。

5.4 弹箭气动力飞行试验方法的基本类型

归纳国内外现代靶场常用的弹箭飞行试验与测试方法，为便于叙述本书将弹箭气动力飞行试验的基本类型分为 A、B、C、C^*、D、D^*、E、E^*、F 型基本试验，现概括如下。

(1) A 型试验：以闪光阴影照相技术为核心的飞行试验。

(2) B 型试验：以纸靶测试技术为核心的飞行试验。

(3) C 型试验：以弹载转速传感器测试技术为核心的飞行试验。

(4) C^* 型试验：以弹载转速、速度、轨迹坐标传感器测试技术为核心的飞行试验。

(5) D 型试验：以太阳方位传感器等弹载飞行姿态传感器测试技术为核心的飞行试验。

(6) D^* 型试验：以太阳方位传感器等弹载飞行姿态、速度、轨迹坐标传感器测试技术为核心的飞行试验。

(7) E 型试验：以三轴转速传感器等弹载飞行姿态传感器测试技术为核心的飞行试验。

(8) E^* 型试验：以三轴转速传感器等弹载飞行姿态、速度、轨迹坐标传感器测试技术为核心的飞行试验。

(9) F 型试验：以外测技术为基础的弹箭飞行速度、坐标测试的飞行试验。

在这些试验方法中，A、B 型试验采用弹箭平射飞行试验方法，C、C^*、D、D^*、E、E^*、F 型试验均采用仰射飞行试验方法。其中，A 型以专用的弹道靶道试验设施为基础，采用闪光阴影照相等精细测量方法获取的飞行状态数据，并且可以实时获取射击时刻的弹道气象诸元参数，其数据精度最高，因此目前认为它是综合精度最高的弹箭气动力飞行试验方法。

随着科学技术的进步和外弹道测试技术的发展，上述各种基本试验类型所用的测试技术并非一成不变，它们随其核心技术的发展不断地增加新的试验内涵。例如，传统的 C 型和 D 型试验均采用以雷达测试技术为代表的外测系统获取弹箭飞行速度、轨迹坐标等曲线数据，随着卫星定位技术的成熟和广泛应用，目前这些曲线数据均可采用弹载传感器方法获取。本节主要介绍有上面几种单元性质的基本试验，每项基本试验都可以采用系统分组方法，以不同装药（初速）开展以链接方式构成系列试验，以获取辨识弹箭各项气动参数曲线的数据链群。

5.4.1 弹箭气动力平射试验（A 或 B 型试验）

外弹道平射试验通常以接近水平射击的方式实施，在炮口附近获取弹箭飞行姿态等状态参数试验数据，它既可以在室内也可以在野外条件下进行。这类试验方法的测试手段有正交闪光阴影照相法和攻角纸靶测试方法，这两种测试手段形成了两种平行的且具有互补性的基本试验类型。由《实验外弹道学》[6] 可知，弹道靶道具备室内平射试验条件，通常可采用闪光阴影照相法或（和）纸靶测试法获取弹箭飞行状态参数数据，也可采用两者混合的测试方法。闪光阴影照相法只能在弹道靶道内实施，攻角纸靶法则是一种既可以在室内也可以在野外靶场实施的弹箭飞行姿态角测量方法。野外靶场条件下的弹箭气动力平射试验主要采用纸靶测试方法，同时也可采用高速分幅摄影（像）或狭缝同步摄影技术获取试验数据，虽然其试验条件控制要求较高，但由于标定系统的先天不足，无论怎样精细操作，其飞行试验数据精度仍明显不及弹道靶道试验。可以毫不夸张地说，弹道靶道、计算机和高速风洞的出现，都是经典外弹道学发展的里程碑事件，它们在外弹道学理论发展和工程应用中发挥了巨大作用。

为便于叙述，这里分别将闪光阴影照相和纸靶测试两种技术构成的试验称为基本试验 A 和 B。这类试验采用平射方式，是为了便于测试设备的安装架设，并确保完整弹体穿过每个测试点视场（或靶纸）。实际测试常常采用初速雷达测量弹箭飞行速度，若条件限制也可采用区截测速系统（或时间采集系统）测速，使得测试点的飞行姿态角、坐标等试验数据与飞行时间相关联，连同其他测试数据即构成适用于弹箭气动参数辨识的数据群。通常，基本试验 A 就是室内以闪光阴影照相技术为核心的靶道试验，而基本试验 B 以纸靶测试技术为核心，前者多采用靶道专用的时间采集测速系统。基本试验 B 可以在室内也可以在野外靶场实施，后者多采用初速雷达系统，在场地条件不允许时也可采用测时仪测速系统。野外纸靶测姿试验必须要求在无雨、雪、雾和地面风速小于 3m/s 的条件下进行，其应用更加广泛。

气动力平射试验 A 或 B 的试验获取数据群的核心内容是弹箭飞行姿态曲线数据，其主要实施方法是采用炮口安装起偏器等增大起始扰动手段的条件下，开展闪光阴影照相或纸靶测试试验，以提高飞行姿态曲线数据的信噪比，减小弹箭气动参数辨识结果误差。这项试验通过测量确定后效期作用距离以外 4~6 个波峰值的弹箭章动的曲线,为气动数据辨识和气动参数曲线校核提供试验数据群。为了确定弹箭气动参数曲线,按照试验原理和弹箭俯仰力矩系数导数曲线的变化规律,可采用多种(例如 3~4 种)装药分组实施,以获取覆盖更宽弹道的数据链群。

闪光阴影照相(或章动纸靶)测试技术为核心的气动力平射试验,所获取的数据群主要包含有弹箭姿态角(章动角 δ 和进动角 ν 或俯仰角 φ_a 和偏航角 φ_2)随距离的曲线数据、飞行速度及轨迹坐标随时间的曲线数据和射击时刻的气象诸元等数据。利用该数据群,可采用适当弹道模型为基础的参数辨识方法,确定试验弹箭的气动参数 m'_z、m'_{zz}、m''_y、c_x、c'_y。关于弹箭气动力平射试验实施方法及其数据群的气动参数辨识问题,本书将在第 7 章作为专题深入讨论。

需要指出,若弹箭气动力平射试验采用纸靶测试技术,则存在两个缺点:一是靶纸对弹箭运动的干扰,造成弹箭运动的规律发生一些轻微变化,从而使测量结果产生误差;二是测量人员对弹箭穿靶过程的认知水平和测试经验等主观因素对攻角纸靶测量精度的影响。尽管通过采取一些措施可以显著减轻这些缺点的影响,但在原理上是无法完全消除的。正因为这一原因,对于起始扰动较小的试验弹箭,更应采用增强弹箭的起始扰动的方法增大弹箭飞行姿态数据的信噪比,以提高弹箭气动参数的辨识结果精度。增强试验起始扰动的方法有多种形式,例如在炮口安装攻角起偏器(Yaw Inducer)、设置横向喷流装置、后效期气流不对称遮挡、采用身管磨损大的旧炮发射、弹体加装不对称的可分离弹托。其中,炮口安装起偏器是应用最多的方法。事实证明,该方法切实有效,它可以达到放大弹箭飞行角运动幅值,显著提高姿态角数据的信噪比的试验要求。实际上,在闪光阴影照相的弹道靶道试验中,也常常采用安装起偏器等增大弹箭的起始扰动的方法来提高姿态角数据信噪比。图 5.5 所示为国外某中小断面靶道试验中,在 20mm 口径弹道炮炮口安装起偏器的照片。

图 5.5 20mm 口径弹道炮炮口安装起偏器的照片

必须指出,若要提高弹箭气动力平射试验数据的精度,应尽量采用闪光阴影照相测试方法,或采用纸靶测试方法在专门的纸靶靶道完成弹箭气动力平射试验，以提高测试数据的质量水平。如果缺乏专用纸靶靶道，开展纸靶测姿试验则必须要求野外平射试验的气象条件和场地定标条件应满足要求。否则，弹箭飞行试验显得过于粗糙，所获取的纸靶测试数据往往难以达到弹箭平射飞行试验应有的精度水平。

5.4.2 弹箭气动力外测飞行试验（F型试验）

由弹箭气动力平射试验的测试内容可知，只有采用减装药多次模拟试验获取数据链群才能确定多个分立马赫数的气动参数。显见，由于各发试验弹箭存在差异，这种链接试验方式确定的气动参数的范围及数据一致性还显得不够充分。如果仅仅依靠弹箭气动力平射试验数据的辨识结果，往往不足以描述弹箭在全空气弹道连续飞行的气动力情况。为了弥补平射试验确定气动参数的不足，常常利用仰射条件下距离射密集度试验或弹道性能试验的机会，兼顾弹箭全空气弹道飞行试验，以进一步确定或校正弹箭在全空气弹道的气动参数曲线。通过该项弹箭飞行试验，若仅采用连续波雷达系统的测试手段，则可以获取更大样本量的全射程连续飞行的速度、轨迹坐标参数随时间变化的曲线数据，为弹箭的零升阻力、升力等气动参数，校核俯仰力矩、诱导阻力等气动参数以及所需的弹道参数辨识建立更加可靠的数据基础。

火控系统及射表模型的弹道计算中，为了提高落弹点坐标的计算精度，消除计算弹道与实际弹道的偏差，一般还采取符合计算方法确定各种修正参数，使得计算弹道的落点坐标与实测弹落点坐标一致。因此，用于火控系统及射表计算模型的弹道性能试验大都兼顾弹箭气动力飞行试验，其目的就是通过试验获取大样本数据链群，以确定弹道计算模型中弹箭的气动参数等弹道参数曲线，同时也能确定弹道计算模型中的符合系数以及各种校正系数，还能验证计算弹道与实际弹道的吻合度。

实际上按照弹药系统研制进程，弹药研制人员在此之前通过气动力计算、风洞试验、靶道试验或纸靶测姿平射试验，一般已初步掌握了研制弹箭的气动参数基础数据。通过多种装药的距离射弹箭飞行试验，可以获取更大样本量的飞行试验数据链群，利用辨识技术可以更加精准地确定弹箭的零升阻力系数、升力系数导数等曲线数据，并可进一步校核其他气动参数曲线，使弹道计算模型计算结果与其全弹道飞行过程更加贴合，为火控和射表计算模型的建立打下更加坚实的基础。

5.4.2.1 弹箭零升阻力系数的辨识结果的散布规律分析

为了讨论F型试验的射击方法，图5.6给出了某次F型试验数据链群辨识确定的弹箭零升阻力系数误差曲线，以便讨论弹箭零升阻力系数的辨识结果的散布规律。

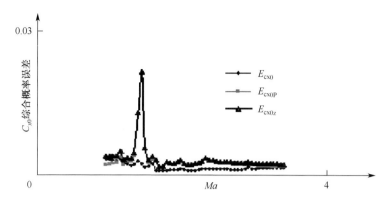

图 5.6 零升阻力系数的综合概率误差曲线（见彩图）

图 5.6 中，三角形标识符代表零升阻力系数的合成总误差 E_{cx0z}，正方形标识符为系统误差 E_{cx0p}（即组平均值的概率误差），菱形标识符为随机概率误差 E_{cx0}。由图中曲线可以看出，在超声速弹道段，弹箭零升阻力系数的系统误差为总误差的主要部分，而随机误差对合成总误差的"贡献"很小；在跨声速弹道段，零升阻力系数的系统误差显著增大，随机误差对合成误差的"贡献"可以忽略不计。

需要说明，图中试验误差曲线在马赫数不大于 0.8 的亚声速段，零升阻力系数的随机误差对合成误差的"贡献"超过系统误差，实际上这是根据不足的。在弹箭飞行试验中，该亚声速弹道段大都出现在最小号装药的高射角弹道顶点附近。由于该飞行弹道特别弯曲，且样本量很少，气动参数辨识方法往往难以直接确定零升阻力系数（即无法完全消除实际攻角对结果的影响），导致该弹道段的零升阻力系数的可靠性不够高，所以说这可能是表面现象。

试验数据误差来源分析认为，零升阻力系数的系统误差"贡献"远大于随机误差的主要原因是，各组试验弹箭在射击时刻随高度分布气象数据偏差较大造成的结果。因此，确定零升阻力系数的试验，最好采取多分组、每组试验发数减少的方法。为了验证采取多分组方法的正确性，对利用某次距离射综合试验数据群辨识的弹箭阻力系数进行采样统计，其结果曲线如图 5.7 所示。

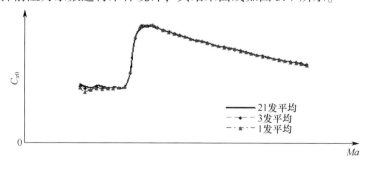

图 5.7 三种统计方法得出的零升阻力系数曲线（见彩图）

图中曲线标识"21 发平均""3 发平均"和"1 发平均"三种情况分别定义如下。

（1）1 发平均是指每一例试验条件采用 1 发弹的试验数据群的辨识结果，即每种装药、每一个射角的 3 组试验数据组群中，采用随机抽取方法在其中的 1 个数据组群中抽取 1 发弹试验数据群辨识的零升阻力系数数据曲线。

（2）3 发平均是指每一例试验条件采样 3 发弹试验数据群的辨识结果，即每种装药、每一个射角分 3 组试验，在试验日期不同的每个试验数据组群中随机抽取 1 发弹试验数据群辨识零升阻力系数的平均数据曲线。

（3）21 发平均是指每一例试验条件采样 21 发弹试验数据群的辨识结果数据，即每种装药、每一个射角分 3 组试验，在试验日期不同的每个试验数据组群中取全部 7 发弹试验数据群辨识零升阻力系数的平均数据曲线。

显见，图 5.7 所示的三条曲线靠的很紧，很多地方重合，由此说明该项试验获取的零升阻力系数曲线精度很高。

图 5.8 所示为 1、3 发平均的统计结果与 21 发平均统计结果的零升阻力系数偏差量数据曲线，图中矩形和菱形标识分别代表"1 发平均"C_{x01} 和"3 发平均"C_{x03} 与"2 发平均"C_{x021} 的数据偏差量，其计算公式为 $\Delta C_{x03}/C_{x0} = \dfrac{C_{x03}-C_{x021}}{C_{x021}}$ 和

$$\Delta C_{x01}/C_{x0} = \dfrac{C_{x01}-C_{x021}}{C_{x021}}。$$

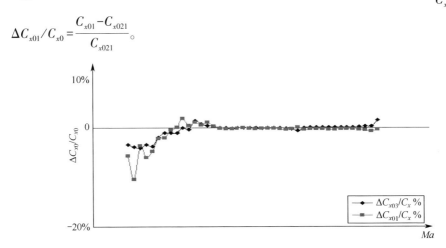

图 5.8 取 1 发和 3 发平均零升阻力系数与 21 发平均
零升阻力系数的偏差量数据曲线（见彩图）

图中曲线数据表明：在超声速范围，减少每组试验发数对试验结果影响很小，由于存在正负相消，其平均偏差量均小于 0.08%；在跨声速范围，其偏差量均小于 2%；在亚声速范围，其偏差量显著增大。由此可见，在超声速范围的弹箭飞行试验，每例试验应多分组，每组试验甚至可以减少到 1~2 发；而在亚跨

声速范围的弹箭飞行试验，每组可适当增加一些发数。

5.4.2.2 F型试验（弹箭气动力外测飞行试验）的兼顾实施方法

F型试验通常合并在距离射试验中实施，即在距离射试验条件下兼顾弹箭全弹道气动力飞行试验的测试内容。其主要目的是：利用距离射试验的弹箭飞行条件，获取弹箭在全飞行过程的速度、轨迹坐标随时间变化的曲线数据，建立更大样本量的数据链群，为确定弹箭的零升阻力、升力等气动参数，验证和校正诱导阻力等其他气动参数建立更加可靠的数据基础，以提高辨识结果的置信水平。

1. F型试验数据群的构成

一般在F型试验中，普遍采用弹道跟踪连续波雷达（或多普勒雷达+坐标雷达）获取弹箭在全飞行过程的速度、轨迹坐标随时间变化的曲线数据，试验获取的数据群的基本结构如下（括号［…］中的数据代表误差要求）：

（1）全弹道的弹箭速度-时间曲线数据（含天线位置数据）［±0.1%］；

（2）全弹道的弹箭空间坐标-时间曲线数据（含雷达定向数据）；

（3）射击仰角、方位角数据（含定向数据）；

（4）试验射击时的地面和气象诸元随高度分布曲线数据，试验时段每隔0.5h在1个或者2个测量点同时释放一次探空气球（第二测量点可间隔1.5~2h释放一次探空气球），测量高空气象诸元随高度的分布曲线数据（覆盖高度至少大于最大弹道高300m）；

（5）试验弹箭的发射时间［±0.5min］、炮位的经纬度、海拔高度；

（6）初速数据［±0.1%］；

（7）试验弹体的质量［±0.1%］、质心位置、质偏、极（轴向）转动惯量［±0.5%］、赤道（横向）转动惯量［±0.5%］数据。

2. 弹箭全弹道飞行试验的射击方法

由于F型试验与弹箭距离射试验合并为一项综合试验，而后者通常需要将弹箭编组射击，并在火炮距离射条件下测量其外弹道数据（包含初速、射向、射角和射击跳角）、气象数据（包含气温、气压、湿度、风速、风向）和落弹点弹道数据（主要是落弹点坐标）等。因此为了兼顾F型试验的要求，这项综合试验除了弹箭距离射试验本身需要的初速和落弹点坐标等测量内容之外，还需要测出弹箭在全弹道飞行过程的速度、坐标等状态参数的数据曲线。必要时，兼顾发射遥测弹测量弹箭飞行姿态角、转速-时间曲线数据。

无论哪一种距离射试验，其实施过程应按照其试验内容及要求完成，这里仅仅讨论所兼顾弹箭气动力飞行试验内容的方法。由于利用火炮距离射试验兼顾实施F型试验的方法必须满足距离射试验的要求，因此F型试验也应结合火炮距离射试验的多种装药的射击方法设计方案，通过合理选择部分试验弹箭测量其飞行状态参数，以保证实测试验数据链群辨识出的气动参数曲线能够覆盖全部弹道计算的马赫数范围。

例如在射表试验中，按照火炮距离射弹道性能试验要求，一般应包含最小号、最大号装药和一个中间装药；每种装药需按照试验要求设置多个射角的试验，每个射角试验3~5组弹，每组5~7发（对于小口径弹药，可采用每组10发）。

根据前述分析结论，获取弹箭零升阻力系数的飞行试验应采取多分组的试验方法，以减少零升阻力系数的系统误差。为了兼顾F型飞行试验要求，距离射综合试验除了需要测试弹箭初速和落弹点坐标以及相应的试验条件（火炮条件、弹箭条件、气象条件等）外，还需要测出弹箭整个飞行过程的速度-时间、坐标-时间等曲线数据，为弹箭阻力和升力特性辨识以及其他气动参数校核提供较大样本的数据群。在实施试验时，也可以采用每组测试1~2发遥测弹（即方法C、D或E）用作温炮弹或目标弹获取试验数据的兼顾试验方法。

采用具有全弹道跟踪能力的连续波雷达，可以测试弹箭飞行轨迹和飞行速度数据曲线，选择初速雷达测量弹箭初速，同时配置落弹点坐标测试设备，即可组合构成综合试验的外弹道测试系统。考虑到控制弹药消耗量和试验实施的实际情况，这里给出弹箭距离射试验中兼顾F型试验实施测量选择方法如下，以供参考。

（1）超声速-跨声速弹道试验（例如全装药）：各射角分组射击，每组至少获取1发弹的弹道数据。

（2）跨声速-亚声速弹道试验（例如最小号装药）：各射角分组射击，每组至少获取3发弹的弹道数据。

（3）超声速-跨声速弹道试验（中间号装药）大射角各射角分组射击，每组至少获取1发弹的弹道数据。

为了全面兼顾弹箭气动力全弹道飞行试验，可对综合试验中的每种装药，选择典型射角的分组正式射击前兼顾完成试验C^*、D^*或试验E^*，即采用（姿态）转速遥测弹1发代替温炮弹（或目标弹）获取更加完整的试验数据群。对于不带遥测传输的弹载测试系统，由于需要回收测试弹箭，则需按照下节的转速试验的射击方法获取数据。

5.4.3 弹箭转速试验（C或C^*型试验）

对于旋转稳定弹箭来说，由于其飞行转速衰减较慢，弹箭气动力平射试验可测量范围只限于炮口附近不长的弹道，加之弹箭飞行转速测量较困难，因此如果依靠平射试验测量其转速衰减规律无法达到预期效果。鉴于这一原因，需要采用专门的旋转稳定弹箭的转速试验，以获取全射程弹箭转速规律的基础数据链群，为弹箭旋转阻尼力矩系数导数辨识建立数据基础。转速试验的目的在于获取弹箭全飞行弹道的转速-时间、速度-时间、气象诸元随高度分布等曲线数据，为辨识弹箭极阻尼力矩等气动参数提供完备的数据群。

全射程弹箭转速试验一般采用弹箭转速传感器构成的弹载转速测试系统,结合连续波雷达测试弹箭全射程的速度和轨迹坐标构成弹箭飞行转速专项试验,即基本试验方法 C;对于应用卫星定位技术的弹载转速测试系统,可以同步获取弹箭飞行转速、速度、轨迹坐标等曲线数据,即构成新型的弹箭转速试验方法 C^*。关于方法 C 或 C^* 的实施细则,只需在方法 F 的基础上增加转速遥测弹测试系统内容即可。通常转速遥测弹(或转速传感器和弹载存储器的转速弹)的用量为 10~20 套。关于弹箭转速试验及数据处理技术,第 9 章将作专题讨论。

5.4.4 弹箭测姿传感器遥测试验(D 或 D^* 型与 E 或 E^* 型试验)

在弹箭气动力飞行试验中,姿态传感器是弹载传感器的核心部件,它是一种探测弹箭俯仰角、偏航角运动等姿态信息的敏感装置,常常称为攻角传感器。攻角传感器是一种能够提供导弹、火箭弹或炮弹俯仰及偏航运动信息的装置。由于炮弹体积较小、发射时过载很大,弹载姿态测量传感器必须满足体积小、抗过载能力强(炮弹至少应达到 10000g 以上)和测量转速范围大的要求,因此目前可用于旋转稳定炮弹和涡轮火箭弹姿态角或角速率测量的传感器仍局限在太阳方位传感器、地磁传感器等。惯性传感器和各种复合传感器主要用于导弹、尾翼式火箭弹的俯仰和偏航的运动信息。

由于弹载角速率传感器技术广泛应用在有控弹箭的定位、定向、测姿、惯性导航和靶场试验中,其测试技术与设备已相当成熟,除测量弹体机构的工作状态参数及环境参数外,也经常用来测量无控弹箭飞行过程的转动及姿态角。弹载角速率传感器测试的优点在于:能获取光测技术达不到的远距离参数数据,工作不受照明等条件限制,利于计算机进行数据采集及处理。

尾翼稳定的火箭弹飞行姿态遥测试验与战术导弹研制过程的遥测试验是相通的,但炮射弹箭特别是旋转稳定弹箭的飞行姿态遥测试验则是基于 20 世纪 70 年代太阳方位角传感器测试技术的发明而发展起来的。目前弹箭飞行姿态遥测试验已发展成熟,形成 D、E 两种类型的基本试验方法。

(1)试验方法 D。

由传统的弹载太阳方位角传感器测试系统和与雷达为代表的地面外测设备构成。

(2)试验方法 D^*。

以太阳方位角传感器与卫星定位终端构成综合遥测系统为核心的弹载测试设备构成。

(3)试验方法 E。

由弹载三轴角速率传感器(例如,角速率陀螺或地磁传感器)测试系统和与雷达为代表的地面外测设备构成。

(4) 试验方法 E^*。

以弹载三轴角速率传感器与卫星定位终端构成综合遥测系统为核心的弹载测试设构成。

仰射弹箭飞行过程的角运动参数主要指其飞行姿态角和角速率。对于高速旋转弹箭飞行试验，一般采用太阳方位角/转速传感器测试系统进行测量，即基本试验方法 D 和 D^*；对于低速旋转弹箭一般采用专门的角速率传感器进行测量，即基本试验方法 E 和 E^*。这两类方法均采用了弹载测姿传感器为核心的弹载测试系统，它将测姿传感器安装在弹体内测量弹箭飞行过程中的角运动参数，其测试设备由弹载传感器和测试信号采集传输设备或弹载存储装置组成。所不同的是，试验方法 D 和 E 采用雷达为代表的地面外测设备获取弹箭飞行速度、轨迹坐标曲线数据，它与弹载测姿传感器测试系统的时间基准同步性略差；而方法 D^* 和 E^* 采用卫星定位终端获取弹箭飞行速度、轨迹坐标曲线数据，它与弹载测姿传感器测试系统采用同一个时间基准。

同样地，关于方法 D 和 E 的实施细则，只须在方法 F 的基础上增加姿态遥测弹测试系统内容即可，遥测弹一般采用典型装药和射角均匀分布的分散射击方法测试。由于遥测弹成本很高，操作过程也很繁杂，在多数情况下不能用作大样本量的试验用弹。因此，这类试验多采用分散射击方式使用弹箭姿态遥测弹，其总体用弹量通常为 10~30 发（套）。

近些年来，由于人造地球卫星导航技术的成熟和普及，采用具有抗高过载能力的小型化的地球卫星定位系统接收终端作为传感器应用已经比较成熟，使得弹载测试系统获取弹箭飞行速度和轨迹坐标数据成为可能。因此在弹箭气动力飞行试验中，应用前面所述方法 C^*、D^*、E^* 的试验将会越来越多。

应该指出，利用现代弹载传感器测试系统，除了能够获得弹箭的飞行姿态外，还可以获得飞行速度和轨迹等数据，完全能够满足提取气动参数的全弹道参数的测试，但使用这种测试系统对试验弹箭有改装，其静测参数与实弹多少存在一些差异。若用其测试弹进行试验，可以根据实测弹体静态物理量参数与实弹参数的差异，采用理论换算方法予以修正。如与距离射试验方法兼顾试验，则不宜用作编组弹箭。

第6章　弹箭飞行试验的初速与阻力系数辨识

弹箭飞行试验需要测试弹箭运动状态参数，为了保证准确捕获状态数据，所用的被试弹箭模型必须保持稳定（尾翼弹满足静态稳定，旋转弹满足陀螺稳定）飞行。弹箭初速测量通常在弹道直线段条件下实施，并有弹道靶道试验和野外靶场试验两种类型：前者因在封闭的环境条件下实施，必须要求平射试验，且试验条件能够控制得很严格；后者在露天条件下进行，试验环境受天气条件影响较大。为了提高射击时刻气象诸元数据的精度，一般应采用平射或者低射角试验方法。本章主要针对此类直线弹道弹箭飞行试验，讨论初速与阻力系数辨识方法。

6.1　弹箭平射试验的初速换算方法

在弹箭气动力平射试验中，常常利用测时仪器和区截装置测弹箭的飞行初速、弹箭的着靶速度、弹箭在飞行中的速度降以及弹箭在某些规定射程上的飞行时间等。特别是在弹箭飞行姿态的平射试验中，常常采用这种方法建立姿态数据与时间的联系，可以认为测时仪测速是平射试验应用最广泛的测速方法。通常，采用测时仪测速并不只是简单地测出弹道上某点的弹箭飞行速度，而是需要通过弹道上的弹箭速度测量，了解弹箭的某些弹道特征和飞行特性。要完成这一过程，就必须根据弹箭的飞行规律进行有关的数据处理和计算，以便确定所需要的弹道参数。

6.1.1　弹箭初速测试原理及场地布置

1. 弹箭初速的定义

理论分析和试验表明，弹箭飞离炮口时的速度变化规律并不服从第3章导出的空气弹道方程，而是服从如图 6.1 所示的速度曲线的变化规律。在弹箭刚离开炮口的瞬间，火炮膛内火药气体以很高的速度喷出并作用于弹箭，使得火药气体对弹箭的推力大于作用于弹箭的阻力，因而弹箭加速运动；随着弹箭飞离炮口的距离增加，炮膛内喷出的火药气体减速很快并向四周急剧扩散，使火药气体对弹箭的推力急剧下降，当该推力与阻力相等时，弹箭飞行加速度为零；在其飞行速度达到最大值 v_m 后，火药气体对弹箭产生的推力开始小于阻力，弹箭速度逐渐下降；当弹箭飞过后效期作用距离后，火药气体对弹箭不再产生作用，此时作用于弹箭的力只有空气动力和重力，弹箭速度的变化规律服从空气弹道方程。

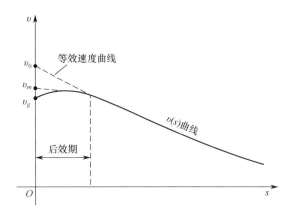

图 6.1 后效期内弹箭速度变化规律

由于目前对后效期火药气体的压力和速度的变化规律的研究还不充分，无法用理论公式或经验公式进行准确计算；加之一般火炮的后效期的作用时间和距离均很短，为了弹道计算和数据处理简单方便，一般不考虑其影响，在假设弹箭一出炮口就只受到空气动力和重力的作用。因此在实际应用时一般不用炮口实际速度 v_g，而是采用图 6.1 所示不考虑后效期作用的等效炮口速度值 v_0 进行计算，并将 v_0 称为初速。由此可见，初速必须满足的等效条件是：当仅仅考虑空气阻力和重力的影响而不考虑后效期内火药气体对弹箭的作用时，在后效期火药气体对弹箭的推力作用结束后，弹箭的各点飞行速度必须与该点的真实速度相等，其量值满足 $v_0 > v_m > v_g$。

2. 平射试验的初速测试方法

弹箭初速是确定整个空气弹道的一个起始参量，也是弹箭发射过程中膛内运动的一个结果参量。在内、外弹道分析和计算中，弹箭初速是一个至关重要的弹道特征参数。在靶场试验中，弹箭初速测定是应用最广泛的测试内容。在弹箭气动力飞行试验中需要测量弹箭初速，目前主要采用测时仪测速系统和多普勒雷达测速（初速雷达）系统完成弹箭初速测量。此外，初速测试还大量用于选配装药量试验、弹重系数试验、药温试验、身管寿命试验等射表与火控计算模型的试验，其主要目的是建立初速预测方法。目前，国内的初速测试技术已相当成熟，主要采用由测时仪测速方法确定测点速度，按照速度衰减规律外推初速的数据处理方法。

在弹箭气动力射击试验中，测时仪测速方法主要用于平射试验测初速，其场地布置如图 6.2 所示。图中，L 为两测速靶的区截面之间截取的测量基线长度，L_1 为第一个区截装置到炮口之间的弹道线长度。利用这一场地布置测出 v_e 和气象条件数据后，可按下面介绍的两种方法换算弹箭初速。

由于初速 v_0 是按空气弹道上弹箭实际速度的衰减规律外推到炮口确定出的

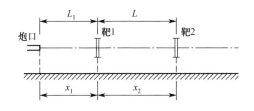

图 6.2 弹箭初速测量场地布置示意图

等效速度,因此初速的确定至少应该测出空气弹道上某点的弹箭速度及衰减规律。靶场试验中相当普遍的初速测试情况是,测试前已经了解或掌握了弹箭速度的衰减规律。因此采用测时仪测初速 v_0,一般是采用两个(或四个)区截装置配合测时仪测量炮口附近空气弹道上某一点的弹箭速度,由已知的弹箭速度衰减规律外推到炮口来确定。根据这一原理,弹箭气动力平射试验中普遍采用图 6.2 所示的场地布置测弹箭初速。图中,L 为两测速靶的区截面之间截取的弹道线长度,称为测量基线长度。在实际测量中,通常采用测量靶距来代替 L 值;L_1 为第一个区截装置到炮口之间的弹道线长度,一般要求 L_1 必须大于后效作用距离。根据图中的场地布置,只需测出弹箭飞过距离 L 所经历的时间 T,即可计算出在该段弹道上的平均速度,即

$$v_e = \frac{L}{T} \tag{6.1}$$

可以证明,将弹箭速度的衰减规律作线性近似后,弹箭在两靶中点处的飞行速度与平均速度完全相等。由测时仪测速误差分析可知,只要测时仪测速基线 L 不太长,实测平均速度代替两靶中点处的弹箭速度的误差的量级小于 10^{-5},相对于测速精度完全可以忽略。因此,采用图 6.2 的场地布置测两靶中点处的弹箭速度,并由已知的弹箭速度衰减规律即可确定弹箭的飞行初速。由于弹箭速度衰减规律与射击时的气象条件有关,因而在用测时仪测弹箭初速时,一般应同时测出射击时的气象条件。

6.1.2 弹箭平射试验的初速换算方法

在弹箭飞行试验中,常常采用图 6.2 所示的场地布置测定弹箭初速。由图可知,测速点到炮口的距离为 $L_0 = L_1 + 0.5L$,利用这一场地布置测出 v_e 和气象条件数据后,可换算弹箭初速。

6.1.2.1 无风时弹箭初速的换算方法

在平射条件下,无风时弹箭初速的换算方法有 D 表换算法、δD 表换算法和公式换算法三种,其中公式换算法最适合计算机编程计算。

公式换算法是根据弹箭速度的指数衰减规律外推初速的方法。根据质点弹道方程中的阻力方程式（3.174）的推导过程可知，在平射、无风条件下，该式可近似表达为

$$\frac{\mathrm{d}v}{\mathrm{d}t} = -b_x v^2 - g\sin\theta \approx -b_x v^2 \tag{6.2}$$

$$b_x = \frac{\rho S}{2m} c_x(Ma) = \frac{c\rho\pi c_{xN}(Ma)}{8000} \tag{6.3}$$

式中：b_x 为阻力参数；m 为弹箭质量；S 为参考面积；$c_x(Ma)$ 和 $c_{xN}(Ma)$ 分别为马赫数为 Ma 时的阻力系数和标准阻力定律的阻力系数；c 为弹道系数；ρ 为空气密度。

作变量代换 $\frac{\mathrm{d}v}{\mathrm{d}t} = \frac{\mathrm{d}s}{\mathrm{d}t} \cdot \frac{\mathrm{d}v}{\mathrm{d}s} = v\frac{\mathrm{d}v}{\mathrm{d}s}$，阻力方程可写为

$$\frac{\mathrm{d}v}{\mathrm{d}s} = -b_x v \tag{6.4}$$

将式（6.4）分离变量积分，整理可得速度 v 随距离 s 的变化规律，即

$$v = v_0 \exp(-b_x s) \tag{6.5}$$

由于距炮口 L_0 的测速点处实测弹箭速度为 v_e，故弹箭初速的换算公式可写为

$$v_0 = v_e \exp(b_x L_0) \tag{6.6}$$

上式即为初速的换算公式，式中阻力参数 b_x 由式（6.3）计算，其中马赫数 Ma 应是从炮口到测速点范围内弹箭飞行的平均马赫数，即 $Ma = \frac{v_e + v_0}{2c_s}$，$c_s$ 为声速，可由式（4.23）计算。

由于一般测时仪的测速点离炮口不远，加之阻力系数 $c_x(M)$ 在超音速段（$M > 1.2$）和亚音速段（$Ma \leq 0.8$）随时间变化缓慢，因而在进行初速换算时可取速度测量值代入 $Ma \approx \frac{v_e}{c_s}$ 计算。

对于跨音速（$0.8 \leq Ma < 1.2$）飞行的弹箭的初速换算，由于阻力系数变化剧烈，应用时可先由 $Ma \approx \frac{v_e}{c_s}$ 确定马赫数 Ma 的近似值，由式（6.6）换算出 v_0 的近似值后，再由 $Ma \approx \frac{v_0 + v_e}{c_s}$ 计算马赫数，进而求出 v_0 的精确值。

6.1.2.2 有风时弹箭初速的换算方法

在有风的条件下，在弹箭飞行时间内，风速 w 为常矢量，根据伽利略相对性原理，任何惯性系中的物理现象都是相同的，弹箭速度服从的质点弹道切向方程

式 (6.4) 可写为

$$\frac{dv_w}{ds_w} = -b_x v_w \tag{6.7}$$

式中：v_w 为相对于空气的速度；下标 "w" 代表相对于空气。

设试验射击时的风速矢量为 $\boldsymbol{w}$，由于弹箭在空气中飞行时间很短，故 $\boldsymbol{w}$ 可以看作是一个常矢量。根据伽利略原理，在图 6.3 所示的地面坐标系 O-xyz 和沿 x 轴方向运动的坐标系 O_w-$x_w y_w z_w$ 中，有

$$x = x_w + w_x t \tag{6.8}$$

式中：w_x 为风速 $\boldsymbol{w}$ 在 x 轴方向的分量。

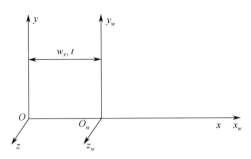

图 6.3 坐标系 O-xyz 与 O_w-$x_w y_w z_w$

设图 6.3 中地面坐标系 O-xyz 的原点在炮口，x 轴方向沿弹箭水平速度方向，因而上式中 x 代表了弹箭的水平飞行距离，x_w 为弹箭相对于坐标系 O_w-$x_w y_w z_w$ 的水平飞行距离，t 为飞行时间。由此可知，若将上式对 t 求导可得

$$v = v_w + w_x \tag{6.9}$$

将上式对 x_w 求导，有 $\dfrac{dv_w}{dx_w} = \dfrac{dv}{dx_w}$。由于弹箭沿 x 轴方向飞行，有 $s_w = x_w$，因此该表达式可写为

$$\frac{dv_w}{ds_w} = \frac{dv}{ds_w} \tag{6.10}$$

将式 (6.10) 代入式 (6.4)，即可得出式 (6.7)。由此证明了在有风条件下，弹箭相对于空气运动速度满足的微分方程式 (6.7) 与无风条件下的质点弹道方程式 (6.4) 具有完全相同的形式。因此，对于有风条件下弹箭初速的换算，可采用变换参照系的方法，先将弹箭相对地面坐标系的参量变换到运动坐标系 O_w-$x_w y_w z_w$ 中，并按无风条件下的弹箭初速换算方法求出弹箭相对空气的初速，然后再换算到地面坐标系 O-xyz 中而求出弹箭初速。

实例计算表明，只要平射试验的测速点离炮口不远，地面风速对弹箭初速换算的影响不大。对测速精度要求不太高的试验，只要风速不大，测速点离炮口较

近,在进行初速换算时可以不考虑风的影响。

根据初速换算方法的推导过程可知,若将 L_0 看作平射弹道上任意一点位置到测速点的距离,则上面所有的换算公式均可应用于弹箭平射弹道上任意一点飞行速度的换算。根据这一结论,在弹箭飞行姿态测试的平射试验的场地布置中,只要设置了一个测速点即可换算附近任一测姿点的弹箭飞行速度。

6.2 弹箭阻力系数的平射试验方法

空气作用在弹箭上的阻力是弹道学者最早认识的空气动力。历史上,由于当时弹道测试技术的限制,因而弹箭气动力飞行试验大都是采用平射方法测量弹箭飞行阻力,主要方法有动能法和区截法等。这些方法突出的特点是直观,原理简单、实用,因此广泛应用于枪弹阻力系数测试。

在多普勒雷达应用出现之前,由于弹箭飞行速度测量主要依赖于测时仪-区截装置测速系统,加之当时计算机应用非常稀缺,故动能法测弹箭阻力系数成为应用最广泛的方法。该方法的基本原理是:由于弹箭飞行时阻力的耗散作用使得飞行中弹箭的动能不断减少,动能法就是基于弹箭在飞行中动能的减少等于其克服空气阻力所做的功而设计的试验方法。由于靶道技术的发展,这种方法基本被多区截装置测阻力系数方法所取代。

6.2.1 多区截方法测阻力系数

在弹道靶道的平射试验中,主要采用多区截测量方法采集试验弹箭的位置-时间数据,其场地布置如图 6.4 所示。

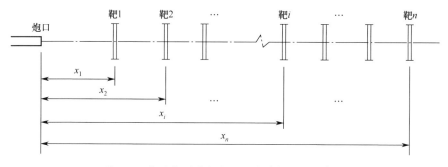

图 6.4 多区截测量方法测阻力系数的场地布置

试验时,按图中方法沿水平射向,在距炮口 x_1, x_2, …, x_n 处布置 n 个一系列的区截装置,将 n 个区截装置分别与时间采集系统(或多路测时仪)相连,并记录弹箭从炮口飞过各区截装置的时间 t_1, t_2, …, t_n。按这种场地布置,每测

试一发弹可获得如下形式的数据,即

$$(x_1, t_1), (x_2, t_2), \cdots, (x_n, t_n) \quad (6.11)$$

靶道试验中,一般多采用靶道设置的触发闪光阴影照相的区截装置(红外光幕靶,或其他触发装置),采用时间采集系统获取上述数据。同时,测出射击时刻的气象诸元数据。对于这些数据,通常采用最小二乘法进行数据拟合,并辨识弹箭的阻力系数和初速。靶道试验数据拟合的方法较多,下面仅简单介绍一种从位置-时间数据辨识弹箭阻力系数的最小二乘法。

最小二乘法辨识弹箭阻力系数的基本出发点是,根据阻力方程式(6.2)建立一个适用的解析解作为数学模型,然后调整模型中有关参数,使得模型计算值与测试值达到最佳拟合。此时模型中的有关参数,即为符合实验结果的最优参数,从这些参数就可以计算出阻力系数和初速等。

1. 辨识模型

对于式(6.11)所给出的数据,可直接采用弹箭飞行距离与飞行时间的函数关系式作为数学模型进行拟合。利用阻力方程式(6.2)的解析解式(6.5),可将距炮口 x_M 距离的速度 v_M 表示为

$$v_M = v_0 \exp(-b_x x_M) \quad (6.12)$$

进而推导出弹箭飞行距离与飞行时间的函数关系。为此,将阻力方程解析解 $v = v_0 \exp(-b_x s)$ 除以上式,得

$$v = v_M \exp(b_x(x - x_M)) \quad (6.13)$$

由于试验是水平射击,故有 $v = \dfrac{dx}{dt}$,因此将上式分离变量积分,整理可得

$$t = t_M - \dfrac{1}{b_x v_M}[\exp(b_x(x - x_M)) - 1] \quad (6.14)$$

式中:x_M、v_M 分别为飞行时间 $t = t_M$ 时 x、v 对应的取值。

如果图6.4的场地布置中,区截装置布置区间 $x_n - x_1$ 不大(由于区截装置的区截面限制,大多数情况都在300m的范围内),若取 x_M 为测试范围中心点到炮口的距离,则式(6.14)中 $|x - x_M|$ 的数值范围更小,因而可以认为 $b_x(x - x_M)$ 的绝对值是远小于1的小量。考虑到一般弹箭的阻力参数 b_x 的量值很小(一般小于 $10^{-3} m^{-1}$),因而可将 $\exp(b_x(x - x_M))$ 作泰勒级数展开略去高次项,可得

$$t(x) = b_1 + b_2(x - x_M) + b_3(x - x_M)^2 = \sum_{j=1}^{3} b_j(x - x_M)^{j-1} \quad (6.15)$$

$$\begin{cases} b_1 = t_M, \quad b_2 = \dfrac{1}{v_M} \\ b_3 = \dfrac{b_x}{2v_M}, \quad x_M = \dfrac{x_1 + x_n}{2} \end{cases} \quad (6.16)$$

155

计算表明，对一般的弹箭，如果 $|x-x_M|\leq 150\mathrm{m}$，采用式（6.15）计算所产生的误差小于 0.05%。

2. 辨识方法

对于试验数据 (x_i,t_i) $(i=1,2,\cdots,n)$，将式（6.14）取作数学模型，b_1,b_2,b_3 可作为待辨识参数，设目标函数为

$$Q=\sum_{i=1}^{n}\left[t_i-t(x_i)\right]^2=\sum_{i=1}^{n}\left[t_i-\sum_{j=1}^{3}b_j(x_i-x_M)^{j-1}\right]^2 \tag{6.17}$$

按照第2章所述的线性最小二乘法，将目标函数 Q 分别对待辨识参数 b_1,b_2,b_3 求偏导，取 $\dfrac{\partial Q}{\partial b_k}=0$ $(k=1,2,3)$ 可得如下矩阵形式的代数方程，即

$$[A_{jk}]_{3\times 3}[b_j]_{1\times 3}=[B_k]_{1\times 3} \tag{6.18}$$

$$\begin{cases} A_{jk}=\sum_{i=1}^{n}(x_i-x_M)^{j+k-2} \\ B_k=\sum_{i=1}^{n}t_i(x_i-x_M)^{k-1} \end{cases} (k=1,2,3) \tag{6.19}$$

求解式（6.18）可得出参数 b_1,b_2,b_3 最小二乘意义的估计值 $\hat{b}_1,\hat{b}_2,\hat{b}_3$，代入式（6.16），可得中点速度为

$$v_M=\frac{1}{\hat{b}_2} \tag{6.20}$$

阻力参数为

$$b_x=\frac{2b_3}{v_M} \tag{6.21}$$

代入式（6.3），整理可得阻力系数为

$$c_x(Ma)=\frac{2m}{\rho S}b_x(Ma)=\frac{4m}{\rho S}\cdot\frac{\hat{b}_3}{\hat{b}_2} \tag{6.22}$$

式中：马赫数 $Ma=\dfrac{v_M}{c_s}$；空气密度 ρ 和声速 c_s 可根据射击时刻的地面气象数据，采用第4章的方法计算。

值得注意的是，在辨识计算中一直将 $c_x(Ma)$ 视为常量处理，这在超音速和亚速度情况下均适用，若在跨音运情况下，则须要求速度变化范围更小。总的看来，在区截装置测试段一般都可以得出较好的结果。同样地，改变装药进行初速射击试验，所得数据由式（6.18）和式（6.22）可算出不同马赫数下的阻力系数。将这些系数在 $c_x(Ma)$ 上描成光滑连接曲线即为弹

箭的阻力系数曲线。

类似地，根据式（2.23）和式（2.24）可估计出模型式（6.15）拟合测试数据式（6.11）的标准残差为

$$\sigma_t = \sqrt{\frac{Q_{\min}}{n-3}}$$

参数 $\hat{b}_j$ 的标准残差为

$$\sigma_{bj} = \sigma_t \sqrt{\frac{A_{jj}}{\det[A_{jk}]}}$$

式中：$\det[A_{jk}]$ 为矩阵 $[A_{jk}]$ 对应的行列式；A_{jj} 为矩阵 $[A_{jk}]$ 的对角线上的元素。

6.2.2 从速度-距离数据辨识零升阻力和诱导阻力系数的方法

靶道试验中，无论是利用闪光阴影照相技术，还是利用纸靶技术测定弹箭飞行姿态，都可同时测出不同距离 s 对应的弹箭飞行速度。由于弹箭飞行姿态角（攻角 δ）已经测出，因而利用速度测量数据可辨识零升阻力系数 c_{x0} 及诱导阻力系数 c_{x2}。

1. 数学模型

在平射（射角接近零）无风条件下，考虑弹箭攻角时，因 $c_x = c_{x0} + c_{x2}\delta^2$，注意到靶道试验中有 $s \approx x$，故阻力方程式（6.2）可写为

$$\frac{dv}{ds} = -(b_{x0} + b_{x2}\delta^2)v \tag{6.23}$$

$$b_{x0}(Ma) = \frac{\rho S}{2m}c_{x0}(Ma), \quad b_{x2}(Ma) = \frac{\rho S}{2m}c_{x2}(Ma) \tag{6.24}$$

如果阻力方程式（6.23）中，攻角 $\delta(s)$ 已是已知变量，且为距离 s 的函数，则可将式（6.23）从 0 到 s 积分，可得

$$v = v_0 \exp(-(b_{x0}s + b_{x2}G(s))) \tag{6.25}$$

$$G(s) = \int_0^s \delta^2(s)\,ds \tag{6.26}$$

$$\delta^2(s) = \delta_1^2(s) + \delta_2^2(s) \tag{6.27}$$

式中：$G(s)$ 为可积的函数；$\delta^2(s)$ 为攻角平方函数。

通过弹箭章动试验数据的辨识处理，$\delta_1(s)$ 和 $\delta_2(s)$ 均可确定为已知的显函数表达式，即

$$\begin{cases} \delta_1(s) = k_1(s)\cos\varphi_1(s) + k_2(s)\cos\varphi_2(s) \\ \delta_2(s) = k_1(s)\sin\varphi_1(s) + k_2(s)\sin\varphi_2(s) \end{cases} \tag{6.28}$$

由 3.5.1 节可知，式中参数 k_1、k_2 的表达式为

$$k_j = k_{j0} \exp(\lambda_j s), \quad \varphi_j = \varphi_{j0} + \varphi'_j s \quad (j=1, 2)$$

k_{10}、k_{20}、φ_{10}、φ_{20}、φ'_1、φ'_2、λ_1、λ_2 这 8 个参数的取值，均可采用 7.4 节所述辨识方法确定。将式（3.131）和式（6.28）代入式（6.27），由式（6.26）积分后即可得出函数 $G(s)$ 的表达式。

由于 k_{10}、k_{20}、φ_{10}、φ_{20}、φ'_1、φ'_2、λ_1、λ_2 这 8 个参数均为确定的已知量，因此在式（6.25）中，所涉及的待辨识参数只有 v_0、b_{x0} 和 b_{x2}。

参考文献 [9] 导出了该表达式，这里直接表示为

$$G(s) = \int_0^s \delta^2 \mathrm{d}s = \left(\frac{k_{10}^2 \exp(2\lambda_1 s)}{2\lambda_1} + \frac{k_{20}^2 \exp(2\lambda_2 s)}{2\lambda_2} \right) - \left(\frac{k_{10}^2}{2\lambda_1} + \frac{k_{20}^2}{2\lambda_2} \right) +$$

$$2k_{10}k_{20} \left[\cos(\varphi_{10} - \varphi_{20}) \cdot \frac{\varphi'_1 - \varphi'_2}{(\lambda_1 + \lambda_2)^2 + (\varphi'_1 - \varphi'_2)^2} \begin{pmatrix} \exp((\lambda_1+\lambda_2)s)\sin((\varphi'_1-\varphi'_2)s) - \frac{\lambda_1+\lambda_2}{\varphi'_1-\varphi'_2} + \\ \frac{\lambda_1+\lambda_2}{\varphi'_1-\varphi'_2} \exp((\lambda_1+\lambda_2)s)\cos((\varphi'_1-\varphi'_2)s) \end{pmatrix} - \right.$$

$$\left. \sin(\varphi_{10} - \varphi_{20}) \cdot \frac{\varphi'_1 - \varphi'_2}{(\lambda_1+\lambda_2)^2 + (\varphi'_1-\varphi'_2)^2} \begin{bmatrix} 1 - \exp((\lambda_1+\lambda_2)s)\cos((\varphi'_1-\varphi'_2)s) \\ + \frac{\lambda_1+\lambda_2}{\varphi'_1-\varphi'_2} \cdot \exp((\lambda_1+\lambda_2)s)\sin((\varphi'_1-\varphi'_2)s) \end{bmatrix} \right]$$

(6.29)

2. 辨识方法

对于靶道试验数据 (x_i, t_i) $(i=1,2,\cdots,n)$，可换算出 $n-1$ 个速度数据，即

$$v_i = \frac{x_{i+1} - x_i}{t_{i+1} - t_i}, \quad s_i = \frac{x_{i+1} + x_i}{2} \tag{6.30}$$

故实测速度数据形式为

$$(v_i, s_i) \quad (i=1, 2, \cdots, n-1) \tag{6.31}$$

采用式（6.25）作为辨识参数 v_0、b_{x0} 和 b_{x2} 的数学模型，为便于推导叙述，这里定义待辨识参数集合为

$$\boldsymbol{C} = (c_1, c_2, c_3)^{\mathrm{T}} \tag{6.32}$$

$$c_1 = v_0, \quad c_2 = b_{x0}, \quad c_3 = b_{x2} \tag{6.33}$$

故式（6.25）可写为

$$v(\boldsymbol{C}; s) = c_1 \exp(-(c_2 s + c_3 G(s))) \tag{6.34}$$

应用 2.1.3 节的显函数模型的最小二乘法，试验测试数据为

$$(v_i, s_i) \quad (i=1, 2, \cdots, n-1)$$

设其目标函数为

$$Q = \sum_{i=1}^{n-1} [v_i - v(\boldsymbol{C}; s_i)]^2 = \sum_{i=1}^{n-1} \left[v_i - \left(v(\boldsymbol{C}; s_i) + \sum_{j=1}^{3} \frac{\delta v(\boldsymbol{C}; s_i)}{\delta c_j} \Delta c_j \right)_{\boldsymbol{C}=\boldsymbol{C}^{(l)}} \right]^2$$

(6.35)

由微分求极值原理，取 $\frac{\delta Q}{\delta c_j} = 0$ $(j=1,2,3)$ 可确定正规方程为

$$[A_{jk}]_{\boldsymbol{C}=\boldsymbol{C}^{(l)}}[\Delta c_j^{(l)}] = [B_j]_{\boldsymbol{C}=\boldsymbol{C}^{(l)}} \quad (j,k=1,2,3) \tag{6.36}$$

$$\begin{cases} A_{jk} = \sum_{i=1}^{n-1} p_j(\boldsymbol{C};s_i) p_k(\boldsymbol{C};s_i) \\ B_j = \sum_{i=1}^{n-1} (v_i - v(\boldsymbol{C};s_i)) p_j(\boldsymbol{C};s_i) \end{cases} \quad (j,k=1,2,3) \tag{6.37}$$

$$\begin{cases} p_1 = \dfrac{\delta v(\boldsymbol{C};s)}{\delta c_1} = \exp(-(c_2 s + c_3 G(s))) \\ p_2 = \dfrac{\delta v(\boldsymbol{C};s)}{\delta c_2} = -c_1 s \exp(-(c_2 s + c_3 G(s))) \\ p_3 = \dfrac{\delta v(\boldsymbol{C};s)}{\delta c_3} = -c_1 G(s) \exp(-(c_2 s + c_3 G(s))) \end{cases} \tag{6.38}$$

式中，p_1、p_2、p_3 为灵敏度。

求解正规方程式（6.36）即可得出代数方程的解 $\Delta c_j^{(l)}$ ($j=1,2,3$)，代入

$$c_j^{(l+1)} = c_j^{(l)} + \Delta c_j^{(l)} = 1,2,3 \tag{6.39}$$

即可计算出 $c_j^{(l+1)}$，经迭代计算直至 $\Delta c_j^{(l)}$ 足够小，此时即认为 $c_j = c_j^{(l+1)}$。将 c_2、c_3 代入式（6.33）和式（6.24）得

$$\begin{cases} c_{x0}(Ma) = \dfrac{2m}{\rho S} b_{x0}(Ma) = \dfrac{2m}{\rho S} c_2(Ma) \\ c_{x2}(Ma) = \dfrac{2m}{\rho S} b_{x2}(Ma) = \dfrac{2m}{\rho S} c_3(Ma) \end{cases} \tag{6.40}$$

$$Ma = \dfrac{V_M}{c_s}, \quad v_M = \dfrac{1}{2}(v_1 + v_{n-1}) \tag{6.41}$$

式中：Ma 为马赫数；c_s 为声速。

应该指出，较精确辨识 b_{x2} 的条件是，必须满足其灵敏度 p_3 足够高。从式（6.38）的第 3 个方程可知，只有函数 $G(s)$ 足够大，即只有幅值 k_{10} 和 k_{20} 足够大 [即攻角 δ 幅值足够大，参见式（6.26）] 才能保证 p_3 足够大；如果攻角幅值 δ 很小，一般视为攻角 $\delta=0$，此时辨识的结果只是 v_0 和 b_{x0}，而式（6.25）与式（6.5）具有相同的形式，即

$$v = v_0 \mathrm{e}^{-b_{x0} x}$$

在这种情况下，直接采用前两节所述方法辨识即可。

参考文献 [9] 列出了应用这种方法的辨识结果，如表 6.1 所列。需要注意的是，表中数据是纸靶试验数据的辨识结果，由于靶纸对弹箭飞行具有阻碍作用，其阻力系数可能偏大。

表 6.1 对 A-83-122 弹箭辨识出的 c_{x0} 和 c_{x2}

时间	方法	弹箭	弹序	c_{x0}	c_{x2}
1994.6	多普勒雷达测速数据	A-83-122 第 1 发	1	0.318	3.8
1994.6		A-83-122 第 2 发	2	0.312	4.2
1994.9		A-83-122-1	1	0.314	2.4
平均				0.315	3.5

6.3 多普勒雷达测速数据处理方法

靶场采用的多普勒雷达的种类和型号有多种，其中初速雷达应用最为广泛的是在弹箭平射试验和仰射试验条件下的初速测试。由于它的测速原理也是多普勒原理，故其测试数据是弹箭相对于雷达天线的径向速度 v_r 与飞行时间 t 的对应关系，数据形式为

$$(v_{r1},t_1),(v_{r2},t_2),\cdots,(v_{rn},t_n) \quad (6.42)$$

利用上述数据，采用适当的辨识方法可以确定出弹箭的阻力系数与马赫数的数值关系和初速。本节主要介绍用于初速测量的多普勒雷达数据处理中常用的速度数据的修正与换算方法和初速拟合外推方法等。

6.3.1 初速雷达测速数据的修正换算方法

根据多普勒雷达的测速原理，弹箭径向速度实际是弹箭飞行速度在天线中心到弹箭的射线方向上的分量。在靶场试验中，一般需要测出的数据是弹箭实际飞行速度随时间的变化规律。因此，多普勒雷达测速的数据处理中应将实测的弹箭径向速度作修正，并换算为弹箭的实际飞行速度。多普勒雷达测速数据的修正换算方法有多种形式，其计算公式都是根据径向速度定义和雷达天线相对于炮口位置的几何关系，结合外弹道学理论知识导出的。这里仅介绍一种初速雷达测速数据修正换算方法和弹道跟踪雷达测速数据修正换算方法。为了便于叙述和理解，这里先介绍弹箭速度数据修正和换算中常用的坐标系和雷达测速的场地布置，然后再介绍速度数据的换算方法。

多普勒雷达测速的场地布置主要指雷达天线和炮位的位置选择。在弹箭气动力射击试验中，为了确保雷达天线的安全，大都将天线架设在火炮的侧后方，如图 6.5 所示。图 6.6 为该场地布置对应弹箭速度 v 与径向速度 v_r 的几何关系。图中点 A 为雷达天线的中心位置，点 P 为时刻 t 弹箭的质量中心的空间的位置，点 O 为炮口中心位置；点 F 为过 A 点（天线中心）并与射击平面相垂直的铅直平面与炮中心轴线延长线的交点，A_0 为炮口中心（O 点）到点 F 的距离；即过炮口 O 沿炮膛轴线到达天线中心铅垂面交点 F 的距离，B_0 为过炮口中心轴线到天

线中心的垂直（斜）距离。显然，v_r 与 v 与三角形 $\Delta C_{i-1}P_{i-1}P_i$ 在同一平面上。

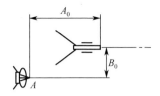

图 6.5 雷达天线场地布置示意图

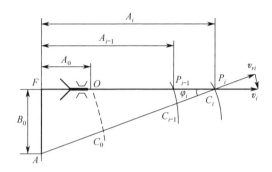

图 6.6 弹箭速度与径向速度的几何关系

根据多普勒雷达测速原理，雷达测出的弹箭径向速度 v_r 为弹箭飞行速度矢量 v 在雷达天线中心到弹箭的射线方向上的分量。由图 6.6 中的几何关系有

$$v_i = \frac{v_{ri}}{\cos\phi_i} \qquad (i=1,2,\cdots) \tag{6.43}$$

$$\cos\phi_i = \frac{C_i - C_{i-1}}{A_i - A_{i-1}} \tag{6.44}$$

对于测试数据（式 (6.42)），有 C_i 和 A_i 的递推公式，即

$$\begin{cases} A_i = A_{i-1} + \dfrac{1}{2}(v_i + v_{i-1})(t_i - t_{i-1}) \\ C_i = \sqrt{A_i^2 + B_0^2} \end{cases} \quad (i=1,2,\cdots) \tag{6.45}$$

$$A_0 = x_a, \qquad C_0 = \sqrt{A_0^2 + B_0^2} \tag{6.46}$$

式中：v_i 为第 i 点弹箭速度值。若 B_0 不大，可直接用 v_{ri} 代替 v_i 计算 A_i 和 B_i，$i=1,2,\cdots$。

6.3.2 初速雷达测速数据的初速辨识方法

在初速雷达的测速数据处理中，普遍采用多项式拟合法换算弹箭初速。多项式拟合法是以多项式作为数学模型的线性最小二乘法。采用多项式作为数学模型的理论依据是,任何光滑连续的曲线在局部范围内总可以用一个多项式来近似。由于弹箭飞行状态参量随时间的变化规律是一条光滑连续的曲线,因而在局部的弹道段上总可以用多项式近似描述弹箭飞行状态参量随时间的变化规律。实际上如果与质点弹道方程相结合,多项式拟合方法除了外推初速外,还可以换算出弹箭的阻力参数。本节主要介绍多项式拟合外推弹箭初速的方法。

对于多普勒雷达的测试数据[式(6.42)],采用6.3.1节的方法将它们换算为弹箭速度v与时间t的数据关系,即

$$(v_1, t_1), (v_2, t_2), \cdots, (v_n, t_n) \tag{6.47}$$

设在离炮口不太远的一段弹道上,弹箭飞行速度随时间的变化规律总可近似描述为

$$v_{(t)} = \sum_{j=1}^{J} a_j t^{j-1} \tag{6.48}$$

在速度数据拟合中,一般将模型中J值取为3;对于接近于直线的数据段,也可以将模型中J值取为2。根据线性最小二乘法的计算步骤,以式(6.48)作为拟合数据[式(6.47)]的数学模型,可取该组测速数据的拟合目标函数为

$$Q = \sum_{i=1}^{n} \left(v_i - \sum_{j=1}^{J} a_j t_i^{j-1} \right) \tag{6.49}$$

根据微分求极值的原理,由$\frac{\partial Q}{\partial a_j} = 0$ $(j = 1, 2, \cdots, J)$可得出矩阵形式的正规方程,即

$$[A_{jk}]_{J \times J} \cdot [\hat{a}_k]_{J \times 1} = [B_j]_{J \times 1} \tag{6.50}$$

$$A_{jk} = \sum_{i=1}^{n} t_i^{j+k-2}, \qquad B_j = \sum_{i=1}^{n} v_i t_i^{j-1} \qquad (j, k = 1, 2, \cdots, J) \tag{6.51}$$

则方程的解为

$$[\hat{a}_k] = [A_{jk}]^{-1} [B_j] \tag{6.52}$$

若将上式中列矩阵$[\hat{a}_k]$中的各元素$\hat{a}_k (k = 1, 2, \cdots, J)$代入式(6.48),即得出在测试误差允许的条件下,表征弹箭飞行速度随时间的变化规律的最优表达式,即

$$v(t) = \hat{a}_1 + \hat{a}_2 t + \cdots + \hat{a}_J t^{J-1} \tag{6.53}$$

令$t=0$,则可得出弹箭初速,即

$$v_0 = v(0) = \hat{a}_1$$

6.3.3 用初速雷达数据辨识弹箭的阻力系数

初速雷达一般指主要用于弹箭初速测试的多普勒雷达,其主要特点是不具有弹道跟踪能力,探测范围靠近炮口,但测试距离较短,弹箭平射和仰射的飞行试验均适用。在弹箭气动力平射试验的多种场合,初速雷达多用于获取弹箭飞行速

度-时间曲线数据,补充其他参数随距离变化的规律曲线,以建立完备的数据群结构;在全弹道仰射试验中,初速雷达往往作为弹道跟踪雷达测试盲区,作为数据接力补充同样得到了广泛应用。

利用多普勒初速雷达获取的弹箭飞行速度-时间数据(v_i, t_i) $(i=1,2,\cdots,n)$和气象测试设备获取试验时刻的气象诸元数据,可以辨识出弹箭阻力系数和初速,其辨识方法一般采用最小二乘法。应用这种方法的计算处理,首先需要解决下面两个问题:

(1) 建立弹箭速度-时间的函数关系,以确定辨识计算的数学模型;
(2) 选择合适的辨识方法进行数据拟合。

6.3.3.1 弹道直线段上弹箭速度-时间的函数关系(数学模型)

由于初速雷达不具有弹道跟踪功能,测试距离较短,雷达天线发射出的电磁波束一般情况下只照射到升弧段的直线弹道。因此,在自然坐标系中,弹箭质点运动方程可表示为

$$\frac{\mathrm{d}v}{\mathrm{d}t} = -\frac{\rho v_w^2}{2m}Sc_x(Ma) - g_\theta \tag{6.54}$$

$$g_\theta = g\sin\theta \tag{6.55}$$

根据炮射弹丸的飞行规律,初速较高的弹丸在距炮口不太长的距离内,其飞行轨迹可近似为一条直线,即在该范围的弹道倾角θ可近似为常量。在炮口直线弹道段,将弹道倾角θ取$\theta \approx \theta_0$,则上式可近似写为

$$g_\theta \approx g\sin\theta_0$$

由于$v_w = v - w_x\cos\theta$,在炮口直线弹道段弹道上$w_x\cos\theta$可视为常量,则有$\frac{\mathrm{d}v_w}{\mathrm{d}t} = \frac{\mathrm{d}v}{\mathrm{d}t}$。由此式(3.174)可改写为

$$\frac{\mathrm{d}v_w}{\mathrm{d}t} = -b_x(Ma)v_w^2 - g_\theta \tag{6.56}$$

由于初速雷达实测弹道段距离不太长,$b_x(M)$可视为常量,因而可以将式(6.56)分离变量积分,即

$$\int_{v_{w0}}^{v_w} \frac{\mathrm{d}v_w}{g_\theta + b_x v_w} = -\int_0^t \mathrm{d}t \tag{6.57}$$

式中:积分初值v_{w0}为相对速度v_w的起始参量,即相对初速。式(6.57)可分别由下面三种情况求出解析表达式。

(1) 平射弹道情况。

在平射弹道直线段有$|\theta| \leq 5°$,$g_\theta \approx g\sin\theta_0 \approx 0$,故式(6.57)可积分为

$$t = a_1 + a_2 \cdot \frac{1}{v_w} \tag{6.58}$$

$$a_1 = -\frac{1}{b_x v_{w0}} , \quad a_2 = -\frac{1}{b_x} \tag{6.59}$$

（2）仰射弹道情况。

在仰射条件下，直线段弹道满足条件$|\theta| \geqslant 5°$，则式（6.57）可积分为

$$t = a_1 + a_2 \cdot \arctan\left(\sqrt{\frac{b_x}{g_\theta}} v_w\right) \tag{6.60}$$

$$a_1 = \frac{\arctan\left(\sqrt{\frac{b_x}{g_\theta}} v_{w0}\right)}{\sqrt{g_\theta b_x}} , \quad a_2 = -\frac{1}{\sqrt{g_\theta b_x}} \tag{6.61}$$

从上述推导过程可以看出，式（6.58）与式（6.60）分别是在$\theta \leqslant 5°$和$\theta > 5°$成立的条件下，弹箭飞行时间与飞行速度之间的函数关系，在雷达数据处理中可用作数学模型。

应该注意，上述各种条件下成立的函数关系式中，系数a_1和a_2为线性常量。从式（6.59）和式（6.61）可以看出，它们在不同的关系式中的意义并不相同。在后面将要介绍的解析解拟合方法中，均把它们作为待辨识参数。

6.3.3.2 多项式拟合速度数据换算弹箭阻力系数的方法

初速雷达的主要用途是测定弹箭初速，其测试特点是雷达天线发出的电磁波束的探测距离不太长（约有1万倍弹径的作用距离）。通常在初速雷达的测试距离内，弹箭的速度变化量不太大，因此在弹箭速度数据处理中，不必求解方程式（3.174）。可以直接采用一次或二次多项式作为拟合数学模型，按多项式拟合方法确定出最终方程式（6.53）直接用公式换算弹箭的阻力系数，下面推导其换算公式。

设多普勒雷达测速试验中，由于初速雷达测试距离不太长，因而在其测试距离内的弹道可以近似为一直线。由于多数初速雷达实际应用时，仅仅测量了射击时刻的地面气象数据，只要火炮射角θ_0不大，此时可采用气象诸元随高度的分布规律外推实际弹道的气象数据。由第4章的表达式，空气密度ρ和马赫数Ma的换算公式为

$$\rho = \frac{p}{R\tau} , \quad Ma = \frac{v_w}{c_s} , \quad c_s = \sqrt{\frac{\mathrm{d}p}{\mathrm{d}\rho}} = \sqrt{kR\tau} \tag{6.62}$$

式中，k为绝热常数，对于空气绝热常数$k=1.404$；R为干空气的气体常数，且有$R=287.05$ J·kg^{-1}·K^{-1}。可将上面各式代入质点弹道方程式（3.174），可得

$$\frac{\mathrm{d}v}{\mathrm{d}t} = -\frac{S}{2m} k \cdot p_M \cdot c_x(Ma) \cdot Ma^2 - g\sin\theta_0 \tag{6.63}$$

$$p_M = p(y_M) = p_0 \exp\left(-\frac{g}{R}\int_0^{y_M} \frac{1}{\tau_B(y)} \mathrm{d}y\right) \tag{6.64}$$

$$y_M = v_M \cdot t_M \sin\theta_0, \quad v_M = \frac{v_1 + v_n}{2}, \quad t_M = \frac{t_1 + t_n}{2}$$

$$\tau_B(y) = \tau_0 - G_1 y, \quad G_1 = -6.238 \times 10^{-3} \text{K} \cdot \text{m}^{-1} \tag{6.65}$$

式中：p 为气压，可根据地面实测值 $p(0) = p_0$ 计算。

由式（6.63），有

$$c_x(Ma) = -\frac{2m}{S} \cdot \frac{g\sin\theta_0 + \dfrac{\mathrm{d}v}{\mathrm{d}t}}{k \cdot p_M \cdot M^2}, \quad Ma = \frac{v - w_x \cos\theta_0}{c_s} \tag{6.66}$$

对于弹箭飞行速度数据 $(v_i, t_i)(i = 1, 2, \cdots, n)$，采用 6.3.2 节的一次多项式（取 $J = 2$）拟合方法，可确定其最终方程为

$$v(t) = \hat{a}_1 + \hat{a}_2 t \tag{6.67}$$

将上式对时间求导 $\dfrac{\mathrm{d}v}{\mathrm{d}t} = \hat{a}_2$，代入式（6.66）即得出阻力系数及马赫数的换算公式，即

$$\begin{cases} c_x(Ma) = -\dfrac{2m}{S} \cdot \dfrac{g\sin\theta_0 + \hat{a}_2}{k \cdot p_M \cdot M^2} \\ Ma = \dfrac{\hat{a}_1 + \hat{a}_2 t_M - w_x \cos\theta_0}{c_s} \end{cases} \tag{6.68}$$

同理，对于测试距离较长的初速雷达，可采用 6.3.2 节所述的二次多项式（取 $J = 3$）拟合弹箭飞行速度数据 $(v_i, t_i)(i = 1, 2, \cdots, n)$，其最终方程可确定为

$$v(t) = \hat{a}_1 + \hat{a}_2 t + \hat{a}_3 t^2 \tag{6.69}$$

即有 $\dfrac{\mathrm{d}v}{\mathrm{d}t} = \hat{a}_2 + 2\hat{a}_3 t$，由此可得出阻力系数及马赫数的换算公式为

$$\begin{cases} c_x(Ma) = -\dfrac{2m}{S} \cdot \dfrac{g\sin\theta_0 + \hat{a}_2 + 2\hat{a}_3 t_p}{k \cdot p_M(y_p) \cdot M^2} \\ Ma = \dfrac{\hat{a}_1 + \hat{a}_2 t_M + 2\hat{a}_3 t_M^2 - w_x \cos\theta_0}{c_s} \end{cases} \tag{6.70}$$

$$y_p = v_M \cdot t_p \sin\theta_0, \quad t_1 < t_p < t_n$$

6.3.3.3 线性最小二乘拟合速度数据的参数辨识方法

弹道切向方程在条件 $\theta \leqslant 5°$ 和 $\theta > 5°$ 的情况下，其解析解具有不同的形式，下面将分别介绍它们的参数辨识方法。

1. 射角 $\theta_0 \leqslant 5°$ 时的参数辨识方法

在射角 $\theta_0 \leqslant 5°$ 的条件下，弹箭飞行时间与飞行速度之间的函数关系为式（6.58），将其作为拟合数学模型。由于该式中弹箭飞行时间 t 关于待辨识参

数 a_1 和 a_2 是线性的,因而可采用线性最小二乘法进行数据拟合辨识。对于速度数据 (v_i, t_i) $(i = 1, 2, \cdots, n)$,根据最小二乘原理,拟合目标函数为

$$Q = \sum_{i=1}^{n} \left(t_i - a_1 - a_2 \frac{1}{v_{wi}} \right)^2 \tag{6.71}$$

式中:v_w 为弹箭相对于空气的速度。故可得数据为

$$v_{wi} = v_i - w_x \cos\theta_0 \quad (i = 1, 2, \cdots, n) \tag{6.72}$$

由 $\dfrac{\partial Q}{\partial a_1} = 0$ 和 $\dfrac{\partial Q}{\partial a_2} = 0$,可以得出矩阵形式的正规方程为

$$[A_{jk}]_{2 \times 2} \begin{bmatrix} \hat{a}_1 \\ \hat{a}_2 \end{bmatrix} = \begin{bmatrix} B_1 \\ B_2 \end{bmatrix} \tag{6.73}$$

$$\begin{cases} A_{11} = n, \ A_{12} = A_{21} = \sum_{i=1}^{n} \dfrac{1}{v_{wi}}, \ A_{22} = \sum_{i=1}^{n} \dfrac{1}{v_{wi}^2} \\ B_1 = \sum_{i=1}^{n} t_i, \ B_2 = \sum_{i=1}^{n} \dfrac{t_i}{v_{wi}} \end{cases} \tag{6.74}$$

将逆矩阵 $[A_{jk}]_{2 \times 2}^{-1}$ 左乘式(6.73)的两端,可以得正规方程式(6.73)的解,即

$$\begin{bmatrix} \hat{a}_1 \\ \hat{a}_2 \end{bmatrix} = [A_{jk}]_{2 \times 2}^{-1} \begin{bmatrix} B_1 \\ B_2 \end{bmatrix} \tag{6.75}$$

$$[A_{jk}]_{2 \times 2}^{-1} = \frac{1}{A_{11}A_{22} - A_{12}^2} \begin{bmatrix} A_{22} & -A_{21} \\ -A_{12} & A_{11} \end{bmatrix} \tag{6.76}$$

由式(2.23),时间数据的拟合标准误差为

$$\hat{\sigma}_t = \sqrt{\frac{Q_{\min}}{n-2}}, \quad Q_{\min} = \sum_{i=1}^{n} \left(t_i - \hat{a}_1 - \hat{a}_2 \frac{1}{v_{ri}} \right)^2 \tag{6.77}$$

由式(2.24)可以得出,参数估计值 $\hat{a}_1$ 和 $\hat{a}_2$ 的标准误差为

$$\begin{cases} \hat{\sigma}_{a1} = \sqrt{\dfrac{A_{22}}{A_{11}A_{22} - A_{12}^2}} \cdot \hat{\sigma}_t \\ \hat{\sigma}_{a2} = \sqrt{\dfrac{A_{11}}{A_{11}A_{22} - A_{12}^2}} \cdot \hat{\sigma}_t \end{cases} \tag{6.78}$$

将式(6.70)中的参数 a_1 和 a_2 的估计值 $\hat{a}_1$ 和 $\hat{a}_2$ 代入式(6.59),即可求出阻力参数 b_x 和相对初速 v_{w0},即

$$\hat{b}_x = -\frac{1}{\hat{a}_2}, \quad \hat{v}_{w0} = -\frac{1}{\hat{b}_x \hat{a}_1} \tag{6.79}$$

再将上式代入式(6.3)和式(6.72)可得

$$c_x(Ma) = \frac{2m}{\rho S} b_x(Ma), \qquad v_0 = v_{w0} + w_x \cos\theta_0 \tag{6.80}$$

根据式（6.58）和式（6.72）可以得出，在平射条件下弹箭速度随时间变化的最终方程为

$$v(t) = \frac{\hat{a}_2}{t - \hat{a}_1} + w_x \cos\theta \tag{6.81}$$

取直线弹道测试段中点对应的时间 $t_M = \frac{t_1 + t_n}{2}$ 代入上式，求出弹箭中点速度 v_M，由 $Ma = \frac{v_M}{c_s}$ 即可计算出阻力系数 $c_x(Ma)$ 对应的马赫数，c_s 测试弹道段上的平均声速。

2. 射角 $\theta_0 > 5°$ 时的参数辨识方法

对于射角 $\theta_0 > 5°$ 条件下，应采用式（6.60）作为数学模型。观察这一关系式可以看出，虽然时间 t 关于 a_1 和 a_2 是线性的，但等式右端还存在未知参数 b_x，因而不能按线性最小二乘法进行数据拟合辨识。由于式（6.60）中 a_1 和 a_2 是线性参数，可考虑采用参数可分离的非线性最小二乘法。设拟合目标函数为

$$Q = \sum_{i=1}^{n} \left(t_i - a_1 - a_2 \cdot \arctan\left(\sqrt{\frac{b_x}{g_\theta}} v_{wi} \right) \right)^2 \tag{6.82}$$

式中：数据 (v_{wi}, t_i) 为雷达测试数据中第 i 个测量点的数据，$i = 1, 2, \cdots, n$，其中 v_{wi} 由式（6.72）换算得出。

从类似于线性最小二乘法推导过程，可以得出形式上与式（6.75）和式（6.76）完全相同的关系式，即

$$\begin{bmatrix} \hat{a}_1 \\ \hat{a}_2 \end{bmatrix} = [A_{jk}]_{2 \times 2}^{-1} \begin{bmatrix} B_1 \\ B_2 \end{bmatrix} \tag{6.83}$$

$$[A_{jk}]_{2 \times 2}^{-1} = \frac{1}{A_{11}A_{22} - A_{12}^2} \begin{bmatrix} A_{22} & -A_{21} \\ -A_{12} & A_{11} \end{bmatrix} \tag{6.84}$$

式中：矩阵元素 A_{jk} 和 $B_k (j, k = 1, 2)$ 为与弹箭阻力参数 b_x 相关的量。类比式（6.74）可得矩阵元素为

$$\begin{cases} A_{11} = n, \ A_{12} = A_{21} = \sum_{i=1}^{ni=1} \arctan\left(\sqrt{\frac{b_x}{g_\theta}} \cdot v_{wi}\right), \ A_{22} = \sum_{i=1}^{n} \left[\arctan\left(\sqrt{\frac{b_x}{g_\theta}} \cdot v_{wi}\right) \right]^2 \\ B_1 = \sum_{i=1}^{n} t_i, \ B_2 = \sum_{i=1}^{n} t_i \cdot \arctan\left(\sqrt{\frac{b_x}{g_\theta}} \cdot v_{wi}\right) \end{cases}$$

$$\tag{6.85}$$

表面形式上若将式（6.83）代回式（6.82），即达到分离参数降维的目的，

但是实际问题并非如此。由于数学模型式（6.60）本身只有 b_x 和 v_{w0} 两个未知参数，因而可以认为 a_1、a_2 和 b_x 中只有两个独立参数。事实上，式（6.61）即为它们之间的关系。若将这一关系式代入式（6.83）的右端，显然该式则成为一个非线性的代数方程组。只要从中解出 b_x 和 v_{w0} 即可得出阻力系数 c_x 和初速 v_0 的最小二乘估计。

根据上面分析，可考虑采用按下面步骤迭代求解上述非线性代数方程组：

（1）根据经验给出弹箭阻力参数 b_x 的估计值 $\hat{b}_x$，通常也可采用 $b_x = \dfrac{\rho S}{2m} c_x$ 估计计算。

（2）以 $\hat{b}_x$ 代替 b_x，代入式（6.85）和式（6.83）计算 $\hat{a}_1$、$\hat{a}_2$。

（3）由式（6.61）计算 $b_x = \dfrac{1}{g_\theta \cdot \hat{a}_2^2}$。

（4）将上式计算得出的参数 b_x 与步骤（1）的 $\hat{b}_x$ 作比较，若两者之差小于误差要求的值，则将 b_x 值作为阻力参数的真值。否则，取 $\hat{b}_x = b_x$ 重复（2）以后的各步骤。

（5）由方程式（6.60）导出 $v_w(t) = \sqrt{\dfrac{g_\theta}{b_x}} \cdot \tan\left(\dfrac{t - \hat{a}_1}{\hat{a}_2}\right)$，并取 $t = 0$ 计算相对初速 $v_{w0} = v_w(0)$，取 $t_M = \dfrac{t_1 + t_n}{2}$ 计算对应的马赫数 $Ma = \dfrac{v_w(t_M)}{c_s}$。

（6）计算阻力系数 c_x 和初速 v_0，分别为

$$c_x(Ma) = \dfrac{2m}{\rho S} b_x(Ma), \quad v_0 = v_{w0} + w_x \cos\theta_0$$

计算发现，按上述步骤迭代是收敛的，但收敛速度缓慢。为了加快收敛速度，可采用迭代修正的方法，获得了良好的效果。这种迭代修正方法的计算步骤与上述迭代步骤完全相同，只是将步骤（4）中公式 $\hat{b}_x = b_x$ 改为修正公式 $\hat{b}_x = \dfrac{b_x + \hat{b}_x}{2}$，其中 $\hat{b}_x$ 为上次迭代的输入值。实践证明，引入这一修正方法后，迭代收敛速度大大加快，通常迭代几次或十几次即可满足要求。

第7章 弹箭飞行姿态平射试验与气动参数辨识

在弹箭飞行运动过程中，其飞行攻角 δ 是不断地变化的，并产生复杂的角运动。如果攻角 δ 始终较小，弹箭将能平稳地飞行；如果攻角很大，甚至不断增大，则弹箭运动很不平稳，甚至翻跟斗坠落，这就出现了运动不稳。为了诊断弹箭设计中的缺陷，需要研究其弹体的角运动规律以及角运动对其质心运动的影响，并进行弹道计算、稳定性分析和散布分析。通常，研究弹箭的角运动规律需要进行飞行姿态试验，以确定弹箭刚体弹道方程计算中所需的气动参数等各种参数。目前，这类试验已广泛用于火箭、炮弹、导弹以及再入大气层飞行体等模型的气动力确定。本章讨论的攻角试验是一种为获取弹箭气动力参数的平射试验，它不但包含了靶道内的气动力飞行试验，也包含了野外靶场露天的或半封闭的试验靶道中开展的试验。

7.1 弹箭飞行姿态测试的平射试验

弹箭飞行姿态测试的平射试验一般指弹箭飞行本体及模型在平射条件下，获取其飞行角运动规律为核心的数据群的活动。它是弹箭系统研制过程中必不可少的基础试验方法，对外弹道学及发展新型弹箭技术发挥着重要作用。在外弹道理论研究中，弹箭平射试验是进行飞行动力学、空气动力学、炮口激波流场、发射动力学、弹托分离动力学、终点碰撞动力学以及动态模拟理论研究的有力工具。历史上正是以弹箭气动力平射试验技术为基础，人们发展和完善了弹箭运动的线性理论，促进了非线性理论的研究和发展，掌握了弹箭自由飞行的运动规律和气动参数对飞行稳定性的影响。

7.1.1 弹箭飞行姿态试验的场地布置

弹箭姿态平射飞行试验的实施方法是用发射装置将试验模型平射出去使之自由飞行，并采用弹道靶道的闪光阴影照相方法或纸靶测试方法等测试系统获取其飞行姿态等试验数据。在弹箭飞行姿态测试的平射试验中，无论采用哪一种测试方法，其场地布置实际上是在预计弹道上测量点的布置，其基本思路就是根据试验目的和测试原理科学合理地设置测量点，以获得最佳的测试结果。实践中，可以根据实际需求设计试验测试场地布置。由 3.3 节和 3.4 节的理论可知，弹箭飞行运动分为质心运动和绕心运动两部分，在不同的飞行距离上弹箭的飞行姿态并不相同。弹箭气动力平射试验并非测量弹道上某一点的弹箭飞行姿态，而是指通过试验获取弹箭飞行姿态曲线等数据构成完备数据群。以此为基础，通过辨识相关联的气动参数和弹道特征参数构成弹道计算模型，以再现试验弹箭的飞行规律。在一般意义上说，该试验需要采用在预计弹道线上布置一系列的测试点，其试验测试现场通常采用图7.1所示的场地布置。

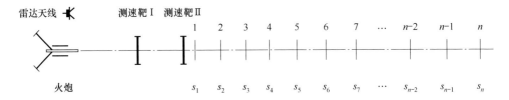

图7.1 靶道测弹箭飞行姿态试验场地布置示意图

图中，测速靶和雷达天线分别代表了测时仪测速系统和初速雷达测速系统，也可以选择其中一种；序号1、2、…、n代表火炮前方沿弹道线设置弹箭姿态测量点的编号，s_1、s_2、…、s_n分别为对应的测量点到炮口的距离，下标为测量点位置的序号。由于弹道线接近水平方向，有

$$s_i \approx x_i (i = 1,2,\cdots,n) \tag{7.1}$$

对于闪光阴影照相站测试系统，由于绝大多数靶道的测量基准轴都在水平面内，因此按照图7.1的场地布置所获取的曲线数据形式为

$$(\varphi_{ai},\varphi_{2i},y_i,z_i;s_i) \text{ 和} (s_i,t_i)(i=1,2,\cdots,n) \tag{7.2}$$

或者

$$(\varphi_{ai},\varphi_{2i},y_i,z_i;s_i)(i=1,2,\cdots,n) \text{ 和} (v_{rj},t_{rj})(j=1,2,\cdots,n_r) \tag{7.3}$$

根据弹箭绕心运动理论，弹箭的章动规律可近似用图3.18的正弦曲线来描述。因此，上述平射试验的测试点布置就转化为在近似的正弦曲线上怎样获取数据点才能够使得曲线不失真的问题。根据图7.2的章动规律曲线可以看出，至少需要8个以上的数据点才能保证经平滑描述的近似正弦曲线基本不失真。由于试验前并不能准确知道弹箭章动波长（指弹箭在一个章动周期内的飞行距离），布点位置无法做到准确无误，因此在经验上一

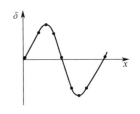

图7.2 章动规律布点原理图

般要求布置测量点密度为10~12个测量点/波长。在充分掌握了弹箭章动波长时，也可减少到8~9个测量点/波长的布点密度进行试验。

一般说来，平射试验有火炮射击起始扰动试验和弹箭气动力平射飞行试验。对于测量火炮射击起始扰动的试验来说，一般只需要测量在炮口附近第一个章动

波峰的幅值，此时只需布置1/2~3/4个波长的测量点（即4~8个测量点）；对于严格的测量火炮射击起始扰动的靶道试验，则需要测量在炮口附近2个章动波峰的幅值，此时需要在炮口附近布置1~1.5个波长的测量点（一般为12~15个点）。

若弹箭气动力平射试验需要确定弹箭的章动波长或俯仰力矩，一般需要1.5个波长以上的测量点（一般为12~20个点）；如果通过试验分析火炮弹箭的飞行稳定性，或辨识各种气动参数，一般需要设置2个以上波长的测量点（30~40个点），并采用非等间隔布靶的场地布置方式。

对于采用纸靶测姿的平射试验，一般也采用上述测量点布置方式，图7.3为某次测量火炮平射纸靶测姿试验的现场照片。

图7.3 某次弹箭飞行姿态纸靶试验的现场布置照片

图7.4 纸靶测量坐标系示意图

若试验需测量弹箭飞行的进动角，可采用铅垂器在每张靶纸上标定出铅垂线作为测量基准；若试验还需要测量弹箭飞行轨迹，可采用炮膛直瞄法或用激光准直器标出各靶上坐标系的原点，用铅垂器或经纬仪标定高低坐标轴来建立纸靶测量坐标系，如图7.4所示。

野外纸靶试验应选择在无风、雨、雪的气象条件下进行，要保证沿试验场地的气温、气压、相对湿度均匀一致，并获取射击时刻的气象数据。由于野外纸靶试验对气象条件限制较严格,这给试验进程带来了诸多困难。为了便于试验,一些发达国家建立了封闭的试验设施,即纸靶测试的专用靶道。这是因为室内靶道可以完全保证无风、雨、雪的试验条件,可以选用对弹箭飞行干扰更小的短纤维脆化处理后的靶纸,并且可利用靶道的标定系统建立纸靶测量坐标系,其试验效率更高,测试结果的精度可以显著改善。

在纸靶测姿试验中,采用图 7.4 方法进行靶纸定标,则可在测弹箭飞行姿态的同时测出其质心轨迹坐标,并利用测时仪或测速雷达配套测出弹箭飞行速度。

一般,采用多普勒雷达测量弹箭飞行速度的纸靶试验获取的曲线数据形式为

$$(\delta_i, v_i, y_i, z_i; s_i) \ (i=1,2,\cdots,n) \ 和 \ (v_{rj}, t_{rj})(j=1,2,\cdots,n_r) \tag{7.4}$$

若条件限制,纸靶试验也可采用测时仪测速系统测速,此时获取的曲线数据形式为

$$(\delta_i, v_i, y_i, z_i; s_i) \ (i=1,2,\cdots,n) \ 和 (s_j, t_j) \ (j=1,2,\cdots,n_r) \tag{7.5}$$

必须指出,尽管近几十年来弹道靶道技术和遥测技术已较成熟,许多先进的弹箭飞行姿态的测试方法也得到了推广应用,但由于攻角纸靶测试方法简单、直观、可靠、经济,现在乃至今后的一段时期内,该方法在摸底试验和一些要求不是太高的飞行姿态角测量试验中,仍旧是应用最为广泛的测试方法。目前,国内外靶场在室外射击靶道上,仍大量采用攻角纸靶测弹箭的摆动规律,并获得了许多有用的数据。尽管一些弹箭飞行试验需要在靶道内采用正交闪光阴影照相测姿,但在实施这种试验之前往往也需要先经过纸靶试验摸底,以确保试验安全,这也使得测试点布置更加科学。

7.1.2 弹箭气动力平射试验实施方法

在弹箭气动力平射试验中,对于起始扰动较小的试验弹,常常采用 5.4.1 节所述增强起始扰动的方法,以提高测试数据的信噪比(即减少其测试相对误差)。其中,在炮口安装攻角起偏器的方法增大弹箭起始扰动是最简单、最成熟且使用最广泛的方法,这种方法需根据火炮身管及炮口制退器图纸设计制作,正式试验前应做起偏器射击预试验以验证其安全性和起偏效果。考虑到闪光阴影照相(或纸靶)测试试验的工作量很大,对于分装式弹药,最好根据马赫数选点按三种以上装药(例如可采用全装药、典型的中间号装药和最小号装药)试验,每种装药试验一组,每组 3~5 发,并且每种装药的试验均要求先进行起偏选择预射击。

弹箭气动力平射试验获取的试验数据群构成:

(1) 各姿态角(例如俯仰角、偏航角或攻角、进动角)-距离曲线数据;
(2) 质心坐标随距离的变化曲线数据;
(3) 速度-时间曲线数据;
(4) 射击时刻的地面气象诸元数据;

（5）各发弹的质量、质心位置、质偏、轴向转动惯量、横向转动惯量、动不平衡角数据；

（6）射击高低角、方位角装定数据。

虽然平射试验有两项内容，如果弹箭飞行的起始扰动足以保证其飞行姿态角的信噪比，则两项试验内容可以合并测试；但是若弹箭飞行攻角很小，测角精度及数据信噪比不能满足辨识计算要求，则需要采用起偏方法增大起始扰动，完成弹箭气动力平射试验。同时，该项试验还需增加起偏方法预试验。需要说明，虽然这两种试验的目的不同，但采用的测试器材和场地布置却是相同的，现将试验测试设备归纳如下：

（1）闪光阴影照相系统或攻角纸靶试验测试系统；

（2）初速雷达（或区截装置-测试仪测速系统）；

（3）坐标测量基准定位与标定系统装置；

（4）炮尾基准瞄准镜和炮口基准瞄准镜；

（5）地面气象条件测量仪器；

（6）闪光阴影（或纸靶）图像判读与处理设备。

7.2 弹箭气动力平射试验的气动参数辨识方法及分类

弹箭气动力平射试验的数据处理实施过程分为两个阶段：第一阶段是弹箭飞行姿态角测试数据的预处理；第二阶段是从弹箭飞行攻角平射试验数据群辨识弹箭气动参数。在第一阶段，对于闪光阴影照相获取的弹箭飞行姿态角测试数据，由于图像判读过程受主观因素影响较小，所确定飞行姿态角测试数据比较完整，且精度高，所以其预处理方法一般采用观察平滑加复核的方式，处理过程较简单。对于攻角纸靶测试弹箭飞行姿态角数据，由于靶纸弹孔判读的飞行姿态角测试数据不够完整，有些进动角数据缺项，且误差偏大，需要进行专门处理。因此，下面专门介绍攻角纸靶测试弹箭飞行姿态角数据的预处理方法。

7.2.1 攻角纸靶测试弹箭飞行姿态角数据的预处理

弹箭气动力平射试验中，采用攻角纸靶测试飞行姿态存在测试场地布置的靶纸定位误差、靶纸弹孔特征量的测量误差和纸靶对弹箭飞行运动的干扰产生的误差等多种因素产生的误差。在靶纸弹孔特征量的判读过程中，还可能存在由于靶纸信息不全产生误判，使得测试数据与模型不够相容或者根本不相容。若将这种数据直接用于气动参数辨识，则可能产生计算不收敛或者收敛于一个错误的结果。为了避免这种情况发生，需要对试验的纸靶数据进行预处理。

攻角纸靶试验主要测量弹箭在炮口附近的飞行姿态角随距离的变化过程，而气动参数辨识所用的数学模型为描述弹箭角运动规律的攻角方程

[式（3.126）]的齐次解[式（3.130）]。根据气动参数辨识的基本原理，攻角纸靶所测弹箭姿态数据必须与气动参数辨识采用的数学模型相容。按照这一原则，可以用弹箭角运动规律对弹箭姿态数据进行相容性检查，判断数据规律与弹箭角运动规律是否一致。由于攻角纸靶所测数据可以复核，因此对于不满足弹箭角运动规律的数据一般不采用简单剔除的方法，而采用根据规律的数据范围，重新检查靶纸弹孔特征数据的测量判断，寻找证据予以修改（注意：必须有证据支持才能做出修改）。

对于弹箭飞行攻角很小的测点，由于攻角平面确定不准确，或者根本无法确定，造成进动角数据误差很大或缺失。此时可采用下面所述方法确定弹箭的进动角数据。

（1）依次测量弹孔特征长度和攻角平面方向判读进动角数据 ν，根据攻角与纸靶上弹孔几何长度的关系曲线数据（预先确定）换算出攻角 δ。

（2）利用攻角峰值附近的数据点作曲线图的方式，做出对应攻角数据（δ_i；x_i）的进动角数据（ν_i；x_i）的曲线示意图，如图7.5所示（注意：图中标注1，2，…，7点均为攻角峰值附近的数据点）。

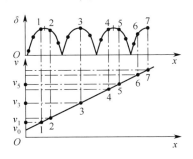

图7.5 （δ_i；x_i）数据与（ν_i；x_i）数据对应曲线

（3）参考进动角随水平距离的变化规律[式（3.142）]，同时采用最小二乘法确定进动角数据的曲线，并根据该曲线补充或修正不相容的进动角数据。

由于纸靶测试数据较分散，且总量不大，按照上述方法操作时，主要根据数据的规律性以及误差特点，进行检查、复核或剔除，最后予以平滑处理。

7.2.2 从平射试验数据辨识弹箭气动参数的方法分类

从弹箭飞行姿态角试验数据群辨识弹箭气动参数的方法有3种类型，即公式换算法、解析函数拟合辨识方法和微分方程数值解拟合辨识方法。

（1）公式换算法是指利用姿态角试验数据群描出弹箭飞行攻角变化规律曲线，通过人工识别、判读曲线等处理方法确定其特征参数，代入相关的换算公式计算弹箭气动参数并确定对应的马赫数。在计算机应用普及以前，该方法应用最广泛，且几乎是工程上通用的辨识方法。

（2）解析函数拟合辨识方法最典型的应用是 Murphy 方法，它以飞行体运动微分方程的近似攻角方程的解析函数解为数学模型，采用 2.1.3 节的显函数模型的最小二乘法，通过拟合弹箭飞行姿态等试验数据辨识其气动参数，是目前应用最广泛的气动参数辨识方法。

（3）微分方程数值解拟合辨识方法也称 C-K 方法，该方法的核心思想是采用微分方程数值解拟合试验数据（参见 2.1.4 节）。在气动参数辨识中，C-K 方法以弹箭飞行运动的微分方程组为数学模型，采用最小二乘准则或最大似然准则构成目标函数，通过模型的数值解拟合试验数据辨识被试弹箭的气动参数。

分析比较上述方法的特点可知：公式换算法最直观，计算简单，但近似条件偏多，计算结果的误差相对较大；Murphy 方法以弹箭飞行姿态角的解析解为数学模型，采用最小二乘准则拟合试验数据辨识气动参数；而 C-K 方法以弹箭飞行姿态运动规律的微分方程为数学模型，利用其数值解拟合试验数据辨识气动参数。相对而言，Murphy 方法对试验数据的信噪比要求不太高，其收敛性好，计算量较小，物理概念明显；C-K 方法对试验数据的信噪比要求相对较高，在数据质量和迭代初值较优时，收敛性较好，计算量相对较大。

C-K 方法可采用最小二乘函数或最大似然函数作为辨识准则，后者对试验数据的相容性品质要求更高，由它辨识气动力矩系数的收敛性较好，但计算方法非常复杂，计算量很大。统计理论业已证明，对于独立测量数据，测试误差服从正态分布的条件下，最小二乘准则与最大似然准则是等价的，即采用最小二乘准则与最大似然准则具有一致的辨识结果。事实上，最小二乘准则本身就是最大似然准则的特例。按照这一分析可以认为，由于平射测姿试验观测数据的测量完全独立，且测量误差近似服从正态分布，故若仅仅针对弹箭平射飞行姿态角试验数据群，无论采用哪一种准则，最后得出的气动参数辨识结果并没有明显差异。

在平射试验中，纸靶测试数据主要是弹箭的飞行攻角 δ 和进动角 ν，其纵向攻角分量 δ_1 和横向攻角分量 δ_2 均具有强周期性变化规律，且量值随距离变化波动很大。在处理纸靶数据的实践中发现，采用 C-K 方法虽然可直接采用六自由度弹道方程作为气动参数辨识数学模型，无论是用最大似然准则还是用最小二乘准则，其辨识计算方法都非常复杂，计算量比 Murphy 方法大得多。更为困难的是，若以六自由度弹道方程为模型，C-K 方法的目标函数在多维参数空间中的极值点很多，收敛慢，且对数据的测试精度要求更高。因此对于纸靶测试数据，一般多采用 Murphy 方法。而对于精度相对更高的正交闪光阴影照相数据（7.2 或 7.3），若采用单项（姿态角）数据拟合，一般多采用以最小二乘准则为基础的 C-K 方法；若采用多项（飞行姿态角、轨迹坐标等）数据同时拟合，则必须采用以最大似然准则为基础的 C-K 方法。

7.3 弹箭飞行攻角数据换算气动参数的公式方法

由于弹箭在自由飞行中，作用于弹箭上的总空气动力作用线并不与速度矢量重合，并且作用点（压心）也不在质心处。在这种情况下，存在一种使弹箭运动偏离理想弹道的升力和使弹箭产生摆动的俯仰力矩。同时，由于弹箭的摆动会产生一种由于压力分布变化和黏性作用引起的抑制弹轴摆动力矩，即赤道阻尼力矩。从这几种气动力的物理解释和外弹道学中飞行稳定性理论可知，俯仰力矩和赤道阻尼力矩直接影响到弹箭的飞行姿态和飞行稳定性，升力直接影响弹箭质心运动和轨迹。因此可以设想，只要测出了弹箭自由飞行的角运动规律和质心运动规律以及气象诸元参数为核心的试验数据群，则可以根据弹箭自由飞行的运动方程来确定俯仰力矩、赤道阻尼力矩和升力等，同时也可以测出弹箭的起始扰动等弹道特征参数。

7.3.1 章动波长法测弹箭俯仰力矩系数

若采用章动波长法仅测试弹箭俯仰力矩，其平射试验一般需要 1.5 个波长以上的测量点；如果试验需要分析火炮弹箭的飞行稳定性并辨识各种气动参数，一般需要设置 2 个以上波长的测量点，并采用非等间隔布靶的场地布置方式。为了提高测试精度，试验时往往需要采用攻角起偏装置增大弹箭的起始扰动，以提高弹箭摆动数据的信噪比。

对于旋转稳定弹箭，俯仰力矩参数为正（$k_z \geq 0$），称为翻转力矩参数。由弹箭绕心运动规律（见 3.5.2 节）可知，在只考虑翻转力矩的简化条件下，其弹箭章动和进动规律可表示为 [参见式（3.141）和式（3.142）]

$$\delta = \frac{2\delta_0'}{\sqrt{P^2-4M}} \sin \frac{\sqrt{P^2-4M}}{2} s = \delta_m \sin \frac{\sqrt{P^2-4M}}{2} s, \qquad \nu = \nu_0 + \frac{P}{2} s \quad (7.6)$$

式中：δ_m 为章动角幅值；ν 为进动角；ν_0 为起始进动角。由式（3.124）和式（3.106）知，式中其他符号表达式为

$$M = k_z = \frac{\rho S l}{2A} m_z'(Ma), \qquad P = \frac{C\dot{\gamma}}{Av} \quad (7.7)$$

式中：C、A 为弹箭的轴向转动惯量（极转动惯量）和横向转动惯量（赤道转动惯量）；v 为弹箭飞行速度；k_z 为弹箭的俯仰力矩参数；$\dot{\gamma}$ 为弹箭自转转速，一般在炮口的弹箭自转速率初始转速可由 $\dot{\gamma}_0 = \frac{2\pi v_0}{\eta d}$ 式近似计算确定；ρ、S 和 l 分别为空气密度、弹箭的参考面积和参考长度；$m_z'(Ma)$ 为弹箭俯仰力矩系数导数，是马赫数 $Ma = \frac{v}{c_s}$ 的函数，c_s 为声速。

求取旋转稳定弹箭俯仰力矩系数的攻角试验一般采用弹道炮发射为好，以便于在炮口安装攻角起偏器放大试验现象；若没有弹道炮也可采用制式火炮。试验测试方法可采用闪光阴影照相法或纸靶法。按照图 7.1 的场地布置，通过安装攻角起偏器的射击试验（攻角峰值达到 6°~10°为宜）测量弹箭出炮口后的章动共计 3 个以上正负波峰的幅值，可得出弹箭飞行攻角曲线数据的形式为

$$(\delta_i, \nu_i; x_i) \quad (i=1,2,\cdots,n_\delta), \quad (\nu_j; x_j) \quad (j=1,2,\cdots,n_\nu) \quad (7.8)$$

由于弹箭在炮口的章动角并不严格为 0，因此将仅考虑翻转力矩时攻角平面内的描述弹箭章动规律的近似公式（7.6）改写为

$$\delta = \delta_m \sin(\omega_d x + \phi_0) \quad (7.9)$$

式中：ϕ_0 为由除炮口攻角速率 $\dot{\delta}_0$ 之外其他因素（例如 $\delta_0 \neq 0$、炮口后效期作用等）引起的相位差；ω_d 为以弧长为变量的正弦振荡角频率；δ_m 为章动振幅。根据式（7.6），ω_d 和 δ_m 的表达式分别为

$$\omega_d = \frac{\sqrt{P^2 - 4M}}{2}, \quad \delta_m = \frac{2\delta_0'}{\sqrt{P^2 - 4M}} = \frac{2\dot{\delta}_0}{v_0 \sqrt{P^2 - 4M}} \quad (7.10)$$

若将弹轴来回摆动一周的弹箭飞行距离定义为章动波长 λ_δ，则有

$$\lambda_\delta = \frac{2\pi}{\omega_d} = \frac{4\pi}{\sqrt{P^2 - 4M}} \quad (7.11)$$

求解上式，有

$$M = k_z = \frac{P^2}{4} - \frac{4\pi^2}{\lambda_\delta^2} \quad (7.12)$$

将式（7.7）代入，整理可得

$$m_z'(Ma) = \frac{2A}{\rho Sl} \cdot k_z = \frac{2A}{\rho Sl}\left(\frac{P^2}{4} - \frac{4\pi^2}{\lambda_\delta^2}\right) \quad (7.13)$$

式中：λ_δ 为章动波长，可采用直角坐标图线的判读方法确定；Ma 为马赫数，且有 $Ma = \frac{v_a + v_b}{2c_s}$；$\rho$ 和 c_s 分别为空气密度和声速，由试验射击时的地面气象诸元实测值，按 4.1.2 节的方法确定。

根据攻角试验数据 [式（7.8）]，通过绘制出攻角 $\delta(x)$、进动角 $\nu(x)$、速度 $v(x)$ 随距离 x 变化曲线，如图 7.6 所示。由平射试验测试的攻角数据曲线 $\delta(x)$ [见图 7.6（a）]，可以确定章动角峰值 δ_{ma} 和 δ_{mb} 到炮口的距离 a、b，以及与速度数据曲线 $v(x)$ [见图 7.6（b）和（c）] 中对应 a、b 位置的速度 v_b、v_a。根据位置距离数据 a、b 即可计算出章动波长 λ_δ，即

$$\lambda_\delta = b - a \quad (7.14)$$

在式（7.13）中，弹箭旋转参数 P 的数值确定方法有两种：一种是公式计算法；另一种是图线判读法。

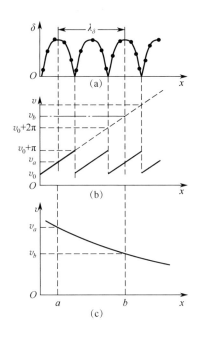

图 7.6 章动角 δ、进动角 ν 及速度 v 随 x 的变化曲线

前者,将 $\dot{\gamma}_0 = \dfrac{2\pi v_0}{\eta d}$ 代入公式(7.7)第 2 个方程即得出参数 P 的数值计算公式,即

$$P \approx \frac{C\dot{\gamma}_0}{Av_0} = \frac{2\pi \cdot C}{A\eta d} \tag{7.15}$$

式中:η 为火炮的膛线缠度。

后者,将进动角 ν 与弹箭旋转参数 P 之间的关系式(7.6)第 2 个方程两端对 x 求偏导,整理得

$$P = 2\frac{\partial \nu}{\partial x} \approx 2\frac{\nu_b - \nu_a}{b - a} \tag{7.16}$$

式中:进动角 ν_b、ν_a 和距离 b、a 的物理含义如图 7.6 所示。采用坐标描图的判读方法,由进动角曲线 $\nu(x)$ [图 7.6(b)] 判读出进动角 ν_a 和 ν_b,以及对应的距离值 b、a,代入式(7.16)即可计算出参数 P。

对于尾翼稳定弹箭,描述旋转稳定弹箭角运动规律的公式仍然适用,但其俯仰力矩参数 k_z 为负($k_z \leq 0$),$-k_z$ 称为稳定力矩参数。由于尾翼弹箭的旋转速率很小,其进动规律可以忽略,因此在实施尾翼稳定弹箭的攻角试验时不再测量它的进动,而改成测量其自转速率。通过攻角试验可得出章动角 δ、自转角 γ 及速度 v 随 x 的变化曲线数据,其变化规律曲线与图 7.6 的差别是中间进动角曲线换

成自转角 γ 变化曲线。此时，式（7.13）中的转速因子 P，可表示为

$$P = \frac{C\dot{\gamma}}{Av} \approx \frac{C}{A} \cdot \frac{\Delta\gamma}{\Delta x} = \frac{C}{A} \cdot \frac{\gamma_b - \gamma_a}{b-a} \tag{7.17}$$

式中：γ_a、γ_b 分别为测点 a、b 处的弹体转角测量值（测量时，须注意旋转方向和测点 a、b 之间的旋转圈数）。

7.3.2 弹箭平射试验测弹箭起始扰动的试验方法

由前所述，对于严格的测量火炮射击起始扰动的弹箭平射试验，需要测量在炮口附近 2 个章动波峰的幅值，一般采用图 7.1 所示的场地布置，可在炮口附近布置 1.0~1.5 个波长的测点，即需要布置 10~15 个闪光阴影照相站或者 10~15 张纸靶。但是，仅仅是火炮射击起始扰动的一般摸底比较性质的观测试验，往往只关心章动波峰的幅值 δ_m，并不需要确定起始扰动量 $\dot{\delta}_0$ 的大小。此时，只需测量测出炮口附近第一个章动波峰的幅值，即可近似获取章动波峰的幅值 δ_m。对这种观测试验，布置 1/2~3/4 个波长的测点，即布置 4~8 个闪光阴影照相站，或者布置 4~8 张纸靶。通常，为了反映火炮实际使用的真实情况，弹箭起始扰动的试验应采用制式的战斗炮，炮口不能安装任何干扰弹箭飞行的装置，也不能安装能干扰射击条件的任何测量装置，这是与 7.3.1 节所述的试验的根本区别。

起始扰动试验可采用闪光阴影照相法或纸靶法测量弹箭出炮口后的章动第一波峰幅值。按照图 7.1 的场地布置，通过射击试验可获取得出弹箭飞行攻角曲线数据的形式为

$$(\delta_i, x_i) \quad (i = 1, 2, \cdots, n_\delta), \quad (v_j; t_j) \text{ 或} (v_j; x_j)(j = 1, 2, \cdots, n_v) \tag{7.18}$$

由式（7.10）和式（7.11），弹箭的起始扰动量为

$$\dot{\delta}_0 = \delta_m \omega_d v_0 = \frac{2\pi \delta_m v_0}{\lambda_\delta} \tag{7.19}$$

式中：v_0 为弹箭初速，由速度数据 $(v_j; t_j)$ 或 $(v_j; x_j)$ 按照第 6 章的方法外推确定；δ_m 为章动幅值，按照图 7.7 所示的图线判读方法确定；λ_δ 为章动波长，其判读方法可参见参考文献 [6]（《实验外弹道学》），这里不再赘述。

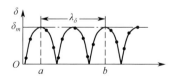

图 7.7 章动幅值 δ_m 的图线确定方法

在考虑起始扰动的弹道计算中，也可粗略地将第 1 波峰位置的攻角幅值作为

起始扰动量来处理,其分量为

$$\delta_{m10} = \delta_m \cos v_{m0}, \quad \delta_{m20} = \delta_m \sin v_{m0} \tag{7.20}$$

式中:v_{m0} 为第 1 波峰位置的进动角;δ_m 为攻角幅值。

7.4 弹箭平射试验数据处理的 Murphy 方法

1960 年代初,美国著名的弹道学家 Murphy. C. H. 先生以弹道靶道试验数据为基础,通过求解弹箭攻角方程的解析函数解,提出了一种弹箭气动参数辨识方法。Murphy 方法以攻角方程的解析解为数学模型采用非线性最小二乘法,拟合靶道试验正交阴影照相数据辨识弹箭的气动参数。由于采用的数学模型是显函数,Murphy 方法具有计算相对简单、收敛性好、结果直观、可靠的优点,重要的是该方法辨识气动参数的计算误差明显小于靶道试验姿态测试误差,也显著小于纸靶测试误差,并且足以满足弹道计算模型对气动参数辨识的精度要求。目前,用 Murphy 方法辨识气动参数,已广泛应用于弹箭平射试验的数据处理中,并获得了满意的结果。

7.4.1 利用弹箭飞行姿态数据辨识气动参数的方法

国内在平射试验获取的弹箭飞行姿态数据处理中,广泛采用 Murphy 方法进行气动参数辨识。其中,应用最普遍的是应用 Murphy 方法于纸靶测弹箭飞行姿态试验的数据处理,其辨识结果的精度、数据的稳定性和可靠性均已经过了大量实践验证。由于工程应用必须具备精度足够、计算直观、简单、结果稳定可靠等要求,因此可以认为,在纸靶数据的辨识处理中,采用 Murphy 方法更具有方便可行的特点,且合理性也有充分保证。

7.4.1.1 Murphy 方法的数学模型与试验原理

弹箭运动中受到各种扰动,弹轴并不能始终与质心速度方向一致,于是形成了攻角,对于高速旋转弹又称为章动角。由于攻角的存在产生了与之相应的空气动力和力矩,例如升力、马格努斯力、俯仰力矩、赤道阻尼力矩、马格努斯力矩等,它们引起弹箭相对于质心的转动,并又反过来影响质心运动。由 3.4.3 节内容可知,攻角的变化是由于作用于弹箭的空气动力矩产生的,其变化规律满足攻角方程式(3.126),并可写为

$$\Delta'' + (H - iP)\Delta' - (M + iPT)\Delta = 0 \tag{7.21}$$

由 3.5.2 节知,攻角方程式(7.21)的齐次解[式(3.130)]可写为

$$\Delta = k_1 \exp(i\varphi_1) + k_2 \exp(i\varphi_2) \tag{7.22}$$

将定义式(3.97)代入上式,则有

$$k_1 \exp(i\varphi_1) + k_2 \exp(i\varphi_2) = \delta_1 + i\delta_2 \tag{7.23}$$

由上式可分解为纵向攻角 δ_1 和横向攻角 δ_2 两个分量，即

$$\delta_1 = k_1\cos\varphi_1 + k_2\cos\varphi_2, \quad \delta_2 = k_1\sin\varphi_1 + k_2\sin\varphi_2 \tag{7.24}$$

由式（3.131）可知，式（7.22）中的参数 k_1、k_2 可由起始条件确定为

$$k_j = k_{j0}\exp(\lambda_j s), \quad \varphi_j = \varphi_{j0} + \varphi'_j s \quad (j=1,2) \tag{7.25}$$

式中：k_{10}、k_{20} 为弹箭角运动的模态振幅；λ_1、λ_2 为其阻尼指数；φ'_1 和 φ'_2 为弹箭角运动对弧长 s 的模态频率；φ_{10}、φ_{20} 为模态的初始相位角。

由韦达定理，方程式（7.21）的特征根 l_1 和 l_2 与该方程的系数关系为

$$l_1 + l_2 = \lambda_1 + \lambda_2 + i(\varphi'_1 + \varphi'_2) = -(H - iP)$$

$$l_1 \cdot l_2 = (\lambda_1\lambda_2 - \varphi'_1\varphi'_2) + i(\lambda_1\varphi'_2 + \lambda_2\varphi'_1) = -(M - iPT)$$

将上面两个代数方程联立求解，可得

$$\begin{cases} P = -(\varphi'_1 + \varphi'_2), \quad H = -(\lambda_1 + \lambda_2) \\ M = \varphi'_1\varphi'_2 - \lambda_1\lambda_2, \quad T = \dfrac{1}{P}(\lambda_1\varphi'_2 + \lambda_2\varphi'_1) \end{cases} \tag{7.26}$$

显见，攻角分量方程式（7.24）描述了弹箭的攻角运动规律，这里可用作攻角试验数据为基础的气动参数辨识模型。根据攻角方程中的参数 P、H、M、T 的定义式（3.124）和式（3.106），可得

$$\begin{cases} m'_z = \dfrac{2A}{\rho Sl}k_z = \dfrac{2A}{\rho Sl}M, \quad m'_{zz} = \dfrac{2A}{\rho Sl^2}(b_x - b_y - H) \\ m''_y = \dfrac{2C}{\rho Sld}(b_y - T), \quad b_x = \dfrac{\rho S}{2m}c_x, \quad b_y = \dfrac{\rho S}{2m}c'_y \end{cases} \tag{7.27}$$

式中：m'_z、m'_{zz}、m''_y、c_x、c'_y 分别为俯仰力矩系数导数、赤道阻尼力矩系数导数、马格努斯力矩系数导数、阻力系数、升力系数导数。在气动力矩参数辨识中，一般将参数 c_x、c'_y 作为已知量，采用其他方法确定。

显见，只要利用实测数据（即 $\delta_1 \sim s$ 数据和 $\delta_2 \sim s$ 数据）辨识出两圆运动方程齐次解中的 8 个未知参数 k_{10}、k_{20}、φ_{10}、φ_{20}、φ'_1、φ'_2、λ_1、λ_2，代入式（7.26），即可计算描述弹箭角运动的综合参数 P、H、M、T。由被试弹箭的气动系数与参数 P、H、M、T 的关系式（7.27），即可换算出弹箭的气动参数。

同样地，根据两圆角运动公式（7.22），注意到式（7.24），弹箭飞行攻角表达式为

$$\delta = \sqrt{\delta_1^2 + \delta_2^2} = \sqrt{k_1^2 + k_2^2 + 2k_1k_2\cos(\varphi_1 - \varphi_2)} \tag{7.28}$$

由此，得攻角幅值表达式为

$$\delta_m = \sqrt{k_1^2 + k_2^2 + 2k_1k_2} = k_1 + k_2 = k_{10}e^{\lambda_1 s} + k_{20}e^{\lambda_2 s} \tag{7.29}$$

由式（7.29）即可得出弹箭攻角幅值的包络线。

在不考虑后效期作用的条件下，可定义起始扰动的等效值为攻角幅值包络线〔式（7.29）〕外推到炮口的值，即起始扰动的等效值为

$$\delta_{m0} = k_{10} + k_{20} \tag{7.30}$$

7.4.1.2 从弹箭飞行姿态数据提取气动参数的辨识方法

建立弹箭平射试验数据处理的数学模型后，下面以闪光阴影照相靶道数据或纸靶试验数据群为基础，介绍 Murphy 方法辨识弹箭的气动力矩系数的具体计算推导及应用过程。

由《实验外弹道学》[6] 可知，利用正交闪光阴影照相方法实测弹箭飞行姿态数据分别是俯仰角和偏航角。因靶道试验受正交闪光阴影照相的视场限制，所获取飞行姿态数据测量点的弹道段不长（最远的正交阴影照相测量点到炮口的距离 s_i 大都在 300m 以内）。因此，只要弹箭初速不是太低（不小于 500m/s），一般被试弹箭在测量段的飞行轨迹都可看成接近于水平的直线弹道，即弹箭速度矢量与基准坐标系 Ox 轴之间的夹角较实测数据俯仰角 $\varphi_{a\exp}(s_i)$ 和偏航角 $\varphi_{2\exp}(s_i)$ 小得多，可将它们近似为弹箭飞行攻角的纵向分量 δ_1 和横向分量 δ_2。在应用中，靶道试验获取的弹箭姿态数据为

$$[\varphi_{a\exp}(s_i), \varphi_{2\exp}(s_i)] \quad (i=1,2,\cdots,n) \tag{7.31}$$

$$\begin{cases} \varphi_{a\exp}(s_i) \approx \delta_{1\exp}(s_i) \\ \varphi_{2\exp}(s_i) \approx \delta_{2\exp}(s_i) \end{cases} (i=1,2,\cdots,n) \tag{7.32}$$

由于攻角纸靶测试数据的形式为攻角 $\delta_{\exp}(s_i)$ 和进动角 $\nu_{\exp}(s_i)$，$(i=1,2,\cdots,n)$，可采用式（3.100）将实测弹箭飞行攻角 $\delta_{\exp}(s_i)$ 和进动角 $\nu_{\exp}(s_i)$ 数据分解为攻角的纵向分量 δ_1 和横向分量 δ_2，即

$$\begin{cases} \delta_{1\exp}(s_i) = \delta_{\exp}(s_i)\cos\nu_{\exp}(s_i) \\ \delta_{2\exp}(s_i) = \delta_{\exp}(s_i)\sin\nu_{\exp}(s_i) \end{cases} \tag{7.33}$$

上面公式说明，无论是靶道正交闪光阴影照相测试的俯仰角和偏航角随弹道弧长的曲线数据，还是纸靶试验测试的飞行攻角 $\delta_{\exp}(s_i)$ 和进动角 $\nu_{\exp}(s_i)$ 数据，其姿态角数据均可表示为纵向攻角和横向攻角的形式，即

$$[\delta_{1\exp}(s_i), \delta_{2\exp}(s_i)] \quad (i=1,2,\cdots,n) \tag{7.34}$$

根据纵向攻角和横向攻角的理论计算公式（7.24），定义其中的未知参数为

$$\begin{cases} c_1 = k_{10}, & c_2 = k_{20}, & c_3 = \varphi_{10}, & c_4 = \varphi_{20} \\ c_5 = \lambda_1, & c_6 = \varphi_1', & c_7 = \lambda_2, & c_8 = \varphi_2' \end{cases} \tag{7.35}$$

为便于书写，将参数 $c_1, c_2, \cdots, c_8$ 的集合表示成矩阵形式，即

$$\boldsymbol{C} = (c_1, c_2, \cdots, c_8)^{\mathrm{T}} \tag{7.36}$$

对于试验测试数据［式（7.34）］，按最小二乘准则，Murphy 将目标函数取为

$$Q(\boldsymbol{C}) = \sum_{i=1}^{n} \left[(\delta_{1\exp}(s_i) - \delta_1(\boldsymbol{C}; s_i))^2 + (\delta_{2\exp}(s_i) - \delta_2(\boldsymbol{C}; s_i))^2 \right] \tag{7.37}$$

式中：标"exp"表示实测值；$\delta_1(\boldsymbol{C}; s_i)$、$\delta_2(\boldsymbol{C}; s_i)$ 为理论计算值。由此，

式（7.24）表达为

$$\begin{cases} \delta_1(s) = k_1(s)\cos\varphi_1(s) + k_2(s)\cos\varphi_2(s) \\ \delta_2(s) = k_1(s)\sin\varphi_1(s) + k_2(s)\sin\varphi_2(s) \end{cases} \quad (7.38)$$

注意到式（7.35）和式（7.25），上式中参数 $k_1(s)$、$k_2(s)$、$\varphi_1(s)$、$\varphi_2(s)$ 的计算式可表示为

$$\begin{cases} k_1(s) = c_1\exp(c_5 s), \quad k_2(s) = c_2\exp(c_7 s) \\ \varphi_1(s) = c_3 + c_6 s, \quad \varphi_2(s) = c_4 + c_8 s \end{cases} \quad (7.39)$$

式中：$c_1, c_2, \cdots, c_8$ 为待辨识参数。由此，目标函数式（7.37）可视为由 $c_1, c_2, \cdots, c_8$ 构成的多维参数空间的函数，即 $Q = Q(\boldsymbol{C})$。由此，将 $\delta_1(\boldsymbol{C}; s_i)$、$\delta_2(\boldsymbol{C}; s_i)$ 在待辨识参数 c_j 的第 l 近似值 $c_j^{(l)}(j = 1, 2, \cdots, 8)$ 的邻域作泰勒级数展开，取其线形项可得

$$\delta_1(s) = \delta_{10}(s) + \sum_{j=1}^{8} \frac{\partial \delta_1(\boldsymbol{C}^{(l)}; s)}{\partial c_j}\Delta c_j^{(l)}, \quad \delta_2(s) = \delta_{20}(s) + \sum_{j=1}^{8} \frac{\partial \delta_2(\boldsymbol{C}^{(l)}; s)}{\partial c_j}\Delta c_j^{(l)}$$

(7.40)

$$\Delta c_j^{(l)} = c_j - c_j^{(l)} \quad j = 1, 2, \cdots, 8 \quad (7.41)$$

式中：$\delta_{10}(s)$、$\delta_{20}(s)$、分别为 $\delta_1(\boldsymbol{C}^{(l)}; s)$、$\delta_2(\boldsymbol{C}^{(l)}; s)$ 的简写表述。

将式（7.40）代入目标函数式（7.37）中，得

$$Q = \sum_{i=1}^{N}\left[\left(\delta_{1\exp}(s_i) - \delta_{10}(s_i) - \sum_{j=1}^{8}\frac{\partial \delta_1}{\partial c_j}\Delta c_j\right)^2 + \left(\delta_{2\exp}(s_i) - \delta_{20}(s_i) - \sum_{j=1}^{8}\frac{\partial \delta_2}{\partial c_j}\Delta c_j\right)^2\right]$$

(7.42)

利用最小二乘原理，取目标函数关于待辨识参数 c_k 的偏导数 $\frac{\partial Q}{\partial c_k} = 0$（$k = 1, 2, \cdots, 8$），即有

$$\frac{\partial Q}{\partial c_k} = \sum_{i=1}^{N}\left[2\left(\delta_{2\exp}(s_i) - \delta_{20}(s_i) - \sum_{j=1}^{8}\frac{\partial \delta_2(s_i)}{\partial c_j}\Delta c_j\right)\frac{\partial \delta_2(s_i)}{\partial c_k} \right. \\ \left. + 2\left(\delta_{1\exp}(s_i) - \delta_{10}(s_i) - \sum_{j=1}^{8}\frac{\partial \delta_1(s_i)}{\partial c_j}\Delta c_j\right)\frac{\partial \delta_1(s_i)}{\partial c_k}\right] = 0$$

$(k = 1, 2, \cdots, 8)$ （7.43）

令

$$p_{\alpha k}(s_i) = \frac{\partial \delta_1(s_i)}{\partial c_k}, \quad p_{\beta k}(s_i) = \frac{\partial \delta_2(s_i)}{\partial c_k} \quad (k = 1, 2, \cdots, 8) \quad (7.44)$$

式中：$p_{\alpha k}(s_i)$、$p_{\beta k}(s_i)$ 分别为弹箭姿态角 δ_1、δ_2 关于参数 c_k 的灵敏度。

由此，式（7.43）可简写为

$$\sum_{i=1}^{n}\left[\begin{array}{l}\left(\delta_{2\exp}(s_i) - \delta_{20}(s_i) - \sum_{j=1}^{8}p_{\beta j}(s_i)\Delta c_j\right)p_{\beta k}(s_i) \\ + \left(\delta_{1\exp}(s_i) - \delta_{10}(s_i) - \sum_{j=1}^{8}p_{\alpha j}(s_i)\Delta c_j\right)p_{\alpha k}(s_i)\end{array}\right] = 0$$

$$(k=1,2,\cdots,8) \quad (7.45)$$

移项整理，得

$$\sum_{i=1}^{n}\left[(\delta_{2\exp}(s_i) - \delta_{20}(s_i))p_{\beta k}(s_i) + (\delta_{1\exp}(s_i) - \delta_{10}(s_i))p_{\alpha k}(s_i)\right]$$

$$= \sum_{i=1}^{n}\left[\sum_{j=1}^{8}(p_{\beta j}(s_i)p_{\beta k}(s_i) + p_{\alpha j}(s_i)p_{\alpha k}(s_i))\Delta c_j\right]$$

$$(k=1,2,\cdots,8) \quad (7.46)$$

对于有限次求和，求和符号可以交换位置，故将上式展开移项，整理可得

$$\sum_{j=1}^{8}\left[\sum_{i=1}^{n}(p_{\beta j}p_{\beta k} + p_{\alpha j}p_{\alpha k})\Delta c_j\right] = \sum_{i=1}^{n}\left[(\delta_{2\exp}(s_i) - \delta_2(s_i)_0)p_{\beta k} + (\delta_{1\exp}(s_i) - \delta_1(s_i)_0)p_{\alpha k}\right]$$

$$(k=1,2,\cdots,8) \quad (7.47)$$

若令

$$\begin{cases}A_{jk} = \sum_{i=1}^{n}(p_{\beta j}(s_i)p_{\beta k}(s_i) + p_{\alpha j}(s_i)p_{\alpha k}(s_i)) \\ B_j = \sum_{i=1}^{n}\left[(\delta_{2\exp}(s_i) - \delta_{20}(s_i))p_{\beta j}(s_i) + (\delta_{1\exp}(s_i) - \delta_{10}(s_i))p_{\alpha j}(s_i)\right]\end{cases}$$

$$(j,k=1,2,\cdots,8) \quad (7.48)$$

则式（7.47）可表示为矩阵形式的正规方程，即

$$[A_{jk}^{(l)}]_{8\times 8}[\Delta c_j^{(l)}]_{8\times 1} = [B_j^{(l)}]_{8\times 1} \quad (7.49)$$

式中：矩阵元素符号 $A_{jk}^{(l)}$、$B_j^{(l)}$ 为矩阵元素 A_{jk}、B_j 在 $\boldsymbol{C} = \boldsymbol{C}^{(l)}$ 的取值，可由式（7.48）确定。

显见，只要求出灵敏度 $p_{\alpha j}(s)$，$p_{\beta j}(s)$，以及 $\delta_{20}(s)$ 和 $\delta_{10}(s)$ 的具体表达式（7.38）在 $s=s_i$ $(i=1,2,\cdots,n)$ 的数值，结合测量数据 $\delta_{2\exp}(s_i)$，$\delta_{1\exp}(s_i)$ $(i=1,2,\cdots,n)$，代入式（7.48），即可确定正规方程式（7.49）。求解该正规方程，即可得出迭代修正量 $[\Delta c_j^{(l)}]_{8\times 1}$。

由于矩阵 $[\Delta c_j^{(l)}]_{8\times 1}$ 的各个元素是在 $\boldsymbol{C} = \boldsymbol{C}^{(l)}$ 邻域附近泰勒级数线性展开的近似估值，因此式（7.41）中的 c_j 应看作是该参数的第 $(l+1)$ 次近似值，由此这里将式（7.41）改写为

$$c_j^{(l+1)} = c_j^{(l)} + \Delta c_j^{(l)} \quad (j=1,2,\cdots,8) \quad (7.50)$$

将求解正规方程式（7.49）得出的增量 $\Delta c_j^{(l)}$ $(j=1,2,\cdots,8)$ 代入上式，即可得出 $c_j^{(l+1)}$。

数值计算时，取 $l=l+1$，重新估算 $p_{\alpha j},p_{\beta j}(j=1,2,\cdots,8)$ 以及 $\delta_{20}(s)$ 和 $\delta_{10}(s)$，直至 $\Delta c_j(j=1,2,\cdots,8)$ 收敛为足够小的量，即 $\Delta c_j\to 0(j=1,2,\cdots,8)$，此时有

$$c_j = c_j^{(l+1)} \quad (j=1,2,\cdots,8)$$

这样，由定义式（7.35）就确定了 $k_{10},k_{20},\varphi_{10},\varphi_{20},\varphi_1',\varphi_2',\lambda_1,\lambda_2$ 的值，进而利用式（7.26）和式（7.27），即可求出弹箭对应的气动参数。

值得注意，在上面辨识计算完成后可返回到 6.2.3 节，此时只要将 $k_{10},k_{20},\varphi_{10},\varphi_{20},\varphi_1',\varphi_2',\lambda_1,\lambda_2$ 的值代入式（7.24）及式（7.28），由式（6.38）计算积分函数 $G(s)$ 的值，即可辨识出零升阻力系数 c_{x0} 及诱导阻力系数 c_{x2}。

7.4.1.3 姿态数据关于辨识参数的灵敏度计算方法

在上面气动参数辨识方法讨论中，并未介绍灵敏度 $p_{\alpha j}(s)$，$p_{\beta j}(s)$ $(j=1,2,\cdots,8)$ 的计算公式。为了弄清灵敏度的计算方法，本节专题讨论 $p_{\alpha j}(s)$，$p_{\beta j}(s)$ 的计算公式推导及算法。

为了与式（7.34）的数据形式对应，可以将两圆运动模型的分量形式的解式（7.38）表示为

$$\begin{cases} \delta_1(s) = c_1\exp(c_5 s)\cos(c_3+c_6 s) + c_2\exp(c_7 s)\cos(c_4+c_8 s) \\ \delta_2(s) = c_1\exp(c_5 s)\sin(c_3+c_6 s) + c_2\exp(c_7 s)\sin(c_4+c_8 s) \end{cases} \quad (7.51)$$

利用上式，分别对 8 个待辨识参数求偏导，注意到式（7.35），即可得出各项灵敏度为

$$\begin{cases} p_{\alpha 1} = \dfrac{\partial \delta_1}{\partial c_1} = \mathrm{e}^{c_5 s}\cos(c_3+c_6 s),\ p_{\beta 1} = \dfrac{\partial \delta_2}{\partial c_1} = \mathrm{e}^{c_5 s}\sin(c_3+c_6 s) \\[4pt]
p_{\alpha 2} = \dfrac{\partial \delta_1}{\partial c_2} = \mathrm{e}^{c_7 s}\cos(c_4+c_8 s),\ p_{\beta 2} = \dfrac{\partial \delta_2}{\partial c_2} = \mathrm{e}^{c_7 s}\sin(c_4+c_8 s) \\[4pt]
p_{\alpha 3} = \dfrac{\partial \delta_1}{\partial c_3} = -c_1 \mathrm{e}^{c_5 s}\sin(c_3+c_6 s),\ p_{\beta 3} = \dfrac{\partial \delta_2}{\partial c_3} = c_1 \mathrm{e}^{c_5 s}\cos(c_3+c_6 s) \\[4pt]
p_{\alpha 4} = \dfrac{\partial \delta_1}{\partial c_4} = -c_2 \mathrm{e}^{c_7 s}\sin(c_4+c_8 s),\ p_{\beta 4} = \dfrac{\partial \delta_2}{\partial c_4} = c_2 \mathrm{e}^{c_7 s}\cos(c_4+c_8 s) \\[4pt]
p_{\alpha 5} = \dfrac{\partial \delta_1}{\partial c_5} = c_1 \mathrm{e}^{c_5 s}\cos(c_3+c_6 s)\cdot s,\ p_{\beta 5} = \dfrac{\partial \delta_2}{\partial c_5} = c_1 \mathrm{e}^{c_5 s}\sin(c_3+c_6 s)s \\[4pt]
p_{\alpha 6} = \dfrac{\partial \delta_1}{\partial c_6} = -c_1 \mathrm{e}^{c_5 s}\sin(c_3+c_6 s)\cdot s,\ p_{\beta 6} = \dfrac{\partial \delta_2}{\partial c_6} = -c_1 \mathrm{e}^{c_5 s}\cos(c_3+c_6 s)s \\[4pt]
p_{\alpha 7} = \dfrac{\partial \delta_1}{\partial c_7} = c_2 \mathrm{e}^{c_7 s}\cos(c_4+c_8 s)\cdot s,\ p_{\beta 7} = \dfrac{\partial \delta_2}{\partial c_7} = c_2 \mathrm{e}^{c_7 s}\sin(c_4+c_8 s)s \\[4pt]
p_{\alpha 8} = \dfrac{\partial \delta_1}{\partial c_8} = -c_2 \mathrm{e}^{c_7 s}\sin(c_4+c_8 s)\cdot s,\ p_{\beta 8} = \dfrac{\partial \delta_2}{\partial c_8} = c_2 \mathrm{e}^{c_7 s}\cos(c_4+c_8 s)s \end{cases} \quad (7.52)$$

利用灵敏度计算公式,只要给出一组 $k_{10},k_{20},\varphi_{10},\varphi_{20},\varphi'_1,\varphi'_2,\lambda_1,\lambda_2$ 的估计值(如 $s=0$ 时),就能计算出矩阵元素计算式(7.48)中的灵敏度 $p_{\alpha j},p_{\beta j}(j=1,2,\cdots,8)$。

7.4.2 弹箭纸靶测试数据的 Murphy 方法应用示例

7.4.2.1 纸靶试验与数据的判读与预处理

选用某次攻角纸靶测试脱壳穿甲弹飞行姿态的射击试验为例,试验采用了图 7.8 所示的测试现场场地布置,测试现场如图 7.9 所示。

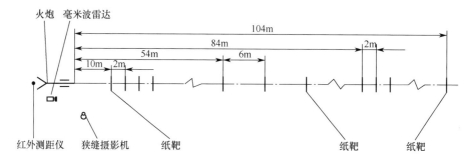

图 7.8 测试场地布置示意图

图 7.9 测试现场照片

飞行弹体物理参数测量结果如表 7.1 所列。

表 7.1 飞行弹体物理参数测量结果

项目	弹径/mm	l/mm	x_c/mm	m/kg	$A(\times 10^{-4})/(\text{kg}\cdot\text{m}^2)$	$C(\times 10^{-5})/(\text{kg}\cdot\text{m}^2)$	A/C
平均值	15.99	79.13	26.49	0.1914	0.5104	0.710	7.189

对于示例选用的 30mm 脱壳穿甲弹飞行姿态数据，这里采用 7.2.1 节的靶纸弹孔姿态数据的方法进行预处理，所得数据形式为

$$(\delta_i, \nu_i, y_i, z_i; x_i) \quad (i = 1, 2, \cdots, n) \tag{7.53}$$

在试验后的数据判读和预处理阶段，为了检查纸靶数据的匹配度和相容性，采用了旋转弹箭章动规律观察法校核章动数据。对于飞行攻角很小的测点处，其靶纸弹孔判读的进动角数据误差很大，甚至无法获取进动角数据。这就导致姿态数据不完整，与模型的匹配度和相容性均不能满足辨识要求，因此需要对靶纸弹孔判读数据进行预处理，以平滑和补充进动角数据。

由于攻角较小时，难以正确判读出进动角数据，因而在预处理过程中，将实测数据［式（7.53）］代入式（7.54）进行核算，采用对计算结果的比较验证和复测的方法补充进动角数据，从而得出了各发弹满足辨识匹配度和相容性的弹箭姿态角曲线数据 $(\delta, \nu; x)$。

$$\frac{\mathrm{d}\nu}{\mathrm{d}x} \approx \frac{C}{2A} \frac{2\pi}{\eta d} \tag{7.54}$$

式中：A、C、d、η 分别为弹箭的赤道转动惯量、极转动惯量、火炮口径、火炮的膛线缠度。示例中，其取值分别为

$A = 0.5104 \times 10^{-4} \mathrm{kg \cdot m^2}$，$C = 0.710 \times 10^{-5} \mathrm{kg \cdot m^2}$，$d = 0.030 \mathrm{m}$，$\eta = 23.8$

根据该弹丸飞行攻角、进动角的姿态角数据 $(\delta, \nu; x)$ 曲线，由式（7.55）换算出弹箭攻角的纵向分量 δ_1 和横向分量 δ_2 的数据曲线，作为该弹箭气动参数辨识所需的姿态角测试数据。

$$\begin{cases} \delta_{1i} = \delta_i \cos\nu_i \\ \delta_{2i} = \delta_i \sin\nu_i \end{cases} \quad (i = 1, 2, \cdots, n) \tag{7.55}$$

7.4.2.2 气动参数辨识计算流程与辨识结果

根据弹箭飞行攻角平射试验的纸靶测试数据，将 Murphy 方法应用于气动参数辨识，得出纸靶试验数据气动参数辨识的计算流程如图 7.10 所示。

根据 Murphy 方法的气动参数辨识计算流程，即可设计出计算机辨识程序进行数据处理。为了保证气动参数辨识处理结果的计算精度，对所有的弹箭姿态数据（包括起始扰动试验）进行了相容性检查处理。在试验数据选取上，采用了相容性较好的、最大攻角幅值在 2.5°以上的数据进行气动参数辨识。

表 7.2 为利用该脱壳穿甲弹的章动纸靶试验数据的辨识结果，图 7.11 为相应的章动纸靶试验数据与辨识结果计算曲线的拟合关系图。

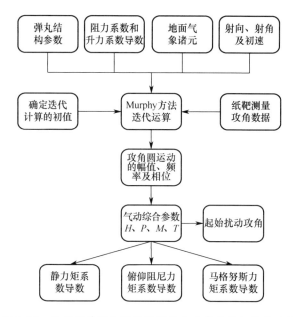

图 7.10 旋转弹箭纸靶试验数据的气动参数辨识计算流程

表 7.2 利用试验弹的章动纸靶试验数据辨识结果（$Ma=3.10$）

项目	$\delta_{m0}/(°)$	λ_δ/m	$\lambda_1(\times 10^{-4})$	$\lambda_2(\times 10^{-4})$	c_x	c_y'	c_z''	m_z'	m_{zz}'	m_y''
辨识结果	6.1	20.8	−0.8480	−0.847	0.231	21.93	/	7.27	−74.7	7.36

注：力矩参数的参考长度为弹长

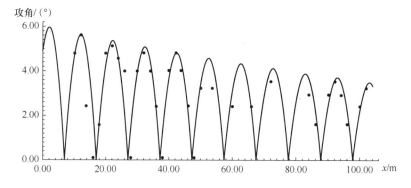

图 7.11 章动纸靶试验数据与辨识结果计算曲线的拟合关系图

表 7.3 为采用 Murphy 方法，利用某大口径旋转稳定弹箭的章动纸靶试验数据的辨识结果，图 7.12~图 7.15 为该大口径试验弹在不同马赫数下章动纸靶试验数据与辨识结果计算曲线的拟合关系图。

表 7.3 某大口径弹章动纸靶试验数据的辨识结果数据表

项目号	Ma	P	H	M	T	m'_z	m''_y	m'_{zz}
均值	2.50	0.1825	0.0065	0.0032	0.0034	3.52	3.43	-86.20
概率误差	0.004	0.0000	0.0025	0.0002	0.0013	0.180	1.5883	36.23
均值	2.00	0.1822	0.0031	0.0038	0.0009	4.35	2.02	-54.48
概率误差	0.004	0.0040	0.0024	0.0007	0.0016	0.181	1.584	23.39
均值	1.50	0.1816	0.0021	0.0044	0.0008	4.87	1.43	-28.77
概率误差	0.006	0.0008	0.0005	0.0002	0.0002	0.229	1.136	13.3359
均值	1.2	0.1811	0.0030	0.0038	0.0016	4.24	2.21	-58.90
概率误差	0.003	0.0016	0.0030	0.0006	0.0017	0.596	2.273	52.02
均值	0.90	0.1801	0.0018	0.0047	0.0008	4.65	2.34	-63.46
概率误差	0.001	0.0009	0.0002	0.0002	0.0000	0.186	2.013	33.389

注：力矩参数的参考长度为弹径

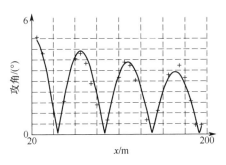

图 7.12 章动试验数据与辨识
拟合曲线（$Ma=2.5$）

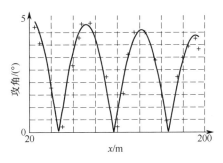

图 7.13 章动试验数据与辨识
拟合曲线（$Ma=1.5$）

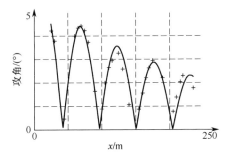

图 7.14 章动试验数据与辨识拟合曲线
（$Ma=1.2$）

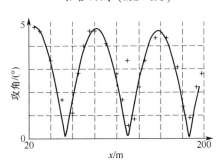

图 7.15 章动试验数据与辨识
拟合曲线（$Ma=0.90$）

从以上辨识结果可以看出，章动角拟合精度较好，章动波长 λ_δ 与弹箭飞行马赫数相关（严格说，应与弹箭的发射初速及转速相关），所得结果是正确、合理的。由于场地条件限制，同时也出于试验安全考虑，辨识气动力的章动纸靶试验未安装起偏器；从纸靶测试结果可以看出，气动力章动纸靶试验的攻角幅值略偏小，导致章动角数据的相对误差略大，其结果会增大气动参数辨识的难度，并造成赤道阻尼力矩系数、马氏力矩系数的辨识结果的误差显著增大。

必须指出，由章动波长 λ_δ 的表达式（7.11）可知，对于同一种旋转稳定弹箭，其章动波长 λ_δ 与弹箭飞行转速和马赫数（初速）相关，转速越低，其章动波长 λ_δ 越长。从大口径弹箭平射试验的示例图线（图 7.12～图 7.15）可以看出，章动波长 λ_δ 随初速（马赫数）/转速减小而变长。平常所说的某某弹箭的章动波长 λ_δ，更严谨地说，应是在全装药射击试验条件下，弹箭在炮口附近的飞行马赫数的章动波长。否则，在谈论章动波长时，应标出初速和转速。

7.4.2.3 纸靶试验确定的气动力矩曲线

表 7.3 中，气动力 m_y''、m_{zz}' 的辨识计算，采用了升力参数 b_y 和阻力参数 b_x 理论计算值。表中数据可以看出，通过辨识确定的俯仰力矩系数导数 m_z' 的概率误差较小，说明其数据的散布小；而马赫努斯力矩系数导数 m_y'' 和赤道阻尼力矩系数导数 m_{zz}' 的概率误差较大，说明其数据的精度较差。

图 7.16，图 7.17，图 7.18 分别为对应的俯仰力矩系数导数 m_z'~Ma 曲线、赤道阻尼力矩系数导数 m_{zz}'~Ma 曲线、马格努斯力矩系数导数 m_y''~Ma 曲线。

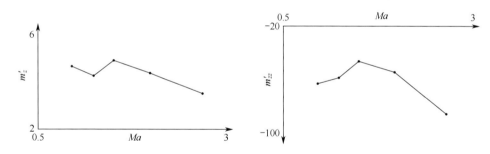

图 7.16 俯仰力矩系数导数 m_z'~Ma 曲线　　图 7.17 赤道阻尼力矩系数导数 m_{zz}'~Ma 曲线

参照该弹箭模型的风洞试验数据，对表 7.3 中俯仰力矩系数导数进行格式化处理，利用风洞试验数据进行补点，最后可得出校准后的俯仰力矩系数导数曲线，如图 7.19 所示。

根据上述辨识过程和结果分析可以得出如下结论：

(1) 利用气动参数辨识方法及计算流程，对不同装药的纸靶试验数据辨识得出的俯仰力矩系数导数 m_z'~Ma 曲线与气动系数变化规律的是一致的。

(2) 攻角判读测量误差偏大的纸靶试验数据辨识出的俯仰力矩系数导数 m_z' 的概率误差较大，在野外试验条件下，通过纸靶试验得出的俯仰力矩系数导数 m_z' 的概率误差一般在 5% 左右。

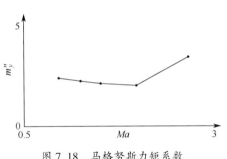

图 7.18 马格努斯力矩系数
导数 $m_y'' \sim Ma$ 曲线

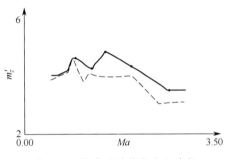

图 7.19 校准后的俯仰力矩系数
导数 $m_z' \sim Ma$ 曲线

(3) 如果弹箭飞行攻角纸靶试验不安装起偏器,攻角判读测量的相对误差显著增大,导致所辨识的俯仰力矩系数导数的误差有所增大,其他与攻角幅值相关联的力矩系数误差显著增大,往往只能参考使用。

7.4.3 弹箭平射试验坐标数据的气动参数辨识方法

由 7.1 节可知,应用闪光阴影照相方法或攻角纸靶试验技术,可测出弹箭的质心坐标 $(y,z;s)$,其中 y、z 分别为实际飞行轨迹偏离理想弹道的高低坐标和横向坐标,利用此数据可以辨识出试验马赫数 Ma 的升力系数导数 $c_y'(Ma)$ 和马格努斯力系数导数 $c_z''(Ma)$。

7.4.3.1 弹箭飞行轨迹坐标数据的数学模型

根据平射试验风速几乎为零的条件,式(3.118)可写为

$$\dot{\boldsymbol{\Psi}} = b_y v\Delta - \mathrm{i}b_z\dot{\gamma}\Delta \tag{7.56}$$

将 $\dot{\boldsymbol{\Psi}} = v\boldsymbol{\Psi}'$ 代入上式,整理即得

$$\boldsymbol{\Psi}' = b_y\Delta - \mathrm{i}b_z\frac{\dot{\gamma}}{v}\Delta = b_y\Delta - \mathrm{i}b_z\gamma'\Delta \tag{7.57}$$

这里 $\boldsymbol{\Psi}$ 为复偏角,注意到旋转稳定弹箭的 γ' 变化非常缓慢,在弹箭平射试验范围内可将其近似为常量 $\overline{\gamma}'$,将 $\Delta = \delta_1 + \mathrm{i}\delta_2$ 代入,并从 $0 \sim s$ 积分,得

$$\begin{aligned}\boldsymbol{\Psi}(s) &= \int_0^s \boldsymbol{\Psi}'(s)\mathrm{d}s = \int_0^s (b_y\Delta(s) - \mathrm{i}b_z\gamma'\Delta(s))\mathrm{d}s \approx (b_y - \mathrm{i}b_z\overline{\gamma}')\int_0^s \Delta(s)\mathrm{d}s \\ &= (b_y - \mathrm{i}b_z\overline{\gamma}')\left(\int_0^s \delta_1(s)\mathrm{d}s + \mathrm{i}\int_0^s \delta_2(s)\mathrm{d}s\right)\end{aligned} \tag{7.58}$$

式中:$\overline{\gamma}'$ 为在测试范围的平均转角随距离的平均变化率。

将 $\boldsymbol{\Psi} = \psi_1 + \mathrm{i}\psi_2$ 代入上式,得

$$\psi_1 + \mathrm{i}\psi_2 = (b_y - \mathrm{i}b_z\gamma_p')\left(\int_0^s \delta_1(s)\mathrm{d}s + \mathrm{i}\int_0^s \delta_2(s)\mathrm{d}s\right)$$

$$= (b_y - \mathrm{i}b_z\gamma'_p)[(D_1(s) - D_1(0)) + \mathrm{i}(D_2(s) - D_2(0))]$$
$$= b_y(D_1(s) - D_1(0)) + b_z\gamma'_p(D_2(s) - D_2(0))$$
$$+ \mathrm{i}[b_y(D_2(s) - D_2(0)) - b_z\gamma'_p(D_1(s) - D_1(0))] \tag{7.59}$$

$$D_1(s) - D_1(0) = \int_0^s \delta_1(s)\mathrm{d}s, \quad D_2(s) - D_2(0) = \int_0^s \delta_2(s)\mathrm{d}s \tag{7.60}$$

其中，δ_1 和 δ_2 的变化规律可由方程式（7.51）描述为

$$\begin{cases} \delta_2(s) = k_{10}\mathrm{e}^{\lambda_1 s}\sin(\varphi_{10} + \varphi'_1 s) + k_{20}\mathrm{e}^{\lambda_2 s}\sin(\varphi_{20} + \varphi'_2 s) \\ \delta_1(s) = k_{10}\mathrm{e}^{\lambda_1 s}\cos(\varphi_{10} + \varphi'_1 s) + k_{20}\mathrm{e}^{\lambda_2 s}\cos(\varphi_{20} + \varphi'_2 s) \end{cases} \tag{7.61}$$

采用 7.4.1 节的辨识方法确定出参数 k_{10}、k_{20}、φ_{10}、φ_{20}、φ'_1、φ'_2、λ_1、λ_2，由此可将式（7.59）分解，并整理成分量形式，即

$$\begin{cases} \psi_1(s) = \psi_{10} + b_y D_1(s) + b_z\overline{\gamma}' D_2(s) \\ \psi_2(s) = \psi_{20} + b_y D_2(s) + b_z\overline{\gamma}' D_1(s) \end{cases} \tag{7.62}$$

$$\Psi_{10} = -b_y D_1(0) - b_z\overline{\gamma}' D_2(0), \quad \Psi_{20} = b_z\overline{\gamma}' D_1(0) - b_y D_2(0) \tag{7.63}$$

式中：ψ_{10}，ψ_{20} 为初始偏角，可见它们相当于式（7.60）的积分常数 $D_1(0)$，$D_2(0)$ 的组合常数。

根据弹箭平射试验条件，有 $\theta_i \approx 0$。由于 ψ_1，ψ_2 均为小量，则六自由度弹道方程式（3.91）中的第 5、6 个方程式可分别简化为

$$\frac{\mathrm{d}y}{\mathrm{d}s} \approx \sin(\theta_i + \psi_1) = \sin\psi_1 \approx \psi_1, \quad \frac{\mathrm{d}z}{\mathrm{d}s} = \sin\psi_2 \approx \psi_2 \tag{7.64}$$

对 $0\sim s$ 积分，即可得出弹箭飞行轨迹的坐标函数关系式为

$$\begin{cases} y(s) = \int_0^s \psi_1(s)\mathrm{d}s = y_0 + \psi_{10}s + b_y\int_0^s D_1(s)\mathrm{d}s + b_z\overline{\gamma}'\int_0^s D_2(s)\mathrm{d}s \\ z(s) = \int_0^s \psi_2(s)\mathrm{d}s = z_0 + \psi_{20}s + b_y\int_0^s D_2(s)\mathrm{d}s + b_z\overline{\gamma}'\int_0^s D_1(s)\mathrm{d}s \end{cases} \tag{7.65}$$

若定义

$$\int_0^s D_1(s)\mathrm{d}s = F_1(s) - F_1(0), \quad \int_0^s D_2(s)\mathrm{d}s = F_2(s) - F_2(0)$$

则有

$$F_1(s) = F_1(0) + \int_0^s D_1(s)\mathrm{d}s, \quad F_2(s) = F_2(0) + \int_0^s D_2(s)\mathrm{d}s \tag{7.66}$$

设

$$\begin{cases} c_1 = y_0 - b_y F_1(0) - b_z\overline{\gamma}' F_2(0), \quad c_2 = z_0 - b_y F_2(0) + b_z\overline{\gamma}' F_1(0) \\ c_3 = y'_0 \approx \Psi_{10}, \quad c_4 = z'_0 = \Psi_{20}, \quad c_5 = b_y, \quad c_6 = b_z \end{cases} \tag{7.67}$$

则待辨识参数 $c_1, c_2, \cdots, c_6$ 的集合可写为

$$\boldsymbol{C} = (c_1, c_2, \cdots, c_6)^\mathrm{T} \tag{7.68}$$

由此，弹箭飞行轨迹的坐标函数关系式（7.65）可改写为

$$\begin{cases} y(s) = c_1 + c_3 s + c_5 F_1(s) + c_6 \overline{\gamma}' F_2(s) \\ z(s) = c_2 + c_4 s + c_5 F_2(s) - c_6 \overline{\gamma}' F_1(s) \end{cases} \quad (7.69)$$

上式可作为弹道弹箭平射试验的弹箭坐标数据的参数辨识数学模型。式中：$\overline{\gamma}' = \dfrac{\dot{\gamma}_p}{v_p}$ 为弹箭自转角随距离的平均变化率。对于旋转稳定弹箭的弹箭平射试验，一般难以测出 $\overline{\gamma}'$。辨识时，一般取

$$\overline{\gamma}' = \frac{\dot{\gamma}_p}{v_p} \approx \frac{2\pi}{\eta d} \quad (7.70)$$

对于尾翼稳定弹箭的弹箭平射试验，可直接测出其弹箭自转转角变化率，辨识时可取其测试值，即

$$\overline{\gamma}' = \frac{\Delta \gamma}{\Delta s} = \frac{\gamma_2 - \gamma_1}{s_2 - s_1} \quad (7.71)$$

式中：γ_1，γ_2 分别为弹箭在到炮口距离为 s_1，s_2 的转角测试数据。

由于尾翼稳定弹箭的旋转速率很小，平射试验范围内可以忽略马氏力项 $b_z \gamma'$ 的影响，即取 $c_6 \overline{\gamma}' \approx 0$，故式（7.69）可简化为

$$\begin{cases} y(s) = c_1 + c_3 s + c_5 F_1(s) \\ z(s) = c_2 + c_4 s + c_5 F_2(s) \end{cases} \quad (7.72)$$

7.4.3.2 弹箭升力和马格努斯力系数导数的辨识方法

由于弹箭坐标数据的参数辨识数学模型（式（7.69））关于参数 c_j 是线性的，故可以采用2.1.2节的线性最小二乘法辨识 c_j。为方便叙述，这里设

$$\begin{cases} u_{11}(s) = 1, \ u_{12}(s) = 0, \ u_{13}(s) = s \\ u_{14}(s) = 0, \ u_{15}(s) = F_1(s), \ u_{16}(s) = \gamma'_p F_2(s) \\ u_{21}(s) = 0, \ u_{22}(s) = 1, \ u_{23}(s) = 0 \\ u_{24}(s) = s, \ u_{25}(s) = F_2(s), \ u_{26}(s) = \gamma'_p F_1(s) \end{cases} \quad (7.73)$$

式中：γ'_p 由式（7.70）或式（7.71）确定，其中函数 $F_1(s)$，$F_2(s)$ 由定义式（7.66）计算。按照定义式（7.73），可将弹箭坐标数据的参数辨识数学模型（7.69）写为

$$y(s) = \sum_{j=1}^{6} c_j u_{1j}(s), \ z(s) = \sum_{j=1}^{6} c_j u_{2j}(s) \quad (7.74)$$

式中：参数 $c_j (j=1,2,\cdots,6)$ 为待辨识参数，其定义见式（7.67）。

对于弹箭平射试验中弹箭飞行坐标数据，即

$$(y_i, z_i; s_i) \quad (i = 1, 2, \cdots, n) \quad (7.75)$$

和参数 $c_j(j=1,2,\cdots,6)$ 辨识的数学模型（式（7.74）），按照2.1.2节的线性最小二乘法设其目标函数为

$$Q = \sum_{i=1}^{n} \left[(y_i - y(\boldsymbol{C}; s_i))^2 + (z_i - z(\boldsymbol{C}; s_i))^2 \right]$$

$$= \sum_{i=1}^{n} \left[\left(y_i - \sum_{j=1}^{6} c_j u_{1j}(s_i) \right)^2 + \left(z_i - \sum_{j=1}^{6} c_j u_{2j}(s_i) \right)^2 \right] \quad (7.76)$$

由微分求极值的必要条件，取 $\frac{\delta Q}{\delta c_j} = 0 (j = 1, 2, \cdots, 6)$ 可确定矩阵形式的正规方程，即

$$[A_{jk}]_{6 \times 6} [c_j]_{6 \times 1} = [B_j]_{6 \times 1} \quad (j, k = 1, 2, \cdots, 6) \quad (7.77)$$

$$\begin{cases} A_{jk} = \sum_{i=1}^{n} \sum_{m=1}^{2} u_{mj}(t_i) \cdot u_{mk}(t_i) \\ B_j = \sum_{i=1}^{n} \sum_{m=1}^{2} u_{mj}(t_i) \cdot y_{mi} \end{cases} \quad (j, k = 1, 2, \cdots, 6) \quad (7.78)$$

将矩阵 $[A_{jk}]_{6 \times 6}$ 的逆矩阵左乘方程式（7.77），可得代数矩阵的解，即

$$[c_j] = [A_{jk}]^{-1} [B_j] \quad (j, k = 1, 2, \cdots, 6) \quad (7.79)$$

将求出的矩阵元素 c_5、c_6 代入式（7.67）和式（3.106），即可换算出升力系数导数 $c'_y(Ma)$ 和马格努斯力系数导数 $c''_z(Ma)$，即

$$c'_y(Ma) = \frac{2m}{\rho S} b_y = \frac{2m}{\rho S} c_5, \quad c''_z(Ma) = \frac{2m}{\rho S d} b_z = \frac{2m}{\rho S d} c_6 \quad (7.80)$$

式中：$Ma = \frac{v_M}{c_s}$ 为对应的马赫数；c_s 为声速；v_M 为弹箭在坐标测试段的平均速度。

7.4.4 某榴弹模型靶道试验数据的 Murphy 方法应用示例

通过测试图 7.20 所示的某 37mm 榴弹模型飞离炮口后弹丸飞行运动姿态和空间质心坐标的变化规律，利用试验数据判读处理出弹丸的飞行速度降曲线、章动曲线和摆动曲线等，拟合处理出弹丸的主要气动力和力矩系数。图中弹体的静态物理量参数实测数据见表 7.4。

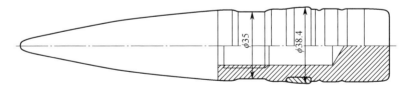

图 7.20 37mm 榴弹模型图

试验采用靶道外弹道测试段中由 20 个火花闪光阴影照相站构成的闪光阴影照相系统、时间采集系统、空间基准系统和气象测量系统对弹芯飞行运动的状态参数进行全面测试。每个闪光阴影照相站有两套相互正交的摄影光路，其闪光阴

影照相测试系统的试验场地布置如图 7.21 所示。

表 7.4 试验弹丸的静态物理量参数实测数据表

弹长/mm	质量/g	质心位置/mm	赤道转动惯量/(kg·m²)	极转动惯量/(kg·m²)
182.48	687.90	58.31	1.19008×10⁻³	1.1719×10⁻⁴

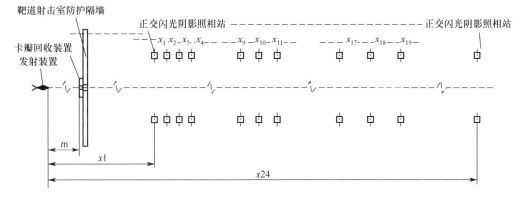

图 7.21 弹丸近炮口自由飞行试验场地布置示意图

按照图 7.21 所示的场地布置,获取了各发试验模型弹体的飞行状态数据,表 7.5 列出了其中第 3 发弹各闪光阴影照相站实测数据。利用各发试验模型弹的试验数据群,采用 6.2.1 节和 7.4.1 节及 7.4.3 节的辨识方法,计算出各发试验模型弹的气动参数数据如表 7.6 所列。图 7.22、图 7.23 分别为利用第 3 发模拟弹数据辨识确定的弹道计算模型计算的速度、攻角拟合曲线及实测散点图,图 7.24 为该模拟弹对应的靶道试验弹轴摆动曲线图。

表 7.5 第 3 发试验弹丸运动状态参数的判读处理结果

t/ms	x/m	y/m	z/(m)	v/(m·s⁻¹)	δ_1/(°)	δ_2/(°)
16.402	16.410	−0.012	0.040	996.33	0.65	−5.53
18.560	18.559	−0.019	0.044	995.69	0.81	−0.33
20.555	20.545	−0.024	0.048	995.12	−3.47	1.29
22.574	22.553	−0.031	0.051	994.45	−7.36	−2.50
24.592	24.559	−0.039	0.055	993.59	−6.21	−9.06
26.634	26.587	−0.047	0.057	992.52	0.56	−13.03
28.675	28.612	−0.056	0.056	991.34	8.67	−10.56
30.740	30.658	−0.064	0.054	990.16	12.47	−2.87

(续)

t/ms	x/m	y/m	$z/(\text{m})$	$v/(\text{m}\cdot\text{s}^{-1})$	$\delta_1/(°)$	$\delta_2/(°)$
33.733	33.619	−0.071	0.050	988.71	6.64	6.25
36.818	36.668	−0.076	0.048	987.65	−1.35	3.07
39.881	39.691	−0.081	0.048	986.78	2.11	−3.09
42.920	42.689	−0.085	0.046	985.72	8.97	1.89
45.982	45.705	−0.086	0.046	984.26	4.21	11.71
49.022	48.694	−0.086	0.049	982.61	−7.67	10.06
55.657	55.204	−0.096	0.064	979.84	0.17	−3.90
81.989	80.873	−0.179	0.087	969.87	9.15	−4.55
85.237	84.020	−0.186	0.084	968.33	9.16	7.46
88.253	86.939	−0.189	0.084	966.90	−1.89	10.20
91.478	90.054	−0.193	0.087	965.65	−6.36	0.58
94.424	92.898	−0.198	0.091	964.77	1.05	−3.18
97.626	95.986	−0.204	0.094	963.80	4.32	5.01
100.642	98.891	−0.209	0.098	962.65	−4.83	8.89

表7.6　37mm模拟弹靶道数据辨识处理结果

项目	第2发	第3发	第4发	第5发
马赫数	2.8966	2.8886	2.8737	2.8746
c_x	0.2901	0.2974	0.3033	0.3012
c'_y	2.519	2.536	2.549	2.542
m'_z	0.6915	0.6931	0.6942	0.6939
m''_y	−0.00667	−0.00665	−0.00662	−0.00661
m'_{zz}	0.9195	0.9204	0.9213	0.9211
m'_{xz}	0.001245	0.001247	0.001251	0.001251
v_0	1007.71	1004.36	999.2	1001.3
λ	41.18	39.98	41.16	44.38
δ_m	14.99	13.87	12.85	14.23

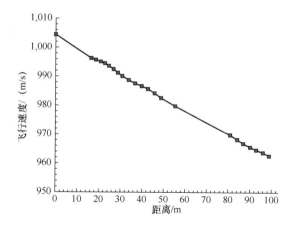

图 7.22 37mm 模拟弹靶道试验速度距离曲线

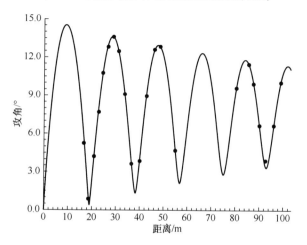

图 7.23 37mm 模拟弹靶道试验攻角曲线

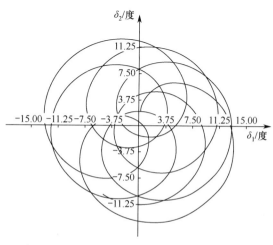

图 7.24 37mm 模拟弹靶道试验弹轴摆动曲线

显见，图 7.28 的攻角拟合曲线与靶道试验攻角数据点几乎重合。比较图 7.17～图 7.20 的纸靶试验数据点可以看出，靶道试验的攻角数据拟合精度显著优于纸靶试验攻角数据；表 7.5 所列的辨识结果说明，利用靶道试验数据群辨识气动参数的结果更加全面，其精度明显高于纸靶试验数据群的辨识结果。

7.5 弹箭靶道试验数据的非线性气动参数的最大似然辨识

由前所述，精确模拟弹箭在空中的飞行运动主要取决于作用于弹体的空气动力和力矩（气动参数）的精度。目前，Murphy 方法已广泛地用来从弹箭飞行试验数据群辨识气动参数，该方法以线性空气动力理论为基础。其线性分析方法需要建立在假设小攻角和转速"固化"的条件下，才能得出解析形式的解。此外，Murphy 和 Nicolaides 通过进一步推导也提出了各式各样的准线性方法，这些方法同样需要很多假设。例如，Murphy 导出的非线性近似解析解就是建立在轻微非线性和忽略重力的假设基础上的，Nicolaides 在其准线性理论中仅考虑了两种力（法向力和马格努斯力）及其力矩[14]。

一般说来，对于非线性气动力的辨识问题，必须满足三点要求：①由于弹道状态参数对高阶非线性气动参数的灵敏度很低，因此对试验条件（包括气象条件等）控制及测试精度的要求更高，一般需要采用高水准的试验方法获取满足精度要求的数据群。②试验需要出现大攻角数据，这是因为飞行攻角较小的试验弹体模型，其非线性气动参数对弹体飞行状态参数影响很小，其辨识结果很容易"淹没"在测试误差中。因此，平射（靶道）试验射击需增大起始扰动（可在炮口安装起偏器），以保证气动力的非线性特性明显表露出来。③所采用的数学模型不能有小攻角的假设。由于小扰动理论的假设条件不成立，因此不能采用前面所述的攻角方程式（3.126）及其解析解作为数学模型，以避免模型简化误差影响到辨识结果。

由于闪光阴影照相方法获取弹箭飞行状态的数据的精度最高，对于弹箭非线性气动力平射试验必须采用该测试技术的弹道靶道试验方法。一般对在室内环境下的弹箭飞行试验来说，其飞行状态数据和气象诸元数据均可以精确测试，并能满足非线性气动力飞行试验数据群要求。因此可以认为，若以闪光阴影照相方法测试数据为核心，在靶道试验射击中采用增大起始扰动的措施，并将非线性气动参数弹道方程作为辨识模型就能够满足上述三点要求。

7.5.1 最大似然法辨识气动参数采用的数学模型

按照弹箭平射的靶道试验条件，θ_a、Ψ_2 均为小量，风速为 0，故由辅助方程式（3.92）知 β 也为小量。于是有

$$\cos\theta_a \approx 1, \sin\theta_a \approx \theta_a, \cos\Psi_2 \approx 1, \sin\Psi_2 \approx \Psi_2, \cos\beta \approx 1, \sin\beta \approx \beta \quad (7.81)$$

因此，可将六自由度弹道方程组 [式（3.91）] 简化为

$$\begin{cases}
\dfrac{\mathrm{d}v}{\mathrm{d}t} = -\dfrac{\rho v^2}{2m}Sc_x + \dfrac{\rho S}{2m}c_y\dfrac{1}{\sin\delta}(v^2\cos\delta_2\cos\delta_1 - vv_{r\xi}) - mg\sin\theta_a \\[6pt]
\dfrac{\mathrm{d}\theta_a}{\mathrm{d}t} = \dfrac{\rho Sv^2}{2mv}c_y\dfrac{\cos\delta_2\sin\delta_1}{\sin\delta} + \dfrac{\rho v^2}{2mv}Sc_z\dfrac{\sin\delta_2}{\sin\delta} - \dfrac{g}{v} \\[6pt]
\dfrac{\mathrm{d}\Psi_2}{\mathrm{d}t} = \dfrac{\rho v^2 S}{2mv}c_y\dfrac{\sin\delta_2}{\sin\delta} + \dfrac{\rho v^2}{2mv}Sc_z\dfrac{\sin\delta_1}{\sin\delta} \\[6pt]
\dfrac{\mathrm{d}x}{\mathrm{d}t} = v, \quad \dfrac{\mathrm{d}y}{\mathrm{d}t} = v\theta_a, \quad \dfrac{\mathrm{d}z}{\mathrm{d}t} = v\Psi_2 \\[6pt]
\dfrac{\mathrm{d}\omega_\xi}{\mathrm{d}t} = -\dfrac{\rho Sld}{2C}m'_{xz}v\omega_\xi \\[6pt]
\dfrac{\mathrm{d}\omega_\eta}{\mathrm{d}t} = \dfrac{\rho Sl}{2A}m_z\dfrac{1}{\sin\delta}vv_\zeta - \dfrac{\rho Sld}{2A}vm'_{zz}\omega_\eta - \dfrac{\rho Sld}{2A}m'_y\dfrac{1}{\sin\delta}\omega_\xi v_\eta - \dfrac{C}{A}\omega_\xi\omega_\zeta + \omega_\eta^2\tan\varphi_2 \\[6pt]
\dfrac{\mathrm{d}\omega_\zeta}{\mathrm{d}t} = -\dfrac{\rho Sl}{2A}m_z\dfrac{1}{\sin\delta}vv_\eta - \dfrac{\rho Sld}{2A}vm'_{zz}\omega_\zeta - \dfrac{\rho Sld}{2A}m'_y\dfrac{1}{\sin\delta}\omega_\xi v_\zeta + \dfrac{C}{A}\omega_\xi\omega_\eta - \omega_\eta\omega_\zeta\tan\varphi_2 \\[6pt]
\dfrac{\mathrm{d}\varphi_a}{\mathrm{d}t} = \dfrac{\omega_\zeta}{\cos\varphi_2}, \quad \dfrac{\mathrm{d}\varphi_2}{\mathrm{d}t} = -\omega_\eta \\[6pt]
\dot{\gamma} = \dfrac{\mathrm{d}\gamma}{\mathrm{d}t} = \omega_\xi - \omega_\zeta\sin\varphi_2
\end{cases}$$

$$(7.82)$$

关联参数方程为

$$\begin{cases}
\delta = \arccos(v_\xi/v) \\
v_\xi = v\cos\delta_2\cos\delta_1, \quad v_\eta = v_{\eta_2} + v_{\zeta_2}\beta, \quad v_\zeta = -v_{\eta_2}\beta + v_{\zeta_2} \\
v_{\eta_2} = -v\sin\delta_1, \quad v_{\zeta_2} = -v\sin\delta_2\cos\delta_1
\end{cases} \quad (7.83)$$

六自由度弹道方程组的辅助方程可写为

$$\begin{cases}
\sin\delta_1 = \dfrac{\cos\varphi_2\sin(\varphi_a - \theta_a)}{\cos\delta_2} \\[6pt]
\sin\delta_2 = \sin\varphi_2 - \Psi_2\cos\varphi_2\cos(\varphi_a - \theta_a) \\[6pt]
\beta = \dfrac{\Psi_2\sin(\varphi_a - \theta_a)}{\cos\delta_2}
\end{cases} \quad (7.84)$$

为便于辨识计算编程应用和书写方便，采用动力学方程式（2.82）相同的变量符号，即令

$$\begin{cases} u_1(t)=v(t), \ u_2(t)=\theta_a(t), \ u_3(t)=\Psi_2(t) \\ u_4(t)=x(t), \ u_5(t)=y(t), \ u_6(t)=z(t) \\ u_7(t)=\omega_\eta(t), \ u_8(t)=\omega_\zeta(t) \\ u_9(t)=\varphi_a(t), \ u_{10}(t)=\varphi_2(t) \end{cases} \quad (7.85)$$

将上面力和力矩表达式代入六自由度弹道方程组 [式（7.82）]，得

$$\begin{cases} \dfrac{\mathrm{d}u_1}{\mathrm{d}t} = -\dfrac{\rho S}{2m}c_x u_1^2 + \dfrac{\rho S}{2m}c_y \dfrac{1}{\sin\delta}(u_1^2\cos\delta_2\cos\delta_1 - u_1 v_\xi) - g\sin u_2 \\ \dfrac{\mathrm{d}u_2}{\mathrm{d}t} = \dfrac{\rho S}{2m}c_y u_1 \dfrac{\cos\delta_2\sin\delta_1}{\sin\delta} + \dfrac{\rho S}{2m}c_z u_1 \dfrac{\sin\delta_2}{\sin\delta} - \dfrac{g}{u_1} \\ \dfrac{\mathrm{d}u_3}{\mathrm{d}t} = \dfrac{\rho S}{2m}c_y u_1 \dfrac{\sin\delta_2}{\sin\delta} + \dfrac{\rho S}{2m}c_z u_1 \dfrac{\sin\delta_1}{\sin\delta} \\ \dfrac{\mathrm{d}u_4}{\mathrm{d}t} = u_1, \quad \dfrac{\mathrm{d}u_5}{\mathrm{d}t} = u_1 u_2, \quad \dfrac{\mathrm{d}u_6}{\mathrm{d}t} = u_1 u_3 \\ \dfrac{\mathrm{d}u_7}{\mathrm{d}t} = \dfrac{\rho Sl}{2A}m_z \dfrac{1}{\sin\delta}u_1 v_\zeta - \dfrac{\rho Sld}{2A}u_1 m'_{zz} u_7 - \dfrac{\rho Sld}{2A}m'_y \dfrac{1}{\sin\delta}\omega_\xi v_\eta - \dfrac{C}{A}\omega_\xi u_8 + u_7^2\tan u_{10} \\ \dfrac{\mathrm{d}u_8}{\mathrm{d}t} = -\dfrac{\rho Sl}{2A}m_z \dfrac{1}{\sin\delta}u_1 v_\eta - \dfrac{\rho Sld}{2A}u_1 m'_{zz} u_8 - \dfrac{\rho Sld}{2A}m'_y \dfrac{1}{\sin\delta}\omega_\xi v_\zeta + \dfrac{C}{A}\omega_\xi u_7 - u_7 u_8\tan u_{10} \\ \dfrac{\mathrm{d}u_9}{\mathrm{d}t} = \dfrac{u_8}{\cos u_{10}}, \quad \dfrac{\mathrm{d}u_{10}}{\mathrm{d}t} = -u_7, \quad \dfrac{\mathrm{d}\omega_\xi}{\mathrm{d}t} = -\dfrac{\rho Sld}{2C}m'_{xz} u_1 \omega_\xi \end{cases}$$

$$(7.86)$$

由式（7.83）和式（7.84），相应的弹道参数可分别改写为

$$\begin{cases} \delta = \arccos(v_\xi/u_1) \\ v_\xi = u_1\cos\delta_2\cos\delta_1, \ v_\eta = v_{\eta_2} + v_{\zeta_2}\beta, \ v_\zeta = -v_{\eta_2}\beta + v_{\zeta_2} \\ v_{\eta_2} = -u_1\sin\delta_1, \ v_{\zeta_2} = -u_1\sin\delta_2\cos\delta_1 \end{cases} \quad (7.87)$$

辅助方程也可改写为

$$\begin{cases} \sin\delta_1 = \dfrac{\cos u_{10}\sin(u_9 - u_2)}{\cos\delta_2} \\ \sin\delta_2 = \sin u_{10} - u_3\cos u_{10}\cos(u_9 - u_2) \\ \beta = \dfrac{u_3\sin(u_9 - u_2)}{\cos\delta_2} \end{cases} \quad (7.88)$$

考虑到弹箭在大攻角飞行条件下气动参数的非线性影响，应将式（7.86）中的各气动参数分别表示为

$$c_x(Ma) = c_{x0}(Ma) + c_{x2}(Ma)\delta^2, \quad c_z(Ma) = c'_z(Ma)\dfrac{\dot{\gamma}d}{v} = c''_z(Ma)\dot{\gamma}\delta$$

$$(7.89)$$

$$c_y(Ma) = c'_y(Ma)\delta, \qquad c'_y(Ma) = c_{y1}(Ma) + c_{y3}(Ma)\delta^2 \qquad (7.90)$$

$$m_z(Ma) = m'_z(Ma)\delta, \qquad m'_z(Ma) = m_{z1}(Ma) + m_{z3}(Ma)\delta^2 \qquad (7.91)$$

$$m_y(Ma) = m'_y(Ma)\left(\frac{\dot{\gamma}d}{v}\right) = m''_y(Ma)\left(\frac{\dot{\gamma}d}{v}\right)\delta, \quad m'_y(Ma) = m''_y(Ma)\delta \quad (7.92)$$

$$m_{zz}(Ma) = m'_{zz}(Ma)\left(\frac{\dot{\gamma}d}{v}\right), \qquad m_{xz}(Ma) = m'_{xz}(Ma)\left(\frac{\dot{\gamma}d}{v}\right) \qquad (7.93)$$

为减少待辨识参数的个数,使问题更简单,上面表达式中仅仅将阻力、升力、俯仰力矩等对弹道影响较大的主要气动参数表示为非线性参数形式。

7.5.2 从靶道试验数据群辨识非线性气动参数的最大似然法

一般说来,由于靶道试验完全满足无风的条件,试验射击时刻 t_0 的气象数据形式为

$$(p_0, T_0, e_0; t_0) \qquad (7.94)$$

式中:p_0、T_0 和 e_0 分别为 t_0 时刻的地面气压/Pa、气温/K 和相对湿度。

靶道试验中,采用闪光阴影照相测试方法所能获取的描述弹箭飞行状态的数据形式为

$$(\varphi_{ai}, \varphi_{2i}, y_i, z_i, x_i; t_i) \quad (i = 1,2,\cdots,n) \qquad (7.95)$$

或者为

$$(\varphi_{ai}, \varphi_{2i}, y_i, z_i; x_i)(i = 1,2,\cdots,n) \text{ 和 } (v_{rj}, t_{rj})(j = 1,2,\cdots,n_r) \qquad (7.96)$$

无论采用哪一种方法,其数据均可以统一为相同的形式,即对于弹道弹箭平射试验所获取的试验数据[式(7.96)],总可以将它们统一为[式(7.95)]的形式,并表示为

$$(\varphi_{eai}, \varphi_{e2i}, x_{ei}, y_{ei}, z_{ei}; t_i) \quad (i = 1,2,\cdots,n) \qquad (7.97)$$

式中:下标"e"代表试验获取的数据。

由此,可以采用最大似然法辨识弹箭的气动参数。按照试验数据[式(7.97)]和数学模型式(7.86),可将测量方程式(2.81)定义为

$$\begin{cases} y_1(t) = \varphi_a(t) = u_9(t), \ y_2(t) = \varphi_2(t) = u_{10}(t) \\ y_3(t) = x(t) = u_4(t), \ y_4(t) = y(t) = u_5(t) \\ y_5(t) = z(t) = u_6(t) \end{cases} \qquad (7.98)$$

对应于动力学状态方程式(7.86),上面测量方程可简写为矩阵形式,即

$$\boldsymbol{Y}(i) = [y_1(t_i), y_2(t_i), y_3(t_i), y_4(t_i), y_5(t_i)]^T \quad (i = 1,2,\cdots,n) \qquad (7.99)$$

由于旋转弹箭气动力平射试验的测试弹道段范围不大,试验中难以获取弹箭自转速率变化数据,故这里设弹箭的极阻尼力矩系数导数曲线 $m'_{xz}(Ma)$ 为已知量。由专门的转速试验数据群辨识确定 $(m'_{xz}(Ma))$ 曲线的方法将在 9.3 节介绍,或由其他专门途径所确定。根据方程式(7.86)及初始条件的未知参数分析,可

设最大似然辨识方法的待辨识参数为

$$\begin{cases} c_1 = c_{x0}, & c_2 = c_{x2}, & c_3 = c_{y1}, & c_4 = c_{y3} \\ c_5 = c_z'', & c_6 = m_{z1}, & c_7 = m_{z3}, & c_8 = m_y'' \\ c_9 = m_{zz}', & c_{10} = v_0, & c_{11} = \theta_0, & c_{12} = \Psi_{20} \\ c_{13} = \dot{\varphi}_{a0}, & c_{14} = \dot{\varphi}_{20}, & c_{15} = \varphi_{a0}, & c_{16} = \varphi_{20} \end{cases} \quad (7.100)$$

并将待辨识参数 $c_1, c_2, \cdots, c_{16}$ 的集合用矩阵形式记为

$$\boldsymbol{C} = (c_1, c_2, \cdots, c_{16})^{\mathrm{T}} \quad (7.101)$$

根据定义式（7.85），六自由度弹道方程式（7.86）的积分初始条件可表述为

$$\begin{cases} u_1(0) = v(0) = v_0 = c_{10}, \ u_2(0) = \theta_a(0) = \theta_0 = c_{11} \\ u_3(0) = \Psi_2(0) = \Psi_{20} = c_{12}, \ u_4(0) = x(0) = 0 \\ u_5(0) = y(0) = 0, \ u_6(0) = z(0) = 0 \\ u_7(0) = \omega_\eta(0) = \omega_{\eta 0} = -c_{14}, \ u_8(0) = \omega_\zeta(0) = \omega_{\zeta 0} = c_{13}\cos c_{12} \\ u_9(0) = \varphi_a(0) = c_{15}, \ u_{10}(0) = \varphi_2(0) = c_{16} \\ \omega_\xi(0) \approx \omega_{\xi 0} = \dfrac{2\pi c_{10}}{\eta d} + c_{13}\cos c_{12}\tan c_{12} \end{cases} \quad (7.102)$$

根据定义式（7.100），则式（7.89）~式（7.93）可表述为

$$\begin{cases} c_x(Ma) = c_1(Ma) + c_2(Ma)\delta^2, \ c_y(Ma) = c_3(Ma)\delta + c_4(Ma)\delta^3 \\ c_z(Ma) = c_5(Ma)\dot{\gamma}\delta, \ m_z(Ma) = c_6(Ma)\delta + c_7(Ma)\delta^3 \\ m_y'(Ma) = c_8(Ma)\delta \quad m_{zz}'(Ma) = c_9(Ma) \end{cases} \quad (7.103)$$

按照 2.2.2 节所述最大似然辨识法-输出误差的参数估计方法，对于弹箭平射试验获取的曲线数据［式（7.97）］，待定参数［式（7.101）］辨识的目标函数可设为

$$Q(\boldsymbol{C}) = \sum_{i=1}^{n} \left[\boldsymbol{V}^{\mathrm{T}}(\boldsymbol{C};i)\boldsymbol{R}^{-1}\boldsymbol{V}(\boldsymbol{C};i) + \ln|\boldsymbol{R}| \right] \quad (7.104)$$

$$\boldsymbol{V}(\boldsymbol{C};i) = \boldsymbol{Y}(\boldsymbol{u};i) - \boldsymbol{Y}_e(i) \quad (7.105)$$

$$\boldsymbol{Y}_e(i) = [\varphi_{eai}, \varphi_{e2i}, x_{ei}, y_{ei}, z_{ei}]^{\mathrm{T}} (i = 1, 2, \cdots, n) \quad (7.106)$$

式中：$\boldsymbol{C}$ 为待辨识参数；$\boldsymbol{V}(\boldsymbol{C};i)$ 为输出误差矩阵；$\boldsymbol{Y}_e(i)$ 为弹道靶道试验第 i 点测量参数矩阵。

由测量方程式（7.98），矩阵 $\boldsymbol{Y}(\boldsymbol{u};i)$ 的计算值可表述为

$$\boldsymbol{Y}(\boldsymbol{u};i) = \boldsymbol{Y}(\boldsymbol{u};t_i) = \boldsymbol{Y}(\boldsymbol{u}(\boldsymbol{C};t_i))$$

$$= [u_9(\boldsymbol{C};t_i) \ u_{10}(\boldsymbol{C};t_i) \ u_4(\boldsymbol{C};t_i) \ u_5(\boldsymbol{C};t_i) \ u_6(\boldsymbol{C};t_i)]^{\mathrm{T}} \quad (7.107)$$

$$\boldsymbol{u}(\boldsymbol{C};t_i) = [u_1(\boldsymbol{C};t_i), u_2(\boldsymbol{C};t_i), \cdots, u_{11}(\boldsymbol{C};t_i)]^{\mathrm{T}} \quad (7.108)$$

由六自由度弹道方程式（7.86）、式（7.87）和式（7.88）及其初始条件

式（7.102）的数值解确定。

根据式（2.84），式（7.104）中的协方差矩阵 $\boldsymbol{R}$ 的取值采用最优估计表达式计算，即

$$\hat{\boldsymbol{R}}(\boldsymbol{C}) = \frac{1}{n}\sum_{i=1}^{n} \boldsymbol{V}(\boldsymbol{C};i)\boldsymbol{V}^{\mathrm{T}}(\boldsymbol{C};i) \qquad (7.109)$$

按照牛顿-拉夫逊方法（详见2.2.2节），其迭代修正计算公式为

$$\boldsymbol{C}^{(l+1)} = \boldsymbol{C}^{(l)} + \Delta\boldsymbol{C}^{(l)} \qquad (7.110)$$

$$\Delta\boldsymbol{C} = -\left(\frac{\partial^2 Q}{\partial c_k \partial c_j}\right)_{J\times J}^{-1}\left(\frac{\partial Q}{\partial c_k}\right)_{J\times 1} \qquad (7.111)$$

式中：上标 l 代表参数 $\boldsymbol{C}$ 的第 l 次迭代近似值；$\Delta\boldsymbol{C}^{(l)}$ 为修正量。

将式（7.104）中的目标函数 Q 关于辨识参数 c_k 求偏导，取一阶导数近似，按照微分求极值原理，有

$$\begin{cases} \dfrac{\partial Q}{\partial c_k} = 2\sum_{i=1}^{n} \boldsymbol{V}^{\mathrm{T}}(i)\boldsymbol{R}^{-1}\dfrac{\partial \hat{\boldsymbol{Y}}(i)}{\partial c_k} \\ \dfrac{\partial^2 Q}{\partial c_j \partial c_k} = 2\sum_{i=1}^{n} \dfrac{\partial \hat{\boldsymbol{Y}}^{\mathrm{T}}(i)}{\partial c_j}\boldsymbol{R}^{-1}\dfrac{\partial \hat{\boldsymbol{Y}}(i)}{\partial c_k} \end{cases} (j,k=1,2,\cdots,16) \qquad (7.112)$$

式中：$\dfrac{\partial \hat{\boldsymbol{Y}}(i)}{\partial c_k}$ 为观测量 $\boldsymbol{Y}$ 关于待辨识参数 c_k 的灵敏度在第 i 个测试点的计算值。通过将状态方程式（7.86）和测量方程式（7.98）对待辨识参数 $\boldsymbol{C}$ 求导，可以推导出计算它们的灵敏度方程，即

$$\frac{\partial \hat{\boldsymbol{Y}}(i)}{\partial c_k} = \left(\frac{\partial y_1}{\partial c_k}, \frac{\partial y_2}{\partial c_k}, \cdots, \frac{\partial y_5}{\partial c_k}\right)^{\mathrm{T}} \quad (k=1,2,\cdots,16) \qquad (7.113)$$

$$\begin{cases} \dfrac{\partial y_1}{\partial c_k} = \dfrac{\partial u_9}{\partial c_k}, \ \dfrac{\partial y_2}{\partial c_k} = \dfrac{\partial u_{10}}{\partial c_k}, \ \dfrac{\partial y_3}{\partial c_k} = \dfrac{\partial u_4}{\partial c_k} \\ \dfrac{\partial y_4}{\partial c_k} = \dfrac{\partial u_5}{\partial c_k}, \ \dfrac{\partial y_5}{\partial c_k} = \dfrac{\partial u_6}{\partial c_k} \end{cases} (k=1,2,\cdots,16) \qquad (7.114)$$

式中：$\dfrac{\partial u_j}{\partial c_k}$ 为弹箭飞行状态参数 u_j 关于待辨识参数 c_k 的灵敏度。$\dfrac{\partial u_j}{\partial c_k}$ 的求解可由六自由度弹道方程式（7.86）关于待辨识参数 c_k 求导，可得出灵敏度方程（其推导过程将在7.5.3节讨论）。将灵敏度方程与状态方程联立求解，代入式（7.112）即可计算观测量关于待辨识参数的灵敏度，即

$$\frac{\partial u_j}{\partial c_k} = \frac{\partial u_j(\boldsymbol{C},\ \boldsymbol{u};\ t)}{\partial c_k} = p_{jk} \quad (k=1,2,\cdots,16,\ j=1,2,\cdots,11) \qquad (7.115)$$

7.5.3 最大似然辨识处理方法采用的灵敏度方程

根据灵敏度表达式（7.115），这里将气动参数辨识采用的数学模型 [式（7.86）] 两边对 c_k 求偏导，注意到 $\dfrac{\mathrm{d}p_{jk}}{\mathrm{d}t} = \dfrac{\mathrm{d}}{\mathrm{d}t}\left(\dfrac{\partial u_j}{\partial c_k}\right) = \dfrac{\partial}{\partial c_k}\left(\dfrac{\mathrm{d}u_j}{\mathrm{d}t}\right)$（$j = 1, 2, \cdots, 10$, $k = 1, 2, \cdots, 16$），有

$$\begin{aligned}
\frac{\mathrm{d}p_{1k}}{\mathrm{d}t} = &-\frac{\rho S}{2m}\frac{\partial c_x}{\partial c_k}u_1^2 - \frac{\rho S}{m}c_x u_1 p_{1k} + \frac{\rho S}{2m}\left(\frac{u_1^2 \cos\delta_2 \cos\delta_1 - u_1 v_\xi}{\sin\delta_r}\right)\frac{\partial c_y}{\partial c_k} + \\
&\frac{\rho S}{m}c_y u_1 \frac{\cos\delta_2 \cos\delta_1}{\sin\delta}p_{1k} + \frac{\rho S}{2m}c_y u_1^2 \frac{\partial}{\partial c_k}\left(\frac{\cos\delta_2 \cos\delta_1}{\sin\delta}\right) - \\
&\frac{\rho S}{2m}c_y p_{1k}\frac{v_\xi}{\sin\delta} - \frac{\rho S}{2m}c_y u_1 \frac{\partial}{\partial c_k}\left(\frac{v_\xi}{\sin\delta}\right) - g\cos(u_2)p_{2k}
\end{aligned} \quad (7.116)$$

$$\begin{aligned}
\frac{\mathrm{d}p_{2k}}{\mathrm{d}t} &= \frac{\partial}{\partial c_k}\left(\frac{\rho S}{2m}c_y u_1 \frac{\cos\delta_2 \sin\delta_1}{\sin\delta} + \frac{\rho S}{2m}c_z u_1 \frac{\sin\delta_2}{\sin\delta} - \frac{g}{u_1}\right) \\
&= \frac{\rho S}{2m}\frac{\partial c_y}{\partial c_k}u_1\frac{\cos\delta_2 \sin\delta_1}{\sin\delta} + \frac{\rho S}{2m}c_y\left(p_{1k}\frac{\cos\delta_2 \sin\delta_1}{\sin\delta} + u_1 \frac{\partial}{\partial c_k}\left(\frac{\cos\delta_2 \sin\delta_1}{\sin\delta}\right)\right) + \\
&\quad \frac{\rho S}{2m}\frac{\partial c_z}{\partial c_k}u_1\frac{\sin\delta_2}{\sin\delta} + \frac{\rho S}{2m}c_z\left(p_{1k}\frac{\sin\delta_2}{\sin\delta} + u_1 \frac{\partial}{\partial c_k}\left(\frac{\sin\delta_2}{\sin\delta}\right)\right) + \frac{g}{u_1^2}p_{1k}
\end{aligned} \quad (7.117)$$

$$\begin{aligned}
\frac{\mathrm{d}p_{3k}}{\mathrm{d}t} &= \frac{\rho S}{2m}\frac{\partial}{\partial c_k}\left(c_y u_1 \frac{\sin\delta_2}{\sin\delta} + c_z u_1 \frac{\sin\delta_1}{\sin\delta}\right) \\
&= \frac{\rho S}{2m}\left[\begin{array}{l}\dfrac{\partial c_y}{\partial c_k}u_1\dfrac{\sin\delta_2}{\sin\delta} + c_y p_{1k}\dfrac{\sin\delta_2}{\sin\delta} + c_y u_1\dfrac{\partial}{\partial c_k}\left(\dfrac{\sin\delta_2}{\sin\delta}\right) \\ + \dfrac{\partial c_z}{\partial c_k}u_1\dfrac{\sin\delta_1}{\sin\delta} + c_z p_{1k}\dfrac{\sin\delta_1}{\sin\delta} + c_z u_1\dfrac{\partial}{\partial c_k}\left(\dfrac{\sin\delta_1}{\sin\delta}\right)\end{array}\right]
\end{aligned} \quad (7.118)$$

$$\frac{\mathrm{d}p_{4k}}{\mathrm{d}t} = \frac{\partial u_1}{\partial c_k} = p_{1k}, \quad \frac{\mathrm{d}p_{5k}}{\mathrm{d}t} = \frac{\partial(u_1 u_2)}{\partial c_k} = p_{1k}u_2 + u_1 p_{2k} \quad (7.119)$$

$$\frac{\mathrm{d}p_{6k}}{\mathrm{d}t} = \frac{\partial(u_1 u_3)}{\partial c_k} = p_{1k}u_3 + u_1 p_{3k} \quad (7.120)$$

$$\begin{aligned}
\frac{\mathrm{d}p_{7k}}{\mathrm{d}t} = &\frac{\rho Sl}{2A}\left(\frac{u_1 v_\xi}{\sin\delta}\right)\frac{\partial m_z}{\partial c_k} + \frac{\rho Sl}{2A}m_z\frac{\partial}{\partial c_k}\left(\frac{u_1 v_\xi}{\sin\delta}\right) - \\
&\frac{\rho Sld}{2A}u_1 u_7 \frac{\partial m'_{zz}}{\partial c_k} - \frac{\rho Sld}{2A}m'_{zz}(p_{1k}u_7 + u_1 p_{7k}) - \frac{\rho Sld}{2A}\left(\frac{\omega_\xi v_\eta}{\sin\delta}\right)\frac{\partial m'_y}{\partial c_k} -
\end{aligned}$$

$$\frac{\rho Sld}{2A}m'_y\omega_\xi\frac{\partial}{\partial c_k}\left(\frac{v_\eta}{\sin\delta}\right) - \frac{C}{A}\omega_\xi p_{8k} + 2u_7p_{7k} + \frac{p_{10k}}{\cos^2 u_{10}} \quad (7.121)$$

$$\frac{\mathrm{d}p_{8k}}{\mathrm{d}t} = -\frac{\rho Sl}{2A}\left(\frac{\partial m_z}{\partial c_k}u_1\frac{v_\eta}{\sin\delta} + m_zp_{1k}\frac{v_\eta}{\sin\delta} + m_zu_1\frac{\partial}{\partial c_k}\left(\frac{v_\eta}{\sin\delta}\right)\right) - $$

$$\frac{\rho Sld}{2A}\left(p_{1k}m'_{zz}u_8 + u_1\frac{\partial m'_{zz}}{\partial c_k}u_8 + u_1m'_{zz}p_{8k}\right) - $$

$$\frac{\rho Sld}{2A}\frac{\partial m'_y}{\partial c_k}\frac{\omega_\xi v_\zeta}{\sin\delta} - \frac{\rho Sld}{2A}m'_y\omega_\xi\frac{\partial}{\partial c_k}\left(\frac{v_\zeta}{\sin\delta}\right) + $$

$$\frac{C}{A}\omega_\xi p_{7k} - \left(p_{7k}u_8\tan u_{10} + u_7p_{8k}\tan u_{10} + u_7u_8\frac{p_{10k}}{\cos^2 u_{10}}\right) \quad (7.122)$$

$$\frac{\mathrm{d}p_{9k}}{\mathrm{d}t} = \frac{\partial}{\partial c_k}\left(\frac{u_8}{\cos u_{10}}\right) = \frac{\sin u_{10}p_{10k}u_8 - \cos u_{10}p_{8k}}{\cos^2 u_{10}} \quad (7.123)$$

$$\frac{\mathrm{d}p_{10k}}{\mathrm{d}t} = -\frac{\partial u_7}{\partial c_k} = -p_{7k} \quad (k = 1, 2, \cdots, 16) \quad (7.124)$$

由上面系列方程及关联参数方程式（7.87）、辅助方程式（7.88），可以计算出偏导数 $\dfrac{\partial c_x}{\partial c_k}$、$\dfrac{\partial c_y}{\partial c_k}$、$\dfrac{\partial c_z}{\partial c_k}$、$\dfrac{\partial m_z}{\partial c_k}$、$\dfrac{\partial m'_{zz}}{\partial c_k}$、$\dfrac{\partial m'_y}{\partial c_k}$，即

$$\frac{\partial c_x}{\partial c_k} = \begin{cases} 1 & (k=1) \\ \delta^2 & (k=2) \\ 2c_2\delta\dfrac{\partial\delta}{\partial c_k} & (\text{其他}) \end{cases}, \quad \frac{\partial c_z}{\partial c_k} = \begin{cases} \dot\gamma\delta & (k=5) \\ c_5\dot\gamma\dfrac{\partial\delta}{\partial c_k} & (\text{其他}) \end{cases} \quad (7.125)$$

$$\frac{\partial c_y}{\partial c_k} = \begin{cases} \delta + c_3\dfrac{\partial\delta}{\partial c_k} + 3c_4\delta^2\dfrac{\partial\delta}{\partial c_k} & (k=3) \\ c_3\dfrac{\partial\delta}{\partial c_k} + \delta^3 + 3c_4\delta^2\dfrac{\partial\delta}{\partial c_k} & (k=4) \\ c_3\dfrac{\partial\delta}{\partial c_k} + 3c_4\delta^2\dfrac{\partial\delta}{\partial c_k} & (\text{其他}) \end{cases}, \quad \frac{\partial m_z}{\partial c_k} = \begin{cases} \delta + c_6\dfrac{\partial\delta}{\partial c_k} + 3c_7\delta^2\dfrac{\partial\delta}{\partial c_k} & (k=6) \\ \delta^3 + c_6\dfrac{\partial\delta}{\partial c_k} + 3c_7\delta^2\dfrac{\partial\delta}{\partial c_k} & (k=7) \\ c_6\dfrac{\partial\delta}{\partial c_k} + 3c_7\delta^2\dfrac{\partial\delta}{\partial c_k} & (\text{其他}) \end{cases}$$

$$(7.126)$$

$$\frac{\partial m'_{zz}}{\partial c_k} = \begin{cases} 1 & (k=9) \\ 0 & (\text{其他}) \end{cases}, \quad \frac{\partial m'_y}{\partial c_k} = \begin{cases} \delta & (k=8) \\ c_8\dfrac{\partial\delta}{\partial c_k} & (\text{其他}) \end{cases} \quad (7.127)$$

上面各式中，$\dfrac{\partial\delta}{\partial c_k}$ 由关联参数关系式（7.87），有

$$\cos\delta = (v_\xi/u_1)$$

$$\frac{\partial \delta}{\partial c_k} = -\frac{\frac{\partial v_\xi}{\partial c_k}u_1 - v_\xi p_{1k}}{u_1^2 \sin\delta} \tag{7.128}$$

$$\frac{\partial v_\xi}{\partial c_k} = p_{1k}\cos\delta_2\cos\delta_1 - u_1\sin\delta_2\cos\delta_1\frac{\partial \delta_2}{\partial c_k} + u_1\cos\delta_2\sin\delta_1\frac{\partial \delta_1}{\partial c_k} \tag{7.129}$$

$$\frac{\partial \delta_2}{\partial c_k} = \frac{1}{\cos\delta_2}\left(\begin{array}{l}p_{10k}\cos u_{10} - p_{3k}\cos u_{10}\cos(u_9 - u_2) \\ + u_3 p_{10k}\sin u_{10}\cos(u_9 - u_2) + u_3\cos u_{10}\sin(u_9 - u_2)(p_{9k} - p_{2k})\end{array}\right)$$
$$\tag{7.130}$$

$$\frac{\partial \delta_1}{\partial c_k} = -\frac{\sin\delta_2\cos u_{10}\sin(u_9 - u_2)}{\cos\delta_1\cos^2\delta_2}\frac{\partial \delta_2}{\partial c_k} + \frac{\cos\delta_2\sin u_{10}\sin(u_9 - u_2)p_{10k}}{\cos\delta_1\cos^2\delta_2} - \frac{\cos\delta_2\cos u_{10}\cos(u_9 - u_2)(p_{9k} - p_{2k})}{\cos\delta_1\cos^2\delta_2} \tag{7.131}$$

同理，与上面推导过程类似，由关联参数关系式（7.87）、辅助关系式（7.88）可以导出偏导数 $\frac{\partial}{\partial c_k}\left(\frac{\cos\delta_2\sin\delta_1}{\sin\delta}\right)$、$\frac{\partial}{\partial c_k}\left(\frac{\sin\delta_1}{\sin\delta}\right)$、$\frac{\partial}{\partial c_k}\left(\frac{\sin\delta_2}{\sin\delta}\right)$、$\frac{\partial}{\partial c_k}\left(\frac{v_\xi}{\sin\delta}\right)$、$\frac{\partial}{\partial c_k}\left(\frac{v_\eta}{\sin\delta}\right)$、$\frac{\partial}{\partial c_k}\left(\frac{v_\zeta}{\sin\delta}\right)$ 的计算公式。由于这一过程所占篇幅太多，这里不再赘述。

由前述内容，注意到 $k=1,2,\cdots,16$ 可以看出，灵敏度方程组［式（7.116）~式（7.124）］具有160个方程，再加上微分方程组［式（7.86）］的11个微分方程，共计171个微分方程；除此之外，还要加上辅助方程式（7.87）、式（7.88）以及类似式（7.125）~式（7.131）等推导出的衍生方程，即构成了完备的微分方程组。采用微分方程数值解计算方法，既可以计算出式（7.114）、式（7.113）、式（7.105）、式（7.109）、式（7.112）等相关各式的数值，代入式（7.111）及式（7.110），即可完成前述迭代计算过程。

第8章 从外测速度数据辨识弹箭阻力系数的方法

所谓试验外测数据，一般指仰射弹箭气动力飞行试验中采用弹箭外部测量方法所获取的数据。从实验外弹道学可知，仰射试验的弹箭飞行状态参数的外部测量主要有电测和光测两类方法，主要设备有多普勒测速雷达、弹箭轨迹坐标测试雷达和光电经纬仪等。其中，多普勒测速雷达获取的数据形式为弹箭径向速度-时间数据，弹箭轨迹坐标测试雷达和光电经纬仪获取的数据形式最终可转换为弹箭轨迹坐标-时间数据。本章仅讨论利用弹箭速度-时间数据辨识其阻力系数的方法。

8.1 弹箭速度测试数据的预处理方法

在弹箭气动力系数的辨识计算中，往往需要针对弹箭速度数据的不同来源，或者弹箭的不同类型等情况，采取不同的计算方法。为了方便后面辨识计算方法描述，这里主要针对其中三种情况给出具体的工程处理方法，以供参考。

8.1.1 弹道跟踪多普勒雷达测速数据的修正换算

弹道跟踪多普勒雷达是弹箭仰射飞行试验应用最多的电测设备，根据多普勒测速原理可知，多普勒雷达测试数据是弹箭相对于雷达天线的径向速度 v_r 与飞行时间 t 的对应关系，数据形式为

$$(v_{r1}, t_1), (v_{r2}, t_2), \cdots, (v_{rn}, t_n) \tag{8.1}$$

由于气动参数辨识采用的数学模型基础是弹道方程，其计算结果表现为弹箭飞行速度-时间试验数据，因而利用数据[式(8.1)]通过参数辨识计算确定弹箭阻力系数曲线，将实测径向速度换算为弹箭的实际飞行速度，使之与弹道模型相匹配。

多普勒雷达测速的场地布置主要指雷达天线和炮位的位置选择。在靶场试验中，为了确保雷达天线的安全，一般将天线架设在火炮的侧后方，如图8.1和图8.2所示。

图8.2中，上方为雷达天线和火炮现场布置俯视图，下方为左视图。图中：x_a 为过炮口垂直于射击平面的铅垂面到天线中心的距离，若天线位于炮口的前方，x_a 取正值，反之取负值；y_a 为过炮口中心的水平面到天线中心的距离，若

天线中心位于炮口水平面的上方，y_a 取正值，反之取负值；z_a 为天线中心到射击平面的距离，若天线位于射击平面右侧，z_a 取正值，反之取负值。弹道跟踪雷达测试速度数据换算，需要根据测试现场布置情况建立雷达天线坐标系。

图 8.1 多普勒雷达测速现场布置图片

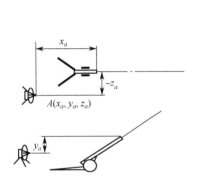

图 8.2 雷达天线场地布置示意图

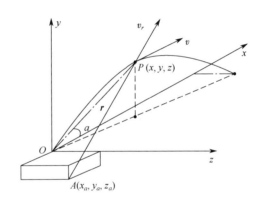

图 8.3 天线中心到弹箭的位置矢量关系

如图 8.3 所示，在地面坐标系 $O\text{-}xyz$ 中，设弹箭的空间位置的坐标为 (x,y,z)，雷达天线中心 A 点的坐标为 (x_a,y_a,z_a)。若记雷达天线中心 A 到弹箭位置 P 的位置矢量为 $\boldsymbol{r}$，弹箭速度为 $\boldsymbol{v}$，则在地面坐标系 $O\text{-}xyz$ 中可表示为

$$\boldsymbol{r}=\begin{bmatrix} x-x_a \\ y-y_a \\ z-z_a \end{bmatrix},\ \boldsymbol{v}=\begin{bmatrix} v_x \\ v_y \\ v_z \end{bmatrix} \tag{8.2}$$

雷达测出的弹箭径向速度实际是弹箭飞行速度在天线中心到弹箭的射线方向上的分量。设弹箭飞行速度 $\boldsymbol{v}$ 与径向速度 v_r 之间的夹角为 ϕ，则 $\boldsymbol{v}$ 与位置矢量 $\boldsymbol{r}$ 之间的夹角也为 ϕ。根据矢量 $\boldsymbol{v}$、v_r、$\boldsymbol{r}$ 的几何关系 $v_r=v\cos\phi=\boldsymbol{v}\cdot\boldsymbol{r}/r$，有

$$\begin{cases} v = \dfrac{v_r}{\cos\phi} \\ \cos\phi = \dfrac{\boldsymbol{v}\cdot\boldsymbol{r}}{v\cdot r} = \dfrac{v_x(x-x_a)+v_y(y-y_a)+v_z(z-z_a)}{v\cdot r} \end{cases} \quad (8.3)$$

$$v = \sqrt{v_x^2+v_y^2+v_z^2}, \quad r = \sqrt{(x-x_a)^2+(y-y_a)^2+(z-z_a)^2} \quad (8.4)$$

式中：v，r 分别为矢量 $\boldsymbol{v}$，$\boldsymbol{r}$ 的模。

由式（8.3），结合弹道方程的数值解计算进行迭代处理，即可换算出弹箭的实际飞行速度，即对于弹箭径向速度数据［式（8.1）］，采用修正换算公式（8.3），则可将其为转换为弹箭实际飞行速度数据，即

$$(v_1,t_1),(v_2,t_2),\cdots,(v_n,t_n) \quad (8.5)$$

8.1.2 火箭助推炮弹速度数据分段及特征参数求取

火箭增程弹和火箭底排复合增程弹是近年研究较为成熟的火箭助推炮弹，在其研制试验中，多普勒测速雷达仍然是其弹道试验的关键测试技术。由于火箭助推炮弹的弹道特点不同，数据处理应该按照其特点分别确定有关的弹道特征参数。因此，火箭助推炮弹的多普勒雷达测试数据处理需要根据其弹道特点进行分段，采用气动参数辨识方法分别建立各段弹道的计算模型，进而实现弹道分析和计算。因此在火箭助推炮弹多普勒雷达测试数据处理中，首先要对火箭助推炮弹的飞行速度-时间数据分段，即按照测试速度数据的特点，将其弹道分为起始飞行段、火箭助推段和被动飞行段，以便针对各段弹道的特点，采用相应的弹道模型及处理方法。火箭助推炮弹飞行速度数据处理是一个复杂的数据拟合计算过程，限于篇幅本节仅介绍火箭助推炮弹速度数据的分段方法及火箭发动机点火时间、工作时间、速度增量等特征参数的求取。

1. 火箭助推炮弹多普勒雷达测试数据的基本特征

火箭助推炮弹是在常规炮弹的基础上增加了火箭发动机和底排装置形成的新型弹箭，其结构布局上有串联式和并联式两种。根据火箭助推炮弹底排点火和火箭发动机工作的运动特点，可将其弹道划分为起始飞行段、火箭助推段、被动飞行段。由于火箭助推炮弹在各段弹道运动规律不同，多普勒雷达测试数据形成了多个拐点，如图 8.4 所示。

图中，从弹箭发射（$t=0$）到火箭发动机开始工作时刻（$t=t_k$）为起

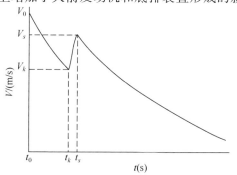

图 8.4 多普勒雷达测试数据

始飞行段，从 t_k 到火箭发动机停止工作时刻（t_s）为火箭助推段，从 t_s 到落点（t_l）为被动飞行段。设各弹道段之间的交界时间点分别为 t_0、t_k 和 t_s，其中 $t_0=0$ 为弹箭出炮口时刻。对于底排火箭复合增程弹，时间区间 $[t_0, t_k]$ 为底排工作时间段，即底排弹道段。利用该段速度曲线数据，可以辨识底排弹道段飞行弹箭的阻力系数 c_{xE}；利用时间区间 $[t_k, t_s]$ 的速度曲线数据，可以辨识助推火箭工作时的动态推力曲线；利用 $t \geq t_s$ 以后的速度曲线数据，可以辨识无底排工作弹道段飞行弹箭的阻力系数 c_x。

2. 各弹道段的数据划分与最小二乘拟合

首先根据图 8.4 所示的变化曲线，采用计算机比较搜索的方法粗略地确定出分界拐点位置 t'_k、t'_s，分别在点 t'_k、t'_s 的左右划出 4 小段弹道的时间区间，即

$$(t'_k - \Delta t_1, t'_k), (t'_k, t'_k + \Delta t_1), (t'_s - \Delta t_2, t'_s), (t'_s, t'_s + \Delta t_2) \quad (8.6)$$

然后，按照弹道时间区间[式（8.6）]，从弹箭速度-时间数据[式（8.5）]中分别取出相应的 4 段速度曲线数据，即

$$(v_{k-n1}, t_{k-n1}), (v_{k-n1+1}, t_{k-n1+1}), \cdots, (v_k, t_k) \quad (8.7)$$

$$(v_k, t_k), (v_{k+1}, t_{k+1}), \cdots, (v_{k+n2}, t_{k+n2}) \quad (8.8)$$

$$(v_{s-n3}, t_{s-n3}), (v_{s-n3+1}, t_{s-n3+1}), \cdots, (v_s, t_s) \quad (8.9)$$

$$(v_s, t_s), (v_{s+1}, t_{s+1}), \cdots, (v_{s+n4}, t_{s+n4}) \quad (8.10)$$

式中：n_1，n_2，n_3 和 n_4 分别为上面 4 段多普勒雷达测试数据的点数。

以二次多项式 $v = a_0 + a_1 t + a_2 t^2$ 作为拟合数学模型，取该模型的计算值与弹箭速度数据的残差平方和为目标函数，即

$$Q = \sum_{i=m}^{n} [v_i - (a_0 + a_1 t_i + a_2 t_i^2)]^2 \quad (8.11)$$

式中：v_i，t_i 为所拟合的速度曲线数据的第 i 点数据；m 为拟合数据集的第一组数据的下标；n 为拟合数据集的最末一组数据的下标；a_0，a_1 和 a_2 为拟合待定参数。

将目标函数 Q 分别对拟合参数 a_0，a_1 和 a_2 求偏导数，令其为零可解满足最小二拟合的经验公式，即

$$\hat{v} = \hat{a}_0 + \hat{a}_1 t + \hat{a}_2 t^2 \quad (8.12)$$

3. 火箭助推工作时间 Δt_h 和弹箭速度增量 Δv_h 等特征参数的求取

火箭助推炮弹分段特征参数主要指初速、火箭发动机点火时间及速度、火箭发动机结束工作时间及速度。显见，采用上面方法分别对数据[式（8.7）、式（8.8）]进行最小二乘拟合，可分别求得对应的 $v(t)$ 函数表达式，即

$$\hat{v} = \hat{a}_0 + \hat{a}_1 t + \hat{a}_2 t^2 \quad (t \leq t_k), \quad \hat{v} = \hat{b}_0 + \hat{b}_1 t + \hat{b}_2 t^2 \quad (t_k \leq t < t_s) \quad (8.13)$$

由此得出初速 $v_0 = \hat{a}_0$。

由于分界点为数据[式（8.7）、式（8.8）]的拟合曲线的相交点(v_k, t_k)，联立求解方程式（8.13）则可得火箭发动机点火时刻为

$$\hat{t}_k = \frac{(\hat{b}_1 - \hat{a}_1) + \sqrt{(\hat{a}_1 - \hat{b}_1)^2 - 4(\hat{a}_0 - \hat{b}_0)(\hat{a}_2 - \hat{b}_2)}}{2(\hat{a}_2 - \hat{b}_2)} \quad (8.14)$$

火箭发动机点火时刻的弹箭速度为

$$\hat{v}_k = \hat{a}_0 + \hat{a}_1 \hat{t}_k + \hat{a}_2 \hat{t}_k^2 \quad (8.15)$$

同理，采用最小二乘法分别对数据[式（8.9）、式（8.10）]进行数据拟合，可求得对应的$v(t)$函数表达式，即

$$\hat{v} = \hat{c}_0 + \hat{c}_1 t + \hat{c}_2 t^2 \ (t_k < t \leqslant t_s), \quad \hat{v} = \hat{d}_0 + \hat{d}_1 t + \hat{d}_2 t^2 \ (t_s \leqslant t) \quad (8.16)$$

联立求解方程式（8.16），则可得出火箭发动机工作结束时间为

$$\hat{t}_s = \frac{(\hat{d}_1 - \hat{c}_1) + \sqrt{(\hat{c}_1 - \hat{d}_1)^2 - 4(\hat{c}_0 - \hat{d}_0)(\hat{c}_2 - \hat{d}_2)}}{2(\hat{c}_2 - \hat{d}_2)} \quad (8.17)$$

火箭发动机工作结束时刻的弹箭速度为

$$\hat{v}_s = \hat{c}_0 + \hat{c}_1 \hat{t}_s + \hat{c}_2 \hat{t}_s^2 \quad (8.18)$$

由此可得出火箭发动机工作时间Δt_h和弹箭速度增量Δv_h的计算公式为

$$\Delta t_h = \hat{t}_s - \hat{t}_k, \quad \Delta v_h = \hat{v}_s - \hat{v}_k \quad (8.19)$$

利用上面分段特征点的计算结果，可分别将v_0和v_s作为$[0, t_k]$和$[t_k, t_l]$区间弹道段的起始速度数据，对其速度-时间数据进行气动参数辨识。

为了加深对上述方法应用的理解，图 8.5 和图 8.6 给出了某火箭助推炮弹多普勒雷达测试数据曲线。

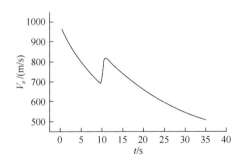

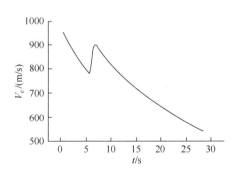

图 8.5 火箭助推炮弹测速数据曲线（1） 图 8.6 火箭助推炮弹测速数据曲线（2）

利用上述方法对图中曲线数据进行分段拟合计算，得出了弹道分段点及其特征参数的计算值和人工判读值，如表 8.1 所列。

表 8.1 弹道分段点及其特征参数计算结果

射序	初速 /(m/s)	点火时间 t_k/s			V_k /(m/s)	结束时间 t_s			V_s /(m/s)	发动机工作时间/s	速度增量 /(m/s)
		判读值	计算值	差值		判读值	计算值	差值			
1	982.2	9.7	9.678	0.022	689.4	10.9	10.878	0.022	821.7	1.20	132.3
2	977.3	5.66	5.64	0.02	781.4	6.86	6.859	0.001	902.7	1.219	121.3

根据表 8.1 中的计算结果，对照图 8.5 和图 8.6 的实测曲线可以看出，表中所列出的弹道分段点计算值与根据曲线数据人工判读得出的值相差很小，但拟合计算的分段点弹道特征参数更客观、精确，反映火箭助推炮弹特征参数的一致性更好，将其用作气动参数辨识的起始参数值效果更好。

8.1.3 底部排气弹质量的计算

底部排气弹是 20 世纪 60 年代中期出现的新技术，其结构是普通榴弹弹尾部加装排气装置，用于减小底部阻力，增加炮弹的射程。射击时，底排弹的底部排气装置内的点火系统在膛内被燃烧的发射药气体引燃。弹箭出炮口后，点火装置使排气药柱点燃并正常燃烧，产生具有一定温度和压力的气体进入弹底后面的低压区，减小了弹箭的底部阻力而增加了射程。由于底排弹加装了底部排气装置，其底排燃烧药剂约占弹箭总质量的 2%~3%。因此为了提高模型精度，在采用底排弹的速度曲线数据辨识阻力系数时，应考虑底排弹质量变化的影响。

一般而论，底排弹箭质量变化和底部排气与底排药剂的燃烧规律有关。根据底排药剂的燃烧规律，底排药剂的质量流速计算公式为

$$\dot{m}_f = \rho_f \cdot A_f \cdot R_f \tag{8.20}$$

式中：$\dot{m}_f$ 为底排燃烧药剂的质量流速；ρ_f 为药剂的密度；R_f 为燃烧速率；A_f 为药剂的燃烧面积。式（8.20）中，燃烧速率 R_f 与药室（底排燃烧室）的压力有关，并可表示为

$$R_f = a_1 + b p_e^{a_0} \tag{8.21}$$

式中：p_e 为药室压力；a_0 为药室燃气压力指数；a_1 为燃速常数项；b 为线性项系数。这些参量一般由实验确定。特别当 $b=0$ 时，式（8.21）即为等速燃烧的燃速表达式。

通常，将式（8.21）中底部排气弹的燃烧室压力 p_e 的计算公式表示为

$$p_e = \left(\frac{\rho_f b \dfrac{S_b}{S_e} \sqrt{\dfrac{R_0 T}{M_{ol}}}}{\sqrt{\dfrac{2\gamma_b}{\gamma_b - 1}} \left(\dfrac{p_b}{p_e}\right)^{\frac{1}{\gamma_b}} \sqrt{1 - \left(\dfrac{p_b}{p_e}\right)^{\frac{\gamma_b - 1}{\gamma_b}}}} \right)^{\frac{1}{1-a_0}} \tag{8.22}$$

式中：S_b，S_e 为弹底面积和排气装置的出口面积；R_0，T 和 M_{ol} 分别为普适气体常数、排气温度和燃气的分子量；γ_b 为燃气的比热比（绝热指数）；p_b 为弹箭底部压力。在实际应用中，一般将弹底压力表示为

$$p_b = p_\infty \left(1 - c_{xb} \frac{S}{S_b} \cdot \frac{\gamma_b}{2} Ma^2\right) \tag{8.23}$$

式中：p_∞ 为来流压力；c_{xb} 为底阻系数；Ma 为来流马赫数。在计算中药室压力 p_e 时若采用式（8.22），则须迭代计算才能求出。为了简单起见，在底部排气弹的速度数据的气动参数辨识处理计算中，常常将药室压力 p_e 近似取为底部压力 p_b，即 $p_e \approx p_b$。底部压力 p_b 可以采用式（8.23）的计算值，也可采用底排模拟弹遥测试验获取的底部压力数据。

底排药剂燃烧时，式（8.20）中的表面积 A_f 实际上代表了底排药剂的燃烧面积，它是随时间变化的量。由于燃烧面积 A_f 与某时刻已排出的质量 m_f 与药剂初始质量 m_{f0}（燃烧前的质量）之比有关，因此一般将其表示为 m_f/m_{f0} 的函数，即 $A_f = f(m_f/m_{f0})$。

由于理论上无法给出上面函数 $f(m_f/m_{f0})$ 的具体形式，为了简单起见，在工程应用时通常将上式展开成泰勒级数，并略去三次以上的小量，可得工程计算底排药剂燃烧面积计算公式，即

$$A_f = A_{f0} + A_{f1}\left(\frac{m_f}{m_{f0}}\right) + A_{f2}\left(\frac{m_f}{m_{f0}}\right)^2 \tag{8.24}$$

式中：A_{f0} 为初始燃烧面积；A_{f1} 和 A_{f2} 为 m_f/m_{f0} 的一次项和二次项系数。它们与药剂的外形尺寸和其燃烧性能有关，通常由燃烧面的变化规律确定。

在式（8.23）中，底排弹底阻系数 c_{xb} 可用经验公式计算，即

$$c_{xb} = c_{xb0} \exp(-J \cdot I) \tag{8.25}$$

式中：I 为排气参数；J 为由试验拟合得出的修正系数；c_{xb0} 为没有排气时的弹箭的底阻系数，它可以通过底排模拟弹遥测试验获取的底部压力数据 p_b 代入式（8.23）确定。在作底部排气弹的阻力系数辨识计算处理时，参数 I 和 J 有时是未知量，这时可估算底阻系数，即

$$c_{xb} = c_{xb0} - \Delta c_{xb}, \qquad \Delta c_{xb} = c_{xT} - c_{xE} \tag{8.26}$$

式中：c_{xT} 和 c_{xE} 分别为底排不工作和工作时的阻力系数，c_{xT} 由可由底排药剂不点火的模拟弹阻力系数试验确定。当然，也可以由下面公式计算，即

$$c_{xT} = c_{x0} \frac{f_0}{f_c} + \frac{c_{x2} f_2^2 \delta_p^2}{f_c} \tag{8.27}$$

式中：f_0，f_c 和 f_2 分别为零升阻力系数、弹道系数和诱导阻力系数的符合因子；δ_p 为动力平衡角；c_{x0} 和 c_{x2} 分别为零升阻力系数和诱导阻力系数。计算中，若 f_0，f_b 和 f_y 未知，可以把它们的值均取为 1。

由于底排药剂只占底排弹总质量的 2%~3%，如果上面公式所需参数不全，在底排弹阻力系数辨识处理中，可将燃速 R_f 视为常量（近似为等速燃烧），由式（8.20）计算其质量变化率。

对于弹箭气动力飞行试验的测试对象是底部排气弹，所有弹道方程组关于初值问题的数值解计算，都需增加底部排气弹质量随时间的变化关系。在阻力系数的辨识计算中，底排弹质量可表示为

$$m(t) = m_0 - \int_0^t \dot{m}_f \mathrm{d}t \qquad (8.28)$$

式中：m_0 底排燃烧药剂点火前的弹箭质量；$\dot{m}_f$ 为底排药剂的质量流速，它是一个随时间变化的量，其数值计算可采用前述方法实现。

8.2 多项式模型辨识弹箭阻力系数的方法

6.3 节推导了初速雷达的测速数据处理中采用多项式拟合外推弹箭初速的方法。鉴于多项式能够近似描述弹箭飞行速度随时间的变化规律，因此可以设想采用多项式模型与质点弹道方程相结合来换算弹箭的阻力系数。按照这一想法，可以推导出采用多项式拟合速度数据换算阻力系数方法，其主导思想是先利用 2.1.2 节的方法以多项式为数学模型拟合速度-时间数据，对时间求导，得出弹箭飞行加速度，再代入质点弹道方程确定阻力系数。

8.2.1 弹箭阻力系数换算模型

对于近程武器弹箭，特别是一些直射武器系统的弹箭，往往采用最简单的质点弹道方程就能满足工程计算要求，因此多普勒雷达测试数据处理也常常将其作为基本方程换算弹箭的阻力系数。鉴于多普勒雷达的测试数据为弹箭径向速度数据 (v_{ri}, t_i)（$i=1,2,\cdots,n$），采用 8.1.1 节的速度数据修正换算方法，可将它们换算成为弹箭飞行速度 v 与时间 t 的数据关系 (v_i, t_i)（$i=1,2,\cdots,n$）。

由式（3.173），质点弹道的方程的矢量形式可写为

$$\frac{\mathrm{d}\boldsymbol{v}}{\mathrm{d}t} = \frac{\rho S}{2m} c_x(Ma) v_w \cdot \boldsymbol{v}_w + \boldsymbol{g} \qquad (8.29)$$

式中：S 为参考面积，通常可取为 $S=\dfrac{\pi d^2}{4}$；ρ 为空气密度。

在式（8.29）中，$\boldsymbol{v}_w$ 为弹箭相对于空气的飞行速度矢量，并且有

$$v_w \cdot \boldsymbol{v}_w = v_w^2 \cdot \frac{\boldsymbol{v}_w}{v_w} = c_s^2 Ma^2 \frac{\boldsymbol{v}_w}{v_w} = kR\tau \cdot Ma^2 \frac{\boldsymbol{v}-\boldsymbol{w}}{|\boldsymbol{v}-\boldsymbol{w}|} \qquad (8.30)$$

式中：Ma 为马赫数，且有 $Ma=v_w/c_s$，c_s 为声速，由式（4.23）计算。

由此，将式（8.30）代入式（8.29）有

$$\frac{\mathrm{d}\boldsymbol{v}}{\mathrm{d}t} = -\frac{S}{2m}k \cdot p \cdot c_x(Ma)Ma^2 \frac{\boldsymbol{v}-\boldsymbol{w}}{|\boldsymbol{v}-\boldsymbol{w}|} + \boldsymbol{g} \qquad (8.31)$$

$$\boldsymbol{v} = v_x\mathbf{i} + v_y\mathbf{j} + v_z\mathbf{k}, \quad \boldsymbol{w} = w_x\mathbf{i} + w_z\mathbf{k}, \quad \boldsymbol{g} = -g\mathbf{j} \qquad (8.32)$$

由于近程武器弹箭的飞行弹道不太长，横风对阻力系数辨识结果影响较小，因此在利用多项式模型辨识质点弹道方程的阻力系数时，常常假设整个飞行弹道均在射击平面内，并将地面坐标系简化为与射击面重合的平面坐标系 o-xy，如图 8.7 所示。

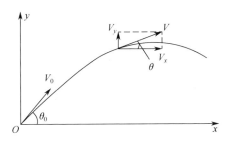

图 8.7 速度 v 在平面坐标系 o-xy 的表示

按照平面弹道的假设，式（8.32）在平面坐标系 o-xy 中可以简化为

$$\boldsymbol{v} = v_x\mathbf{i} + v_y\mathbf{j}, \quad \boldsymbol{w} = w_x\mathbf{i}, \quad \boldsymbol{g} = -g\mathbf{j} \qquad (8.33)$$

将上式代入式（8.31），即可得出质点弹道方程在平面坐标系中 o-xy 的分量形式，即

$$\begin{cases} \dfrac{\mathrm{d}v_x}{\mathrm{d}t} = -\dfrac{S}{2m}k \cdot p(y) \cdot c_x(Ma) \cdot Ma^2 \dfrac{v_x - w_x}{v_w} \\ \dfrac{\mathrm{d}v_y}{\mathrm{d}t} = -\dfrac{S}{2m}k \cdot p(y) \cdot c_x(Ma) \cdot Ma^2 \dfrac{v_y}{v_w} - g \\ \dfrac{\mathrm{d}x}{\mathrm{d}t} = v_x, \qquad \dfrac{\mathrm{d}y}{\mathrm{d}t} = v_y \end{cases} \qquad (8.34)$$

$$\begin{cases} v = \sqrt{v_x^2 + v_y^2}, \quad v_w = \sqrt{(v_x+w_x)^2 + v_y^2} \\ Ma = \dfrac{v_w}{c_s}, \quad c_s = \sqrt{kR\tau}, \quad \theta = \arctan\left(\dfrac{v_y}{v_x}\right) \end{cases} \qquad (8.35)$$

对于近程武器弹箭的气动力飞行试验，若射角 θ_0 不太大（例如，不大于 15°），可以只测地面气象诸元数据构成数据群。此时，式（8.31）中的气压 p 和虚温 τ 可按 4.1.2.3 节的气象条件随高度 y 的标准分布来近似计算。

8.2.2 多项式分段拟合速度数据换算弹箭阻力系数

由于弹道跟踪测速雷达具有长距离跟踪弹道测速功能，其测试距离一般达到

10万倍弹径以上,因此在数据处理中不能简单地套用初速雷达数据处理的多项式拟合法换算阻力系数。这是因为,在弹道测速雷达测试数据的范围内,弹箭的飞行马赫数变化较大,弹道倾角不能表示为常量,气象诸元的取值不能以地面值代替。因此,这类雷达的数据处理常采用分段拟合测试数据,并换算阻力系数的迭代计算方法。下面介绍以近程直射武器系统的弹箭气动力飞行试验数据群为基础,采用多项式拟合弹道跟踪雷达测速数据换算弹箭阻力系数的步骤与方法。

1. 弹道段划分

由于弹道跟踪测速雷达测速数据涉及的弹道段较初速雷达长得多,弹箭阻力系数在这样的弹道段上不能视为常量,故在辨识阻力系数时需要将雷达测速数据按时间区间划分为 N_d 段,每段的数据量为 n_j,如图 8.8 所示。

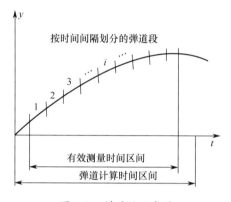

图 8.8 弹道段示意图

在测试范围上划分时间间隔的段数可根据有效测量时间区间的长短和采样数据的多少来确定。一般说来,划分出的每一弹道段的数据范围大小,以满足该段上弹箭阻力系数可近似为常量为条件。从式(8.34)可以看出,只要各按时间划分弹道段范围内,弹箭的速度变化量不很大,即可满足上述条件。

2. 弹道计算

在多项式分段拟合速度数据换算弹箭阻力系数的处理过程中,每一次多项式分段拟合计算前,均需要采用 8.1.1 节的方法将多普勒雷达实测的径向速度 v_r 修正换算为弹箭飞行的切向速度数据 v。在 8.1.1 节中,速度数据修正换算公式(8.3)所需的参数可通过弹道计算求出。

对于近程武器系统弹箭,弹道计算可采用平面坐标系中 $o-xy$ 的质点弹道方程式(8.34)及关联表达式(8.35),所采用的阻力系数 $c_x(Ma)$ 是上一次迭代计算分段确定的阻力系数值 $c_x(Ma)$,而第 1 次弹道计算则采用人为指定的阻力系数的经验估计值 [通常,为简单起见,将 $c_x(Ma)$ 取为常量]。在实际应用中,

可采用龙格库塔法计算弹道方程式（8.34）的数值解。其中弹道方程式的积分初值条件为

$$x = x_0 = 0, \quad y = y_0, \quad v_{x0} = v_0\cos\theta_0, \quad v_{y0} = v_0\sin\theta_0 \quad (t=0) \quad (8.36)$$

式中：y_0 为射击炮位地面的海拔高度；v_0 为初速；θ_0 为射角。

弹道计算的时间区间应略大于雷达测速数据的有效测量时间区间，如图8.8所示。利用龙格库塔法对弹道方程式（8.34）数值积分的结果，经关联表达式计算可以得

$$(x_{ci}, t_{ci}), (y_{ci}, t_{ci}), (v_{xci}, t_{ci}), (v_{yci}, t_{ci}) \quad (i = 1, 2, \cdots, n_c) \quad (8.37)$$

式中：下标"c"代表计算值。

在上述弹道方程数值解计算中，虚温 $\tau(y)$ 的计算可采用4.1.2.3节的气温随高度的标准分布计算式（4.39）或式（4.40）。由此采用式（4.42）积分，即得出气压随高度的标准分布计算式，即

$$p(y) = p_0\pi(y - y_0) = p_0\left(1 - \frac{0.006(y - y_0)}{\tau_0}\right)^{5.4} \quad (8.38)$$

对于平面质点弹道方程式（8.34）中的纵风速 w_x，可采用弹道平均纵风速值 $\overline{w}_x$，对于射角 θ_0 不大的弹箭气动力射击试验，纵风速 w_x 也可采用地面纵风速的实测值。

一般说来，弹道平均纵风速可由 $\overline{w}_x = \sum_{i=1}^{m} q_i w_{xi}$ 计算，其中，将试验弹道按高度分为 m 层，q_i 代表第 i 层的层权，w_{xi} 为第 i 层的纵风速 w_x。q_i 的取值可采用抛物线弹道所确定的相对停留时间值。

3. 实测径向速度数据的修正换算

在进行弹道计算以后，为了便于将雷达实测的径向速度数据 v_{ri} 换算为弹箭飞行的切向速度数据 $v_i (i = 1, 2, \cdots, n)$，同时也为了换算阻力系数方便，也需要将数据以简单的多项式形式表示出来。由此，在数据处理中可以采用三次多项式（8.39）作为数学模型，以线性最小二乘法分段拟合数据［式（8.37）］，并确定出第 k 段数据模型中的各个系数。

$$\begin{cases} x_{ck}(t) = a_{k0} + a_{k1}t + a_{k2}t^2 + a_{k3}t^3 \\ y_{ck}(t) = b_{k0} + b_{k1}t + b_{k2}t^2 + b_{k3}t^3 \\ v_{cxk}(t) = c_{k0} + c_{k1}t + c_{k2}t^2 + c_{k3}t^3 \\ v_{cyk}(t) = d_{k0} + d_{k1}t + d_{k2}t^2 + d_{k3}t^3 \end{cases} \quad (t_{kn_J} \leq t \leq t_{(k+1)n_J}, k = 0, 1, 2, \cdots, N_J)(8.39)$$

式中：x_c, y_c 为弹箭飞行轨迹坐标；v_{cx}, v_{cy} 分别为弹箭飞行速度在平面坐标系 o-xy 中沿 x, y 轴方向的分量；下标 c 代表弹道计算值的表达式。

还需说明，这里对计算数据［式（8.37）］的分段拟合与前面介绍的弹道段

划分是不同的，$k=0$ 段一般指从炮口到雷达测试数据起始点的一段弹道，分段的大小取决于数学模型［式（8.39）］与分段数据的符合程度。为了不使拟合模型误差增大，不宜将每段区间取得太长。因此，一般可采用交错分段方法，并有 $N_J \geq N_d$。

对于雷达实测弹箭径向速度数据 $(v_{ri}, t_i)(i=1,2,\cdots,n)$，将对应弹道段的三次拟合多项式（8.39）代入弹箭速度数据修正换算公式（8.3），得

$$\begin{cases} v_i = \dfrac{v_{ri}}{\cos\phi(t_i)} \\ \cos\phi(t_i) = \dfrac{v_{cx}(t_i) \cdot (x_c(t_i) - x_a) + v_{cy}(t_i) \cdot (y_c(t_i) - y_a) + v_{cz}(t_i) \cdot (0 - z_a)}{v_{ci} \cdot r_{ci}} \end{cases}$$

(8.40)

$$\begin{cases} v_{ci} = \sqrt{v_{cx}^2(t_i) + v_{cy}^2(t_i) + v_{cz}^2(t_i)} \\ r_{ci} = \sqrt{(x_c(t_i) - x_a)^2 + (y_c(t_i) - y_a)^2 + (z_c(t_i) - z_a)^2} \end{cases}$$

(8.41)

式中：$v_{cx}(t_i), v_{cy}(t_i), x_c(t_i), y_c(t_i)$ 可由式（8.39）计算，为了便于表达，弹箭速度数据修正换算公式（8.40）中省略了的下标 j。

利用上面公式，即可以将雷达实测弹箭径向数据 (v_{ri}, t_i) $(i=1,2,\cdots,n)$ 换算为切向速度-时间数据 $(v_i, t_i)(i=1,2,\cdots,n)$。采用图 8.8 所示的分段方法分段后，可将第 j 段弹道的 n_d 个数据换算为分量数据形式，即

$$(v_{xi}, t_i), \quad (v_{yi}, t_i) \quad (i=1,2,\cdots,n_d)$$

(8.42)

其数据的转换公式为

$$\begin{cases} v_{xi} = v_i \cos\theta_k(t_i), v_{yi} = v_i \sin\theta_k(t_i) \\ \theta_k(t_i) = \arctan\dfrac{v_{cyk}(t_i)}{v_{cxk}(t_i)} \end{cases} \quad (t_{k \cdot n_J} \leq t_i < t_{(k+1) \cdot n_J}, k=0,1,2,\cdots,N_J)$$

(8.43)

式中：$v_{cxk}(t_i), v_{cyk}(t_i)$ 可由三次多项式（8.39）计算确定。

4. 弹箭阻力系数的迭代换算

对于弹箭飞行速度-时间数据，其阻力系数的换算过程是先以一次多项式（8.44）作为数学模型，在前述实测数据分段的基础上，采用线性最小二乘法对数据［式（8.42）］进行拟合得出线性回归方程式（8.45）。

$$\begin{cases} v_{xj}(t) = a_{xj} + b_{xj} t \\ v_{yj}(t) = a_{yj} + b_{yj} t \end{cases} \quad (t_{jn_J} \leq t \leq t_{(j+1)n_J},\ j=0,1,2,\cdots,N_{d-1})$$

(8.44)

$$\begin{cases} \hat{v}_{xj}(t) = \hat{a}_{x1j} + \hat{a}_{x2j} v_{xj} t \\ \hat{v}_{yj}(t) = \hat{a}_{y1j} + \hat{a}_{y2j} v_{yj} t \end{cases} \quad (t_{jn_J} \leq t \leq t_{(j+1)n_J})$$

(8.45)

$$\begin{cases} \hat{a}_{x2j} = \dfrac{n_J \cdot \sum\limits_{i=j-1 \cdot n_J+1}^{(j)n_J} v_{xi} t_i - \sum\limits_{i=j-1 \cdot n_J+1}^{(j)n_J} t_i \cdot \sum\limits_{i=j-1 \cdot n_J+1}^{(j)n_J} v_{xi}}{n_J \cdot \sum\limits_{i=j-1 \cdot n_J+1}^{(j)n_J} v_{xi} t_i^2 - \left(\sum\limits_{i=j-1 \cdot n_J+1}^{(j)n_J} t_i \right)^2} \\ \hat{a}_{y2j} = \dfrac{n_J \cdot \sum\limits_{i=j-1 \cdot n_J+1}^{(j)n_J} v_{yi} t_i - \sum\limits_{i=j-1 \cdot n_J+1}^{(j)n_J} t_i \cdot \sum\limits_{i=j \cdot n_J+1}^{(j)n_J} v_{yi}}{n_J \cdot \sum\limits_{i=j-1 \cdot n_J+1}^{(j)n_J} v_{yi} t_i^2 - \left(\sum\limits_{i=j-1 \cdot n_J+1}^{(j)n_J} t_i \right)^2} \end{cases} \quad (j=1,2,\cdots,N_d) \quad (8.46)$$

式中：$\hat{a}_{x2j}$，$\hat{a}_{y2j}$ 为第 j 段弹道回归方程中对应的系数。对回归方程式（8.45）求导，可以得出第 j 段弹道弹箭加速度在 x 方向和 y 方向的分量，即

$$\dfrac{\mathrm{d}v_{xj}}{\mathrm{d}t} = \hat{a}_{x2j}, \quad \dfrac{\mathrm{d}v_{yj}}{\mathrm{d}t} = \hat{a}_{y2j} \quad (j=1,2,\cdots,N_d) \quad (8.47)$$

根据平面质点弹道方程式（8.34）及关联表达式（8.35），对于第 j 段弹道，弹箭在 x，y 方向上的阻力加速度分量可表示为

$$\begin{cases} \hat{a}_{x2j} = -\dfrac{S}{2m} k \cdot p(\bar{y}_j) \cdot c_x(M_{aj}) \cdot M_{aj}^2 \dfrac{v_{xj}-w_x}{v_{wj}} \\ \hat{a}_{y2j} + g = -\dfrac{S}{2m} k \cdot p(\bar{y}_j) \cdot c_x(M_{aj}) \cdot M_{aj}^2 \dfrac{v_{yj}}{v_{wj}} \end{cases} \quad (j=1,2,\cdots,N_d) \quad (8.48)$$

所以，该段弹道弹箭总的加速度为

$$a_j = \sqrt{\hat{a}_{x2j}^2 + (\hat{a}_{y2j}+g)^2} = \dfrac{S}{2m} k \cdot p(\bar{y}_j) \cdot c_x(M_{aj}) \cdot M_{aj}^2 \quad (j=1,2,\cdots,N_d) \quad (8.49)$$

由于阻力加速度的方向与弹箭相对于空气的速度矢量共线反向，因此有

$$a_j = -a_j \cdot \dfrac{\boldsymbol{v}_{wj}}{v_{wj}} = -\dfrac{\hat{a}_{x2j}(\bar{v}_{xj}-w_x) + (\hat{a}_{y2j}+g)\bar{v}_{yj}}{\bar{v}_{wj}} \quad (j=1,2,\cdots,N_d) \quad (8.50)$$

将上式代入（8.49），整理可得

$$c_x(M_{aj}) = -\dfrac{2m}{S} \cdot \dfrac{\hat{a}_{x2j}(\bar{v}_{xj}-w_x) + (\hat{a}_{y2j}+g)\bar{v}_{yj}}{\bar{v}_{wj} k \cdot p(\bar{y}_{cj}) \cdot M_{aj}^2} \quad (j=1,2,\cdots,N_d) \quad (8.51)$$

$$\begin{cases} \bar{v}_{xj} = \sum\limits_{i=(j-1)\cdot n_J+1}^{jn_J} v_{xi}, \quad \bar{v}_{yj} = \sum\limits_{i=(j-1)\cdot n_J+1}^{jn_J} v_{yi}, \quad \bar{v}_{wj} = \sqrt{(\bar{v}_{xj}-w_x)^2 + \bar{v}_{yj}^2} \\ \bar{y}_{cj} = y_{cj}(\bar{t}_j) = b_{j0} + b_{j1}\bar{t}_j + b_{j2}\bar{t}_j^2 + b_{j3}\bar{t}_j^3, \quad \bar{t}_j = \sum\limits_{i=j\cdot n_J+1}^{(j+1)n_J} t_i \quad (j=1,2,\cdots,N_d) \\ M_{aj} = \dfrac{\bar{v}_{wj}}{c_{sj}}, \quad c_{sj} = 20.052\sqrt{\tau(\bar{y}_{cj}) - 0.006\bar{y}_{cj}} \end{cases}$$

$$(8.52)$$

式中：$\bar{v}_{xj}$，$\bar{v}_{yj}$，$\bar{v}_{wj}$，$\bar{y}_j$，Ma_j 均为第 j 段弹道上的平均值。

由于式（8.51）和式（8.52）右端的数据是根据人为对阻力系数的经验估计值 $\hat{c}_x(Ma)$（$j=1,2,\cdots,N_d$），进行弹道计算后再对实测数据修正换算得出的，因而由该式换算出的阻力系数 $c_x(Ma_j)$，只能作为新的估计值进行迭代计算，直至求出阻力系数 $c_x(Ma_j)$（$j=1,2,\cdots,N_d$）的真值。

通过对每一段段数据进行迭代拟合换算，即可得出弹箭在各弹道段上的平均阻力系数和平均马赫数值，形式为断点数据 (c_{xj},Ma_j)（$j=1,2,\cdots,N_d$）。将各个断点的阻力系数数据平滑连接，即构成所求的弹箭阻力系数曲线 $c_x(Ma)$。

8.3 弹道方程数值解分段拟合速度数据辨识阻力系数

采用 C-K 方法分段拟合速度数据弹箭阻力系数是以弹道方程作为拟合数学模型，将方程的数值解以分段拟合弹箭飞行速度-时间数据，换算其阻力系数与马赫数之间的数值关系。这种拟合方法多采用修正质点弹道方程或者六自由度弹道方程作为数学模型，因而它比 8.2 节的模型更接近于弹箭飞行的实际情况，适用于处理远程弹箭的多普勒雷达测速数据。

8.3.1 弹箭阻力系数的分段辨识

对于弹箭气动力飞行试验获取的速度-时间数据[式（8.5）]，按照类似 8.2.2 节所述的弹道划分方法，先将数据分为 N_d 段，其中第 j 段数据可表示为

$$(v_{ji},\ t_{ji})\quad (j=1,2,\cdots,N_d,\ i=1,2,\cdots,n_j) \tag{8.53}$$

如果气动力系数 $c'_y(Ma)$，$c''_z(Ma)$，$m'_z(Ma)$，$m'_{xz}(Ma)$，$m'_{zz}(Ma)$，$m''_y(Ma)$ 为已知的曲线数据（实际计算中，可采用其他途径获取的数据），则可将阻力系数 c_x 作为待辨识参数。

对于弹箭速度 v 在任意时刻 t 的函数 $v=v(c_x;t)$，按照 2.2.2 节的最大似然函数辨识方法，可写出第 j 段数据[式（8.53）]辨识弹箭阻力系数的目标函数，即

$$Q(c_{xj}) = \sum_{i=1}^{n_j}\left[\boldsymbol{V}_j^{\mathrm{T}}(c_{xj};\ i)\boldsymbol{R}_j^{-1}\boldsymbol{V}_j(c_{xj};\ i) + \ln|\boldsymbol{R}_j|\right]\quad (j=1,2,\cdots,N_d) \tag{8.54}$$

$$\boldsymbol{V}_j(c_{xj};\ i) = [v(c_{xj};t_{ji}) - v_{ji}]\quad (i=1,2,\cdots,n_j) \tag{8.55}$$

式中：c_{xj} 为待辨识参数；$\boldsymbol{V}(c_{xj};i)$ 为输出误差矩阵。

当观测噪声的统计特性未知时，有

$$\hat{\boldsymbol{R}}_j(c_{xj}) = \frac{1}{n_j}\sum_{i=1}^{n}\boldsymbol{V}_j(c_{xj};\ i)\boldsymbol{V}_j^{\mathrm{T}}(c_{xj};\ i) = \left[\frac{1}{n_j}\sum_{i=1}^{n_j}(v(c_{xj};t_{ji}) - v_{ji})^2\right]$$

故有

$$\hat{R}_j^{-1}(c_{xj}) = \left[\frac{1}{n_j}\sum_{i=1}^{n_j}(v(c_{xj};t_{ji}) - v_{ji})^2\right]^{-1} \quad (j=1,2,\cdots,N_d) \tag{8.56}$$

式中：$v(c_{xj};t_{ji})$ 满足第 3 章描述弹箭飞行运动的弹道方程。

由牛顿-拉夫逊方法，其迭代修正计算公式为

$$c_{xj}^{(l+1)} = c_{xj}^{(l)} + \Delta c_{xj}^{(l)} \quad (j=1,2,\cdots,N_d) \tag{8.57}$$

$$\Delta c_{xj}^{(l)} = -\left(\frac{\partial^2 Q}{\partial c_x^2}\right)^{-1}\left(\frac{\partial Q}{\partial c_x}\right) \tag{8.58}$$

式中：上标 l 代表参数 c_{xj} 的第 l 次迭代近似值；$\Delta c_{xj}^{(l)}$ 为修正量。

对于第 j 段的速度数据（v_{ji},t_{ji}）（$j=1,2,\cdots,N_d$，$i=1,2,\cdots,n_j$），上式中辨识弹箭阻力系数的目标函数的 1 阶和 2 阶偏导数为

$$\begin{cases}\dfrac{\partial Q}{\partial c_x} = \dfrac{2\sum_{i=1}^{n_j}(v(c_{xj};t_{ji}) - v_{ji})\dfrac{\partial v(c_x;t_{ji})}{\partial c_{xj}}}{\dfrac{1}{n_j}\sum_{i=1}^{n}(v(c_{xj};t_{ji}) - v_{ji})^2} = \dfrac{2\sum_{i=1}^{n_j}(v(c_{xj};t_{ji}) - v_{ji})p(c_{xj};t_{ji})}{\dfrac{1}{n_j}\sum_{i=1}^{n}(v(c_{xj};t_{ji}) - v_{ji})^2}\\[2ex]\dfrac{\partial^2 Q}{\partial c_x^2} = \dfrac{2\sum_{i=1}^{n_j}\left(\dfrac{\partial v(c_{xj};t_{ji})}{\partial c_{xj}}\right)^2}{\dfrac{1}{n_j}\sum_{i=1}^{n_j}(v(c_{xj};t_{ji}) - v_{ji})^2} = \dfrac{2\sum_{i=1}^{n_j}(p(c_{xj};t_{ji}))^2}{\dfrac{1}{n_j}\sum_{i=1}^{n_j}(v(c_{xj};t_{ji}) - v_{ji})^2}\end{cases}$$

$$(j=1,2,\cdots,N_d) \tag{8.59}$$

$$p(c_{xj};t_{ji}) = \frac{\partial v(c_{xj};t_{ji})}{\partial c_x} \quad (j=1,2,\cdots,N_d,\ i=1,2,\cdots,n_j) \tag{8.60}$$

式中：$p(c_{xj};t_{ji})$ 为速度数据关于待辨识参数的灵敏度。

显见，只要求出弹箭飞行速度 v 关于待辨识参数 $c_{xj}(j=1,2,\cdots,N_d)$ 的灵敏度［式（8.60）］和 $v(c_{xj};t)$ 在 $t=t_{ji}(i=1,2,\cdots,n_j)$ 的值，即可完成式（8.59）的计算。通过式（8.57）迭代计算，即可求出第 j 段弹道数据辨识的弹箭阻力系数 $c_{xj}(j=1,2,\cdots,N_d)$，进而确定出阻力系数曲线数据，即

$$c_{xj} = c_x(M_{aj}) \quad (j=1,2,\cdots,N_d) \tag{8.61}$$

$$M_{aj} = \frac{v_{pj}}{c_{sj}} = \frac{1}{c_{sj}n_j}\sum_{i=1}^{n_i}v_{ji} \quad (j=1,2,\cdots,N_d) \tag{8.62}$$

式中：c_{sj} 为第 j 段弹道的平均声速，可根据实测气象诸元数据换算确定。

由此可见，计算弹箭速度 $v(c_{xj};t)$ 和灵敏度 $p(c_{xj};t)$ 即为辨识计算弹箭阻力系数曲线 $c_x(Ma)$ 的关键。一般，欲完成弹箭速度 $v(c_{xj};t)$ 及灵敏度 $p(c_{xj};t)$ 的计算，须采用 C-K 方法利用弹箭速度 $v(c_x;t)$ 的数学模型，建立与之联立的灵敏度 $p(c_x;t)$ 微分方程，并构成完备的微分方程组。通过完备微分方程组的数值解

计算，即可确定弹箭速度 $v(c_{xj};t)$ 和灵敏度 $p(c_{xj};t)$ 在任意时刻的数值。由于弹箭速度 $v(c_x;t)$ 的数学模型和计算灵敏度 $p(c_x;t)$ 微分方程有多种形式，对于不同的数学模型，所建立的完备微分方程组也不相同。在后面各节内容中，将以质点弹道模型、修正质点弹道模型、六自由度弹道模型为基础，分别介绍计算弹箭速度 $v(c_x;t)$ 的数学模型和灵敏度 $p(c_x;t)$ 微分方程组的建立方法。

如果弹箭气动力飞行试验的测试对象是底部排气弹，由于弹箭质量及质心位置随飞行时间变化而使得弹道方程中的气动力辨识结果随之变化。此时所建立的微分方程组关于初值问题的数值解计算，应增加底部排气弹质量随时间的变化关系式（8.28）。实际上，如果底排药剂质量较大，在燃烧过程中使得弹丸质心位置改变明显，此时出于更精细的考虑，在相关弹道段的弹箭气动力矩系数随质心位置地变化也应作出相应的换算。庆幸的是，绝大多数单纯底排弹的底排药剂不多，在弹箭气动参数辨识计算中往往都将其质心位置变化对气动力矩的影响作为误差处理。

在迭代计算过程完成以后，根据各段数据辨识计算求出的参数，即可确定弹箭阻力系数曲线。类似地，根据迭代过程的最终结果，可以得出最小残差平方和的值 $Q(\hat{c}_{xj})$，进而得出速度数据的标准拟合残差，即

$$\hat{\sigma}_{vj} = \sqrt{\frac{Q_{\min}}{n_j - 1}} = \sqrt{\frac{Q(\hat{c}_{xj})}{n_j - 1}} \tag{8.63}$$

8.3.2 质点弹道模型及灵敏度方程

前述弹箭阻力系数的分段辨识方法计算弹箭速度 $v(c_x^{(l)};t)$ 及灵敏度 $p(c_x^{(l)};t)$，需要建立计算它们的完备弹道微分方程组，通过数值积分获取关于其初始条件的数值解，才能确定正规方程。按照 C-K 方法，利用质点弹道矢量方程式（3.173）对弹箭阻力系数 c_x 求偏导，注意到 $\dfrac{\partial}{\partial c_x}\left(\dfrac{\mathrm{d}\boldsymbol{v}}{\mathrm{d}t}\right) = \dfrac{\mathrm{d}}{\mathrm{d}t}\left(\dfrac{\partial \boldsymbol{v}}{\partial c_x}\right)$，有

$$\frac{\mathrm{d}}{\mathrm{d}t}\left(\frac{\partial \boldsymbol{v}}{\partial c_x}\right) = -\frac{\rho S}{2m}\left[v_w \boldsymbol{v}_w + c_x(Ma)\frac{\partial v_w}{\partial c_x}\boldsymbol{v}_w + c_x(Ma)v_w\frac{\partial \boldsymbol{v}_w}{\partial c_x}\right] \tag{8.64}$$

式中：$\boldsymbol{v}_w$ 为弹箭相对于空气的飞行速度，且有 $\boldsymbol{v}_w = \boldsymbol{v} + \boldsymbol{w}$，$\boldsymbol{w}$ 为风速矢量。

为便于书写，令

$$\boldsymbol{p} = \frac{\partial \boldsymbol{v}_w}{\partial c_x} = \frac{\partial}{\partial c_x}(\boldsymbol{v} + \boldsymbol{w}) = \frac{\partial \boldsymbol{v}}{\partial c_x}, \quad \boldsymbol{p} = p_x \boldsymbol{i} + p_y \boldsymbol{j} + p_z \boldsymbol{k} = \begin{bmatrix} p_x & p_y & p_z \end{bmatrix}^{\mathrm{T}} \tag{8.65}$$

由于弹箭速度满足 $v_w^2 = \boldsymbol{v}_w \cdot \boldsymbol{v}_w$，故有

$$p_w = \frac{\partial v_w}{\partial c_x} = \frac{1}{v}\frac{\partial \boldsymbol{v}_w}{\partial c_x} \cdot \boldsymbol{v}_w = \frac{1}{v}\boldsymbol{p} \cdot \boldsymbol{v}_w \tag{8.66}$$

将上面两式代入式（8.64），即得到与质点弹道矢量方程式（3.173）相对应的灵敏度矢量方程，即

$$\frac{\mathrm{d}\boldsymbol{p}}{\mathrm{d}t} = -\frac{\rho S}{2m}[v_w \boldsymbol{v}_w + c_x(Ma)p_w \boldsymbol{v}_w + c_x(Ma)v_w \boldsymbol{p}] \qquad (8.67)$$

$$\begin{cases} \boldsymbol{v}_w = v_{wx}\boldsymbol{i} + v_{wy}\boldsymbol{j} + v_{wz}\boldsymbol{k} = \begin{bmatrix} v_{wx} & v_{wy} & v_{wz} \end{bmatrix}^{\mathrm{T}} \\ v_w = \sqrt{v_{wx}^2 + v_{wy}^2 + v_{wz}^2} \\ p_w = \frac{1}{v}\boldsymbol{p} \cdot \boldsymbol{v}_w = \frac{1}{v}(p_x v_{wx} + p_y v_{wy} + p_z v_{wz}) \end{cases} \qquad (8.68)$$

$$\begin{bmatrix} p_x & p_y & p_z \end{bmatrix}^{\mathrm{T}} = \begin{bmatrix} \dfrac{\partial v_x}{\partial c_x} & \dfrac{\partial v_y}{\partial c_x} & \dfrac{\partial v_z}{\partial c_x} \end{bmatrix}^{\mathrm{T}}, \quad \begin{bmatrix} v_{wx} & v_{wy} & v_{wz} \end{bmatrix}^{\mathrm{T}} = \begin{bmatrix} v_x - w_x & v_y & v_z - w_z \end{bmatrix}^{\mathrm{T}}$$
$$(8.69)$$

将质点弹道矢量方程式（3.173）和对应的灵敏度矢量方程式（8.67）合并，即可在地面坐标系中表述为

$$\begin{cases} \dfrac{\mathrm{d}v_x}{\mathrm{d}t} = -\dfrac{\rho S}{2m}c_x v_w v_{wx}, \quad \dfrac{\mathrm{d}v_y}{\mathrm{d}t} = -\dfrac{\rho S}{2m}c_x v_w v_{wy} - g, \quad \dfrac{\mathrm{d}v_z}{\mathrm{d}t} = -\dfrac{\rho S}{2m}c_x v_w v_{wz} \\ \dfrac{\mathrm{d}x}{\mathrm{d}t} = v_x, \quad \dfrac{\mathrm{d}y}{\mathrm{d}t} = v_y, \quad \dfrac{\mathrm{d}z}{\mathrm{d}t} = v_z \\ \dfrac{\mathrm{d}p_x}{\mathrm{d}t} = -\dfrac{\rho S}{2m}(v_w v_{wx} + c_x p_w v_{wx} + c_x v_w p_x) \\ \dfrac{\mathrm{d}p_y}{\mathrm{d}t} = -\dfrac{\rho S}{2m}(v_w v_{wy} + c_x p_w v_{wy} + c_x v_w p_y) \\ \dfrac{\mathrm{d}p_z}{\mathrm{d}t} = -\dfrac{\rho S}{2m}(v_w v_{wz} + c_x p_w v_{wz} + c_x v_w p_z) \end{cases} \qquad (8.70)$$

$$\begin{cases} v = \sqrt{v_x^2 + v_y^2 + v_z^2}, \quad v_w = \sqrt{v_{wx}^2 + v_{wy}^2 + v_{wz}^2} \\ v_{wx} = v_x - w_x, \quad v_{wy} = v_y, \quad v_{wz} = v_z - w_z \\ p_w = \dfrac{1}{v_w}(p_{kx} \cdot v_{wx} + p_{ky} \cdot v_{wy} + p_{kz} \cdot v_{wz}) \end{cases} \qquad (8.71)$$

微分方程式（8.70）的初始条件为

$$\begin{cases} v_x = v_0 \cos\theta_0, \quad v_y = v_0 \sin\theta_0, \quad v_z = 0 \\ x = 0, \quad y = 0, \quad z = 0 \qquad (t = 0) \\ p_x = 0, \quad p_y = 0, \quad p_z = 0 \end{cases} \qquad (8.72)$$

式中：弹箭初速 v_0 作为已知量，由 6.3.2 节的初速雷达测速数据的初速辨识方法确定；θ_0 为射角，为试验射击装定的已知参量。

对于第 j 段弹道，求解方程（8.70）的积分初始条件为

$$\begin{cases} v_x = v_{j0}\cos\theta_{j0}, \quad v_y = v_{j0}\sin\theta_{j0}, \quad v_z = v_{zj0} \\ x = x_{j0}, \quad y = y_{j0}, \quad z = z_{j0}, \quad \dot{\gamma} = \dot{\gamma}_{j0} \quad (j = 1, 2, \cdots, N_d) \\ p_x = p_{xj0}, \quad p_y = p_{yj0}, \quad p_z = p_{zj0} \end{cases} \qquad (8.73)$$

式中：物理量下标"j0"代表在第$j-1$段弹道，方程式（8.70）在$t=t_{j0}$时刻的计算值。

由该方程组可以看出，方程中共有9个因变量分别为$(v_x, v_y, v_z, x, y, z, p_x, p_y, p_z)$，其数量与该方程组的方程个数相等，因此可以认为该方程组是完备的。为表达方便，这里将方程式（8.70）及关联参数表达式（8.71）合在一起，称为质点弹道方程在地面坐标系中的辨识阻力系数曲线的完备微分方程组。采用微分方程的数值解法，即可计算该完备方程组关于初始条件式（8.72）的数值解。

8.3.3 修正质点弹道模型及灵敏度方程

一般说来，建立修正质点弹道分量方程及其灵敏度方程与采用的坐标系有关。第3章分别给出了修正质点弹道方程在地面坐标系和弹道坐标系中的分量方程。本节将针对这两种条件，分别介绍以修正质点弹道模型为基础建立灵敏度方程的方法。

8.3.3.1 地面坐标系中的修正质点弹道模型及灵敏度方程

8.3.2节质点弹道模型及灵敏度方程推导过程类似，按照C-K方法，修正质点弹道矢量方程式（3.162）为

$$\frac{d\boldsymbol{v}}{dt} = -\frac{\rho S}{2m}c_x v_w \boldsymbol{v}_w + \frac{\rho S}{2m}v_w^2 c_y' \boldsymbol{\delta}_p + \frac{\rho S}{2m}c_z''\left(\frac{\dot{\gamma}d}{v_w}\right)v_w(\boldsymbol{\delta}_p \times \boldsymbol{v}_w) + \boldsymbol{g}' + \boldsymbol{g}_K + \boldsymbol{g}_\Omega \quad (8.74)$$

将上式两端对阻力系数c_x求偏导，令$\dfrac{\partial \boldsymbol{v}}{\partial c_x} = \boldsymbol{p}$，$\dfrac{\partial \boldsymbol{v}_w}{\partial c_x} = \boldsymbol{p}_w$，注意到$\dfrac{\partial}{\partial c_x}\left(\dfrac{d\boldsymbol{v}}{dt}\right) = \dfrac{d}{dt}\left(\dfrac{\partial \boldsymbol{v}}{\partial c_x}\right)$，有

$$\begin{aligned}\frac{d\boldsymbol{p}}{dt} = &-\frac{\rho S}{2m}v_w \boldsymbol{v}_w - \frac{\rho S}{2m}c_x(p_w \boldsymbol{v}_w + v_w \boldsymbol{p}) + \frac{\rho S}{2m}c_y' \cdot 2v_w p_w \boldsymbol{\delta}_p - \\ & \frac{\rho S}{2m}c_z''\left(\frac{\dot{\gamma}d}{v_w}\right)(p_w(\boldsymbol{\delta}_p \times \boldsymbol{v}_w) + v_w(\boldsymbol{\delta}_p \times \boldsymbol{p}))\end{aligned} \quad (8.75)$$

上式为修正质点弹道矢量方程的关于阻力系数c_x的灵敏度矢量方程，式中$\boldsymbol{v}_w$、$\boldsymbol{p}$和p_w的定义及计算表达式与式（8.68）相同。在推导过程中，鉴于$\dot{\gamma}/v_w$随时间变化非常缓慢，可以认为与$\dfrac{\partial}{\partial c_x}\left(\dfrac{\dot{\gamma}d}{v_w}\right)$相关项的量值比其他项的量值小得多，所以将其忽略不计。

与叉积$\boldsymbol{\delta}_p \times \boldsymbol{v}_w$矢量的推导过程类似，将动力平衡角矢量$\boldsymbol{\delta}_p$在地面坐标系中的表达式（3.167）代入$\boldsymbol{\delta}_p \times \boldsymbol{p}$，注意到式（8.69）中$\boldsymbol{p}$的表达式，则叉积矢量$\boldsymbol{\delta}_p \times \boldsymbol{p}$在地面坐标系中可表示为

$$\boldsymbol{\delta}_p \times \boldsymbol{p} = \begin{bmatrix} p_z \delta_{p1} \cos\theta - p_y \delta_{p2} \\ p_z \delta_{p1} \sin\theta + p_x \delta_{p2} \\ -p_y \delta_{p1} \sin\theta - p_x \delta_{p1} \cos\theta \end{bmatrix} \qquad (8.76)$$

将上式以及矢量方程式（8.75）中各个矢量在地面坐标系 O-xyz 中的表达式代入，连同修正质点弹道矢量方程式（8.74）一并考虑，整理可得该坐标系中修正质点弹道矢量方程及其灵敏度矢量方程构成的标量形式的分量方程组，即

$$\begin{cases}
\dfrac{\mathrm{d}v_x}{\mathrm{d}t} = -\dfrac{\rho S}{2m} c_x v_w v_{wx} - \dfrac{\rho S}{2m} v_w^2 c_y' \delta_{p1} \sin\theta + \\
\qquad \dfrac{\rho S}{2m} c_z'' \left(\dfrac{\dot{\gamma} d}{v_w} \right) v_w (v_{wz} \delta_{p1} \cos\theta - v_{wy} \delta_{p2}) + g_x' + g_{Kx} + g_{\Omega x} \\
\dfrac{\mathrm{d}v_y}{\mathrm{d}t} = -\dfrac{\rho S}{2m} c_x v_w v_{wy} + \dfrac{\rho S}{2m} v_w^2 c_y' \delta_{p1} \cos\theta + \\
\qquad \dfrac{\rho S}{2m} c_z'' \left(\dfrac{\dot{\gamma} d}{v_w} \right) v_w (v_{wz} \delta_{p1} \sin\theta + v_{wx} \delta_{p2}) + g_y' + g_{Ky} + g_{\Omega x} \\
\dfrac{\mathrm{d}v_z}{\mathrm{d}t} = -\dfrac{\rho S}{2m} c_x v_w v_{wz} + \dfrac{\rho S}{2m} c_y' v_w^2 \delta_{p2} - \\
\qquad \dfrac{\rho S}{2m} c_z'' \left(\dfrac{\dot{\gamma} d}{v_w} \right) v_w (v_{wy} \delta_{p1} \sin\theta + v_{wx} \delta_{p1} \cos\theta) + g_{Kz} + g_{\Omega x} \\
\dfrac{\mathrm{d}x}{\mathrm{d}t} = v_x, \qquad \dfrac{\mathrm{d}y}{\mathrm{d}t} = v_y, \qquad \dfrac{\mathrm{d}z}{\mathrm{d}t} = v_z, \qquad \dfrac{\mathrm{d}\dot{\gamma}}{\mathrm{d}t} = -\dfrac{\rho S l d}{2C} m_{xz}' v_w \dot{\gamma} \qquad (8.77) \\
\dfrac{\mathrm{d}p_x}{\mathrm{d}t} = -\dfrac{\rho S}{2m} v_w v_{wx} - \dfrac{\rho S}{2m} c_x (p_w v_{wx} + v_u p_x) + \dfrac{\rho S}{2m} c_y' \cdot 2 v_w p_w \delta_{p1} \sin\theta + \\
\qquad \dfrac{\rho S}{2m} c_z'' \left(\dfrac{\dot{\gamma} d}{v_w} \right) (p_w (v_{wz} \delta_{p1} \cos\theta + v_{wy} \delta_{p2}) + v_w (p_{kz} \delta_{p1} \cos\theta + p_y \delta_{p2})) \\
\dfrac{\mathrm{d}p_y}{\mathrm{d}t} = -\dfrac{\rho S}{2m} v_w v_{wy} - \dfrac{\rho S}{2m} c_x (p_w v_{wy} + v_u p_{ky}) - \dfrac{\rho S}{2m} c_y' \cdot 2 v_w p_w \delta_{p1} \cos\theta - \\
\qquad \dfrac{\rho S}{2m} c_z'' \left(\dfrac{\dot{\gamma} d}{v_w} \right) \left(\dfrac{\partial v_w}{\partial c_x} (-v_{wz} \delta_{p1} \sin\theta + v_{wx} \delta_{p2}) + v_w (-p_z \delta_{p1} \sin\theta + p_x \delta_{p2}) \right) \\
\dfrac{\mathrm{d}p_z}{\mathrm{d}t} = -\dfrac{\rho S}{2m} v_w v_{wz} - \dfrac{\rho S}{2m} c_x (p_w v_{wz} + v_u p_{kz}) + \dfrac{\rho S}{2m} c_y' \cdot 2 v_w p_w \delta_{p2} - \\
\qquad \dfrac{\rho S}{2m} c_z'' \left(\dfrac{\dot{\gamma} d}{v_w} \right) (p_w (v_{wy} \delta_{p1} \sin\theta - v_{wx} \delta_{p1} \cos\theta) + v_w (p_y \delta_{p1} \sin\theta - p_x \delta_{p1} \cos\theta))
\end{cases}$$

$$\begin{cases} \delta_{p1} = -\left[\dfrac{P^2}{M^2v^2} - \dfrac{P^4T^2}{M^4v^2} - \dfrac{1}{Mv^2}\right]\ddot{\theta} - \dfrac{P^2T}{M^2v}\dot{\theta}, \quad \delta_{p2} = -\dfrac{P}{Mv}\dot{\theta} - \dfrac{PT}{M^2v^2}\ddot{\theta} + \dfrac{2P^3T}{M^2v^2}\ddot{\theta} \\ \theta = \arctan\dfrac{v_y}{v_x}, \quad \dot{\theta} = -\dfrac{g\cos\theta}{v}, \quad \ddot{\theta} = -\dfrac{g}{v^2}(g\cos\theta\sin\theta + b_x\cos\theta + g\cos\theta\sin\theta) \\ v = \sqrt{v_x^2 + v_y^2 + v_z^2}, \quad v_w = \sqrt{v_{wx}^2 + v_{wy}^2 + v_{wz}^2} \\ v_{wx} = v_x - w_x, \quad v_{wy} = v_y, \quad v_{wz} = v_z - w_z \\ p_w = \dfrac{1}{v_w}(p_x \cdot v_{wx} + p_y \cdot v_{wy} + p_z \cdot v_{wz}) \end{cases}$$

(8.78)

显见，将式（8.77）连同关联参数表达式（8.78）合在一起，即构成了修正质点弹道方程及其灵敏度方程在地面坐标系中的分量方程组。由该方程组可以看出，方程中的因变量（原函数）分别为 $(v_x,v_y,v_z,x,y,z,\dot{\gamma})$ 和 (p_x,p_y,p_z)，共有10个；其数量与该方程组的方程个数相等。因此，将式（8.77）与式（8.78）称为地面坐标系中以修正质点弹道方程为基础的完备微分方程组。求解该方程组的初始条件，$t=0$ 时，有

$$\begin{cases} v_x = v_0\cos\theta_0, \quad v_y = v_0\sin\theta_0, \quad v_z = 0 \\ x = 0, \quad y = 0, \quad z = 0 \\ p_x = 0, \quad p_y = 0, \quad p_z = 0 \\ \dot{\gamma} = \dot{\gamma}_0 = \dfrac{2\pi v_0}{\eta d} \end{cases}$$

(8.79)

式中：v_0 为弹箭初速它是一个已知量，由第 6.3.2 节初速雷达测速数据的初速辨识方法确定；θ_0，η 和 d 分别为射角，火炮的膛线缠度和口径，它们均为试验射击前需要确定的已知参量。

对于第 j 段弹道，求解式（8.77）的积分初始条件，$t=t_{j0}$ 时，有

$$\begin{cases} v_x = v_{xj0}, \quad v_y = v_{yj0}, \quad v_z = v_{zj0} \\ x = x_{j0}, \quad y = y_{j0}, \quad z = z_{j0} \\ p_x = p_{xj0}, \quad p_y = p_{yj0}, \quad p_z = p_{zj0} \\ \dot{\gamma} = \dot{\gamma}_{j0} \end{cases} \quad (j=1,2,\cdots,N_d)$$

(8.80)

式中：物理量下标"$j0$"为在第 j-1 段弹道，式（8.77）在 $t=t_{j0}$ 时刻的计算值。

采用微分方程的数值解法，可以分段计算出该完备方程组关于初始条件式（8.79）或式（8.80）的数值解。

8.3.3.2 弹道坐标系中的修正质点弹道及灵敏度方程

与前述地面坐标系中的修正质点弹道的灵敏度方程推导过程类似，为了推导

弹道坐标系中的修正质点弹道方程的灵敏度方程，可将修正质点弹道方程式（3.171）第 1 个方程两端对待辨识参数 c_x 求偏导数，注意到 $\dfrac{\partial}{\partial c_x}\left(\dfrac{\mathrm{d}v}{\mathrm{d}t}\right)=\dfrac{\mathrm{d}}{\mathrm{d}t}\left(\dfrac{\partial v}{\partial c_x}\right)=\dfrac{\mathrm{d}p}{\mathrm{d}t}$，$p=\dfrac{\partial v}{\partial c_x}$，可得

$$\begin{aligned}\dfrac{\mathrm{d}p}{\mathrm{d}t}=&-\dfrac{\rho S}{2m}v_w(v-w_{x_2})-\dfrac{\rho S}{2m}\dfrac{\partial v_w}{\partial c_x}(v-w_{x_2})-\dfrac{\rho S}{2m}c_xv_wp+\\ &\dfrac{\rho S}{2m}c_y'\left[2v_w\dfrac{\partial v_w}{\partial c_x}\cos\delta_{p2}\cos\delta_{p1}-\dfrac{\partial v_{u\xi}}{\partial c_x}(v-w_{x_2})-v_{u\xi}p\right]+\\ &\dfrac{\rho S}{2m}c_z''\left(\dfrac{\dot\gamma d}{v_w}\right)\dfrac{\partial v_w}{\partial c_x}(-w_{z_2}\cos\delta_{p2}\sin\delta_{p1}+w_{y_2}\sin\delta_{p2})\end{aligned} \quad(8.81)$$

由式（3.172），有

$$\begin{cases}v_{u\xi}=(v-w_{x_2})\cos\delta_{p2}\cos\delta_{p1}-w_{y_2}\cos\delta_{p2}\sin\delta_{p1}-w_{z_2}\sin\delta_{p2}\\ v_w^2=(v-w_{x_2})^2+w_{y_2}^2+w_{z_2}^2\end{cases} \quad(8.82)$$

将上式分别对阻力系数 c_x 求偏导，得

$$\begin{cases}\dfrac{\partial v_w}{\partial c_x}=\dfrac{v-w_{x_2}}{v_w}\dfrac{\partial v}{\partial c_x}=\dfrac{v-w_{x_2}}{v_w}p\\ \dfrac{\partial v_{u\xi}}{\partial c_x}=\dfrac{\partial v}{\partial c_x}\cos\delta_{p2}\cos\delta_{p1}=p\cos\delta_{p2}\cos\delta_{p1}\end{cases} \quad(8.83)$$

代入式（8.81），注意到 $\dfrac{\partial v}{\partial c}=p$ 整理可得

$$\begin{aligned}\dfrac{\mathrm{d}p}{\mathrm{d}t}=&-\dfrac{\rho S}{2m}v_w(v-w_{x_2})-\dfrac{\rho S}{2m}\dfrac{(v-w_{x_2})^2}{v_w}p-\dfrac{\rho S}{2m}c_xv_wp+\\ &\dfrac{\rho S}{2m}c_y'[2(v-w_{x_2})p\cos\delta_{p2}\cos\delta_{p1}-p(v-w_{x_2})\cos\delta_{p2}\cos\delta_{p1}-v_{u\xi}p]+\\ &\dfrac{\rho S}{2m}c_z''\left(\dfrac{\dot\gamma d}{v_w}\right)\dfrac{v-w_{x_2}}{v_w}p(-w_{z_2}\cos\delta_{p2}\sin\delta_{p1}+w_{y_2}\sin\delta_{p2})\end{aligned} \quad(8.84)$$

式中：$v_{u\xi}$ 可由式（8.82）计算。

将式（8.84）与修正质点弹道方程组[式（3.171）]合并，即可构成弹道坐标系中由修正质点弹道方程及其灵敏度方程组合的微分方程组，即

$$\begin{cases}
\dfrac{\mathrm{d}v}{\mathrm{d}t} = -\dfrac{\rho S}{2m}c_x v_w(v - w_{x_2}) + \dfrac{\rho S}{2m}c'_y[v_w^2\cos\delta_{p2}\cos\delta_{p1} - v_{u\xi}(v - w_{x_2})] + \\
\qquad \dfrac{\rho v_w}{2m}Sc''_z\left(\dfrac{\dot{\gamma}d}{v_w}\right)(-w_{z_2}\cos\delta_{p2}\sin\delta_{p1} + w_{y_2}\sin\delta_{p2}) + g'_{x2} + g_{Kx2} + g_{\Omega x2} \\[4pt]
\dfrac{\mathrm{d}\theta}{\mathrm{d}t} = \dfrac{\rho S}{2mv\cos\Psi_2}c_x v_w w_{y_2} + \dfrac{\rho S}{2mv\cos\Psi_2}c'_y[v_w^2\cos\delta_{p2}\sin\delta_{p1} + v_{u\xi}w_{y_2}] + \\
\qquad \dfrac{\rho S}{2mv\cos\Psi_2}c''_z\left(\dfrac{\dot{\gamma}d}{v_w}\right)vw_w[(v - w_{x_2})\sin\delta_{p2} + w_{z_2}\cos\delta_{p2}\cos\delta_{p1}] + \dfrac{g'_{y2} + g_{Ky2} + g_{\Omega y2}}{v\cos\Psi_2} \\[4pt]
\dfrac{\mathrm{d}\Psi_2}{\mathrm{d}t} = \dfrac{\rho S}{2mv}c_x v_w w_{z_2} + \dfrac{\rho S}{2mv}c'_y[v_w^2\sin\delta_{p2} + v_{u\xi}w_{z_2}] + \\
\qquad \dfrac{\rho S}{2mv}c''_z v_w\left(\dfrac{\dot{\gamma}d}{v_w}\right)[-w_{y_2}\cos\delta_{p2}\cos\delta_{p1} - (v - w_{x_2})\cos\delta_{p2}\sin\delta_{p1}] + \\
\qquad \dfrac{1}{v}(g'_{x2} + g_{Kx2} + g_{\Omega x2}) \\[4pt]
\dfrac{\mathrm{d}x}{\mathrm{d}t} = v\cos\Psi_2\cos\theta, \qquad \dfrac{\mathrm{d}y}{\mathrm{d}t} = v\cos\Psi_2\sin\theta, \qquad \dfrac{\mathrm{d}z}{\mathrm{d}t} = v\sin\Psi_2 \\[4pt]
\dfrac{\mathrm{d}\dot{\gamma}}{\mathrm{d}t} = -\dfrac{\rho Sld}{2C}m'_{xz}v_w\dot{\gamma} \\[4pt]
\dfrac{\mathrm{d}p}{\mathrm{d}t} = -\dfrac{\rho S}{2m}v_w(v - w_{x_2}) - \dfrac{\rho S}{2m}\dfrac{(v - w_{x_2})^2}{v_w}p - \dfrac{\rho S}{2m}c_x v_w p + \\
\qquad \dfrac{\rho S}{2m}c'_y[2(v - w_{x_2})p\cos\delta_{p2}\cos\delta_{p1} - p(v - w_{x_2})\cos\delta_{p2}\cos\delta_{p1} - v_{u\xi}p] + \\
\qquad \dfrac{\rho S}{2m}c''_z\left(\dfrac{\dot{\gamma}d}{v_w}\right)\dfrac{v - w_{x_2}}{v_w}p(-w_{z_2}\cos\delta_{p2}\sin\delta_{p1} + w_{y_2}\sin\delta_{p2})
\end{cases}$$

(8.85)

$$\begin{cases}
\delta_{p2} = -\dfrac{P}{Mv}\dot{\theta} - \dfrac{PT}{M^2v^2}\ddot{\theta} + \dfrac{2P^3T}{M^2v^2}\ddot{\theta} \\[4pt]
\delta_{p1} = -\left[\dfrac{P^2}{M^2v^2} - \dfrac{P^4T^2}{M^4v^2} - \dfrac{1}{Mv^2}\right]\ddot{\theta} - \dfrac{P^2T}{M^2v}\dot{\theta}
\end{cases}$$

(8.86)

$$\dot{\theta} = -\dfrac{g\cos\theta}{v} \qquad \ddot{\theta} = -\dfrac{g}{v^2}(g\cos\theta\sin\theta + b_x\cos\theta + g\cos\theta\sin\theta) \qquad (8.87)$$

$$\begin{cases} v_w = \sqrt{(v - w_{x_2})^2 + w_{y_2}^2 + w_{z_2}^2} \\ v_{w\xi} = (v - w_{x_2})\cos\delta_{p2}\cos\delta_{p1} - w_{y_2}\cos\delta_{p2}\sin\delta_{p1} - w_{z_2}\sin\delta_{p2} \\ w_{x_2} = w_x\cos\Psi_2\cos\theta + w_z\sin\Psi_2, \quad w_{y_2} = -w_x\sin\theta \\ w_{z_2} = -w_x\sin\Psi_2\cos\theta + w_z\cos\Psi_2 \\ w_x = -w\cos(\alpha_W - \alpha_N), \quad w_z = -w\sin(\alpha_W - \alpha_N) \end{cases} \quad (8.88)$$

式中：δ_{p2}，δ_{p1} 为动力平衡角；α_w 为风的来向与正北方的夹角，单位为 rad；α_N 为射击方向角，单位为 rad。

式（8.85）的初始条件，$t=0$ 时，有

$$\begin{cases} v(0) = v_0, \quad \theta(0) = \theta_0, \quad \Psi_2(0) = 0, \quad x = 0, \quad y = 0, \quad z = 0 \\ p(0) = 0, \quad \dot{\gamma}(0) = \dot{\gamma}_0 = \dfrac{2\pi v_0}{\eta d} \end{cases} \quad (8.89)$$

对于第 j 段弹道，式（8.85）的积分初始条件，$t=t_{j0}$ 时，有

$$\begin{cases} v(t_{j0}) = v_{j0}, \quad \theta(t_{j0}) = \theta_{j0}, \quad \Psi_2(t_{j0}) = \Psi_{2j0} \\ x(t_{j0}) = x_{j0}, \quad y(t_{j0}) = y_{j0}, \quad z(t_{j0}) = z_{j0} \quad (j = 1, 2, \cdots, J) \\ p(t_{j0}) = p_{j0}, \quad \dot{\gamma}(t_{j0}) = \dot{\gamma}_{j0} \end{cases} \quad (8.90)$$

式中：物理量下标"$j0$"代表在第 $j-1$ 段弹道，式（8.85）在 $t=t_{j0}$ 时刻的计算值。

显见，式（8.85）及关联参数表达式（8.88）构成了弹道坐标系中，以修正质点弹道方程式（3.171）为基础的完备微分方程组。采用微分方程的数值解法，可以分段计算出该完备方程组关于初始条件式（8.89）或式（8.90）的数值解。

比较两种修正质点弹道及灵敏度方程可以看出，采用弹道坐标系中的修正质点弹道方程导出的完备方程组，较地面坐标系中的修正质点弹道方程导出的完备方程组更简单。由此说明，应用 C-K 方法计算敏感因子，应该选用适合的弹道方程形式作为的数学模型，这样可以收到事半功倍的效果。

8.3.4 六自由度弹道模型及灵敏度方程

将六自由度弹道方程式（3.91）第 1 个方程对待辨识参数 c_x 求偏导数，可以得出速度关于弹箭阻力系数的灵敏度满足的灵敏度方程，即

$$\dfrac{\partial}{\partial c_x}\left(\dfrac{\mathrm{d}v}{\mathrm{d}t}\right) = -\dfrac{\rho S}{2m}\dfrac{\partial}{\partial c_x}[c_x v_w(v - w_{x_2})] +$$

$$\dfrac{\rho S}{2m}c_y'\dfrac{\partial}{\partial c_x}[v_w^2\cos\delta_2\cos\delta_1 - v_{w\xi}(v - w_{x_2})] +$$

$$\frac{\rho S}{2m}c''_z \frac{\partial}{\partial c_x}\left[\left(\frac{\dot{\gamma}d}{v_w}\right)v_w(-w_{z_2}\cos\delta_2\sin\delta_1 + w_{y_2}\sin\delta_2)\right]$$

$$= -\frac{\rho S}{2m}v_w(v-w_{x_2}) - \frac{\rho S}{2m}\frac{\partial v_w}{\partial c_x}c_x(v-w_{x_2}) - \frac{\rho S}{2m}c_x v_w\left(\frac{\partial v}{\partial c_x}\right) +$$

$$\frac{\rho S}{2m}c'_y\left[\left(2v_w \frac{\partial v_w}{\partial c_x}\cos\delta_2 \cdot \cos\delta 1 - \frac{\partial v_{w\xi}}{\partial c_x}(v-w_{x_2}) - v_{w\xi}\frac{\partial v}{\partial c_x}\right)\right] +$$

$$\frac{\rho S}{2m}c''_z\left(\frac{\dot{\gamma}d}{v_w}\right)(-w_{z_2}\cos\delta_2\sin\delta_1 + w_{y_2}\sin\delta_2)\frac{\partial v_w}{\partial c_x} \quad (8.91)$$

根据关联参数表达式（3.93），$\frac{\partial v_w}{\partial c_x}$、$\frac{\partial v_{w\xi}}{\partial c_x}$ 和 $\frac{\partial v}{\partial c_x}$ 可表示为

$$\begin{cases} \frac{\partial v}{\partial c_x} = p, \qquad \frac{\partial v_w}{\partial c_x} = \frac{v-w_{x_2}}{v_w}\frac{\partial v}{\partial c_x} = \frac{v-w_{x_2}}{v_w}p \\ \frac{\partial v_{w\xi}}{\partial c_x} = \frac{\partial v}{\partial c_x}\cos\delta_2\cos\delta_1 = p\cos\delta_2\cos\delta_1 \end{cases} \quad (8.92)$$

上面各表达式中，由于表征弹箭的速度方向角度 θ_a、Ψ_2 和弹轴方向角度 δ_r、δ_1、δ_2 均与阻力系数的相关性极弱，故它们关于阻力系数的偏导数均为小量，$\frac{\partial}{\partial c_x}\left(\frac{\dot{\gamma}d}{v_w}\right)$ 和 $\frac{\partial w_{x2}}{\partial c_x}$ 与 $\frac{\partial v}{\partial c_x}$ 相比也是小量，故予以忽略。

将式（8.92）代入式（8.91），注意到 $\frac{\partial}{\partial c_x}\left(\frac{\mathrm{d}v}{\mathrm{d}t}\right) = \frac{\mathrm{d}}{\mathrm{d}t}\left(\frac{\partial v}{\partial c_x}\right) = \frac{\mathrm{d}p}{\mathrm{d}t}$，则可将其表示为

$$\frac{\mathrm{d}p}{\mathrm{d}t} = -\frac{\rho S}{2m}v_w(v-w_{x_2}) - \frac{\rho S}{2m}\frac{\partial v_w}{\partial c_x}c_x(v-w_{x_2}) - \frac{\rho S}{2m}c_x p +$$

$$\frac{\rho S}{2m}c'_y\left[2(v-w_{x_2})p\cos\delta_2\cdot\cos\delta 1 - (v-w_{x_2})p\cos\delta_2\cos\delta_1 - v_{w\xi}p)\right] +$$

$$\frac{\rho S}{2m}c''_z\left(\frac{\dot{\gamma}d}{v_w}\right)(-w_{z_2}\cos\delta_2\sin\delta_1 + w_{y_2}\sin\delta_2)\frac{v-w_{x_2}}{v_w}p \quad (8.93)$$

上式为弹箭速度关于阻力系数的灵敏度方程，式中 p 弹箭速度关于阻力系数的灵敏度，对于第 j 段弹道，该方程的积分初始条件为

$$p(c_{xj};t_{j0}) = 0 \quad (j=1,2,\cdots,J) \quad (8.94)$$

显然，将 3.3.3 节的六自由度刚体弹道方程式（3.91）与灵敏度方程式（8.93）联立，连同其辅助方程式（3.92）和关联参数表达式（3.93），即可构成完备的方程组，即

$$\begin{cases} \sin\delta_1 = \dfrac{\cos\varphi_2 \sin(\varphi_a - \theta_a)}{\cos\delta_2}, & \sin\delta_2 = \cos\Psi_2 \sin\varphi_2 - \sin\Psi_2 \cos\varphi_2 \cos(\varphi_a - \theta_a) \\ \sin\beta = \dfrac{\sin\Psi_2 \sin(\varphi_a - \theta_a)}{\cos\delta_2} \end{cases}$$

(8.95)

$$\begin{cases} v_w = \sqrt{(v - w_{x_2})^2 + w_{y_2}^2 + w_{z_2}^2}, \quad \delta_r = \arccos(v_{w\xi}/v_w) \\ v_{w\xi} = (v - w_{x_2})\cos\delta_2 \cos\delta_1 - w_{y_2}\cos\delta_2 \sin\delta_1 - w_{z_2}\sin\delta_2 \\ v_{w\eta} = v_{w\eta_2}\cos\beta + v_{w\zeta_2}\sin\beta, \quad v_{w\zeta} = -v_{w\eta_2}\sin\beta + v_{w\zeta_2}\cos\beta \\ v_{w\eta_2} = -(v - w_{x_2})\sin\delta_1 - w_{y_2}\cos\delta_1 \\ v_{w\zeta_2} = -(v - w_{x_2})\sin\delta_2\cos\delta_1 + w_{y_2}\sin\delta_2\sin\delta_1 - w_{z_2}\cos\delta_2 \\ w_{x_2} = w_x \cos\Psi_2 \cos\theta_a + w_z \sin\Psi_2, \quad w_{y_2} = -w_x \sin\theta_a \\ w_{z_2} = -w_x \sin\Psi_2 \cos\theta_a + w_z \cos\Psi_2 \\ w_x = -w\cos(\alpha_W - \alpha_N), \quad w_z = -w\sin(\alpha_W - \alpha_N) \end{cases}$$

(8.96)

$$\begin{cases} \dfrac{\mathrm{d}v}{\mathrm{d}t} = -\dfrac{\rho S}{2m}c_x v_w (v - w_{x_2}) + \dfrac{\rho S}{2m}c_y' [v_w^2 \cos\delta_2 \cos\delta_1 - v_{w\xi}(v - w_{x_2})] + \\ \qquad \dfrac{\rho S}{2m}c_z'' \left(\dfrac{\dot\gamma d}{v_w}\right) v_w (-w_{z_2}\cos\delta_2\sin\delta_1 + w_{y_2}\sin\delta_2) + g_{x2}' + g_{Kx2} + g_{\Omega x2} \\[2mm]
\dfrac{\mathrm{d}\theta_a}{\mathrm{d}t} = \dfrac{\rho S}{2mv\cos\Psi_2} c_x v_w w_{y_2} + \dfrac{\rho S}{2mv\cos\Psi_2} c_y' [v_w^2 \cos\delta_2 \sin\delta_1 + v_{w\xi} w_{y_2}] + \\ \qquad \dfrac{\rho S}{2mv\cos\Psi_2} c_z'' \left(\dfrac{\dot\gamma d}{v_w}\right) v_w [(v - w_{x_2})\sin\delta_2 + w_{z_2}\cos\delta_2\cos\delta_1] + \dfrac{g_{y2}' + g_{Ky2} + g_{\Omega y2}}{v\cos\Psi_2} \\[2mm]
\dfrac{\mathrm{d}\Psi_2}{\mathrm{d}t} = \dfrac{\rho S}{2mv} c_x v_w w_{z_2} + \dfrac{\rho S}{2mv} c_y' [v_w^2 \sin\delta_2 + v_{w\xi} w_{z_2}] + \\ \qquad \dfrac{\rho S}{2mv} c_z'' \left(\dfrac{\dot\gamma d}{v_w}\right) v_w [-w_{y_2}\cos\delta_2\cos\delta_1 - (v - w_{x_2})\cos\delta_2\sin\delta_1] + \dfrac{g_{z2}' + g_{Kz2} + g_{\Omega z2}}{v} \\[2mm]
\dfrac{\mathrm{d}x}{\mathrm{d}t} = v\cos\Psi_2 \cos\theta_a, \quad \dfrac{\mathrm{d}y}{\mathrm{d}t} = v\cos\Psi_2 \sin\theta_a, \quad \dfrac{\mathrm{d}z}{\mathrm{d}t} = v\sin\Psi_2 \\[2mm]
\dfrac{\mathrm{d}\omega_\xi}{\mathrm{d}t} = -\dfrac{\rho Sld}{2C} m_{xz}' v_w \omega_\xi + \dfrac{\rho Sl}{2C} v_w^2 m_{xw}' \delta_f \\[2mm]
\dfrac{\mathrm{d}\omega_\eta}{\mathrm{d}t} = \dfrac{\rho Sl}{2A} v_w m_z' v_{w\zeta} - \dfrac{\rho Sld}{2A} v_w m_{zz}' \omega_\eta - \dfrac{\rho Sld}{2A} m_y'' \omega_\xi v_{w\eta} - \dfrac{C}{A}\omega_\xi \omega_\zeta + \omega_\eta^2 \tan\varphi_2 \\[2mm]
\dfrac{\mathrm{d}\omega_\zeta}{\mathrm{d}t} = -\dfrac{\rho Sl}{2A} v_w m_z' v_{w\eta} - \dfrac{\rho Sld}{2A} v_w m_{zz}' \omega_\zeta - \dfrac{\rho Sld}{2A} m_y'' \omega_\xi v_{w\zeta} + \dfrac{C}{A}\omega_\xi \omega_\eta - \omega_\eta \omega_\zeta \tan\varphi_2 \end{cases}$$

$$\begin{cases} \dfrac{\mathrm{d}\varphi_a}{\mathrm{d}t} = \dfrac{\omega_\zeta}{\cos\varphi_2}, \quad \dfrac{\mathrm{d}\varphi_2}{\mathrm{d}t} = -\omega_\eta, \quad \dfrac{\mathrm{d}\gamma}{\mathrm{d}t} = \omega_\xi - \omega_\zeta \tan\varphi_2 \\ \dfrac{\mathrm{d}p}{\mathrm{d}t} = -\dfrac{\rho S}{2m}v_w(v - w_{x_2}) - \dfrac{\rho S}{2}\dfrac{\partial v_w}{\partial c_x}c_x(v - w_{x_2}) - \dfrac{\rho S}{2}c_x p + \\ \qquad\qquad \dfrac{\rho S}{2m}c'_y[(2(v - w_{x_2})p\cos\delta_2 \cdot \cos\delta 1 - (v - w_{x_2})p\cos\delta_2\cos\delta_1 - v_{u\xi}p)] + \\ \qquad\qquad \dfrac{\rho S}{2m}c''_z\left(\dfrac{\dot\gamma d}{v_w}\right)(-w_{z_2}\cos\delta_2\sin\delta_1 + w_{y_2}\sin\delta_2)\dfrac{v - w_{x_2}}{v_w}p \end{cases}$$

(8.97)

方程式（8.97）的积分初始条件为

$$\begin{cases} v(0) = v_0, \quad \theta_a(0) = \theta_0, \quad \Psi_2(0) = 0 \\ x = 0, \quad y = 0, \quad z = 0 \\ \varphi_a(0) = \theta_0 + \delta_{m10} \quad \varphi_2(0) = \delta_{m20} \\ p(0) = 0 \quad \dot\gamma(0) = \dot\gamma_0 = \dfrac{2\pi v_0}{\eta d} \end{cases}$$

(8.98)

式中：δ_{m10}，δ_{m20} 分别为发射弹箭过程产生的起始扰动参数，可以参考第 7 章所述方法确定。对于稳定飞行弹箭，若气动力飞行试验实测数据距离炮口较远，其起始扰动参数 δ_{m10}，δ_{m20} 所产生的飞行攻角幅值很小，故在阻力系数系数辨识计算中也可以取为零。

对于第 j 段弹道，该方程的积分初始条件为

$$\begin{cases} v(t_{j0}) = v_{j0}, \quad \theta_a(t_{j0}) = \theta_{a,j0}, \quad \Psi_2(t_{j0}) = \Psi_{2j0} \\ x(t_{j0}) = x_{j0}, \quad y(t_{j0}) = y_{j0}, \quad z(t_{j0}) = z_{j0} \\ \varphi_a(t_{j0}) = \varphi_{a,j0}, \quad \varphi_2(t_{j0}) = \varphi_{2,j0} \\ p(c_{xj}; t_{j0}) = p_{j0}, \quad \dot\gamma(t_{j0}) = \dot\gamma_{j0} \end{cases} \quad (j = 1, 2, \cdots, J)$$

(8.99)

式中：物理量下标 $j0$ 代表方程式（8.97）第 $j-1$ 段弹道在 $t=t_{j0}$ 时刻的计算值。

显见，方程式（8.97）与辅助关系式（3.92）以及关联参数表达式（3.93）构成了弹道坐标系中，以六自由度刚体弹道方程式（3.91）为基础的完备微分方程组。采用微分方程的数值解法，可以计算出该完备方程组关于初始条件式（8.98）的数值解。

8.4 六自由度弹道模型分段辨识阻力系数计算示例

本节以某次弹箭气动力飞行试验数据为例，试验采用了具有全弹道跟踪能力的 WEIBEL 连续波雷达测试弹箭速度和飞行轨迹坐标数据，采用气球探空仪测试所在弹道空域的气象诸元数据，实现了全弹道跟踪测试，所得出的弹道段数据群

接近覆盖了全射程范围。

在弹箭阻力系数分段辨识计算的实际处理时，示例采用六自由度弹道模型为基础，通过循环迭代计算流程进行计算。在编制综合阻力系数最大似然法辨识的计算机程序设计中，按照实测弹箭速度数据分段处理方法，建立初级气动力数据表。

建立初级气动力数据表，可根据其他途径获取的该榴弹弹箭的气动力计算数据，也可结合转速试验、风洞试验、靶道试验或纸靶试验的辨识结果综合给出。按照计算程序设计方案，示例采用确定的马赫数间隔格式化插值列表处理方法，确定初级气动力数据表，如表 8.2 所列。

表 8.2 弹箭初级气动力数据表（节选）

M_a	C_{X0}	$c'_y(Ma)$	$m'_z(Ma)$	$m'_{zz}(Ma)$	$m'_{xz}(Ma)$	$c''_z(Ma)$	$m''_y(Ma)$	$Cx2$
0.5	0.165	1.939	3.923	1.339	0.003	−0.047	0.004	2.632
0.8	0.170	2.107	4.177	1.445	0.003	−0.055	0.004	2.684
0.9	0.197	2.162	4.625	1.491	0.003	−0.062	0.007	2.785
1	0.276	2.158	4.221	1.479	0.003	−0.064	0.007	5.231
1.1	0.349	2.136	3.854	1.367	0.003	−0.063	0.006	3.633
1.2	0.334	2.207	4.125	1.346	0.003	−0.065	0.007	5.962
1.5	0.297	2.382	4.009	1.189	0.002	−0.071	0.007	4.042
1.8	0.272	2.517	4.027	1.127	0.002	−0.070	0.009	4.240
2	0.257	2.595	4.039	1.115	0.002	−0.070	0.011	4.372
2.5	0.224	2.710	3.082	1.071	0.002	−0.064	0.010	4.172

按照 8.3 节所述以六自由度弹道方程为基础的阻力系数曲线辨识方法，气动力系数 $c'_y(Ma)$，$c''_z(Ma)$，$m'_z(Ma)$，$m'_{xz}(Ma)$，$m'_{zz}(Ma)$，$m''_y(Ma)$ 为已知的曲线数据，表 8.2 的阻力系数曲线数据为分段预估近似值 $c_x^{(0)}$，其余均为已知的其他气动力系数曲线的数据。

在速度数据分段时，由于每段数据量的大小与辨识结果的精度相关。数据辨识理论分析和计算表明，数据量越大，其参数辨识的结果精度及数据的可靠性越高；但是，若每段数据量太大，分段辨识采用的数学模型及辨识方法假设每段数据对应的阻力系数为常量（相当于平均阻力系数）的近似精度变差，势必又会造成这一假设带来的误差增大，同时也会造成计算量成几倍或几十倍的增加。因此，数据分段必须科学合理。

对于不同的弹箭，其速度变化规律不同，试验中采用不同的测试雷达及不同的测试参数装定条件，其数据点的密度也会不同。因此，实测速度数据没有一种固定通用的分段方法，只能根据速度数据的特点，结合试算结合分析确定每段数据量的大小。

对于弹箭气动力飞行试验采用 WEIBEL 雷达测试的弹箭的速度数据，以 65°射角、全装药射击试验，测出弹箭速度-时间曲线数据辨识的综合阻力系数数据为例，分别采用每段不同的数据量辨识结果曲线如图 8.9 所示。

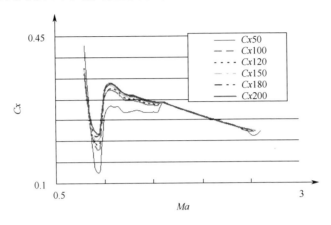

图 8.9　每段不同的数据量辨识结果曲线

图中曲线编号 50、100、120、150、180、200 为分别代表每段采用的数据量。由图中曲线可以看出，曲线 $Cx50$、$Cx100$、$Cx120$、$Cx150$、$Cx180$、$Cx200$ 之间存在较大差异，随着每段数据量的增加，其差异开始变小；当数据量大于 150 以后，其差异已明显减小，当数据量大于 180 以后，其差异基本可以忽略（曲线基本重合）。

对于某组（7 发）试验弹箭获取的速度-时间数据为例，图 8.10 所示为各种分段数据的全弹道拟合标准残差数据曲线。可以看出，随着每段数据量的增加，速度数据的拟合残差明显减小；当数据量增加到 150 以后，随着每段数据量的增加，速度数据的拟合残差开始增大；当数据量增加到 180 以后，随着每段数据量的增加，速度数据的拟合残差曲线趋于平缓，几乎没有增大，保持稳定状态。

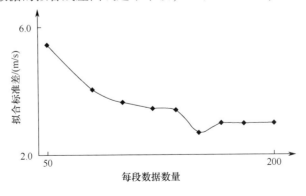

图 8.10　分段数据的全弹道拟合标准残差数据曲线图

由上面拟合标准残差曲线分析可以认为，对于该试验采用WEIBEL雷达测试的弹箭速度曲线数据来说，采用每段数据量150~200个数据点较为合理。由于每段数据量150个点辨识得出的综合阻力系数与每段180~200个数据点的辨识结果略有差异，因此按照拟合结果的一致性、减少拟合残差和提高辨识精度的要求，综合考虑这些因素后认为，采用WEIBEL雷达测试的弹箭的速度数据时，该程序辨识采用了每段180~200个数据点的分段方法的辨识结果最稳定。

以某次弹箭气动力飞行试验数据群为基础，采用第8.3节的分段辨识方法，以六自由度弹道模型及灵敏度方程的数值解拟合速度数据，以迭代计算方法辨识弹箭阻力系数。

按照前面的分析结果，辨识计算以实际气象诸元数据对各中射击试验条件下的雷达测试数据 (v_i,t_i)，按照每段200个数据点分段，第j段辨识出综合阻力系数为 (c_{xj},M_{aj})。

以某组分段拟合辨识的阻力系数曲线 (c_{xj},M_{aj}) $(j=1,2,\cdots,J)$ 数据为基础，按照马赫数间隔 $\Delta Ma=0.05$ 格式化列表，以按表中马赫数值插值计算对应的综合阻力系数，并以马赫数相同为条件列表计算出某组平均值如表8.3所列。从表中数据可以看出该组全弹道标准拟合残差为2.520249m/s。图8.11所示为某试验弹箭速度数据拟合曲线，可以看出，采用分段拟合辨识的阻力系数曲线计算弹道速度曲线与实测数据几乎重合。由式（8.63）计算表明，这种方法的全弹道标准拟合残差一般在2~3m/s的范围。

表8.3 某次试验辨识弹箭平均阻力系数曲线数据（节选）

Ma	Cx	$\delta^2/度^2$	概率误差	Ma	Cx	$\delta^2/度^2$	概率误差
1.4	0.2969	0.4	0.00205	2.0	0.2499	0.1	0.00179
1.6	0.2788	0.6	0.00195	2.3	0.2305	0.3	0.00207
1.8	0.2616	0.1	0.00202	拟合标准残差		2.520249m/s	

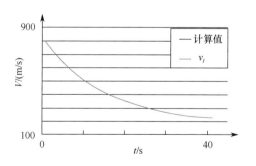

图8.11 某试验弹箭速度数据拟合曲线

图8.12为某组弹箭综合阻力系数辨识结果散点曲线，图8.13为该组弹箭综

合阻力系数辨识结果的平均曲线，图 8.14 为该组试验弹箭综合阻力系数的概率误差曲线。可以看出，采用 200 个数据点分段方法，辨识结果的一致性、拟合残差和辨识精度均达到了预期要求。

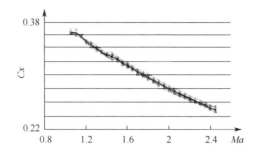

图 8.12 辨识某组弹箭综合阻力系数散点曲线

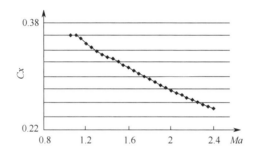

图 8.13 某组弹箭综合阻力系数的平均曲线

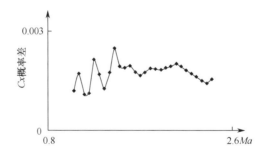

图 8.14 某组弹箭综合阻力系数概率误差曲线

8.5 弹箭阻力系数的样条函数辨识方法

在前面介绍的弹箭阻力系数辨识处理方法中，一般先将数据分段，并将每一段数据范围内的弹箭阻力系数近似为常量。由弹箭阻力系数随马赫数的变化规律可知，这种近似在弹箭超音速和亚音速飞行弹道段上具有较高的精度。但在弹箭跨音速飞行弹道段，由于阻力系数急剧变化，这种近似对分段提出更高的要求，否则将可能产生较大的误差。为了减少这种误差，通常采用如下两种方法：

（1）按速度数据变化规律采用非均匀分段方法，将跨音速段的弹箭速度测试数据采用更密集分段，随着每一段速度数据量减少，使每一段速度数据变化量变小；

（2）将弹箭阻力系数表示为马赫数的函数，通过建立阻力系数随马赫数的数学模型，代入弹道方程进行辨识计算处理。

上述两种方法中，前一种方法本质上是通过缩小马赫数范围方法将阻力系数近似为常量。这种方法虽然可以减小将阻力系数近似为常量的误差，但是采用非均匀分段方法编程难度要大得多。此外，在跨声速弹道段的辨识计算中，如果小范围上实际测到的速度数据量严重不足（例如，卫星定位系统获取的速度−时间数据），将可能使得弹箭阻力系数辨识的计算误差增大，对于这种特殊情况，后一种方法可以较好地解决前一种方法不能完全避免误差增大的问题。

虽然后一种方法用于跨音速弹道段更好，但是该方法的实施需要给出阻力系数与马赫数的函数关系形式。尽管在弹箭的气动力特性研究中早就认识到弹箭阻力系数随马赫数的变化规律，并认为它是马赫数的函数。但是直到今天，人们还不能在理论上将弹箭阻力系数与马赫数的变化关系表示为具体的显函数形式。在弹道计算等实际应用中，一般采用弹箭阻力系数与马赫数的数值关系或者经验公式。例如，我国在20世纪80年代引进的多普勒雷达测速数据处理程序中，将阻力系数与马赫数的变化关系假设为幂级数形式，即

$$c_x(Ma) = c_2 Ma^{-2} + c_3 Ma^{-1} + c_4 + c_5 Ma + c_6 Ma^2 + c_7 Ma^3 + c_8 Ma^4$$

式中：$c_2, c_3, \cdots, c_8$ 为阻力系数辨识计算的待确定参数，它们可以根据实测速度数据的变化范围和阻力系数的变化趋势做出必要的取舍。可以认为，上式是从许许多多的阻力系数经验公式中归纳出来的，它包含了目前人们所用的阻力系数经验公式函数 $c_x(Ma)$ 的大多数形式。例如，我国从丹麦引进的DR582雷达的数据处理程序采用了数据分段和线性模型 $c_x(Ma) = c_4 + c_5 Ma$ 相结合的处理方法。美国陆军弹道研究所（BRL）在其霍克（HAWK）雷达测量155mm底排弹飞行速度的数据处理中，曾经采用的阻力系数模型为

$$c_x(Ma) = c_3 Ma^{-1} + c_4 + c_6 Ma^2 + c_8 Ma^4$$

近年来，国内外在阻力系数辨识计算中，多采用样条函数形式的阻力系数模型。北约组织在射表试验的数据处理标准流程中，在弹箭阻力系数辨识上也采用了样条函数的弹箭阻力系数模型。下面将介绍弹箭阻力系数曲线的样条函数表示方法。

8.5.1 弹箭阻力系数曲线的样条函数表示

样条函数（Spline Function）一般指一类分段（片）光滑、并且在各段交接处也有一定光滑性的函数。样条一词来源于工程绘图人员为了将一些指定点连接成一条光顺曲线所使用的工具，即富有弹性的细木条或薄钢条。样条函数是由这样的样条形成的曲线，它在连接点处具有连续的坡度与曲率，分段低次多项式，在分段处具有一定光滑性的函数插值。样条函数就是模拟以上原理发展起来的，它克服了高次多项式可能出现的振荡现象，具有较好的数值稳定性和收敛性。根据插值理论，一般将样条函数的定义描述为：

对于实轴上任意给定的一组数据节点 $x_0 < x_1 < \cdots < x_N$ 满足

$$-\infty < a = x_0 < x_1 < x_2 < \cdots < x_N = b < \infty$$

存在一个分段函数 $S(x)$ 满足下面条件，则称 $y = S(x)$ 为 m 次样条函数。

（1）在区间 $[x_i, x_{i+1}]$（$i = 0, 1, \cdots, N$）上，分段函数 $S(x)$ 是一个实系数的 m 次代数多项式；

（2）分段函数 $S(x)$ 在定义域 $[a, b]$ 上具有一直到 $m-1$ 阶连续导数。

样条函数应用最广泛的是 B-样条函数，其定义可表述如下：

给定 $J+1$ 个控制点 $c_1, c_2, \cdots, c_{J+1}$ 和一个节点向量 $X = (x_1, x_2, \cdots, x_{N+1})$，$m_B$ 次 B-样条曲线由这些控制点和节点向量 X 定义为

$$f_B(x) = \sum_{j=0}^{J} c_{j+1} B_{j,\,m_B}(x) \tag{8.100}$$

$$\begin{cases} B_{i,\,0}(x) = \begin{cases} 1, & x_i < x < x_{i+1} \\ 0, & \text{其他情形} \end{cases} \\ B_{i,\,m_B}(x) = \dfrac{x - x_i}{x_{i+p} - x_i} B_{i,\,m_B-1}(x) + \dfrac{x_{i+p+1} - x}{x_{i+p+1} - x_{i+1}} B_{i+1,\,m_B-1}(x) \end{cases} \tag{8.101}$$

式中：$B_{j,m_B}(x)$ 为第 j 个 m_B 次 B-样条基函数。

式（8.101）通常称为 Cox-de Boor 递归公式。这个定义看起来很复杂，但是不难理解。如果次数（degree）为零（$m_B = 0$），这些基函数都是阶梯函数，这也是第一个方程所表明的。

显见，B-样条曲线[式（8.100）]包含的信息有：一系列的 $J+1$ 个控制点 $c_1, c_2, \cdots, c_{J+1}$，$N+1$ 个节点的节点向量 $X = (x_1, x_2, \cdots, x_{N+1})$ 和次数 m_B，且 J、N 和 m_B 必须满足 $N = J + m_B + 1$。更准确地说，如果想要定义一个有 $J+1$ 个控制点的 m_B 次 B-样条曲线，则必须提供 $J + m_B + 2$ 个节点 x_1, x_2, $\cdots$, x_{N+m_B+2}。换句话说，如果给定 $N+1$ 个节点的节点向量和 $J+1$ 个控制点，B-样条曲线的次数就是 $m_B = N - J - 1$。通常，将对应于任一节点 x_i 的曲线上的点 $f_B(x_i)$ 称为节点点（knot point）。可见，节点点 $f_B(x_i)$（$i = 1, 2, \cdots, N+1$）把 B-样条曲线划分成曲线段，每

个都定义在一个节点区间上。理论上业已证明，这些曲线段都是 m_B 次的贝塞尔曲线。

在利用弹道方程数值解拟合弹箭速度曲线数据提取阻力系数的辨识计算中，根据 m_B 次 B-样条曲线的定义式（8.100），可将弹箭阻力系数 $c_x(Ma)$ 与马赫数 Ma 的曲线关系设成 B-样条基函数 $B_{j,m_B}(Ma)$ 的线性组合形式，即

$$c_x(Ma) = \sum_{j=0}^{J} c_{j+1} \cdot B_{j,m_B}(Ma) \quad (8.102)$$

式中：控制点 $c_j(j=1,2,\cdots,J+1)$ 为待辨识的参数。

依照定义式（8.100），可将 B-样条基函数 $B_{j,m_B}(Ma)$ 的确定方法设计如下：根据试验所测速度数据的变化范围，总可以设定一个整数 J_B 将马赫数覆盖范围取为 $M_{aB1} \sim M_{aBJ_B+1}$，即

$$M_{aBJ_B+1} = M_{aB1} + J_B \cdot \Delta Ma \quad (8.103)$$

式中：ΔMa 为各相邻节点之间的间隔，按照弹箭阻力系数~马赫数曲线规律，一般可将 ΔMa 取值为 0.05、0.1、0.15、0.2 或 0.3 等。

设 m_B 为样条函数的次数，并采用间隔 ΔMa 向两端各扩展 m_B 个点，有

$$\begin{cases} Ma_i = M_{aB1} - m_B \Delta Ma + i \cdot \Delta Ma & (i=1,2,\cdots,N+1) \\ N = J_B + 2m_B \end{cases}$$

这样即可构成间距为 ΔMa 的 $N+1$ 个节点，即

$$Ma_1 < Ma_2 < \cdots < Ma_{N+1} \quad (8.104)$$

取 B-样条基函数由 $J_B + m_B$ 个多项式组成，按照 Cox-de Boor 递归公式（8.101），其基函数可表示为

$$B_{i,p}(Ma) = \frac{Ma - Ma_i}{Ma_{i+p} - Ma_i} B_{i,p-1}(Ma) + \frac{Ma_{i+p+1} - Ma}{Ma_{i+p+1} - Ma_{i+1}} B_{i+1,p-1}(Ma) \quad (i=1,2,\cdots,N)$$

$$(8.105)$$

$$B_{i,0}(Ma) = \begin{cases} 1, & Ma_i < Ma < Ma_{i+1} \\ 0, & \text{其他情形} \end{cases} \quad (i=1,2,\cdots,N) \quad (8.106)$$

式中：p 为 B-样条函数每个多项式的次数（$p=1,2,\cdots,m_B$）；$B_{i,0}(Ma)$ 为 $B(Ma)$ 样条基函数初值。

8.5.2 弹箭阻力系数的样条函数辨识

设弹箭气动力飞行试验获取的速度时间数据为

$$(v_i, t_i) \quad (i=1,2,\cdots,n) \quad (8.107)$$

如果 $c'_y(Ma)$，$c''_z(Ma)$，$m'_z(Ma)$，$m'_{xz}(Ma)$，$m'_{zz}(Ma)$，$m''_y(Ma)$ 均为已知的气动力系数曲线数据，阻力系数 c_x 的模型为式（8.102），则在该阻力系数模型中，共有 $J+1$ 个参数构成的集合，表示成矩阵形式有 $\boldsymbol{C} = \begin{bmatrix} c_1 & c_2 & \cdots & c_{J+1} \end{bmatrix}^T$。

若将阻力系数 c_x 的样条函数表达式（8.102）的系数 $\boldsymbol{C}$ 作为待辨识参数，对于任何确定的弹道模型，弹箭速度 v 在任意时刻 t 的函数均可表示为 $v=v(\boldsymbol{C};t)$。采用 2.2.2 节的似然函数估计方法，可将辨识弹箭阻力系数的目标函数写为

$$Q(\boldsymbol{C}) = \sum_{i=1}^{n} \left[\boldsymbol{V}^{\mathrm{T}}(\boldsymbol{C};i) \boldsymbol{R}^{-1} \boldsymbol{V}(\boldsymbol{C};i) + \ln|\boldsymbol{R}| \right] \tag{8.108}$$

$$\boldsymbol{V}(\boldsymbol{C};i) = \left[(v(\boldsymbol{C};t_i) - v_i) \right] \tag{8.109}$$

式中：$\boldsymbol{C}$ 为待辨识参数；$\boldsymbol{V}(\boldsymbol{C};i)$ 为输出误差矩阵。当观测噪声的统计特性未知时，有协方差矩阵为

$$\hat{\boldsymbol{R}}(\boldsymbol{C}) = \frac{1}{n}\sum_{i=1}^{n} \boldsymbol{V}(\boldsymbol{C};i) \boldsymbol{V}^{\mathrm{T}}(\boldsymbol{C};i) = \left[\frac{1}{n}\sum_{i=1}^{n}(v(\boldsymbol{C};t_i) - v_i)^2 \right]$$

故有

$$\hat{\boldsymbol{R}}^{-1}(\boldsymbol{C}) = \left[\frac{1}{n}\sum_{i=1}^{n}(v(\boldsymbol{C};t_i) - v_i)^2 \right]^{-1} \tag{8.110}$$

式中：$v(\boldsymbol{C};t_i)$ 满足第 3 章对应的弹道模型。

由牛顿-拉夫逊方法，对于参数的第 l 次近似值 $\boldsymbol{C}^{(l)} = [c_1^{(l)} \quad c_2^{(l)} \quad \cdots \quad c_{J+1}^{(l)}]^{\mathrm{T}}$，可以导出其迭代修正量 $\Delta \boldsymbol{C}^{(l)} = [\Delta c_1^{(l)} \quad \Delta c_2^{(l)} \quad \cdots \quad \Delta c_{J+1}^{(l)}]^{\mathrm{T}}$ 满足矩阵形式的正规方程组，即

$$[A_{jk}]_l \Delta \boldsymbol{C}^{(l)} = [B_k]_l \tag{8.111}$$

$$\begin{cases} B_k = \dfrac{\partial Q}{\partial c_k} = \dfrac{2\sum\limits_{i=1}^{n}(v(\boldsymbol{C};t_i) - v_i) \cdot p_k(\boldsymbol{C};t_i)}{\dfrac{1}{n}\sum\limits_{i=1}^{n}(v(\boldsymbol{C};t_i) - v_i)^2} \\ A_{jk} = \dfrac{\partial^2 Q}{\partial c_j \partial c_k} = \dfrac{2\sum\limits_{i=1}^{n} p_j(\boldsymbol{C};t_i) \cdot p_k(\boldsymbol{C};t_i)}{\dfrac{1}{n}\sum\limits_{i=1}^{n}(v(\boldsymbol{C};t_i) - v_i)^2} \end{cases} \quad (j,k = 1,2,\cdots,J+1) \tag{8.112}$$

$$p_k(\boldsymbol{C};t_i) = \frac{\partial v(\boldsymbol{C};t_i)}{\partial c_k} \quad (k = 1,2,\cdots,J+1) \tag{8.113}$$

式中：矩阵 $[A_{jk}]_l$ 和 $[B_k]_l$ 的下标 l 代表待辨识参数 $\boldsymbol{C}$ 取第 l 次迭代近似值 $\boldsymbol{C}^{(l)}$；A_{jk}、B_k 为矩阵元素；$p_k(\boldsymbol{C};t_i)$ 为速度数据关于待辨识参数 c_k 的灵敏度。

求解正规方程式（8.111），可得修正量 $\Delta \boldsymbol{C}^{(l)}$ 的矩阵计算表达式为

$$\Delta \boldsymbol{C}^{(l)} = -[A_{jk}]_{(J+1)\times(J+1)}^{-1}[B_k]_{(J+1)\times 1} \quad (j,k=1,2,\cdots,J+1) \tag{8.114}$$

由此，可建立迭代修正计算公式，即

$$\boldsymbol{C}^{(l+1)} = \boldsymbol{C}^{(l)} + \Delta \boldsymbol{C}^{(l)} \tag{8.115}$$

式中：上标 (l) 代表待辨识参数 $\boldsymbol{C}$ 的第 l 次迭代近似值。

上面的计算过程表述中，虽然参数修正量矩阵 $\Delta \boldsymbol{C}^{(l)}$ 的计算表达式形式上很简单，但实际计算的工作量相当大。由于参数集合 $\boldsymbol{C} = [c_1 \quad c_2 \quad \cdots \quad c_{J+1}]^\mathrm{T}$ 有 $J+1$ 个待定参数，故 $[A_{jk}]_l$ 为 $(J+1)\times(J+1)$ 的矩阵；$[B_k]_l$ 和 $\Delta \boldsymbol{C}^{(l)}$ 均为 $(J+1)\times 1$ 的矩阵。显见，完成上述迭代计算过程的关键在于确定矩阵 $[A_{jk}]_l$ 和 $[B_k]_l$。

可以看出，只要求出弹箭速度 $v=v(\boldsymbol{C};t)$ 关于待辨识参数 $c_j(j=1,2,\cdots,J+1)$ 的偏导数在 $t=t_i$ $(i=1,2,\cdots,n)$ 的值，即可完成式（8.112）中矩阵元素 A_{jk}、B_k $(j,k=1,2,\cdots,J+1)$ 的计算，从而通过求出的矩阵元素 A_{jk}，B_k 值，则可由式（8.115）迭代计算求出待辨识参数 $c_j(j=1,2,\cdots,J+1)$，进而确定出阻力系数曲线数据。

在 8.5.3 节、8.5.4 节和 8.5.5 节，将分别介绍建立式（8.112）中的速度 $v(\boldsymbol{C};t)$ 及灵敏度公式（8.113）所满足的完备微分方程组的方法。与 8.3 节类似，如果弹箭气动力飞行试验的测试对象是底部排气弹，后面所建立的微分方程组关于初值问题的数值解计算，应增加底部排气弹质量随时间的变化关系式（8.28）。

在迭代计算过程完成以后，利用参数 $\hat{\boldsymbol{C}}$ 即可确定出弹箭初速和阻力系数曲线的经验公式，即

$$\hat{c}_x(Ma) = \sum_{j=0}^{J} \hat{c}_{j+1} \cdot B_{j,\,m_B}(Ma) \tag{8.116}$$

类似地，根据迭代过程的最终结果可以得出最小残差平方和的值 $Q(\hat{\boldsymbol{C}})$，代入式（2.23）和式（2.24），可以得出速度数据的标准拟合残差，即

$$\hat{\sigma}_v = \sqrt{\frac{Q_{\min}}{n-J-1}} = \sqrt{\frac{Q(\hat{\boldsymbol{C}})}{n-J-1}} \tag{8.117}$$

也可得出待辨识参数估计值 $\hat{c}_j$ 的标准误差，即

$$\hat{\sigma}_{c_j} = \sqrt{A_{jj}^*} \cdot \hat{\sigma}_v \qquad (j=1,2,\cdots,J+1) \tag{8.118}$$

$$Q(\hat{\boldsymbol{C}}) = \sum_{i=1}^{n} (v_i - v(\hat{\boldsymbol{C}};t_i))^2 \tag{8.119}$$

在式（8.117）中：$Q(\hat{\boldsymbol{C}})$ 为弹道模型拟合速度数据的最小残差平方和，其值等于以 $\hat{c}_j$ 代替 c_j 由目标函数式（8.119）的计算值；A_{jj}^* 为式（8.114）中逆矩阵 $[A_{jk}]_l^{-1}$ 第 j 行第 j 列元素的值。

由此，按照误差传递公式弹箭阻力系数估计值 $\hat{c}_x$ 的标准误差为

$$\sigma_{c_x}(M) = \sum_{j=1}^{J+1} \sigma_{c_j} \cdot B_{jm_B}(Ma) \tag{8.120}$$

8.5.3 质点弹道模型及灵敏度方程

按照 8.5.2 节讨论的弹箭阻力系数样条函数辨识方法，需要建立计算弹箭速度 $v(\boldsymbol{C}^{(l)};t)$ 及偏导数 $p_k(\boldsymbol{C}^{(l)};t)$ ($k=1,2,\cdots,J+1$) 的一组完备微分方程组及初始条件，通过数值积分获取关于其初始条件的数值解，以便按照牛顿-拉夫逊方法进行迭代计算。

对于质点弹道矢量方程式（3.173），将式（8.102）代入，得

$$\frac{\mathrm{d}\boldsymbol{v}}{\mathrm{d}t} = -\frac{\rho S}{2m}\left(\sum_{j=0}^{J} c_{j+1} \cdot B_{j,m_B}(Ma)\right)v_w \boldsymbol{v}_w + \boldsymbol{g} \quad (8.121)$$

$$g \approx -g_0(1-0.00265\cos\Lambda)\left(1-\frac{2y}{r_e}-\frac{3}{2}\left(\frac{x}{r_e}\right)^2+3\left(\frac{y}{r_e}\right)^2\right) \quad (8.122)$$

式中：$c_1,c_2,\cdots,c_{J+1}$ 为待辨识参数；$\boldsymbol{g}=-g\mathbf{j}$ 为重力加速度矢量，其中 g 为重力加速度，它主要与弹箭飞行高度相关；(x,y,z) 为弹箭在地面坐标系中的位置坐标；r_e 为有效地球半径，采用国际通行的方法，取值为地球平均半径 r_e = 6371km；g_0 可视为常量，取值为 $g_0 = 9.80665\mathrm{m/s}^2$。

将上式两端对弹箭阻力系数表达式（8.102）的参数 c_k 求偏导，注意到 $\dfrac{\partial}{\partial c_k}\left(\dfrac{\mathrm{d}\boldsymbol{v}}{\mathrm{d}t}\right)=\dfrac{\mathrm{d}}{\mathrm{d}t}\left(\dfrac{\partial \boldsymbol{v}}{\partial c_k}\right)$ ($k=1,2,\cdots,J+1$)，有

$$\frac{\mathrm{d}}{\mathrm{d}t}\left(\frac{\partial \boldsymbol{v}}{\partial c_k}\right) = -\frac{\rho S}{2m}\left[B_{k,m_B}(Ma)v_w\boldsymbol{v}_w + \left(\sum_{j=0}^{J}c_{j+1}\cdot B_{j,m_B}(Ma)\right)\left(\frac{\partial v_w}{\partial c_k}\boldsymbol{v}_w + v_w\frac{\partial \boldsymbol{v}_w}{\partial c_k}\right)\right]$$
(8.123)

式中：$\boldsymbol{v}_w$ 为弹箭相对于空气的飞行速度，且有 $\boldsymbol{v}_w=\boldsymbol{v}+\boldsymbol{w}$；$\boldsymbol{w}$ 为风速矢量。

为便于书写，令

$$\boldsymbol{p}_k = \frac{\partial \boldsymbol{v}_w}{\partial c_k} = \frac{\partial}{\partial c_k}(\boldsymbol{v}+\boldsymbol{w}) = \frac{\partial \boldsymbol{v}}{\partial c_k} \quad (k=1,2,\cdots,J+1) \quad (8.124)$$

由于弹箭速度满足 $v_w^2 = \boldsymbol{v}_w \cdot \boldsymbol{v}_w$，故有

$$p_{wk} = \frac{\partial v_w}{\partial c_k} = \frac{1}{v_w}\frac{\partial \boldsymbol{v}_w}{\partial c_k}\cdot \boldsymbol{v}_w = \frac{1}{v_w}\frac{\partial \boldsymbol{v}}{\partial c_k}\cdot \boldsymbol{v}_w = \frac{1}{v_w}\boldsymbol{p}_k \cdot \boldsymbol{v}_w \quad (k=1,2,\cdots,J+1)\quad(8.125)$$

将上面两式代入式（8.123），即得到与质点弹道矢量方程式（3.173）相对应的灵敏度矢量方程，即

$$\frac{\mathrm{d}\boldsymbol{p}_k}{\mathrm{d}t} = -\frac{\rho S}{2m}\left[B_{k,m_B}(Ma)v_w\boldsymbol{v}_w + \left(\sum_{j=0}^{J}c_{j+1}\cdot B_{j,m_B}(Ma)\right)(p_{wk}\boldsymbol{v}_w + v_w\boldsymbol{p}_k)\right]$$
(8.126)

$$\begin{cases} \boldsymbol{v}_w = v_{wx}\mathbf{i} + v_{wy}\mathbf{j} + v_{wz}\mathbf{k} = \begin{bmatrix} v_{wx} & v_{wy} & v_{wz} \end{bmatrix}^{\mathrm{T}} \\ v_w = \sqrt{v_{wx}^2 + v_{wy}^2 + v_{wz}^2} \\ \boldsymbol{p}_k = p_{kx}\mathbf{i} + p_{ky}\mathbf{j} + p_{kz}\mathbf{k} = \begin{bmatrix} p_{kx} & p_{ky} & p_{kz} \end{bmatrix}^{\mathrm{T}} \quad (k=1,2,\cdots,J+1) \\ p_{wk} = \frac{1}{v_w}\boldsymbol{p}_k \cdot \boldsymbol{v}_w = \frac{1}{v_w}(p_{kx}v_{wx} + p_{ky}v_{wy} + p_{kz}v_{wz}) \end{cases} \quad (8.127)$$

$$\begin{bmatrix} p_{kx} & p_{ky} & p_{kz} \end{bmatrix}^{\mathrm{T}} = \begin{bmatrix} \frac{\partial v_x}{\partial c_k} & \frac{\partial v_y}{\partial c_k} & \frac{\partial v_z}{\partial c_k} \end{bmatrix}^{\mathrm{T}} \quad (k=1,2,\cdots,J+1) \quad (8.128)$$

$$\begin{bmatrix} v_{wx} & v_{wy} & v_{wz} \end{bmatrix}^{\mathrm{T}} = \begin{bmatrix} v_x - w_x & v_y & v_z - w_z \end{bmatrix}^{\mathrm{T}} \quad (8.129)$$

由此，灵敏度矢量方程在地面坐标系中表述成分量方程，即

$$\begin{cases} \dfrac{\mathrm{d}p_{kx}}{\mathrm{d}t} = -\dfrac{\rho S}{2m}\left[B_{k,m_B}(M)v_w v_{wx} + \left(\sum_{j=0}^{J} c_{j+1} \cdot B_{j,m_B}(M)\right)(p_{uk}v_{wx} + v_w p_{kx}) \right] \\ \dfrac{\mathrm{d}p_{ky}}{\mathrm{d}t} = -\dfrac{\rho S}{2m}\left[B_{k,m_B}(M)v_w v_{wy} + \left(\sum_{j=0}^{J} c_{j+1} \cdot B_{j,m_B}(M)\right)(p_{uk}v_{wy} + v_w p_{ky}) \right] \\ \dfrac{\mathrm{d}p_{kz}}{\mathrm{d}t} = -\dfrac{\rho S}{2m}\left[B_{k,m_B}(M)v_w v_{wz} + \left(\sum_{j=0}^{J} c_{j+1} \cdot B_{j,m_B}(M)\right)(p_{uk}v_{wz} + v_w p_{kz}) \right] \\ \qquad\qquad (k=1,2,\cdots,J+1) \end{cases}$$

$$(8.130)$$

将质点弹道矢量方程式（8.121）在地面坐标系中的分量形式与对应的灵敏度分量方程式（8.130）合并，即可表述成地面坐标系中完备微分方程组的分量形式，即

$$\begin{cases} \dfrac{\mathrm{d}v_x}{\mathrm{d}t} = -\dfrac{\rho S}{2m}\left(\sum_{j=0}^{J} c_{j+1} \cdot B_{j,m_B}(Ma) \right) v_w v_{wx} \\ \dfrac{\mathrm{d}v_y}{\mathrm{d}t} = -\dfrac{\rho S}{2m}\left(\sum_{j=0}^{J} c_{j+1} \cdot B_{j,m_B}(Ma) \right) v_w v_{wy} - g \\ \dfrac{\mathrm{d}v_z}{\mathrm{d}t} = -\dfrac{\rho S}{2m}\left(\sum_{j=0}^{J} c_{j+1} \cdot B_{j,m_B}(Ma) \right) v_w v_{wz} \\ \dfrac{\mathrm{d}x}{\mathrm{d}t} = v_x, \quad \dfrac{\mathrm{d}y}{\mathrm{d}t} = v_y, \quad \dfrac{\mathrm{d}z}{\mathrm{d}t} = v_z \\ \dfrac{\mathrm{d}p_{kx}}{\mathrm{d}t} = -\dfrac{\rho S}{2m}\left[B_{k,m_B}(M)v_w v_{wx} + \left(\sum_{j=0}^{J} c_{j+1} \cdot B_{j,m_B}(M)\right)(p_{wk}v_{wx} + v_w p_{kx}) \right] \end{cases}$$

$$\begin{cases} \dfrac{\mathrm{d}p_{ky}}{\mathrm{d}t} = -\dfrac{\rho S}{2m}\left[B_{k,m_B}(M)v_w v_{wy} + \left(\sum_{j=0}^{J} c_{j+1} \cdot B_{j,m_B}(M)\right)(p_{wk}v_{wy} + v_w p_{ky}) \right] \\ \dfrac{\mathrm{d}p_{kz}}{\mathrm{d}t} = -\dfrac{\rho S}{2m}\left[B_{k,m_B}(M)v_w v_{wz} + \left(\sum_{j=0}^{J} c_{j+1} \cdot B_{j,m_B}(M)\right)(p_{wk}v_{wz} + v_w p_{kz}) \right] \\ \qquad\qquad k = 1, 2, \cdots, J+1 \end{cases}$$

(8.131)

方程中，相关参量由下面关联参量方程计算，即

$$\begin{cases} v = \sqrt{v_x^2 + v_y^2 + v_z^2}, \qquad v_w = \sqrt{v_{wx}^2 + v_{wy}^2 + v_{wz}^2} \\ v_{wx} = v_x - w_x, \qquad v_{wy} = v_y, \qquad v_{wz} = v_z - w_z \\ g = -g_0(1 - 0.00265\cos\Lambda)\left(1 - \dfrac{2y}{r_e} - \dfrac{3}{2}\left(\dfrac{x}{r_e}\right)^2 + 3\left(\dfrac{y}{r_e}\right)^2\right) \\ p_{wk} = \dfrac{1}{v_w}(p_{kx} \cdot v_{wx} + p_{ky} \cdot v_{wy} + p_{kz} \cdot v_{wz}) \quad (k=1,2,\cdots,J+1) \end{cases}$$

(8.132)

式中：Λ 为试验点的地球纬度；r_e 为地球半径；$g_0 = 9.80665\mathrm{m/s^2}$ 为重力加速度的地面值。

该方程组的初始条件：$t=0$ 时，有

$$\begin{cases} v_x = v_0\cos\theta_0, \qquad v_y = v_0\sin\theta_0, \qquad v_z = 0 \\ x = 0, \qquad y = 0, \qquad z = 0 \\ p_{kx} = 0, \qquad p_{ky} = 0, \qquad p_{kz} = 0 \quad (k=1,2,\cdots,J+1) \end{cases}$$

(8.133)

式中：弹箭初速 v_0 作为已知量，由 6.3.2 节初速雷达测速数据的初速辨识方法确定；θ_0 为射角，是为试验射击装定的已知参量。

由微分方程式（8.131）可以看出，方程组中共有 $J+1+6$ 个因变量（原函数）分别是 $(v_x, v_y, v_z, x, y, z, p_{kx}, p_{ky}, p_{kz})(k=1,2,\cdots,J+1)$，其数量与该方程组的方程个数相等，证明了该方程组为质点弹道方程在地面坐标系中的辨识阻力系数曲线的完备微分方程组，采用微分方程的数值解法，即可计算该完备方程组关于初始条件式（8.131）的数值解。

8.5.4 修正质点弹道及灵敏度方程

一般说来，按照牛顿-拉夫逊方法，计算 $v(\boldsymbol{C}^{(l)};t)$ 及偏导数 $p_k(\boldsymbol{C}^{(l)};t)(k=1,2,\cdots,J+1)$ 的修正质点弹道分量方程及其灵敏度方程与采用的坐标系有关。第 3 章分别给出了修正质点弹道方程在地面坐标系和弹道坐标系中的分量方程，本节以弹道坐标系的分量方程式（3.171）为基础，介绍修正质点弹道及其灵敏度方程的建立方法。

与8.3.3节的弹道坐标系中的修正质点弹道的灵敏度方程推导过程类似，为了推导弹道坐标系中的修正质点弹道方程的灵敏度方程，可将修正质点弹道方程式（3.171）第1个方程两端对待辨识参数 c_k 求偏导数，注意到 $\dfrac{\partial}{\partial c_k}\left(\dfrac{\mathrm{d}v}{\mathrm{d}t}\right) = \dfrac{\mathrm{d}}{\mathrm{d}t}\left(\dfrac{\partial v}{\partial c_k}\right) = \dfrac{\mathrm{d}p_k}{\mathrm{d}t}$，$p_k = \dfrac{\partial v}{\partial c_k}$（$k=1,2,\cdots,J+1$），可得

$$\begin{aligned}\dfrac{\mathrm{d}p_k}{\mathrm{d}t} =& -\dfrac{\rho S}{2m}\dfrac{\partial c_x}{\partial c_k}v_w(v-w_{x_2}) - \dfrac{\rho S}{2m}c_x\dfrac{\partial v_w}{\partial c_k}(v-w_{x_2}) - \dfrac{\rho S}{2m}c_x v_w\dfrac{\partial v}{\partial c_k} + \\ & \dfrac{\rho S}{2m}c_y'\left[2v_w\dfrac{\partial v_w}{\partial c_k}\cos\delta_{p2}\cos\delta_{p1} - \dfrac{\partial v_{w\xi}}{\partial c_k}(v-w_{x_2}) - v_{w\xi}\dfrac{\partial v}{\partial c_k}\right] + \\ & \dfrac{\rho S}{2m}c_z''\left(\dfrac{\dot\gamma d}{v_w}\right)\dfrac{\partial v_w}{\partial c_k}(-w_{z_2}\cos\delta_{p2}\sin\delta_{p1} + w_{y_2}\sin\delta_{p2}) \\ & \qquad\qquad\qquad\qquad\qquad\qquad (k=1,2,\cdots,J+1) \quad (8.134)\end{aligned}$$

由式（3.172），有

$$\begin{cases} v_w^2 = (v-w_{x_2})^2 + w_{y_2}^2 + w_{z_2}^2 \\ v_{w\xi} = (v-w_{x_2})\cos\delta_{p2}\cos\delta_{p1} - w_{y_2}\cos\delta_{p2}\sin\delta_{p1} - w_{z_2}\sin\delta_{p2}\end{cases} \quad (8.135)$$

分别对待辨识参数 $c_k(k=1,2,\cdots,J+1)$ 求偏导，得

$$\begin{cases}\dfrac{\partial v_w}{\partial c_k} = \dfrac{v-w_{x_2}}{v_w}\dfrac{\partial v}{\partial c_k} = \dfrac{v-w_{x_2}}{v_w}p_k \\ \dfrac{\partial v_{w\xi}}{\partial c_k} = \dfrac{\partial v}{\partial c_k}\cos\delta_{p2}\cos\delta_{p1} = p_k\cos\delta_{p2}\cos\delta_{p1}\end{cases} \quad (k=1,2,\cdots,J+1) \quad (8.136)$$

将上式及 $\dfrac{\partial c_x}{\partial c_k} = B_{km_B}(Ma)$（$k=1,2,\cdots,J+1$）代入式（8.134），注意到 $\dfrac{\partial v}{\partial c_k} = p_k$ 整理可得

$$\begin{aligned}\dfrac{\mathrm{d}p_k}{\mathrm{d}t} =& -\dfrac{\rho S}{2m}B_{km_B}(Ma)v_w(v-w_{x_2}) - \dfrac{\rho S}{2m}c_x\dfrac{(v-w_{x_2})^2}{v_w}p_k - \dfrac{\rho S}{2m}c_x v_w p_k + \\ & \dfrac{\rho S}{2m}c_y'\left[2(v-w_{x_2})\cos\delta_{p2}\cos\delta_{p1} - (v-w_{x_2})\cos\delta_{p2}\cos\delta_{p1} - v_{w\xi}\right]p_k + \\ & \dfrac{\rho S}{2m}c_z''\left(\dfrac{\dot\gamma d}{v_w}\right)\dfrac{v-w_{x_2}}{v_w}(-w_{z_2}\cos\delta_{p2}\sin\delta_{p1} + w_{y_2}\sin\delta_{p2})p_k \\ & \qquad\qquad\qquad\qquad\qquad\qquad (k=1,2,\cdots,J+1) \quad (8.137)\end{aligned}$$

式中：$v_{w\xi}$ 由式（8.135）计算。

将式（8.137）与式（3.171）合并，即可构成弹道坐标系中由修正质点弹道方程及其灵敏度方程组合的完备微分方程组，即

$$\begin{cases}
\dfrac{\mathrm{d}v}{\mathrm{d}t} = -\dfrac{\rho S}{2m}c_x v_w(v - w_{x_2}) + \dfrac{\rho S}{2m}c'_y[v_w^2\cos\delta_{p2}\cos\delta_{p1} - v_{w\xi}(v - w_{x_2})] + \\
\qquad \dfrac{\rho v_w}{2m}S c''_z\left(\dfrac{\dot\gamma d}{v_w}\right)(-w_{z_2}\cos\delta_{p2}\sin\delta_{p1} + w_{y_2}\sin\delta_{p2}) + \\
\qquad g'_{x2} + g_{Kx2} + g_{\Omega x2} \\
\dfrac{\mathrm{d}\theta}{\mathrm{d}t} = \dfrac{\rho S}{2mv\cos\Psi_2}c_x v_w w_{y_2} + \dfrac{\rho S}{2mv\cos\Psi_2}c'_y[v_w^2\cos\delta_{p2}\sin\delta_{p1} + v_{w\xi}w_{y_2}] + \\
\qquad \dfrac{\rho S}{2mv\cos\Psi_2}c''_z\left(\dfrac{\dot\gamma d}{v_w}\right)v w_w[(v - w_{x_2})\sin\delta_{p2} + w_{z_2}\cos\delta_{p2}\cos\delta_{p1}] + \\
\qquad \dfrac{g'_{y2} + g_{Ky2} + g_{\Omega y2}}{v\cos\Psi_2} \\
\dfrac{\mathrm{d}\Psi_2}{\mathrm{d}t} = \dfrac{\rho S}{2mv}c_x v_w w_{z_2} + \dfrac{\rho S}{2mv}c'_y[v_w^2\sin\delta_{p2} + v_{w\xi}w_{z_2}] + \\
\qquad \dfrac{\rho S}{2mv}c''_z v_w\left(\dfrac{\dot\gamma d}{v_w}\right)[-w_{y_2}\cos\delta_{p2}\cos\delta_{p1} - (v - w_{x_2})\cos\delta_{p2}\sin\delta_{p1}] + \quad (8.138) \\
\qquad \dfrac{1}{v}(g'_{x2} + g_{Kx2} + g_{\Omega x2}) \\
\dfrac{\mathrm{d}x}{\mathrm{d}t} = v\cos\Psi_2\cos\theta, \quad \dfrac{\mathrm{d}y}{\mathrm{d}t} = v\cos\Psi_2\sin\theta, \quad \dfrac{\mathrm{d}z}{\mathrm{d}t} = v\sin\Psi_2 \\
\dfrac{\mathrm{d}\dot\gamma}{\mathrm{d}t} = -\dfrac{\rho Sld}{2C}m'_{xz}v_w\dot\gamma \\
\dfrac{\mathrm{d}p_k}{\mathrm{d}t} = -\dfrac{\rho S}{2m}B_{km_B}(Ma)v_w(v - w_{x_2}) - \dfrac{\rho S}{2m}c_x\dfrac{(v - w_{x_2})^2}{v_w}p_k - \dfrac{\rho S}{2m}c_x v_w p_k + \\
\qquad \dfrac{\rho S}{2m}c'_y[2(v - w_{x_2})\cos\delta_{p2}\cos\delta_{p1} - (v - w_{x_2})\cos\delta_{p2}\cos\delta_{p1} - v_{w\xi}]p_k + \\
\qquad \dfrac{\rho S}{2m}c''_z\left(\dfrac{\dot\gamma d}{v_w}\right)\dfrac{v - w_{x_2}}{v_w}(-w_{z_2}\cos\delta_{p2}\sin\delta_{p1} + w_{y_2}\sin\delta_{p2})p_k \\
\qquad k = 1, 2, \cdots, J + 1
\end{cases}$$

$$\begin{cases}
\delta_{p2} = -\dfrac{P}{Mv}\dot\theta - \dfrac{PT}{M^2 v^2}\ddot\theta + \dfrac{2P^3 T}{M^2 v^2}\dddot\theta \\
\delta_{p1} = -\left[\dfrac{P^2}{M^2 v^2} - \dfrac{P^4 T^2}{M^4 v^2} - \dfrac{1}{Mv^2}\right]\ddot\theta - \dfrac{P^2 T}{M^2 v}\dot\theta \\
\dot\theta = -\dfrac{g\cos\theta}{v}, \quad \ddot\theta = -\dfrac{g}{v^2}(g\cos\theta\sin\theta + b_x\cos\theta + g\cos\theta\sin\theta)
\end{cases}$$

$$\begin{cases} v_w = \sqrt{(v-w_{x_2})^2 + w_{y_2}^2 + w_{z_2}^2} \\ v_{w\xi} = (v-w_{x_2})\cos\delta_{p2}\cos\delta_{p1} - w_{y_2}\cos\delta_{p2}\sin\delta_{p1} - w_{z_2}\sin\delta_{p2} \\ w_{x_2} = w_x\cos\Psi_2\cos\theta + w_z\sin\Psi_2, \qquad w_{y_2} = -w_x\sin\theta, \\ w_{z_2} = -w_x\sin\Psi_2\cos\theta + w_z\cos\Psi_2 \\ w_x = -w\cos(\alpha_W - \alpha_N), \qquad w_z = -w\sin(\alpha_W - \alpha_N) \end{cases} \quad (8.139)$$

式中：$B_{km_B}(Ma)$ 为 m_B 次样条基函数，其确定方法见 8.5.1 节；c_x 由式（8.102）计算；δ_{p2}, δ_{p1} 为动力平衡角；参数 P、M、T 的定义见表达式（3.124），按照质点弹道的假设，取 $\theta_a = \theta + \Psi_1 \approx \theta$；$\alpha_W$ 为风的来向与正北方的夹角，单位为 rad；α_N 为射击方向与正北方的夹角，单位为 rad。

完备方程式（8.138）及式（8.139）的积分初始条件，$t=0$ 时，有

$$\begin{cases} v(0) = v_0, \qquad \theta(0) = \theta_0, \qquad \Psi_2(0) = 0 \\ x = 0, \qquad y = 0, \qquad z = 0, \qquad \dot{\gamma}(0) = \dot{\gamma}_0 = \dfrac{2\pi v_0}{\eta d} \\ p_k(0) = 0, \qquad k = 1, 2, \cdots, J+1 \end{cases} \quad (8.140)$$

采用微分方程的数值解法，即完成可该完备方程组关于初始条件式（8.140）的数值解的计算。

8.5.5 六自由度弹道方程辨识弹箭阻力系数的灵敏度方程

外弹道学认为，六自由度刚体弹道方程是弹道设计、火控及射表等工程计算最全面，计算精度最高的计算模型。应用六自由度弹道方程，可对所研究的有控或无控弹箭进行建模、数值仿真、实验室半实物仿真，因此在对弹箭气动力系数精度要求较高的工程应用中，特别在火控和射表计算中，往往需要采用六自由度刚体弹道方程作为数学模型进行零升阻力系数辨识。

将 3.3.3 节的六自由度刚体弹道方程式（3.91）第 1 个方程改写为

$$\frac{\mathrm{d}v}{\mathrm{d}t} = -\frac{\rho S}{2m}c_x v_w(v - w_{x_2}) + \frac{\rho S}{2m}c_y'[v_w^2\cos\delta_2\cos\delta_1 - v_{w\xi}(v - w_{x_2})] +$$

$$\frac{\rho S}{2m}c_z''\left(\frac{\dot{\gamma}d}{v_w}\right)v_w(-w_{z_2}\cos\delta_2\sin\delta_1 + w_{y_2}\sin\delta_2) + g_{x2}' + g_{Kx2} + g_{\Omega x2} \quad (8.141)$$

对待辨识参数 $c_k(k=1,2,\cdots,J+1)$ 求偏导，注意

$$\frac{\partial c_x(Ma)}{\partial c_k} = \frac{\partial}{\partial c_k}\left(\sum_{j=1}^{J} c_j \cdot B_{j,m_B}(Ma)\right) = B_{k,m_B}(Ma) \quad (k=1,2,\cdots,J+1)$$

$$(8.142)$$

即可得出灵敏度方程，即

$$\frac{\partial}{\partial c_k}\left(\frac{\mathrm{d}v}{\mathrm{d}t}\right) = -\frac{\rho S}{2m}B_{k,m_B}(Ma)v_w(v-w_{x_2}) - \frac{\rho S}{2m}c_x\frac{\partial v_w}{\partial c_k}(v-w_{x_2}) - \frac{\rho S}{2m}c_x v_w\frac{\partial v}{\partial c_k} +$$

$$\frac{\rho S}{2m}c_y'\left[2v_w\frac{\partial v_w}{\partial c_k}\cos\delta_2\cos\delta_1 - \frac{\partial v_{w\xi}}{\partial c_k}(v-w_{x_2}) - v_{w\xi}\frac{\partial v}{\partial c_k}\right] +$$

$$\frac{\rho S}{2m}c_z''\left(\frac{\dot{\gamma}d}{v_w}\right)\frac{\partial v_w}{\partial c_k}(-w_{z_2}\cos\delta_2\sin\delta_1 + w_{y_2}\sin\delta_2) \quad (8.143)$$

$$\begin{cases}\dfrac{\partial v}{\partial c_k} = p_k, \ \dfrac{\partial v_w}{\partial c_k} = \dfrac{v-w_{x_2}}{v_w}\dfrac{\partial v}{\partial c_k} = \dfrac{v-w_{x_2}}{v_w}p_k \\ \dfrac{\partial v_{w\xi}}{\partial c_k} = \dfrac{\partial v}{\partial c_k}\cos\delta_2\cos\delta_1 = p_k\cos\delta_2\cos\delta_1\end{cases} (k=1,2,\cdots,J+1) \quad (8.144)$$

以上诸表达式中，由于阻力系数对弹箭的速度方向角度 θ_a, Ψ_2 和弹轴方向角度 δ_1, δ_2 的影响极弱，故它们关于 $c_k(k=1,2,\cdots,J+1)$ 的偏导数均为小量，$\dfrac{\partial w_{x_2}}{\partial c_k}$ 与 $\dfrac{\partial v}{\partial c_k}$ 相比也是小量，故均予以忽略。

将式（8.144）代入式（8.143），注意到 $\dfrac{\partial}{\partial c_k}\left(\dfrac{\mathrm{d}v}{\mathrm{d}t}\right) = \dfrac{\mathrm{d}}{\mathrm{d}t}\left(\dfrac{\partial v}{\partial c_k}\right) = \dfrac{\mathrm{d}p_k}{\mathrm{d}t}$，则弹箭速度关于弹箭阻力系数的灵敏度满足的灵敏度方程式（8.141）可改写为

$$\frac{\mathrm{d}p_k}{\mathrm{d}t} = -\frac{\rho S}{2m}B_{km_B}(M)v_w(v-w_{x_2}) - \frac{\rho S}{2m}c_x\frac{(v-w_{x_2})^2}{v_w}p_k - \frac{\rho S}{2m}c_x v_w p_k +$$

$$\frac{\rho S}{2m}c_y'\left[2(v-w_{x_2})p_k\cos\delta_2\cos\delta_1 - p_k(v-w_{x_2})\cos\delta_2\cos\delta_1 - v_{w\xi}p_k\right] +$$

$$\frac{\rho S}{2m}c_z''\left(\frac{\dot{\gamma}d}{v_w}\right)\frac{v-w_{x_2}}{v_w}p_k(-w_{z_2}\cos\delta_2\sin\delta_1 + w_{y_2}\sin\delta_2) \quad (k=1,2,\cdots,J+1)$$

(8.145)

积分初始条件为

$$p_k(\boldsymbol{C};0) = 0 \quad (k=1,2,\cdots,J+1) \quad (8.146)$$

显然，将3.3.3节的六自由度刚体弹道方程式（3.91）与灵敏度方程式（8.145）联立为

$$\begin{cases}\dfrac{\mathrm{d}v}{\mathrm{d}t} = -\dfrac{\rho S}{2m}c_x v_w(v-w_{x_2}) + \dfrac{\rho S}{2m}c_y'[v_w^2\cos\delta_2\cos\delta_1 - v_{w\xi}(v-w_{x_2})] + \\ \qquad \dfrac{\rho S}{2m}c_z''\left(\dfrac{\dot{\gamma}d}{v_w}\right)v_w(-w_{z_2}\cos\delta_2\sin\delta_1 + w_{y_2}\sin\delta_2) + g_{x2}' + g_{Kx2} + g_{\Omega k2} \\ \dfrac{\mathrm{d}\theta_a}{\mathrm{d}t} = \dfrac{\rho S}{2mv\cos\Psi_2}c_x v_w w_{y_2} + \dfrac{\rho S}{2mv\cos\Psi_2}c_y'[v_w^2\cos\delta_2\sin\delta_1 + v_{w\xi}w_{y_2}] + \end{cases}$$

$$\begin{cases}
\qquad\dfrac{\rho S}{2mv\cos\Psi_2}c_z''\left(\dfrac{\dot\gamma d}{v_w}\right)v_w\left[(v-w_{x_2})\sin\delta_2+w_{z_2}\cos\delta_2\cos\delta_1\right]+\dfrac{g_{y2}'+g_{Ky2}+g_{\Omega y2}}{v\cos\Psi_2}\\[6pt]
\dfrac{\mathrm{d}\Psi_2}{\mathrm{d}t}=\dfrac{\rho S}{2mv}c_x v_w w_{z_2}+\dfrac{\rho S}{2mv}c_y'\left[v_w^2\sin\delta_2+v_{u\xi}w_{z_2}\right]+\\[6pt]
\qquad\dfrac{\rho S}{2mv}c_z''\left(\dfrac{\dot\gamma d}{v_w}\right)v_w\left[-w_{y_2}\cos\delta_2\cos\delta_1-(v-w_{x_2})\cos\delta_2\sin\delta_1\right]+\dfrac{g_{z2}'+g_{Kz2}+g_{\Omega z2}}{v}\\[6pt]
\dfrac{\mathrm{d}x}{\mathrm{d}t}=v\cos\Psi_2\cos\theta_a,\qquad\dfrac{\mathrm{d}y}{\mathrm{d}t}=v\cos\Psi_2\sin\theta_a,\qquad\dfrac{\mathrm{d}z}{\mathrm{d}t}=v\sin\Psi_2\\[6pt]
\dfrac{\mathrm{d}\omega_\xi}{\mathrm{d}t}=-\dfrac{\rho Sld}{2C}m_{xz}'v_w\omega_\xi+\dfrac{\rho Sl}{2C}v_w^2 m_{xw}'\delta_f\\[6pt]
\dfrac{\mathrm{d}\omega_\eta}{\mathrm{d}t}=\dfrac{\rho Sl}{2A}v_w m_z' v_{w\zeta}-\dfrac{\rho Sld}{2A}v_w m_{zz}'\omega_\eta-\dfrac{\rho Sld}{2A}m_y''\omega_\xi v_{w\eta}-\dfrac{C}{A}\omega_\xi\omega_\zeta+\omega_\eta^2\tan\varphi_2\\[6pt]
\dfrac{\mathrm{d}\omega_\zeta}{\mathrm{d}t}=-\dfrac{\rho Sl}{2A}v_w m_z' v_{w\eta}-\dfrac{\rho Sld}{2A}v_w m_{zz}'\omega_\zeta-\dfrac{\rho Sld}{2A}m_y''\omega_\xi v_{w\zeta}+\dfrac{C}{A}\omega_\xi\omega_\eta-\omega_\eta\omega_\zeta\tan\varphi_2\\[6pt]
\dfrac{\mathrm{d}\varphi_a}{\mathrm{d}t}=\dfrac{\omega_\zeta}{\cos\varphi_2},\qquad\dfrac{\mathrm{d}\varphi_2}{\mathrm{d}t}=-\omega_\eta,\qquad\dfrac{\mathrm{d}\gamma}{\mathrm{d}t}=\omega_\xi-\omega_\zeta\tan\varphi_2\\[6pt]
\dfrac{\mathrm{d}p_k}{\mathrm{d}t}=-\dfrac{\rho S}{2m}B_{km_B}(Ma)v_w(v-w_{x_2})-\dfrac{\rho S}{2m}c_x\dfrac{(v-w_{x_2})^2}{v_w}p_k-\dfrac{\rho S}{2m}c_x v_w p_k+\\[6pt]
\qquad\dfrac{\rho S}{2m}c_y'\left[2(v-w_{x_2})p_k\cos\delta_2\cos\delta_1-p_k(v-w_{x_2})\cos\delta_2\cos\delta_1-v_{u\xi}p_k\right]+\\[6pt]
\qquad\dfrac{\rho S}{2m}c_z''\left(\dfrac{\dot\gamma d}{v_w}\right)\dfrac{v-w_{x_2}}{v_w}p_k\left(-w_{z_2}\cos\delta_2\sin\delta_1+w_{y_2}\sin\delta_2\right)\quad(k=1,2,\cdots,J+1)
\end{cases}$$

(8.147)

连同其辅助方程式(3.92)和关联参数表达式(3.93)即可构成完备的方程组。

完备的方程组的积分初始条件为

$$\begin{cases}
v(0)=v_0,\quad\theta_a(0)=\theta_0,\quad\Psi_2(0)=0\\
x=0,\quad y=0,\quad z=0,\quad\dot\gamma(0)=\dot\gamma_0=\dfrac{2\pi v_0}{\eta d}\\
\varphi_a(0)=\theta_0+\delta_{m10},\quad\varphi_2(0)=\delta_{m20}\\
p_k(\boldsymbol{C};0)=0\quad(k=1,2,\cdots,J+1)
\end{cases}$$

(8.148)

显然,采用龙格库塔法求解上述完备的方程组关于其初始条件式(8.148)的数值解,通过插值即可确定$t=t_i(i=1,2,\cdots,n)$时刻的$v(\boldsymbol{C}^{(l)};t)$和$p_k(\boldsymbol{C}^{(l)};t)$值,将其代入式(8.112)及式(8.114)即可计算第l次迭代修正量$\Delta c_k^{(l)}(k=1,$

$2,\cdots,J+1$)。

通过式（8.115）迭代计算即可求出 c_k 的最优估计值 $\hat{c}_k$($j=1,2,\cdots,J+1$)，代入阻力系数的样条函数表达式（8.102），即计算测试范围内任意马赫数的阻力系数估计值，即

$$\hat{c}_x(Ma) = \sum_{j=0}^{J} \hat{c}_{j+1} \cdot B_{j,\,m_B}(Ma) \tag{8.149}$$

第9章 弹箭转速试验与旋转力矩系数辨识方法

由 3.2.1 节可知,弹箭稳定飞行有两种机理:一种是利用高速旋转的陀螺稳定效应保证弹体稳定飞行,称为旋转稳定弹箭;另一种是在弹尾安装翼片(尾翼),使得作用于弹箭的气动力作用点移到质心后面,此时作用于弹体的空气动力形成了一个迫使弹箭攻角不断减小的力矩,达到稳定飞行效果,称为尾翼稳定弹箭。弹箭飞行转速是描述其角运动的重要状态参数,明确其大小和变化规律,在弹箭飞行角运动计算和气动参数辨识中均具有重要意义。本章主要介绍获取弹箭旋转阻尼力矩系数的试验方法,以及从转速-时间数据中辨识旋转稳定弹箭和尾翼稳定弹箭的旋转力矩(极阻尼和导转力矩)系数导数的计算方法,并推导出详细的数学公式。

9.1 弹箭飞行转速方程

一般说来,高速旋转的陀螺稳定弹箭主要依赖线膛炮发射或涡轮火箭赋予转速,而对于尾翼弹,除了采用弹箭设置滑动弹带用线膛炮发射外,目前大多采用斜置尾翼或斜切翼面方法。无论是哪一种稳定方式,弹箭转速变化规律服从六自由度弹道方程组[式(3.91)]中第 7 和第 12 个方程式,即

$$\begin{cases} \dfrac{\mathrm{d}\omega_\xi}{\mathrm{d}t} = -\dfrac{\rho S l d}{2C} m'_{xz} v_w \omega_\xi + \dfrac{\rho S l}{2C} v_w^2 m'_{xw} \delta_f \\ \dfrac{\mathrm{d}\gamma}{\mathrm{d}t} = \omega_\xi - \omega_\zeta \tan\varphi_2 \end{cases} \quad (9.1)$$

由于 $\omega_\zeta \tan\varphi_2$ 比 ω_ξ 小得多,方程式(9.1)第 2 个方程中右端第 2 项相比第 1 项可以忽略,故有 $\dot{\gamma} \approx \omega_\xi$,$\ddot{\gamma} \approx \dot{\omega}_\xi$。将它们代入式(9.1)第 1 个方程,整理可得尾翼弹旋转运动方程,即

$$\ddot{\gamma} + \dfrac{\rho S l d}{2C} m'_{xz} v_r \dot{\gamma} = \dfrac{\rho S l}{2C} m'_{xw} v_r^2 \delta_f \quad (9.2)$$

对于旋转稳定弹,转速方程式(9.2)中 $m'_{xw}\delta_f = 0$,故弹箭的转速微分方程式(9.2)可写为

$$\dfrac{\mathrm{d}\dot{\gamma}}{\mathrm{d}t} = -\dfrac{\rho S l d}{2C} m'_{xz}(M) v_r \dot{\gamma} \quad (9.3)$$

$$v_w = \sqrt{(v_x - w_x)^2 + v_y^2 + (v_z - w_z)^2} \tag{9.4}$$

注意到式（3.106）中 $k_{xz} = \dfrac{\rho Sld}{2C} m'_{xz}$，于是该式可写为

$$\frac{\mathrm{d}\dot{\gamma}}{\mathrm{d}t} = -k_{xz} v \dot{\gamma} \tag{9.5}$$

再将自变量做变量代换 $\dfrac{\mathrm{d}\dot{\gamma}}{\mathrm{d}t} = \dfrac{\mathrm{d}s}{\mathrm{d}t}\dfrac{\mathrm{d}\dot{\gamma}}{\mathrm{d}s} = v \dfrac{\mathrm{d}\dot{\gamma}}{\mathrm{d}s}$，得

$$\frac{\mathrm{d}\dot{\gamma}}{\mathrm{d}s} = -k_{xz} \dot{\gamma} \tag{9.6}$$

对于旋转稳定弹，式中的 m'_{xz} 的数值大都在 0.001~0.003 的范围。在弹箭平射试验的一段弹道上可将 m'_{xz} 作为常量，积分式（9.6），得

$$\dot{\gamma} = \dot{\gamma}_0 \exp(-k_{xz} s) \tag{9.7}$$

式中：$\dot{\gamma}_0$ 为所选定弧段上 $s=s_0$ 处的转速，并非只是指炮口转速。此式表明，旋转稳定弹的转速随飞行弧长或飞行时间（因 $s=vt$）大致呈指数规律减小。因弹道上 $\gamma' = \dot{\gamma}/v$ 的值变化非常缓慢，在火炮平射试验的弹道范围其旋转稳定弹箭的转速衰减量很小，与其测试误差相比几乎可以忽略，故在其试验数据处理中一般将转速视为常量。不过从弹箭在空中飞行的全弹道看，γ' 的变化却是很明显的。由于在升弧段上速度衰减比转速更快，因而 γ' 的值在炮口处最小，弹道顶点处较大，此后在弹道降弧段上由于速度口增大，γ' 的值又开始减小。通常，转速 $\dot{\gamma}$ 的准确变化由式（9.6）沿弹道积分确定，因此 m'_{xz} 对转速计算是很重要的气动参数。为了保证 m'_{xz} 的精度，一般采用弹载传感器测出的转速衰减规律数据经辨识计算确定 m'_{xz} 的大小，有关这部分内容将在 9.4 节专门讨论。

对于尾翼稳定弹箭，特别是制导炮弹和装有火箭推力发动机的弹箭，一般在生产加工和装配过程均存在误差，很难完全满足轴对称条件，导致其外形或多或少会产生气动偏心，内部结构不对称会产生质量偏心，火箭增程也有推力偏心等。可见，对于一般的尾翼稳定弹箭，只要处于无控飞行状态，在飞行过程中都会存在或多或少的旋转现象。实际上，一般在弹箭设计时，为了保证其弹道一致性，常常有意识地采用使弹箭在飞行中低速旋转的方式，以减少它们对飞行弹道的影响，提高落点地密集度。

9.2 旋转稳定弹箭转速试验

由于旋转稳定弹箭的飞行转速衰减缓慢，而弹箭在平射条件下的飞行距离不长，很难通过平射试验测出弹箭的飞行转速衰减规律，因此旋转稳定弹箭的转速试验通常以仰射试验的形式完成弹箭全飞行过程转速衰减规律测试。通过弹载转速传感器测试方法，依靠弹载转速传感器获取弹箭全弹道飞行转速数据，利用存

储器记录弹箭转速信号或由地面接收系统记录无线传输的转速信号。

1. 弹箭转速飞行试验数据群结构

弹箭转速仰射试验一般采用弹载转速测试系统、初速雷达和全弹道跟踪雷达测试弹箭的飞行转速、初速和弹箭速度、坐标曲线，即可获取完整的转速试验弹道数据组合。此外，再加上试验前测出试验弹箭的静态物理量参数，试验时测出射击条件和高空气象诸元数据即构成了转速飞行试验数据群。以此为基础，即可满足极阻尼力矩系数导数曲线的辨识与弹箭飞行试验各个射角条件下弹箭转速规律分析的需要。

按照旋转阻尼力矩系数导数辨识需要的数据基础，列出转速飞行试验数据群结构如下：

(1) 转速测量弹的转速-时间曲线数据为

$$(\dot{\gamma}_i, t_i) \quad (i = 1, 2, \cdots, n_\gamma) \tag{9.8}$$

(2) 弹的全弹道的弹箭飞行速度、空间坐标-时间曲线数据为

$$(v_{xi}, v_{yi}, v_{zi}, x_i, y_i, z_i; t_i) \quad (i = 1, 2, \cdots, n) \tag{9.9}$$

(3) 射击时刻气象诸元随高度的分布曲线数据。

采用距离弹道升弧段较近的气象站探空仪实测气象诸元数据，按照 4.2 节的方法可以换算出被试弹箭射击时刻的气象数据随高度的分布曲线数据，其形式为

$$(h_i, x_{Ti}, y_{Ti}, z_{Ti}, p_i, \tau_i, w_{xi}, w_{zi}) \quad (i = 1, 2, \cdots, n_q) \tag{9.10}$$

式中：h_i 为海拔分层高度/m；(x_{Ti}, y_{Ti}, z_{Ti}) 为当发试验弹箭的气象诸元数据的测点位置在地面坐标系中的坐标/m；p_i 为测点位置的气压数据/Pa；τ_i 为测点位置的虚温/K；w_{xi}，w_{zi} 分别为测点位置的纵风速和横风速/(m/s)。

(4) 弹射击时刻的地面气象诸元数据为

$$(h_0, p_0, \tau_0, w_{x0}, w_{z0}) \tag{9.11}$$

式中：h_0，p_0，τ_0，w_{x0}，w_{z0} 分别为炮口位置的海拔分层高度/m，气压数据/Pa，虚温/K，纵风速/(m/s) 和横风速/(m/s)。

(5) 试验弹箭的弹径 d、弹长 l、质量 m、极转动惯量 C、赤道转动惯量 A，其中弹径、弹长可取成图定值。

2. 弹箭转速飞行试验所需的测试仪器设备

根据转速试验方案与测试方法和辨识旋转阻尼力矩系数导数需要的数据群结构，针对现有的外弹道测试能力，可以采用弹载转速传感器及弹载存储器记录弹箭飞行转速信号，初速雷达测试弹箭初速，全弹道跟踪雷达测量弹箭速度、轨迹坐标曲线，进而获取完整的弹道数据组合。在此基础上，只要试验前测出试验弹箭的静态物理量参数，试验时测出射击条件和高空气象诸元数据，即可构成满足极阻尼力矩系数导数曲线的数据群。由此按照上述分析，可以归纳出弹箭转速试验所需测试设备如下：

(1) 全弹道跟踪速度、坐标测量雷达或弹载卫星定位系统；

（2）初速雷达；

（3）弹载转速测量记录装置或遥测发射装置；

（4）数据读入装置或信号接收机等遥测设备；

（5）地面气象诸元测试仪器；

（6）高空气象诸元测试设备；

（7）弹箭质量、质偏、转动惯量等物理量测试系统。

3. 弹箭转速飞行试验射击方案

为了达到弹箭转速试验辨识旋转阻尼力矩系数导数曲线的目的，需要采用科学合理的射击方法，以获取辨识旋转阻尼力矩系数导数曲线的数据链群。若采用弹载转速传感器记录仪记录弹箭转速数据，转速试验射击方案应满足如下要求：

（1）试验射击方案能够覆盖尽可能多的马赫数范围，以辨识弹箭极阻尼力矩系数导数随马赫数的变化规律；

（2）由于采用弹载转速传感器记录仪记录弹箭转速数据，要求转速试验采用填砂弹，并在设计完成后实现回收；

（3）尽量采用30°以内射角的射击方式，以便于回收弹箭，获取转速记录仪，读出弹箭转速数据。

根据上述要求，兼顾弹道性能试验的弹道特点，充分考虑易于回收弹箭的因素，可参考如下射击转速弹（安装有弹载转速传感器记录仪的砂弹）的射击方法进行试验。

（1）采用小射角（不大于25°）、全装药射击1~2组弹，每组5发；

（2）必要时，选用小号装药高射角射击1~2组弹，每组5发。

上面射击方法构成了覆盖全部马赫数的极阻尼力矩系数导数曲线的数据基础。其中，试验方案内容（1）是主要部分，其弹箭飞行速度范围覆盖了大部分马赫数范围，所获得的极阻尼力矩系数导数曲线基本能满足远射程弹道分析计算的需要；试验方案内容（2）覆盖的马赫数范围作为试验内容（1）的补充，所获得的极阻尼力矩系数导数曲线能满足小号装药、大仰角近射程弹道分析计算的需要。

需要指出，如果采用无线遥测方法传输信号，弹箭转速试验最好与距离射弹道性能试验一并完成，即在全装药、中间装药和最小号装药的每组弹箭射击之前，发射1~2发转速测试弹。

9.3 旋转稳定弹箭的极阻尼力矩系数辨识方法

如果弹箭在飞行过程中有旋转运动，那么其表面不仅受到弹轴方向的摩擦应力，还受到垂直于弹轴方向的切向摩擦应力。后者起到抑制弹箭旋转的作用，由此引起的对弹轴的力矩称为极阻尼力矩（也称旋转阻尼力矩）。由于极阻尼力矩的存在，使得弹箭旋转速率衰减。因此，在原理上可以通过获取弹箭自由飞行中转速衰减规律来辨识旋转阻尼力矩系数。针对这一原理，本节主要介绍利用转速试验数据群获取旋转稳定弹箭极阻尼力矩系数导数曲线的辨识方法，并以实例方式介绍利用某榴弹转速试验数据辨识其极阻尼力矩系数导数。

9.3.1 旋转稳定弹箭极阻尼力矩系数的辨识

针对前述旋转稳定弹箭转速试验数据群结构，下面讨论从转速试验数据群辨识弹箭极阻尼力矩系数导数所用的辨识模型、辨识准则及辨识计算方法。

1. 目标函数（辨识准则）

由于弹箭的自转具有相对独立性，故以弹箭自转微分方程式（9.3）作为系统辨识的理论模型，按照最小二乘原理，对于实测的转速数据[式（9.8）]，目标函数可表达为残差平方和，即

$$Q = \sum_{i=1}^{n} [\dot{\gamma}_i - \dot{\gamma}(\dot{\gamma}_0, m'_{xz}; t_i)]^2 \quad (9.12)$$

式中：$\dot{\gamma}_0$ 为炮口转速；m'_{xz} 为极阻尼力矩系数导数；$\dot{\gamma}(\dot{\gamma}_0, m'_{xz}; t_i)$ 为由转速方程式（9.3）确定的理论计算值。

2. 弹箭极阻尼力矩系数的辨识方法

为了得到光滑的极阻尼力矩系数导数 m'_{xz} 随马赫数 Ma 的变化曲线，目标函数中采用 B-样条函数的表示方法。与 8.5.1 节的样条函数表示方法类似，这里将目标函数中的极阻尼力矩系数导数 m'_{xz} 写成 B-样条基函数 $B_{j,m_B}(Ma)$ 的线性组合形式，即

$$m'_{xz}(Ma) = \sum_{j=0}^{J} a_{j+1} \cdot B_{j,m_B}(Ma) \quad (9.13)$$

式中：$B_{j,m_B}(Ma)$ 为极阻尼力矩系数导数 m'_{xz} 的 B-样条基函数，可采用与 8.5.1 节所述的 B-样条基函数 $B_{j,m_B}(Ma)$ 相同的方法确定。

将式（9.13）代入转速方程式（9.3）可得

$$\frac{d\dot{\gamma}}{dt} = -\frac{\rho Sld}{2C}\left[\sum_{j=0}^{J} a_{j+1} \cdot B_{j,m_B}(Ma)\right] v_r \dot{\gamma} \quad (9.14)$$

将 $a_j(j=1,2,\cdots,J+1)$ 作为为待辨识的参数，这样在目标函数式（9.9）中共含有 $J+1$ 个未知参数 $a_1, a_2, \cdots, a_{J+1}$ 需要辨识确定，其中有

$$a_{J+1} = \dot{\gamma}_0 \quad (9.15)$$

设 $\boldsymbol{a}$ 为参数 $a_1, a_2, \cdots, a_{J+1}$ 的集合，并用矩阵形式可表达为

$$\boldsymbol{a} = [a_1, a_2, \cdots, a_{J+1}]^T \quad (9.16)$$

则目标函数式（9.12）可写为

$$Q = \sum_{i=1}^{n} [\dot{\gamma}_i - \dot{\gamma}(\boldsymbol{a}; t_i)]^2 \quad (9.17)$$

按照 C-K 方法，将函数 $\dot{\gamma}(t)$ 在待辨识参数 $\boldsymbol{a}=[a_1,a_2,\cdots,a_{J+1}]^\mathrm{T}$ 的第 l 次估计值 $\boldsymbol{a}^{(l)}$ 附近作泰勒级数展开，取其线性项得

$$\dot{\gamma}(\boldsymbol{a};t) = \dot{\gamma}(\boldsymbol{a}^{(l)};t) + \sum_{j=1}^{J+1} \frac{\partial \dot{\gamma}(\boldsymbol{a}^{(l)};t)}{\partial a_j} \Delta a_j^{(l)} \qquad (9.18)$$

$$\Delta a_j^{(l)} = a_j - a_j^{(l)} \quad (j=1,2,\cdots,J+1) \qquad (9.19)$$

为便于表达，令 $\dot{\gamma}(\boldsymbol{a}^{(l)};t) = \dot{\gamma}^{(l)}(t)$，将式（9.18）代入目标函数式（9.17），得

$$Q = \sum_{i=1}^{n}\left[\dot{\gamma}_i - \dot{\gamma}^{(l)}(t_i) - \sum_{j=1}^{J+1}\frac{\partial \dot{\gamma}(\boldsymbol{a}^{(l)};t)}{\partial a_j}\Delta a_j^{(l)}\right]^2 \qquad (9.20)$$

按照最小二乘法，由微分求极值的原理，由 $\frac{\partial Q}{\partial a_j}=0$ $(j=1,2,\cdots,J+1)$，不难写出具体的表达式，即

$$\frac{\partial Q}{\partial a_k} = \sum_{i=1}^{n} 2\left[\dot{\gamma}_i - \dot{\gamma}^{(l)}(t_i) - \sum_{j=1}^{J+1}\frac{\partial \dot{\gamma}(\boldsymbol{a}^{(l)};t)}{\partial a_j}\Delta a_j^{(l)}\right]\left(-\frac{\partial \dot{\gamma}(\boldsymbol{a}^{(l)};t)}{\partial a_k}\right) = 0$$

$$(k=1,2,\cdots,J+1) \qquad (9.21)$$

若将转速 $\dot{\gamma}$ 关于参数 a_k 的灵敏度表示为

$$p_{ak}(t_i) = \frac{\partial \dot{\gamma}(\boldsymbol{a};t_i)}{\partial a_k} \quad (k=1,2,\cdots,J+1) \qquad (9.22)$$

则方程式（9.21）可写为

$$\sum_{i=1}^{n}\left\{[\dot{\gamma}_i - \dot{\gamma}^{(l)}(t_i)] - \sum_{j=1}^{J+1} p_{aj}(t_i)\Delta a_k^{(l)}\right\} p_{ak}(t_i) = 0$$

经整理，得

$$\sum_{i=1}^{n}\sum_{j=1}^{J+1} p_{aj}(t_i) p_{ak}(t_i) \Delta a_k^{(l)} = \sum_{i=1}^{n}\left\{[\dot{\gamma}_i - \dot{\gamma}_0^*(t_i)] p_{ak}(t_i)\right\} \quad (k=1,2,\cdots,J+1)$$

$$(9.23)$$

将上面方程写成矩阵形式的正规方程，有

$$[A_{jk}][\Delta a_k^{(l)}] = [B_k] \qquad (9.24)$$

矩阵 $[\Delta a_k^{(l)}]$ 为 $(J+1)\times 1$ 的矢量，即

$$[\Delta a_k^{(l)}] = [\Delta a_1^{(l)} \quad \Delta a_2^{(l)} \quad \cdots \quad \Delta a_{J+1}^{(l)}]^\mathrm{T} \qquad (9.25)$$

比照式（9.23）和式（9.24）可知，正规方程式（9.24）的矩阵元素 A_{jk}，B_k 可表示为

$$\begin{cases} A_{jk} = \sum_{i=1}^{n} \sum_{j=1}^{6} p_{aj}(t_i) p_{ak}(t_i) \\ B_k = \sum_{i=1}^{n} [\dot{\gamma}_i - \dot{\gamma}_0^*] p_{ak}(t_i) \end{cases} \quad (j,k = 1,2,\cdots,J+1) \quad (9.26)$$

将式（9.19）改写为

$$a_k^{(l+1)} = a_k^{(l)} + \Delta a_k^{(l)} \quad (k = 1,2,\cdots,J+1) \quad (9.27)$$

即构成了辨识计算的迭代公式。

显见，只要能够计算出矩阵元素 A_{jk}，B_k 表达式中的灵敏度 $p_{ak}(t_i)$（$k=1,2,\cdots,J+1$），即可由式（9.26）确定矩阵元素 A_{jk}，B_k。此时，利用正规方程式（9.24）解出 $[\Delta a_k]$，代入递推公式（9.27），即可迭代计算出参数 $a_1, a_2, \cdots, a_{J+1}$。按照 C-K 方法，灵敏度 $p_{ak}(t_i)$ 可采用下一节导出的微分方程计算数值解。

9.3.2 辨识过程的灵敏度计算

为了计算正规方程式（9.24）中矩阵元素 A_{jk}，B_k，表达式（9.26）中的灵敏度 $p_{ak}(t_i)$（$k=1,2,\cdots,J+1$），需要建立用于灵敏度计算的微分方程。

按照 C-K 方法，为了建立灵敏度微分方程，这里将转速方程式（9.14）两端对 a_k 求偏导数，注意到 $\dfrac{\partial}{\partial a_k}\left(\dfrac{\mathrm{d}\dot{\gamma}}{\mathrm{d}t}\right) = \dfrac{\mathrm{d}}{\mathrm{d}t}\left(\dfrac{\partial \dot{\gamma}}{\partial a_k}\right) = \dfrac{\mathrm{d}p_{ak}}{\mathrm{d}t}$，可得

$$\begin{aligned} \frac{\mathrm{d}p_{ak}}{\mathrm{d}t} &= \frac{\partial}{\partial a_k}\left(\frac{\mathrm{d}\dot{\gamma}}{\mathrm{d}t}\right) = \frac{\partial}{\partial a_k}\left\{-\frac{\rho S l d}{2C}v_r \dot{\gamma}\left[\sum_{j=1}^{5} a_j \cdot B_{jm_B}(Ma)\right]\right\} \\ &= -\frac{\rho S l d}{2C}v_r \dot{\gamma} B_{km_B}(Ma) - \frac{\rho S l d}{2C}v_r \left[\sum_{j=1}^{5} a_j \cdot B_{jm_B}(Ma)\right] p_{ak} \quad (k=1,2,\cdots,J) \end{aligned}$$

$$(9.28)$$

同理，由于 $a_{J+1} = \dot{\gamma}_0$，有

$$\begin{aligned} \frac{\mathrm{d}p_{aJ+1}}{\mathrm{d}t} &= \frac{\partial}{\partial a_{J+1}}\left\{-\frac{\rho S l d}{2C}v_r \dot{\gamma}\left[\sum_{j=1}^{5} a_j \cdot B_{jm_B}(Ma)\right]\right\} \\ &= \frac{\partial}{\partial \dot{\gamma}_0}\left\{-\frac{\rho S l d}{2C}v_r \dot{\gamma}\left[\sum_{j=1}^{5} a_j \cdot B_{jm_B}(Ma)\right]\right\} = -\frac{\rho S l d}{2C}v_r \left[\sum_{j=1}^{5} a_j \cdot B_{jm_B}(Ma)\right] p_{aJ+1} \end{aligned}$$

$$(9.29)$$

这样就由上述 $J+1$ 个灵敏度微分方程式（9.28）、式（9.29），加上转速方程式（9.14），即得到 $J+2$ 个微分方程和关联参数表达式，即

$$\begin{cases} \dfrac{\mathrm{d}\dot{\gamma}}{\mathrm{d}t} = -\dfrac{\rho Sld}{2C}\left[\sum_{j=1}^{J} a_j \cdot B_{jm_B}(Ma)\right] v_r \dot{\gamma} \\ \dfrac{\mathrm{d}p_{ak}}{\mathrm{d}t} = -\dfrac{\rho Sld}{2C} v_r \dot{\gamma} B_{km_B}(Ma) - \dfrac{\rho Sld}{2C} v_r \left[\sum_{j=1}^{J} a_j \cdot B_{jm_B}(Ma)\right] p_{ak} \quad (k=1,2,\cdots,J) \\ \dfrac{\mathrm{d}p_{aJ+1}}{\mathrm{d}t} = -\dfrac{\rho Sld}{2C} v_r \left[\sum_{j=1}^{J} a_j \cdot B_{jm_B}(Ma)\right] p_{aJ+1} \\ v_r = \sqrt{(v_x - w_x)^2 + v_y^2 + (v_z - w_z)^2} \end{cases}$$

(9.30)

由转速试验数据群可知，上面微分方程中参数 S、l、d、C 是弹箭结构确定的物理量，均为射击试验前已测出得已知值；(v_x,v_y,v_z) 可由数据 [式 (9.9)] 插值确定，空气密度 ρ 则由气象诸元数据 (9.10) 换算确定，均是已知量。因而在实际应用时，可根据数值积分计算的时间 t，采用插值方法确定 (v_x,v_y,v_z) 和空气密度 ρ。具体实施过程是：首先，利用弹道跟踪雷达测试数据 [式 (9.9)]，插值确定与时间 t 对应的高度坐标 y 和速度分量 (v_x,v_y,v_z)；然后，利用随高度变化的气象诸元数据 [式 (9.10)]，以 t 时刻弹箭飞行高度 y 为基准插值计算与之对应的气温、气压、纵风速、横风速；最后，用第 4 章的换算方法计算空气密度 ρ 和声速 c_s，进而计算对应的马赫数 $Ma = v_w/c_s$。

如果靶场不具备测量气象诸元高空分布的条件，而只能提供地面气象诸元的测量值，此时只能采用低射角（不大于 15°）射击方式进行飞行试验。作为不得已的一种补救措施，可按照第 4 章的方法，用实测地面气象数据按照标准分布计算公式确定高空气象诸元。

9.3.3 旋转稳定弹箭极阻尼力矩系数的辨识计算示例

按照前述弹箭转速试验方法，以国内某旋转稳定弹箭极阻尼力矩系数的射击试验为例，试验以不同射角和不同装药号射击，采用南京理工大学研制的弹箭转速测量装置完成全弹道转速测量。试验获取得数据群包含了该榴弹在各项射表弹道性能试验中的转速-时间曲线、弹箭速度-时间曲线、坐标-时间曲线数据，以及高空气象诸元随高度分布曲线数据、弹箭静测参数数据。在示例处理中，辨识出了某榴弹极阻尼力矩系数导数，经多发弹辨识结果统计处理，确定了该弹箭的极阻尼力矩系数导数曲线和相应的概率误差曲线。根据数据处理结果可以看出，利用所述方法辨识的极阻尼力矩系数导数的具有较高精度，可作为该弹箭弹道计算用的气动参数基础数据。

9.3.3.1 辨识参数变换与计算程序验证

实际应用时，根据转速试验数据的马赫数范围和极阻尼力矩系数导数随马赫数的变化规律，示例设 $J=5$，$m_B=3$，按照前述方法计算发现，灵敏度 $p_{aj} = \partial\dot{\gamma}/$

∂a_j ($j=1,2,3,4,5$) 的值很大，不利于实际计算机程序运算，故对其进行变换改造，以提高计算精度。下面给出了实例计算采用的变换方法。

根据式（9.13），示例中 $J+1=5$，设待辨识参数为

$$c_k = 10^4 \times a_k, \quad k=1,2,3,4,5, \quad c_6 = \dot{\gamma}_0 = a_6 \qquad (9.31)$$

重新定义灵敏度，即

$$p_k = \frac{\partial \dot{\gamma}}{\partial c_k} = \frac{\partial \dot{\gamma}}{\partial(10^4 \times a_k)}, \quad k=1,2,3,4,5, \quad p_6 = \frac{\partial \dot{\gamma}}{\partial c_6} = \frac{\partial \dot{\gamma}}{\partial(\dot{\gamma}_0)} \qquad (9.32)$$

则有

$$\frac{\mathrm{d} p_k}{\mathrm{d} t} = \frac{\mathrm{d}}{\mathrm{d} t}\left(\frac{\partial \dot{\gamma}}{\partial c_k}\right) = \frac{\partial}{\partial c_k}\left(\frac{\mathrm{d} \dot{\gamma}}{\mathrm{d} t}\right)$$

$$= \frac{1}{10^4}\left\{-\frac{\rho S l d}{2C}v\,\dot{\gamma} B_{km_B}(Ma) - \frac{\rho S l d}{2C}v\left[\sum_{j=0}^{4} a_{j+1} \cdot B_{jm_B}(Ma)\right]p_k\right\} \quad (k=1,2,3,4,5) \qquad (9.33)$$

同理可得

$$\frac{\mathrm{d} p_6}{\mathrm{d} t} = -\frac{\rho S l d}{2C}v\left[\sum_{j=0}^{4} a_{j+1} \cdot B_{jm_B}(Ma)\right]p_6 \qquad (9.34)$$

当程序计算收敛后（满足预设的精度），即可求得 $c_1 \sim c_6$ 这6个参数。由于 $c_1 \sim c_5$ 进行了重新定义，故将来算出来的 $\Delta c_1 \sim \Delta c_5$ 要除以 10^4 才能叠加到 $a_1 \sim a_5$ 上，其余方面与 9.3.1 节的辨识方法推导相比均不变化。按照变换式 (9.31) 及式 (9.32)，经简单换算即可求得炮口转速 $\dot{\gamma}_0$ 和极阻尼力矩系数导数曲线 $m'_{xz}(Ma)$。

根据前面章节介绍的算法，图 9.1 给出了某旋转弹箭转速试验数据气动辨识计算流程框图。

在对实际转速试验数据进行处理之前，必须要验证上述高转速榴弹转速试验数据气动辨识程序的正确性。为此，以某某榴弹数据基础，在已知气象条件下，首先通过已知的气动系数带入外弹道方程，以数值模拟计算方式生成雷达数据和转速数据；然后将这些模拟数据作为试验数据，输入气动辨识程序进行处理。这样就有两套某某榴弹极阻尼力矩系数导数值，其中：一套是用于生成模拟数据的已知量（即弹道模拟计算的输入数据）；另一套是经过气动辨识程序处理后得到的辨识结果（辨识结果数据）。两套数据的对比结果如图 9.2 和表 9.1 所列。

以图 9.2、表 9.1 中的数值结果表明，逆运算辨识出的极阻尼力矩系数导数与其理论正运算输入的已知量之间的计算偏差极小（在不同马赫点上的相对偏差平均值不超过 0.3%），其偏差量远远小于极阻尼力矩系数导数的测试误差，由此验证了旋转稳定弹箭转速试验数据气动辨识程序的正确性。

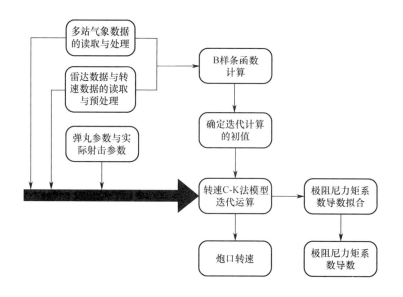

图 9.1 旋转稳定弹箭转速试验数据的气动辨识计算流程框图

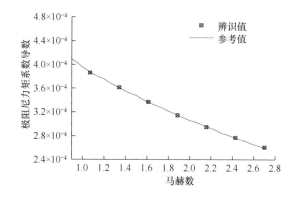

图 9.2 辨识值与理论参考值的比较

表 9.1 极阻尼力矩系数导数辨识值与理论输入值

马赫数 Ma	逆运算辨识值	正运算输入值	相对误差/%
1.070	0.0003864	0.0003876	−0.31
1.342	0.0003612	0.0003608	0.12
1.885	0.0003147	0.0003152	−0.16
2.157	0.0002950	0.0002959	−0.30
2.428	0.0002772	0.0002764	0.30
2.700	0.0002607	0.0002592	0.58

9.3.3.2 某转速试验数据群的气动辨识计算结果

1. 转速试验数据群

为该榴弹的极阻尼力矩系数导数的辨识计算建立数据基础,通过收集整理,确定出某榴弹转速试验的测试数据如下。

1)转速曲线数据

根据某榴弹试验后回收转速弹载传感器记录装置读出数据检查分析,这里整理出其中 3 发弹箭的转速-时间数据文件,对应的转速-时间曲线如图 9.3、图 9.4、图 9.5 所示。

2)转速试验现场测试数据

标准弹重 28.5kg,弹径 130mm。

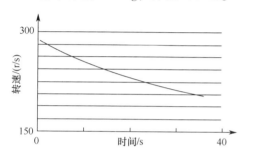

图 9.3 1 号弹的转速-时间曲线　　图 9.4 2 号弹的转速-时间曲线

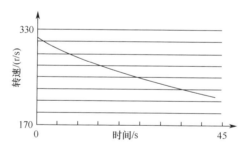

图 9.5 3 号弹的转速-时间曲线

(1)炮阵地坐标:炮位坐标、雷达坐标。例如:
- 炮位坐标:火炮火线高 1000mm;
- 北纬:37°31′5.64654″;
- 东经:164°29′10.907172″;$H=164.9063$(高程);
- 雷达坐标:$X=-52.6\text{m}$,$Z=6.1\text{m}$。

(2)基准射向:以真北为基准,例如,真北偏东 102.5°。

3)转速试验弹静态物理量参数测量数据

转速试验弹静态物理量参数测量数据如表9.2所列。

表9.2 转速试验弹静测数据表

弹号	弹质/kg	质心位置/mm	偏心距/mm	$C/(\text{kg}\cdot\text{m}\cdot\text{m})$	$A/(\text{kg}\cdot\text{m}\cdot\text{m})$	A/C
1	28.570	206.5	0.08	0.09921	1.05570	11.09
2	28.565	205.6	0.08	0.09777	1.05188	11.17
3	28.571	207.2	0.12	0.09796	1.06524	11.30

4）弹道坐标雷达数据及气象诸元数据

整理确定出雷达实测数据及气象诸元的数据文件。根据以上3发弹的实测转速数据与雷达实测数据的对比检查结果，可以认为所测数据基本覆盖了弹箭全弹道飞行过程。

2. 转速试验数据的气动辨识计算结果

采用前述及流程编制计算程序，以上述转速试验数据群为基础，利用9.31节的极阻尼力矩系数辨识方法和模型和图9.1的计算流程，编制计算机程序对极极阻尼力矩系数导数式（9.13）的B-样条系数 $a_1 \sim a_5$ 进行辨识迭代计算，所得结果代入极阻尼力矩系数导数的数学模型式（9.13），即可换算出某榴弹的极阻尼力矩系数导数，如表9.3所列。

表9.3 各发弹箭的极阻尼力矩系数导数 m'_{xz}（节选）

1号弹		2号弹		3号弹	
Ma	m'_{xz}	Ma	m'_{xz}	Ma	m'_{xz}
0.96	0.00271	0.96	0.00266	0.96	0.00263
1.06	0.00266	1.06	0.00261	1.06	0.00259
1.16	0.00260	1.16	0.00255	1.16	0.00254
1.56	0.00235	1.56	0.00230	1.56	0.00230
1.96	0.00211	1.96	0.00207	1.96	0.00205
2.16	0.00202	2.16	0.00196	2.16	0.00194
2.56	0.00175	2.56	0.00181	2.56	0.00177

将各发弹换算出的极阻尼力矩系数导数，按照理论值变化规律，在马赫数0.5~3.0范围内进行补齐，之后代入六自由度弹道方程按照试验时的实际气象条件和弹道条件进行计算，得出各发弹的转速计算值与转速实测值的拟合曲线如图9.6~图9.8所示。

从图中拟合曲线可以看出，利用表9.3的数据得出的转速计算值与实测值均吻合得很好，从而验证了采用的辨识方法及模型的正确性、有效性。采用统计平均方法，可得出弹道计算用的极阻尼力矩系数导数曲线，如图9.9所示。

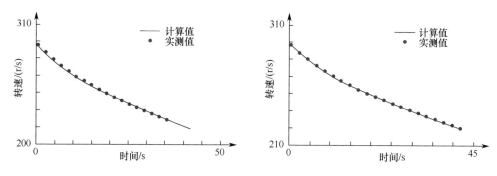

图9.6　1号弹箭转速计算值与实测值之比较　　图9.7　2号弹箭转速计算值与实测值之比较

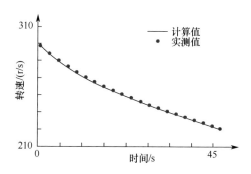

图9.8　3号弹箭转速计算值与实测值之比较

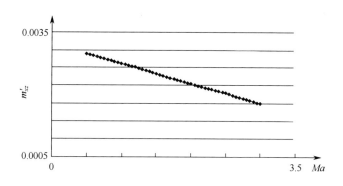

图9.9　极阻尼力矩系数导数曲线

9.4　尾翼弹平射试验与旋转力矩系数辨识

所谓尾翼弹，是指采用尾翼稳定方式的各种轴对称结构的飞行体，包括线膛炮、滑膛炮发射的各种无控尾翼弹、制导炮弹等弹种的飞行弹体以及尾翼火箭弹的飞行弹体。这里旋转力矩系数是本书为便于叙述定义的统一称谓，其含义是尾翼弹的旋转阻尼力矩系数导数 m'_{xz} 和导转力矩系数导数 m'_{xw}。本节所述尾翼弹的平射转速试验是指采用纸靶或各种高速摄影等方法，通过测试尾翼弹飞行转速规律，辨识其旋转力矩系数。本节主要介绍尾翼稳定弹箭的旋转力矩系数的平射试验方法，以及利用试验获取的转速-距离数据曲线等数据，确定尾翼弹旋转阻尼力矩系数导数 m'_{xz} 和导转力矩系数导数 m'_{xw} 的辨识计算方法。

9.4.1 尾翼弹旋转力矩系数平射试验原理

由外弹道理论可知，在尾翼弹在飞行过程中，由于导转力矩 M_{xw} 和极阻尼力矩 M_{xz} 的共同作用，使得其弹体旋转很快达到平衡转速，并一直持续于弹箭飞行的整个弹道。尾翼弹旋转阻尼力矩系数平射试验主要测试其弹体旋转变化规律，并达到其平衡转速的飞行过程。

1. 试验原理

由式（3.106），尾翼弹飞行转速运动方程式（9.2）的相关参数可表示为

$$k_{xz}(Ma) = \frac{\rho Sld}{2C} m'_{xz}(Ma), \quad k_{xw}(Ma) = \frac{\rho Sl}{2C} m'_{xw}(Ma) \tag{9.35}$$

式中：C 为弹箭的极转动惯量；m'_{xz} 为旋转阻尼力矩系数导数；m'_{xw} 为导转力矩系数导数；S 为参考面积；l 为参考长度；d 为弹箭直径；ρ 为空气密度。

将式（9.35）代入转速方程式（9.2），则可简写为

$$\ddot{\gamma} + k_{xz} v_w \dot{\gamma} = k_{xw} v_w^2 \delta_f \tag{9.36}$$

作变量代换 $\ddot{\gamma} = \frac{\mathrm{d}s}{\mathrm{d}t} \cdot \frac{\mathrm{d}\dot{\gamma}}{\mathrm{d}s} = v \frac{\mathrm{d}\dot{\gamma}}{\mathrm{d}s}$，考虑到平射试验的风速很小或者无风（一般要求风速不大于 5m/s），故上式可表示为尾翼弹飞行转速随距离 s 变化的微分方程，即

$$\frac{\mathrm{d}\dot{\gamma}}{\mathrm{d}s} + k_{xz} \dot{\gamma} = k_{xw} v \delta_f \tag{9.37}$$

由 3.2.1 节可知，低旋尾翼弹的旋转运动是利用图 3.9 所示的斜置尾翼或斜切尾翼端面来实现的。在其飞行过程中，由于导转力矩 M_{xw} 和极阻尼力矩 M_{xz} 的共同作用，使得弹体旋转速率 $\dot{\gamma}$ 很快达到平衡转速 $\dot{\gamma}_p$，并一直以之持续于整个飞行弹道。为了进一步了解这一规律，不妨先求解方程式（9.37）。

按照常微分方程的求解方法，方程式（9.37）的齐次方程的特征根为 $-k_{xz}$，而非齐次特解就是 $\dot{\gamma} = \dot{\gamma}_p$，其全解可以表示为

$$\dot{\gamma}(s) = \dot{\gamma}_p + (\dot{\gamma}_0 - \dot{\gamma}_p) \exp(-k_{xz} s) \tag{9.38}$$

上式代表了弹箭飞行转速随距离的变化规律，表明当弹箭飞行距离 $s \to \infty$ 时，$\dot{\gamma}(s) \to \dot{\gamma}_p$。图 9.10 描述了转速 $\dot{\gamma}(s)$ 从炮口（$s = 0$）的初始转速 $\dot{\gamma}_0$ 变化到平衡

转速 $\dot\gamma_p$ 的过渡过程。图中 $\dot\gamma(s) \geqslant \dot\gamma_p$ 的曲线代表了线膛炮发射尾翼弹的转速过渡过程,表明当 $\dot\gamma_0 \geqslant \dot\gamma_p$ 时,转速从 $\dot\gamma_0$ 衰减至 $\dot\gamma_p$。$\dot\gamma_0 \leqslant \dot\gamma_p$ 的曲线代表了滑膛炮发射尾翼弹的转速过渡过程,表明当 $\dot\gamma_0 \leqslant \dot\gamma_p$ 时,转速从 $\dot\gamma_0$ 增大到 $\dot\gamma_p$ 的过渡过程。上述过渡过程的快慢主要取决于极阻尼力矩参数 k_{xz} 的大小。

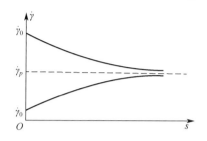

图 9.10　低旋尾翼弹的转速-距离曲线

由于尾翼弹设置有多片尾翼,其极阻尼力矩一般都很大(特别是大翼展张开式尾翼),所以实际上尾翼弹的转速从 $\dot\gamma_0$ 变至平衡转速 $\dot\gamma_p$ 所需时间都很短。因此,当平衡转速 $\dot\gamma_p$ 随飞行速度变化时,瞬时转速 $\dot\gamma$ 也几乎与 $\dot\gamma_p$ 同步变化。图 9.11 为平衡转速 $\dot\gamma_p$、瞬时转速 $\dot\gamma$、飞行速度 v 随距离 s 变化曲线的示意图。图中曲线表明,瞬时转速 $\dot\gamma$ 的变化略滞后于平衡转速 $\dot\gamma_p$ 的变化。也就是说,在转速过渡过程后,当平衡转速 $\dot\gamma_p$ 下降时,瞬时转速 $\dot\gamma$ 略高于 $\dot\gamma_p$;当平衡转速 $\dot\gamma_p$ 上升时,瞬时转速 $\dot\gamma$ 则略低于平衡转速 $\dot\gamma_p$;除在炮口附近瞬时转速 $\dot\gamma$ 与平衡转速 $\dot\gamma_p$ 相差较大外,在随后的弹道上瞬时转速与平衡转速基本相同,即 $\dot\gamma(s) \approx \dot\gamma_p(s)$。由于在较长的一段弹道上平衡转速 $\dot\gamma_p$ 都可视为常数,因而将方程式 (9.37) 取 $\dfrac{\mathrm{d}\dot\gamma}{\mathrm{d}s}=0$,可以导出

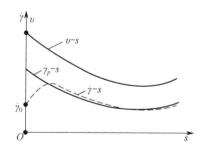

图 9.11　低旋尾翼弹的速度、瞬时转速和平衡转速随距离 s 的变化曲线

$$\frac{\dot\gamma}{v} = \frac{\dot\gamma_p}{v} = \frac{k_{xw}\delta_f}{k_{xz}} \tag{9.39}$$

可以看出，比值 $\dfrac{\dot{\gamma}}{v}$ 仅随 $\dfrac{k_{xw}}{k_{xz}}$ 变化而缓慢地变化。

将尾翼弹的转速方程式（9.36）作变量代换，由于 $\dot{\gamma} = \dfrac{\mathrm{d}s}{\mathrm{d}t} \cdot \dfrac{\mathrm{d}\gamma}{\mathrm{d}s} = v\gamma'$，故有

$$\ddot{\gamma} = \dot{v}\gamma' + v\dfrac{\mathrm{d}\gamma'}{\mathrm{d}t} = \dot{v}\gamma' + v^2\gamma'' \tag{9.40}$$

在平射试验条件下，由于弹道倾角 $\theta \approx 0$，此时第 3 章的阻力方程式（3.174）可简写为

$$\dfrac{\mathrm{d}v}{\mathrm{d}t} \approx -b_x v^2, \qquad b_x(Ma) = \dfrac{\rho S}{2m} c_x(Ma) \tag{9.41}$$

将式（9.41）代入式（9.40），有

$$\ddot{\gamma} = \dot{v}\gamma' + v^2\gamma'' = -b_x v^2 \gamma' + v^2\gamma'' \tag{9.42}$$

故式（9.36）可简写为

$$\gamma'' + b_{\gamma 1}\gamma' = b_{\gamma 0} \tag{9.43}$$

$$b_{\gamma 1} = k_{xz} - b_x, \quad b_{\gamma 0} = k_{xw}\delta_f \tag{9.44}$$

对于非旋尾翼弹，有 $\delta_f = 0$，即 $b_{\gamma 0} = 0$，则由式（9.43）可解得

$$b_{\gamma 1} = -\dfrac{\gamma''}{\gamma'} \tag{9.45}$$

代入式（9.44），整理可得

$$m'_{xz}(Ma) = \dfrac{2C}{\rho Sld}(b_{\gamma 1} + b_x(Ma)) = \dfrac{2C}{\rho Sld}\left(b_x(Ma) - \dfrac{\gamma''}{\gamma'}\right) \tag{9.46}$$

从上面公式可见，对于非旋尾翼弹，只要采用线膛炮发射试验方法，并确定出 $b_x(Ma)$，γ'' 和 γ' 的取值，即可根据上式确定尾翼弹的旋转阻尼力矩系数导数 $m'_{xz}(Ma)$。

对于 $\delta_f \neq 0$ 的低速旋转尾翼弹，可采用两次发射试验的方法，即：先用外形相同尾翼无斜置角（$\delta_f = 0$）的非旋弹箭，按非旋尾翼弹线膛炮发射试验方法确定尾翼弹的旋转阻尼力矩系数导数 $m'_{xz}(Ma)$；再用尾翼斜置角 $\delta_f \neq 0$ 的低速旋转弹箭，用滑膛炮发射确定该尾翼弹的导转力矩系数导数 $m'_{xw}(Ma)$。

2. 尾翼弹转速测试平射试验场地布置

对旋转尾翼弹，用纸靶测试的弹箭平射试验确定其旋转阻尼力矩系数较实用，其试验场地布置与纸靶测弹箭姿态的试验基本相同，如图 9.12 所示。

图中，沿射向的预定弹道的 s_1，s_2，$\cdots$，s_n 处布置若干个转角测量站，每个测量站可以采用纸靶或摄影等方法测出弹箭飞行到该站时的转角。同时，还布置测量弹箭飞行距离–时间或速度–时间的测试设备。例如，可布置若干区截装置和与之相配合的多路测时仪，或者采用初速雷达。这项试验可在室内或野外靶场

图 9.12 尾翼弹转速测试场地布置示意图

实施,后者要求试验时的环境条件必须满足无雨、无雪,基本无风等气象条件。由于尾翼弹飞行旋转角变化的周期性,为了判读上的方便,一般前两个测量站间的距离应略小于弹箭旋转一周所飞行的距离。按上述布置,每作一次射击试验即可测出弹箭飞行到 $s_1, s_2, \cdots, s_n$ 处时的旋转角 $\gamma_1, \gamma_2, \cdots, \gamma_n$ 和一组时间-位置数据。因此,尾翼弹平射试验所获取的数据形式为

$$(\gamma_i, s_i) \text{ 和 } (s_i, t_i) \quad (i = 1, 2, \cdots, n) \tag{9.47}$$

或

$$(\gamma_i, s_i)(i = 1, 2, \cdots, n) \text{ 和 } (v_j, t_j) \quad (j = 1, 2, \cdots, n_r) \tag{9.48}$$

实际应用中,图 9.12 所示的转速试验一般多采用纸靶测试方法测量尾翼弹转角规律。由于它与纸靶测弹箭姿态的试验测试场地布置基本相同,因而常常与纸靶测弹箭姿态的试验合并实施。常用的方法是在弹箭发射前,在尾翼弹其中一片尾翼上涂上慢干油漆或颜料,或者在该尾翼片上安装(焊接)一根直径很小的柱形短销钉,使之在靶纸上留下记号,通过判读各张靶纸上留下的尾翼擦痕测量其转角。

按照上述测试原理,那么这种平射试验方法理论上是否可以用于旋转稳定弹箭的转速试验?实际上结果是否定的,主要原因如下:

(1) 旋转稳定弹转速很高,按上面方法测试转角精度不高,且测试难度很大;

(2) 由于弹体飞行转速衰减缓慢,而场地布置测试距离又不够长,难以确定 γ'' 的数值;

(3) 实际测出的旋转阻尼力矩系数误差偏大,其可信度不高。

因此,如果将上述方法用于旋转稳定弹箭极阻尼力矩的测量,这几乎是不可能实现的。

9.4.2 旋转力矩系数的辨识方法

尾翼弹旋转力矩系数试验与辨识方法分为两次射击试验方法和一次射击试验方法。原理上,两者都能辨识出尾翼弹旋转力矩系数,但前者方法针对性更强,辨识更容易。

9.4.2.1 两次射击试验确定旋转力矩系数的辨识

对于实测数据[式(9.47)或式(9.48)],可设下面尾翼弹飞行转角随时

间的变化规律为

$$\gamma(s) = a_0 + a_1 s + a_2 s^2 \tag{9.49}$$

以多项式（9.46）为数学模型，采用2.1.2节的线性最小二乘法，设辨识目标函数为

$$Q = \sum_{i=1}^{n} (\gamma_i - \gamma(s_i))^2 \tag{9.50}$$

求解代数方程 $\dfrac{\partial Q}{\partial a_j} = 0$ ($j=0,1,2$)，即可确定出回归方程，即

$$\gamma(s) = \hat{a}_0 + \hat{a}_1 s + \hat{a}_2 s^2 \tag{9.51}$$

将上式对距离 s 求导，可得

$$\gamma'(s) = \frac{d\gamma}{ds} = \hat{a}_1 + 2\hat{a}_2 s, \quad \gamma''(s) = \frac{d\gamma'}{ds} = 2\hat{a}_2 \tag{9.52}$$

利用数据 (s_i, t_i) ($i=1,2,\cdots,n$) 或 (v_j, t_j) ($j=1,2,\cdots,n_r$)，采用第6章的方法可以确定测试段弹道中点位置 $s_M = \dfrac{s_1 + s_n}{2}$ 的阻力参数 $b_x(Ma_{s_M})$，代入式（9.46）中即可得出极阻尼力矩系数导数换算公式，即

$$m'_{xz}(Ma_{s_M}) = \frac{2C}{\rho S l d}\left(b_x(Ma_{s_M}) - \frac{\gamma''(s_M)}{\gamma'(s_M)}\right) = \frac{2C}{\rho S l d}\left(b_x(Ma_{s_M}) - \frac{2\hat{a}_2}{\hat{a}_1 + 2\hat{a}_2 s_M}\right) \tag{9.53}$$

$$Ma_{s_M} = v(s_M)/c_s$$

式中：s_M 为测试中点位置到炮口的距离；Ma_{s_M}、$v(s_M)$ 和 c_s 分别为弹箭飞到中点位置时刻的马赫数、速度和声速。

由9.4.1节可知，对于低速旋转尾翼弹，可分别测 $b_{\gamma 1}$ 和 $b_{\gamma 0}$，即先用一发尾翼无倾角（$\delta_f = 0$）的弹箭（采用滑动弹带）在线膛炮中发射，按上面方法由式（9.53）计算出 $m'_{xz}(Ma)$，然后用一发外形相同有尾翼倾角 δ_f 的尾翼弹以相同的装药发射，测出平衡转速（$\gamma''(s_p) = 0$），最后将上一次试验求出 $b_{\gamma 1}$ 和第二次试验数据算出的 $\gamma'(s_p)$ 代入式（9.43），可得

$$b_{\gamma 0}(s_p) = b_{\gamma 1} \gamma'(s_p), \quad \text{平衡转速点 } s_p \text{ 有 } \gamma''(s_p) = 0 \tag{9.54}$$

由此，根据式（9.44）和式（9.35），得

$$m'_{xw}(Ma_{s_M}) = \frac{2C}{\rho S l} k_{xw}(Ma_{s_M}) = \frac{2C}{\rho S l} \cdot \frac{b_{\gamma 0}}{\delta_f} = \frac{2C}{\rho S l} \cdot \frac{b_{\gamma 1}}{\delta_f} \gamma'(s_p) \tag{9.55}$$

此法两次发射的试验条件控制要求马赫数 Ma 保持一致，以减小测试结果误差。

9.4.2.2 一次射击确定旋转力矩系数的试验与辨识

实际上，仅用火炮发射一发有尾翼倾角 δ_f 的弹箭，同时测出式（9.47）或式（9.48）为核心的数据群。采用最小二乘法拟合该数据群，也可同时求出这两个旋转力矩参数 $b_{\gamma 1}$ 和 $b_{\gamma 0}$。具体试验方法是：按图9.21所示的场地布置，先用

滑膛炮发射带有尾翼倾角 δ_f 的弹箭，测出式（9.47）或式（9.48）为主的数据群应覆盖到平衡转速出现后的一段弹道，其中 $s(t_i)$ 或 $v(t_i)$ 数据点可以不同，但应完全覆盖转角测试区域；再进行最小二乘法数据拟合辨识尾翼弹的参数 $b_{\gamma 1}$ 和 $b_{\gamma 0}$。辨识方法有如下两种。

1. 旋转力矩系数的线性最小二乘法辨识方法

求解弹箭自由飞行转速方程式（9.43）可得出解析解，即

$$\gamma(s) = \gamma_0 + \frac{b_{\gamma 0}}{b_{\gamma 1}} s + \frac{b_{\gamma 0} a_\gamma}{b_{\gamma 1}} (1 - \exp(-b_{\gamma 1} s)) \quad (9.56)$$

$$a_\gamma = \frac{b_{\gamma 1} \gamma'_s}{b_{\gamma 0}} - 1 \quad (9.57)$$

将式（9.56）作坐标平移，有

$$\gamma(s - s_M) = \gamma_M + \frac{b_{\gamma 0}}{b_{\gamma 1}}(s - s_M) + \frac{b_{\gamma 0} a_{\gamma M}}{b_{\gamma 1}}[1 - \exp(-b_{\gamma 1}(s - s_M))] \quad (9.58)$$

$$a_{\gamma M} = \frac{b_{\gamma 1} \gamma'_{sM}}{b_{\gamma 0}} - 1 \quad (9.59)$$

$$s_M = \frac{s_1 + s_n}{2} \quad (9.60)$$

式中：γ_M 为尾翼弹飞到 $s = s_M$ 处的转角。

由于 $b_{\gamma 1} = k_{xz} - b_x$ 是很小的量（约在 $10^{-5} \rightarrow 10^{-3}$ 量级），故在平射试验弹道测试段的范围内，可认为 $b_{\gamma 1}(s - s_M)$ 是小量值（不大于 0.15）。将 $\exp(-b_{\gamma 1}(s - s_M))$ 作泰勒级数展开，有

$$\exp(-b_{\gamma 1}(s - s_M)) = 1 - b_{\gamma 1}(s - s_M) + \frac{b_{\gamma 1}^2}{2}(s - s_M)^2 - \frac{b_{\gamma 1}^3}{6}(s - s_M)^3 + \frac{b_{\gamma 1}^4}{24}(s - s_M)^4 \cdots$$

因而由于上式第 4 项以后的各项（第 4 项 $\frac{b_{\gamma 1}^4}{24}(s-s_M)^4$ 的值已在 10^{-5} 量级）远远小于 1。由此，式（9.58）可近似写为

$$\gamma(s - s_M) \approx b_1 + b_2(s - s_M) + b_3(s - s_M)^2 + b_4(s - s_M)^3 \quad (9.61)$$

$$b_1 = \gamma_M, \quad b_2 = \frac{b_{\gamma 0}}{b_{\gamma 1}}(1 + a_{\gamma M}), \quad b_3 = \frac{1}{2} b_{\gamma 0} a_{\gamma M}, \quad b_4 = \frac{1}{6} b_{\gamma 0} b_{\gamma 1} a_{\gamma M} \quad (9.62)$$

若将式（9.61）作为线性最小二乘法的数学模型，利用试验数据［式（9.47）或式（9.48）］，即可辨识出 b_1, b_2, b_3, b_4，代入式（9.62）即可求得

$$b_{\gamma 1} = -\frac{3 b_4}{b_3}, \quad b_{\gamma 0} = b_2 b_{\gamma 1} + 2 b_3 \quad (9.63)$$

利用数据 (s_i, t_i) $(i=1,2,\cdots,n)$ 或数据 (v_j, t_j) $(j=1,2,\cdots,J)$，由第 6 章

的方法即可换算出阻力参数 $b_x(Ma_{s_M})$ 和马赫数 Ma_{s_M}，将它们连同式（9.63）代入式（9.53）和式（9.55），即可求出尾翼弹旋转阻尼力矩系数导数 $m'_{xz}(Ma_{s_M})$ 和导转力矩系数导数 $m'_{xw}(Ma_{s_M})$ 的值。

应该说明，由于采用了近似的数学模型式（9.61），要求尾翼弹的转角在短距离（不大于300m）内转速随距离的变化量足够大，且能达到平衡点转速 $\dot{\gamma}_p$，因此上述方法仅适用于尾翼展弦比不太小的弹箭。如果尾翼弹不能满足这一要求，则须以式（9.56）为数学模型，按照下面方法辨识相关参数，以确定尾翼弹的旋转阻尼力矩系数导数 $m'_{xz}(Ma_{s_M})$ 和导转力矩系数导数 $m'_{xw}(Ma_{s_M})$。

2. 旋转力矩系数的非线性最小二乘法辨识方法

由于式（9.56）是非线性的函数，为便于书写，令

$$a_1 = \gamma_0 + \frac{b_{\gamma 0} a_\gamma}{b_{\gamma 1}}, a_2 = \frac{b_{\gamma 0}}{b_{\gamma 1}}, a_3 = \frac{b_{\gamma 0} a_\gamma}{b_{\gamma 1}}, a_4 = b_{\gamma 1} \tag{9.64}$$

尾翼弹的飞行转速函数式（9.56）则可简写为

$$\gamma(s) = a_1 + a_2 s - a_3 \exp(-a_4 s) \tag{9.65}$$

由此，可采用非线性最小二乘法辨识参数 a_1, a_2, a_3, a_4，辨识方法如下。

对于数据［式（9.47）或式（9.48）］，设气动参数辨识的目标函数为

$$Q = \sum_{i=1}^n (\gamma_i - \gamma(\boldsymbol{a}; s_i))^2 \tag{9.66}$$

式中：$\gamma(\boldsymbol{a}; s_i)$ 为尾翼弹的飞行转角计算值，可由函数式（9.65）计算得出。其中，$\boldsymbol{a}$ 为待辨识参数 a_1, a_2, a_3, a_4 的集合，用矩阵形式可表达为

$$\boldsymbol{a} = [a_1 \quad a_2 \quad a_3 \quad a_4]^T \tag{9.67}$$

与8.2.2节所述辨识方法类似，将转角函数 $\gamma(\boldsymbol{a}; t)$ 在待辨识参数 $\boldsymbol{a}$ 的第 l 次估计值 $\boldsymbol{a}^{(l)}$ 附近作泰勒级数展开，取其线性项得

$$\gamma(\boldsymbol{a}; s) = \gamma(\boldsymbol{a}^{(l)}; s) + \sum_{j=1}^4 \frac{\partial \gamma(\boldsymbol{a}^{(l)}; s)}{\partial a_j} \Delta a_j^{(l)} \tag{9.68}$$

$$\Delta a_j^{(l)} = a_j - a_j^{(l)} \quad (j = 1, 2, 3, 4) \tag{9.69}$$

为便于书写，令式（9.68）中 $\gamma(\boldsymbol{a}^{(l)}; s) = \gamma^{(l)}(s)$，将该式代入目标函数式（9.66），得

$$Q = \sum_{i=1}^n \left[\gamma_i - \gamma^{(l)}(s_i) - \sum_{j=1}^4 \frac{\partial \gamma(\boldsymbol{a}^{(l)}; s_i)}{\partial a_j} \Delta a_j^{(l)} \right]^2 \tag{9.70}$$

按照最小二乘法，由微分求极值的原理，由 $\frac{\partial Q}{\partial a_k} = 0 (k=1,2,3,4)$，不难写出具体的表达式为

$$\frac{\partial Q}{\partial a_k} = \sum_{i=1}^n 2 \left[\gamma_i - \gamma^{(l)}(s_i) - \sum_{j=1}^5 \frac{\partial \gamma(\boldsymbol{a}^{(l)}; s_i)}{\partial a_j} \Delta a_j^{(l)} \right] \left(-\frac{\partial \gamma(\boldsymbol{a}^{(l)}; s_i)}{\partial a_k} \right) = 0 \ (k=1,2,3,4) \tag{9.71}$$

为书写方便，将灵敏度 $\dfrac{\partial \gamma}{\partial a_k}$ 设为

$$p_k(t_i) = \frac{\partial \gamma(\boldsymbol{a};s_i)}{\partial a_k} \quad (k=1,2,3,4) \tag{9.72}$$

代入方程式（9.71），有

$$\sum_{i=1}^{n} \left\{ [\gamma_i - \gamma^{(l)}(s_i)] - \sum_{j=1}^{4} p_j(s_i) \Delta a_j^{(l)} \right\} p_k(s_i) = 0 \quad (k=1,2,3,4)$$

移项整理得

$$\sum_{i=1}^{n} \sum_{j=1}^{4} p_j(s_i) p_k(s_i) \Delta a_j^{(l)} = \sum_{i=1}^{n} \left\{ [\gamma_i - \gamma_0^{(l)}(s_i)] p_k(s_i) \right\} \quad (k=1,2,3,4)$$

$$\tag{9.73}$$

令

$$\begin{cases} A_{jk} = \sum\limits_{i=1}^{n} p_j(s_i) p_k(s_i) \\ B_k = \sum\limits_{i=1}^{n} [\gamma_i - \gamma_0^{(l)}] p_k(s_i) \end{cases} \quad (j,k=1,2,3,4) \tag{9.74}$$

则方程式（9.73）可简写为

$$\sum_{j=1}^{4} A_{jk} \Delta a_j^{(l)} = B_k \quad (k=1,2,3,4) \tag{9.75}$$

将上面代数方程进一步写成矩阵形式的正规方程，有

$$[A_{jk}]_{4\times 4} [\Delta a_j^{(l)}]_{4\times 1} = [B_k]_{4\times 1} \tag{9.76}$$

正规方程的矩阵元素 A_{jk}，B_k 可由式（9.74）计算，矩阵 $[\Delta a_k^{(l)}]_{4\times 1}$ 为

$$[\Delta a_k^{(l)}]_{4\times 1} = [\Delta a_1^{(l)} \quad \Delta a_2^{(l)} \quad \Delta a_3^{(l)} \quad \Delta a_4^{(l)}]^{\mathrm{T}} \tag{9.77}$$

由式（9.69）改写，可得

$$a_k^{(l+1)} = a_k^{(l)} + \Delta a_k^{(l)} \quad (k=1,2,3,4) \tag{9.78}$$

在式（9.74）中，灵敏度 $p_k(t_i)$ 可采用由式（9.65）导出下面公式计算，即

$$\begin{cases} p_1(s) = \dfrac{\partial \gamma(\boldsymbol{a};s)}{\partial a_1} = 1, \quad p_2(s) = \dfrac{\partial \gamma(\boldsymbol{a};s)}{\partial a_2} = s \\ p_3(s) = \dfrac{\partial \gamma(\boldsymbol{a};s)}{\partial a_3} = -\exp(-a_4 s), \quad p_4(s) = \dfrac{\partial \gamma(\boldsymbol{a};s)}{\partial a_4} = a_3 s \exp(-a_4 s) \end{cases} \tag{9.79}$$

显见，由上式就能够计算出矩阵元素 A_{jk}，B_k 表达式中的灵敏度 $p_k(s_i)$（$k=1,2,3,4$），进而由式（9.74）可确定矩阵元素 A_{jk}，B_k。此时，利用正规方程式（9.76）解出 $[\Delta a_k]_{4\times 1}$，代入式（9.78），即可迭代计算出参数 a_1,a_2,a_3,a_4 的估计值 $\hat{a}_1,\hat{a}_2,\hat{a}_3,\hat{a}_4$。

由式（9.64）可得
$$b_{\gamma 1} = \hat{a}_4, \quad b_{\gamma 0} = \hat{a}_4 \hat{a}_2 \tag{9.80}$$

将上式代入式（9.44），注意到式（3.106），整理可得

$$m'_{xz}(Ma_{s_M}) = \frac{2C}{\rho Sld} k_{xz}(Ma_{s_M}) = \frac{2C}{\rho Sld}(b_{\gamma 1} + b_x(Ma_{s_M})) = \frac{2C}{\rho Sld}(\hat{a}_4 + b_x(Ma_{s_M})) \tag{9.81}$$

$$m'_{xw}(Ma_{s_M}) = \frac{2C}{\rho Sl} k_{xw}(Ma_{s_M}) = \frac{2C}{\rho Sl} \frac{\hat{a}_2 \hat{a}_4}{\delta_f} \tag{9.82}$$

式中：Ma_{s_M} 为尾翼弹飞行到测试中点位置 s_M 时刻的马赫数，利用数据 (s_i, t_i) $(i = 1, 2, \cdots, n)$ 或 (v_j, t_j) $(j = 1, 2, \cdots, n_r)$，按照第 6 章的方法利用实测气象数据即可以确定中点位置 s_M 的阻力参数 $b_x(Ma_{s_M})$ 和 Ma_{s_M} 的数值。

9.5 尾翼弹转速仰射试验与气动参数辨识方法

本节所述尾翼弹的转速试验方法是指采用弹载转速传感器测试尾翼弹转速的仰射试验方法，其主要立足于讨论尾翼弹的转速试验与旋转力矩参数的辨识方法。具体内容包括尾翼稳定弹箭的平衡转速系数、旋转阻尼力矩系数和导转力矩系数的试验原理和方法，以及利用试验获取的转速-时间数据曲线辨识弹箭极阻尼力矩系数导数和导转力矩系数导数的计算方法。

9.5.1 尾翼弹气动力仰射转速试验

针对获取尾翼稳定弹箭转速试验数据群的要求，本节主要讨论转速试验原理，以及从转速试验数据群辨识弹箭旋转阻尼力矩系数导数所用的辨识模型、辨识准则及辨识计算方法。

9.5.1.1 试验原理

由 9.4.1 节内容可知，尾翼弹旋转运动规律满足转速方程式（9.36），即
$$\ddot{\gamma} + k_{xz} v_w \dot{\gamma} = k_{xw} v_w^2 \delta_f$$

$$k_{xz}(Ma) = \frac{\rho Sld}{2C} m'_{xz}(Ma), \quad k_{xw}(Ma) = \frac{\rho Sl}{2C} m'_{xw}(Ma)$$

根据 9.4.1 节的分析结果可知，当极阻尼力矩与导转力矩相平衡时，尾翼弹基本达到平衡转速 $\dot{\gamma}_p$。此时，式（9.36）中转速的变化率 $\ddot{\gamma}(t)$ 的量值相对于 $k_{xz} v \dot{\gamma}$ 可以忽略不计，平衡转速 $\dot{\gamma}_p$ 可表示为

$$\dot{\gamma}_p(t) = \frac{k_{xw}(Ma)\delta_f}{k_{xz}(Ma)} v_w(t) = \frac{m'_{xw}(Ma)\delta_f}{m'_{xz}(Ma)d} v_w(t) = b_p(Ma) v_w(t) \tag{9.83}$$

上式表明，平衡转速与飞行速度 v_w 成正比，而与初始转速 $\dot{\gamma}_0$ 无关。平衡转速系

数 $b_p(Ma)$ 为弹箭平衡转速 $\dot{\gamma}_p$ 与其相对于空气飞行速度 v_w 之比，即

$$b_p(Ma) = \frac{k_{xw}(Ma)\delta_f}{k_{xz}(Ma)} = \frac{m'_{xw}(Ma)\delta_f}{m'_{xz}(Ma)d} \quad (9.84)$$

显见，只要测出弹箭飞行速度 $v_w(t)$ 和平衡转速 $\dot{\gamma}_p(t)$，即可由式（9.83）确定 $b_p(Ma)$ 值。同理，利用平衡转速前尾翼弹转速过渡过程的弹箭飞行速度 $v_w(t)$ 和转速 $\dot{\gamma}_p(t)$ 等变化曲线数据，以式（9.36）作为数学模型，采用适当的辨识方法可以确定对应马赫数的旋转力矩系数导数 $m'_{xw}(Ma)\delta_f$ 和 $m'_{xz}(Ma)$。

9.5.1.2 尾翼稳定弹箭的转速试验数据群

尾翼弹旋转力矩系数仰射试验一般采用弹载转速传感器测试系统等测试设备，其场地布置和其他试验条件与旋转稳定弹箭极阻尼力矩系数仰射试验的要求均相似，但试验所用的发射装置是根据试验需要确定，并且有更多的选择。根据尾翼弹转速试验需要，除了可采用线膛炮外，还可采用包括滑膛炮、火箭发射器等装置。因此，尾翼稳定弹箭的转速试验可以参照旋转稳定弹箭的转速试验方法实施。

参照上一节的弹箭试验原理及方法，利用尾翼稳定弹箭进行转速试验，可以获取试验数据群如下：

(1) 各发转速测量弹的转速-时间曲线数据为

$$(\dot{\gamma}_i, t_i) \quad (i = 1, 2, \cdots, n_\gamma) \quad (9.85)$$

(2) 各发弹的全弹道的弹箭飞行速度、空间坐标-时间曲线数据为

$$(v_{xi}, v_{yi}, v_{zi}, x_i, y_i, z_i; t_i) \quad (i = 1, 2, \cdots, n) \quad (9.86)$$

(3) 射击时刻气象诸元随高度的分布曲线数据。

采用距离弹道升弧段较近的气象站探空仪实测气象诸元数据，按照 4.2 节的方法，经处理后换算出了被试弹箭射击时刻的气象数据随高度的分布曲线数据，其形式为

$$(h_i, x_{Ti}, y_{Ti}, z_{Ti}, p_i, \tau_i, w_{xi}, w_{zi}) \quad (i = 1, 2, \cdots, n_q) \quad (9.87)$$

式中：h_i 为海拔分层高度/m；(x_{Ti}, y_{Ti}, z_{Ti}) 为当发试验弹箭的气象诸元数据的测点位置在地面坐标系中的坐标/m；p_i 为测点位置的气压数据/Pa；τ_i 为测点位置的虚温/K；w_{xi}，w_{zi} 分别为测点位置的纵风和横风风速/(m/s)。

(4) 各发弹射击时刻的地面气象诸元数据为

$$(h_0, p_0, \tau_0, w_{x0}, w_{z0}) \quad (9.88)$$

式中：$h_0, p_0, \tau_0, w_{x0}, w_{z0}$ 分别为炮口位置的海拔分层高度/m，气压数据/Pa，虚温/K，纵风速/(m/s) 和横风速/(m/s)。

(5) 试验弹箭的弹径 d、弹长 l、质量 m、极转动惯量 C、赤道转动惯量 A，其中弹径、弹长可取成图定值。

上面数据即可构成尾翼弹转速试验的完备数据群，以此为基础，采用后面各

节所述的辨识方法，即可确定其旋转力矩系数等气动参数。

9.5.2 从平衡转速数据辨识平衡转速系数

所谓平衡转速数据是指从转速过渡过程数据结束分界点以后的弹箭全飞行过程的转速试验数据，这里将该数据分界点定义为弹箭转速达到起始平衡转速的时间点。由9.4节可知，在该时间点之后，弹道上尾翼弹的瞬时转速与平衡转速基本相同。因此可以认为，在此后的弹道段上，弹箭的飞行转速数据可认为是平衡转速数据，即 $\dot{\gamma}(t) \approx \dot{\gamma}_p(t)$。本节主要讨论利用平衡转速弹道段的数据建立目标函数，进而推导平衡转速系数的参数辨识方法。

9.5.2.1 目标函数与辨识参数

将9.5.1.2节的转速试验数据群中数据［式（9.85）］从分界点（第 $n_{\gamma d}$ 数据点）开始，截取出其后的平衡转速数据，构成平衡转速数据群，即

$$(\dot{\gamma}_{pi}, t_{pi}) \quad (i=(n_{\gamma p}+1),(n_{\gamma p}+2),\cdots,n_\gamma) \tag{9.89}$$

$$(v_{xi},v_{yi},v_{zi},x_i,y_i,z_i;t_i) \quad (i=(n_{\gamma p}+1),(n_{\gamma p}+2),\cdots,n_\gamma) \tag{9.90}$$

$$(h_i,x_{Ti},y_{Ti},z_{Ti},p_i,\tau_i,w_{xi},w_{zi}) \quad (i=1,2,\cdots,n_q) \tag{9.91}$$

$$(h_0,p_0,\tau_0,w_{x0},w_{z0}) \tag{9.92}$$

对于上面数据群，设辨识旋转力矩系数辨识的目标函数为

$$Q = \sum_{i=n_{\gamma p}}^{n_\gamma} [\dot{\gamma}_{pi} - \dot{\gamma}_p(b_p(Ma);t_i)]^2 \tag{9.93}$$

$$\dot{\gamma}_p(t) = b_p(Ma) v_w(t) \tag{9.94}$$

式中：平衡转速系数 $b_p(Ma)$ 为待辨识参数；$\dot{\gamma}(b_p(Ma);t_i)$ 为由平衡转速方程式（9.83）确定的理论计算值。

将平衡转速系数 $b_p(Ma)$ 写成 B-样条函数 $B(Ma)$ 的线性组合形式，即

$$b_p(Ma) = \sum_{j=0}^{J-1} a_{j+1} \cdot B_{jm_B}(Ma) \tag{9.95}$$

式中：$a_j(j=1,2,\cdots,J)$ 为待辨识的参数；Ma 为马赫数；$B_{jm_B}(Ma)$（$j=0,1,\cdots,J-1$）为第 j 个 m_B 次 B-样条基函数，如采用3阶2次B样条，则 $J=5, m_B=2$，由递归表达式（8.97）确定。

将式（9.95）代入平衡转速方程式（9.83），有

$$\dot{\gamma}_p(t) = \left[\sum_{j=0}^{4} a_{j+1} \cdot B_{j,2}(Ma)\right] v_w(t) \tag{9.96}$$

将上式代入式（9.93），由此目标函数式（9.93）可改写为

$$Q = \sum_{i=n_{\gamma p}}^{n_\gamma} \left[\dot{\gamma}_{pi} - \sum_{j=1}^{5} a_j \cdot B_{j-1,2}(Ma) \cdot v_w(t_{pi})\right]^2 \tag{9.97}$$

$$v_w(t_{pi}) = \sqrt{(v_x(t_{pi}) - w_x(t_{pi}))^2 + v_y^2(t_{pi}) + (v_z(t_{pi}) - w_z(t_{pi}))^2} \quad (9.98)$$

式中：基函数 $B_{j-1,2}(Ma)$ 由递推公式（8.103）计算。

由上式可以看出，由目标函数辨识平衡转速系数的问题就转化为辨识参数 $a_j(j=1,2,3,4,5)$ 的问题。为了便于叙述，这里将待辨识参数 $a_j(j=1,2,\cdots,5)$ 的集合以矩阵形式表示为

$$\boldsymbol{a} = [a_1, a_2, \cdots, a_5]^T \quad (9.99)$$

需要指出，目标函数式（9.97）中，速度数据 $v_r(t_{pi})$ 为已知量，其取值需要通过雷达测试数据[式（9.90）]和气象诸元数据[式（9.91）]插值，由式（9.98）计算确定。

9.5.2.2 平衡转速系数的辨识方法

由于弹箭平衡转速表达式（9.95）中，转速 $\dot{\gamma}_p(t)$ 是关于待辨识参数 $a_j(j=1,2,\cdots,5)$ 的线性函数，因此可采用线性最小二乘法的方法，将目标函数式（9.97）直接对参数 $a_j(j=1,2,\cdots,5)$ 求偏导，有

$$\frac{\partial Q}{\partial a_k} = \sum_{i=n_{\gamma p}}^{n_\gamma} \frac{\partial}{\partial a_k} \left[\dot{\gamma}_{pi} - \sum_{j=0}^{4} a_{j+1} \cdot B_{j,2}(Ma) \cdot v_w(t_{pi}) \right]^2$$

$$= \sum_{i=n_{\gamma p}}^{n_\gamma} \left\{ 2 \cdot v_w(t_{pi}) \left[\dot{\gamma}_{pi} - \sum_{j=0}^{4} a_{j+1} \cdot B_{j,2}(Ma) \cdot v_w(t_{pi}) \right] B_{k,2}(Ma) \right\} \quad (k=1,2,\cdots,5)$$

$$(9.100)$$

由微分求极值原理，取 $\frac{\partial Q}{\partial a_k} = 0 (k=1,2,\cdots,5)$，可得出线性代数方程为

$$\sum_{j=0}^{4} \left[\sum_{i=n_{\gamma p}}^{n_\gamma} B_{j,2}(Ma) B_{k,2}(Ma) \cdot v_w^2(t_{pi}) \right] a_{j+1} = \sum_{i=n_{\gamma p}}^{n_\gamma} v_w(t_{pi}) \dot{\gamma}_{pi} B_{k,2}(Ma) \quad (k=1,2,\cdots,5)$$

$$(9.101)$$

令

$$\begin{cases} a_{jk} = \sum_{i=n_{\gamma p}}^{n_\gamma} B_{j,2}(Ma) B_{k,2}(Ma) \cdot v_w^2(t_{pi}) \\ b_k = \sum_{i=n_{\gamma p}}^{n_\gamma} v_w(t_{pi}) \dot{\gamma}_{pi} B_{k,2}(Ma) \end{cases} \quad (j,k=1,2,\cdots,5) \quad (9.102)$$

则将代数方程式（9.101）写成矩阵形式，即

$$\begin{bmatrix} a_{11} & a_{12} & \cdots & a_{15} \\ a_{21} & a_{22} & \cdots & a_{25} \\ & \cdots & \cdots & \\ a_{51} & a_{52} & \cdots & a_{55} \end{bmatrix} \begin{bmatrix} a_1 \\ a_2 \\ \vdots \\ a_5 \end{bmatrix} = \begin{bmatrix} b_1 \\ b_2 \\ \vdots \\ b_5 \end{bmatrix} \quad (9.103)$$

求解上面矩阵方程,则可以得出待辨识参数 $\boldsymbol{a} = [a_1, a_2, \cdots, a_5]^T$ 的估计值 $\hat{\boldsymbol{a}}$,即

$$\hat{\boldsymbol{a}} = [\hat{a}_1, \hat{a}_2, \cdots, \hat{a}_5]^T \tag{9.104}$$

代入式(9.95),即可得出计算尾翼弹平衡转速系数的估计值计算公式,即

$$\hat{b}_p(Ma) = \sum_{j=0}^{4} \hat{a}_{j+1} \cdot B_{j,2}(Ma) \tag{9.105}$$

9.5.3 转速过渡过程数据辨识旋转力矩系数

转速过渡过程的试验数据是指从炮口到平衡转速数据分界点之后一段时间的数据,转速过渡过程的曲线数据一般取为从炮口到弹箭转速达到平衡转速后 0.2~2s 左右的时间点,其转速数据点数为 $n_{\gamma g} = n_{\gamma p} + \Delta n_p$,式中:$\Delta n_p$ 为平衡转速后 0.2~2s 左右的时间区间的数据点数。

9.5.3.1 转速过渡过程的试验数据截取与初始转速的确定

将 9.5.1.2 节的转速试验数据群中数据[式(9.85)~式(9.88)]截取出平衡转速前的数据,即形成转速过渡过程的数据群,即

$$(\dot{\gamma}_i, t_i), \quad i = 1, 2, \cdots, n_{\gamma g}, \quad n_{\gamma g} = n_{\gamma p} + \Delta n_p \tag{9.106}$$

$$(v_{xi}, v_{yi}, v_{zi}, x_i, y_i, z_i; t_i) \quad (i = 1, 2, \cdots, n_p) \tag{9.107}$$

$$(h_i, x_{Ti}, y_{Ti}, z_{Ti}, p_i, \tau_i, w_{xi}, w_{zi}) \quad (i = 1, 2, \cdots, n_{qp}) \tag{9.108}$$

$$(h_0, p_0, \tau_0, w_{x0}, w_{z0}) \tag{9.109}$$

对于数据[式(9.106)],尾翼弹达到平衡转速前的数据规律通常用转速函数 $\dot{\gamma}(t)$ 来表示。转速函数 $\dot{\gamma}(t)$ 满足

$$\ddot{\gamma} + k_{xz} v_r \dot{\gamma} = k_{xw} v_r^2 \delta_f$$

其转速 $\dot{\gamma}(t)$ 数值解计算的初值条件为当 $t=0$ 时,有

$$\dot{\gamma}(0) = \dot{\gamma}_0 \tag{9.110}$$

式中:弹箭在炮口的起始转速 $\dot{\gamma}_0$ 为已知量。

对于弹箭转速测试的火炮发射试验,可以近似认为炮口附近的转速衰减规律满足 2 次多项式函数,即

$$\dot{\gamma}(t) = b_1 + b_2 t + b_3 t^2$$

采用类似于第 6 章的初速外推方法,利用炮口附近的转速数据即可确定 2 次多项式回归方程,即

$$\dot{\gamma}(t) = \hat{b}_1 + \hat{b}_2 t + \hat{b}_3 t^2 \tag{9.111}$$

取 $t=0$ 代入初值条件式(9.110),即可得

$$\dot{\gamma}_0 = \hat{b}_1$$

需要指出,上述弹箭转速测试的火炮发射试验分两种情况:一种是线膛炮发射带有滑动弹带的尾翼弹(例如,制导炮弹、长杆式尾翼稳定脱壳穿甲弹等);

另一种是滑膛炮发射的带有闭气环的尾翼弹。前者的初始转速 $\dot{\gamma}_0$ 的大小取决于滑动弹带的滑动效率，其量值显著大于平衡转速，后者的初始转速 $\dot{\gamma}_0$ 则接近于零。

9.5.3.2 数学模型

利用 9.5.2.2 节方法，确定出的平衡转速系数 $\hat{b}_p(Ma)$，将其向炮口方向按马赫数适当外延，由平衡转速方程式（9.83）可得

$$m'_{xw}(Ma) = \frac{b_p(Ma)d}{\delta_f} m'_{xz}(Ma) \tag{9.112}$$

或者

$$m'_{xz}(Ma) = \frac{\delta_f}{b_p(Ma)d} m'_{xw}(Ma) \tag{9.113}$$

上面两种关系式中，作为变量代换公式，前者适用于线膛炮发射的尾翼弹，后者适用于滑膛炮发射的尾翼弹。

对于线膛炮发射的尾翼弹，由于弹箭出炮口时的转速 $\dot{\gamma}_0$ 远高于尾翼弹的平衡转速 $\dot{\gamma}_p$，可以认为在弹箭转速达到平衡转速前的一段弹道上，弹箭的转速很高且衰减很快，此时，方程式（9.36）中尾翼弹的旋转阻尼力矩起主要作用。由此将关系式（9.112）代入式（9.36），整理可得线膛炮发射的尾翼弹在炮口附近一段距离的转速方程，即

$$\ddot{\gamma}(t) = \frac{\rho S l d}{2C} m'_{xz}(Ma) \left[b_p(Ma) v_r^2(t) - v_r(t) \dot{\gamma}(t) \right] \tag{9.114}$$

该方程描述了线膛炮发射的尾翼弹在炮口附近一段距离的转速变化规律。方程中，尾翼弹的平衡转速系数为已知量，由式（9.105）计算其估计值 $\hat{b}_p(Ma)$。如果在这段距离上尾翼弹的转速变化很快，而飞行速度变化不大（即旋转阻尼力矩系数导数 m'_{xz} 足够大），可将 m'_{xz} "固化" 为辨识参数，将该式用作辨识线膛炮发射的尾翼弹旋转阻尼力矩系数导数 m'_{xz} 的数学模型。

如果在这段距离上尾翼弹的转速变化不快，而飞行速度变化较大（旋转阻尼力矩系数导数 m'_{xz} 不大），则最好将旋转阻尼力矩系数导数 $m'_{xz}(Ma)$ 写成 B-样条函数的线性组合形式，即

$$m'_{xz}(Ma) = \sum_{j=0}^{J-1} a_{zj+1} \cdot B_{jm_B}(Ma) \tag{9.115}$$

式中：$a_{zj}(j=1,2,\cdots,J)$ 为待辨识的参数；Ma 为马赫数；$B_{jm_B}(Ma)(j=0,1,2,\cdots,J)$ 为 m_B 次 B-样条基函数。

按照 8.5.1 节的 B-样条函数确定方法，这里采用 3 阶 2 次 B-样条（$m_B=2$，$J=4$），将式（9.115）代入式（9.114），有

$$\ddot{\gamma}(t) = \frac{\rho Sld}{2C}\left[\sum_{j=0}^{4} a_{zj+1} \cdot B_{j,2}(Ma)\right]\left[b_p(Ma)v_r^2(t) - v_r(t)\dot{\gamma}(t)\right] \quad (9.116)$$

式（9.116）为线膛炮发射尾翼弹在平衡转速前的转速变化规律，它可用作描述平衡转速前的数据规律的数学模型。

同样地，对于滑膛炮发射的尾翼弹，由于弹箭出炮口时的转速接近于零，可以认为在平衡转速前的一段弹道上，弹箭的转速很低，因而在达到平衡转速前的一段弹道上，方程式（9.36）中尾翼导转力矩起主要作用。由此将关系式（9.113）代入式（9.36），整理可得滑膛炮发射的尾翼弹在炮口附近一段距离的转速方程，即

$$\begin{aligned}\ddot{\gamma}(t) &= \frac{\rho Sl\delta_f}{2C}m'_{xw}(Ma)v_r^2(t) - \frac{\rho Sl\delta_f}{2C}m'_{xw}(Ma)\frac{v_r(t)\dot{\gamma}(t)}{b_p(Ma)}\\ &= \frac{\rho Sl\delta_f}{2C}m'_{xw}(Ma)\left[v_r^2(t) - \frac{v_r(t)\dot{\gamma}(t)}{b_p(Ma)}\right]\end{aligned} \quad (9.117)$$

方程式（9.117）中尾翼弹的平衡转速系数 $\hat{b}_p(Ma)$ 为已知量，该方程描述了滑膛炮发射尾翼弹在炮口附近一段距离的变化规律，可用作辨识滑膛炮发射的尾翼弹导转力矩系数导数 m'_{xw} 的数学模型。

类似地，将导转力矩系数导数 $m'_{xw}(Ma)$ 写成 B-样条函数的线性组合形式，即

$$m'_{xw}(Ma) = \sum_{j=1}^{J} a_{uj} \cdot B_{jm_B}(Ma) \quad (9.118)$$

式中：$a_{uj}(j=1,2,\cdots,J)$ 为待辨识的参数；$B_{jm_B}(Ma)(j=0,1,2,\cdots,J)$ 为样条基函数；Ma 为马赫数。如采用 2 次 B-样条，即 $m_B=2, J=4$，其确定方法同前（见 8.5.1 节）。

将式（9.118）代入式（9.117），有

$$\ddot{\gamma} = \frac{\rho Sld}{2C}\delta_f\left[\sum_{j=0}^{4} a_{uj+1} \cdot B_{j,2}(Ma)\right]\left[v_r^2(t) - \frac{v_r(t)\dot{\gamma}(t)}{b_p(Ma)}\right] \quad (9.119)$$

上式为滑膛炮发射尾翼弹在平衡转速前的转速变化规律，它可用作描述平衡转速前的数据规律的数学模型。

9.5.3.3 目标函数

按照最小二乘原理，一般可将辨识旋转力矩系数的目标函数形式设为

$$Q = \sum_{i=1}^{n_{\gamma p}}\left[\dot{\gamma}_i - \dot{\gamma}(t_i)\right]^2 \quad (9.120)$$

式中：$\dot{\gamma}(t_i)$ 为由转速方程式（9.36）确定的理论计算值。

对于线膛炮发射尾翼弹的试验，由于平衡转速前尾翼弹的阻尼力矩起主导作用，故采用转速数学模型式（9.116），即 $\dot{\gamma}(t_i)$ 是参数 $a_{zj}(j=1,2,\cdots,5)$ 的函

数。为便于书写，将参数 $a_{zj}(j=1,2,\cdots,5)$ 的集合定义为 $\boldsymbol{a}_z$，并以矩阵形式表示为

$$\boldsymbol{a}_z = [\begin{matrix} a_{z1} & a_{z2} & \cdots & a_{z5} \end{matrix}]^{\mathrm{T}} \tag{9.121}$$

故目标函数式（9.120）的形式可表示为

$$Q = \sum_{i=1}^{n_{\gamma p}} [\dot{\gamma}_i - \dot{\gamma}(\boldsymbol{a}_z;t_i)]^2 \tag{9.122}$$

式中：$\boldsymbol{a}_z$ 为采用数学模型式（9.116）计算转速的待辨识参数。利用转速试验数据 [式（9.106）~式（9.109）]，采用后面所述的辨识方法，即可确定其估计值 $\hat{\boldsymbol{a}}_z$。将 $\hat{\boldsymbol{a}}_z$ 代入式（9.115），即得出尾翼弹旋转阻尼力矩系数导数 $m'_{xz}(Ma)$ 曲线的计算公式，再代入式（9.112）即可计算导转力矩系数导数 $m'_{xw}(Ma)$ 曲线。

同样地，对于滑膛炮发射尾翼弹试验，由尾翼弹转速数学模型式（9.119）可知，$\dot{\gamma}(t_i)$ 是待辨识参数 $a_{wj}(j=1,2,3,4,5)$ 的函数。将参数 $a_{wj}(j=1,2,3,4,5)$ 的集合定义为 $\boldsymbol{a}_w$，并以矩阵形式表示为

$$\boldsymbol{a}_w = [\begin{matrix} a_{w1} & a_{w2} & a_{w3} & a_{w4} & a_{w5} \end{matrix}]^{\mathrm{T}} \tag{9.123}$$

故目标函数式（9.120）的形式可表示为

$$Q = \sum_{i=1}^{n_{\gamma p}} [\dot{\gamma}_i - \dot{\gamma}(\boldsymbol{a}_w;t_i)]^2 \tag{9.124}$$

式中：$\boldsymbol{a}_w$ 为采用数学模型式（9.119）计算转速的待辨识参数。利用转速试验数据 [式（9.106）~式（9.109）]，采用后面所述的辨识方法，即可确定其估计值 $\hat{\boldsymbol{a}}_w$。将 $\hat{\boldsymbol{a}}_w$ 代入式（9.118）及得出尾翼弹的导转力矩系数导数 $m'_{xw}(Ma)$ 曲线，再代入式（9.113）即可计算旋转阻尼力矩系数导数 $m'_{xz}(Ma)$ 曲线。

9.5.3.4 旋转力矩系数的辨识计算

观察目标函数式（9.122）与式（9.124）可以发现，两者在形式上完全相同，故这里将转速函数 $\dot{\gamma}(\boldsymbol{a}_z;t)$ 和 $\dot{\gamma}(\boldsymbol{a}_w;t)$ 统一表示为函数 $\dot{\gamma}(\boldsymbol{a};t)$ 一并介绍。为便于书写，这里目标函数式（9.122）与式（9.124）统一表示为

$$Q = \sum_{i=1}^{n_{\gamma p}} [\dot{\gamma}_i - \dot{\gamma}(\boldsymbol{a};t_i)]^2 \tag{9.125}$$

与8.2.2节所述辨识方法类似，将函数 $\dot{\gamma}(\boldsymbol{a};t)$ 在待辨识参数 $\boldsymbol{a} = [a_1,a_2,a_3,a_4,a_5]^{\mathrm{T}}$ 的第 l 次估计值 $\boldsymbol{a}^{(l)}$ 附近作泰勒级数展开，取其线性项得

$$\dot{\gamma}(\boldsymbol{a};t) = \dot{\gamma}(\boldsymbol{a}^{(l)};t) + \sum_{j=1}^{5} \frac{\partial \dot{\gamma}(\boldsymbol{a}^{(l)};t)}{\partial a_j} \Delta a_j^{(l)} \tag{9.126}$$

$$\Delta a_j^{(l)} = a_j - a_j^{(l)} \quad (j=1,2,\cdots,5) \tag{9.127}$$

为便于书写，令式（9.126）中，$\dot{\gamma}(\boldsymbol{a}^{(l)};t) = \dot{\gamma}^{(l)}(t)$，将该式代入目标函数（9.125），得

$$Q = \sum_{i=1}^{n_\gamma} \left[\dot{\gamma}_i - \dot{\gamma}^{(l)}(t_i) - \sum_{j=1}^{5} \frac{\partial \dot{\gamma}(\boldsymbol{a}^{(l)};t)}{\partial a_j} \Delta a_j^{(l)} \right]^2 \quad (9.128)$$

按照最小二乘法，由微分求极值的原理，由 $\frac{\partial Q}{\partial a_j}=0$（$j=1,2,\cdots,5$），则不难写出矩阵形式的正规方程，即

$$[A_{jk}]_{5\times 5}[\Delta a_j^{(l)}]_{5\times 1} = [B_k]_{5\times 1} \quad (9.129)$$

式中：矩阵元素

$$\begin{cases} A_{jk} = \sum_{i=1}^{n_\gamma} p_j(t_i)p_k(t_i) \\ B_k = \sum_{i=1}^{n_\gamma} [\dot{\gamma}_i - \dot{\gamma}_0^{(l)}]p_k(t_i) \end{cases} \quad (j,k=1,2,\cdots,6) \quad (9.130)$$

$$p_k(t_i) = \frac{\partial \dot{\gamma}(\boldsymbol{a};t_i)}{\partial a_k} \quad (k=1,2,\cdots,5) \quad (9.131)$$

式中：$p_k(t_i)$ 为灵敏度。

正规方程式（9.129）的矩阵 $[\Delta a_k^{(l)}]_{5\times 1}$ 可表示为

$$[\Delta a_k^{(l)}]_{5\times 1} = [\Delta a_1^{(l)} \quad \Delta a_2^{(l)} \quad \Delta a_3^{(l)} \quad \Delta a_4^{(l)} \quad \Delta a_5^{(l)}]^T \quad (9.132)$$

由于式（9.126）是一个近似表达式，因此式（9.127）中的参数 a_k 本身也是近似量，这里将其视为 $(l+1)$ 次近似，故将式（9.127）改写为辨识迭代计算公式，即

$$a_k^{(l+1)} = a_k^{(l)} + \Delta a_k^{(l)} \quad (k=1,2,\cdots,5) \quad (9.133)$$

显见，只要由能够计算灵敏度 $p_k(t_i)$（$k=1,2,\cdots,5$），即可由式（9.130）确定矩阵元素 A_{jk}，B_k。此时，利用正规方程式（9.129）解出 $[\Delta a_k]_{5\times 1}$，代入式（9.133），即可迭代计算出参数 a_1,a_2,a_3,a_4,a_5 在最小二乘准则条件下的最佳估计值。按照 C-K 方法，灵敏度 $P_k(t_i)$ 可采用下面导出的微分方程计算数值解。

9.5.3.5 辨识方法中计算灵敏度的微分方程

按照 C-K 方法，计算正规方程式（9.129）中矩阵元素 A_{jk}，B_k，需要建立灵敏度的具体表达式或微分方程来计算表达式（9.130）中的灵敏度 $p_k(t_i)$（$k=1,2,\cdots,5$）。由于线膛炮与滑膛炮发射尾翼弹的转速方程形式不同，其灵敏度 $p_k(t_i)$ 满足的微分方程形式也各不相同，因此，下面分别推导线膛炮与滑膛炮发射尾翼弹灵敏度 $P_k(t_i)$ 满足的微分方程。

1. 线膛炮发射尾翼弹的灵敏度的微分方程

由于线膛炮发射尾翼弹的转速方程为式（9.116），按照 C-K 方法，需将

式（9.116）两端分别对 $a_k(k=1,2,\cdots,5)$ 求偏导数，有

$$\frac{\mathrm{d}p_k(t)}{\mathrm{d}t} = \frac{\partial}{\partial a_k}\left(\frac{\mathrm{d}\dot{\gamma}(t)}{\mathrm{d}t}\right)$$

$$= \frac{\partial}{\partial a_k}\left\{\frac{\rho S l d}{2C}\left[\sum_{j=0}^{4} a_{zj+1} \cdot B_{jm_B}(Ma)\right][b_p(Ma)v_r^2(t) - v_r(t)\dot{\gamma}(t)]\right\}$$

$$= -\frac{\rho S l d}{2C}b_p(Ma)B_{km_B}(Ma)v_r^2(t) -$$

$$\frac{\rho S l d}{2C}\left[\sum_{j=0}^{4} a_j \cdot B_{jm_B}(Ma)\right]v_r(t)p_k(t) - \frac{\rho S l d}{2C}B_{km_B}(Ma)v_r(t)\dot{\gamma}(t) \quad (k=1,2,3,4,5)$$

(9.134)

这样就由上述 5 个灵敏度微分方程式（9.134）联立转速方程式（9.116），即得到由 6 个微分方程构成的方程组及辅助关系式，即

$$\begin{cases}\ddot{\gamma}(t) = \frac{\rho S l d}{2C}\left[\sum_{j=0}^{4} a_{zj+1} \cdot B_{jm_B}(Ma)\right][b_p(Ma)v_w^2(t) - v_w(t)\dot{\gamma}(t)] \\ \dfrac{\mathrm{d}p_k(t)}{\mathrm{d}t} = -\frac{\rho S l d}{2C}b_p(Ma)B_k(Ma)v_w^2(t) - \\ \qquad\qquad \frac{\rho S l d}{2C}\left[\sum_{j=0}^{4} a_{zj+1} \cdot B_{jm_B}(Ma)\right]v_w(t)p_k(t) - \qquad (k=1,2,3,4,5)\\ \qquad\qquad \frac{\rho S l d}{2C}B_k(Ma)v_w(t)\dot{\gamma}(t) \\ v_w = \sqrt{(v_x - w_x)^2 + v_y^2 + (v_z - w_z)^2}\end{cases}$$

(9.135)

式中：微分方程中参数 S, l, d, C 为弹箭结构确定的物理量，均为射击试验前已测出得已知值；(v_x, v_y, v_z) 可由弹道跟踪雷达测试数据[式（9.90）]插值确定；空气密度 ρ 则由随高度变化的气象诸元数据[式（9.91）]插值后换算确定。在实际应用时，可以根据数值积分计算的时间 t，采用插值计算方法由雷达测试数据[式（9.90）]确定 (v_x, v_y, v_z, y)，再利用时间 t 对应的弹箭飞行高度数据 y，由气象数据[式（9.91）]插值确定 y 对应的气象诸元数据，进而由第 4 章的换算方法完成对应的空气密度 ρ 和声速 c_s，以完成马赫数 $Ma = \dfrac{v_w}{c_s}$ 的计算。

2. 滑膛炮发射尾翼弹的灵敏度的微分方程

由于滑膛炮发射尾翼弹的数学模型为转速方程式（9.119），按照 C-K 方法，需将该式两端分别对 a_k（$k=1, 2, \cdots, 5$）求偏导数，即

$$\frac{\mathrm{d}p_k(t)}{\mathrm{d}t} = \frac{\partial}{\partial a_k}\left(\frac{\mathrm{d}\dot{\gamma}(t)}{\mathrm{d}t}\right) = \frac{\partial}{\partial a_k}\left\{\frac{\rho Sld}{2C}\delta_f\left[\sum_{j=0}^{4}a_{zj+1}\cdot B_{jm_B}(Ma)\right]\left[v_w^2(t) - \frac{v_r(t)\dot{\gamma}(t)}{b_p(Ma)}\right]\right\}$$

$$= -\frac{\rho Sld}{2C}\delta_f B_{km_B}(Ma)v_w^2(t) -$$

$$\frac{\rho Sld}{2C}\frac{\delta_f}{b_p(Ma)}\left[\sum_{j=0}^{4}a_{zj+1}\cdot B_{jm_B}(Ma)\right]v_w(t)P_k(t) -$$

$$\frac{\rho Sld}{2C}\frac{\delta_f}{b_p(Ma)}B_{km_B}(Ma)v_w(t)\dot{\gamma}(t)$$

$$(k = 1,2,3,4,5) \quad (9.136)$$

这样就由上述 5 个灵敏度微分方程式（9.136）与转速方程式（9.119）联立，即构成由 6 个微分方程的方程组及辅助关系式，即

$$\begin{cases}\ddot{\gamma} = \frac{\rho Sld}{2C}\delta_f\left[\sum_{j=0}^{4}a_{zj+1}\cdot B_{jm_B}(Ma)\right]\left[v_w^2(t) - \frac{v_r(t)\dot{\gamma}(t)}{b_p(Ma)}\right] \\ \frac{\mathrm{d}p_k(t)}{\mathrm{d}t} = -\frac{\rho Sld}{2C}\delta_f B_k(Ma)v_w^2(t) - \\ \qquad \frac{\rho Sld}{2C}\frac{\delta_f}{b_p(Ma)}\left[\sum_{j=0}^{4}a_{zj+1}\cdot B_{jm_B}(Ma)\right]v_w(t)p_k(t) - \\ \qquad \frac{\rho Sld}{2C}\frac{\delta_f}{b_p(Ma)}B_k(Ma)v_w(t)\dot{\gamma}(t) \\ v_w(t) = \sqrt{(v_x(t)-w_x)^2 + v_y^2(t) + (v_z(t)-w_z)^2}\end{cases}$$

$$(k = 1, 2, 3, 4, 5) \quad (9.137)$$

与线膛炮发射尾翼弹试验数据的处理方法类似，上式中微分方程中参数 S,l, d,C,δ_f 均为已知的弹箭结构确定的物理量；尾翼弹在 t 时刻的飞行速度分量 (v_x,v_y,v_z) 数值测试数据[式（9.90）]插值确定；利用随高度变化的气象诸元数据[式（9.91）]插值，采用第 4 章的方法计算空气密度 ρ 和声速 c_s，并计算马赫数 $Ma = \dfrac{v_r}{c_s}$。

同样地，如果靶场不具备测量气象诸元高空分布的条件，而只能提供地面气象诸元的测量值。作为一种补救措施，无论哪一种模型均可采用低射角射击试验方式，以实测地面气象代替当地海拔对应的标准气象条件地面值，气象诸元随高度的数据则按照标准分布计算给出。

需要说明，前述旋转力矩的辨识过程中，式（9.9）和式（9.86）的主要作用是获取弹箭飞行速度和高度。实际上，用式（8.8）和第 8 章的方法处理数据取代它们同样可以达到这一目的。

第10章 飞行姿态遥测数据的气动参数辨识方法

根据气动参数辨识原理可知，弹箭飞行姿态数据是其气动力矩辨识的最重要的基础，利用它能够分析判断弹箭飞行稳定性和散布规律。模拟弹箭在空中的飞行运动精确与否，在很大程度上取决于弹体空气动力和力矩的精度。一般在弹箭研制过程中，采用弹箭平射试验可以比较精确地测出弹箭飞行姿态等状态参数的变化规律，并辨识出表征弹箭气动力的参数。但利用平射试验数据辨识气动参数一般只分布在有限的几个孤立的马赫数上，在实际应用中通常采用它们校正弹箭气动参数的计算曲线或者风洞试验数据。由于弹箭平射试验多应用于弹箭研制的中期，所获取的气动参数与后期的弹体参数往往有些轻微调整，因此在弹箭研制的后期，特别是应用于火控或射表仰射试验时，各气动参数定会存在系统误差。如果直接采用它们进行弹道计算，所描述的弹箭全弹道飞行姿态变化规律往往觉得还不够全面、完整。因此对弹道计算精度要求较高的场合，常常在弹箭平射试验确定弹箭气动参数的基础上，还需要利用全弹道的弹箭飞行姿态数据确定或校正全飞行弹道上气动参数，以使得计算弹道与实测弹道更加吻合。实际上，对于弹药系统研制进程而言，弹药研制人员在试验之前大都对被试弹箭的气动力特性掌握了一定的数据基础。由于弹载传感器遥测技术主要应用于弹箭全弹道飞行试验，因此利用全弹道飞行姿态数据辨识气动参数的主要目的是进一步补充和完善弹箭气动参数曲线，使弹道计算模型描述全弹道飞行过程更加精准，并为建立火控和射表模型打下更加坚实的基础。

10.1 太阳方位角测姿数据辨识气动参数的方法

早在20世纪70年代初期（1973年），R. H. Whyte 和 W. H. Mermagen 导出了利用太阳方位角传感器数据，应用 C-K 方法辨识弹箭的气动参数的方法。到了80年代，美国等技术先进的国家在弹箭气动力飞行试验中就大量应用太阳方位角传感器测量旋转稳定弹箭的飞行角运动。采用太阳方位角传感器测弹箭姿态的气动力飞行试验就是5.4.4节所述方法 D 和 D^* 的典型例子。

10.1.1 太阳方位角传感器测姿试验数据群与量测方程

按照上述采用太阳方位角传感器测弹箭飞行姿态的气动力飞行试验的典型例子，可以将这类试验获取的飞行状态数据按统一的时间基准（即相同的0时刻）

归纳为

$$(\sigma_i, \dot{\gamma}_i; t_i) \quad (i = 1, 2, \cdots, n_\sigma) \tag{10.1}$$

$$(v_{xi}, v_{yi}, v_{yi}, x_i, y_i, z_i; t_i) \quad (i = 1, 2, \cdots, n) \tag{10.2}$$

试验的气象诸元数据为

$$(h_i, x_{Ti}, y_{Ti}, z_{Ti}, p_i, \tau_i, w_{xi}, w_{zi}) \quad (i = 1, 2, \cdots, n_q) \tag{10.3}$$

$$(h_0, p_0, \tau_0, w_{x0}, w_{z0}) \tag{10.4}$$

将式（10.1）~式（10.4）联立以及试验弹箭的弹径 d、弹长 l、质量 m、极转动惯量 C、赤道转动惯量 A 和射角等射击条件数据即构成本节辨识计算的数据群。

与第9章的方法类似，如果靶场不具备测量气象诸元高空分布的条件，而只能提供地面气象诸元的测量值。作为一种补救措施，无论哪一种方法均可采用低射角射击进行飞行试验，以实测地面气象数据代替当地海拔对应的标准气象条件地面值，气象诸元随高度的数据则按照标准分布计算给出。

对于数据［式（10.1）］，可以通过推导太阳方位角 σ 及转速 $\dot{\gamma}$ 与弹道方程中描述弹箭飞行运动的状态参量之间的关系来建立太阳方位角传感器测姿试验的量测方程。根据《实验外弹道学》[6] 的太阳方位角传感器的测量原理及测试方法，弹箭旋转过程中，当太阳光线经狭缝入射至光电器件表面时，太阳方位角传感器会产生电脉冲信号，如图 10.1 所示。

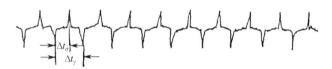

图 10.1 太阳方位角传感器产生的电脉冲信号

图中，光电脉冲宽度比值 $x_\sigma = \Delta t_\sigma / \Delta t_\gamma$ 与太阳方位角有关，根据太阳方位角传感器的测量原理，可得出太阳方位角的换算公式为

$$\sigma = \frac{\pi}{2} - \sigma_n = \frac{\pi}{2} - \arctan[A x_\sigma - B] \tag{10.5}$$

式中：A、B 为传感器标定参数，由专门的标定方法确定。

为便于表达，设指向太阳方向的单位矢量为 i_s，在 3.1.1 节的基准坐标系 $O\text{-}x_N y_N z_N$ 中的几何关系如图 10.2 所示。

图中，θ_s 为指向太阳方向的高度角，表示太阳光线与水平面间的夹角，向上为正；ψ_s 为指向太阳的偏向角，表示太阳光线与基准坐标系 xoy 平面之间的夹角，以基准坐标系 x 轴方向为基准，向右转角为正。注意，这里相当于左手法则（不是右手法则）确定正向。在试验射击前，可以在试验现场用经纬仪或炮兵方向盘标定，也可以根据试验场地的地理位置信息以及试验的日期和时间，结合天文学理论,对太阳高度角 θ_s 和太阳偏向角 ψ_s 进行精确地计算确定。

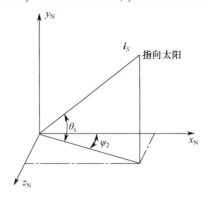

图 10.2 太阳方向单位矢量与基准坐标系的几何关系

由图 10.2 可知,指向太阳方向的单位矢量 $\boldsymbol{i}_s$ 在基准坐标系中可表示为

$$\boldsymbol{i}_s = \cos\theta_s\cos\psi_s \boldsymbol{i}_N + \sin\theta_s \boldsymbol{j}_N + \cos\theta_s\sin\psi_s \boldsymbol{k}_N \quad (10.6)$$

由于弹体的角运动是三维的,即俯仰、偏航与滚动运动,因此必须确定二维角运动数据与弹箭的俯仰与偏航的角运动的关系。由第 3 章可知,在基准坐标系中弹轴的方位表示为俯仰角 φ_a 及偏航角 φ_2,利用变换关系式(3.5)和式(3.6),可导出弹轴方向的单位矢量在基准坐标系中的表达式为

$$\boldsymbol{i}_\xi = \cos\varphi_a\cos\varphi_2 \boldsymbol{i}_N + \cos\varphi_2\sin\varphi_a \boldsymbol{j}_N + \sin\varphi_2 \boldsymbol{k}_N \quad (10.7)$$

取指向太阳方向的单位矢量与弹轴方向的单位矢量的点积,即可得

$$\cos\sigma = \boldsymbol{i}_s \cdot \boldsymbol{i}_\xi$$
$$= \cos\theta_s\cos\psi_s\cos\varphi_a\cos\varphi_2 + \sin\theta_s\cos\varphi_2\sin\varphi_a + \cos\theta_s\sin\psi_s\sin\varphi_2 \quad (10.8)$$

此式提供了弹箭的太阳方位角 σ 与指向太阳方向角 θ_s, ψ_s 及弹轴相对地球基准系的方向角之间的关系。在气动参数辨识计算中可用作数据 [式(10.1)] 的量测方程,通过太阳方位角 σ 的计算值拟合其实测值,采用最大似然法将角运动方程与太阳方位角数据进行拟合计算,以确定弹轴的运动规律。

应该说明,由于地球自转影响,虽然太阳方向的高度角 θ_s 和偏向角 ψ_s 是随时间变化的量,但相对弹箭飞行时间来说仍可以将它们视为常量。以 2015 年 9 月 15 日 7:00 在某地的观测数据为例,若射向为正北,弹箭飞行时间约 1min 左右,太阳高度角和太阳偏向角的变化如图 10.3 所示。

图中,横坐标为时间变化量(单位 s)。可以看出,太阳高度角和偏向角在整个弹箭飞行过程中大约变化 0.1°~0.2°,变化量很小,相对于测量误差可以忽略。因此,在数据处理计算中,可以认为太阳高度角和偏向角是常量。

利用太阳方位角传感器测量转速时,通过测量弹箭旋转一周的光电脉冲时间间隔来计算光电脉冲的频率,该频率称为光电滚转角速率,即

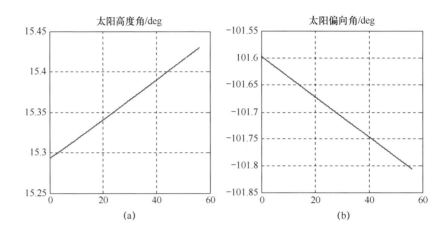

图 10.3 太阳高度角和太阳偏向角变化曲线

$$\dot{\gamma}_s = \frac{2\pi}{\Delta t_\gamma} \quad (10.9)$$

它与弹箭自转角速率 $\dot{\gamma}$ 非常接近,由六自由度刚体弹道方程式(3.91)的最后一个方程可知,弹箭滚转角速率 ω_ξ 与自转角速率 $\dot{\gamma}$ 的关系可写为

$$\omega_\xi = \dot{\gamma} + \dot{\varphi}_a \sin\varphi_2 \quad (10.10)$$

由于旋转弹箭的自转角速率 $\dot{\gamma} \gg \dot{\varphi}_a$,故其滚转角速率 $\omega_\xi \approx \dot{\gamma} \approx \dot{\gamma}_s$。

对于数据[式(10.2)],则可以利用六自由度刚体弹道方程建立量测方程,即

$$\begin{cases} v_x = v\cos\psi_2\cos\theta_a, & v_y = v\cos\psi_2\sin\theta_a, & v_z = v\sin\psi_2 \\ x = x, & y = y, & z = z \end{cases} \quad (10.11)$$

10.1.2 太阳方位角数据分段辨识气动参数的方法

一种常用的气动参数辨识方法是采用描述弹箭飞行角运动的动力学方程为数学模型,用其数值解拟合太阳方位角-时间数据辨识其俯仰力矩系数导数。在北约组织(NATO)STANAG 4144—2005 所采用的辨识计算流程(参见图 5.1 和图 5.2)中就包含了这类型的方法。针对国外通行的流程,本节讨论太阳方位角数据分段的气动参数辨识方法。

为简单起见,可以将数据[式(10.1)]分解为

$$(\dot{\gamma}_i, t_i) \quad (i = 1, 2, \cdots, n_\sigma) \quad (10.12)$$

$$(\sigma_i, t_i) \quad (i = 1, 2, \cdots, n_\sigma) \quad (10.13)$$

对于转速数据[式(10.12)],可采用 9.3 节的极阻尼力矩系数辨识方法获取旋转稳定弹箭的极阻尼力矩系数导数 m'_{xz}。

对于太阳方位角数据[式(10.13)],利用 8.3.1 节的弹道划分方法,先将

数据［式（10.1）］分为N_σ段，其中第j段太阳方位角数据可表示为

$$(\sigma_{ji}, t_{ji}) \quad (i=1,2,\cdots,n_j, j=1,2,\cdots,N_z) \quad (10.14)$$

按照最大似然准则辨识方法，可采用式（10.8）和式（10.10）作为量测方程。由于太阳方位角传感器的测角误差一般在0.5°~1°范围，考虑到起始扰动对攻角的影响已大大衰减，马格努斯力矩的影响基本"淹没"在误差之中，因此在太阳方位角传感器测姿数据辨识气动参数的推导中仅仅考虑弹箭的俯仰力系数为待辨识参数。按照非线性空气动力学理论，这里将弹箭的俯仰力矩系数导数表示为

$$m'_z = m_{z1} + m_{z3}\delta_r^2 = c_1 + c_2\delta_r^2 \quad (10.15)$$

式中：$c_1 = m_{z1}$，$c_2 = m_{z3}$为俯仰力矩系数的1次导数和3次导数。将c_1，c_2作为待辨识参数，并以矢量矩阵形式表示为

$$\boldsymbol{C} = [c_1 \quad c_2]^T \quad (10.16)$$

按照最大似然法的准则函数式（2.78），可将第j段数据［式（10.14）］辨识气动力矩系数的目标函数表示为

$$Q(\boldsymbol{C}_j) = \sum_{i=1}^{n_j} [\boldsymbol{V}^T(\boldsymbol{C}_j;i)\boldsymbol{R}^{-1}(\boldsymbol{C}_j;i)\boldsymbol{V}(\boldsymbol{C}_j;i) + \ln|\boldsymbol{R}(\boldsymbol{C}_j;i)|] \quad (j=1,2,\cdots,N_z)$$

(10.17)

$$\boldsymbol{V}(\boldsymbol{C}_j;i) = \sigma(\boldsymbol{C}_j;t_{ji}) - \sigma_{ji} \quad (i=1,2,\cdots,n_{\sigma j}, j=1,2,\cdots,N_z) \quad (10.18)$$

按照误差矩阵$\boldsymbol{R}$的最优估计公式（2.84），有

$$\hat{\boldsymbol{R}}(\boldsymbol{C}_j) = \frac{1}{n_j}\sum_{i=1}^{n_j}[\sigma(\boldsymbol{C}_j;t_{ji}) - \sigma_{ji}]^2 \quad (j=1,2,\cdots,N_z) \quad (10.19)$$

按照牛顿-拉夫逊方法，其迭代修正计算公式（2.86）可写为

$$\boldsymbol{C}_j^{(l+1)} = \boldsymbol{C}_j^{(l)} + \Delta\boldsymbol{C}_j^{(l)} \quad (j=1,2,\cdots,N_z) \quad (10.20)$$

$$\Delta\boldsymbol{C}_j^{(l)} = -\left(\frac{\partial^2 Q}{\partial c_{kj}\partial c_{lj}}\right)^{-1}_{2\times 2}\left(\frac{\partial Q}{\partial c_{kj}}\right)_{2\times 1} \quad (k,l=1,2, j=1,2,\cdots,N_z) \quad (10.21)$$

式中：上标（l）代表参数$\boldsymbol{C}$的第l次迭代近似值；修正量$\Delta\boldsymbol{C}^{(l)}$由（2.87）式可计算得出。其中，矩阵元素

$$\begin{cases}\dfrac{\partial Q_j}{\partial c_{kj}} \approx \dfrac{2n_{\sigma j}(\sigma(t_{ji}) - \sigma_{ji})}{\sum\limits_{i=1}^{n_{\sigma j}}[\sigma(t_{ji}) - \sigma_{ji}]^2}\dfrac{\partial\sigma(t_{ji})}{\partial c_{kj}} \\ \dfrac{\partial^2 Q_j}{\partial c_{kj}\partial c_{lj}} \approx \dfrac{2n_{\sigma j}}{\sum\limits_{i=1}^{n_{\sigma j}}[\sigma(t_{ji}) - \sigma_{ji}]^2}\dfrac{\partial\sigma(t_{ji})}{\partial c_{lj}}\dfrac{\partial\sigma(t_{ji})}{\partial c_{kj}}\end{cases} \quad (k,l=1,2, j=1,2,\cdots,N_z)$$

(10.22)

从上式可见，完成上面式（10.20）的迭代计算，需要求出太阳方位角关于

待辨识参数 $c_{1j}, c_{2j}(j=1,2,\cdots,N_z)$ 的偏导数和太阳方位角在 $t=t_{ji}(j=1,2,\cdots,N_z, i=1,2,\cdots,n_j)$ 的值 $\dfrac{\partial \sigma(t_{ji})}{\partial c_{kj}}$ 和 $\sigma(t_{ji})$。由式（10.8）可得量测方程，即

$$\sigma = \arccos(\cos\theta_s\cos\psi_s\cos\varphi_a\cos\varphi_2 + \sin\theta_s\cos\varphi_2\sin\varphi_a + \cos\theta_s\sin\psi_s\sin\varphi_2) \quad (10.23)$$

将式（10.8）两边分别对参数 c_{1j}、c_{2j} 求偏导，得

$$\frac{\partial \sigma}{\partial c_k} = -\frac{\cos\theta_s\cos\psi_s}{\sin\sigma}\left(\sin\varphi_a\frac{\partial \varphi_a}{\partial c_k}\cos\varphi_2 + \cos\varphi_a\sin\varphi_2\frac{\partial \varphi_2}{\partial c_k}\right) +$$

$$\frac{\sin\theta_s}{\sin\sigma}\left(-\sin\varphi_2\frac{\partial \varphi_2}{\partial c_k}\sin\varphi_a + \cos\varphi_2\cos\varphi_a\frac{\partial \varphi_a}{\partial c_k}\right) +$$

$$\frac{\cos\theta_s\sin\psi_s}{\sin\sigma}\cos\varphi_2\frac{\partial \varphi_2}{\partial c_k} \quad (k=1,2) \quad (10.24)$$

令

$$p_{ak} = \frac{\partial \varphi_a}{\partial c_k}, \quad p_{bk}\frac{\partial \varphi_2}{\partial c_k} \quad (k=1,2) \quad (10.25)$$

故式（10.24）可写为

$$\frac{\partial \sigma}{\partial c_k} = -\frac{\cos\theta_s\cos\psi_s}{\sin\sigma}(p_{ak}\sin\varphi_a\cos\varphi_2 + p_{bk}\cos\varphi_a\sin\varphi_2) +$$

$$\frac{\sin\theta_s}{\sin\sigma}(-p_{bk}\sin\varphi_2\sin\varphi_a + p_{ak}\cos\varphi_2\cos\varphi_a) +$$

$$\frac{\cos\theta_s\sin\psi_s}{\sin\sigma}p_{bk}\cos\varphi_2 \quad (k=1,2) \quad (10.26)$$

$$\sin\sigma = \sqrt{1-(\cos\theta_s\cos\psi_s\cos\varphi_a\cos\varphi_2 + \sin\theta_s\cos\varphi_2\sin\varphi_a + \cos\theta_s\sin\psi_s\sin\varphi_2)^2} \quad (10.27)$$

由于太阳高度角 θ_s 和偏向角 ψ_s 为已知量，显见，只要求出上面两式中弹轴俯仰角 φ_a 和偏航角 φ_2，以及它们关于待辨识参数 $c_{1j}, c_{2j}(j=1,2,\cdots,N_z)$ 的偏导数 p_{ak} 和 $p_{bk}(k=1,2)$ 在 $t=t_{ji}(j=1,2,\cdots,N_z, i=1,2,\cdots,n_j)$ 的值，即可确定 $\dfrac{\partial \sigma(t_{ji})}{\partial c_{kj}}$ 和 $\sigma(t_{ji})$，进而完成式（10.20）的迭代计算。关于俯仰角 φ_a 和偏航角 φ_2，以及它们关于待辨识参数 $c_{1j}, c_{2j}(j=1,2,\cdots,N_z)$ 的偏导数 $\dfrac{\partial \varphi_a}{\partial c_k}$ 和 $\dfrac{\partial \varphi_2}{\partial c_k}(k=1,2)$ 的计算方法留在下一节继续讨论。

10.1.3 弹箭姿态运动的动力学模型及灵敏度方程

为建立弹箭姿态运动的动力学模型，将 $m_z' = c_1 + c_2\delta_r^2$ 代入六自由度刚体弹道方程式（3.91）的绕心运动方程，有

$$\begin{cases} \dfrac{d\omega_\eta}{dt} = \dfrac{\rho S l}{2A} v_w v_{w\zeta}(c_1 + c_2 \delta_r^2) - \dfrac{\rho S l d}{2A} v_w m'_{zz} \omega_\eta - \dfrac{\rho S l d}{2A} m''_y \omega_\xi v_{w\eta} - \dfrac{C}{A} \omega_\xi \omega_\zeta + \omega_\eta^2 \tan\varphi_2 \\ \dfrac{d\omega_\zeta}{dt} = -\dfrac{\rho S l}{2A} v_w v_{w\eta}(c_1 + c_2 \delta_r^2) - \dfrac{\rho S l d}{2A} v_w m'_{zz} \omega_\zeta - \dfrac{\rho S l d}{2A} m''_y \omega_\xi v_{w\zeta} + \dfrac{C}{A} \omega_\xi \omega_\eta - \omega_\eta \omega_\zeta \tan\varphi_2 \\ \dfrac{d\varphi_a}{dt} = \dfrac{\omega_\zeta}{\cos\varphi_2}, \quad \dfrac{d\varphi_2}{dt} = -\omega_\eta \end{cases}$$

(10.28)

将方程式（10.28）两端分别对待辨识参数 c_1, c_2 求偏导数，注意到弹箭俯仰力矩对其滚转运动没有影响，即 $\dfrac{\partial \omega_\xi}{\partial c_k} = 0$，故整理可得

$$\begin{cases} \dfrac{dp_{\eta k}}{dt} = \dfrac{\rho S l}{2A} v_w v_{w\zeta} \dfrac{\partial}{\partial c_k}(c_1 + c_2 \delta_r^2) - \dfrac{\rho S l d}{2A} v_w m'_{zz} p_{\eta k} - \\ \qquad \dfrac{C}{A} \omega_\xi p_{\zeta k} + 2\omega_\eta p_{\eta k} \tan\varphi_2 + \dfrac{\omega_\eta^2}{\cos^2 \varphi_2} p_{bk} \\ \dfrac{dp_{\zeta k}}{dt} = -\dfrac{\rho S l}{2A} v_w v_{w\eta} \dfrac{\partial}{\partial c_k}(c_1 + c_2 \delta_r^2) - \dfrac{\rho S l d}{2A} v_w m'_{zz} + \dfrac{C}{A} \omega_\xi p_{\eta k} - \quad (k=1,2) \\ \qquad \omega_\eta p_{\zeta k} \tan\varphi_2 - p_{\eta k} \omega_\zeta \tan\varphi_2 - \dfrac{\omega_\eta \omega_\zeta}{\cos^2 \varphi_2} p_{bk} \\ \dfrac{dp_{ak}}{dt} = \dfrac{1}{\cos\varphi_2} p_{\zeta k} + \omega_\zeta \dfrac{\sin\varphi_2}{\cos^2\varphi_2} p_{bk}, \quad \dfrac{dp_{bk}}{dt} = -p_{\eta k} \end{cases}$$

(10.29)

$$p_{\eta k} = \dfrac{\partial \omega_\eta}{\partial c_k}, \ p_{\zeta k} = \dfrac{\partial \omega_\zeta}{\partial c_k} \quad (k=1,2) \tag{10.30}$$

$$\dfrac{\partial}{\partial c_k}(c_1 + c_2 \delta_r^2) = \begin{cases} 1 + 2c_2 \dfrac{\partial \delta_r}{\partial c_1} & (k=1) \\ \delta_r^2 + 2c_2 \dfrac{\partial \delta_r}{\partial c_2} & (k=2) \end{cases} \tag{10.31}$$

其中，$\dfrac{\partial \delta_r}{\partial c_k}$ 由六自由度刚体弹道方程的关联物理参数表达式（3.93）的第 2 和 3 个方程可以导出得

$$\begin{aligned} \dfrac{\partial \delta_r}{\partial c_k} &= \dfrac{1}{v_w \sin\delta_r}\left(\dfrac{\partial v_{w\xi}}{\partial c_k}\right) \\ &= \dfrac{1}{v_w \sin\delta_r} \dfrac{\partial}{\partial c_k}((v - w_{x_2})\cos\delta_2 \cos\delta_1 - w_{y_2}\cos\delta_2 \sin\delta_1 - w_{z_2}\sin\delta_2) \end{aligned}$$

$$\approx -\frac{v-w_{x_2}}{v_w\sin\delta_r}\left(\sin\delta_2\cos\delta_1\frac{\partial\delta_2}{\partial c_k}+\cos\delta_2\sin\delta_1\frac{\partial\delta_1}{\partial c_k}\right) \quad (k=1,2) \quad (10.32)$$

将六自由度刚体弹道方程的辅助方程式（3.92）的 1 和 2 个方程的两端分别对待辨识参数 c_1，c_2 求偏导数，整理可得

$$\begin{cases}\dfrac{\partial\delta_2}{\partial c_k}=\dfrac{\cos\psi_2\cos\varphi_2}{\cos\delta_2}p_{bk}+\dfrac{\sin\psi_2\sin\varphi_2}{\cos\delta_2}p_{bk}\cos(\varphi_a-\theta_a)+\dfrac{\sin\psi_2\cos\varphi_2\sin(\varphi_a-\theta_a)}{\cos\delta_2}p_{ak}\\ \dfrac{\partial\delta_1}{\partial c_k}=\dfrac{\sin\varphi_2\sin(\varphi_a-\theta_a)}{\cos\delta_1\cos\delta_2}p_{bk}+\dfrac{\cos\varphi_2\cos(\varphi_a-\theta_a)}{\cos\delta_1\cos\delta_2}p_{ak}+\tan\delta_1\tan\delta_2\left(\dfrac{\partial\delta_2}{\partial c_k}\right)\end{cases}$$

$$(k=1,2) \quad (10.33)$$

根据上面推导过程，结合六自由度刚体弹道方程，可以归纳出太阳方位角及其灵敏度计算式（10.23）和式（10.26）所需的弹箭姿态运动的动力学模型与灵敏度方程联立，连同辅助方程式（10.34）和关联参数方程式（10.35）即构成方程式（10.36）。

$$\begin{cases}\sin\delta_2=\cos\psi_2\sin\varphi_2-\sin\psi_2\cos\varphi_2\cos(\varphi_a-\theta_a)\\ \sin\delta_1=\dfrac{\cos\varphi_2\sin(\varphi_a-\theta_a)}{\cos\delta_2}\end{cases} \quad (10.34)$$

$$\begin{cases}v_w=\sqrt{(v-w_{x_2})^2+w_{y_2}^2+w_{z_2}^2},\quad \delta_r=\arccos(v_{w\xi}/v_w)\\ v_{w\xi}=(v-w_{x_2})\cos\delta_2\cos\delta_1-w_{y_2}\cos\delta_2\sin\delta_1-w_{z_2}\sin\delta_2\\ v_{w\eta}=v_{w\eta_2}\cos\beta+v_{w\zeta_2}\sin\beta,\quad v_{w\zeta}=-v_{w\eta_2}\sin\beta+v_{w\zeta_2}\cos\beta\\ v_{w\eta_2}=-(v-w_{x_2})\sin\delta_1-w_{y_2}\cos\delta_1\\ v_{w\zeta_2}=-(v-w_{x_2})\sin\delta_2\cos\delta_1+w_{y_2}\sin\delta_2\sin\delta_1-w_{z_2}\cos\delta_2\\ w_{x_2}=w_x\cos\psi_2\cos\theta_a+w_z\sin\psi_2\\ w_{y_2}=-w_x\sin\theta_a,\quad w_{z_2}=-w_x\sin\psi_2\cos\theta_a+w_z\cos\psi_2\\ w_x=-w\cos(\alpha_W-\alpha_N),\quad w_z=-w\sin(\alpha_W-\alpha_N)\\ \dfrac{\partial}{\partial c_1}(c_1+c_2\delta_r^2)=1+2c_2\dfrac{\partial\delta_r}{\partial c_1},\quad \dfrac{\partial}{\partial c_2}(c_1+c_2\delta_r^2)=\delta_r^2+2c_2\dfrac{\partial\delta_r}{\partial c_2}\\ \dfrac{\partial\delta_r}{\partial c_k}\approx-\dfrac{v-w_{x_2}}{v_w\sin\delta_r}\left(\sin\delta_2\cos\delta_1\dfrac{\partial\delta_2}{\partial c_k}+\cos\delta_2\sin\delta_1\dfrac{\partial\delta_1}{\partial c_k}\right)\\ \dfrac{\partial\delta_2}{\partial c_k}=\dfrac{\cos\psi_2\cos\varphi_2}{\cos\delta_2}p_{bk}+\dfrac{\sin\psi_2\sin\varphi_2}{\cos\delta_2}p_{bk}\cos(\varphi_a-\theta_a)+\\ \qquad\dfrac{\sin\psi_2\cos\varphi_2\sin(\varphi_a-\theta_a)}{\cos\delta_2}p_{ak}\end{cases}$$

$$\begin{cases} \dfrac{\partial \delta_1}{\partial c_k} = \dfrac{\sin\varphi_2 \sin(\varphi_a - \theta_a)}{\cos\delta_1 \cos\delta_2} p_{bk} + \dfrac{\cos\varphi_2 \cos(\varphi_a - \theta_a)}{\cos\delta_1 \cos\delta_2} p_{ak} + \tan\delta \tan\delta_2 \left(\dfrac{\partial \delta_2}{\partial c_k} \right) \\ (k = 1, 2) \end{cases}$$

(10.35)

$$\begin{cases} \dfrac{\mathrm{d}v}{\mathrm{d}t} = -\dfrac{\rho S}{2m} c_x v_w (v - w_{x_2}) + \dfrac{\rho S}{2m} c_y' [v_w^2 \cos\delta_2 \cos\delta_1 - v_{u\xi}(v - w_{x_2})] + \\ \qquad \dfrac{\rho S}{2m} c_z'' \left(\dfrac{\dot\gamma d}{v_w} \right) v_w (-w_{z_2} \cos\delta_2 \sin\delta_1 + w_{y_2} \sin\delta_2) + g_{x2}' + g_{Kx2} + g_{\Omega x_2} \\[6pt]
\dfrac{\mathrm{d}\theta_a}{\mathrm{d}t} = \dfrac{\rho S}{2mv\cos\psi_2} c_x v_w w_{y_2} + \dfrac{\rho S}{2mv\cos\psi_2} c_y' [v_w^2 \cos\delta_2 \sin\delta_1 + v_{u\xi} w_{y_2}] + \\ \qquad \dfrac{\rho S}{2mv\cos\psi_2} c_z'' \left(\dfrac{\dot\gamma d}{v_w} \right) v_w [(v - w_{x_2}) \sin\delta_2 + w_{z_2} \cos\delta_2 \cos\delta_1] + \dfrac{g_{y2}' + g_{Ky2} + g_{\Omega y_2}}{v\cos\psi_2} \\[6pt]
\dfrac{\mathrm{d}\Psi_2}{\mathrm{d}t} = \dfrac{\rho S}{2mv} c_x v_w w_{z_2} + \dfrac{\rho S}{2mv} c_y' [v_w^2 \sin\delta_2 + v_{u\xi} w_{z_2}] + \\ \qquad \dfrac{\rho S}{2mv} c_z'' \left(\dfrac{\dot\gamma d}{v_w} \right) v_w [-w_{y_2} \cos\delta_2 \cos\delta_1 - (v - w_{x_2}) \cos\delta_2 \sin\delta_1] + \dfrac{g_{z2}' + g_{Kz2} + g_{\Omega z_2}}{v} \\[6pt]
\dfrac{\mathrm{d}x}{\mathrm{d}t} = v\cos\psi_2 \cos\theta_a, \quad \dfrac{\mathrm{d}y}{\mathrm{d}t} = v\cos\psi_2 \sin\theta_a, \quad \dfrac{\mathrm{d}z}{\mathrm{d}t} = v\sin\psi_2 \\[6pt]
\dfrac{\mathrm{d}\omega_\xi}{\mathrm{d}t} = -\dfrac{\rho Sld}{2C} m_{xz}' v_w \omega_\xi \\[6pt]
\dfrac{\mathrm{d}\omega_\eta}{\mathrm{d}t} = \dfrac{\rho Sl}{2A} v_w m_z' v_{u\zeta} - \dfrac{\rho Sld}{2A} v_w m_{zz}' \omega_\eta - \dfrac{\rho Sld}{2A} m_y'' \omega_\xi v_{w\eta} - \dfrac{C}{A} \omega_\xi \omega_\zeta + \omega_\eta^2 \tan\varphi_2 \\[6pt]
\dfrac{\mathrm{d}\omega_\zeta}{\mathrm{d}t} = -\dfrac{\rho Sl}{2A} v_w m_z' v_{w\eta} - \dfrac{\rho Sld}{2A} v_w m_{zz}' \omega_\zeta - \dfrac{\rho Sld}{2A} m_y'' \omega_\xi v_{u\zeta} + \dfrac{C}{A} \omega_\xi \omega_\eta - \omega_\eta \omega_\zeta \tan\varphi_2 \\[6pt]
\dfrac{\mathrm{d}\varphi_a}{\mathrm{d}t} = \dfrac{\omega_\zeta}{\cos\varphi_2}, \quad \dfrac{\mathrm{d}\varphi_2}{\mathrm{d}t} = -\omega_\eta \\[6pt]
\dfrac{\mathrm{d}p_{\eta k}}{\mathrm{d}t} = \dfrac{\rho Sl}{2A} v_w v_{u\zeta} \dfrac{\partial(c_1 + c_2 \delta_r^2)}{\partial c_k} - \dfrac{\rho Sld}{2A} v_w m_{zz}' p_{\eta k} - \\ \qquad \dfrac{C}{A} \omega_\xi p_{\zeta k} + 2\omega_\eta p_{\eta k} \tan\varphi_2 + \dfrac{\omega_\eta^2}{\cos^2\varphi_2} p_{bk} \\[6pt]
\dfrac{\mathrm{d}p_{\zeta k}}{\mathrm{d}t} = -\dfrac{\rho Sl}{2A} v_w v_{w\eta} \dfrac{\partial(c_1 + c_2 \delta_r^2)}{\partial c_k} - \dfrac{\rho Sld}{2A} v_w m_{zz}' + \dfrac{C}{A} \omega_\xi p_{\eta k} - \end{cases}$$

$$\begin{cases} \omega_\eta p_{\zeta k}\tan\varphi_2 - p_{\eta k}\omega_\zeta\tan\varphi_2 - \dfrac{\omega_\eta \omega_\zeta}{\cos^2\varphi_2}p_{bk} \\ \dfrac{\mathrm{d}p_{ak}}{\mathrm{d}t} = \dfrac{1}{\cos\varphi_2}p_{\zeta k} + \omega_\zeta \dfrac{\sin\varphi_2}{\cos^2\varphi_2}p_{bk}, \quad \dfrac{\mathrm{d}p_{bk}}{\mathrm{d}t} = -p_{\eta k} \\ (k=1,2) \end{cases} \quad (10.36)$$

方程式（10.36）共计 19 个方程，共有 21 个变量，分别为 v，θ_a，ψ_2，φ_a，φ_2，$x,y,z,\delta_1,\delta_2,\omega_\xi,\omega_\eta,\omega_\zeta,p_{\eta k},p_{\xi k},p_{ak},p_{bk}(k=1,2)$，还需加上辅助方程式（10.34）和关联参数方程式（10.35）才能构成完备的方程组。该方程组的积分初始条件为，$t=0$ 时，有

$$\begin{cases} v(0)=v_0, \quad \theta_a(0)=\theta_0, \quad \psi_2(0)=0 \\ x=0, \quad y=0, \quad z=0 \\ \omega_\eta(0)=\dot\delta_{m10}, \quad \omega_\zeta(0)=\dot\delta_{m20} \\ \varphi_a(0)=\theta_0+\delta_{m10}, \quad \varphi_2(0)=\delta_{m20} \\ \omega_\xi=\dfrac{2\pi v_0}{\eta d}+\omega_\zeta(0)\tan\varphi_2(0) \\ \boldsymbol{p}_{1k}(\boldsymbol{C};0)=0, \quad \boldsymbol{p}_{2k}(\boldsymbol{C};0)=0 \end{cases} \quad (10.37)$$

对于第 j 段弹道，该方程的积分初始条件为

$$\begin{cases} v(t_{j0})=v_{j0}, \quad \theta_a(t_{j0})=\theta_{j0}, \quad \psi_2(t_{j0})=\psi_{2j0} \\ x(t_{j0})=x_{j0}, \quad y(t_{j0})=y_{j0}, \quad z(t_{j0})=z_{j0} \\ \omega_\eta(t_{j0})=\omega_{\eta j0}, \omega_\zeta(t_{j0})=\omega_{\zeta j0} \\ \varphi_a(t_{j0})=\theta(t_{j0})+\delta_{m1}(t_{j0}), \quad \varphi_2(t_{j0})=\delta_{m20}(t_{j0}) \\ \boldsymbol{p}_{1k}(\boldsymbol{C};0)=p_{1kj0}, \quad \boldsymbol{p}_{2k}(\boldsymbol{C};0)=p_{2kj0} \end{cases} \quad (j=1,2,\cdots,J) \quad (10.38)$$

式中：物理量下标 $j0$ 代表方程式（10.36）第 $j-1$ 段弹道在 $t=t_{j0}$ 时刻的计算值。

式（10.36）中，微分方程中参数 S,l,d,m,A,C 是弹箭结构确定的物理量，均为射击试验前已测出得已知值；(v_x,v_y,v_z) 可由弹道跟踪雷达测试数据［式（10.2）］插值确定，空气密度 ρ 则由随高度 y 变化的气象诸元数据按照第 4 章的方法插值确定，它们均是已知量。

在实际应用时，可以根据数值积分计算的时间 t，采用插值计算方法确定 (v_x,v_y,v_z) 和空气密度 ρ。具体实施方法是：首先，利用弹道跟踪雷达测试数据［式（10.2）］，插值确定与时间 t 对应的高度坐标 y 和速度分量 (v_x,v_y,v_z)；然后，利用随高度变化的气象诸元数据，以 t 时刻弹箭飞行高度 y 为基准，插值计算与之对应的气温、气压、纵风速、横风速；最后，计算空气密度 ρ 和声速 c_s，进而计算对应的马赫数 $Ma=\dfrac{v_w}{c_s}$。

10.2 三轴角速率数据辨识俯仰力矩校正系数的方法

近些年来,由于高集成度元器件和微机电系统(Micro-Electro-Mechanical System, MEMS)传感器技术的发展,采用三轴角速率传感器测量弹箭飞行姿态和人造卫星定位技术测量弹箭飞行速度及轨迹坐标越来越成熟。目前,该项测试技术已逐渐发展成靶场测试的一项实用技术。采用这类技术,可以方便地利用距离射试验兼顾弹箭气动力飞行试验,以获取满足各发弹气动参数辨识的试验数据群。

10.2.1 气动参数辨识的试验数据群结构

根据气动参数辨识原理,满足各发弹箭气动参数辨识要求的试验数据群结构如下:

(1) 全弹道的弹箭速度-时间曲线数据;
(2) 全弹道的弹箭空间坐标-时间曲线数据;
(3) 遥测弹的弹箭的三轴转速-时间曲线数据;
(4) 射击仰角、方位角数据(含定向数据);
(5) 试验射击时的地面和高空的气象诸元数据;
(6) 当天的发射时间(精度 0.5min)、炮位的经纬度;
(7) 初速数据(精度 0.1%);
(8) 飞行弹体的质量(精度 0.1%)、质心位置、质偏、极转动惯量(精度 0.5%)、赤道转动惯量(精度 0.5%)数据;
(9) 如果可能,各发弹的弹箭跳角(高低和方位)(精度 0.5mil)。

上面数据中,前两项数据可采用卫星定位传感器或者地面雷达测试获取,若采用后者,则需含雷达天线位置数据和定向数据。第 3 项数据可以有多种方法获取,通常对于尾翼弹,可采用三轴角速率陀螺采集信号,而对于旋转稳定弹,可采用三轴磁阻传感器采集信号。第 5 项数据的获取要求,试验时段每隔 0.5h 在 1 个或者 2 个测量点同时释放一次探空气球(第二测量点可间隔 1.5~2h 释放一次探空气球),测量高空气象诸元随高度的分布曲线数据(覆盖高度至少大于最大弹道高 300m)。

10.2.2 三轴角速率试验数据辨识俯仰力矩校正系数的方法

按照弹体坐标系中的三轴转速传感器测弹箭飞行姿态的气动力飞行试验获取的曲线数据按统一的时间基准(即相同的 0 时刻)归纳为

$$(\omega_{x1i}, \omega_{y1i}, \omega_{z1i}; t_i) \quad (i = 1, 2, \cdots, n_\omega) \tag{10.39}$$

$$(v_i, v_{xi}, v_{yi}, v_{zi}, x_i, y_i, z_i; t_i) \quad (i = 1, 2, \cdots, n) \tag{10.40}$$

以数据[式(10.40)]为基础,采用第 10.4 节的六自由度弹道方程为模型的辨识方法，可确定该发试验弹箭的阻力特性，并可确定与计算与弹箭速度-时间数据吻合度更高弹道计算模型。

对于弹箭气动力飞行试验所获取的弹体坐标系中的三轴转速-时间数据[式（10.39）]，如果三轴转速数据的测试精度还不够理想，可以考虑在试验前已经初步掌握了试验弹箭气动力特性的数据的条件下，其辨识目的是进一步补充和完善弹箭俯仰力矩系数曲线，故这里将弹箭气动参数设为已知曲线规律的数据，俯仰力矩系数导数 m_z' 的表达式设为

$$m_z'(Ma) = f_1(Ma) m_{z1}(Ma) + f_2(Ma) m_{z3}(Ma) \delta_r^2 \quad (10.41)$$

式中：$f_1(Ma)$，$f_2(Ma)$ 分别为 $m_{z1}(Ma)$，$m_{z3}(Ma)$ 的校正系数函数。它们可表示为 B-样条基函数 $B_{j,m_B}(Ma)$ 的线性组合形式，即

$$f_1(Ma) = \sum_{j=0}^{J} a_{j+1} \cdot B_{jm_B}(Ma) \quad (10.42)$$

$$f_2(Ma) = \sum_{j=0}^{J} b_{j+1} \cdot B_{jm_B}(Ma) \quad (10.43)$$

其中，B-样条基函数 $B_{j,m_B}(Ma)$ 的表达形式与第8.5.1节的方法相同，但 J 的取值一般可控制在 3~6 的范围（即马赫数间隔 ΔM 较大）。

参数辨识时，设系数 $a_1, a_2, \cdots, a_{J+1}$ 及 $b_1, b_2, \cdots, b_{J+1}$ 和初始转角 γ_0 为待辨识参数，为便于叙述将它们的集合 C 以矩阵矢量形式表示为

$$\begin{aligned} C &= [a_1, a_2, \cdots, a_{J+1}; b_1, b_2, \cdots, b_{J+1}; \gamma_0]^T \\ &= [c_1, c_2, \cdots, c_{J+1}; c_{J+2}, c_{J+3}, \cdots, c_{2J+2}, c_{2J+3}]^T \end{aligned} \quad (10.44)$$

$$c_j = a_j, \quad j \leq J+1; c_{J+j+1} = b_j, \quad J+1 < j \leq 2J+2; c_{2J+3} = \gamma_0$$

根据弹轴坐标系与弹体坐标系的转换关系式(3.7)和式(3.8)，可将弹轴坐标系中的弹箭三轴转速 $(\omega_{x1}, \omega_{y1}, \omega_{z1})$ 与弹体坐标系中的三轴转速之间的变换关系表示为

$$\begin{pmatrix} \omega_{x_1} \\ \omega_{y_1} \\ \omega_{z_1} \end{pmatrix} = A_\gamma^{-1} \begin{pmatrix} \omega_\xi \\ \omega_\eta \\ \omega_\zeta \end{pmatrix} = \begin{bmatrix} 1 & 0 & 0 \\ 0 & \cos\gamma & \sin\gamma \\ 0 & -\sin\gamma & \cos\gamma \end{bmatrix} \begin{pmatrix} \omega_\xi \\ \omega_\eta \\ \omega_\zeta \end{pmatrix} = \begin{pmatrix} \omega_\xi \\ \omega_\eta \cos\gamma + \omega_\zeta \sin\gamma \\ \omega_\zeta \cos\gamma - \omega_\eta \sin\gamma \end{pmatrix} \quad (10.45)$$

由此，可将弹体坐标系中的弹箭三轴转速 $(\omega_{x1}, \omega_{y1}, \omega_{z1})$ 的测量方程在任意时刻 t 的函数表示为

$$\begin{cases} \omega_{x1}(C; t) = \omega_\xi(C; t) \\ \omega_{y1}(C; t) = \omega_\eta(C; t) \cos\gamma(t) + \omega_\zeta(C; t) \sin\gamma(t) \\ \omega_{z1}(C; t) = \omega_\zeta(C; t) \cos\gamma(t) - \omega_\eta(C; t) \sin\gamma(t) \end{cases} \quad (10.46)$$

式中：$(\omega_\xi, \omega_\eta, \omega_\zeta, \gamma)$ 满足 3.3.3 节的六自由度弹道方程式（3.91）的状态参量。

按照 2.2.2 节的参数估计方法，可写出辨识弹箭俯仰力矩校正系数函数的目

标函数为

$$Q(\boldsymbol{C}) = \sum_{i=1}^{n} [\boldsymbol{V}^{\mathrm{T}}(\boldsymbol{C};i)\boldsymbol{R}^{-1}\boldsymbol{V}(\boldsymbol{C};i) + \ln|\boldsymbol{R}|] \qquad (10.47)$$

式中：$\boldsymbol{C}$ 为待辨识参数；$\boldsymbol{V}(\boldsymbol{C};t)$ 为输出误差矩阵。

由牛顿-拉夫逊方法，其迭代修正计算公式为

$$\boldsymbol{C}^{(l+1)} = \boldsymbol{C}^{(l)} + \Delta \boldsymbol{C}^{(l)} \qquad (10.48)$$

$$\Delta \boldsymbol{C}^{(l)} = -\left(\frac{\partial^2 Q}{\partial c_k \partial c_j}\right)_{(l)}^{-1} \left(\frac{\partial Q}{\partial c_k}\right)_{(l)} \quad (j,k=1,2,\cdots,2J+3) \qquad (10.49)$$

$$\begin{cases} \dfrac{\partial Q}{\partial c_k} = 2\sum_{i=1}^{n} \boldsymbol{V}^{\mathrm{T}}(i) \boldsymbol{R}^{-1} \dfrac{\partial \hat{y}(i)}{\partial c_k} \\ \dfrac{\partial^2 Q}{\partial c_j \partial c_k} = 2\sum_{i=1}^{n} \dfrac{\partial \hat{y}^{\mathrm{T}}(i)}{\partial c_j} \boldsymbol{R}^{-1} \dfrac{\partial \hat{y}(i)}{\partial c_k} \end{cases} \quad (j,k=1,2,\cdots,2J+3) \qquad (10.50)$$

$$\boldsymbol{V}(\boldsymbol{C};i) = \begin{bmatrix} (\omega_{x1}(\boldsymbol{C};t_i) - \omega_{x1i}) \\ (\omega_{y1}(\boldsymbol{C};t_i) - \omega_{y1i}) \\ (\omega_{z1}(\boldsymbol{C};t_i) - \omega_{z1i}) \end{bmatrix} \qquad (10.51)$$

式中：上标 l 代表参数 $\boldsymbol{C}$ 的第 l 次迭代近似值；$\Delta \boldsymbol{C}^{(l)}$ 为修正量。

当观测噪声的统计特性未知时，有

$$\hat{\boldsymbol{R}}(\boldsymbol{C}) = \frac{1}{n}\sum_{i=1}^{n} \boldsymbol{V}(\boldsymbol{C};i)\boldsymbol{V}^{\mathrm{T}}(\boldsymbol{C};i) = \begin{bmatrix} R_{11} & R_{12} & R_{13} \\ R_{21} & R_{22} & R_{23} \\ R_{31} & R_{32} & R_{33} \end{bmatrix} \qquad (10.52)$$

$$\begin{cases} R_{11} = \dfrac{1}{n_\omega} \sum_{i=1}^{n_\omega} (\omega_{x1}(\boldsymbol{C};t_i) - \omega_{x1i})^2 \\ R_{22} = \dfrac{1}{n_\omega} \sum_{i=1}^{n_\omega} (\omega_{y1}(\boldsymbol{C};t_i) - \omega_{y1i})^2 \\ R_{33} = \dfrac{1}{n_\omega} \sum_{i=1}^{n_\omega} (\omega_{z1}(\boldsymbol{C};t_i) - \omega_{z1i})^2 \\ R_{12} = R_{21} = \dfrac{1}{n_\omega} \sum_{i=1}^{n_\omega} (\omega_{x1}(\boldsymbol{C};t_i) - \omega_{x1i})(\omega_{y1}(\boldsymbol{C};t_i) - \omega_{y1i}) \\ R_{13} = R_{31} = \dfrac{1}{n_\omega} \sum_{i=1}^{n_\omega} (\omega_{x1}(\boldsymbol{C};t_i) - \omega_{x1i})(\omega_{z1}(\boldsymbol{C};t_i) - \omega_{z1i}) \\ R_{23} = R_{32} = \dfrac{1}{n_\omega} \sum_{i=1}^{n_\omega} (\omega_{y1}(\boldsymbol{C};t_i) - \omega_{y1i})(\omega_{z1}(\boldsymbol{C};t_i) - \omega_{z1i}) \end{cases} \qquad (10.53)$$

在式（10.50）中，$\dfrac{\partial \hat{y}(i)}{\partial c_k}$ 为观测矢量，有

$$\hat{y}(i) = [\omega_{x1}(t_i) \quad \omega_{y1}(t_i) \quad \omega_{z1}(t_i)]^T \tag{10.54}$$

关于待辨识参数 $c_k(k=1,2,\cdots,2J+3)$ 的灵敏度矢量，其表达式为

$$\dfrac{\partial \hat{y}(i)}{\partial c_k} = \left[\dfrac{\partial \omega_{x1}(\boldsymbol{C};t_i)}{\partial c_k} \quad \dfrac{\partial \omega_{y1}(\boldsymbol{C};t_i)}{\partial c_k} \quad \dfrac{\partial \omega_{z1}(\boldsymbol{C};t_i)}{\partial c_k}\right]^T \quad (k=1,2,\cdots,2J+3)$$

$$\tag{10.55}$$

式中：灵敏度矢量元素可将测量方程式（10.46）两端对待辨识参数 c_k 求偏导得出其计算表达式，即

$$\begin{cases}
\dfrac{\partial \omega_{x1}(\boldsymbol{C};t_i)}{\partial c_k} = \dfrac{\partial \omega_\xi(\boldsymbol{C};t)}{\partial c_k} \\
\dfrac{\partial \omega_{x1}(\boldsymbol{C};t_i)}{\partial c_{2J+3}} = \dfrac{\partial \omega_\xi(\boldsymbol{C};t)}{\partial c_{2J+3}} \\
\dfrac{\partial \omega_{y1}(\boldsymbol{C};t)}{\partial c_k} = \dfrac{\partial \omega_\eta(\boldsymbol{C};t)}{\partial c_k}\cos\gamma(t) + \dfrac{\partial \omega_\zeta(\boldsymbol{C};t)}{\partial c_k}\sin\gamma(t) \\
\dfrac{\partial \omega_{z1}(\boldsymbol{C};t)}{\partial c_k} = \dfrac{\partial \omega_\zeta(\boldsymbol{C};t)}{\partial c_k}\cos\gamma(t) - \dfrac{\partial \omega_\eta(\boldsymbol{C};t)}{\partial c_k}\sin\gamma(t) \\
\dfrac{\partial \omega_{y1}(\boldsymbol{C};t_i)}{\partial c_{2J+3}} = [-\omega_\eta(\boldsymbol{C};t)\sin\gamma(t) + \omega_\zeta(\boldsymbol{C};t)\cos\gamma(t)]\dfrac{\partial \gamma(t)}{\partial c_{2J+3}} \\
\dfrac{\partial \omega_{z1}(\boldsymbol{C};t_i)}{\partial c_{2J+3}} = [-\omega_\zeta(\boldsymbol{C};t)\sin\gamma(t) + \omega_\eta(\boldsymbol{C};t)\cos\gamma(t)]\dfrac{\partial \gamma(t)}{\partial c_{2J+3}} \\
\quad (k=1,2,\cdots,2J+2)
\end{cases} \tag{10.56}$$

其中，$\left(\dfrac{\partial \omega_\xi}{\partial c_k}, \dfrac{\partial \omega_\eta}{\partial c_k}, \dfrac{\partial \omega_\zeta}{\partial c_k}\right)$ 可通过将六自由度弹道方程式（3.91）对待辨识参数 c_k 求偏导即可推导灵敏度方程。

10.2.3 六自由度弹道模型校正系数辨识的灵敏度方程

按照 10.2.1 节所述方法，需要计算 $\left(\dfrac{\partial \omega_\xi}{\partial c_k}, \dfrac{\partial \omega_\eta}{\partial c_k}, \dfrac{\partial \omega_\zeta}{\partial c_k}\right)$（$k=1,2,\cdots,2J+3$）在 $t_i(i=1,2,\cdots,n_\omega)$ 时刻的值才能完成辨识计算过程。因此，本节以六自由度弹道方程为数学模型，采用俯仰力矩修正函数的系数 $c_1,c_2,\cdots,c_{J+1};c_{J+2},c_{J+2},\cdots,c_{2J+2};c_{2J+3}$ 为待定参数，推导迭代计算所需的灵敏度微分方程。

将 3.3.3 节的六自由度刚体弹道方程式（3.91）的第 7、8、9、11、12 个方程对待辨识参数 $c_k(k=1,2,\cdots,2J+3)$ 求偏导，可得灵敏度方程为

$$\begin{cases}
\dfrac{\mathrm{d}}{\mathrm{d}t}\left(\dfrac{\partial \omega_\xi}{\partial c_k}\right) = -\dfrac{\rho Sld}{2C}m'_{xz}v_w\dfrac{\partial \omega_\xi}{\partial c_k} \\[2mm]
\dfrac{\mathrm{d}}{\mathrm{d}t}\left(\dfrac{\partial \omega_\eta}{\partial c_k}\right) = \dfrac{\rho Sl}{2A}v_w\dfrac{\partial m'_z}{\partial c_k}v_{w\zeta} - \dfrac{\rho Sld}{2A}v_w m'_{zz}\dfrac{\partial \omega_\eta}{\partial c_k} - \dfrac{\rho Sld}{2A}m''_y\dfrac{\partial \omega_\xi}{\partial c_k}v_{w\eta} - \\[2mm]
\qquad \dfrac{C}{A}\dfrac{\partial \omega_\xi}{\partial c_k}\omega_\zeta - \dfrac{C}{A}\omega_\xi\dfrac{\partial \omega_\zeta}{\partial c_k} + 2\omega_\eta\dfrac{\partial \omega_\eta}{\partial c_k}\tan\varphi_2 + \dfrac{\omega_\eta^2}{\cos^2\varphi_2}\dfrac{\partial \varphi_2}{\partial c_k} \\[2mm]
\dfrac{\mathrm{d}}{\mathrm{d}t}\left(\dfrac{\partial \omega_\zeta}{\partial c_k}\right) = -\dfrac{\rho Sl}{2A}v_w\dfrac{\partial m'_z}{\partial c_k}v_{w\eta} - \dfrac{\rho Sld}{2A}v_w m'_{zz}\dfrac{\partial}{\partial c_k}\omega_\zeta - \dfrac{\rho Sld}{2A}m''_y\dfrac{\partial}{\partial c_k}\omega_\xi v_{u\zeta} + \\[2mm]
\qquad \dfrac{C}{A}\dfrac{\partial \omega_\xi}{\partial c_k}\omega_\eta + \dfrac{C}{A}\omega_\xi\dfrac{\partial \omega_\eta}{\partial c_k} - \dfrac{\partial \omega_\eta}{\partial c_k}\omega_\zeta\tan\varphi_2 - \omega_\eta\dfrac{\partial \omega_\zeta}{\partial c_k}\tan\varphi_2 - \dfrac{\omega_\eta\omega_\zeta}{\cos^2\varphi_2}\dfrac{\partial \varphi_2}{\partial c_k} \\[2mm]
\dfrac{\mathrm{d}}{\mathrm{d}t}\left(\dfrac{\partial \varphi_2}{\partial c_k}\right) = -\dfrac{\partial \omega_\eta}{\partial c_k} \\[2mm]
\dfrac{\mathrm{d}}{\mathrm{d}t}\left(\dfrac{\partial \gamma}{\partial c_k}\right) = \dfrac{\partial \omega_\xi}{\partial c_k} - \dfrac{\partial \omega_\zeta}{\partial c_k}\tan\varphi_2 - \dfrac{\omega_\zeta}{\cos^2\varphi_2}\dfrac{\partial \varphi_2}{\partial c_k} \\[2mm]
(k=1,2,\cdots,2J+3)
\end{cases}$$

(10.57)

为便于书写，定义上式中状态参量 $\omega_\xi,\omega_\eta,\omega_\zeta,\varphi_2,\gamma$ 对待定参数 c_k 的敏感系数为

$$p_{1k}=\dfrac{\partial \omega_\xi}{\partial c_k},p_{2k}=\dfrac{\partial \omega_\eta}{\partial c_k},p_{3k}=\dfrac{\partial \omega_\zeta}{\partial c_k},p_{4k}=\dfrac{\partial \varphi_2}{\partial c_k},p_{5k}=\dfrac{\partial \gamma}{\partial c_k},p_{6k}=\dfrac{\partial m'_z}{\partial c_k}\quad (k=1,2,\cdots,2J+3)$$

(10.58)

式中：$\dfrac{\partial m'_z}{\partial c_k}$ 可由式（10.41）导出，得

$$p_{6k}=\dfrac{\partial m'_z(Ma)}{\partial c_k}=\dfrac{\partial f_1(Ma)}{\partial c_k}m_{z1}(Ma)+\dfrac{\partial f_2(Ma)}{\partial c_k}m_{z3}(Ma)\delta_r^2 \quad (10.59)$$

$$\dfrac{\partial f_1(Ma)}{\partial c_k}=\begin{cases}B_{(k-1)m_B}(Ma) & (k=1,2,\cdots,J+1)\\ 0 & （其他）\end{cases} \quad (10.60)$$

$$\dfrac{\partial f_2(Ma)}{\partial c_k}=\begin{cases}0 & （其他）\\ B_{(k-J-2)m_B}(Ma) & (k=J+2,J+3,\cdots,2(J+1))\end{cases} \quad (10.61)$$

由此，灵敏度方程式（10.57）可改写为

$$\begin{cases}
\dfrac{\mathrm{d}p_{1k}}{\mathrm{d}t} = -\dfrac{\rho S l d}{2C} m'_{xz} v_w p_{1k} \\[2mm]
\dfrac{\mathrm{d}p_{2k}}{\mathrm{d}t} = \dfrac{\rho S l}{2A} v_w p_{6k} v_{u\zeta} - \dfrac{\rho S l d}{2A} v_w m'_{zz} p_{2k} - \\[2mm]
\qquad \dfrac{C}{A}\omega_\xi p_{3k} + 2\omega_\eta p_{2k}\tan\varphi_2 + \dfrac{\omega_\eta^2}{\cos^2\varphi_2}p_{4k} \\[2mm]
\dfrac{\mathrm{d}p_{3k}}{\mathrm{d}t} = -\dfrac{\rho S l}{2A} v_w p_{6k} v_{w\eta} - \dfrac{\rho S l d}{2A} v_w m'_{zz} p_{3k} + \\[2mm]
\qquad \dfrac{C}{A}\omega_\xi p_{2k} - p_{2k}\omega_\zeta\tan\varphi_2 - \omega_\eta p_{3k}\tan\varphi_2 - \dfrac{\omega_\eta \omega_\zeta}{\cos^2\varphi_2}p_{4k} \\[2mm]
\dfrac{\mathrm{d}p_{4k}}{\mathrm{d}t} = -p_{2k} \\[2mm]
\dfrac{\mathrm{d}p_{5k}}{\mathrm{d}t} = p_{1k} - p_{3k}\tan\varphi_2 - \dfrac{\omega_\zeta}{\cos^2\varphi_2}p_{4k} \\[2mm]
(k = 1, 2, \cdots, 2J + 3)
\end{cases} \quad (10.62)$$

式中：p_{6k} 由式（10.59）及式（10.60）和式（10.61）计算。

由此，将灵敏度方程式（10.62）与由六自由度刚体弹道方程式（3.91）联立，连同辅助方程式（3.92）和相关联的物理参数表达式（3.93）一起，即构成由 $9+5(2J+3)$ 个微分方程构成的完备方程式（10.63）。

$$\begin{cases}
\dfrac{\mathrm{d}v}{\mathrm{d}t} = -\dfrac{\rho S}{2m}c_x v_w(v - w_{x_2}) + \dfrac{\rho S}{2m}c'_y\left[v_w^2\cos\delta_2\cos\delta_1 - v_{u\xi}(v - w_{x_2})\right] + \\[2mm]
\qquad \dfrac{\rho S}{2m}c''_z\left(\dfrac{\dot\gamma d}{v_w}\right)v_w(-w_{z_2}\cos\delta_2\sin\delta_1 + w_{y_2}\sin\delta_2) + g'_{x2} + g_{Kx2} + g_{\Omega x2} \\[2mm]
\dfrac{\mathrm{d}\theta_a}{\mathrm{d}t} = \dfrac{\rho S}{2mv\cos\psi_2}c_x v_w w_{y_2} + \dfrac{\rho S}{2mv\cos\psi_2}c'_y\left[v_w^2\cos\delta_2\sin\delta_1 + v_{u\xi}w_{y_2}\right] + \\[2mm]
\qquad \dfrac{\rho S}{2mv\cos\psi_2}c''_z\left(\dfrac{\dot\gamma d}{v_w}\right)v_w\left[(v - w_{x_2})\sin\delta_2 + w_{z_2}\cos\delta_2\cos\delta_1\right] + \dfrac{g'_{y2} + g_{Ky2} + g_{\Omega y2}}{v\cos\psi_2} \\[2mm]
\dfrac{\mathrm{d}\Psi_2}{\mathrm{d}t} = \dfrac{\rho S}{2mv}c_x v_w w_{z_2} + \dfrac{\rho S}{2mv}c'_y\left[v_w^2\sin\delta_2 + v_{u\xi}w_{z_2}\right] + \\[2mm]
\qquad \dfrac{\rho S}{2mv}c''_z\left(\dfrac{\dot\gamma d}{v_w}\right)v_w\left[-w_{y_2}\cos\delta_2\cos\delta_1 - (v - w_{x_2})\cos\delta_2\sin\delta_1\right] + \dfrac{g'_{z2} + g_{Kz2} + g_{\Omega z2}}{v} \\[2mm]
\dfrac{\mathrm{d}\omega_\xi}{\mathrm{d}t} = -\dfrac{\rho S l d}{2C} m'_{xz} v_w \omega_\xi + \dfrac{\rho S l}{2C} v_w^2 m'_{xw}\delta_f
\end{cases}$$

$$\begin{cases}
\dfrac{\mathrm{d}\omega_\eta}{\mathrm{d}t} = \dfrac{\rho Sl}{2A}v_w m'_z v_{w\zeta} - \dfrac{\rho Sld}{2A}v_w m'_{zz}\omega_\eta - \dfrac{\rho Sld}{2A}m''_y\omega_\xi v_{w\eta} - \dfrac{C}{A}\omega_\xi\omega_\zeta + \omega_\eta^2\tan\varphi_2 \\[6pt]
\dfrac{\mathrm{d}\omega_\zeta}{\mathrm{d}t} = -\dfrac{\rho Sl}{2A}v_w m'_z v_{w\eta} - \dfrac{\rho Sld}{2A}v_w m'_{zz}\omega_\zeta - \dfrac{\rho Sld}{2A}m''_y\omega_\xi v_{w\zeta} + \dfrac{C}{A}\omega_\xi\omega_\eta - \omega_\eta\omega_\zeta\tan\varphi_2 \\[6pt]
\dfrac{\mathrm{d}\varphi_a}{\mathrm{d}t} = \dfrac{\omega_\zeta}{\cos\varphi_2}, \quad \dfrac{\mathrm{d}\varphi_2}{\mathrm{d}t} = -\omega_\eta, \quad \dfrac{\mathrm{d}\gamma}{\mathrm{d}t} = \omega_\xi - \omega_\zeta\tan\varphi_2 \\[6pt]
\dfrac{\mathrm{d}x}{\mathrm{d}t} = v\cos\psi_2\cos\theta_a, \quad \dfrac{\mathrm{d}y}{\mathrm{d}t} = v\cos\psi_2\sin\theta_a, \quad \dfrac{\mathrm{d}z}{\mathrm{d}t} = v\sin\psi_2 \\[6pt]
\dfrac{\mathrm{d}p_{1k}}{\mathrm{d}t} = -\dfrac{\rho Sld}{2C}m'_{xz}v_w p_{1k} \\[6pt]
\dfrac{\mathrm{d}p_{2k}}{\mathrm{d}t} = \dfrac{\rho Sl}{2A}v_w p_{6k}v_{w\zeta} - \dfrac{\rho Sld}{2A}v_w m'_{zz}p_{2k} - \\[4pt]
\qquad \dfrac{C}{A}\omega_\xi p_{3k} + 2\omega_\eta p_{2k}\tan\varphi_2 + \dfrac{\omega_\eta^2}{\cos^2\varphi_2}p_{4k} \\[6pt]
\dfrac{\mathrm{d}p_{3k}}{\mathrm{d}t} = -\dfrac{\rho Sl}{2A}v_w p_{6k}v_{w\eta} - \dfrac{\rho Sld}{2A}v_w m'_{zz}p_{3k} + \\[4pt]
\qquad \dfrac{C}{A}\omega_\xi p_{2k} - p_{2k}\omega_\zeta\tan\varphi_2 - \omega_\eta p_{3k}\tan\varphi_2 - \dfrac{\omega_\eta\omega_\zeta}{\cos^2\varphi_2}p_{4k} \\[6pt]
\dfrac{\mathrm{d}p_{4k}}{\mathrm{d}t} = -p_{2k} \\[6pt]
\dfrac{\mathrm{d}p_{5k}}{\mathrm{d}t} = p_{1k} - p_{3k}\tan\varphi_2 - \dfrac{\omega_\zeta}{\cos^2\varphi_2}p_{4k} \\[6pt]
(k = 1,2,\cdots,2J+3)
\end{cases} \quad (10.63)$$

该完备方程组的积分初始条件为，当 $t=0$ 时，有

$$\begin{cases}
v(0) = v_0, \quad \theta_a(0) = \theta_0, \quad \Psi_2(0) = 0 \\
x = 0, \quad y = 0, \quad z = 0 \\
\varphi_a(0) = \theta_0 + \delta_{m10}, \quad \varphi_2(0) = \delta_{m20} \\
\dot\gamma(0) = \dot\gamma_0 = \omega_{x10}, \quad \gamma(0) = c_{2J+3} \\
p_{1k}(\boldsymbol{C};0) = 0 \quad (k = 1,2,\cdots,2J+2), \quad p_{1(2J+3)}(\boldsymbol{C};0) = 1 \\
p_{2k}(\boldsymbol{C};0) = 0, \quad p_{3k}(\boldsymbol{C};0) = 0, \quad p_{4k}(\boldsymbol{C};0) = 0 \quad (k=1,2,\cdots,2J+3)
\end{cases} \quad (10.64)$$

式中：$\omega_{x10} = \omega_{x1}(0)$ 可利用数据 $(\omega_{x1i}; t_i)(i=1,2,\cdots,n_\omega)$，按照 6.3.2 节类似初速线形最小二乘原理外推初速的方法确定。

显然，采用龙格库塔法求解上述完备的方程组关于其初始条件式（10.64）的数值解，通过插值即可确定 $t=t_i(i=1,2,\cdots,n_\omega)$ 时刻的 $\omega_\xi(\boldsymbol{C};t_i), \omega_\eta(\boldsymbol{C};t_i), \omega_\zeta$

$(\boldsymbol{C};t_i)$ 和 $p_{2k}(\boldsymbol{C};t_i)$，$p_{3k}(\boldsymbol{C};t_i)$，$p_{4k}(\boldsymbol{C};t_i)$ $(k=1,2,\cdots,2J+3)$ 的值，将它们连同式（10.62）代入式（10.56）、式（10.65）以及与式（10.49）相关的各式，即可计算第 l 次迭代修正量 $\Delta c_k^{(l)}(k=1,2,\cdots,2J+3)$。

通过式（10.48）迭代计算即可求出 c_k 的最优估计值 $\hat{c}_k(k=1,2,\cdots,2J+3)$，取

$$a_k = \hat{c}_k, b_k = \hat{c}_{k+J+1}(k=1,2,\cdots,J+1) \tag{10.65}$$

代入修正函数的样条函数表达式（10.42）、式（10.43），即计算测试范围内任意马赫数的校正系数估计值 f_1，f_2。由式（10.41）即可计算出与测试数据[式（10.39）]吻合度更高的俯仰力矩系数曲线数据。

10.3　从三轴角速率分段数据辨识气动参数的方法

对于弹箭气动力飞行试验所获取的弹体坐标系中的三轴转速-时间数据[式（10.39）]，如果三轴转速测试数据具有足够的精度，可以考虑将试验前掌握的试验弹箭气动力特性数据作为初始值，进一步辨识全飞行弹道上弹箭俯仰力矩系数曲线。本节以探讨的方式介绍相关的辨识方法。

10.3.1　角速率分段数据辨识气动力矩系数的方法

以式（10.40）所示的数据为核心的数据群作基础，采用第 8 章的六自由度弹道方程为模型的辨识方法可确定该发试验弹箭的阻力特性，并能计算与各组数据吻合度更高的速度-时间数据。

针对弹箭气动力飞行试验所获取的弹体坐标系的三轴转速-时间数据[式（10.39）]，按照类似于 8.3.1 节的弹道划分方法，先将数据[式（10.39）]分为 N_z 段，其中第 j 段数据可表示为

$$(\omega_{x1ji}, \omega_{y1ji}, \omega_{z1ji}; t_{ji}) \quad (j=1,2,\cdots,N_z, i=1,2,\cdots,n_j) \tag{10.66}$$

如果弹箭阻力、升力、马格努斯力等气动参数 $c_x(Ma) = c_{x0}(Ma) + c_{x2}(Ma)\delta_r^2$，$c_y'(Ma)$，$c_z''(Ma)$ 为已知的曲线数据（实际计算中，可采用第 8 章和第 11 章确定这些气动参数，也可采用其他途径获取的数据），而将弹箭气动力矩系数导数设为待辨识参数，有

$$c_1 = m_{z1}, c_2 = m_{z3}, c_3 = m_{zz}', c_4 = m_y'', c_5 = \gamma_0 \tag{10.67}$$

$$m_z' = m_{z1} + m_{z3}\delta_r^2 = c_1 + c_2\delta_r^2 \tag{10.68}$$

式中：γ_0 为每段弹道的起始转角；m_{z1} 和 m_{z3} 分别为俯仰力矩的 1 次导数和 3 次导数；m_z' 为俯仰力矩系数导数。

为便于书写，将待辨识参数 c_1, c_2, c_3, c_4, c_5 的集合以矩阵矢量形式表示为

$$\boldsymbol{C} = [c_1, c_2, c_3, c_4, c_5]^{\mathrm{T}} \tag{10.69}$$

将 $\boldsymbol{C}$ 作为待辨识参数，可将弹箭三轴角速率 $(\omega_{x1}, \omega_{y1}, \omega_{z1})$ 在任意时刻 t 的函数表

示为

$$\omega_{x1} = \omega_{x1}(\boldsymbol{C};t), \ \omega_{x1} = \omega_{x1}(\boldsymbol{C};t), \ \omega_{x1} = \omega_{x1}(\boldsymbol{C};t) \tag{10.70}$$

对于第 j 段弹道，可将该弹道段的待辨识参数视为常量，并表示为 $\boldsymbol{C}_j$ ($j=1,2,\cdots,N_z$)。与式（10.46）类似，在第 j 弹道段弹箭三轴转速 ($\omega_{x1},\omega_{y1},\omega_{z1}$) 在时刻 t 的测量方程可表示为

$$\begin{cases} \omega_{x1}(\boldsymbol{C}_j;t) = \omega_\xi(\boldsymbol{C}_j;t) \\ \omega_{y1}(\boldsymbol{C}_j;t) = \omega_\eta(\boldsymbol{C}_j;t)\cos\gamma(t) + \omega_\zeta(\boldsymbol{C}_j;t)\sin\gamma(t) \quad (j=1,2,\cdots,N_z) \\ \omega_{z1}(\boldsymbol{C}_j;t) = \omega_\zeta(\boldsymbol{C}_j;t)\cos\gamma(t) - \omega_\eta(\boldsymbol{C}_j;t)\sin\gamma(t) \end{cases}$$

$$(10.71)$$

式中：($\omega_\xi,\omega_\eta,\omega_\zeta,\gamma$) 为满足 3.3.3 节的六自由度弹道方程式（3.91）的状态参量。

根据 2.2.2 节的最大似然函数辨识方法，对于第 j 段数据［式（10.66）］，可写出辨识弹箭气动力矩系数的目标函数为

$$Q_j = \sum_{i=1}^{n}\left[\boldsymbol{V}^{\mathrm{T}}(\boldsymbol{C}_j;i)\boldsymbol{R}^{-1}(\boldsymbol{C}_j)\boldsymbol{V}(\boldsymbol{C}_j;i) + \ln|\boldsymbol{R}(\boldsymbol{C}_j)|\right] \quad (j=1,2,\cdots,N_z) \tag{10.72}$$

式中：$\boldsymbol{C}_j$ 为待辨识参数矢量矩阵；$\boldsymbol{V}(\boldsymbol{C}_j;i)$ 为输出误差矩阵。

按照牛顿-拉夫逊方法，其迭代修正计算公式为

$$\boldsymbol{C}_j^{(l+1)} = \boldsymbol{C}_j^{(l)} + \Delta\boldsymbol{C}_j^{(l)} \quad (j=1,2,\cdots,N_z) \tag{10.73}$$

$$\Delta\boldsymbol{C}_j^{(l)} = -\left(\frac{\partial^2 Q_j}{\partial c_k \partial c_l}\right)_{(l)}^{-1}\left(\frac{\partial Q_j}{\partial c_k}\right)_{(l)} \quad (k,l=1,2,3,4,5, j=1,2,\cdots,N_z)$$

$$(10.74)$$

式中：上标 l 代表参数 $\boldsymbol{C}_j$ 的第 l 次迭代近似值；$\Delta\boldsymbol{C}_j^{(l)}$ 为修正量。

将式（10.74）中的目标函数 Q_j 关于辨识参数 c_k 求偏导，有

$$\begin{cases} \dfrac{\partial Q_j}{\partial c_k} = 2\sum_{i=1}^{n}\boldsymbol{V}^{\mathrm{T}}(\boldsymbol{C}_j;i)\boldsymbol{R}^{-1}(\boldsymbol{C}_j)\dfrac{\partial \boldsymbol{y}_j(i)}{\partial c_k} \\ \dfrac{\partial^2 Q_j}{\partial c_l \partial c_k} = 2\sum_{i=1}^{n}\dfrac{\partial \boldsymbol{y}_j^{\mathrm{T}}(i)}{\partial c_l}\boldsymbol{R}^{-1}(\boldsymbol{C}_j)\dfrac{\partial \boldsymbol{y}_j(i)}{\partial c_k} \end{cases} \quad (k,l=1,2,3,4,5) \tag{10.75}$$

式中：

$$\boldsymbol{V}(\boldsymbol{C}_j;i) = \begin{bmatrix} (\omega_{x1}(\boldsymbol{C}_j;t_{ji}) - \omega_{x1ji}) \\ (\omega_{y1}(\boldsymbol{C}_j;t_{ji}) - \omega_{y1ji}) \\ (\omega_{z1}(\boldsymbol{C}_j;t_{ji}) - \omega_{z1ji}) \end{bmatrix} \quad (j=1,2,\cdots,N_z) \tag{10.76}$$

当观测噪声的统计特性未知时，有

$$\hat{\boldsymbol{R}}(\boldsymbol{C}_j) = \frac{1}{n_j}\sum_{i=1}^{n_j} \boldsymbol{V}(\boldsymbol{C}_j;i)\boldsymbol{V}^{\mathrm{T}}(\boldsymbol{C}_j;i) = \begin{bmatrix} R_{11} & R_{12} & R_{13} \\ R_{21} & R_{22} & R_{23} \\ R_{31} & R_{32} & R_{33} \end{bmatrix}_j \quad (j=1,2,\cdots,N_z) \quad (10.77)$$

$$\begin{cases} R_{11} = \dfrac{1}{n_\omega}\sum_{i=1}^{n_\omega}(\omega_{x1}(\boldsymbol{C}_j;t_{ji})-\omega_{x1ji})^2 \\ R_{22} = \dfrac{1}{n_j}\sum_{i=1}^{n_j}(\omega_{y1}(\boldsymbol{C}_j;t_{ji})-\omega_{y1ji})^2 \\ R_{33} = \dfrac{1}{n_j}\sum_{i=1}^{n_j}(\omega_{z1}(\boldsymbol{C}_j;t_{ji})-\omega_{z1ji})^2 \\ R_{12} = R_{21} = \dfrac{1}{n_j}\sum_{i=1}^{n_j}(\omega_{x1}(\boldsymbol{C}_j;t_{ji})-\omega_{x1ji})(\omega_{y1}(\boldsymbol{C}_j;t_{ji})-\omega_{y1ji}) \\ R_{13} = R_{31} = \dfrac{1}{n_j}\sum_{i=1}^{n_j}(\omega_{x1}(\boldsymbol{C}_j;t_{ji})-\omega_{x1ji})(\omega_{z1}(\boldsymbol{C}_j;t_{ji})-\omega_{z1ji}) \\ R_{23} = R_{32} = \dfrac{1}{n_j}\sum_{i=1}^{n_j}(\omega_{y1}(\boldsymbol{C}_j;t_{ji})-\omega_{y1ji})(\omega_{z1}(\boldsymbol{C}_j;t_{ji})-\omega_{z1ji}) \end{cases} \quad (10.78)$$

对于第 j 段弹道，式（10.75）中的偏导数 $\dfrac{\partial \boldsymbol{y}_j(i)}{\partial c_k}$ 为如下观测矢量：

$$\boldsymbol{y}_j(i) = [\omega_{x1}(t_{ji}) \quad \omega_{y1}(t_{ji}) \quad \omega_{z1}(t_{ji})]^{\mathrm{T}} \quad (j=1,2,\cdots,N_z, i=1,2,\cdots,n_j)$$
（10.79）

关于待辨识参数 $c_k(k=1,2,3,4,5)$ 的灵敏度矢量，其表达式为

$$\frac{\partial \boldsymbol{y}_j(i)}{\partial c_k} = \left[\frac{\partial \omega_{x1}(\boldsymbol{C}_j;t_{ji})}{\partial c_k} \quad \frac{\partial \omega_{y1}(\boldsymbol{C}_j;t_{ji})}{\partial c_k} \quad \frac{\partial \omega_{z1}(\boldsymbol{C}_j;t_{ji})}{\partial c_k}\right]^{\mathrm{T}}$$
$$(j=1,2,\cdots,N_z, k=1,2,3,4,5, i=1,2,\cdots,n_j) \quad (10.80)$$

式中：灵敏度矢量元素可将测量方程式（10.71）两端对待辨识参数 c_k 求偏导得出其计算表达式为

$$\begin{cases} \dfrac{\partial \omega_{x1}(\boldsymbol{C};t)}{\partial c_k} = \dfrac{\partial \omega_\xi(\boldsymbol{C};t)}{\partial c_k} \\ \dfrac{\partial \omega_{x1}(\boldsymbol{C};t)}{\partial c_5} = 0 \\ \dfrac{\partial \omega_{y1}(\boldsymbol{C};t)}{\partial c_k} = \dfrac{\partial \omega_\eta(\boldsymbol{C};t)}{\partial c_k}\cos\gamma(t) + \dfrac{\partial \omega_\zeta(\boldsymbol{C};t)}{\partial c_k}\sin\gamma(t) \end{cases}$$

$$\begin{cases} \dfrac{\partial \omega_{z1}(\boldsymbol{C};t)}{\partial c_k} = \dfrac{\partial \omega_{\zeta}(\boldsymbol{C};t)}{\partial c_k}\cos\gamma(t) - \dfrac{\partial \omega_{\eta}(\boldsymbol{C};t)}{\partial c_k}\sin\gamma(t) \quad (k=1,2,3,4) \\ \dfrac{\partial \omega_{y1}(\boldsymbol{C};t)}{\partial c_5} = -\omega_{\eta}(\boldsymbol{C};t)\sin\gamma(t)\dfrac{\partial \gamma(t)}{\partial c_5} + \omega_{\zeta}(\boldsymbol{C};t)\cos\gamma(t)\dfrac{\partial \gamma(t)}{\partial c_5} \quad (10.81) \\ \dfrac{\partial \omega_{z1}(\boldsymbol{C};t)}{\partial c_5} = -\omega_{\zeta}(\boldsymbol{C};t)\sin\gamma(t)\dfrac{\partial \gamma(t)}{\partial c_5} - \omega_{\eta}(\boldsymbol{C};t)\cos\gamma(t)\dfrac{\partial \gamma(t)}{\partial c_5} \end{cases}$$

书写简便，上式略去了下标 $j(j=1,2,\cdots,N_z)$，其中，$\left(\dfrac{\partial \omega_{\xi}}{\partial c_k},\dfrac{\partial \omega_{\eta}}{\partial c_k},\dfrac{\partial \omega_{\zeta}}{\partial c_k}\right)$ 可通过将六自由度弹道方程式（3.91）对待辨识参数 c_k 求偏导即可推导灵敏度方程。

10.3.2　六自由度弹道模型的角速率灵敏度方程

为便于书写，除特殊要求之外，本节表达式略去了分段下标 $j(j=1,2,\cdots,N_z)$，因此待辨识参数 $c_k(k=1,2,3,4,5)$ 仍作为常量处理。按照 10.3.1 节的方法，需要计算 $\left(\dfrac{\partial \omega_{\xi}}{\partial c_k},\dfrac{\partial \omega_{\eta}}{\partial c_k},\dfrac{\partial \omega_{\zeta}}{\partial c_k}\right)(k=1,2,3,4,5)$ 在 $t_i(i=1,2,\cdots,n_j)$ 时刻的值，才能完成式（10.71）、式（10.81）和与式（10.74）及其相关表达式的计算，进而完成辨识计算过程。因此，这里采用六自由度弹道方程为数学模型，以俯仰力矩修正函数的系数 c_1,c_2,c_3,c_4,c_5 为待定参数，推导迭代计算所需要的灵敏度微分方程。

由六自由度刚体弹道方程式（3.91）的第 7 个方程可知，俯仰力矩、赤道阻尼力矩、马格努斯力矩和每个数据段的初始转角对转速 ω_{ξ} 几乎没有影响（其相关性可忽略），故有

$$\dfrac{\partial \omega_{\xi}}{\partial c_k} \approx 0 \quad (k=1,2,3,4,5) \tag{10.82}$$

将 3.3.3 节的六自由度弹道方程式（3.91）第 8、9、11、12 个方程对待辨识参数 $c_k(k=1,2,3,4,5)$ 求偏导，可得灵敏度方程为

$$\begin{cases} \dfrac{\mathrm{d}}{\mathrm{d}t}\left(\dfrac{\partial \omega_{\eta}}{\partial c_k}\right) = \dfrac{\rho Sl}{2A}v_w\dfrac{\partial m'_z}{\partial c_k}v_{w\zeta} - \dfrac{\rho Sld}{2A}v_wc_3\dfrac{\partial \omega_{\eta}}{\partial c_k} - \dfrac{\rho Sld}{2A}c_4\dfrac{\partial \omega_{\xi}}{\partial c_k}v_{w\eta} - \\ \qquad \dfrac{C}{A}\dfrac{\partial \omega_{\xi}}{\partial c_k}\omega_{\zeta} - \dfrac{C}{A}\omega_{\xi}\dfrac{\partial \omega_{\zeta}}{\partial c_k} + 2\omega_{\eta}\dfrac{\partial \omega_{\eta}}{\partial c_k}\tan\varphi_2 + \dfrac{\omega_{\eta}^2}{\cos^2\varphi_2}\dfrac{\partial \varphi_2}{\partial c_k} \\ \dfrac{\mathrm{d}}{\mathrm{d}t}\left(\dfrac{\partial \omega_{\zeta}}{\partial c_k}\right) = -\dfrac{\rho Sl}{2A}v_w\dfrac{\partial m'_z}{\partial c_k}v_{w\eta} - \dfrac{\rho Sld}{2A}v_wc_3\dfrac{\partial}{\partial c_k}\omega_{\zeta} - \dfrac{\rho Sld}{2A}c_4\dfrac{\partial}{\partial c_k}\omega_{\xi}v_{w\zeta} + \\ \qquad \dfrac{C}{A}\dfrac{\partial \omega_{\xi}}{\partial c_k}\omega_{\eta} + \dfrac{C}{A}\omega_{\xi}\dfrac{\partial \omega_{\eta}}{\partial c_k} - \dfrac{\partial \omega_{\eta}}{\partial c_k}\omega_{\zeta}\tan\varphi_2 - \omega_{\eta}\dfrac{\partial \omega_{\zeta}}{\partial c_k}\tan\varphi_2 - \dfrac{\omega_{\eta}\omega_{\zeta}}{\cos^2\varphi_2}\dfrac{\partial \varphi_2}{\partial c_k} \end{cases}$$

$$\begin{cases} \dfrac{d}{dt}\left(\dfrac{\partial \varphi_2}{\partial c_k}\right) = -\dfrac{\partial \omega_\eta}{\partial c_k}, \quad \dfrac{d}{dt}\left(\dfrac{\partial \gamma}{\partial c_k}\right) = -\dfrac{\partial \omega_\zeta}{\partial c_k}\tan\varphi_2 - \dfrac{\omega_\zeta}{\cos^2\varphi_2}\dfrac{\partial \varphi_2}{\partial c_k} \\ (k=1,2,3,4,5) \end{cases} \quad (10.83)$$

为便于书写，将俯仰力矩系数导数 m_z' 和弹轴坐标系中的转速分量 ω_η,ω_ζ 对待定参数 c_k 的敏感系数分别定义为

$$p_{1k}=\dfrac{\partial m_z'}{\partial c_k},\ p_{2k}=\dfrac{\partial \omega_\eta}{\partial c_k},\ p_{3k}=\dfrac{\partial \omega_\zeta}{\partial c_k},\ p_{4k}=\dfrac{\partial \varphi_2}{\partial c_k},\ p_{5k}=\dfrac{\partial \gamma}{\partial c_k}(k=1,2,3,4,5) \quad (10.84)$$

式中：$\dfrac{\partial m_z'}{\partial c_k}$ 由式（10.68）可导出，得

$$\begin{cases} p_{11}=\dfrac{\partial m_z'(Ma)}{\partial c_1}=1+c_2(Ma)\dfrac{\partial \delta_r^2}{\partial k_z}\dfrac{\partial k_z}{\partial c_1} \\ p_{12}=\dfrac{\partial m_z'(Ma)}{\partial c_2}=\delta_r^2+c_2(Ma)\dfrac{\partial \delta_r^2}{\partial k_z}\dfrac{\partial k_z}{\partial c_2} \\ p_{13}=p_{14}=p_{15}\approx 0 \end{cases} \quad (10.85)$$

为使问题更简单，下面考虑采用修正质点弹道方程的动力平衡角表达式计算偏导数 $\dfrac{\partial \delta_r^2}{\partial k_z}$。对于遥测弹道段的飞行稳定弹箭，可以认为其飞行攻角的起始扰动分量部分已基本衰减殆尽，此时有 $\delta_r^2\approx\delta_p^2=\delta_{p1}^2+\delta_{p2}^2$ 成立。由于弹箭的动力平衡角分量可表示为（参见式（3.155）和式（3.156））

$$\delta_{p2}=-\dfrac{P}{Mv}\dot\theta-\dfrac{PT}{M^2v^2}\ddot\theta+\dfrac{2P^3T}{M^2v^2}\ddot\theta \quad (10.86)$$

$$\delta_{p1}=-\dfrac{P^2}{M^2v^2}\ddot\theta+\dfrac{P^4T^2}{M^4v^2}\ddot\theta+\dfrac{1}{Mv^2}\ddot\theta+\dfrac{P^2T}{M^2v}\dot\theta \quad (10.87)$$

$$M=k_z=\dfrac{\rho Sl}{2A}m_z'=\dfrac{\rho Sl}{2A}(c_1+c_2\delta_r^2) \quad (10.88)$$

故式（10.85）的偏导数为

$$\dfrac{\partial \delta_r^2}{\partial k_z}\approx\dfrac{\partial \delta_p^2}{\partial k_z}=\dfrac{\partial \delta_p^2}{\partial M}=\dfrac{\partial \delta_{p2}^2}{\partial M}+\dfrac{\partial \delta_{p1}^2}{\partial M}=2\delta_{p2}\dfrac{\partial \delta_{p2}}{\partial M}+2\delta_{p1}\dfrac{\partial \delta_{p1}}{\partial M} \quad (10.89)$$

$$\dfrac{\partial k_z}{\partial c_1}=\dfrac{\rho Sl}{2A}\left(1+c_2\dfrac{\partial \delta_p^2}{\partial c_1}\right)\approx\dfrac{\rho Sl}{2A} \quad (10.90)$$

$$\dfrac{\partial k_z}{\partial c_2}=\dfrac{\rho Sl}{2A}\left(\delta_p^2+c_2\dfrac{\partial \delta_p^2}{\partial c_2}\right)\approx\dfrac{\rho Sl}{2A}\delta_r^2 \quad (10.91)$$

$$\dfrac{\partial \delta_{p2}}{\partial M}=\dfrac{\partial}{\partial M}\left(-\dfrac{P}{Mv}\dot\theta-\dfrac{PT}{M^2v^2}\ddot\theta+\dfrac{2P^3T}{M^2v^2}\ddot\theta\right)=\dfrac{P}{M^2v}\dot\theta+\dfrac{2PT}{M^3v^2}\ddot\theta-\dfrac{4P^3T}{M^3v^2}\ddot\theta \quad (10.92)$$

$$\frac{\partial \delta_{p1}}{\partial M} = \frac{\partial}{\partial M}\left(\frac{P^2}{M^2 v^2}\ddot{\theta} - \frac{P^4 T^2}{M^4 v^2}\ddot{\theta} - \frac{\ddot{\theta}}{Mv^2} + \frac{P^2 T}{M^2 v}\dot{\theta}\right) \tag{10.93}$$

$$= -\frac{2P^2}{M^3 v^2}\ddot{\theta} + \frac{4P^4 T^2}{M^5 v^2}\ddot{\theta} + \frac{\ddot{\theta}}{M^2 v^2} - \frac{2P^2 T}{M^3 v}\dot{\theta}$$

由此，灵敏度方程式（10.83）可改写为

$$\begin{cases} \dfrac{\mathrm{d}p_{2k}}{\mathrm{d}t} = \dfrac{\rho Sl}{2A}v_w p_{1k} v_{w\zeta} - \dfrac{\rho Sld}{2A}v_w m'_{zz}p_{2k} - \\ \qquad\qquad \dfrac{C}{A}\omega_\xi p_{3k} + 2\omega_\eta p_{2k}\tan\varphi_2 + \dfrac{\omega_\eta^2}{\cos^2\varphi_2}p_{4k} \\ \dfrac{\mathrm{d}p_{3k}}{\mathrm{d}t} = -\dfrac{\rho Sl}{2A}v_w p_{1k} v_{w\eta} - \dfrac{\rho Sld}{2A}v_w m'_{zz}p_{3k} + \quad (k=1,2,3,4,5) \\ \qquad\qquad \dfrac{C}{A}\omega_\xi p_{2k} - p_{2k}\omega_\zeta\tan\varphi_2 - \omega_\eta p_{3k}\tan\varphi_2 - \dfrac{\omega_\eta\omega_\zeta}{\cos^2\varphi_2}p_{4k} \\ \dfrac{\mathrm{d}p_{4k}}{\mathrm{d}t} = -p_{2k},\quad \dfrac{\mathrm{d}p_{5k}}{\mathrm{d}t} = -p_{3k}\tan\varphi_2 - \dfrac{\omega_\zeta}{\cos^2\varphi_2}p_{4k} \end{cases} \tag{10.94}$$

式中：p_{1k} 由式（10.85）计算。

将式（10.82）和式（10.84）代入式（10.81）可得

$$\begin{cases} \dfrac{\partial \omega_{x1}(\boldsymbol{C};t)}{\partial c_k} = 0 \\ \dfrac{\partial \omega_{x1}(\boldsymbol{C};t)}{\partial c_5} = 0 \\ \dfrac{\partial \omega_{y1}(\boldsymbol{C};t)}{\partial c_k} = p_{2k}(\boldsymbol{C};t)\cos\gamma(t) + p_{3k}(\boldsymbol{C};t)\sin\gamma(t) \\ \dfrac{\partial \omega_{z1}(\boldsymbol{C};t)}{\partial c_k} = p_{3k}(\boldsymbol{C};t)\cos\gamma(t) - p_{2k}(\boldsymbol{C};t)\sin\gamma(t) \quad (k=1,2,3,4) \\ \dfrac{\partial \omega_{y1}(\boldsymbol{C};t)}{\partial c_5} = -\omega_\eta(\boldsymbol{C};t)\sin\gamma(t)p_{55}(\boldsymbol{C};t) + \omega_\zeta(\boldsymbol{C};t)\cos\gamma(t)p_{55}(\boldsymbol{C};t) \\ \dfrac{\partial \omega_{z1}(\boldsymbol{C};t)}{\partial c_5} = -\omega_\zeta(\boldsymbol{C};t)\sin\gamma(t)p_{55}(\boldsymbol{C};t) - \omega_\eta(\boldsymbol{C};t)\cos\gamma(t)p_{55}(\boldsymbol{C};t) \end{cases} \tag{10.95}$$

由此，将灵敏度方程式（10.94）、式（10.95）与六自由度刚体弹道方程式（3.91）联立，注意到式（10.67），连同辅助方程（3.92）和相关联的物理参数表达式（3.93）一起，即构成由50个微分方程构成的完备方程式（10.96）。

$$\begin{cases}
\dfrac{dv}{dt} = -\dfrac{\rho S}{2m}c_x v_w(v - w_{x_2}) + \dfrac{\rho S}{2m}c'_y[v_w^2\cos\delta_2\cos\delta_1 - v_{w\xi}(v - w_{x_2})] + \\
\qquad \dfrac{\rho S}{2m}c''_z\left(\dfrac{\dot\gamma d}{v_w}\right)v_w(-w_{z_2}\cos\delta_2\sin\delta_1 + w_{y_2}\sin\delta_2) + g'_{x2} + g_{Kx2} + g_{\Omega x2} \\[6pt]
\dfrac{d\theta_a}{dt} = \dfrac{\rho S}{2mv\cos\psi_2}c_x v_w w_{y_2} + \dfrac{\rho S}{2mv\cos\psi_2}c'_y[v_w^2\cos\delta_2\sin\delta_1 + v_{w\xi}w_{y_2}] + \\
\qquad \dfrac{\rho S}{2mv\cos\psi_2}c''_z\left(\dfrac{\dot\gamma d}{v_w}\right)v_w[(v - w_{x_2})\sin\delta_2 + w_{z_2}\cos\delta_2\cos\delta_1] + \dfrac{g'_{y2} + g_{Ky2} + g_{\Omega y2}}{v\cos\psi_2} \\[6pt]
\dfrac{d\psi_2}{dt} = \dfrac{\rho S}{2mv}c_x v_w w_{z_2} + \dfrac{\rho S}{2mv}c'_y[v_w^2\sin\delta_2 + v_{w\xi}w_{z_2}] + \\
\qquad \dfrac{\rho S}{2mv}c''_z\left(\dfrac{\dot\gamma d}{v_w}\right)v_w[-w_{y_2}\cos\delta_2\cos\delta_1 - (v - w_{x_2})\cos\delta_2\sin\delta_1] + \dfrac{g'_{z2} + g_{Kz2} + g_{\Omega z2}}{v} \\[6pt]
\dfrac{d\omega_\xi}{dt} = -\dfrac{\rho Sl d}{2C}m'_{xz}v_w\omega_\xi + \dfrac{\rho Sl}{2C}v_w^2 m'_{xw}\delta_f \\[6pt]
\dfrac{d\omega_\eta}{dt} = \dfrac{\rho Sl}{2A}v_w(c_1 + c_2\delta_r)v_{w\zeta} - \dfrac{\rho Sl d}{2A}v_w c_3\omega_\eta - \dfrac{\rho Sl d}{2A}c_4\omega_\xi v_{w\eta} - \dfrac{C}{A}\omega_\xi\omega_\zeta + \omega_\eta^2\tan\varphi_2 \\[6pt]
\dfrac{d\omega_\zeta}{dt} = -\dfrac{\rho Sl}{2A}v_w(c_1 + c_2\delta_r)v_{w\eta} - \dfrac{\rho Sl d}{2A}v_w c_3\omega_\zeta - \dfrac{\rho Sl d}{2A}c_4\omega_\xi v_{w\zeta} + \dfrac{C}{A}\omega_\xi\omega_\eta - \omega_\eta\omega_\zeta\tan\varphi_2 \\[6pt]
\dfrac{d\varphi_a}{dt} = \dfrac{\omega_\zeta}{\cos\varphi_2}, \quad \dfrac{d\varphi_2}{dt} = -\omega_\eta, \quad \dfrac{d\gamma}{dt} = \omega_\xi - \omega_\zeta\tan\varphi_2 \\[6pt]
\dfrac{dx}{dt} = v\cos\psi_2\cos\theta_a, \quad \dfrac{dy}{dt} = v\cos\psi_2\sin\theta_a, \quad \dfrac{dz}{dt} = v\sin\psi_2 \\[6pt]
\dfrac{dp_{2k}}{dt} = \dfrac{\rho Sl}{2A}v_w p_{1k}v_{w\zeta} - \dfrac{\rho Sl d}{2A}v_w m'_{zz}p_{2k} - \dfrac{C}{A}\omega_\xi p_{3k} + 2\omega_\eta p_{2k}\tan\varphi_2 + \dfrac{\omega_\eta^2}{\cos^2\varphi_2}p_{4k} \\[6pt]
\dfrac{dp_{3k}}{dt} = -\dfrac{\rho Sl}{2A}v_w p_{1k}v_{w\eta} - \dfrac{\rho Sl d}{2A}v_w m'_{zz}p_{3k} + \\
\qquad \dfrac{C}{A}\omega_\xi p_{2k} - p_{2k}\omega_\zeta\tan\varphi_2 - \omega_\eta p_{3k}\tan\varphi_2 - \dfrac{\omega_\eta\omega_\zeta}{\cos^2\varphi_2}p_{4k} \\[6pt]
\dfrac{dp_{4k}}{dt} = -p_{2k}, \quad \dfrac{dp_{5k}}{dt} = -p_{3k}\tan\varphi_2 - \dfrac{\omega_\zeta}{\cos^2\varphi_2}p_{4k} \\[6pt]
(k = 1,2,3,4,5)
\end{cases}$$

$$(10.96)$$

上述完备方程式（10.96）的积分初始条件为

$$\begin{cases} v(0)=v_0, \quad \theta_a(0)=\theta_0, \quad \psi_2(0)=0 \\ x=0, \quad y=0, \quad z=0 \\ \varphi_a(0)=\theta_0+\delta_{m10}, \quad \varphi_2(0)=\delta_{m20} \\ \dot{\gamma}(0)=\dot{\gamma}_0=\omega_{x10}, \quad \gamma(0)=c_5 \\ p_{2k}(\boldsymbol{C};0)=p_{3k}(\boldsymbol{C};0)=p_{4k}(\boldsymbol{C};0)=0, \quad (k=1,2,3,4,5) \\ p_{5k}(\boldsymbol{C};0)=0, \quad (k=1,2,3,4), \quad p_{55}(\boldsymbol{C};0)=1 \end{cases} \quad (10.97)$$

式中：δ_{m10} 和 δ_{m20} 可通过起始扰动试验数据辨识，参考式（7.2）或式（7.3）的计算结果确定。若没有起始扰动数据 δ_{m10} 和 δ_{m20}，也可将它们取值为 0；$\omega_{x10}=\omega_{x1}(0)$ 可利用数据 $(\omega_{x1i};t_i)(i=1,2,\cdots,n_\omega)$，按照 6.3.2 节类似初速线形最小二乘原理外推初速的方法确定。

对于第 j 段弹道数据，其积分初始条件为第 $j-1$ 段弹道在 $t=t_{j0}$ 时刻的外推计算值，即

$$\begin{cases} v(t_{j0})=v_{j0}, \quad \theta_a(t_{j0})=\theta_{j0}, \quad \psi_2(t_{j0})=\psi_{2,j0} \\ x(t_{j0})=x_{j0}, \quad y(t_{j0})=y_{j0}, \quad z(t_{j0})=z_{j0} \\ \varphi_a(t_{j0})=\varphi_{a,j0}, \quad \varphi_2(t_{j0})=\varphi_{2,j0} \\ \dot{\gamma}(t_{j0})=\dot{\gamma}_{j0x1}, \quad \gamma(t_{j0})=\gamma_{j0} \\ p_{2k}(\boldsymbol{C};t_{j0})=p_{2k,j0}, \quad p_{3k}(\boldsymbol{C};t_{j0})=p_{3k,j0} \\ p_{4k}(\boldsymbol{C};t_{j0})=p_{4k,j0}, \quad p_{5k}(\boldsymbol{C};t_{j0})=p_{5k,j0}, \quad (k=1,2,3,4,5) \end{cases} \quad (10.98)$$

式中：各物理量下标 $j0$ 代表方程式（10.96）对应参量的第 $j-1$ 段弹道在 $t=t_{j0}$ 时刻的计算值。

显然，采用龙格库塔法求解上述完备的方程组关于其初始条件式（10.97）或式（10.98）的数值解，通过插值即可确定 $t=t_i(i=1,2,\cdots,n_j)$ 时刻的 $\omega_\xi(C_j;t_{ji}),\omega_\eta(C_j;t_{ji}),\omega_\zeta(C_j;t_{ji})$ 和 $p_{2k}(C_j;t_{ji}),p_{3k}(C_j;t_{ji}),p_{4k}(C_j;t_{ji})$ $(k=1,2,3,4,j=1,2,\cdots,N_z)$ 的值，将它们代入式（10.75）和式（10.74）及上面相关的各式，即可计算第 l 次迭代修正量 $\Delta c_k^{(l)}(k=1,2,3,4,5)$。

通过式（10.73）迭代计算即可求出 c_k 的最优估计值 $\hat{c}_k(k=1,2,3,4,5)$。由式（10.67）和式（10.68）即可计算出与测试数据[式（10.66）]相吻合的俯仰力矩、赤道阻尼力矩和马格努斯力矩等气动系数曲线数据。

第 11 章 从飞行轨迹数据辨识弹箭气动力系数的方法

根据气动参数辨识原理分析认为，在已知弹箭的气动力矩的条件下，只要数据精度足够高，利用飞行轨迹坐标 $(x,y,z;t)$ 数据能够辨识出弹箭的阻力系数 $c_x(Ma)$、升力系数导数 $c'_y(Ma)$ 及马格努斯力系数导数 $c''_z(Ma)$ 曲线。但是在弹箭飞行试验中，由于弹箭飞行轨迹坐标的外测设备（例如，坐标雷达或光电经纬仪）的测角分辨率限制了弹箭飞行轨迹坐标 $(x,y,z;t)$ 数据的精度，卫星定位传感器获取的 $(x,y,z;t)$ 数据也受到了动态精度和数据量的限制，使得利用这些方法的轨迹坐标 $(x,y,z;t)$ 数据辨识阻力系数 $c_x(Ma)$ 的效果明显不如利用多普勒原理测速数据的辨识结果。因此在仰射试验条件下，一般多采用多普勒原理测速数据辨识弹箭阻力系数，而用飞行轨迹坐标 $(x,y,z;t)$ 数据辨识升力系数导数 $c'_y(Ma)$ 及马格努斯力系数导数 $c''_z(Ma)$。鉴于弹箭仰射试验的射角和射向角对气动参数辨识结果影响很大，而不同测试系统获取的飞行轨迹坐标 $(x,y,z;t)$ 数据的测试基准与实际射向和射角均存在差异，因此在本章先讨论根据炮口直线弹道段确定数据射角与射向角修正量的问题，然后在此基础上讨论利用弹箭飞行轨迹坐标数据辨识升力系数导数等气动参数的方法。

11.1 数据射角与射向角修正量的确定

大量气动力系数导数的辨识结果分析和弹道计算表明，射击条件中的速度高低角和方向角对弹道计算结果影响很大，其偏差量对阻力系数、升力系数导数辨识和落点坐标计算的影响往往不可忽视。这一结论在升力系数导数的辨识分析结果验证计算和数据处理中也同样得到了验证。

根据雷达系统实测弹箭飞行轨迹坐标数据的变化特征和影响因素分析，以六自由度弹道方程为模型，以弹箭飞行轨迹坐标计算值与实测值的残差平方和为目标函数，辨识实际射角与射向角修正量。根据试验时雷达测试数据，辨识出射角与射向角修正量的主要作用有：

（1）进一步减小弹箭阻力系数的辨识误差；

（2）采用实际辨识射角与射向角修正量作为升力系数导数辨识计算的初始条件数据，提高升力系数导数辨识精度；

（3）提高重构弹道与实测弹道数据的吻合度。

事实上根据图 5.1 所示的射表试验数据处理流程可以看到，北约组织建立的射表试验数据的气动力辨识流程加入了"利用弹箭飞行轨迹坐标数据，通过修正量分析确定射角、射向角初始值和初速数据"的技术处理环节。

11.1.1 数据射角与射向角修正量的概念及定义

分析雷达实测坐标数据规律发现，采用弹箭飞行轨迹坐标数据确定的射角和射向角与火炮装定值相差有时可能偏大。例如，根据某次弹箭气动力飞行试验采用了连续波雷达测出的弹箭飞行轨迹坐标数据分析结果（参见 11.1.3 节示例），发现由雷达测试数据辨识的起始方向偏角很大（方向偏差最大已超过 1°），而偏角散布却在基本合理的范围。由于火炮射击射向角绝不可能偏差这样大，可以判定两者之间存在较大的系统偏差。由于雷达测试数据基准是天线测试坐标系，而雷达测试坐标系的定标依赖于雷达天线单元的光学瞄准镜，由此分析雷达测试与定标原理认为，该系统偏差可能存在如下来源：

（1）雷达天线发射电磁波束中心线与定向瞄准轴线不平行产生系统误差。

雷达天线发射电磁波束中心线与定向瞄准系统的中心轴是由两个不同的系统确定的，在雷达天线装配的每个工艺环节和调校均存在误差，并且在使用过程中也可能存在漂移，使得雷达天线发射电磁波束中心线与定向瞄准轴线不平行，导致其方向角数据具有系统误差。

（2）炮口冲击波使得雷达天线振动产生定向偏差。

由于雷达天线一般布置在火炮的侧后方，炮口冲击波传播到雷达天线则会形成不对称的超压造成天线向一侧摆动，使得雷达天线的波束中心线的方向角与火炮仰线的方向角不一致。

（3）火炮瞄准系统与火炮身管轴线之间不平行产生系统误差。

火炮瞄准系统安装在火炮身管一侧，并固连在身管炮尾上。严格说来，身管轴线并非直线，瞄准系统与身管轴线也不平行。

（4）雷达定向与火炮定向瞄准操作过程产生方位系统差。

采用与火炮完全相同的方法将雷达天线基准定向时，如果定标操作不够规范，则会造成雷达定标的基准方位与火炮射击方位不一致。其偏差的大小还取决于炮位到基准桩之间的连线与射向之间的夹角，夹角越大，系统偏差也越大。

（5）射击跳角产生误差。

跳角产生的原因很复杂，除起始扰动产生的平均偏角外，还与炮管产生振动和转动、温度和重力的作用使炮管产生的弯曲，以及弹箭在膛内运动过程中弹炮相互作用有关，弹体受力不平衡和气动力不平衡均是产生跳角的原因。由于射击跳角的存在，使得弹箭飞行轨迹坐标数据确定的射角和射向角与火炮装定值不同。在一般条件下，将射击跳角定义为平均初速矢量线（螺线弹道的中心轴线的在炮口的切线）与仰线间的夹角，其铅直分量 γ_t 表示为

$$\gamma_t = \theta_0 - \varphi \tag{11.1}$$

式中：θ_0 为平均初速矢量线与水平面间的夹角；φ 为火炮装定的射击仰角。

鉴于上述原因造成的系统偏差角均可以通过弹箭飞行轨迹坐标确定出来，并在辨识计算中做出修正。为了区别于外弹道学中对射角和速度偏角的定义，这里将利用弹箭飞行轨迹坐标数据确定的射角最优估计 $\hat{\theta}_{a0}$ 定义为数据射角；同理，利用弹箭飞行轨迹坐标数据确定的速度偏角初始值的最优估计 $\hat{\psi}_{20}$ 代表射向角的偏差量，且它对辨识计算结果的影响可以修正，故将估计值 $\hat{\psi}_{20}$ 定义为数据射向角修正量。实践证明，数据射角和数据射向角修正量与外弹道学中的射角和射向角的实际偏差对辨识结果的影响是系统的，且往往不可忽略。因此在进行气动参数辨识计算时，应利用轨迹坐标数据辨识初速矢量的高低角和方向角（数据射角和数据射向角修正量），以便减小或基本消除这一系统误差对气动参数辨识结果的影响。

在 11.1.3 节的示例分析表明，利用弹箭飞行轨迹数据辨识计算确定的数据射角与装定的射击仰角之差是由射击跳角和雷达光学瞄准轴与其波束中心轴不重合引起。其主要依据是，该雷达的水平、俯仰基准的误差不超过 0.005°，它比火炮射击跳角数据小一个数量级，而数据跳角的纵向分量在量级上与实际跳角相当，因此粗略认为该雷达的光学瞄准轴与其天线波束中心轴在铅直方向上的不重合量很小（不具有一般性）。试验中由弹箭飞行轨迹坐标确定的纵向数据跳角近似等于射击纵向跳角，其近似程度还有待于专门试验考证。

比较数据射向角修正量与实测射击横向跳角数据可以发现，火炮射击横向跳角（一般不超过 0.05°）远远小于数据射向角修正量，由此说明数据射向角修正量是由上述五个方面的因素引起的偏差，其中（1）、（2）为主要因素，且不可忽略。由此也说明，数据射向角与实际射向角存在明显的系统差异。引入数据射角和数据射向角修正量仅仅是为了消除雷达定标误差的影响，提高弹道计算模型的辨识精度。

还需要说明，上述系统误差在多数情况下对雷达实测速度数据变化规律影响甚微，对辨识阻力系数的精度影响甚至可以忽略，但它对弹箭飞行轨迹坐标数据影响却非常明显。如果忽略它们，则容易影响升力系数导数等气动力系数的辨识精度，并导致辨识确定的弹道计算模型与实测数据的吻合度大大降低。为了减小和消除这一系统误差对气动参数辨识结果的影响，提高弹道计算结果与实测数据的吻合度，在利用弹箭飞行轨迹坐标数据辨识升力系数导数等气动参数之前，有必要根据雷达实测弹箭坐标数据的变化规律，确定数据射角与射向角修正量。

11.1.2 数据射角与射向角修正量的辨识方法

为了提高在升力等气动参数的辨识精度，在计算中需要引入数据射角与射向角修正量作为初值。在工程实践中,通过对射角、射向角修正量辨识方法分析研究,建立了一套采用六自由度弹道方程式(3.91)作为辨识数学模型,建立数据射角与射向角修正量的辨识方法,现介绍如下。

由外弹道学理论和测试数据分析可知,以跳角为主的速度高低角和方向角初始值主要影响弹箭的飞行轨迹数据,且它们与弹道直线段的坐标数据的相关性很强。因此在辨识方法设计中,采用弹道直线段的坐标数据辨识速度高低角和方向角初始值。对于实测弹道直线段的飞行轨迹坐标数据,即

$$(x_i, y_i, z_i; t_i) \quad (i = 1, 2, \cdots, n_\theta) \tag{11.2}$$

可以采用最小二乘法从弹箭飞行轨迹坐标数据辨识数据射角和射向角修正量。由于弹道方程式(3.91)中射角代表了初速的高低角初始值 θ_{a0},而射向角修正量相当于速度偏角的初始值 ψ_{20},因而在数据射角与射向角修正量的辨识分析中将它们作为待辨识参数。根据参数 θ_{a0} 的辨识灵敏度分析结果,可设辨识 θ_{a0} 的目标函数为

$$Q(\theta_{a0}) = \sum_{i=1}^{n_\theta} \left[(x_i - x(\theta_{a0}, t_i))^2 + (y_i - y(\theta_{a0}, t_i))^2 \right] \tag{11.3}$$

式中:$x_i, y_i (i=1,2,\cdots,n_\theta)$ 为第 i 点的测量数据值;$x(\theta_{a0}; t_i)$、$y(\theta_{a0}; t_i)$ 为满足六自由点的度弹道方程在 t_i 时刻的计算值;数据射角 θ_{a0} 为待辨识参数。在 θ_{a0} 的辨识中,以火炮射击仰角数据为初始值,采用一维寻优方法计算数据射角的最优估计 $\hat{\theta}_{a0}$,使得目标函数式(11.3)最小。在此条件下,该估计值 $\hat{\theta}_{a0}$ 即为数据射角。

同理,若取六自由度弹道方程中的速度偏角初始值 ψ_{20} 作为待辨识参数,其目标函数可表示为

$$Q(\psi_{20}) = \sum_{i=1}^{n_\theta} \left[(x_i - x(\psi_{20}, t_i))^2 + (z_i - z(\psi_{20}, t_i))^2 \right] \tag{11.4}$$

式中:$x(\psi_{20}, t_i)$,$z(\psi_{20}, t_i)$ 为满足六自由度弹道方程在 t_i 时刻的计算值;x_i, z_i ($i=1,2,\cdots,n_\theta$) 为第 i 点的弹箭位置坐标测量数据;速度方向角初始值 ψ_{20} 为待辨识参数。同理,在 ψ_{20} 的辨识中,初始值取为 0,采用一维寻优方法计算数据射角的最优估计 $\hat{\psi}_{20}$,使得目标函数式(11.4)最小。此时,该估计值 $\hat{\psi}_{20}$ 即为数据射向角修正量。

11.1.3 数据射角与射向角修正量辨识计算示例

为了增加感性认识,本节以某次弹箭飞行试验的雷达测试弹箭飞行轨迹坐标数据为基础,利用前述辨识计算方法,引入试验条件进行参数辨识,计算各发弹实测的数据射角与射向角修正量。本示例的辨识结果为其他气动参数辨识和残差分析提供弹道计算的初值数据,显著提高了相关气动参数的辨识精度和弹道计算

模型与实际弹道的吻合度。

11.1.3.1 轨迹数据辨识射角和射向角修正量的数据段选取

由于弹道直线段是一个近似的概念,究竟取多长弹道段更合理呢?研究表明,由于影响弹箭的飞行轨迹的因素很多,原理上应取尽量靠近炮口的数据段辨识数据射角和速度方向角初始值。为此,可在某火炮的雷达测试数据中随机抽取4发弹数据进行辨识试算研究。炮射试验采用全装药45°射角射击,利用雷达测试数据的试算以此为初始条件,分别选取弹箭出炮口时刻(零时)到0.8s、1.0s、3.0s、5.0s、7.5s、10.0s时刻(对应第n_θ点数据的时刻)的坐标测试数据段作为基础数据;采用实际辨识的综合阻力系数与速度高低角θ_{a0}和偏角初始值ψ_{20}的辨识程序分别迭代计算,辨识出各弹箭试验的数据射角,进而由式(11.1)换算出数据跳角,如表11.1所列。图11.1和图11.2分别为辨识的数据跳角及数据拟合标准残差随所采用的数据段的变化规律。

表 11.1 不同数据段数据跳角辨识结果比较

数据段/s	第1发弹数据		第2发弹数据		第3发弹数据		第4发弹数据		平均跳角/(°)	拟合标准差/m
	拟合残差/m	数据跳角/(°)	拟合残差/m	数据跳角/(°)	拟合残差/m	数据跳角/(°)	拟合残差/m	数据跳角/(°)		
0.8	0.346	0	0.764	0.03	0.653	0.03	0.822	0.01	0.018	0.6463
1	0.434	0	0.706	0.03	0.574	0.03	0.779	0.02	0.020	0.6234
3	1.058	0.04	0.615	0.04	0.859	0.04	0.552	0.03	0.038	0.7711
5	1.743	0.02	0.886	0.04	0.845	0.05	0.508	0.04	0.038	0.9955
7.5	1.677	0.02	0.719	0.05	1.332	0.06	1.174	0.04	0.043	1.2254
10	2.217	0.04	1.120	0.06	1.958	0.07	0.937	0.05	0.055	1.5578

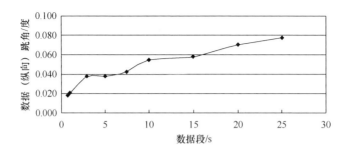

图 11.1 不同的弹道段数据跳角辨识结果曲线

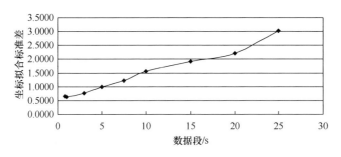

图 11.2 不同弹道段数据跳角辨识结果的标准残差

从表中数据和图中曲线可以看出，0~1s 的数据段与 0~3s 的弹道段辨识结果相差较大（相对偏差 47.3%）；0~3s 的弹道段与 0~5s 的弹道段辨识结果几乎相同；0~5s 的弹道段与 0~7.5s 的弹道段和 0~10s 的弹道段辨识结果比较，后两个弹道段的辨识结果的差值明显较大。分析数据拟合标准残差可以看出，数据拟合标准差随数据段增大而明显增大，这时因为数据段增大，其他因素的干扰也跟随增加的缘故。根据上面分析，选取辨识结果稳定一致，拟合残差较小的数据段辨识结果更为可靠。因此可以认为，利用弹道直线段弹箭飞行轨迹坐标数据辨识射击跳角，在这批试验数据中选取 3~7s 以前的坐标数据段辨识射角和射向角修正量较好。

11.1.3.2 数据射角与射向角修正量的辨识结果

根据全装药、中号装药、小号装药以 20°、30°、45°、55°、65° 射角射击试验的坐标数据，利用该方法建立的计算程序，辨识出数据射角与速度方向角初始值数据，表 11.2 为这些数据的总平均值及概率误差。

表 11.2 各装药号弹箭飞行试验的数据射角与射向角修正量平均值表

单位：(°)

组号	项目	射角 20°	射向角修正量	射角 30°	射向角修正量	射角 45°	射向角修正量	射角 55°	射向角修正量	射角 65°	射向角修正量
全装药	平均	20.01	-0.97	30.00	-0.85	45.03	-0.66	55.05	-0.51	65.03	-0.29
	概率误差	0.02	0.01	0.01	0.01	0.02	0.01	0.01	0.01	0.02	0.01
中号装药	平均	19.96	-0.89	30.00	-0.86	45.07	-0.66	55.09	-0.51	65.01	-0.31
	概率误差	0.01	0.01	0.02	0.01	0.01	0.02	0.01	0.02	0.01
小号装药	平均	20.01	-0.90	30.02	-0.81	45.12	-0.56	55.09	-0.35	65.04	-0.23
	概率误差	0.01	0.01	0.04	0.01	0.01	0.01	0.02	0.01	0.02	0.01

为了便于参考，表 11.3 列出了其中小号装药第 1 组弹箭的数据射角与射向角修正量。

表 11.3 小号装药试验数据射角与数据射向角修正量数据表

单位：(°)

组号	弹序	射角 20°	射向角修正量	射角 30°	射向角修正量	射角 45°	射向角修正量	射角 55°	射向角修正量	射角 65°	射向角修正量
1	1	20.08	-0.90	30.06	-0.80	45.13	-0.60	55.16	-0.37	65.07	-0.24
	2	20.04	-0.94	30.10	-0.81	45.20	-0.53	55.12	-0.40	65.04	-0.25
	3	20.05	-0.92	30.11	-0.81	45.13	-0.56	55.16	-0.40	65.09	-0.24
	4	20.04	-0.91	30.11	-0.83	45.13	-0.55	55.14	-0.40	65.07	-0.24
	5	19.99	-0.91	30.08	-0.83	45.09	-0.57	55.11	-0.37	65.05	-0.26
	6	20.06	-0.92	30.08	-0.81	45.10	-0.64	55.14	-0.38	65.05	-0.26
	7	20.08	-0.90	30.08	-0.81	45.13	-0.61	55.20	-0.36	65.06	-0.23
	平均值	20.05	-0.91	30.08	-0.82	45.13	-0.58	55.15	-0.38	65.06	-0.25
	概率误差	0.02	0.01	0.02	0.01	0.02	0.03	0.02	0.01	0.01	0.01
2	平均值	19.99	-0.90	30.01	-0.83	45.14	-0.54	55.08	-0.46	64.98	-0.24
	概率误差	0.01	0.01	0.01	0.01	0.02	0.01	0.03	0.01	0.06	0.02
3	平均值	19.98	-0.90	29.98	-0.79	45.09	-0.57	55.04	-0.21	65.09	-0.21
	概率误差	0.02	0.02	0.09	0.01	0.01	0.01	0.03	0.01	0.02	0.01
总平均		20.01	-0.90	30.02	-0.81	45.12	-0.56	55.09	-0.35	65.04	-0.23
总概率差		0.01	0.01	0.04	0.01	0.01	0.01	0.02	0.01	0.02	0.01

上面数据中，将射角总平均值减去试验装定的射击仰角，即可得出火炮射击的平均纵向数据跳角数据（其中包含了纵向速度偏角）。图 11.3 为火炮射击的平均纵向数据跳角随射角的变化曲线；图 11.4 为火炮射击的纵向数据跳角散布（概率误差）随射角的变化曲线；图 11.5 为数据射向角修正量随射角的变化曲线；图 11.6 为数据射向角修正量的概率误差随射角的变化曲线。

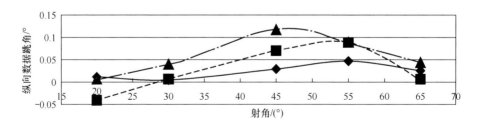

图 11.3 平均纵向数据跳角随射角的变化曲线

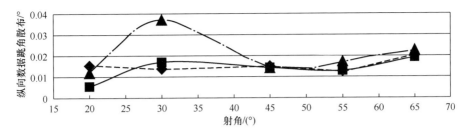

图 11.4　纵向数据跳角散布随射角的变化曲线

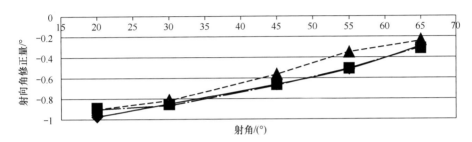

图 11.5　射向角平均修正量-射角曲线

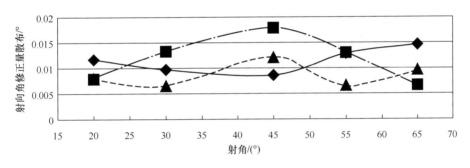

图 11.6　数据射向角修正量的概率误差-射角曲线

上面各图中，菱形、矩形和三角形符号分别代表全装药、中号装药和小号装药的曲线数据。

11.2　升力和马格努斯力系数导数的分段辨识方法

在弹箭气动力飞行试验中，常常采用多普勒雷达配合弹道跟踪坐标雷达（或光电经纬仪）获取弹箭飞行速度与坐标的数据。在弹箭气动参数辨识计算中，通常在完成弹箭阻力系数辨识以后，还可以利用弹箭飞行轨迹的坐标 $(x,y,z;t)$ 数据辨识升力系数导数 $c'_y(Ma)$ 曲线及马格努斯力系数导数 $c''_z(Ma)$。本节将分别讨论几种不同弹道模型的弹箭升力系数导数 $c'_y(Ma)$ 曲线及马格努斯力系数导数

$c''_z(Ma)$ 的分段辨识方法。

11.2.1 升力和马格努斯力系数导数的分段辨识方法

根据仰射试验中弹箭飞行轨迹的外测设备的工作原理,弹箭飞行轨迹坐标测量数据最终都能转化为地面坐标系中的测量数据,其数据形式为

$$(x_i, y_i, z_i; t_i) \quad (i = 1, 2, \cdots, n) \tag{11.5}$$

可考虑采用最小二乘准则,以 C-K 方法辨识升力系数导数曲线。实践中,采用这种选择往往基于如下原因:

(1) 由于各发弹的试验均独立完成,且弹箭飞行轨迹坐标数据 $(x, y, z; t)$ 也是由坐标雷达独立测试获取,认为测试误差满足正态分布条件,故最小二乘准则与最大似然准则具有等价性;

(2) 采用最小二乘准则的 C-K 方法,其迭代计算不需要计算协方差矩阵及其逆矩阵,计算的复杂程度和计算量均比最大似然法小很多;

(3) 最大似然法计算过程非常复杂,对于某些试验数据,有时可能出现计算条件变坏,导致迭代计算过程收敛极慢或不收敛,而采用 C-K 方法辨识气动力系数导数曲线的计算更简单,可以加快迭代计算速度。

实际上,无论是最小二乘准则的 C-K 方法,还是最大似然准则的 C-K 方法,其收敛速度都不太理想,若采用后者,虽然收敛的迭代次数略少于前者,但总计算量还是明显增大,计算时间要长得多。

按照 8.3.1 节的弹道划分方法(参见图 8.9),先将数据[式(11.5)]分为 J 段,其中第 j 段数据可表示为

$$(x_{ji}, y_{ji}, z_{ji}; t_{ji}) \quad (j = 1, 2, \cdots, N_d, i = 1, 2, \cdots, n_j) \tag{11.6}$$

为使问题简单,假设气动力系数 $c_x(Ma)$,$m'_z(Ma)$,$m'_{xz}(Ma)$,$m'_{zz}(Ma)$,$m''_z(Ma)$ 为已知的曲线数据(辨识计算中,$c_x(Ma)$ 应采用多普勒原理测速数据的辨识结果,其余气动参数可采用其他途径获取的数据,并保证重构弹道速度数据与实测数据的一致性满足要求)。对于第 j 段数据[式(11.6)],升力系数导数 c'_y 和马格努斯力系数导数 c''_z 可视为常量,为表述方便可将其作为待辨识参数并表示为

$$c_1 = c'_y, \quad c_2 = c''_z \tag{11.7}$$

由于待辨识参数 (c_1, c_2) 为升力系数导数和马格努斯力系数导数,则在参数空间中,弹箭在任意时刻 t 的飞行轨迹坐标可表示为 (c_1, c_2) 的函数,即

$$(x(c_1, c_2; t), y(c_1, c_2; t), z(c_1, c_2; t)) \tag{11.8}$$

按照最小二乘原理,将各弹箭飞行轨迹的位置坐标数据[式(11.6)]与理论计算值的残差平方和表示为

$$Q_j = \sum_{i=1}^{n_j} \left[(x_{ji} - x(c_{1j}, c_{2j}; t_{ji}))^2 + (y_{ji} - y(c_{1j}, c_{2j}; t_{ji}))^2 + (z_{ji} - z(c_{1j}, c_{2j}; t_{ji}))^2 \right]$$

$$(j = 1, 2, \cdots, N_d) \tag{11.9}$$

并将其作为基于第 j 段数据辨识升力及马格努斯力系数导数的目标函数。式中：各测点数据均作等权处理，即加权因子均取为 1。

将弹箭飞行轨迹坐标函数式 (11.8) 在参数 c_1, c_2 的第 l 次近似值 $(c_1^{(l)}, c_2^{(l)})$ 附近作泰勒级数展开，略去 2 次以上的高次项得

$$\begin{cases} x(c_1, c_2; t) \approx x(c_1^{(l)}, c_2^{(l)}; t) + \left(\dfrac{\partial x}{\partial c_1}\right)^{(l)} \Delta c_1^{(l)} + \left(\dfrac{\partial x}{\partial c_2}\right)^{(l)} \Delta c_2^{(l)} \\ y(c_1, c_2; t) \approx y(c_1^{(l)}, c_2^{(l)}; t) + \left(\dfrac{\partial y}{\partial c_1}\right)^{(l)} \Delta c_1^{(l)} + \left(\dfrac{\partial y}{\partial c_2}\right)^{(l)} \Delta c_2^{(l)} \\ z(c_1, c_2; t) \approx z(c_1^{(l)}, c_2^{(l)}; t) + \left(\dfrac{\partial z}{\partial c_1}\right)^{(l)} \Delta c_1^{(l)} + \left(\dfrac{\partial z}{\partial c_2}\right)^{(l)} \Delta c_2^{(l)} \end{cases} \tag{11.10}$$

将式 (11.10) 代入式 (11.9)，有

$$Q_j = \sum_{i=1}^{n_j} \left\{ \begin{aligned} & \left[x_{ji} - x(c_{1j}^{(l)}, c_{2j}^{(l)}; t_{ji}) - \left(\dfrac{\partial x}{\partial c_1}\right)^{(l)} \cdot \Delta c_{1j}^{(l)} - \left(\dfrac{\partial x}{\partial c_2}\right)^{(l)} \cdot \Delta c_{2j}^{(l)} \right]^2 \\ & + \left[y_{ji} - y(c_{1j}^{(l)}, c_{2j}^{(l)}; t_{ji}) - \left(\dfrac{\partial y}{\partial c_1}\right)^{(l)} \cdot \Delta c_{1j}^{(l)} - \left(\dfrac{\partial y}{\partial c_2}\right)^{(l)} \cdot \Delta c_{2j}^{(l)} \right]^2 \\ & + \left[z_{ji} - z(c_{1j}^{(l)}, c_{2j}^{(l)}; t_{ji}) - \left(\dfrac{\partial z}{\partial c_1}\right)^{(l)} \cdot \Delta c_{1j}^{(l)} - \left(\dfrac{\partial z}{\partial c_2}\right)^{(l)} \cdot \Delta c_{2j}^{(l)} \right]^2 \end{aligned} \right\} \quad (j = 1, 2, \cdots, N_d) \tag{11.11}$$

由目标函数取极值的条件，将式 (11.11) 对待辨识参数 c_1, c_2 求偏导取为零，即 $\dfrac{\partial Q_j}{\partial c_1} = 0$ 和 $\dfrac{\partial Q_j}{\partial c_2} = 0$，整理可得

$$\begin{cases} \sum_{i=1}^{n_j} \left\{ \begin{aligned} & [x_i - x(c_{1j}^{(l)}, c_{2j}^{(l)}; t_{ji}) - p_{x1} \cdot \Delta c_{1j}^{(l)} - p_{x2} \cdot \Delta c_{2j}^{(l)}] p_{x1} \\ & + [y_i - y(c_{1j}^{(l)}, c_{2j}^{(l)}; t_{ji}) - p_{y1} \cdot \Delta c_{1j}^{(l)} - p_{y2} \cdot \Delta c_{2j}^{(l)}] p_{y1} \\ & + [z_i - z(c_{1j}^{(l)}, c_{2j}^{(l)}; t_{ji}) - p_{z1} \cdot \Delta c_{1j}^{(l)} - p_{z2} \cdot \Delta c_{2j}^{(l)}] p_{z1} \end{aligned} \right\} = 0 \\ \sum_{i=1}^{n_j} \left\{ \begin{aligned} & [x_i - x(c_{1j}^{(l)}, c_{2j}^{(l)}; t_{ji}) - p_{x1} \cdot \Delta c_{1j}^{(l)} - p_{x2} \cdot \Delta c_{2j}^{(l)}] p_{x2} \\ & + [y_i - y(c_{1j}^{(l)}, c_{2j}^{(l)}; t_{ji}) - p_{y1} \cdot \Delta c_{1j}^{(l)} - p_{y2} \cdot \Delta c_{2j}^{(l)}] p_{y2} \\ & + [z_i - z(c_{1j}^{(l)}, c_{2j}^{(l)}; t_{ji}) - p_{z1} \cdot \Delta c_{1j}^{(l)} - p_{z2} \cdot \Delta c_{2j}^{(l)}] p_{z2} \end{aligned} \right\} = 0 \end{cases} \quad (j = 1, 2, \cdots, N_d) \tag{11.12}$$

$$p_{xk} = \dfrac{\partial x}{\partial c_k}, \quad p_{yk} = \dfrac{\partial y}{\partial c_k}, \quad p_{zk} = \dfrac{\partial z}{\partial c_k} \quad k = 1, 2 \tag{11.13}$$

式中：(p_{xk}, p_{yk}, p_{zk}) 分别为弹箭飞行轨迹坐标 (x, y, z) 关于待辨识参数 c_k 灵敏度。

将式 (11.12) 展开整理，可得矩阵形式的正规方程，即

$$\begin{bmatrix} a_{11} & a_{12} \\ a_{21} & a_{22} \end{bmatrix}_{(l)} \begin{bmatrix} \Delta c_{1j} \\ \Delta c_{2j} \end{bmatrix}_{(l)} = \begin{bmatrix} b_1 \\ b_2 \end{bmatrix}_{(l)} \qquad (11.14)$$

式中：矩阵下标(l)代表参数$c_{1j} = c_{1j}^{(l)}$，$c_{2j} = c_{2j}^{(l)}$（$j = 1, 2, \cdots, N_d$）的计算值。

$$\begin{cases} a_{11} = \sum_{i=1}^{n_j} p_{x1} p_{x1} + p_{y1} p_{y1} + p_{z1} p_{z1}, a_{22} = \sum_{i=1}^{n_j} p_{x2} p_{x2} + p_{y2} p_{y2} + p_{z2} p_{z2} \\ a_{12} = a_{21} = \sum_{i=1}^{n_j} p_{x1} p_{x2} + p_{y1} p_{y2} + p_{z1} p_{z2} \\ b_1 = \sum_{i=1}^{n_j} \{ [x_i - x(c_1, c_2; t_{ji})] p_{x1} + [y_i - y(c_1, c_2; t_{ji})] p_{y1} + [z_i - z(c_1, c_2; t_{ji})] p_{z1} \} \\ b_2 = \sum_{i=1}^{n_j} \{ [x_i - x(c_1, c_2; t_{ji})] p_{x2} + [y_i - y(c_1, c_2; t_{ji})] p_{y2} + [z_i - z(c_1, c_2; t_{ji})] p_{z2} \} \end{cases}$$
$$(11.15)$$

显见，只要计算上式中的灵敏度(p_{xk}, p_{yk}, p_{zk})（$k = 1, 2$）和状态参数$(x(c_1, c_2; t), y(c_1, c_2; t), z(c_1, c_2; t))$在$t = t_{ji}$（$j = 1, 2, \cdots, N_d, i = 1, 2, \cdots, n_j$）的值，代入式（11.15）即可确定正规方程式（11.14）；求解出$\Delta c_{1j}, \Delta c_{2j}$，即可迭代计算参数$c_{1j}$和$c_{2j}$，即

$$\begin{cases} c_{1j}^{(l+1)} = c_{1j}^{(l)} + \Delta c_{1j}^{(l)} \\ c_{2j}^{(l+1)} = c_{2j}^{(l)} + \Delta c_{2j}^{(l)} \end{cases} \quad (j = 1, 2, \cdots, N_d) \qquad (11.16)$$

进而由式（11.7）即可确定出由第j段数据[式（11.6）]辨识的升力系数导数c'_{yj}和马格努斯力系数导数c''_{zj}（$j = 1, 2, \cdots, N_d$）。

与第8章的辨识方法类似，欲计算灵敏度(p_{xk}, p_{yk}, p_{zk})（$k = 1, 2$），需要建立相关的灵敏度方程，有关这方面的计算方法由下一节内容介绍。

11.2.2 修正质点弹道模型的灵敏度方程

按照气动参数辨识的数学方法，利用弹箭气动力飞行试验数据群辨识升力系数导数$c'_y(Ma)$曲线及马格努斯力系数导数$c''_z(Ma)$，需要选择相应的数学模型，并建立辨识计算的灵敏度方程。

由第3章内容可知，修正的质点弹道方程的矢量形式为式（3.162），其标量形式作为修正的质点弹道模型具有多种表达形式。它与采用的坐标系有关，下面分别按照不同的坐标系推导其灵敏度方程的表达式。

11.2.2.1 地面坐标系中的弹道模型及灵敏度方程

利用飞行轨迹数据的辨识气动力系数，可以采用3.6.3节导出的修正的质点弹道方程在地面坐标系中的表达式（3.169）及关联参数方程式（3.170）。为便于阅读，这里将式（11.7）代入方程式（3.169），改写为

$$\begin{cases} \dfrac{\mathrm{d}v_x}{\mathrm{d}t} = -\dfrac{\rho S}{2m}c_x v_w v_{wx} - \dfrac{\rho S}{2m}v_w^2 c_1 \delta_{p1}\sin\theta + \\ \qquad \dfrac{\rho S}{2m}c_2\left(\dfrac{\dot{\gamma}d}{v_w}\right)v_w(v_{wz}\delta_{p1}\cos\theta - v_{wy}\delta_{p2}) + g'_x + g_{Kx} + g_{\Omega x} \\ \dfrac{\mathrm{d}v_y}{\mathrm{d}t} = -\dfrac{\rho S}{2m}c_x v_w v_{wy} + \dfrac{\rho S}{2m}v_w^2 c_1 \delta_{p1}\cos\theta + \\ \qquad \dfrac{\rho S}{2m}c_2\left(\dfrac{\dot{\gamma}d}{v_w}\right)v_w(v_{wz}\delta_{p1}\sin\theta + v_{wx}\delta_{p2}) + g'_y + g_{Ky} + g_{\Omega y} \\ \dfrac{\mathrm{d}v_z}{\mathrm{d}t} = -\dfrac{\rho S}{2m}c_x v_w v_{wz} + \dfrac{\rho S}{2m}c_1 v_w^2 \delta_{p2} - \\ \qquad \dfrac{\rho S}{2m}c_2\left(\dfrac{\dot{\gamma}d}{v_w}\right)v_w(v_{wy}\delta_{p1}\sin\theta + v_{wx}\delta_{p1}\cos\theta) + g_{Kz} + g_{\Omega z} \\ \dfrac{\mathrm{d}x}{\mathrm{d}t} = v_x,\quad \dfrac{\mathrm{d}y}{\mathrm{d}t} = v_y,\quad \dfrac{\mathrm{d}z}{\mathrm{d}t} = v_z \\ \dfrac{\mathrm{d}\dot{\gamma}}{\mathrm{d}t} = -\dfrac{\rho Sld}{2C}m'_{xz} v_w \dot{\gamma} \end{cases} \quad (11.17)$$

式中：动力平衡角 δ_{p1}，δ_{p2} 等参量由关联参数方程式（3.170）计算。

为书写方便，再定义

$$p_{vxk} = \frac{\partial v_x}{\partial c_k} = \frac{\partial v_{wx}}{\partial c_k},\quad p_{vyk} = \frac{\partial v_y}{\partial c_k} = \frac{\partial v_{wy}}{\partial c_k},\quad p_{vzk} = \frac{\partial v_z}{\partial c_k} = \frac{\partial v_{wz}}{\partial c_k},\quad p_{vwk} = \frac{\partial v_w}{\partial c_k} \quad (11.18)$$

由式（3.170）有

$$p_{vwk} = \frac{\partial v_w}{\partial c_k} = \frac{1}{v_w}\left(v_{wx}\frac{\partial v_{wx}}{\partial c_k} + v_{wy}\frac{\partial v_{wy}}{\partial c_k} + v_{wz}\frac{\partial v_{wz}}{\partial c_k}\right)$$

$$= \frac{1}{v_w}(v_{wx}p_{vxk} + v_{wy}p_{vyk} + v_{wz}p_{vzk}) \quad (11.19)$$

为了计算式（11.15）中的 (p_{xk}, p_{yk}, p_{zk})（$k=1$，2），这里将修正质点弹道方程（11.17）分别对待辨识参数 c_1 和 c_2 求偏导，注意到关系式 $\dfrac{\partial}{\partial c_k}\left(\dfrac{\mathrm{d}v_x}{\mathrm{d}t}\right) = \dfrac{\mathrm{d}}{\mathrm{d}t}\left(\dfrac{\partial v_x}{\partial c_k}\right) = \dfrac{\mathrm{d}p_{vxk}}{\mathrm{d}t}$，$\dfrac{\partial}{\partial c_k}\left(\dfrac{\mathrm{d}v_y}{\mathrm{d}t}\right) = \dfrac{\mathrm{d}}{\mathrm{d}t}\left(\dfrac{\partial v_y}{\partial c_k}\right) = \dfrac{\mathrm{d}p_{vyk}}{\mathrm{d}t}$ 和 $\dfrac{\partial}{\partial c_k}\left(\dfrac{\mathrm{d}v_z}{\mathrm{d}t}\right) = \dfrac{\mathrm{d}}{\mathrm{d}t}\left(\dfrac{\partial v_z}{\partial c_k}\right) = \dfrac{\mathrm{d}p_{vzk}}{\mathrm{d}t}$（$k=1,2$），有

$$\begin{cases} \dfrac{\mathrm{d}p_{vxk}}{\mathrm{d}t} = -\dfrac{\rho S}{2m}c_x p_{vwk} v_{wx} - \dfrac{\rho S}{2m}c_x v_w p_{vxk} - \dfrac{\rho S}{2m}v_w^2\left(\dfrac{\partial c_1}{\partial c_k}\right)\delta_{p1}\sin\theta - \\ \qquad \dfrac{\rho S}{2m}2v_w p_{vwk} c_1 \delta_{p1}\sin\theta + \dfrac{\rho S}{2m}\left(\dfrac{\partial c_2}{\partial c_k}\right)\left(\dfrac{\dot{\gamma}d}{v_w}\right)v_w(v_{wz}\delta_{p1}\cos\theta - v_{wy}\delta_{p2}) + \end{cases}$$

$$\begin{cases}
\quad\dfrac{\rho S}{2m}p_{vwk}c_2\left(\dfrac{\dot{\gamma}d}{v_w}\right)(v_{wz}\delta_{p1}\cos\theta - v_{wy}\delta_{p2}) + \dfrac{\rho S}{2m}\left(\dfrac{\dot{\gamma}d}{v_w}\right)c_2 v_w(p_{vzk}\delta_{p1}\cos\theta - p_{vyk}\delta_{p2}) \\
\quad\approx -\dfrac{\rho S}{2m}c_x v_w p_{vxk} - \dfrac{\rho S}{2m}v_w^2\left(\dfrac{\partial c_1}{\partial c_k}\right)\delta_{p1}\sin\theta + \dfrac{\rho S}{2m}\left(\dfrac{\partial c_2}{\partial c_k}\right)\left(\dfrac{\dot{\gamma}d}{v_w}\right)v_w(v_{wz}\delta_{p1}\cos\theta - v_{wy}\delta_{p2}) \\
\dfrac{\mathrm{d}p_{vyk}}{\mathrm{d}t} = -\dfrac{\rho S}{2m}c_x p_{vwk} v_{wy} - \dfrac{\rho S}{2m}c_x v_w p_{vyk} - \dfrac{\rho S}{2m}v_w^2\left(\dfrac{\partial c_1}{\partial c_k}\right)\delta_{p1}\cos\theta + \\
\quad\dfrac{\rho S}{2m}2v_w p_{vwk}c_1\delta_{p1}\cos\theta + \dfrac{\rho S}{2m}\left(\dfrac{\partial c_2}{\partial c_k}\right)\left(\dfrac{\dot{\gamma}d}{v_w}\right)v_w(v_{wz}\delta_{p1}\sin\theta + v_{wx}\delta_{p2}) + \\
\quad\dfrac{\rho S}{2m}c_2\left(\dfrac{\dot{\gamma}d}{v_w}\right)p_{vwk}(v_{wz}\delta_{p1}\sin\theta + v_{wx}\delta_{p2}) + \dfrac{\rho S}{2m}c_2\left(\dfrac{\dot{\gamma}d}{v_w}\right)v_w(p_{vzk}\delta_{p1}\sin\theta + p_{vxk}\delta_{p2}) \\
\quad\approx -\dfrac{\rho S}{2m}v_w^2\left(\dfrac{\partial c_1}{\partial c_k}\right)\delta_{p1}\cos\theta + \dfrac{\rho S}{2m}\left(\dfrac{\partial c_2}{\partial c_k}\right)\left(\dfrac{\dot{\gamma}d}{v_w}\right)v_w(v_{wz}\delta_{p1}\sin\theta + v_{wx}\delta_{p2}) \\
\dfrac{\mathrm{d}p_{vzk}}{\mathrm{d}t} = -\dfrac{\rho S}{2m}c_x p_{vwk} v_{wz} - \dfrac{\rho S}{2m}c_x v_w p_{vzk} - \dfrac{\rho S}{2m}v_w^2\left(\dfrac{\partial c_1}{\partial c_k}\right)\delta_{p2} + \\
\quad\dfrac{\rho S}{2m}2v_w p_{vwk}c_1\delta_{p2} + \dfrac{\rho S}{2m}\left(\dfrac{\partial c_2}{\partial c_k}\right)\left(\dfrac{\dot{\gamma}d}{v_w}\right)v_w(v_{wy}\delta_{p1}\sin\theta + v_{wx}\delta_{p1}\cos\theta) + \\
\quad\dfrac{\rho S}{2m}c_2\left(\dfrac{\dot{\gamma}d}{v_w}\right)p_{vwk}(v_{wy}\delta_{p1}\sin\theta + v_{wx}\delta_{p1}\cos\theta) + \dfrac{\rho S}{2m}c_2\left(\dfrac{\dot{\gamma}d}{v_w}\right)v_w(p_{vyk}\delta_{p1}\sin\theta + p_{vxk}\delta_{p2}) \\
\quad\approx -\dfrac{\rho S}{2m}v_w^2\left(\dfrac{\partial c_1}{\partial c_k}\right)\delta_{p2} + \dfrac{\rho S}{2m}\left(\dfrac{\partial c_2}{\partial c_k}\right)\left(\dfrac{\dot{\gamma}d}{v_w}\right)v_w(v_{wy}\delta_{p1}\sin\theta + v_{wx}\delta_{p1}\cos\theta) \\
\dfrac{\mathrm{d}p_{xk}}{\mathrm{d}t} = \dfrac{\partial v_x}{\partial c_k} = p_{vxk}, \quad \dfrac{\mathrm{d}p_{yk}}{\mathrm{d}t} = \dfrac{\partial v_y}{\partial c_k} = p_{vyk}, \quad \dfrac{\mathrm{d}p_{zk}}{\mathrm{d}t} = \dfrac{\partial v_z}{\partial c_k} = p_{vzk} \\
\quad k = 1, 2
\end{cases}$$

(11.20)

以上就是灵敏度系数的微分方程组，式中 p_{vwk} 由式（11.19）计算，且偏导数为

$$\dfrac{\partial c_1}{\partial c_k} = \begin{cases} 1 & k=1 \\ 0 & k\neq 1 \end{cases}, \quad \dfrac{\partial c_2}{\partial c_k} = \begin{cases} 1 & k=2 \\ 0 & k\neq 2 \end{cases} \tag{11.21}$$

综上所述，上面方程中因变量由有 7 个状态参数和 12 个灵敏度系数组成，而地面坐标系中的四自由度弹道模型式（11.17）有 7 个微分方程，连同 12 个灵敏度方程式（11.20）共 19 个方程，因此构成了辨识 c_1，c_2 的完备的联立方程组。按照 C-K 辨识方法，其积分初始条件为

$$\begin{cases} v_x = v_0\cos\theta_0, & v_y = v_0\sin\theta_0, & v_z = 0 \\ x = 0, & y = 0, & z = 0, & \dot{\gamma} = \dot{\gamma}_0 = \dfrac{2\pi v_0}{\eta d} \\ p_{vxk}(0) = 0, & p_{vyk}(0) = 0, & p_{vzk}(0) = 0 \\ p_{xk}(0) = 0, & p_{yk}(0) = 0, & p_{zk}(0) = 0 \end{cases} \quad (k=1,2) \quad (11.22)$$

采用微分方程的数值解法，即完成可该方程组关于初始条件式（11.22）的数值解的计算。与前几分段拟合处理方法类似，对于第 j 段弹道（$j=1,2,\cdots,N_d$），积分初始条件由 $j-1$ 段弹道外推至 t_{j0} 确定。

11.2.2.2 弹道坐标系中的弹道模型及灵敏度方程

按照 11.2.1 节所述升力和马格努斯力系数导数的辨识方法，利用飞行轨迹数据辨识气动力系数，也可以采用 3.6.4 节导出的修正的质点弹道方程在弹道坐标系中的表达式（3.171）作为数学模型，并建立辨识计算的灵敏度方程。为便于阅读，这里将式（11.7）代入式（3.171），改写为

$$\begin{cases} \dfrac{\mathrm{d}v}{\mathrm{d}t} = -\dfrac{\rho S}{2m}c_x v_w (v - w_{x_2}) + \dfrac{\rho S}{2m}c_1[v_w^2\cos\delta_{p2}\cos\delta_{p1} - v_{w\xi}(v - w_{x_2})] \\ \qquad\quad + \dfrac{\rho v_w}{2m}Sc_2\left(\dfrac{\dot{\gamma}d}{v_w}\right)(-w_{z_2}\cos\delta_{p2}\sin\delta_{p1} + w_{y_2}\sin\delta_{p2}) + g'_{x2} + g_{Kx2} + g_{\Omega x2} \\ \dfrac{\mathrm{d}\theta}{\mathrm{d}t} = \dfrac{\rho S}{2mv\cos\psi_2}c_x v_w w_{y_2} + \dfrac{\rho S}{2mv\cos\psi_2}c_1[v_w^2\cos\delta_{p2}\sin\delta_{p1} + v_{w\xi}w_{y_2}] + \\ \qquad\quad \dfrac{\rho S}{2mv\cos\psi_2}c_2\left(\dfrac{\dot{\gamma}d}{v_w}\right)v v_w[(v - w_{x_2})\sin\delta_{p2} + w_{z_2}\cos\delta_{p2}\cos\delta_{p1}] + \\ \qquad\quad \dfrac{g'_{y2} + g_{Ky2} + g_{\Omega y2}}{v\cos\psi_2} \\ \dfrac{\mathrm{d}\psi_2}{\mathrm{d}t} = \dfrac{\rho S}{2mv}c_x v_w w_{z_2} + \dfrac{\rho S}{2mv}c_1[v_w^2\sin\delta_{p2} + v_{w\xi}w_{z_2}] + \\ \qquad\quad \dfrac{\rho S}{2mv}c_2 v_w\left(\dfrac{\dot{\gamma}d}{v_w}\right)[-w_{y_2}\cos\delta_{p2}\cos\delta_{p1} - (v - w_{x_2})\cos\delta_{p2}\sin\delta_{p1}] + \\ \qquad\quad \dfrac{1}{v}(g'_{x2} + g_{Kx2} + g_{\Omega x2}) \\ \dfrac{\mathrm{d}x}{\mathrm{d}t} = v\cos\psi_2\cos\theta, \quad \dfrac{\mathrm{d}y}{\mathrm{d}t} = v\cos\psi_2\sin\theta, \quad \dfrac{\mathrm{d}z}{\mathrm{d}t} = v\sin\psi_2 \\ \dfrac{\mathrm{d}\dot{\gamma}}{\mathrm{d}t} = -\dfrac{\rho Sld}{2C}m'_{xz}v_w\dot{\gamma} \end{cases}$$

(11.23)

为书写方便，这里定义

$$p_{vk} = \frac{\partial v}{\partial c_k}, \quad p_{\theta k} = \frac{\partial \theta_a}{\partial c_k}, \quad p_{\Psi 2k} = \frac{\partial \Psi_2}{\partial c_k}, \quad p_{vwk} = \frac{\partial v_w}{\partial c_k} \quad (k=1,2) \quad (11.24)$$

为了计算式（11.15）中的 $(p_{xk}, p_{yk}, p_{zk})(k=1,2)$，这里将修正质点弹道方程式（11.23）分别对待辨识参数 c_1 和 c_2 求偏导，注意到关系式 $\frac{\partial}{\partial c_k}\left(\frac{\mathrm{d}v}{\mathrm{d}t}\right) = \frac{\mathrm{d}}{\mathrm{d}t}\left(\frac{\partial v}{\partial c_k}\right) = \frac{\mathrm{d}p_{vk}}{\mathrm{d}t}$，$\frac{\partial}{\partial c_k}\left(\frac{\mathrm{d}\theta_a}{\mathrm{d}t}\right) = \frac{\mathrm{d}}{\mathrm{d}t}\left(\frac{\partial \theta_a}{\partial c_k}\right) = \frac{\mathrm{d}p_{\theta k}}{\mathrm{d}t}$ 和 $\frac{\partial}{\partial c_k}\left(\frac{\mathrm{d}\psi_2}{\mathrm{d}t}\right) = \frac{\mathrm{d}}{\mathrm{d}t}\left(\frac{\partial \psi_2}{\partial c_k}\right) = \frac{\mathrm{d}p_{\psi 2k}}{\mathrm{d}t}$，得

$$\begin{cases}
\dfrac{\mathrm{d}p_{vk}}{\mathrm{d}t} = -\dfrac{\rho S}{2m}c_x p_{vwk}(v - w_{x_2}) - \dfrac{\rho S}{2m}c_x v_w p_{vk} + \dfrac{\rho S}{2m}\left(\dfrac{\partial c_1}{\partial c_k}\right)\left[v_w^2 \cos\delta_{p2}\cos\delta_{p1} - v_{w\xi}(v - w_{x_2})\right] + \\
\qquad \dfrac{\rho S}{2m}c_1\left[2v_w p_{vwk}\cos\delta_{p2}\cos\delta_{p1} - \dfrac{\partial v_{w\xi}}{\partial c_k}(v - w_{x_2}) - v_{w\xi}p_{vk}\right] + \\
\qquad \dfrac{\rho S}{2m}\left(\dfrac{\partial c_2}{\partial c_k}\right)v_w\left(\dfrac{\dot\gamma d}{v_w}\right)(-w_{z_2}\cos\delta_{p2}\sin\delta_{p1} + w_{y_2}\sin\delta_{p2}) + \\
\qquad \dfrac{\rho S}{2m}c_2 p_{vwk}\left(\dfrac{\dot\gamma d}{v_w}\right)(-w_{z_2}\cos\delta_{p2}\sin\delta_{p1} + w_{y_2}\sin\delta_{p2}) \\
\dfrac{\mathrm{d}p_{\theta k}}{\mathrm{d}t} = -\dfrac{\rho S}{2m}c_x p_{vwk} w_{y_2} + \dfrac{\rho S}{2mv\cos\psi_2}\left(\dfrac{\partial c_1}{\partial c_k}\right)\left[v_w^2\cos\delta_{p2}\sin\delta_{p1} + v_{w\xi}w_{y_2}\right] + \\
\qquad \dfrac{\rho S}{2mv\cos\psi_2}c_1\left[2v_w p_{vwk}\cos\delta_{p2}\sin\delta_{p1} + \dfrac{\partial v_{w\xi}}{\partial c_k}w_{y_2}\right] + \\
\qquad \dfrac{\rho S}{2mv\cos\psi_2}\left(\dfrac{\partial c_2}{\partial c_k}\right)\left(\dfrac{\dot\gamma d}{v_w}\right)vw_w\left[(v - w_{x_2})\sin\delta_{p2} + w_{z_2}\cos\delta_{p2}\cos\delta_{p1}\right] + \\
\qquad \dfrac{\rho S}{2mv\cos\psi_2}c_2\left(\dfrac{\dot\gamma d}{v_w}\right)p_{vk}w_w\left[(v - w_{x_2})\sin\delta_{p2} + w_{z_2}\cos\delta_{p2}\cos\delta_{p1}\right] + \\
\qquad \dfrac{\rho S}{2mv\cos\psi_2}c_2\left(\dfrac{\dot\gamma d}{v_w}\right)p_{vk}^2 vw_w\sin\delta_{p2} - \dfrac{p_{vk}\cos\psi_2}{v\cos\psi_2}\left(\dfrac{\mathrm{d}\theta_a}{\mathrm{d}t}\right) + \dfrac{p_{\psi_2}\sin\psi_2}{\cos\psi_2}\left(\dfrac{\mathrm{d}\theta_a}{\mathrm{d}t}\right) \\
\dfrac{\mathrm{d}p_{\theta k}}{\mathrm{d}t} = -\dfrac{\rho S}{2m}c_x p_{vwk} w_{y_2} + \dfrac{\rho S}{2mv\cos\psi_2}\left(\dfrac{\partial c_1}{\partial c_k}\right)\left[v_w^2\cos\delta_{p2}\sin\delta_{p1} + v_{w\xi}w_{y_2}\right] + \\
\qquad \dfrac{\rho S}{2mv\cos\psi_2}c_1\left[2v_w p_{vwk}\cos\delta_{p2}\sin\delta_{p1} + \dfrac{\partial v_{w\xi}}{\partial c_k}w_{y_2}\right] + \\
\qquad \dfrac{\rho S}{2mv\cos\psi_2}\left(\dfrac{\partial c_2}{\partial c_k}\right)\left(\dfrac{\dot\gamma d}{v_w}\right)vw_w\left[(v - w_{x_2})\sin\delta_{p2} + w_{z_2}\cos\delta_{p2}\cos\delta_{p1}\right] +
\end{cases}$$

$$\begin{cases} \quad \dfrac{\rho S}{2mv\cos\psi_2}c_2\left(\dfrac{\dot\gamma d}{v_w}\right)p_{vk}w_w\big[(v-w_{x_2})\sin\delta_{p2}+w_{z_2}\cos\delta_{p2}\cos\delta_{p1}\big] + \\ \qquad \dfrac{\rho S}{2mv\cos\psi_2}c_2\left(\dfrac{\dot\gamma d}{v_w}\right)p_{vk}^2 v w_w \sin\delta_{p2} - \dfrac{p_{vk}\cos\psi_2}{v\cos\psi_2}\left(\dfrac{\mathrm d\theta_a}{\mathrm dt}\right)+\dfrac{p_{\psi_2}\sin\psi_2}{\cos\psi_2}\left(\dfrac{\mathrm d\theta_a}{\mathrm dt}\right) \\ \dfrac{\mathrm dp_{xk}}{\mathrm dt}=p_{vk}\cos\psi_2\cos\theta_a-p_{\psi_2 k}v\sin\psi_2\cos\theta_a-p_{\theta k}v\sin\theta_a\cos\psi_2 \\ \dfrac{\mathrm dp_{yk}}{\mathrm dt}=p_{vk}\cos\psi_2\sin\theta_a-p_{\psi_2 k}v\sin\psi_2\sin\theta_a+p_{\theta k}v\cos\psi_2\cos\theta_a \\ \dfrac{\mathrm dp_{zk}}{\mathrm dt}=p_{vk}\sin\psi_2+p_{\psi_2 k}v\cos\psi_2 \\ \qquad (k=1,2) \end{cases} \quad (11.25)$$

$$p_{vwk}=\dfrac{\partial v_w}{\partial c_k}=\dfrac{(v-w_{x_2})}{v_w}\left(\dfrac{\partial v}{\partial c_k}\right)=\dfrac{(v-w_{x_2})p_{vk}}{v_w},\quad \dfrac{\partial v_{w\xi}}{\partial c_k}=p_{vk}\cos\delta_{p2}\cos\delta_{p1} \quad (11.26)$$

综上所述，弹道坐标系中的四自由度弹道模型式（11.23）有7个微分方程，连同12个灵敏度方程式（11.25）共19个方程，即构成了辨识 c_1，c_2 的完备方程组，按照 C-K 辨识方法，其积分初始条件为

$$\begin{cases} v(0)=v_0,\ \theta_a(0)=\theta_0,\ \psi_2(0)=0 \\ x=0,\ y=0,\ z=0,\ \dot\gamma(0)=\dot\gamma_0=\dfrac{2\pi v_0}{\eta d} \quad (k=1,2) \\ p_{vk}(0)=0,\ p_{\theta k}(0)=0,\ p_{\Psi_2 k}(0)=0 \end{cases} \quad (11.27)$$

采用微分方程数值解法，即可完成该方程组关于初始条件式（11.27）的数值解计算。与前述分段拟合处理方法类似，对于第 j 段弹道（$j=1,2,\cdots,N_d$），积分初始条件由 $j-1$ 段弹道外推至 t_{j0} 确定。

11.3 升力系数导数的辨识方法及示例

按照气动参数辨识方法，在利用弹箭飞行轨迹坐标辨识升力系数导数和马氏力系数导数时，阻力系数（零升阻力系数和诱导阻力系数）已经利用弹箭飞行速度数据 (v,t) 辨识出来，因此在辨识方法中将其作为已知量，并且其他一些气动力系数均已通过其他试验（例如：转速试验、靶道试验、纸靶试验等）或气动计算确定为已知量。

11.3.1 马格努斯力辨识的困难与升力系数导数辨识方法

在11.2节，虽然从理论上导出了马格努斯力系数导数的辨识方法，并编写出了计算程序。但研究发现，通过模拟野外射击条件下的仿真试验数据，并加入

外侧设备的噪声水平后,所辨识出的马氏力系数导数与仿真输入值(设定真值)相差很大,如表11.4所列。

表11.4 从仿真试验数据辨识马氏力系数导数 c_z'' 与仿真输入值(真值)比较表

马赫数 Ma	2.05	1.85	1.78	1.49	1.23	1.08	0.975	0.885	0.825
c_z'' 输入值	-0.0702	-0.0716	-0.0719	-0.0732	-0.0709	-0.0698	-0.0765	-0.0643	-0.0503
辨识 $\hat{c}_z''$	0.8143	0.0166	0.0936	0.546	-0.1543	0.2164	0.3755	0.1917	0.1789

表中数据可以说明,由于弹箭坐标数据对马氏力系数导数的灵敏度很低,导致其辨识方法对已知的气动力系数 $c_x(Ma)$,$c_{x2}(Ma)$,$m_z'(Ma)$,$m_{xz}'(Ma)$,$m_{zz}'(Ma)$,$m_y''(Ma)$ 曲线数据和弹箭飞行轨迹坐标数据的精度均要求很高,现有野外靶场试验的外测设备获取的弹箭飞行轨迹坐标数据无法满足辨识马氏力系数导数的精度要求。事实上根据相关资料分析发现,国外利用测试精度最高的外弹道靶道试验数据群(其中,弹箭飞行轨迹坐标数据误差不大于1mm),辨识的马氏力系数导数的散布也很大(往往在50%以上),可见辨识马氏力系数导数对实测弹箭飞行试验数据群的精度要求极其严格。

实际弹道计算证明,马氏力系数导数误差对弹箭飞行轨迹和落点坐标数据的影响非常微弱,采用其他途径确定该参数对弹道计算结果的系统误差影响可以忽略,并且该影响也可以通过残差分析方法予以修正补偿。目前在弹箭气动参数辨识的工程应用方面,由于数据精度限制,针对野外试验获取的弹箭飞行轨迹坐标数据,一般仅讨论升力系数导数的辨识问题。

对于仰射条件下的弹箭气动力飞行试验,利用其第 j 段弹道飞行轨迹坐标测量数据 $(x_{ji}, y_{ji}, z_{ji}; t_{ji})$ ($i=1,2,\cdots,n_j, j=1,2,\cdots,N_d$) 辨识升力系数导数,只需将11.2节关于升力系数导数和马氏力系数导数的辨识方法中取 $k=1$ 即可完成迭代计算。取灵敏度方程式(11.20)中 p_{vx2},p_{vy2},$p_{vz2}=0$ 和 p_{x2},p_{y2},$p_{z2}=0$,或者取灵敏度方程式(11.25)中 p_{v2},$p_{\theta2}$,$p_{\psi_22}=0$ 和 p_{x2},p_{y2},$p_{z2}=0$,则正规方程式(11.14)及式(11.15)可简化为

$$a_{1j}\Delta c_{1j} = b_{1j} \quad (j=1,2,\cdots,N_d) \tag{11.28}$$

式中:

$$\begin{cases} a_{1j} = \sum_{i=1}^{n_j} p_{x1}p_{x1} + p_{y1}p_{y1} + p_{z1}p_{z1} \\ b_{1j} = \sum_{i=1}^{n_j} \{[x_{ji} - x(c_{1j}; t_{ji})]p_{x1} + [y_{ji} - y(c_{1j}; t_i)]p_{y1} + \\ \quad [z_i - z(c_{1j}; t_i)]p_{z1}\} \end{cases} \quad (j=1,2,\cdots,N_d)$$

(11.29)

显见，只要计算上式中的灵敏度系数（p_{x1}, p_{y1}, p_{z1}），代入正规方程式（11.28），解出

$$\Delta c_{1j} = \frac{b_{1j}}{a_{1j}} \qquad (j = 1, 2, \cdots, N_d) \qquad (11.30)$$

即可迭代计算得出参数 c_{1j}，即

$$c_{1j}^{(l+1)} = c_{1j}^{(l)} + \Delta c_{1j}^{(l)} \qquad (j = 1, 2, \cdots, N_d) \qquad (11.31)$$

进而，确定出由第 j 段数据［式（11.6）］辨识的升力系数导数 $c'_{yj}(j=1,2,\cdots,N_d)$。

11.3.2 升力系数导数的辨识计算示例

鉴于辨识马氏力系数导数对弹箭气动参数 $c_x(Ma)$，$c_{x2}(Ma)$，$m'_z(Ma)$，$m'_{xz}(Ma)$，$m'_{zz}(Ma)$，$m''_y(Ma)$ 曲线数据和飞行轨迹坐标数据的精度要求极高，野外靶场试验获取的坐标数据精度无法达到这一水准，因此本示例仅以某旋转稳定弹箭飞行试验数据群为基础，采用 11.3.1 节的方法完成升力系数导数的示例计算。

11.3.2.1 修正质点弹道的 $c'_y(Ma)$ 辨识程序的仿真验证

本节采用 10.2 节的辨识方法设计出修正质点弹道的升力系数导数 $c'_y(Ma)$ 的辨识程序用于实例计算。为了验证计算程序的正确性，首先输入已知的升力系数导数，采用仿真计算方法进行验证，在确定其正确性和实用性后，再进行修正的质点弹道模型升力系数导数的实例辨识计算处理。

本节采用的仿真辨识验证方法的程序是：首先利用六自由度弹道方程，按照升力系数导数的经验假设值（相当于已知真值），计算出一组弹道（正运算），利用计算出的坐标数据作为雷达的仿真测量数据；然后采用本示例的修正质点弹道方程的 C-K 方法计算程序从仿真数据辨识升力系数导数（逆运算），以验证该方法计算程序的正确性和实用性。

1. 无噪声仿真雷达测试数据的升力系数导数辨识计算验证

采用辨识程序反推升力系数的验证结果如表 11.5 所列。

表 11.5 无噪声仿真数据的升力系数导数的辨识结果验证表

已知真值 c'_y	1.8	2.0	2.2	2.5
辨识值 $\hat{c}'_y$	1.80096	1.99902	2.20097	2.50094
计算误差	0.00096	−0.00098	0.00097	0.00094
相对误差	0.05333%	0.04900%	0.04409%	0.03760%

从表中数据可以看出，辨识结果与已知的输入量（已知真值）几乎相等，各马赫数条件下的辨识计算误差绝对值小于 0.001，说明采用修正质点弹道的升力系数导数 $c'_y(Ma)$ 的辨识程序在无噪声仿真数据条件下能够辨识出正确结果，

辨识计算误差远小于试验误差,由此证明了辨识方法和计算程序的正确性。

2. 有噪声仿真雷达测试数据的升力系数辨识计算验证

利用六自由度弹道方程仿真计算出的坐标数据,将该数据加上均值为0、方差为5的高斯白噪声作为雷达的仿真测量数据,采用修正质点弹道模型的C-K方法辨识程序,验证能否反推出已知的升力系数。采用某105mm榴弹数据仿真实验计算结果如表11.6所列。

表11.6 含噪声仿真数据的升力系数导数辨识结果验证表

已知值	1.8	2.0	2.2	2.5
辨识值	1.811	2.055	2.153	2.432
相对误差	0.61%	2.75%	2.14%	2.72%

类似地,采用某122mm榴弹数据方差为8的高斯白噪声仿真验证结果如表11.7所列,图11.7为采用某122mm榴弹全弹道坐标数据仿真辨识结果曲线。

表11.7 某122mm榴弹全弹道坐标数据仿真辨识验证表

时间段/s	马赫数段	平均马赫数	辨识值 c_y'	输入值 c_y'	相对误差/%
0.01~0.73	2.09~2.00	2.05	2.5592	2.4794	3.22
2.44~2.93	1.80~1.76	1.78	2.4418	2.4465	0.19
5.94~6.35	1.50~1.48	1.49	2.4136	2.3419	3.06
12.80~14.48	1.11~1.05	1.08	2.1885	2.1138	3.54
19.39~21.40	0.90~0.87	0.885	1.9639	1.9099	2.83
22.52~25.02	0.84~0.81	0.825	1.9093	1.8999	0.49

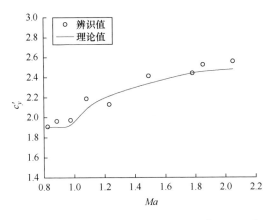

图11.7 某榴弹坐标数据辨识 c_y' 的仿真结果曲线

从上面表中数据可以看出，辨识结果与已知的输入量（已知真值）较为接近，辨识计算的相对误差明显小于升力系数导数的误差（5.0%），说明采用修正质点弹道方程的 C-K 辨识程序在受噪声影响的数据条件下，能够辨识出正确结果。由此说明，以实际的雷达等外测设备的测试数据为基础，采用用修正质点弹道方程的 C-K 辨识程序在受噪声影响的数据条件下，能够辨识出正确结果，其误差在可以接受的范围。

11.3.2.2　修正质点弹道模型升力系数导数的辨识计算

首先，利用雷达测试弹箭轨迹坐标数据确定所有试验弹箭的数据射角、数据射向角修正量，并将其作为射角和速度偏角起始值。然后，利用雷达测试全弹道坐标数据为核心的数据群，将初速、射角及速度偏角起始值作为初始条件，用升力系数导数辨识程序计算各发试验弹箭的升力系数导数曲线数据。最后，采用数理统计方法确定升力系数导数曲线组平均值及其概率误差，建立升力系数导数曲线组平均值与升力系数导数概率误差的散点图，最终确定出升力系数导数曲线的回归方程和升力系数导数概率误差的回归方程。这一辨识升力系数导数的过程，按照如下步骤实施。

1. 建立升力系数导数辨识的初始条件

为了提高弹箭升力系数导数辨识精度，这里采用 11.1.3 节的辨识计算数据射角和数据和射向角修正量。以初速和射角和数据及射向角修正量作为弹箭升力系数导数辨识计算的初始条件，完成辨识计算过程中的弹道计算。

2. 升力系数导数辨识程序设计和验证

以雷达测试全弹道坐标数据为基础，11.2 节所述的辨识方法设计计算程序采用了前述数据分段处理方法，仿真验证其正确性后确定为升力系数导数曲线数据的辨识程序。

3. 数据分段试算

实际辨识计算表明，升力系数导数辨识迭代计算的收敛性和数据稳定性远不如阻力系数。因此，辨识采用的每段数据长度应比阻力系数辨识的数据分段长度要大得多。针对某榴弹试验数据的实际计算表明，每段数据取 400 个点的计算结果一致性较好。

以修正的质点弹道方程为计算模型，采用 C-K 方法的升力系数曲线辨识程序，按实际气象诸元数据（由气象诸元数据处理程序建立的针对每发弹发射时刻的气象诸元数据文件读入），从弹箭飞行轨迹坐标数据中提取升力系数导数曲线。针对雷达测试数据 $(v_{\text{exp}i}, x_{\text{exp}i}, y_{\text{exp}i}, z_{\text{exp}i}, v_{xi}, v_{yi}, v_{zi}, t_i)$，按照每段 400 个数据点分段，第 j 段辨识出的升力系数导数为 $(c'_{yj}, Ma_j)(j=1,2,\cdots,N_d)$。

4. 修正质点弹道方程的升力系数导数曲线的分组辨识结果

利用某次试验的弹箭飞行轨迹坐标数据，本节采用 C-K 方法升力系数曲线辨识程序计算升力系数导数曲线。实际计算时，按实际气象诸元数据（采用第 4 章的方法建立弹箭发射时刻的气象诸元数据），对各种射击条件下的雷达测试数据可表示为

$$(v_{expi}, x_{expi}, y_{expi}, z_{expi}, v_{xi}, v_{yi}, v_{zi}, t_i) \quad (i=1,2,\cdots,n)$$

按照每段 400 个数据点分段，第 j 段辨识出的升力系数导数为 (c'_{yj}, M_j) $(j=1,2,\cdots,N_d)$，并以马赫数基本相同为条件，按设计条件编组（7 发/组）列表计算马赫数和升力系数导数组平均值。

表 11.8 全装药射击弹箭的升力系数导数组平均数据表（节选）

Ma	c'_y 平均	Ma 概率差	c'_y 概率差	相对概率差
2.25	2.8678	0.0020	0.1258	4.388%
1.75	2.6901	0.0023	0.1141	4.241%
1.6	2.3227	0.0023	0.0467	2.009%
1.35	1.8459	0.0020	0.0662	3.588%
1.25	1.9336	0.0012	0.0718	3.711%
1.15	2.2130	0.0011	0.1425	6.439%

由各组平均数据，剔除概率误差大于 0.2 的升力系数导数后，可以得出各试验数据群辨识结果的平均值。表 11.8 为部分弹箭试验数据的升力系数导数辨识结果，可以看出其概率误差大都小于 5%。

5. 升力系数导数曲线

汇总所有被试弹箭的升力系数导数的组平均数据，可构成如图 11.8 所示的散点曲线。图中散点为升力系数导数的辨识结果，黑实线为以图中各点数据为基础，采用乘幂指数拟合得出的升力系数导数曲线。为便于曲线比较分析，图 11.9 用三角形符号给出了根据弹箭外形计算出的升力系数导数曲线。

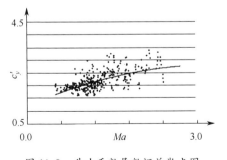

图 11.8 升力系数导数汇总散点图

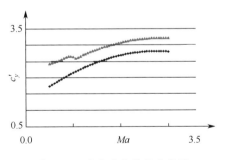

图 11.9 升力系数导数曲线图

图中，菱形标记为根据试验数据辨识确定的升力系数导数曲线，三角形标记为的升力系数导数的计算曲线，可见它们的变化趋势相近，但数值上升力系数导数的计算值较辨识数据相差较大，其中：低马赫数时，两者相差较大，达50%以上；高马赫数时，两者相差略小，达17.2%以上；在弹道计算有效的马赫数范围内，平均相差25.0%。正因为弹箭升力参数 c'_y 的计算曲线或风洞试验曲线与飞行试验辨识确定的曲线具有相似性，因此也可考虑在其基础上采用校正方法确定升力参数 $c'_y(Ma)$ 曲线。有关这方面的内容，本书将在11.5节专门讨论其校正方法。

11.4 升力系数导数的最大似然辨识方法

对于弹箭气动力飞行试验获取的飞行轨迹坐标时间数据［式（11.5）］，若气动力系数 $c_x(Ma)$，$c_{x2}(Ma)$，$c''_z(Ma)$，$m_{z1}(Ma)$，$m_{z3}(Ma)$，$m'_{xz}(Ma)$，$m'_{zz}(Ma)$，$m'''_y(Ma)$ 为已知的曲线数据，为了辨识升力系数导数 $c'_y(Ma)$，可考虑采用最大似然准则分段辨识升力系数导数 c'_y。

11.4.1 测量信息对升力系数的灵敏度分析

对于分段数据［式（11.6）］，假设除升力系数导数 $c'_y(Ma)$ 之外的气动参数均为满足精度要求的已知曲线数据。利用最大似然分段方法辨识升力系数导数 $c'_y(Ma)$ 的计算量很大，为了提高计算效率，可考虑通过灵敏度分析简化辨识目标函数的方法。为此，针对弹箭自由飞行试验获取的速度和轨迹坐标数据 $(v_i, x_i, y_i, z_i, t_i)$，通过验证计算不同测量信息对升力系数的灵敏度的大小，确定采用何种测量信息来对升力系数进行辨识。根据外弹道学和参数辨识的基础理论，测量值对待辨识参数的灵敏度越高，辨识结果的可信度和准确度越高。显然，只要找出对待辨识参数灵敏度最高的测量信息，即可构造出升力参数辨识的最佳目标函数。为了达到这一目的，下面采用灵敏度方程分别仿真计算方法，对某旋转稳定弹箭的飞行速度 v 和轨迹坐标 (x, y, z) 对升力系数导数进行灵敏度分析，其计算结果曲线如图11.10和图11.11所示。

比较上面各图中关于对升力系数导数的灵敏度曲线可以看出，速度 v 对升力系数导数的灵敏度最小，轨迹坐标 x 和 y 对升力系数的灵敏度相差无几，坐标 z 对升力系数导数的灵敏度明显比前三种数据大得多。从图线数据的量级上看，z 坐标的灵敏度为 x 和 y 坐标的100倍，为速度 v 的1000倍。因此以 z 坐标数据作为辨识升力系数测量信息构造目标函数是最佳选择。

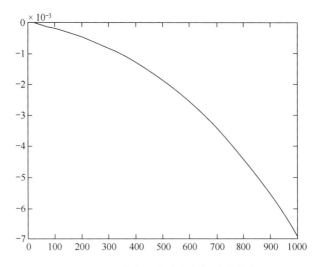

图 11.10　速度 v 对升力参数的灵敏度

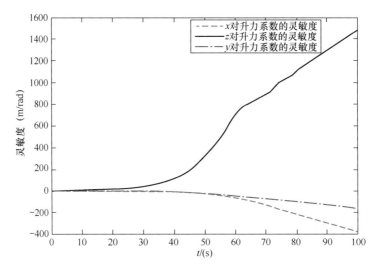

图 11.11　轨迹坐标 (x,y,z) 对升力参数的灵敏度

11.4.2　升力系数导数的最大似然分段辨识方法

按照 2.2.2 节的牛顿–拉夫逊方法，根据各个轴向的轨迹坐标对升力系数导数的灵敏度分析结果，可设辨识升力参数 $c_y'(Ma)$ 的目标函数为

$$Q(c_{yj}') = \sum_{i=1}^{n_j} \left[\boldsymbol{V}_j^{\mathrm{T}}(c_{yj}';\ i) \boldsymbol{R}_j^{-1} \boldsymbol{V}_j(c_{yj}';\ i) + \ln|\boldsymbol{R}_j| \right] \quad (j = 1, 2, \cdots, N_d) \quad (11.32)$$

$$V_j(c'_{yj};\ i) = [z(c'_{yj};\ t_{ji}) - z_{ji}] \quad (i=1,2,\cdots,n_j,\ j=1,2,\cdots,N_d) \quad (11.33)$$

式中：c'_{yj} 为待辨识参数；$V(c'_{yj};i)$ 为输出误差矩阵。

当观测噪声的统计特性未知时，有

$$\hat{R}_j(c'_{yj}) = \frac{1}{n_j}\sum_{i=1}^{n_j} V_j(c'_{yj};i) V_j^T(c'_{yj};i) = \left[\frac{1}{n_j}\sum_{i=1}^{n_j}(z(c'_{yj};\ t_{ji}) - z_{ji})^2\right]$$

故有

$$\hat{R}_j^{-1}(c_{xj}) = \left[\frac{1}{n_j}\sum_{i=1}^{n_j}(z(c'_{yj};\ t_{ji}) - z_{ji})^2\right]^{-1} \quad (j=1,2,\cdots,N_d) \quad (11.34)$$

式中：$z(c'_{yj};t_{ji})$ 满足第3章描述弹箭飞行运动的弹道方程。

需要说明，误差矩阵的表达式（11.33）只用了侧偏观测量 z_{ji} 数据，主要基于如下原因。

（1）根据11.4.1节的灵敏度分析结果认为，侧偏观测量 z_{ji} 关于升力系数导数 $c'_y(Ma)$ 的灵敏度比其他观测量至少高出1个数量级，为了突出主要矛盾，去掉其他观测量；

（2）仅采用侧偏观测量 z_{ji} 数据辨识升力系数导数 $c'_y(Ma)$，可以使得问题更加简单；

（3）相比式（11.9），目标函数式（11.32）去掉了次要的观测参数可以大大减少迭代计算量，更便于最大似然法求解，同时还能提高辨识精度。

由第2章的牛顿-拉夫逊方法，其迭代修正计算公式为

$$c'^{(l+1)}_{yj} = c'^{(l)}_{yj} + \Delta c'^{(l)}_{yj} \quad (j=1,2,\cdots,N_d) \quad (11.35)$$

$$\Delta c'_{yj} = -\left(\frac{\partial^2 Q}{\partial c'^2_{yj}}\right)^{-1}\left(\frac{\partial Q}{\partial c'_{yj}}\right) \quad (11.36)$$

式中：上标 l 代表参数 c'_{yj} 的第 l 次迭代近似值；$\Delta c'^{(l)}_{yj}$ 为修正量。

对于第 j 段的轨迹坐标数据 $(z_{ji};t_{ji})$（$j=1,2,\cdots,N_d,i=1,2,\cdots,n_j$），上式中辨识弹箭升力参数的目标函数的1阶和2阶偏导数为

$$\begin{cases}\dfrac{\partial Q}{\partial c'_{yj}} = \dfrac{2\sum_{i=1}^{n_j}(z(c'_{yj};t_{ji}) - z_{ji})\dfrac{\partial z(c'_{yj};t_{ji})}{\partial c'_{yj}}}{\dfrac{1}{n_j}\sum_{i=1}^{n_j}(z(c'_{yj};t_{ji}) - z_{ji})^2} = \dfrac{2\sum_{i=1}^{n_j}(z(c'_{yj};t_{ji}) - z_{ji})p_6(c'_{yj};t_{ji})}{\dfrac{1}{n_j}\sum_{i=1}^{n_j}(z(c'_{yj};t_{ji}) - z_{ji})^2} \\[2mm] \dfrac{\partial^2 Q}{\partial c'^2_{yj}} = \dfrac{2\sum_{i=1}^{n_j}\left(\dfrac{\partial z(c'_{yj};t_{ji})}{\partial c'_{yj}}\right)^2}{\dfrac{1}{n_j}\sum_{i=1}^{n_j}(z(c'_{yj};t_{ji}) - z_{ji})^2} = \dfrac{2\sum_{i=1}^{n_j}(p_6(c'_{yj};t_{ji}))^2}{\dfrac{1}{n_j}\sum_{i=1}^{n_j}(z(c'_{yj};t_{ji}) - z_{ji})^2} \quad (j=1,2,\cdots,N_d)\end{cases}$$

$$(11.37)$$

$$p_6(c'_{yj};t_{ji}) = \frac{\partial z(c'_{yj};t_{ji})}{\partial c'_{yj}} \quad (j=1,2,\cdots,N_d,\ i=1,2,\cdots,n_j) \tag{11.38}$$

式中：$p_6(c'_{yj};t_{ji})$ 为弹箭飞行轨迹 z 坐标速度关于待辨识参数 c'_{yj} 的灵敏度。

显见，只要求出弹箭飞行轨迹坐标 z 关于待辨识参数 $c'_{yj}(j=1,2,\cdots,N_d)$ 的灵敏度式（11.38）和 $z(c'_{yj};t)$ 在 $t=t_{ji}$（$i=1,2,\cdots,n_j$）的值，即可完成式（11.37）的计算。通过式（11.35）迭代求解，即可求出第 j 段弹道数据辨识的弹箭升力参数 $c'_{yj}(j=1,2,\cdots,N_d)$，进而确定升力参数-马赫数 $c'_{yj}(M_{aj})$ 曲线数据，即

$$c'_{yj}(M_{aj}) = c'_{yj},\ M_{aj} = \frac{v(t_j)}{c_{sj}} \quad (j=1,2,\cdots,N_d) \tag{11.39}$$

式中：c_{sj} 为第 j 段弹道的平均声速，可根据实测气象诸元数据换算确定；$v(t_j)$，$t_j=0.5(t_{j1}+t_{jn_j})$ 可由气动参数辨识所用的弹道方程计算确定。

11.4.3 六自由度弹道模型的灵敏度方程

利用飞行轨迹数据的辨识升力参数，可以采用 3.3 节导出的六自由度弹道方程式（3.91），以及辅助方程式（3.92）和关联参数方程式（3.93）为数学模型，推导 11.4.2 节辨识升力参数 c'_y 迭代计算所需的灵敏度方程。

为便于书写，参照定义式（11.38），这里定义方程式（3.91）中相关因变量关于升力参数 c'_y 的偏导数为

$$p_1 = \frac{\partial v}{\partial c'_y},\ p_2 = \frac{\partial \theta_a}{\partial c'_y},\ p_3 = \frac{\partial \Psi_2}{\partial c'_y},\ p_4 = \frac{\partial x}{\partial c'_y},\ p_5 = \frac{\partial y}{\partial c'_y},\ p_6 = \frac{\partial z}{\partial c'_y} \tag{11.40}$$

将方程式（3.91）的第 1~6 个方程分别对升力参数 c'_y 求偏导，注意到

$$\frac{\partial}{\partial c'_y}\left(\frac{dv}{dt}\right) = \frac{d}{dt}\left(\frac{\partial v}{\partial c'_y}\right) = \frac{dp_1}{dt},\ \frac{\partial}{\partial c'_y}\left(\frac{d\theta_a}{dt}\right) = \frac{dp_2}{dt},\ \frac{\partial}{\partial c'_y}\left(\frac{d\theta_a}{dt}\right) = \frac{dp_3}{dt},\ \frac{\partial}{\partial c'_y}\left(\frac{dx}{dt}\right) = \frac{dp_4}{dt},$$

$$\frac{\partial}{\partial c'_y}\left(\frac{dy}{dt}\right) = \frac{dp_5}{dt},\ \frac{\partial}{\partial c'_y}\left(\frac{dy}{dt}\right) = \frac{dp_6}{dt},\ \frac{\partial \dot{\gamma}}{\partial c'_y} = 0，可导出如下 6 个灵敏度方程，即$$

$$\frac{dp_1}{dt} = -\frac{\rho S c_x}{2m}\left(\frac{\partial v_w}{\partial c'_y}(v-w_{x2}) + v_w p_1\right) + \frac{\rho S}{2m}(v_w^2 \cos\delta_2\cos\delta_1 - v_{r\xi}(v-w_{x_2})) +$$

$$\frac{\rho S}{2m}c'_y\left(2v_w \frac{\partial v_w}{\partial c'_y}\cos\delta_2\cos\delta_1 - \frac{\partial v_{w\xi}}{\partial c'_y}(v-w_{x_2}) - v_{w\xi}p_1\right) \tag{11.41}$$

$$\frac{dp_2}{dt} = \frac{\rho S}{2mv\cos\Psi_2}c_x \frac{\partial v_w}{\partial c'_y}w_{y_2} + \frac{\rho S}{2mv\cos\Psi_2}(v_w^2\cos\delta_2\sin\delta_1 + v_{w\xi}w_{y_2}) +$$

$$\frac{\rho S}{2mv\cos\Psi_2}c'_y\left(2v_w \frac{\partial v_w}{\partial c'_y}\cos\delta_2\sin\delta_1 + \frac{\partial v_{w\xi}}{\partial c'_y}w_{y_2}\right) +$$

$$\frac{\rho S}{2mv\cos\Psi_2}c''_z\left(\frac{\dot{\gamma}d}{v_w}\right)p_1\sin\delta_2 - \frac{p_1\cos\Psi_2 - vp_2\sin\Psi_2}{v\cos\Psi_2}\left(\frac{d\theta_a}{dt}\right) \tag{11.42}$$

$$\frac{dp_3}{dt} = \frac{\rho S}{2mv}c_x \frac{\partial v_w}{\partial c_y'}w_{z_2} + \frac{\rho S}{2mv}(v_w^2\sin\delta_2 + v_{w\xi}w_{z_2}) +$$

$$\frac{\rho S}{2mv}c_y'\left(2v_w\frac{\partial v_w}{\partial c_y'}\sin\delta_2 + \frac{\partial v_{w\xi}}{\partial c_y'}w_{z_2}\right) - \frac{p_1}{v}\left(\frac{d\Psi_2}{dt}\right) \qquad (11.43)$$

$$\frac{dp_4}{dt} = p_1\cos\Psi_2\cos\theta_a - vp_3\sin\Psi_2\cos\theta_a - vp_2\cos\Psi_2\sin\theta_a \qquad (11.44)$$

$$\frac{dp_5}{dt} = p_1\cos\Psi_2\sin\theta_a - vp_3\sin\Psi_2\sin\theta_a + vp_2\cos\Psi_2\cos\theta_a \qquad (11.45)$$

$$\frac{dp_6}{dt} = p_1\sin\Psi_2 + vp_3\cos\Psi_2 \qquad (11.46)$$

$$\frac{\partial v_w}{\partial c_y'} = \frac{v-w_{x_2}}{v_w}\frac{\partial v}{\partial c_y'} = \frac{v-w_{x_2}}{v_w}p_1, \qquad \frac{\partial v_{w\xi}}{\partial c_y'} = p_1\cos\delta_2\cos\delta_1 \qquad (11.47)$$

显见，将六自由度弹道方程式（3.91），与灵敏度方程式（11.41）~式（11.46）联立，连同辅助方程式（3.92）和关联参数方程式（3.93）、式（11.47）即可构成完备的微分方程式（11.48）。

$$\begin{cases}
\dfrac{dv}{dt} = -\dfrac{\rho S}{2m}c_x v_w(v-w_{x_2}) + \dfrac{\rho S}{2m}c_y'[v_w^2\cos\delta_2\cos\delta_1 - v_{w\xi}(v-w_{x_2})] + \\
\qquad \dfrac{\rho S}{2m}c_z''\left(\dfrac{\dot\gamma d}{v_w}\right)v_w(-w_{z_2}\cos\delta_2\sin\delta_1 + w_{y_2}\sin\delta_2) + g_{x2}' + g_{Kx2} + g_{\Omega x2} \\
\dfrac{d\theta_a}{dt} = \dfrac{\rho S}{2mv\cos\Psi_2}c_x v_w w_{y_2} + \dfrac{\rho S}{2mv\cos\Psi_2}c_y'(v_w^2\cos\delta_2\sin\delta_1 + v_{w\xi}w_{y_2}) + \\
\qquad \dfrac{\rho S}{2mv\cos\Psi_2}c_z''\left(\dfrac{\dot\gamma d}{v_w}\right)v_w[(v-w_{x_2})\sin\delta_2 + w_{z_2}\cos\delta_2\cos\delta_1] + \dfrac{g_{y2}' + g_{Ky2} + g_{\Omega y2}}{v\cos\Psi_2} \\
\dfrac{d\Psi_2}{dt} = \dfrac{\rho S}{2mv}c_x v_w w_{z_2} + \dfrac{\rho S}{2mv}c_y'(v_w^2\sin\delta_2 + v_{w\xi}w_{z_2}) - \\
\qquad \dfrac{\rho S}{2mv}c_z''\left(\dfrac{\dot\gamma d}{v_w}\right)v_w[w_{y_2}\cos\delta_2\cos\delta_1 + (v-w_{x_2})\cos\delta_2\sin\delta_1] + \dfrac{g_{z2}' + g_{Kz2} + g_{\Omega z2}}{v} \\
\dfrac{dx}{dt} = v\cos\Psi_2\cos\theta_a, \qquad \dfrac{dy}{dt} = v\cos\Psi_2\sin\theta_a, \qquad \dfrac{dz}{dt} = v\sin\Psi_2 \\
\dfrac{d\omega_\xi}{dt} = -\dfrac{\rho Sld}{2C}m_{xz}' v_w \omega_\xi + \dfrac{\rho Sl}{2C}v_w^2 m_{xw}' \delta_f \\
\dfrac{d\omega_\eta}{dt} = \dfrac{\rho Sl}{2A}v_w m_z' v_{w\zeta} - \dfrac{\rho Sld}{2A}v_w m_{zz}' \omega_\eta - \dfrac{\rho Sld}{2A}m_{xw}'' \omega_\xi v_{w\eta} - \dfrac{C}{A}\omega_\xi \omega_\zeta + \omega_\eta^2\tan\varphi_2
\end{cases}$$

$$\begin{cases}
\dfrac{\mathrm{d}\omega_\zeta}{\mathrm{d}t} = -\dfrac{\rho Sl}{2A}v_w m'_z v_{w\eta} - \dfrac{\rho Sld}{2A}v_w m'_{zz}\omega_\zeta - \dfrac{\rho Sld}{2A}m''_y\omega_\xi v_{w\xi} + \dfrac{C}{A}\omega_\xi\omega_\eta - \omega_\eta\omega_\zeta\tan\varphi_2 \\[2mm]
\dfrac{\mathrm{d}\varphi_a}{\mathrm{d}t} = \dfrac{\omega_\zeta}{\cos\varphi_2}, \quad \dfrac{\mathrm{d}\varphi_2}{\mathrm{d}t} = -\omega_\eta, \quad \dfrac{\mathrm{d}\gamma}{\mathrm{d}t} = \omega_\xi - \omega_\zeta\tan\varphi_2 \\[2mm]
\dfrac{\mathrm{d}p_1}{\mathrm{d}t} = -\dfrac{\rho S c_x}{2m}\left(\dfrac{\partial v_w}{\partial c'_y}(v - w_{x_2}) + v_w p_1\right) + \dfrac{\rho S}{2m}\left[v_w^2\cos\delta_2\cos\delta_1 - v_{r\xi}(v - w_{x_2})\right] + \\[2mm]
\qquad \dfrac{\rho S}{2m}c'_y\left(2v_w\dfrac{\partial v_w}{\partial c'_y}\cos\delta_2\cos\delta_1 - \dfrac{\partial v_{w\xi}}{\partial c'_y}(v - w_{x_2}) - v_{w\xi}p_1\right) \\[2mm]
\dfrac{\mathrm{d}p_2}{\mathrm{d}t} = \dfrac{\rho S \cdot c_x w_{y_2}}{2mv\cos\Psi_2}\left(\dfrac{\partial v_w}{\partial c'_y}\right) + \dfrac{\rho S}{2mv\cos\Psi_2}(v_w^2\cos\delta_2\sin\delta_1 + v_{w\xi}w_{y_2}) + \\[2mm]
\qquad \dfrac{\rho S \cdot c'_y}{2mv\cos\Psi_2}\left(2v_w\dfrac{\partial v_w}{\partial c'_y}\cos\delta_2\sin\delta_1 + \dfrac{\partial v_{w\xi}}{\partial c'_y}w_{y_2}\right) + \dfrac{\rho S \cdot c''_z}{2mv\cos\Psi_2}p_1\sin\delta_2\left(\dfrac{\dot\gamma d}{v_w}\right) - \\[2mm]
\qquad \dfrac{p_1\cos\Psi_2 - vp_2\sin\Psi_2}{v\cos\Psi_2}\left(\dfrac{\mathrm{d}\theta_a}{\mathrm{d}t}\right) \\[2mm]
\dfrac{\mathrm{d}p_3}{\mathrm{d}t} = \dfrac{\rho S}{2mv}c_x\dfrac{\partial v_w}{\partial c'_y}w_{z_2} + \dfrac{\rho S}{2mv}(v_w^2\sin\delta_2 + v_{w\xi}w_{z_2}) + \\[2mm]
\qquad \dfrac{\rho S}{2mv}c'_y\left(2v_w\dfrac{\partial v_w}{\partial c'_y}\sin\delta_2 + \dfrac{\partial v_{w\xi}}{\partial c'_y}w_{z_2}\right) - \dfrac{p_1}{v}\dfrac{\mathrm{d}\Psi_2}{\mathrm{d}t} \\[2mm]
\dfrac{\mathrm{d}p_4}{\mathrm{d}t} = p_1\cos\Psi_2\cos\theta_a - vp_3\sin\Psi_2\cos\theta_a - vp_2\cos\Psi_2\sin\theta_a \\[2mm]
\dfrac{\mathrm{d}p_5}{\mathrm{d}t} = p_1\cos\Psi_2\sin\theta_a - vp_3\sin\Psi_2\sin\theta_a + vp_2\cos\Psi_2\cos\theta_a, \quad \dfrac{\mathrm{d}p_6}{\mathrm{d}t} = p_1\sin\Psi_2 + vp_3\cos\Psi_2
\end{cases}$$

(11.48)

对于第 j 段弹道,当 $t=0$ 时,该方程的积分初始条件为

$$\begin{cases}
v(0) = v_0, \quad \theta_a(0) = \theta_0, \quad \Psi_2(0) = 0 \\
x = 0, \quad y = 0, \quad z = 0 \\
\varphi_a(0) = \theta_0 + \delta_{m10}, \quad \varphi_2(0) = \delta_{m20} \\
p(0) = 0, \quad \dot\gamma(0) = \dot\gamma_0 = \dfrac{2\pi v_0}{\eta d}
\end{cases}$$

(11.49)

式中:δ_{m10},δ_{m20} 分别为发射弹箭过程产生的起始扰动参数,可由参考第 7 章所述方法确定。对于稳定飞行弹箭,若气动力飞行试验实测数据距离炮口较远,其起始扰动参数 δ_{m10},δ_{m20} 所产生的飞行攻角幅值很小,故在阻力系数辨识计算中也可以取为零。

对于第 j 段弹道，该方程的积分初始条件为

$$\begin{cases} v(t_{j0}) = v_{j0}, \ \theta_a(t_{j0}) = \theta_{j0}, \ \Psi_2(t_{j0}) = \Psi_{2j0} \\ x(t_{j0}) = x_{j0}, \ y(t_{j0}) = y_{j0}, \ z(t_{j0}) = z_{j0} \\ \varphi_a(t_{j0}) = \theta_{j0} + \delta_{m1}(t_{j0}), \ \varphi_2(t_{j0}) = \Psi_{2j0} + \delta_{m20}(t_{j0}) \\ p(c'_{yj}; t_{j0}) = p_{j0}, \ \dot{\gamma}(t_{j0}) = \dot{\gamma}_{j0} \end{cases} \quad (j = 1, 2, \cdots, N_d) \quad (11.50)$$

式中：物理量下标 $j0$ 代表第 $j-1$ 段弹道在 $t=t_{j0}$ 时刻的计算值。

11.4.4 升力系数导数的最大似然分段辨识仿真

最大似然方法对某榴弹的升力系数进行辨识，以验证方法对升力系数辨识的有效性。根据牛顿第二定律，侧偏数据对升力系数最敏感，因此本节利用侧偏坐标数据对升力系的辨识。弹道模型计算的初始条件为：速度 930m/s，射角 65°，标准气象条件，c'_y 的真实值为 0.2。

图 11.12、图 11.13 和图 11.14 分别为测量数据无噪声、信噪比为 20 和信噪比为 5 的测量噪声情况下最大似然辨识方法的计算结果。

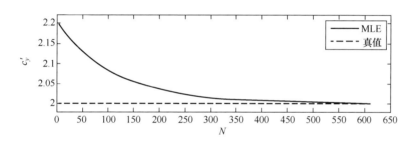

图 11.12 测量数据无噪声升力系数导数辨识结果

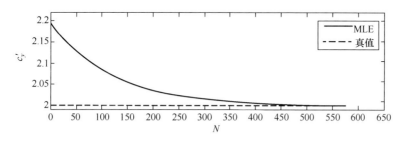

图 11.13 测量数据信噪比为 20 的测量数据升力系数导数辨识结果

图中，横坐标 N 为迭代计算的次数，纵坐标为升力参数 c'_y。显见，在 z 坐标数据达到雷达测试信噪比条件下，辨识升力参数的迭代计算均能收敛到真值，可以认为在其他气动参数已知的条件下，利用坐标数据来辨识升力系数是有效的。

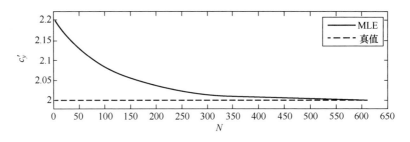

图 11.14 测量数据信噪比为 5 的测量数据升力系数导数辨识结果

通过最小二乘准则与最大似然准则的 C-K 方法对某旋转弹的升力参数 c'_y 进行仿真辨识对比计算，验证了这两种方法对升力参数 c'_y 辨识均能收敛到真值。在测量数据无噪声的情况下，两种方法的辨识结果和收敛代数基本相当；在测量数据含有噪声的情况下，最大似然方法优于 C-K 方法。测量数据信噪比为 20 时，前者在第 620 步左右收敛，后者在第 570 步左右收敛；测量数据信噪比为 5 时，前者在第 650 步左右收敛，后者在第 440 步左右收敛。综合看来，在测量数据有噪声的情况下，最大似然准则的 C-K 方法收敛略快一些，辨识精度略微高于最小二乘准则的 C-K 方法，但其计算量要大得多。

11.5 六自由度弹道模型的升力系数的校正方法

根据弹箭系统的研制过程可知，在弹箭全射程飞行试验前，设计人员通常已经初步掌握了被试弹箭的气动力系数。在工程应用中，为了提高外弹道计算模型与实测弹道数据的吻合度，可采用一些数学方法校正弹箭的气动力系数。本节主要介绍一种利用实测弹箭飞行轨迹坐标数据，校正非线性升力系数导数的方法。

11.5.1 六自由度弹道模型的升力系数校正方法

对于试验获取的弹箭飞行轨迹坐标时间数据 [式 (11.5)]，若气动力系数 $c_x(Ma)$，$c_{x2}(Ma)$，$c_{y1b}(Ma)$，$c_{y3b}(Ma)$，$c''_z(Ma)$，$m_{z1}(Ma)$，$m_{z3}(Ma)$，$m'_{xz}(Ma)$，$m'_{zz}(Ma)$，$m''_y(Ma)$ 为已知的曲线数据，可将校正升力系数导数 $c'_y(Ma)$ 的表达式设为

$$c'_y(Ma) = f_{y1} c_{y1}(Ma) + f_{y2} c_{y3}(Ma) \delta_r^2 \qquad (11.51)$$

式中：f_{y1} 和 f_{y2} 分别为升力系数一阶导数 $c_{y1}(Ma)$ 和三阶导数 $c_{y3}(Ma)$ 的校正系数。

为书写方便，令

$$\boldsymbol{f}_y = \begin{bmatrix} f_{y1} & f_{y2} \end{bmatrix}^{\mathrm{T}} \qquad (11.52)$$

式（11.52）为 f_{y1} 和 f_{y2} 以矩阵形式表示校正系数的集合。由此，可将 3.3.3 节中六自由度弹道方程式（3.91）的弹箭飞行轨迹坐标在任意时刻 t 的函数表示为

$$x = x(\boldsymbol{f}_y; t), \quad y = y(\boldsymbol{f}_y; t), \quad z = z(\boldsymbol{f}_y; t) \tag{11.53}$$

按照 2.2.2 节所述的参数估计方法，设 $\boldsymbol{f}_y$ 为待辨识参数，则可写出辨识弹箭升力校正系数的目标函数为

$$Q(\boldsymbol{f}_y) = \sum_{i=1}^{n} [\boldsymbol{V}^{\mathrm{T}}(\boldsymbol{f}_y; i) \boldsymbol{R}^{-1} \boldsymbol{V}(\boldsymbol{f}_y; i) + \ln|\boldsymbol{R}|] \tag{11.54}$$

式中：$\boldsymbol{V}(\boldsymbol{f}_y; i)$ 和 $\boldsymbol{R}$ 分别为输出误差矩阵和协方差矩阵。

由牛顿-拉夫逊方法，其迭代修正计算公式为

$$\boldsymbol{f}_y^{(l+1)} = \boldsymbol{f}_y^{(l)} + \Delta \boldsymbol{f}_y^{(l)} \tag{11.55}$$

式中：上标 l 代表参数 $\boldsymbol{f}_y$ 的第 l 次迭代近似值 $\boldsymbol{f}_y^{(l)} = [f_{y1}^{(l)}, f_{y2}^{(l)}]^{\mathrm{T}}$，修正量为

$$\Delta \boldsymbol{f}_y^{(l)} = [\Delta f_{y1}^{(l)}, \Delta f_{y3}^{(l)}]^{\mathrm{T}} \tag{11.56}$$

或者有

$$\Delta \boldsymbol{f}_y = -\left(\frac{\partial^2 Q}{\partial f_{yk} \partial f_{yj}}\right)_{(l)}^{-1} \left(\frac{\partial Q}{\partial f_{yk}}\right)_{(l)} \quad (j, k = 1, 2) \tag{11.57}$$

在式（11.54）中，误差矩阵 $\boldsymbol{V}(\boldsymbol{f}_y; i)$ 的表达式为

$$V(\boldsymbol{f}_y; i) = z(\boldsymbol{f}_y; t_i) - z_i \tag{11.58}$$

当观测噪声的统计特性未知时，协方差矩阵 $\boldsymbol{R}(i)$ 可表达为

$$\boldsymbol{R}(i) = \hat{R}(\boldsymbol{f}_y) = \frac{1}{n} \sum_{i=1}^{n} [z(\boldsymbol{f}_y; t_i) - z_i]^2 \tag{11.59}$$

式中：$z(\boldsymbol{f}_y; t_i)$ 满足 3.3.3 节的六自由度弹道方程式（3.91）。

将目标函数式（11.54）关于辨识参数 c_k 求偏导，取一阶导数近似，按照微分求极值原理，有

$$\begin{cases} \dfrac{\partial Q}{\partial f_{yk}} = 2 \sum_{i=1}^{n} [z(\boldsymbol{f}_y; t_i) - z_i] \dfrac{\partial z(\boldsymbol{f}_y; t_i)}{\partial f_{yk}} / \hat{R} \\ \dfrac{\partial^2 Q}{\partial f_{yj} \partial f_{yk}} = 2 \sum_{i=1}^{n} \dfrac{\partial z(\boldsymbol{f}_y; t_i)}{\partial f_{yj}} \dfrac{\partial z(\boldsymbol{f}_y; t_i)}{\partial f_{yk}} / \hat{R} \end{cases} \quad (j, k = 1, 2) \tag{11.60}$$

式中：$\dfrac{\partial z(\boldsymbol{f}_y; t_i)}{\partial f_{yk}}$ $(j, k = 1, 2)$ 为观测量 $z(\boldsymbol{f}_y; t_i)$ 关于待辨识参数 f_{yk} 的灵敏度。为书写方便，这里将它表示为

$$p_{3k}(t_i) = \frac{\partial z(\boldsymbol{f}_y; t_i)}{\partial f_{yk}} \quad (j, k = 1, 2) \tag{11.61}$$

因此，式（11.60）可简写为

$$\begin{cases} \dfrac{\partial Q}{\partial f_{yk}} = \dfrac{2}{\hat{R}} \sum_{i=1}^{n} [z(\boldsymbol{f}_y;t_i) - z_i] p_{3k}(t_i) \\ \dfrac{\partial^2 Q}{\partial f_{yj} \partial f_{yk}} = \dfrac{2}{\hat{R}} \sum_{i=1}^{n} p_{3j}(t_i) \cdot p_{3k}(t_i) \end{cases} \quad (j,k=1,2) \quad (11.62)$$

式中：$z(\boldsymbol{f}_y;t_i)$，$p_{31}(t_i)$，$p_{32}(t_i)$ 可通过六自由度弹道方程以及灵敏度方程计算出来。由于修正量可由式（11.57）确定，从而通过求解六自由度弹道方程以及灵敏度方程构成的完备方程组，即可完成前述迭代计算过程。

11.5.2 六自由度弹道模型辨识计算灵敏度的微分方程

本节根据六自由度弹道方程数学模型，以升力校正系数 f_y 为待定参数，推导迭代计算所需要的灵敏度微分方程。

若考虑阻力、升力和俯仰力矩为非线性气动力，其非线性气动力系数部分可表示为

$$\begin{cases} c_x(Ma) = c_{x0}(Ma) + c_{x2}(Ma)\delta_r^2 \\ c_y'(Ma) = f_{y1}c_{y1}(Ma) + f_{y2}c_{y3}(Ma)\delta_r^2 \\ m_z'(Ma) = m_{z1}(Ma) + m_{z3}(Ma)\delta_r^2 \end{cases} \quad (11.63)$$

此时，六自由度弹道方程式（3.91）可改写成

$$\begin{cases}
\dfrac{\mathrm{d}v}{\mathrm{d}t} = -\dfrac{\rho S}{2m}(c_{x0}+c_{x2}\delta_r^2)v_w(v-w_{x_2}) + \\
\qquad \dfrac{\rho S}{2m}(f_{y1}c_{y1}(Ma)+f_{y2}c_{y3}(Ma)\delta_r^2)[v_w^2\cos\delta_2\cos\delta_1 - v_{u\xi}(v-w_{x_2})] + \\
\qquad \dfrac{\rho S}{2m}c_z''\left(\dfrac{\dot{\gamma}d}{v_w}\right)v_w(-w_{z_2}\cos\delta_2\sin\delta_1 + w_{y_2}\sin\delta_2) + g_{x2}' + g_{Kx2} + g_{\Omega x2} \\
\dfrac{\mathrm{d}\theta_a}{\mathrm{d}t} = \dfrac{\rho S}{2mv\cos\Psi_2}(c_{x0}+c_{x2}\delta_r^2)v_w w_{y_2} + \\
\qquad \dfrac{\rho S}{2mv\cos\Psi_2}(f_{y1}c_{y1}(Ma)+f_{y2}c_{y3}(Ma)\delta_r^2)[v_w^2\cos\delta_2\sin\delta_1 + v_{u\xi}w_{y_2}] + \\
\qquad \dfrac{\rho S}{2mv\cos\Psi_2}c_z''\left(\dfrac{\dot{\gamma}d}{v_w}\right)v_w[(v-w_{x_2})\sin\delta_2 + w_{z_2}\cos\delta_2\cos\delta_1] + \dfrac{g_{y2}'+g_{Ky2}+g_{\Omega y2}}{v\cos\Psi_2} \\
\dfrac{\mathrm{d}\Psi_2}{\mathrm{d}t} = \dfrac{\rho S}{2mv}(c_{x0}+c_{x2}\delta_r^2)v_w w_{z_2} + \dfrac{\rho S}{2mv}(f_{y1}c_{y1}(Ma)+f_{y2}c_{y3}(Ma)\delta_r^2)[v_w^2\sin\delta_2 + v_{u\xi}w_{z_2}] + \\
\qquad \dfrac{\rho S}{2mv}c_z''\left(\dfrac{\dot{\gamma}d}{v_w}\right)v_w[-w_{y_2}\cos\delta_2\cos\delta_1 - (v-w_{x_2})\cos\delta_2\sin\delta_1] + \dfrac{g_{z2}'+g_{Kz2}+g_{\Omega z2}}{v}
\end{cases}$$

$$\begin{cases} \dfrac{\mathrm{d}x}{\mathrm{d}t} = v\cos\Psi_2\cos\theta_a, & \dfrac{\mathrm{d}y}{\mathrm{d}t} = v\cos\Psi_2\sin\theta_a, & \dfrac{\mathrm{d}z}{\mathrm{d}t} = v\sin\Psi_2 \\ \dfrac{\mathrm{d}\omega_\xi}{\mathrm{d}t} = -\dfrac{\rho Sld}{2C}m'_{xz}v_w\omega_\xi + \dfrac{\rho Sl}{2C}v_w^2 m'_{xw}\delta_f \\ \dfrac{\mathrm{d}\omega_\eta}{\mathrm{d}t} = \dfrac{\rho Sl}{2A}v_w(m_{z1}+m_{z3}\delta_r^2)v_{u\zeta} - \dfrac{\rho Sld}{2A}v_w m'_{zz}\omega_\eta - \dfrac{\rho Sld}{2A}m''_y\omega_\xi v_{w\eta} - \dfrac{C}{A}\omega_\xi\omega_\zeta + \omega_\eta^2\tan\varphi_2 \\ \dfrac{\mathrm{d}\omega_\zeta}{\mathrm{d}t} = -\dfrac{\rho Sl}{2A}v_w(m_{z1}+m_{z3}\delta_r^2)v_{w\eta} - \dfrac{\rho Sld}{2A}v_w m'_{zz}\omega_\zeta - \dfrac{\rho Sld}{2A}m''_y\omega_\xi v_{w\zeta} + \dfrac{C}{A}\omega_\xi\omega_\eta - \omega_\eta\omega_\zeta\tan\varphi_2 \\ \dfrac{\mathrm{d}\varphi_a}{\mathrm{d}t} = \dfrac{\omega_\zeta}{\cos\varphi_2}, & \dfrac{\mathrm{d}\varphi_2}{\mathrm{d}t} = -\omega_\eta, & \dfrac{\mathrm{d}\gamma}{\mathrm{d}t} = \omega_\xi - \omega_\zeta\tan\varphi_2 \end{cases}$$

(11.64)

在弹道模型中对辨识参数 f_{y1}, f_{y2} 求偏导数，可以得出弹箭飞行轨迹坐标 $z(f_y;t)$ 关于升力校正系数满足的灵敏度方程，即

$$\begin{cases} \dfrac{\mathrm{d}}{\mathrm{d}t}\left(\dfrac{\partial v}{\partial f_k}\right) = \dfrac{\rho S}{2m}[v_w^2\cos\delta_2\cos\delta_1 - v_{u\xi}(v-w_{x_2})]\dfrac{\partial}{\partial f_{yk}}(f_{y1}c_{y1}(M) + f_{y2}c_{y3}(M)\delta_r^2) + \\ \qquad \dfrac{\rho S}{2m}(f_{y1}c_{y1}(Ma) + f_{y2}c_{y3}(Ma)\delta_r^2)\dfrac{\partial}{\partial f_k}\left[2v_w\cos\delta_2\cos\delta_1\dfrac{\partial v_w}{\partial f_k} - (v-w_{x_2})\dfrac{\partial v_{u\xi}}{\partial f_k} - v_{u\xi}\dfrac{\partial v}{\partial f_k}\right] \\ \dfrac{\mathrm{d}}{\mathrm{d}t}\left(\dfrac{\partial \Psi_2}{\partial f_k}\right) = \dfrac{\rho S}{2mv}[v_w^2\sin\delta_2 + v_{u\xi}w_{z_2}]\dfrac{\partial}{\partial f_k}(f_{y1}c_{y1}(Ma) + f_{y2}c_{y3}(Ma)\delta_r^2) + \\ \qquad \dfrac{\rho S}{2mv}(f_{y1}c_{y1}(Ma) + f_{y2}c_{y3}(Ma)\delta_r^2)\dfrac{\partial}{\partial f_k}\left[2v_w\sin\delta_2\dfrac{\partial v_w}{\partial f_k} + \dfrac{\partial v_{u\xi}}{\partial f_k}w_{z_2}\right] \\ \dfrac{\mathrm{d}}{\mathrm{d}t}\left(\dfrac{\partial z}{\partial f_k}\right) = \left(\dfrac{\partial v}{\partial f_k}\right)\sin\Psi_2 + v\cos\Psi_2\left(\dfrac{\partial \Psi_2}{\partial f_k}\right) \\ \qquad j,k = 1,2 \end{cases}$$

(11.65)

$$\begin{cases} \dfrac{\partial v_w}{\partial f_k} = \dfrac{v - w_{x_2}}{v_w}\dfrac{\partial v}{\partial f_k} \\ \dfrac{\partial v_{u\xi}}{\partial f_k} = \dfrac{\partial v}{\partial f_k}\cos\delta_2\cos\delta_1 \end{cases} \quad (j,k=1,2) \qquad (11.66)$$

为书写方便，定义上式中速度、速度偏角、z 坐标、升力系数导数关于升力校正系数的敏感系数分别为

$$p_{1k} = \dfrac{\partial v}{\partial f_{yk}}, \quad p_{2k} = \dfrac{\partial \Psi_2}{\partial f_{yk}}, \quad p_{3k} = \dfrac{\partial z}{\partial f_{yk}} \quad (k=1,2) \qquad (11.67)$$

$$b_k = \frac{\partial}{\partial f_{yk}}(f_{y1}c_{y1}(Ma) + f_{y2}c_{y3}(Ma)\delta_r^2) = \begin{cases} c_{y1}(Ma) & k=1 \\ c_{y3}(Ma)\delta_r^2 & k=2 \end{cases} \quad (11.68)$$

故升力校正系数的灵敏度方程式（11.65）可表示为

$$\begin{cases} \dfrac{\mathrm{d}p_{1k}}{\mathrm{d}t} = \dfrac{\rho S}{2m}[v_w^2\cos\delta_2\cos\delta_1 - v_{u\xi}(v-w_{x_2})]b_k + \\ \qquad\qquad \dfrac{\rho S}{2m}(f_{y1}c_{y1}(Ma) + f_{y2}c_{y3}(Ma)\delta_r^2)[2(v-w_{x_2})\cos\delta_2\cos\delta_1 - (v-w_{x_2})\cos\delta_2\cos\delta_1 - v_{u\xi}]p_{1k} \\ \dfrac{\mathrm{d}p_{2k}}{\mathrm{d}t} = \dfrac{\rho S}{2mv}[v_w^2\sin\delta_2 + v_{u\xi}w_{z_2}]b_k + \\ \qquad\qquad \dfrac{\rho S}{2mv}(f_{y1}c_{y1}(Ma) + f_{y2}c_{y3}(Ma)\delta_r^2)[2(v-w_{x_2})\sin\delta_2 + w_{z_2}\cos\delta_2\cos\delta_1]p_{1k} \\ \dfrac{\mathrm{d}p_{3k}}{\mathrm{d}t} = p_{1k}\sin\Psi_2 + vp_{2k}\cos\Psi_2 \\ k=1,2 \end{cases}$$

$$(11.69)$$

根据上面推导结果可以看出，将六自由度弹道方程式（11.64）与灵敏度方程式（11.69）联立，连同辅助方程式（3.92）和关联物理参数表达式（3.93），即构成了计算弹箭飞行状态参数及灵敏度的完备方程组。

该完备方程组的积分初值条件为：当 $t=0$ 时，有

$$\begin{cases} v(0) = v_0,\ \theta_a(0) = \theta_0,\ \Psi_2(0) = 0 \\ x=0,\ y=0,\ z=0 \\ \varphi_a(0) = \theta_0 + \delta_{m10},\ \varphi_2(0) = \delta_{m20} \\ \dot{\gamma}(0) = \dot{\gamma}_0 = \dfrac{2\pi v_0}{\eta d} \\ p_{1k}(0)=0,\ p_{2k}(0)=0,\ p_{3k}(0)=0,\ k=1,2 \\ b_1(0) = c_{y1}(M),\ b_2(0) = c_{y3}(M)\delta_r^2(0) \end{cases} \quad (11.70)$$

显然，采用龙格库塔法求解完备的方程组关于上面初始条件式（11.70）的数值解，通过插值即可确定 $t=t_i(i=1,2,\cdots,n)$ 时刻的 $z(t_i)$ 和 $p_{3k}(t_i)$ 值，将其代入式（11.62）及式（11.57）即可计算第 l 次迭代修正量 $\Delta f_{yk}^{(l)}(k=1,2)$，并由式（11.55）迭代求解校正系数。

第12章 弹箭气动力组合试验与辨识计算流程

尽管在前面章节讨论的各种气动参数辨识方法都可以应用于工程实践，但就弹箭气动参数辨识整体而言，完成该项工作仍然是一项困难的任务。主要体现在，描述弹箭飞行特性的弹道方程是非线性的，基本试验数据群不够完整，求解方程的初始条件未知，在弹箭实际飞行中的气动参数较多并具有非线性等。显然，在这种条件下开展弹箭气动参数辨识处理，单凭某些基本试验的数据群确定弹箭气动参数明显不够全面。针对这一缺陷，目前解决这一问题的途径是采用多项具有互补性的基本试验，并通过组合试验获取数据组合群。一般说来，全面辨识气动参数需要以试验数据组合群为基础，按照与弹箭气动力飞行试验组合方法相适应的辨识计算流程来完成。辨识计算流程与弹箭气动参数的精度要求密切相关，并受到试验组合的外弹道测试技术制约。气动参数的精度要求越高，则对试验数据组合群各数据的精度要求越高，其辨识计算流程就越复杂。一个科学合理的辨识计算流程是辨识计算能否成功的关键，它需要根据弹箭系统的研究目的，按照气动参数辨识要求倍加慎重地设计。弹箭气动参数辨识计算流程设计，与相应的试验组合方法、试验单位的场地条件、外弹道测试设备条件、弹箭及武器系统生产的科学技术水平、国家的经济状况以及气动参数辨识技术水平等多种因素相关，在工程上并没有通用的设计方法，实际应用中必须根据具体情况作出具体的分析和权衡，最终确定它们的技术实施方案。本章主要根据试验数据群观测参数的测试精度和对气动参数的灵敏度，采取分散辨识、逐步逼近的辨识策略，介绍几种适用于火控和射表计算模型弹箭飞行组合试验方法与相应的气动参数辨识流程。

12.1 几种典型的弹箭气动力飞行试验组合方法

参考国内外相关文献，综合弹箭飞行试验原理和方法的特点分析，本节介绍采用第5章的A、B、C、D、E、F型基本试验构成的几种典型弹箭气动力飞行试验组合方法。这些组合方法中的每一项基本试验都可以获取完备的试验数据链群，不同类型的试验组合则可获取完整的全弹道飞行试验数据组合群，作为系统辨识各种气动参数确定弹箭系统的弹道计算模型的数据基础。

(1) 弹箭气动力飞行试验组合方法一。

飞行试验组合方法一是由5.4节的基本飞行试验的（A+C 或 C^*）类型构

成,该组合以闪光阴影照相技术为核心的弹道靶道试验为主,配合部分以弹载转速传感器测试技术为核心的弹箭转速仰射试验组合构成,多用于旋转稳定弹箭的气动力飞行试验。

A型飞行试验也称靶道试验。通常利用弹道靶道的闪光阴影照相系统、时间采集系统、空间基准系统和气象测量系统,不仅可以精确获取弹箭飞行姿态角、轨迹坐标和与之对应的飞行时间数据,还可以精确获取弹箭发射时刻沿弹道多个位置的气象诸元数据,以构成靶道试验数据链群。

C型飞行试验简称为转速试验,其试验测试系统以弹箭转速传感器构成的弹载测试装置为核心,获取转速曲线数据,配以雷达(近射程弹道也可用光电经纬仪)等相关的测试系统组成,可获取以弹箭飞行转速、速度和轨迹坐标等曲线数据为核心的转速试验数据链群。

由于弹道靶道试验难以完成弹箭转速衰减规律测量,因此需要补充飞行试验类型C,以不同装药射击试验获取的不同类型的试验数据链群构成完整的试验数据组合群。

(2) 弹箭气动力飞行试验组合方法二。

弹箭飞行试验组合方法二主要由5.4节的(B+C或C^*)型试验组合产生,它采用纸靶测试技术为核心的试验,配合测试飞行转速、速度和轨迹坐标的弹箭转速试验组合构成。

B型飞行试验通常简称为纸靶试验。它是以攻角纸靶测量弹箭飞行姿态角(和轨迹坐标)技术为核心,配以弹箭飞行速度和射击时刻的气象诸元数据集构成的试验。由于采用闪光阴影照相技术的弹道靶道试验需要耗费高昂的基础设备建设投资,且每次试验耗费大量人力、物力,且成本高,试验周期较长,加之多数阴影照相试验之前均要求作纸靶测试摸底试验,因此,在条件不具备时常常采用攻角纸靶试验代替闪光阴影照相的靶道试验。

需要说明,由于弹箭飞行试验组合一和组合二的弹箭飞行姿态测试均不能直接获取全弹道的姿态信息,确定气动力矩系数完全依赖于闪光阴影照相测姿技术或纸靶测姿技术为基础的弹箭气动力平射试验,其测试范围限制在炮口附近的一段直线弹道,不能完全反映弹箭在全弹道的飞行情况。因此在工程应用中,最好结合其他距离射试验兼顾F型飞行试验,以补充大样本量的飞行速度和轨迹坐标测试数据。这样构成的(A或B+C+F)试验组合,可以弥补攻角纸靶测姿精度不够和靶道闪光阴影照相试验样本量少的不足。

(3) 弹箭气动力飞行试验组合方法三。

弹箭飞行试验组合方法三由5.4节的(A或B+D)型试验组合产生,即由弹道靶道(或纸靶)试验与获取弹箭飞行转速/太阳方位角测姿系统配以速度、轨迹坐标数据外测系统构成的旋转稳定弹箭飞行试验组合而成。

（4）弹箭气动力飞行试验组合方法四。

弹箭飞行试验外弹道测试组合方法四由 5.4 节的（A 或 B+D^*）型试验组合产生。其中，D^* 型试验是改进型的太阳方位角测姿试验，它取消了传统的雷达等外测设备，采用一体化技术将弹箭太阳方位角/转速传感器和获取飞行速度与轨迹坐标的卫星定位终端构成弹载测试系统。

（5）弹箭气动力飞行试验组合方法五。

弹箭飞行试验组合方法五由 5.4 节的（A 或 B+E）型试验为核心组合产生，即由飞行姿态测试的三轴转速弹载传感器测试系统与飞行速度、坐标等（雷达）外测系统为核心构成的飞行试验组合。

（6）弹箭气动力飞行试验组合方法六。

弹箭飞行试验组合方法六由 5.4 节的（A 或 B+E^*）型试验为核心组合产生，其中，E^* 型试验由飞行姿态测试的三轴转速的弹载传感器与获取飞行速度和轨迹坐标的卫星定位终端构成弹载测试系统。

显见，试验方法 D^* 和 E^* 避免了试验类型 D 和 E 获取的数据群中各曲线数据时间基准同步性不好的缺陷。试验组合方法三和五采用了弹载姿态测试和地面雷达两套测试系统，应用上需要配合精确的时间同步或校准技术；试验组合方法四和六全部采用弹载测姿传感器和卫星定位技术构成的测试系统获取弹箭飞行姿态、速度、坐标数据，直接避免了多个系统测试的时间不同步问题。与前面组合试验方法类似，试验组合方法四和六也可结合弹道性能试验构成（A 或 B+D^*+F）和（A 或 B+E^*+F）试验类型组合，以提高数据组合群的整体样本量。

弹载测姿传感器与弹箭飞行速度和坐标外测的组合方法构成的飞行试验起源于 20 世纪 70 年代，美国弹道学家 Nicolaides 在他的论文中介绍了利用太阳方位角传感器的测试组合试验方法，就是本测试组合试验方法的一种实例。该试验主要采用太阳方位角传感器作为弹载姿态传感器，需要采用多普勒雷达和坐标雷达系统或者采用连续波雷达测试系统配合实施，这种方法在国外已发展得很成熟，并广泛用于弹箭飞行试验。近些年来，随着弹载传感器技术的发展，相继研发出了可用于普通弹箭三轴角速率陀螺和磁阻传感器等弹载测姿传感器，为弹箭飞行试验组合方法增添了新的内容。

应该指出，按照气动力飞行试验原理，在弹箭飞行试验中，若能用同一套测试系统同时捕获完整的飞行状态参数数据，且各项试验数据精度均能满足要求，则该测试技术组合可以获取更优质的试验数据（链）群。方法四和六就是全面遥测方法的具体应用。虽然方法 D^*（或 E^*）采用弹载测姿传感器（或三轴转速传感器）配以卫星定位（例如 GPS）技术可以获取弹箭的飞行姿态角/转速（或三轴转速）数据和飞行速度和坐标数据，通过配以其他测试数据即可构成数据（链）群。由于卫星定位终端获取数据前需要经历搜星、启动等过程，无法获取炮口附近的弹道数据，并且数据采样频率偏低，故这种方法并未构成完美的全面遥测方法。因此,在实际应用中仍需要补充弹箭气动力平射试验,以构成获取完备试验数据组合群。

一般说来,上面组合方法中只要采用了弹载传感器测试系统,都存在较大的测试损耗大、试验发数少的问题。为了弥补其样本量的不足,这些组合方法均可结合距离射弹道性能试验兼顾一些气动力 F 型试验作为补充。这种兼顾试验组合不仅可以降低成本,还可以增加试验弹的样本量,以提高气动参数辨识结果的置信水平。

12.2 气动参数辨识方法与计算流程设计

弹箭气动参数辨识的目的是通过大量试验数据群确定描述其飞行运动的动力学模型,即弹道计算模型。在工程应用中,就是利用试验数据群为基础,通过辨识技术确定弹道模型中的气动参数及相关联的弹道参数,使得所确定的计算模型与试验数据组合群达到最佳拟合。因此,针对弹箭等武器系统的运用目的,弹箭最终的气动参数精度要求必须与火控和射表计算精度相匹配,特别是用于确定弹箭火控和射表编拟的弹道计算模型的气动参数,必须要求其辨识计算流程与其组合的气动力飞行试验方法相适应,并使得所确定的弹道计算模型与火控和射表试验数据相一致。

目前在弹箭气动参数辨识领域,针对一般弹箭气动力飞行试验的基本类型而言,应用最成功的仍然是以最小二乘原理为基础的 C-K 方法(包含其改进型方法,例如 Marquart 方法等)和最大似然原理为基础的牛顿−拉夫逊最大似然函数法。在参数辨识理论中,优化算法可采用迭代计算法、递推计算法、优选法等,其中修正牛顿−拉夫逊迭代计算法应用较多。为了获得更满意的结果,在前面章节介绍的辨识方法中,重点开展了最小二乘准则为基础的 C-K 方法和以最大似然准则为基础的牛顿−拉夫逊方法的讨论。近些年来,国内外对遗传算法、基本粒子群优化算法、自适应混沌变异粒子群算法等新型优化算法也开展了探索性研究。这类智能优化算法不依赖于问题模型本身的特性,但其针对性不强。虽然这类方法避开了气动力敏感因子的灵敏度方程的推导,但其寻优过程的物理意义不够明确,计算中有时得不出一致的最优结果,其辨识精度和结果的一致性和稳定性均不如最小二乘准则和最大似然准则为基础的 C-K 方法。因此,目前在工程计算流程中,这类方法和正交设计、均匀设计等多因素优化方法更适用于残差分析等气动参数校正。

前面第 5 章所讨论的弹箭气动力飞行基本试验,目的是获取与某些气动参数等相关的观测数据群、组群、链群。第 6~11 章讨论的气动参数辨识方法就是以这些具体的试验数据群为基础,所辨识的气动参数仅分别能达到所涉及的试验条件下的局部最优。应该说,构成这组气动参数对于一般的弹道计算是可以满足要求的,但对于火控和射表的弹道计算模型的高精度要求来说还略显不足。主要原因在于,不同试验方法获取的数据链群辨识的气动参数本身具有系统误差,若将不同试验系统得出的气动参数直接组合在一起,就会造成各气动参数之间的不协调。虽然这种不协调产生的影响比较轻微,但对于高精度要求来说则是令人遗憾的。为了解决这一问题,本书引入了利用大样本F型试验数据链群实施的吻合度检查和残差分析方法。12.1节讨论的试验组合则是为了获取由这些试验数据群、组群、链群构成数据组合群,以便通过科学合理的处理流程,在总体上确定适用于全弹道计算的气动参数。试验数据组合群中增加大样本F型试验数据链群,其目的就是在处理流程中,引入大样本试验数据实施的吻合度检查及残差分析。

应该看到,在弹箭飞行组合试验的气动参数辨识问题上,仍旧可以由辨识定义在整体上来描述:弹箭气动参数辨识的基本问题就是以弹箭飞行试验数据组合群为基础,在包括多个气动参数在内的各种待辨识参数构成的相空间中,采用科学(数学)的方法寻找一组最合理的参数(包含各种气动参数)确定试验弹箭的弹道计算模型,使之与完整弹道的试验数据相差最小。理论上,满足这一条件的一组参数就是气动参数辨识的最优结果。

在工程应用中,一般均以气动力射击试验数据组合群为基础,其气动参数辨识计算流程常常以分类辨识、逐步逼近的策略获取气动参数的最佳估计。实践证明,这是一种最简单且最稳妥的辨识方法。例如北约组织(NATO)标准 4144-2005"间瞄射击火控系统使用的火控输入诸元的确定流程"就采用了这一辨识路线。

为了使得辨识结果满足无偏性、最佳性和一致性的条件,按照上面气动参数辨识的总体思想,首先应针对弹箭试验数据组合群的特点,按不同类别的数据及精度水平,选用与气动参数相匹配的辨识准则,进而确定与之相适应的辨识计算方法。然后,采用与试验数据组合群相匹配的计算流程,使得各项基本试验数据(链)群的辨识问题科学地联系在一起共同构成系统的辨识方案。在实际应用中,可按图12.1所示步骤设计弹箭气动参数辨识总体流程,以期获取最佳辨识结果,建立试验弹箭的气动参数数据包。

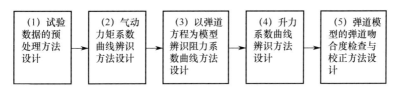

图 12.1 典型弹箭的气动参数辨识计算流程设计步骤

图12.1所示的总体流程设计步骤中,其中框图(4)的步骤有两种实现途径:一是利用单发的试验数据分别完成框图(3)的辨识过程后,逐一开展框图

(4)的辨识过程，然后汇总分析零升阻力系数、诱导阻力系数、升力系数导数等气动参数曲线数据，最后采用统计方法确定曲线数据表；二是利用各组弹箭的速度-时间数据完成框图（3）的辨识过程，汇总分析零升阻力系数、诱导阻力系数，采用统计方法确定零升阻力系数和诱导阻力系数曲线，然后再利用各组弹箭的坐标时间数据完成框图（4）的辨识过程，最后汇总分析升力系数导数，采用统计方法确定升力系数导数曲线。根据这两种实现途径分析可知，对于零升阻力系数、诱导阻力系数的确定方法，两者辨识结果完全相同；但对于升力系数导数的辨识，两者辨识结果略有区别。根据各项试验数据群的特点，考虑到多数全弹道飞行试验数据群均没有实测的弹箭飞行姿态曲线数据，而其他途径确定的弹箭气动力矩系数本身也存在系统误差，因此在确定零升阻力系数和诱导阻力系数时需要检查和匹配与速度数据的拟合程度，因而需引入残差分析，以校正诱导阻力系数及俯仰力矩系数导数。在没有弹箭全弹道飞行姿态曲线数据的条件下，采用途径二的方法更优。

由于在工程应用中一般需要辨识弹箭全弹道飞行的气动参数，因此对应于框图（3）和（4）的弹箭气动力飞行试验，应该获取全弹道飞行的试验数据群，以便框图（5）掌握气动参数辨识确定的弹道计算模型与整体试验数据的吻合度。

需要说明，弹箭气动参数辨识的计算流程并没有统一的标准设计方法。如果试验采用的外弹道测试手段不同，所获取的试验数据组合群结构以及对应的辨识计算流程也不相同。鉴于弹箭气动力飞行试验组合方式很多，本书无法给出通用的辨识计算流程，因此仅以12.1节给出的几种典型的气动飞行试验获取的数据组合群为基础，示例介绍相应的弹箭气动参数辨识计算流程设计。

12.3 采用转速试验数据的弹箭气动参数辨识流程

以12.1节介绍的试验数据组合一和二的数据组合群为基础，分别利用前面章节讨论的弹箭气动参数的各种辨识方法，介绍与之对应的弹箭气动参数辨识计算与数据处理流程。

12.3.1 弹箭气动力飞行试验组合二辨识流程

利用弹箭气动力飞行试验组合方法二获取的试验数据组合群，首先应进行试验数据的规律性检查分析和预处理，按照气动参数辨识方法要求规范试验数据组合群的格式，其预处理实施流程如图12.2所示。

按照图示处理流程，分别对弹箭气动力飞行试验组合二获取的转速试验曲线数据、雷达测试曲线数据和纸靶试验曲线数据，分别进行平滑、去噪处理，进而建立了可用于弹箭气动参数辨识的飞行状态数据。采用第4章的处理方法，确定出每发弹箭发射时刻对应的气象诸元数据。以这些预处理后的系列试验数据群为基础，可设计出该试验数据组合群的辨识计算流程框图，如图12.3所示。

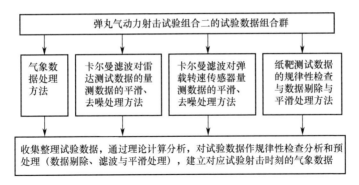

图12.2 试验数据的规律性检查分析和预处理流程图

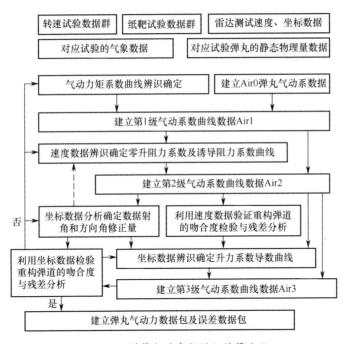

图12.3 弹箭气动参数辨识计算流程

按照图中流程，可采用下述方法和步骤开展弹箭气动参数辨识计算。

1. 建立初级气动参数曲线数据包 Air0

根据气动参数的计算数据，配合收集其他试验途径确定的外形相似弹箭的气动参数数据，采用整理、平滑等处理方法，初步确定试验弹箭的气动参数随马赫数变化规律的数据关系，建立初级气动力曲线规律数据包 Air0，如表12.1所列。

表 12.1 气动参数平均值数据表 Air0

Ma	m_z'	m_{xz}'	m_{zz}'	m_y''	c_{x0}	c_{x2}	c_y'	c_z''
0.5								
0.6								
…								

表 12.1 中符号的物理意义如下：

m_z'—俯仰力矩系数导数； $\qquad$ m_{xz}'—极阻尼力矩系数导数；

m_{zz}'—赤道阻尼力矩系数导数； $\qquad$ m_y''—马格努斯力矩系数导数；

c_{x0}—零升阻力系数； $\qquad$ c_{x2}—诱导阻力系数；

c_y'—升力系数导数； $\qquad$ c_z''—马格努斯力系数导数。

2. 利用弹箭转速试验数据群辨识极阻尼力矩系数导数

按照 9.3 节的辨识方法，将极阻尼力矩系数导数 m_{xz}' 写成 B 样条基函数 $B_{jm_B}(Ma)$ 的线性组合式（9.24），参考 Air0 中的极阻尼力矩系数 $m_{xz}'(Ma)$ 的数据确定初值 $a^{(0)}$，采用 9.3 节的旋转稳定弹箭的极阻尼力矩系数辨识方法，利用弹箭转速试验数据辨识极阻尼力矩系数 $m_{xz}'(Ma)$ 的数据，建立平均极阻尼力矩系数曲线及散布数据表及概率误差数据表。列表的格式类似于表 12.2 的计算方式。

表 12.2 极阻尼力矩系数及散布数据计算表

项目	Ma	0.5	0.8	…	1.1	1.2	1.3	…	2.8	3.0
弹序	1									
	2									
	…									
m_{xz}' 平均值										
m_{xz}' 概率误差										

3. 利用纸靶试验数据辨识弹箭的各气动力矩系数

按照 7.4 节的 Murphy 处理方法，利用弹箭平射试验纸靶测姿态数据辨识弹箭的俯仰力矩系数导数 m_z'、赤道阻尼力矩系数导数 m_{zz}'、马格努斯力矩系数导数 m_y''。

4. 利用辨识的各气动力矩参数建立气动参数数据包 Air1

在 Air0 的基础上，采用曲线形状相似的补点方法补充亚音速段的虚拟试验点。以分段平滑处理方法确定和校正气动参数曲线 $m_z'(Ma)$，$m_{zz}'(Ma)$，$m_y''(Ma)$ 数据，采用插值方法建立的力矩系数 $m_z'(Ma)$，$m_{zz}'(Ma)$，$m_y''(Ma)$ 的数据表。

整理辨识的气动力矩参数曲线。按照规定马赫数间隔，采用插值方法将力矩

系数 $m'_z(Ma)$，$m'_{zz}(Ma)$，$m''_y(Ma)$ 的数据表和第 2 步辨识确定的极阻尼力矩系数导数 $m'_{xz}(Ma)$ 数据表 12.2 所列的气动力矩参数，规范化处理后替换数据包 Air0 的对应的数据。整理数据包 Air0 的其他气动参数数据，建立第 1 级气动力曲线规律数据包 Air1，其格式与 Air0 相同。

需要指出，上述替换是一个根据数据精度的斟酌处理过程。多数情况是将校核后的力矩参数 $m'_{xz}(Ma)$ 和 $m'_z(Ma)$ 数据直接替换 Air0 的对应力矩参数数据。由于纸靶试验确定力矩参数 $m'_{zz}(Ma)$ 和 $m''_y(Ma)$ 的误差较大，所以采用的方法是参考辨识结果，根据数据的可靠性适当调整 Air0 的 $m'_{zz}(Ma)$ 和 $m''_y(Ma)$ 数据。

5. 利用弹箭速度数据辨识零升阻力系数和诱导阻力系数

由于弹箭综合阻力系数 $c_x(Ma) = c_{x0}(Ma) + c_{x2}(Ma)\bar{\delta}^2$，因此可利用大攻角和小攻角条件下的综合阻力系数的差异，确定零升阻力系数和诱导阻力系数。鉴于高、低射角的弹箭飞行规律分别对应着弹箭大的平衡攻角和小的平衡攻角，因此需要获取高、低射角的弹箭速度数据，以便确定零升阻力系数和诱导阻力系数。由此可以设计图 12.3 所示的框图"弹箭速度数据辨识零升阻力系数和诱导阻力系数"的实施步骤如下。

1）辨识综合阻力系数 $c_x(Ma)$ 与平衡攻角平方 $\bar{\delta}^2$ 的数据关系

以六自由度弹道方程为基础，采用 8.3 节的阻力系数辨识方法，根据高、低射角雷达测速试验数据 (v_r, t)，确定各发弹箭的综合阻力系数与平衡攻角平方的数据关系 $c_x(Ma) \sim \bar{\delta}^2$。

2）确定 $c_{x0}(Ma)$ 和 $c_{x2}(Ma)$ 曲线的计算流程

确定 $c_{x0}(Ma)$ 和 $c_{x2}(Ma)$ 曲线，可采用如下计算流程的格式化统计方法。

（1）建立各组弹箭的 $c_x(Ma) \sim \bar{\delta}^2$ 数据的组平均数据表。

根据高、低射角试验数据群辨识各发弹的 $c_x(Ma) \sim \bar{\delta}^2$ 数据关系，按照气动参数曲线数据包 Air1 的马赫数 Ma 的间隔规范（例如，取间隔 $\Delta Ma = 0.05$），采用插值方法建立各组弹箭的综合阻力系数 $c_x(Ma) \sim \bar{\delta}^2$ 格式化组平均数据表。

（2）按 $\bar{\delta}^2$ 的数值大小建立 c_x、$\bar{\delta}^2 \sim Ma$ 分类数据表。

从各个射角条件下 c_x、$\bar{\delta}^2 \sim Ma$ 平均值数据表中，筛选出 $\bar{\delta}^2(Ma)$ 较大的数据集，建立 c_{xg}、$\bar{\delta}_g^2 \sim Ma$ 平均值数据表及 c_{xg} 的概率误差。

从各射角条件下 c_x、$\bar{\delta}^2 \sim Ma$ 平均值数据表中，筛选出 $\bar{\delta}^2(M)$ 较小的数据集，建立 c_{xd}、$\bar{\delta}_d^2 \sim Ma$ 平均值数据表及 c_{xd} 的概率误差。

（3）计算 $c_{x0}(Ma)$ 和 $c_{x2}(Ma)$。

根据 c_{xg}、$\bar{\delta}_g^2 \sim Ma$ 平均值数据表和 c_{xd}、$\bar{\delta}_d^2 \sim Ma$ 平均值数据表，按照马赫数 Ma 相同的对应关系，求解 $c_{x0}(Ma)$ 和 $c_{x2}(Ma)$，即

$$c_{x0}(Ma) = c_{xd}(Ma) - c_{x2}(Ma)\bar{\delta}_d^2, \quad c_{x2}(Ma) = \frac{c_{xg}(Ma) - c_{xd}(Ma)}{\bar{\delta}_g^2 - \bar{\delta}_d^2} \quad (12.1)$$

（4）建立 $c_{x0}(Ma)$ 和 $c_{x2}(Ma)$ 曲线数据表。

参考 $\bar{\delta}^2$ 很小的 c_x、$\bar{\delta}^2 \sim Ma$ 数据，采用分段平滑建立 $c_{x0}(Ma)$ 曲线，确定对应的统计计算数据表；根据上式计算结果，采用统计方法确定相关马赫数的有效 $c_{x2}(Ma)$ 曲线数据表。

6. 利用弹箭飞行轨迹坐标数据辨识雷达数据射角和射向角

关于数据射角 θ_0、射向角修正量 Ψ_{20} 的定义及辨识方法见 11.1 节，这里仅给出数据射角、射向角修正量辨识计算流程，如图 12.4 和图 12.5 所示。

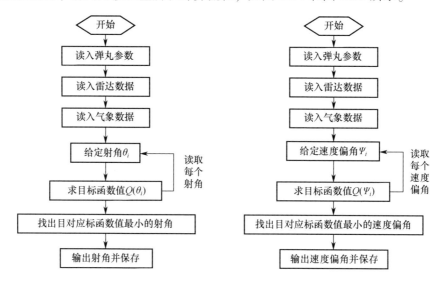

图 12.4　数据射角辨识程序流程图　　图 12.5　射向角修正量辨识流程图

7. 建立试验弹箭的第二级气动参数曲线 Air2

整理零升阻力系数 $c_{x0}(Ma)$ 曲线数据，以有效 $c_{x2}(Ma)$ 曲线数据为基准，对原有诱导阻力系数 c_{x2} 曲线数据作校核，采用插值方法替换气动参数曲线 Air1 中对应的 $c_{x0}(Ma)$ 和 $c_{x2}(Ma)$ 数据，即构成第二级气动参数数据表 Air2。

8. 利用速度数据检验重构弹道的吻合度与残差分析

采用六自由度弹道方程按照弹箭飞行试验数据群的试验条件重构弹道计算，检查其速度值与全弹道试验速度数据的吻合程度。检查方法及过程如下。

1）实测试验数据群

试验数据群包含最大射程角的弹箭高射角飞行试验获取的（径向）速度-时间曲线数据，初速、弹箭质量、转动惯量、射角、射击场地等试验条件数据，以及由 4.2 节方法建立的实测气象数据。

2）气动参数

采用第二级气动参数曲线数据 Air2。

3）弹道计算初值

初速采用初速雷达测试值。

射角、射向角修正量采用第 6 步所述方法确定出对应试验弹箭数据的分析处理的数据射角 θ_{a0}、Ψ_{20}。

4）弹道重构计算

以第二级气动参数曲线数据 Air2 为基础，采用六自由度弹道方程建立计算模型，按照试验数据群的试验射击条件，以及试验射击时刻的实测气象数据、初速、数据射角 θ_{a0}、射向角修正量 Ψ_{20} 重构计算对应测速时间点的速度值 $v(\boldsymbol{C}, t_i)$。

5）弹箭速度计算值与全弹道试验值的吻合程度检查与残差分析

弹箭速度计算值与全弹道试验值的吻合程度采用拟合标准残差 R_v 作为验证指标。计算拟合标准残差公式为

$$R_v = \sqrt{\frac{Q_{v1}}{n-2}}, \qquad Q_{v1} = \sum_{i=1}^{n}\left[v_i - v(\boldsymbol{C}, t_i)\right]^2 \qquad (12.2)$$

式中：v_i 为第 i 点的实测速度数据；$v(\boldsymbol{C}, t_i)$ 为对应的理论计算值；$\boldsymbol{C}$ 为弹箭的气动参数数据包，取值为第二级气动参数 Air2。

采用正交设计或均匀设计方法布点计算标准残差 R_v，若 R_v 小于某预定的经验值（根据试验数据的测量误差及其气动参数的散布设定），则认为弹箭速度计算值与全弹道试验值是吻合的。否则，引入俯仰力矩系数导数的校正系数 k_{mz} 和诱导阻力系数的校正系数 k_{cx2}，以标准残差 R_v 为目标函数，采用智能优化算法或正交设计、均匀设计方法进行残差分析，以寻求使得残差 R_v 最小的校正系数 k_{mz} 和 k_{cx2}。进一步，还可以采用相同的方法引入赤道阻尼力矩系数导数的校正系数 k_{mzz} 和马格努斯力矩系数导数的校正系数 k_{my}，以残差 R_v 为目标函数进行残差分析。以寻求使得残差 R_v 进一步减小的 k_{mzz} 和 k_{my}。在工程应用进行残差分析时，既可引入校正系数 k_{cx2}，k_{mz}，k_{mzz}，k_{my}，也可引入校正系数 k_{Rx2}，k_{mzz}，k_{my} 作进一步寻优，后者实施计算更简单。如残差分析后，吻合度仍不满足要求，则应返回到步骤 5，关于弹道计算模型与速度数据的残差分析方法，12.5.1 节将给出更加深入的讨论。

9. 利用弹箭坐标-时间数据辨识升力系数导数曲线

采用第 11 章的辨识方法确定升力系数导数曲线，其辨识计算步骤如下。

1）整理试验数据群

试验数据群包括全弹道坐标-时间曲线数据 $(x_i, y_i, z_i; t_i)$，初速、弹箭质量、转动惯量、射角、射击场地等试验条件数据，以及由 4.2 节方法建立的实测气象数据。

2）确定弹道计算气动参数

以 Air2 数据为基础，辨识计算时取

$$m'_z(Ma) = k_{mz}m'_{zb}(Ma)，\quad c_{x2}(Ma) = k_{cx2}c_{x2b}(Ma) \tag{12.3}$$

如已确定了校正系数 k_{mzz} 和 k_{my}，则辨识计算还需取

$$m'_{zz}(Ma) = k_{mzz}m'_{zzb}(Ma)，\quad m''_y(Ma) = k_{my}m''_{yb}(Ma) \tag{12.4}$$

式中：下标 b 代表 Air2 数据包的数据。

3）弹道计算初值

初速采用初速雷达测试值。

炮口坐标作为已知量取为（0，0，0）。

射角、起始射向角修正量采用对应试验弹箭数据的辨识分析结果 θ_{a0}、Ψ_{20}。

起始扰动量 $\delta_{m0}=0$。

4）辨识方法

采用第 11 章升力系数导数等气动参数辨识方法，辨识计算时采用 Air2 中 $c'_y(Ma)$ 数据为初值，其他气动参数均设为已知量。

5）输出数据

输出为 $c'_y(Ma)$ 曲线数据。

6）试验数据辨识

对所有试验弹箭的数据群进行辨识，建立 $c'_y(Ma)$ 曲线的散点图数据，根据散点图数据规律，采用函数逼近的统计拟合方法建立 $c'_y(Ma)$ 曲线数据表（示例见图 11.8）。

上述计算过程，在第 11.3.2 节已给出了某次弹箭飞行试验数据的辨识示例，读者可参考。

10. 建立气动参数曲线数据包 Air3

综合所有的气动参数曲线，建立气动参数曲线数据包 Air3 的过程如下。

1）输入数据

采用第 9 步建立的 $c'_y(Ma)$ 数据表；其余气动参数及概率误差，采用 Air2 气动参数曲线数据。

2）建立第 3 级气动参数曲线数据包 Air3

将第 9 步确定的 $c'_y(Ma)$ 数据连同经式（12.5）和式（12.6）校正后的气动参数数据按统一的马赫数间隔插值整理列表。

$$c_{x2}(Ma) = k_{cx2} \cdot c_{x2c}(Ma)、m'_z(Ma) = k_{mz} \cdot m'_{zc}(Ma) \text{ 或 } c_{x2}(Ma) = k_{Rx2} \cdot c_{x2c}(Ma) \tag{12.5}$$

$$m'_{zz}(Ma) = k_{mzz} \cdot m'_{zzc}(Ma)、m''_y(Ma) = k_{my} \cdot m''_{yc}(Ma) \tag{12.6}$$

式中：气动参数下表 c 代表第 2 级气动参数数据包 Air2 中对应的数据。

将上面校正后的气动参数和升力系数导数数据替换第 2 级气动参数曲线数据表 Air2 中对应的气动参数数据，建立第 3 级气动参数曲线数据表 Air3，其气动参

数数据包格式为

$Ma, c_{x0a}(Ma), c_{x2a}(Ma), m'_{za}(Ma), c'_{ya}(Ma), c''_{za}(Ma), m'_{xza}(Ma), m'_{zza}(Ma), m''_{ya}(Ma)$

采用误差传递公式确定对应主要气动参数（如 c_{x0}, c'_y, m'_z, m'_{xz} 等）的概率误差。

11. 重构弹道的吻合度检验与残差分析

以第3级气动参数曲线数据包 Air3 为弹道重构计算的基础，检验弹道计算模型与弹箭飞行轨迹坐标数据的吻合度。弹道重构计算检验与残差分析计算框图如图 12.6 所示。

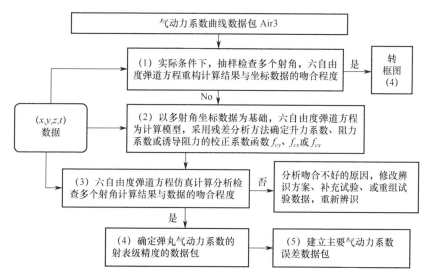

图 12.6 重构弹道的吻合度检验与残差分析计算框图

（1）试验数据群。

采用靠近最大射程角的多个射角全装药射击试验数据群，其结构与第9步的数据群相同。

（2）气动参数。

采用第3级气动参数的数据包 Air3。

（3）重构弹道计算采用的初值。

初速采用初速雷达测试值。

炮口坐标作为已知量取为（0，0，0）。

射角 θ_{a0}、射向角修正量起始值 Ψ_{20} 采用对应弹箭试验数据射角、射向角修正量起始值的辨识结果 $\hat{\theta}_{a0}$、$\hat{\Psi}_{20}$。

起始扰动参数取值为零。

(4)弹道计算模型。

以六自由度弹道方程式(3.91)为模型集,采用数据包 Air3 作为气动参数的数据基础构成六自由度弹道计算模型。

(5)重构弹道的吻合度检查。

重构弹道的吻合度采用残差计算公式(12.7)的计算结果作为评价指标。

$$R_{xyz} = \sqrt{\frac{Q_{xyz}}{3n - J}} \tag{12.7}$$

$$Q_{xyz} = \sum_{i=1}^{n}[x_i - x(\boldsymbol{C}_k;t_i)]^2 + \sum_{i=1}^{n}[y_i - y(\boldsymbol{C}_k;t_i)]^2 + \sum_{i=1}^{n}[z_i - z(\boldsymbol{C}_k;t_i)]^2 \tag{12.8}$$

式中:Q_{xyz} 为重构弹道与弹箭飞行轨迹坐标数据的残差平方和;$\boldsymbol{C}_k$ 为气动参数的数据包 Air3 的气动参数数据。

若评价指标指标在试验数据误差要求的合理范围,则可将气动参数 $\boldsymbol{C}_k$ 作为射表级的数据包。否则,应采用残差分析方法确定校正系数 $f_c(Ma)$,并进行相关的气动参数校正后再作检查。关于采用残差分析确定校正系数的方法,可参见 12.5.2 节的内容。

12.3.2 弹箭气动力飞行试验组合一辨识流程

与弹箭气动力飞行试验组合二相比,由于弹箭气动力平射试验采用了靶道试验技术,使得弹箭的气动参数的精度明显提高,因此其辨识计算流程需要有所调整,以便更加充分利用靶道试验技术确定的弹箭的气动参数。类似地,利用弹箭气动力飞行试验组合一获取的数据组合群,必要时需进行试验数据的规律性检查分析和预处理。由于与弹箭气动力飞行试验组合二试验数据的规律性检查分析和预处理的实施流程相比,预处理流程仅仅是将纸靶测试数据的规律性检查与数据剔除与平滑处理改换成闪光阴影照相测试数据的规律性检查与数据剔除与平滑处理(由于该数据精度高,多数情况往往不需要预处理),其余实施流程与图 12.2 相同,这里不再赘述。

以处理后的各项试验数据链群为基础,可设计该试验数据组合群的辨识计算流程框图,如图 12.7 所示。

按照图中流程,可采用下述方法和步骤开展弹箭气动参数辨识计算。

1. 建立初级气动力曲线规律数据 Air0

根据气动参数的计算数据,配合收集其他试验途径确定的外形相似弹箭的气动数据,采用整理、平滑等处理方法,初步确定试验弹箭的气动参数随马赫数变化规律的数据关系,确定的气动参数 $m_{z1}(Ma)$,$m_{z3}(Ma)$,$m'_{xz}(Ma)$,$m'_{zz}(Ma)$,$m''_y(Ma)$,$c_{x0}(Ma)$,$c_{x2}(Ma)$,$c_{y1}(Ma)$,$c_{y3}(Ma)$,$c''_z(Ma)$ 的曲线数据。采用列表方式建立初级气动力曲线规律数据包 Air0,如表 12.3 所列。

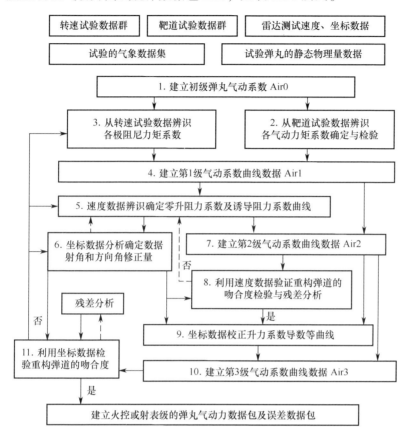

图 12.7 弹箭气动参数辨识计算流程

表 12.3 气动参数平均值数据表 Air0

Ma	m_{z1}	m_{z3}	m'_{xz}	m'_{zz}	m''_y	c_{x0}	c_{x2}	c_{y1}	c_{y3}	c''_z
0.5										
0.6										
…										
3.0										

表 12.3 中符号的物理意义如下:

m_{z1},m_{z3}—俯仰力矩系数的 1 阶导数和 3 阶导数($m_z = m_{z1}\delta_r + m_{z3}\delta_r^3$);

m'_{zz}—赤道阻尼力矩系数导数; m''_y—马格努斯力矩系数导数;

c_{x0},c_{x2}—零升阻力系数和诱导阻力系数; c''_z—马格努斯力系数导数;

c_{y1},c_{y3}—升力系数的 1 阶导数和 3 阶导数 ($c_y = c_{y1}\delta_r + c_{y3}\delta_r^3$)。

2. 利用靶道试验数据链群辨识弹箭的各气动参数

利用平射试验的弹箭飞行姿态和轨迹坐标等试验数据链群，以 Air0 的气动参数数据作为初值，采用 7.5 节的最大似然辨识方法，辨识弹箭的翻转（俯仰）力矩系数的 1 阶导数和 3 阶导数 m_{z1}，m_{z3}（$m_z = m_{z1}\delta_r + m_{z3}\delta_r^3$）、赤道阻尼力矩系数导数 m'_{zz}、马格努斯力矩系数导数 m'''_y、零升阻力系数 c_{x0} 和诱导阻力系数 c_{x2}、升力系数的 1 阶导数和 3 阶导数 c_{y1} 和 c_{y3}（$c_y = c_{y1}\delta_r + c_{y3}\delta_r^3$）、马格努斯力系数导数 c''_z。

3. 利用转速试验数据群辨识弹箭的极阻尼力矩系数

本步骤辨识极阻尼力矩系数导数 m'_{xz} 的方法与第 12.3.1 节步骤 2 相同，这里不再赘述。

4. 利用气动参数辨识的各气动参数建立 Air1

以表 12.3 所列的初级气动力曲线规律数据包 Air0 为基础，建立第 1 级气动力曲线规律数据包 Air1，其形式上与表 12.3 的 Air0 相同。其建立方法如下：

（1）利用第 2 步辨识确定的气动参数 m_{z1}，m_{z3}，m'_{zz}，m'''_y，c_{x0}，c_{x2}，c_{y1}，c_{y3}，c''_z 各马赫数的节点数据，合理采用替换、移位或曲线形状相似分段平滑补点等方法，校核气动参数数据包 Air0 对应的气动参数曲线数据；

（2）利用第 3 步辨识确定的极阻尼力矩系数导数 $m'_{xz}(Ma)$ 曲线数据，采用插值方法替换和校核数据包 Air0 的 $m'_{xz}(Ma)$ 数据。

5. 利用全飞行弹道的速度数据辨识弹箭零升阻力系数

以步骤 4 第 1 级气动力曲线规律数据包 Air1 为基础，将 $c_{x0}(Ma)$ 作为迭代辨识的初值，其他气动力曲线数据为已知量，采用 8.3 节或者 8.4 节的方法确定各发试验弹箭的零升阻力系数 $c_{x0}(Ma)$ 的曲线数据。数据处理时，可采用如表 12.4 和表 12.5 所列的统计方法确定 $c_{x0}(Ma)$ 曲线数据表和对应的误差数据表，如表 12.6 所列。

表 12.4 零升阻力矩系数组平均及散布数据计算表　　组号：k

项目	Ma	0.5	0.8	…	1.1	1.2	1.3	…	3.0
弹序 j	1								
	2								
	…								
	N_k								
组平均值 c_{x0k}									
概率差 E_{cx0k}									

表 12.4 中，组平均值 c_{x0k} 和分组概率差 E_{cx0f} 的计算公式为

$$\begin{cases} c_{x0k}(Ma) = \dfrac{1}{N_k}\sum_{j=1}^{N_k} c_{x0j}(Ma) \\ E_{cx0k} = 0.6745\sqrt{\dfrac{\sum_{j=1}^{N_k}(c_{x0kj}(Ma)-c_{x0k}(Ma))^2}{N_k-1}} \end{cases} \quad (k=1,2,\cdots,K) \quad (12.9)$$

表 12.5 零升阻力系数总平均数据及系统散布计算表

项目	Ma	0.5	0.8	⋯	1.1	1.2	1.3	⋯	3.0
组号 k	1								
	2								
	⋯								
	K								
总平均值 c_{x0}									
随机误差 E_{cx0}									
系统误差 E_{cx0S}									

表 12.5 中，总平均值 c_{x0} 和系统概率误差 E_{cx0S} 的计算公式为

$$c_{x0}(Ma) = \dfrac{1}{K}\sum_{k=1}^{K} c_{x0k}(Ma) \quad (12.10)$$

$$\begin{cases} E_{cx0}(Ma) = \sqrt{\dfrac{\sum_{k=1}^{K}(E_{cx0k}(Ma))^2}{K}} \\ E_{cx0S}(Ma) = 0.6745\sqrt{\dfrac{\sum_{k=1}^{K}(c_{x0k}(Ma)-c_{x0}(Ma))^2}{K-1}} \quad K\geqslant 5 \\ E_{cx0S}(Ma) \quad \langle\text{采用极差法计算估计值}\rangle \quad K<5 \end{cases} \quad (12.11)$$

表 12.6 零升阻力系数概率误差总合 E_{cx0z} 计算表

项目	Ma	0.5	0.8	⋯	1.1	1.2	1.3	⋯	3.0
随机误差 E_{cx0}									
系统误差 E_{cx0S}									
误差总合 E_{cx0z}									

表 12.6 中，误差总合 E_{cx0z} 的计算公式为

$$E_{cx0z} = \sqrt{(E_{cx0})^2 + (E_{cx0S})^2} \tag{12.12}$$

由上述公式和计算表，可完成各组被试弹箭的零升阻力矩系数组平均及散布、零升阻力系数总平均数据及系统散布的概率误差和零升阻力系数概率误差总合数据。

6. 利用弹箭飞行轨迹坐标数据辨识雷达数据射角和射向角

数据射角 θ_0、射向角修正量 Ψ_{20} 的定义、辨识方法及计算流程与12.3.1节（2）弹箭试验组合气动参数辨识计算流程步骤6对应的定义及辨识方法完全相同，数据射角 θ_0、射向角修正量 Ψ_{20} 的计算流程图可参见图12.4和图12.5。

7. 建立试验弹箭的第二级气动参数曲线 Air2

整理零升阻力系数 $c_{x0}(Ma)$ 和式（12.13）校正后的气动参数，采用插值方法替换步骤4的气动参数数据包 Air1 中对应的气动参数数据，即构成第二级气动参数数据包 Air2。

8. 利用全弹道速度数据检验弹道模型的吻合度与残差分析校正力矩参数

采用六自由度弹道方程按照弹箭飞行试验数据群的试验条件重构弹道计算，检查计算模型值与全弹道速度数据是否吻合。否则，以式（12.2）为目标函数，引入校正系数 k_{Rx2}, k_{mzz}, k_{my}，用式（12.13）校正对应的气动参数，采用智能优化算法或正交设计、均匀设计方法进行残差分析寻优。

$$c_{x2}(Ma) = k_{Rx2} c_{x2a}(Ma) , \quad m'_{zz}(Ma) = k_{mzz} m'_{zza}(Ma) , \quad m''_{y}(Ma) = k_{my} m''_{ya}(Ma)$$
$$\tag{12.13}$$

式中：$c_{x2a}(Ma)$，$m'_{zza}(Ma)$，$m''_{ya}(Ma)$ 为气动参数数据包 Air1 中对应的气动参数。

本步骤的实施过程与12.3.1节步骤8的方法类似，有关这方面的内容，本书将在12.5.1节做专题讨论。

9. 升力参数校正

以步骤8的气动参数数据表 Air2 为基础，距离射弹箭飞行试验的连续波雷达测试数据可表示为

$$(x_i, y_i, z_i; t_i) \quad (i = 1, 2, \cdots, n) \tag{12.14}$$

采用11.5节的辨识方法确定升力校正系数估计值 $\hat{f}_{y1}, \hat{f}_{y2}$，计算校正后的升力系数的1阶导数和3阶导数，即

$$c_{y1}(Ma) = \hat{f}_{y1} c_{y1b}(Ma) , \quad c_{y3}(Ma) = \hat{f}_{y2} c_{y3b}(Ma) \tag{12.15}$$

式中：$c_{y1b}(Ma)$ 和 $c_{y3b}(Ma)$ 为气动参数数据表 Air2 中对应的气动参数。

10. 建立试验弹箭的第三级气动参数曲线 Air3

整理经式（12.15）校正后的升力参数 $c_{y1}(Ma)$ 和 $c_{y3}(Ma)$，采用插值方法替换步骤8的气动参数曲线 Air2 中对应的升力参数 $c_{y1}(Ma)$ 和 $c_{y3}(Ma)$ 数据，即构

成第三级气动参数数据表 Air3。

11. 重构弹道的吻合度检验与残差分析

重构弹道的吻合度检验与残差分析计算框图如图 12.8 所示。利用实测弹箭飞行轨迹坐标数据，以辨识的气动参数进行弹道重构计算，检验弹道计算模型与实测结果的吻合度是否满足要求。否则，进行残差分析，计算校正系数以提高模型的吻合度。

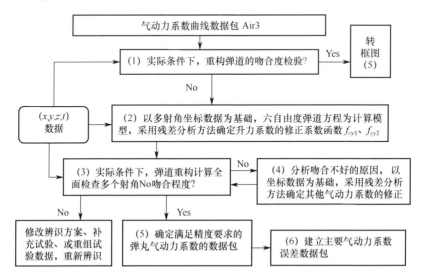

图 12.8 重构弹道的吻合度检验与残差分析计算框图

1) 弹道计算模型的吻合度检验

在图 12.8 的框图（1）和（3）均要求在实际条件下，检验弹道计算模型在多个射角、全装药条件下的重构计算结果与坐标数据的吻合程度，其检查步骤和方法如下：

（1）试验数据群。

距离射弹道性能试验的多个射角全装药射击条件下的实测全弹道坐标-时间曲线数据 $(x_i, y_i, z_i; t_i)$，实测气象数据、弹箭质量、转动惯量、弹径等。

（2）气动参数。

采用步骤 10 的第 3 级气动参数的数据包 Air3，即

$$(Ma, m_{z1b}, m_{z3b}, m'_{xzb}, m'_{zzb}, m''_{yb}, c_{x0b}, c_{x2b}, c_{y1b}, c_{y3b}, c''_{zb})$$

（3）弹道计算初值。

初速采用初速雷达测试值。

炮口坐标作为已知量取为 (0, 0, 0)。

射角 θ_{a0} 和射向角修正量起始值 Ψ_{20}，采用对应弹箭试验数据射角、射向角修正量起始值的辨识结果 $\hat{\theta}_{a0}$，$\hat{\Psi}_{20}$。

起始扰动参数取值为零。

(4) 弹道计算模型。

将步骤 10 的气动参数的数据包 Air3 的气动参数代入六自由度弹道方程式 (3.91), 构成试验弹箭的弹道计算模型。

(5) 弹道计算模型的吻合度检查。

试验弹箭的弹道计算模型的吻合度采用残差计算公式的计算结果作为评价指标, 即

$$R_{xyz} = \frac{1}{N} \sum_{j=1}^{N} R_{xyzj} \tag{12.16}$$

$$R_{xyzj} = \sqrt{\frac{Q_{xyzj}}{3n_j - 1}} \quad (j = 1, 2, \cdots, N) \tag{12.17}$$

$$Q_{xyzj} = \sum_{i=1}^{n_j} [x_{ji} - x(\boldsymbol{C}_3; t_{ji})]^2 + \sum_{i=1}^{n_j} [y_{ji} - y(\boldsymbol{C}_3; t_i)]^2 + \sum_{i=1}^{n_j} [z_{ji} - z(\boldsymbol{C}_3; t_i)]^2 \tag{12.18}$$

式中: Q_{xyzj} 为第 j 发弹箭 ($j=1,2,\cdots,N$) 重构弹道轨迹坐标与弹箭飞行轨迹坐标数据的残差平方和; $\boldsymbol{C}_3$ 为气动参数的数据包 Air3 的气动参数数据。

若评价指标在试验数据误差要求的合理范围, 则可将气动参数 $\boldsymbol{C}_3$ 作为火控和射表弹道计算模型的数据包。否则, 引入系列校正系数 $\boldsymbol{f}_c(Ma)$, 即

$$\boldsymbol{f}_c(Ma) = [f_{c1} \quad f_{c2} \quad \cdots \quad f_{cJ}]^{\mathrm{T}} \tag{12.19}$$

采用 12.5.2 节的残差分析方法确定校正系数式 (12.19), 并进行有关的气动参数校正后再作检查。此时评价指标计算公式应改为

$$R_{xyz} = \frac{1}{N} \sum_{j=1}^{N} R_{xyzaj}, \quad R_{xyzaj} = \sqrt{\frac{Q_{xyzaj}}{3n_j - J}} \tag{12.20}$$

$$Q_{xyzaj} = \sum_{i=1}^{n_j} [x_{ji} - x(\boldsymbol{C}_f; t_{ji})]^2 + \sum_{i=1}^{n} [y_{ji} - y(\boldsymbol{C}_f; t_{ji})]^2 + \sum_{i=1}^{n} [z_{ji} - z(\boldsymbol{C}_f; t_{ji})]^2 \tag{12.21}$$

式中: Q_{xyzaj} 为弹道计算值与试验观测值的残差平方和; J 为校正系数 $\boldsymbol{f}_c(Ma)$ 的个数; $x(\boldsymbol{C}_f;t_{ji})$、$y(\boldsymbol{C}_f;t_{ji})$、$z(\boldsymbol{C}_f;t_{ji})$ 为六自由度弹道方程的理论计算值; $\boldsymbol{C}_f$ 为在 Air3 的基础上, 对气动参数引入 $\boldsymbol{f}_c(Ma)$ 经校正后的气动参数。

12.4 采用姿态遥测数据的气动参数辨识流程

弹箭飞行姿态遥测数据分为姿态角数据和姿态角速率数据, 取自弹箭全飞行弹道飞行姿态遥测试验结果。一般该项试验的实施大都结合在距离射试验 (例如, 射表弹道性能试验) 中, 将遥测弹作为温炮弹或目标指示弹使用。针对弹箭

全飞行弹道飞行姿态遥测试验的 D、E 两类遥测数据，本节以弹箭气动力飞行试验组合三、四和组合五、六的试验数据组合群为基础，分别讨论其气动参数辨识计算流程的设计。

12.4.1 弹箭射击试验组合（三或四）的气动参数辨识流程

弹箭气动力飞行试验组合三由弹箭气动力平射试验和弹箭太阳方位角及转速、速度及飞行轨迹坐标的弹外测试系统试验组合构成。与弹箭气动力飞行试验组合二相比，由于弹箭气动力仰射试验采用了飞行姿态角及转速的遥测技术，使得弹箭的飞行试验更加全面，其试验数据质量更高，因此其辨识计算流程也应与之匹配。类似地，利用第 12.1 节所述弹箭气动力飞行试验组合三的试验数据进行辨识计算之前，要对其试验数据组合群进行规律性检查分析和预处理，其实施流程如图 12.9 所示。

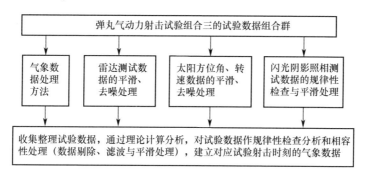

图 12.9 试验数据的规律性检查分析和预处理的实施流程

上面处理流程与弹箭气动力飞行试验组合二试验数据的规律性检查分析和预处理的实施流程图 12.2 相比，图 12.9 增加了太阳方位角测试数据的规律性检查与数据剔除与平滑处理。以这些试验数据组合群为基础，可设计出该试验组合群的辨识计算流程如图 12.10 所示。

按照图 12.10 所示流程，可采用下述步骤和方法开展弹箭气动参数辨识计算。

(1) 建立初级气动力曲线规律数据 Air0。
(2) 从靶道试验数据或纸靶试验数据辨识各气动力矩系数。
(3) 速度数据辨识确定零升阻力系数曲线。
(4) 从转速测试数据辨识极阻尼力矩系数。
(5) 利用坐标数据辨识数据射角和方向角修正量。

上面 5 个步骤的计算方法及辨识计算流程与 12.3.2 节对应的方法及流程相同；若第（2）步采用纸靶试验数据（链）群，则该步骤与 12.3.1 节第 3 步采用的辨识方法相同。

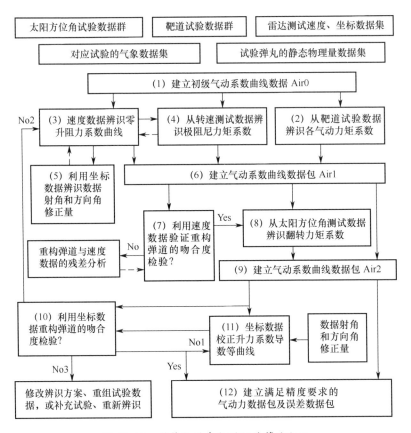

图 12.10 弹箭气动参数辨识计算流程三

(6) 建立第 1 级气动参数曲线数据包 Air1。

整理前述步骤 (3)、(4) 建立的弹箭零升阻力系数 $c_{x0}(Ma)$ 曲线数据、极阻尼力矩参数 $m'_{xz}(Ma)$ 曲线数据；利用从靶道试验数据辨识确定的各气动力矩系数，按照各气动力矩系数的变化规律，采用曲线形状相似的方法，进行合理替换、移位和分段平滑补点的方法校核气动参数曲线数据包 Air0 对应的气动参数；采用插值方法替换气动参数曲线 Air0 中对应的气动力曲线数据，即构成第一级气动参数数据包 Air1。

(7) 利用速度数据检验重构弹道的吻合度与速度数据的残差分析。

本项内容的计算方法及流程与 12.3.2 节（步骤 7）对应的方法及流程完全相同，具体分析方法也可参见 12.5.2.1 节的内容。

(8) 从太阳方位角测试数据辨识俯仰力矩系数。

以太阳方位角测试数据 (σ_i, t_i) $(i=1,2,\cdots,n_\sigma)$ 和雷达测试数据 $(v_i, v_{xi}, v_{yi}, v_{zi}, x_i, y_i, z_i; t_i)$ $(i=1,2,\cdots,n)$ 结合高空气象诸元分布数据、弹箭静态物理量参数数据、射击条件数据为气动参数辨识的数据基础，采用 10.1 节的辨识方法确定俯仰力矩系数的 1 阶导数 $m_{z1}(Ma)$ 和 3 阶导数 $m_{z3}(Ma)$ 数据。

应该指出，若遥测数据不够理想，而步骤（2）采用闪光阴影照相获取的姿态数据辨识确定了 Air1 中俯仰力矩系数的 1 阶导数和 $m_{z1a}(Ma)$ 3 阶导数 $m_{z3a}(Ma)$ 的数据精度较高，也可采用校正系数辨识方法对 $m_{z1a}(Ma)$ 和 $m_{z3a}(Ma)$ 曲线进行校正，即

$$m_{z1}(Ma) = c_{mz1} m_{z1a}(Ma), \quad m_{z3}(Ma) = c_{mz2} m_{z3a}(Ma) \tag{12.22}$$

式中：c_{mz1}，c_{mz2} 分别为俯仰力矩系数的 1 阶导数 $m_{z1a}(Ma)$ 和 3 阶导数 $m_{z3a}(Ma)$ 的校正系数。关于校正系数 c_{mz1}，c_{mz2} 的辨识方法的推导与 10.1 节 c_1，c_2 的辨识方法类似，限于篇幅，第 10 章未展开讨论，如果需要读者可仿照 10.1 节 c_1，c_2 的辨识方法自行推导。

（9）建立第 2 级气动参数数据包 Air2。

整理前述第（8）步校正后的俯仰力矩系数的 1 阶导数 $m_{z1}(Ma)$ 和 3 阶导数曲线 $m_{z3}(Ma)$ 的数据；按照其规范间隔插值替换气动参数数据包 Air1 对应的 $m_{z1a}(Ma)$ 和 $m_{z3a}(Ma)$ 数据，即构成第二级气动参数数据包 Air2。

（10）利用坐标数据重构弹道的吻合度检验。

在实际条件下，检查要求及步骤和方法与 12.3.2 节对应内容（步骤（11））相似。这里所采用的实测数据可取自遥测试验的坐标数据，或雷达实测全飞行弹道的坐标−时间曲线数据 $(x_i, y_i, z_i; t_i)$，也可采用大样本距离射弹道性能试验兼顾获取的 F 型试验数据链群的轨迹坐标数据。

（11）坐标数据校正升力系数导数等曲线。

若步骤（2）采用闪光阴影照相获取姿态数据，其辨识确定 Air2 中升力系数的 1 阶导数 $c_{y1b}(Ma)$ 和 3 阶导数 $c_{y3b}(Ma)$ 数据的精度较高，故可利用距离射试验的弹箭飞行轨迹坐标数据，即

$$(x_i, y_i, z_i; t_i) \quad (i = 1, 2, \cdots, n) \tag{12.23}$$

采用 11.4 节的六自由度弹道模型的升力系数校正方法，确定升力校正系数估计值 $\hat{f}_{y1}$，$\hat{f}_{y2}$。计算校正后的升力系数的 1 阶导数和 3 阶导数，即

$$c_{y1}(Ma) = \hat{f}_{y1} c_{y1b}(Ma), \quad c_{y3}(Ma) = \hat{f}_{y3} c_{y3b}(Ma) \tag{12.24}$$

式中：$c_{y1b}(Ma)$ 和 $c_{y3b}(Ma)$ 为气动参数数据包 Air2 中对应的曲线数据。

若步骤（2）采用纸靶测试技术获取姿态数据，则数据包 Air1 中升力参数的 1 阶导数 $c_{y1a}(Ma)$ 和 3 阶导数 $c_{y3a}(Ma)$ 精度不够高，此时可采用 11.5 节或者 11.2 节的方法重新辨识升力系数导数。

采用统计方法计算升力系数导数曲线及概率误差曲线，返回步骤（10）利用坐标数据检查重构弹道的吻合度。若满足要求则转入步骤（12），否则，采用 12.5.2 节的残差分析方法校正气动参数，或者检查前面的辨识处理过程，通过找出问题−分析问题−解决问题的处理过程，直至重构弹道的吻合度满足要求

为止。

（12）建立射表级弹箭气动参数数据包及误差数据包。

以弹箭气动参数数据包 Air2 及误差数据包为基础，代入步骤（11）中式（12.24）校正后的升力系数的 1 阶导数 $c_{y1}(Ma)$ 和 3 阶导数 $c_{y3}(Ma)$ 替换数据包 Air2 对应的气动参数，建立射表级弹箭气动参数数据包及误差数据包。

需要说明，虽然弹箭飞行试验组合四与试验组合三采用的测试系统不同，但两种组合的试验方法非常相似，试验组合四所获取的试验数据组合群与试验组合三在形式上是相同的。因此，弹箭飞行试验组合三的气动参数辨识流程也适用于弹箭飞行试验组合四，应用时只需将飞行试验组合三的流程中的雷达测试弹箭速度、轨迹坐标数据集改成遥测弹箭速度、轨迹坐标数据集即可。

12.4.2 弹箭飞行试验组合（五或六）的气动参数辨识计算流程

弹箭气动力飞行试验组合五由弹箭气动力平射试验和弹体三轴转速遥测系统、弹箭飞行速度及轨迹坐标的弹外测试系统试验组合构成。与弹箭气动力飞行试验组合三相比，除有关利用太阳方位角数据的辨识俯仰力矩系数的辨识方法不同之外，其他步骤气动参数的辨识方法及流程完全相同。因此，在弹箭射击试验组合五的气动参数辨识计算流程的设计中，只需将弹箭气动力飞行试验组合三的辨识计算流程图中与利用太阳方位角数据的处理框图部分改变成利用弹体三轴转速数据的处理框图即可。具体说来，须做出如下改变：

（1）将图 12.9 的框图"太阳方位角、转速数据的平滑、去噪处理"改换成"弹体三轴转速数据"的平滑、去噪处理。

（2）将图 12.10 的框图"（8）从太阳方位角测试数据辨识俯仰力矩系数"改换成"从弹体三轴转速测试数据辨识俯仰力矩系数"。

在框图"从弹体三轴转速测试数据辨识俯仰力矩系数"中，对应的辨识方法是：利用弹体三轴转速测试数据提取俯仰力矩系数的 1 阶导数 m_{z1} 和 3 阶导数 m_{z3}。有关这部分内容，在 10.3 节已作了详细介绍，这里不再赘述。

同样地，虽然弹箭飞行试验组合六与试验组合五采用的测试系统不同，但两种组合的试验方法非常相似，试验组合六所获取的试验数据组合群与试验组合五在形式上是相同的。因此，弹箭飞行试验组合五的气动参数辨识流程也适用于弹箭飞行试验组合六，应用时只需将飞行试验组合五的流程中的雷达测试弹箭速度、轨迹坐标数据集改成遥测弹箭速度、轨迹坐标数据集即可。

12.5 重构弹道与试验数据群的残差分析

这里重构弹道是指将辨识确定的气动参数代入第 3 章的弹道模型（弹箭飞行动力学方程）形成弹道计算模型，按照试验条件再现的弹箭飞行状态参数，以便与弹箭实际飞行弹道相比较。所谓确定的气动参数,通常指采用空气动力学计算、风洞试验和弹箭飞行试验等方法确定的气动参数曲线数据。在前述弹箭气动力飞行试验组合的辨识计算流程的设计中,均设置了弹道计算模型与飞行试验数据的吻合度(残差)验证环节。如果根据最终辨识结果确定的弹道计算模型未达到预定的残余误差范围要求,往往需要再进行残差分析校正相关的气动参数,以提高弹箭气动参数在试验条件下重构弹道与实测弹道数据的一致性。

需要指出,本书所述的吻合度验证和残差分析一般建立在大样本飞行试验数据链群的基础上。工程上为了降低试验成本,通常利用射表编制的弹道性能试验或其他大样本距离射试验兼顾 F 型试验,以获取包含弹箭飞行速度、轨迹坐标等数据链群的大样本数据。

12.5.1 重构弹道与速度数据的残差分析方法

由前所述,以弹箭空气动力学计算、风洞试验和(或)弹箭气动力平射试验校核的弹箭气动参数数据包为基础,利用弹箭全弹道飞行试验获取的速度数据,采用第 8 章的辨识方法可以更加精确地确定弹箭零升阻力系数。但是,由于弹箭空气动力学计算、风洞试验和弹箭气动力平射试验与实际全弹道飞行条件存在差异,所确定的其他气动参数均不可避免地存在系统误差,使得弹道计算模型按照试验条件的重构弹道与弹箭实际飞行速度数据的吻合度往往不够理想。此时,若开展重构弹道与速度数据的残差分析,可以在一定程度上减小弹道计算模型与试验实测速度数据的平均残差,进一步提高模型计算结果的吻合度。

12.5.1.1 残差分析的智能优化算法

在弹箭气动力飞行试验数据处理中,弹道计算模型与试验实测速度数据的平均残差可表示为

$$R_v(k_1, k_2, \cdots, k_J) = \frac{1}{N_v} \sum_{k=1}^{N_v} R_{vk}(k_1, k_2, \cdots, k_J) \quad (12.25)$$

$$R_{vk}(k_1, k_2, \cdots, k_J) = \sqrt{\frac{Q_{vk}(k_1, k_2, \cdots, k_J)}{n_k - J}} \quad (k = 1, 2, \cdots, N_v) \quad (12.26)$$

$$Q_{vk}(k_1, k_2, \cdots, k_J) = \sum_{i=1}^{n_k} \left[v_{ki} - v_k(\boldsymbol{C}(Ma); t_{ki}) \right]^2 \quad (k = 1, 2, \cdots, N_v) \quad (12.27)$$

$$\boldsymbol{C}(Ma) = [k_1 c_1(Ma), k_2 c_2(Ma), \cdots, k_J c_J(Ma)]^\mathrm{T} \quad (12.28)$$

式中:$k_1, k_2, \cdots, k_J$ 为气动参数 $c_1, c_2, \cdots, c_J$ 对应的校正系数;$R_{vk}(k_1, k_2, \cdots, k_J)$ 为按照试验条件,由弹道计算模型重构弹道与第 k 发试验弹箭实际飞行速度数据的残差;v_{ki} 为第 k 发试验弹箭实测第 i 点的飞行速度数据;$v_k(\boldsymbol{C}(Ma); t_{ki})$ 为其理论计算值;$c_1(Ma), c_2(Ma), \cdots, c_J(Ma)$ 为辨识确定的弹箭气动参数数据包中对应的气动参数数据。

采用 2.3 节所述的遗传算法或者粒子群算法等进化计算技术，将目标函数式（12.25）表示成个体适应度函数式（12.29）即可确定出使得平均残差式（12.29）更小的校正系数 $k_1, k_2, \cdots, k_J$。

$$\begin{cases} R_v(k_1, k_2, \cdots, k_J) = \sum_{k=1}^{N_v} R_{vk}(k_1, k_2, \cdots, k_J) \\ a_j \leq k_j \leq b_j \quad (j = 1, 2, \cdots, J) \end{cases} \quad (12.29)$$

采用校正公式（12.29）校正气动参数构成的弹道计算模型，可使弹箭飞行速度计算值 $v_k(\boldsymbol{C}(Ma); t_{ki})$ 与实测数据 $v_{ki}(i=1,2,\cdots,n_k, k=1,2,\cdots,N_v)$ 的吻合度更优。

12.5.1.2 均匀试验设计方法的残差分析示例

对于弹道计算模型与飞行试验实测速度数据的平均残差式（12.25）的优化分析，也可以利用正交设计表或者均匀设计表，采用正交设计方法或者均匀设计方法等试验优化设计进行系统的布点计算，并以人工列表计算观察方法选优。下面以某次 F 型飞行试验获取的大样本数据链群为基础，介绍均匀设计方法重构弹道与速度数据的残差分析过程示例（限于篇幅，本书对相关的优化设计方法介绍已略去，对下面内容的均匀设计方法读者可见参考文献 [3] 或其他相关著作）。

本节以单项大样本 F 型试验数据群为基础，为减少标准残差式（12.26）的计算量，采用均匀设计方法进行残差分析。按照因素分析方法，首先引入校正系数 k_{cx2}, k_{mz} 并确定其因素水平，按照均匀设计表设计 k_{cx2}, k_{mz} 值的计算方案进行计算，以寻找使得残差分析目标函数式（12.30）最小或接近最小的 k_{cx2}, k_{mz} 值。下面以某次旋转弹箭的气动力飞行试验实测速度数据为例，介绍应用均匀设计方法进行残差分析计算的过程，即

$$R_v = \sqrt{\frac{Q_{v2}}{n-2}} \quad (12.30)$$

式中：

$$Q_{v2} = \sum_{i=1}^{n} \left[v_i - v(k_{cx2}, k_{mz}, \boldsymbol{C}_b; t_i) \right]^2 \quad (12.31)$$

式中：v_i 为第 i 点的实测速度数据；$v(k_{cx2}, k_{mz}, \boldsymbol{C}_b; t_i)$ 为六自由度弹道方程在试验条件下由弹道计算模型的计算值；k_{cx2}, k_{mz} 分别为气动参数数据包 $\boldsymbol{C}_b$ 中诱导阻力参数 $c_{x2b}(Ma)$ 和俯仰力矩参数 $m'_{zb}(Ma)$ 曲线数据的校正系数。校正公式为

$$c_{x2}(Ma) = k_{cx2} c_{x2b}(Ma), \quad m'_z(Ma) = k_{mz} m'_{zb}(Ma) \quad (12.32)$$

按照均匀设计方法，首先根据均匀试验设计表（见表 A6～表 A11）进行残差分析计算方案设计，其计算过程如下。

1. 残差分析计算方案设计

（1）因素水平设计。

根据气动参数数据包 Air2 的数据分析，针对某旋转稳定弹箭全装药大射角

射击试验的速度数据，这里取 $k_{cx2}=0.85$，$k_{mz}=1.015$ 为中心值，设计为全面选优的因素水平如表12.7所列。

表12.7 因素水平表

因素水平	1	2	3	4	5	6	7	8	9
k_{cx2}	0.81	0.82	0.83	0.84	0.85	0.86	0.87	0.88	0.89
k_{mz}	0.995	1	1.005	1.01	1.015	1.02	1.025	1.03	1.035

（2）计算方案设计。

按照附录6的均匀试验设计表 U_9，可写出计算方案设计如表12.8所列。

表12.8 计算方案设计表

水平号	1	2	3	4	5	6	7	8	9
k_{cx2} 取值	0.81	0.82	0.83	0.84	0.85	0.86	0.87	0.88	0.89
水平号	4	8	3	7	2	6	1	5	9
k_{mz} 取值	1.01	1.03	1.005	1.025	1	1.02	0.995	1.015	1.035

2. 计算结果分析

按照上面计算方案表中数据，随机抽取射击试验的全装药、中号装药，45°以上射角的典型试验组，根据各组弹试验的雷达测速数据，利用六自由度弹道方程，代入式（12.26）计算出各发弹箭的标准残差 R_v 值。下面以典型分类随机抽取6组数据构成数据链群，残差分析计算结果如表12.9~表12.10所列。

表12.9 全装药大射角试验数据计算的标准残差　　　　单位：m/s

试验号	1	2	3	4	5	6	7	8	9
k_{cx2}	0.81	0.82	0.83	0.84	0.85	0.86	0.87	0.88	0.89
k_{mz}	1.01	1.03	1.005	1.025	1	1.02	0.995	1.015	1.035
1	3.7091	3.7341	3.7064	3.7316	3.7039	3.7288	3.7018	3.7260	3.7524
2	5.8445	5.8822	5.8435	5.8817	5.8426	5.8805	5.8423	5.8791	5.9186
3	3.4907	3.5143	3.4833	3.5066	3.4761	3.4989	3.4693	3.4912	3.5173
4	5.6720	5.6971	5.6777	5.7032	5.6838	5.7089	5.6904	5.7144	5.7403
5	3.9854	4.0156	3.9839	4.0153	3.9824	4.0143	3.9811	4.0129	4.0443
6	4.3376	4.3621	4.3419	4.3666	4.3466	4.3708	4.3517	4.3749	4.4002
7	3.7816	3.8037	3.7805	3.8032	3.7797	3.8024	3.7791	3.8015	3.8252
平均	4.4030	4.4299	4.4025	4.4297	4.4022	4.4292	4.4022	4.4285	4.4569

表 12.10　中号装药大射角试验数据计算的标准残差　　　单位：m/s

试验号	1	2	3	4	5	6	7	8	9
k_{cx2}	0.81	0.82	0.83	0.84	0.85	0.86	0.87	0.88	0.89
k_{mz}	1.01	1.03	1.005	1.025	1	1.02	0.995	1.015	1.035
1	3.1286	3.1482	3.1074	3.1291	3.0857	3.1095	3.0635	3.0893	3.1097
2	2.9773	2.9706	2.9589	2.9542	2.9396	2.9377	2.9194	2.9209	2.9128
3	3.0422	3.0418	3.0223	3.0242	3.0016	3.0063	2.9802	2.9879	2.9861
4	3.1029	3.0985	3.0834	3.0809	3.0632	3.0630	3.0424	3.0448	3.0396
5	3.0261	3.0248	3.0087	3.0087	2.9908	2.9925	2.9723	2.9760	2.9763
6	3.1732	3.1711	3.1516	3.1509	3.1294	3.1306	3.1063	3.1100	3.1090
7	2.8510	2.8669	2.8308	2.8483	2.8102	2.8292	2.7894	2.8096	2.8288
平均	3.0430	3.0460	3.0233	3.0280	3.0029	3.0098	2.9819	2.9912	2.9946

将表 12.9 和表 12.10 等数据结果平均汇总，可得出上面 6 种典型试验条件下的试验数据拟合残差的总平均值，如表 12.11 所列。

表 12.11　试验数据计算拟合残差总平均表　　　单位：m/s

k_{cx2}	0.81	0.82	0.83	0.84	0.85	0.86	0.87	0.88	0.89
k_{mz}	1.01	1.03	1.005	1.025	1	1.02	0.995	1.015	1.035
全-65 组平均	4.1308	4.3045	4.0535	4.1508	4.0608	4.0600	4.1624	4.0451	4.0782
全-55 组平均	3.7771	3.7844	3.7495	3.7512	3.7234	3.7203	3.6986	3.6917	3.7030
全-45 组平均	4.4030	4.4299	4.4025	4.4297	4.4022	4.4292	4.4022	4.4285	4.4569
中-65 组平均	4.6664	4.8497	4.5511	4.7381	4.4359	4.6258	4.3225	4.5133	4.7011
中-55 组平均	3.0430	3.0460	3.0233	3.0280	3.0029	3.0098	2.9819	2.9912	2.9946
中-45 组平均	1.9053	1.9079	1.8983	1.9012	1.8912	1.8944	1.8839	1.8877	1.8906
总平均	3.6543	3.7204	3.6130	3.6665	3.5861	3.6233	3.5753	3.5929	3.6374

从表 12.11 所列的数据可以看出，当取 $k_{cx2}=0.87$，$k_{mz}=0.995$ 时，综合拟合残差总平均值最小，有 $R_B=3.5753\mathrm{m/s}$。由此可以认为诱导阻力系数和翻转力矩系数导数的校正系数为

$$k_{cx2}=0.87,\quad k_{mz}=0.995$$

应该说明，本节所述的残差分析方法并不限于正交设计或均匀设计方法布点计算残差比较选优，这里采用它们是因为其分析计算可直接采用全弹道试验值的吻合程度检查的计算程序代码。本例应用采用遗传算法、基本粒子群优化算法、自适应混沌变异粒子群算法等智能优化算法或者正交设计、均匀设计布点计算方法均可以实现残差分析，限于篇幅这里不作进一步讨论。

12.5.2 重构弹道与飞行轨迹坐标数据的残差分析方法

按照前述弹箭气动力飞行试验组合的辨识计算流程，如果用最终辨识结果重构弹道的飞行轨迹坐标未达到预定的吻合度要求，则需进行残差分析，以提高弹箭气动参数辨识结果在试验条件下重构弹道与实测弹道数据的一致性。

为了进一步提高计算结果与试验实测弹箭飞行轨迹坐标数据的吻合度，可采用辨识确定的弹道计算模型按照试验条件重构弹道，将其与弹箭飞行轨迹坐标数据建立残差分析方法，以减小平均残差，提高弹道计算模型与试验实测飞行轨迹坐标数据的吻合度。

12.5.2.1 重构弹道与飞行轨迹坐标数据的残差分析方法

对于弹箭气动力飞行试验数据为基础的残差分析，可采用弹道计算模型与试验实测飞行轨迹坐标数据的平均残差公式（12.33）为目标函数。

$$R_{xyz}(k_1, k_2, \cdots, k_J) = \frac{1}{N}\sum_{k=1}^{N} R_{xyzk}(k_1, k_2, \cdots, k_J) \tag{12.33}$$

$$R_{xyzk}(k_1, k_2, \cdots, k_J) = \sqrt{\frac{Q_{xyzk}(k_1, k_2, \cdots, k_J)}{n_k - J}} \quad (k = 1, 2, \cdots, N) \tag{12.34}$$

$$Q_{xyzk}(k_1, k_2, \cdots, k_J) = \sum_{i=1}^{n_k}\left[x_{ki} - x_k(\boldsymbol{C}(Ma); t_{ki})\right]^2 + \sum_{i=1}^{n_k}\left[y_{ki} - y_k(\boldsymbol{C}(Ma); t_{ki})\right]^2 +$$

$$\sum_{i=1}^{n_k}\left[z_{ki} - z_k(\boldsymbol{C}(Ma); t_{ki})\right]^2 \quad (k = 1, 2, \cdots, N) \tag{12.35}$$

$$\boldsymbol{C}(Ma) = [k_1 c_1(Ma), k_2 c_2(Ma), \cdots, k_J c_J(Ma)]^{\mathrm{T}} \tag{12.36}$$

式中：$k_1, k_2, \cdots, k_J$ 为气动参数 $c_1, c_2, \cdots, c_J$ 对应的校正系数；$R_{xyzk}(k_1, k_2, \cdots, k_J)$ 为按照第 k 发弹箭按照试验条件重构弹道与实际飞行轨迹坐标数据的残差；(x_{ki}, y_{ki}, z_{ki}) 为第 k 发试验弹箭实测第 i 点的飞行轨迹坐标数据；$x_k(\boldsymbol{C}(Ma); t_{ki})$，$y_k(\boldsymbol{C}(Ma); t_{ki})$，$z_k(\boldsymbol{C}(Ma); t_{ki})$ 为其理论计算值；气动参数 $c_1(Ma), c_2(Ma), \cdots, c_J(Ma)$ 可通过之前辨识方法确定的弹箭气动参数数据包取值。

在实际应用时，可采用 2.3 节的遗传算法或者粒子群算法等进化计算技术，将目标函数式（12.34）表示成个体适应度函数，即

$$\begin{cases} R_{xyz}(k_1, k_2, \cdots, k_J) = \dfrac{1}{N}\sum_{k=1}^{N} R_{xyzk}(k_1, k_2, \cdots, k_J) \\ a_j \leqslant k_j \leqslant b_j \quad (j = 1, 2, \cdots, J) \end{cases} \tag{12.37}$$

即可确定出使得平均残差式（12.33）更小的校正系数 $k_1, k_2, \cdots, k_J$，使得弹道计算模型计算的弹箭飞行轨迹坐标数据 $x_k(\boldsymbol{C}(Ma); t_{ki})$，$y_k(\boldsymbol{C}(Ma); t_{ki})$，$z_k(\boldsymbol{C}(Ma); t_{ki})$ 与实测数据 (x_{ki}, y_{ki}, z_{ki})（$i = 1, 2, \cdots, n_k, k = 1, 2, \cdots, N_v$）的吻合度更优。

从广义上说，重构弹道的拟合标准残差 R_{xyz} 需要针对同一弹箭，最好以多个不同纬度的地区、不同季节的全弹道 F 型飞行试验数据链群为基础，其涉及面非常广泛。以广义试验数据链群的大数据为基础，采用第 2.3 节的智能优化方法同样可以确定广义上的校正系数 k_1，k_2，$\cdots$，k_J，使得弹道计算模型与实际飞行弹道的吻合度大大提高，这样的弹道计算模型具有更广泛的适用性。可以预见，在实际应用中采用装备使用单位的校射雷达或校射弹的弹道数据，结合射击时刻实测气象诸元数据，能够构成满足广义条件的数据集群。在条件限制的情况下，可采用几次典型的弹箭飞行试验数据群，构成部分满足广义条件的数据集群，在一定程度上也能达到减小 R_{xyz} 的广义优化目的。

12.5.2.2 残差分析分步确定校正系数函数的方法讨论

在 12.3 节和 12.4 节讨论的弹箭气动参数辨识流程中，均设置了利用弹箭飞行轨迹坐标数据，通过弹道计算模型重构弹道的残差分析环节。一般在多数情况下，采用 12.5.2.1 节将校正系数作为常量的方法重构弹道，进行残差分析基本可以满足要求。但实际上，重构弹道残差分析的方法可以设计出很多种，作为扩展思路下面将讨论校正系数看作马赫数的函数，讨论其分步实施残差分析方法。

按照 12.3 节和 12.4 节的流程框图的重构弹道残差分析环节，可以通过分析原因分步实施残差分析方法，以确定对应气动参数的校正系数函数。关于重构弹道的残差分析确定校正系数函数方法的可以有多种形式，现就分步确定方法做出如下抛砖引玉似的讨论。

（1）重构弹道残差分析的基础条件。

重构弹道残差分析的基础条件包含了 N_k 个来自不同地区的全弹道飞行试验数据集群，它们主要由应用最多的最大射程或接近最大射程的飞行试验数据群构成。其中，第 k 发试验弹丸（$k=1,2,\cdots,N_k$）的重构弹道计算条件与对应的试验数据群相一致，即与重构弹道的吻合度评价指标计算所需条件相同。

（2）重构弹道的残差分析方法。

若评价指标未达到与试验数据的误差匹配的预期，则需分析原因寻求采用重构弹道的残差分析方法对式（12.38）的一项或多项相关的气动参数进行一次或多次校正。

$$\begin{cases} c_z''(Ma) = f_c(Ma) c_{zc}''(Ma) \\ c_y'(Ma) = f_c(Ma) c_{ya}'(Ma) \\ c_{x0}(Ma) = f_c(Ma) c_{x0c}(Ma) \\ c_{x2}(Ma) = f_c(Ma) c_{x2c}(Ma) \end{cases} \quad (12.38)$$

其中校正系数 $f_c(Ma)$ 可设置为常数，也可设置为马赫数的函数，并表示为 B-样条基函数 $B_{j,m_B}(Ma)$ 的线性组合，即

$$f_c(Ma) = \sum_{j=0}^{J} c_{j+1} B_{j,\,m_B}(Ma)$$

设上面线性组合函数的系数 $c_1, c_2, \cdots, c_{J+1}$ 的集合为待辨识参数 $\boldsymbol{C}_f$，并以矩阵形式表示为

$$\boldsymbol{C}_f = [c_1, c_2, \cdots, c_{J+1}]^{\mathrm{T}}$$

（3）计算目标函数。

对于第 k 发试验弹丸（$k = 1, 2, \cdots, N_k$），弹道计算值与试验观测值的残差平方和为

$$Q_{xyzk} = \sum_{i=1}^{n} [x_i - x(\boldsymbol{C}_f; t_i)]^2 + \sum_{i=1}^{n} [y_i - y(\boldsymbol{C}_f; t_i)]^2 + \sum_{i=1}^{n} [z_i - z(\boldsymbol{C}_f; t_i)]^2 \tag{12.39}$$

取其对应的拟合标准残差 R_{xyz} 为目标函数，即

$$R_{xyz} = \frac{1}{N_k} \sum_{k=1}^{N_k} \sqrt{\frac{Q_{xyzk}}{3n_k - J}} \tag{12.40}$$

式中：$x(\boldsymbol{C}_f; t_i)$，$y(\boldsymbol{C}_f; t_i)$，$z(\boldsymbol{C}_f; t_i)$ 为六自由度弹道方程的理论计算值；$\boldsymbol{C}_f$ 为气动参数 c_z''，c_y'，c_{x0} 或 c_{x2} 的空间坐标残差分析校正系数函数 $f_c(Ma)$ 的线性组合系数。

（4）减小拟合标准残差 R_{xyz} 的优化方法。

减小拟合标准残差 R_{xyz} 的优化方法有多种，采用类似于 12.5.1.2 节结合重构弹道吻合度检验的均匀设计方法布点方法，以多因素布局计算，以观察方式确定多个气动参数校正系数；也可以采用智能优化算法确定多个气动参数校正系数 $f_{c1}(Ma), f_{c2}(Ma), \cdots, f_{cN_k}(Ma)$，以提高弹道计算模型重构弹道的吻合度。

（5）输出数据。

利用气动参数的校正系数（函数），对气动参数数据包 Air3 的数据进行校正，经吻合度检验合格，即能确定满足火控和射表技术要求等工程应用级的气动参数数据包和弹道计算模型（经地面落弹点坐标符合处理后，则可构成确定满足火控和射表精度要求的计算模型-射表计算模型）。

附　　录

1. 饱和蒸汽压力表

表 A1　饱和蒸汽压力 $p_b(t)$ 表

$t/℃$	p_b/hPa	$t/℃$	p_b/hPa	$t/℃$	p_b/hPa	$t/℃$	p_b/hPa	$t/℃$	p_b/hPa
−60	0.019 24	−35	0.313 97	−10	2.862 36	15	17.039 94	40	73.609 41
−59	0.021 81	−34	0.346 41	−09	3.096 75	16	18.168 15	41	77.614 61
−58	0.024 70	−33	0.381 86	−08	3.348 09	17	19.361 31	42	81.805 96
−57	0.027 93	−32	0.420 55	−07	3.617 44	18	20.622 54	43	86.190 49
−56	0.031 55	−31	0.462 76	−06	3.905 91	19	21.955 11	44	90.775 44
−55	0.035 59	−30	0.508 76	−05	4.214 67	20	23.362 40	45	95.568 25
−54	0.040 10	−29	0.558 84	−04	4.544 95	21	24.847 90	46	100.576 55
−53	0.045 12	−28	0.613 33	−03	4.898 02	22	26.415 24	47	105.808 19
−52	0.050 72	−27	0.672 58	−02	5.275 23	23	28.068 19	48	111.271 21
−51	0.056 94	−26	0.736 93	−01	5.678 00	24	29.810 65	49	116.973 89
−50	0.063 86	−25	0.806 77	00	6.107 80	25	31.646 63	50	122.924 69
−49	0.071 54	−24	0.882 52	01	6.566 19	26	33.580 32	51	129.132 30
−48	0.080 05	−23	0.964 61	02	7.054 78	27	35.616 04	52	135.605 64
−47	0.089 47	−22	1.053 50	03	7.575 28	28	37.758 24	53	142.353 83
−46	0.099 90	−21	1.149 68	04	8.129 45	29	40.011 54	54	149.386 23
−45	0.111 42	−20	1.253 68	05	8.719 15	30	42.380 71	55	156.712 43
−44	0.124 14	−19	1.366 05	06	9.346 31	31	44.870 67	56	164.342 23
−43	0.138 17	−18	1.487 36	07	10.012 95	32	47.486 50	57	172.285 67
−42	0.153 63	−17	1.618 25	08	10.721 18	33	50.233 45	58	180.553 03
−41	0.170 64	−16	1.759 36	09	11.473 20	34	53.116 92	59	189.154 82
−40	0.189 35	−15	1.911 39	10	12.271 30	35	56.142 49	60	198.101 80
−39	0.209 91	−14	2.075 07	11	13.117 86	36	59.315 92		
−38	0.232 47	−13	2.251 17	12	14.015 36	37	62.643 14		
−37	0.257 20	−12	2.440 50	13	14.966 40	38	66.130 23		
−36	0.284 31	−11	2.643 93	14	15.973 66	39	69.783 50		

饱和水汽压计算表计算公式为

$$p_b(T) = p_{b0}\left(\frac{T}{T_0}\right) \cdot \exp\left(\frac{(L_0 + C_L T_0)(T - T_0)}{R_w T T_0}\right)$$

式中：$R_w = 11.0787372 \times 10^{-2} \text{K} \cdot \text{g}^{-1} \cdot \text{℃}$ 为水汽的比气体常数；$T_0 = 273.16\text{K}$；T 为热力学温度；$p_{b0} = 6.1078\text{hPa}$ 为 0℃时的饱和水汽压；$C_L = 0.57\text{K} \cdot \text{g}^{-1} \cdot \text{℃}$ 为水汽凝结（或水的蒸发）潜热随温度的变化率；$L_0 = 0.57\text{K} \cdot \text{g}^{-1}$ 为 0℃时水汽凝结（或水的蒸发）潜热。

2. 我国标准大气简表（30km 以下部分）

表 A2　我国标准大气简表（30km 以下部分）

高度	温度	气压 $p_N = p^* \times 10^a$ /hPa		密度 $\rho_N = \rho^* \times 10^a$ /(kg·m^{-3})		声速	运动学黏性系数 $\eta_N = \eta^* \times 10^a$ /(m^2·s^{-1})		重力加速度
y/m	T/K	p^*	a	ρ^*	a	c_s/(m/s)	η^*	a	g/(m·s^{-2})
0	288.150	1.013 25	3	1.225 0	0	340.29	1.460 7	−5	9.806 6
1 000	281.651	8.987 6	2	1.111 7	0	336.43	1.581 3	−5	9.803 6
2 000	275.154	7.950 1	2	1.006 6	0	332.53	1.714 7	−5	9.800 5
3 000	268.659	7.012 1	2	9.092 5	−1	328.58	1.862 8	−5	9.797 4
4 000	262.166	6.166 0	2	8.193 5	−1	324.59	2.027 5	−5	9.794 3
5 000	255.676	5.404 8	2	7.364 3	−1	320.55	2.211 0	−5	9.791 2
6 000	249.187	4.721 7	2	6.601 1	−1	316.45	2.416 1	−5	9.788 2
7 000	242.700	4.110 5	2	5.900 2	−1	312.31	2.646 1	−5	9.785 1
8 000	236.215	3.565 1	2	5.257 9	−1	308.11	2.904 4	−5	9.782 0
9 000	229.733	3.080 0	2	4.670 6	−1	303.85	3.195 7	−5	9.778 9
10 000	223.252	2.649 9	2	4.135 1	−1	299.53	3.525 1	−5	9.775 9
11 000	216.774	2.269 9	2	3.648 0	−1	295.15	3.898 8	−5	9.772 8
*11 100	216.650	2.234 6	2	3.593 2	−1				
12 000	216.650	1.939 9	2	3.119 4	−1	295.07	4.557 4	−5	9.769 7
13 000	216.650	1.657 9	2	2.666 0	−1	295.07	5.332 5	−5	9.766 7
14 000	216.650	1.417 0	2	2.278 6	−1	295.07	6.239 1	−5	9.763 6
15 000	216.650	1.211 1	2	1.947 6	−1	295.07	7.299 5	−5	9.760 5
16 000	216.650	1.035 2	2	1.664 7	−1	295.07	8.539 7	−5	9.757 5
17 000	216.650	8.849 7	1	1.423 0	−1	295.07	9.990 1	−5	9.754 4
18 000	216.650	7.565 2	1	1.216 5	−1	295.07	1.168 6	−4	9.751 3
19 000	216.650	6.467 4	1	1.040 0	−1	295.07	1.367 0	−4	9.748 3

(续)

高度	温度	气压 $p_N = p^* \times 10^a$ /hPa		密度 $\rho_N = \rho^* \times 10^a$ /(kg·m^{-3})		声速	运动学黏性系数 $\eta_N = \eta^* \times 10^a$ / (m^2·s^{-1})		重力加速度
*20 000	216.65	5.529 3	1	8.891 0	-2	295.07	1.598 9	-4	9.745 2
21 000	217.581	4.728 9	1	7.571 5	-2	295.70	1.884 3	-4	9.742 2
22 000	218.574	4.047 5	1	6.451 0	-2	296.38	2.220 1	-4	9.739 1
23 000	219.567	3.466 8	1	5.500 6	-2	297.05	2.613 5	-4	9.736 1
24 000	220.560	2.971 7	1	4.693 8	-2	297.72	3.074 3	-4	9.733 0
25 000	221.552	2.549 2	1	4.008 4	-2	298.39	3.613 5	-4	9.730 0
26 000	222.544	2.188 3	1	3.425 7	-2	299.06	4.243 9	-4	9.726 9
27 000	223.536	1.879 9	1	2.929 8	-2	299.72	4.980 5	-4	9.723 9
28 000	224.527	1.616 1	1	2.507 6	-2	300.39	5.840 5	-4	9.720 8
29 000	225.518	1.390 4	1	2.147 8	-2	301.05	6.843 7	-4	9.717 8
30 000	226.509	1.197 0	1	1.841 0	-2	301.71	8.013 4	-4	9.714 7

注：*代表此高度为特异点，此高度后，气温变化率发生突变

3. 1976 年美国标准大气简表（30~80km 部分）

表 A3　1976 年美国标准大气简表（30~80km 部分）

高度	温度	气压 $p_N = p^* \times 10^a$ /hPa		密度 $\rho_N = \rho^* \times 10^a$ /(kg·m^{-3})		声速	运动学黏性系数 $\eta_N = \eta^* \times 10^a$ / (m^2·s^{-1})		重力加速度
y/m	T/K	p^*	a	ρ^*	a	c_s/(m/s)	η^*	a	g/(m·s^{-2})
30 000	226.509	1.197 0	1	1.841 0	-2	301.71	8.013 4	-4	9.714 7
32 000	228.490	8.890 6	0	1.314 5	-2	303.02	1.096 2	-3	9.708 7
*32 200	226.756	8.631 4	0	1.355 5	-2				
34 000	233.743	6.634 1	0	9.887 4	-3	306.49	1.531 2	-3	9.702 6
36 000	239.282	4.985 2	0	7.257 9	-3	310.10	2.126 4	-3	9.696 5
38 000	244.818	3.771 3	0	5.366 6	-3	313.67	2.929 7	-3	9.690 4
40 000	250.350	2.871 4	0	3.995 7	-3	317.19	4.006 6	-3	9.684 4
42 000	255.878	2.199 6	0	2.994 8	-3	320.67	5.440 4	-3	9.678 3
44 000	261.403	1.694 9	0	2.258 9	-3	324.12	7.337 1	-3	9.672 3
46 000	266.925	1.313 4	0	1.714 5	-3	327.52	9.830 5	-3	9.666 2
*47 400	270.650	1.102 2	0	1.418 7	-3				
48 000	270.650	1.022 9	0	1.316 7	-3	329.80	1.293 9	-2	9.660 2

(续)

高度	温度	气压 $p_N = p^* \times 10^a$ / hPa		密度 $\rho_N = \rho^* \times 10^a$ / (kg·m^{-3})		声速	运动学黏性系数 $\eta_N = \eta^* \times 10^a$ / (m^2·s^{-1})		重力加速度
50 000	270.650	7.977 9	−1	1.026 9	−3	329.80	1.659 1	−2	9.654 2
*51 000	270.650	7.045 8	−1	9.069 0	−4				
55 000	260.771	4.252 5	−1	5.681 0	−4	323.72	2.911 7	−2	9.639 1
60 000	247.021	2.195 8	−1	3.096 8	−4	315.07	5.114 1	−2	9.624 1
65 000	233.292	1.092 9	−1	1.632 1	−4	306.19	9.261 7	−2	9.609 1
70 000	219.585	5.220 9	−2	8.282 9	−5	297.06	1.735 7	−1	9.594 2
*72 000	214.263	3.836 2	−2	6.237 4	−5				
75 000	208.399	2.388 1	−2	3.992 1	−5	289.40	3.446 5	−1	9.579 3
80 000	198.639	1.052 4	−2	1.845 8	−5	282.54	7.155 7	−1	9.564 4
85 000	188.893	4.456 8	−3	8.219 6	−5	275.52	1.538 6	0	9.549 6
85 500	187.920	4.080 2	−3	7.564 1	−6	274.81	1.664 5	0	9.548 1

注：*代表此高度为特异点，此高度后，气温变化率发生突变

4. 1943 年阻力定律 $c_{x0N}(Ma)$

表 A4 1943 年阻力定律 $c_{x0N}(Ma)$

Ma	0	1	2	3	4	5	6	7	8	9
0.7	0.157	0.157	0.157	0.157	0.157	0.157	0.158	0.158	0.159	0.159
0.8	0.159	0.160	0.161	0.162	0.164	0.166	0.168	0.170	0.174	0.178
0.9	0.184	0.192	0.204	0.219	0.234	0.252	0.270	0.287	0.302	0.314
1.0	0.325	0.334	0.343	0.351	0.357	0.362	0.366	0.370	0.373	0.376
1.1	0.378	0.379	0.381	0.382	0.382	0.383	0.384	0.384	0.385	0.385
1.2	0.384	0.384	0.384	0.383	0.383	0.382	0.382	0.381	0.381	0.380
1.3	0.379	0.379	0.378	0.377	0.376	0.375	0.374	0.373	0.372	0.371
1.4	0.370	0.370	0.369	0.368	0.367	0.366	0.365	0.365	0.364	0.363
1.5	0.362	0.361	0.359	0.358	0.357	0.356	0.355	0.354	0.353	0.353
1.6	0.352	0.350	0.349	0.348	0.347	0.346	0.345	0.344	0.343	0.343
1.7	0.342	0.341	0.340	0.339	0.338	0.337	0.336	0.335	0.334	0.333
1.8	0.333	0.332	0.331	0.330	0.329	0.328	0.327	0.326	0.325	0.324
1.9	0.323	0.322	0.322	0.321	0.320	0.320	0.319	0.318	0.318	0.317

(续)

Ma	0	1	2	3	4	5	6	7	8	9
2.0	0.317	0.316	0.315	0.314	0.314	0.313	0.313	0.312	0.311	0.310
2	0.317	0.308	0.303	0.298	0.293	0.288	0.284	0.280	0.276	0.273

注：当 $Ma<0.7$ 时，$c_{x0N}(Ma) = 0.157$

5. 西亚切阻力定律 $C_{x0N}(Ma)$

表 A5　西亚切阻力定律 $C_{x0N}(M)(Ma)$

Ma	0	1	2	3	4	5	6	7	8	9
0.7	0.259	0.261	0.262	0.263	0.265	0.267	0.268	0.271	0.275	0.280
0.8	0.284	0.289	0.294	0.301	0.310	0.320	0.333	0.350	0.362	0.378
0.9	0.393	0.410	0.425	0.441	0.456	0.472	0.488	0.504	0.519	0.534
1.0	0.546	0.557	0.567	0.577	0.587	0.597	0.608	0.616	0.624	0.631
1.1	0.639	0.646	0.653	0.659	0.664	0.668	0.673	0.677	0.682	0.686
1.2	0.690	0.694	0.698	0.701	0.704	0.707	0.709	0.712	0.714	0.717
1.3	0.719	0.720	0.722	0.723	0.725	0.726	0.727	0.728	0.729	0.730
1.4	0.731	0.732	0.733	0.733	0.734	0.735	0.736	0.736	0.737	0.737
1.5	0.737	0.737	0.737	0.737	0.736	0.736	0.736	0.736	0.735	0.735
1.6	0.735	0.734	0.733	0.733	0.732	0.732	0.731	0.73	0.729	0.729
1.7	0.728	0.727	0.726	0.725	0.725	0.724	0.723	0.722	0.721	0.720
1.8	0.719	0.718	0.717	0.716	0.715	0.714	0.713	0.712	0.711	0.710
1.9	0.709	0.707	0.706	0.705	0.703	0.702	0.701	0.700	0.699	0.698
2.0	0.697	0.695	0.694	0.692	0.691	0.689	0.688	0.687	0.685	0.684
2	0.697	0.683	0.668	0.655	0.640	0.627	0.613	0.597	0.588	0.574
3	0.561	0.548	0.538	0.525	0.514	0.503	0.493	0.483	0.474	0.465

注：当 $Ma<0.7$ 时，$c_{x0N}(Ma) = 0.259$

6. 均匀设计表

表 A6-1　$U_5(5^4)$

试验号 \ 列号	1	2	3	4
1	1	2	3	4
2	2	4	1	3
3	3	1	4	2
4	4	3	2	1
5	5	5	5	5

表 A6-2　$U_5(5^4)$ 使用表

因素数	列号			
2	1	2	3	
3	1	2	4	
4	1	2	3	4

表 A7-1 $U_7(7^6)$

列号 试验号	1	2	3	4	5	6
1	1	2	3	4	5	6
2	2	4	6	1	3	5
3	3	6	2	5	1	4
4	4	1	5	2	6	3
5	5	3	1	6	4	2
6	6	5	4	3	2	1
7	7	7	7	7	7	7

表 A7-2 $U_7(7^6)$ 使用表

因素数	列号					
2	1	3				
3	1	2	3			
4	1	9	3	6		
5	1	2	3	4	6	
6	1	2	3	4	5	6

表 A8-1 $U_9(9^6)$

列号 试验号	1	2	3	4	5	6
1	1	2	4	5	7	8
2	2	4	8	1	5	7
3	3	6	3	6	3	6
4	4	8	7	2	1	5
5	5	1	2	7	8	4
6	6	3	6	3	6	3
7	7	5	1	8	4	2
8	8	7	5	4	2	1
9	9	9	9	9	9	9

表 A8-2 $U_9(9^6)$ 使用表

因素数	列 号					
2	1	3				
3	1	3	5			
4	1	2	3	5		
5	1	2	3	4	5	
6	1	2	3	4	5	6

表 A9-1 $U_{11}(11^{10})$

列号 试验号	1	2	3	4	5	6	7	8	9	10
1	1	2	3	4	5	6	7	8	9	10
2	2	4	6	8	10	1	3	5	7	9
3	3	6	9	1	4	7	10	2	5	8
4	4	8	1	5	9	2	6	10	3	7
5	5	10	4	9	3	8	2	7	1	6
6	6	1	7	2	8	3	9	4	10	5
7	7	3	10	6	2	9	5	1	8	4
8	8	5	2	10	7	4	1	9	6	3

(续)

列号 试验号	1	2	3	4	5	6	7	8	9	10
9	9	7	5	3	1	10	8	6	4	2
10	10	9	8	7	6	5	4	3	2	1
11	11	11	11	11	11	11	11	11	11	11

表 A9-2 $U_{11}(11^{10})$ 使用表

因素数	列号									
2	1	7								
3	1	5	7							
4	1	2	5	7						
5	1	2	3	5	7					
6	1	2	3	5	7	10				
7	1	2	3	4	5	7	10			
8	1	2	3	4	5	6	7	10		
9	1	2	3	4	5	6	7	9	10	
10	1	2	3	4	5	6	7	8	9	10

表 A10-1 $U_{13}(13^{12})$

列号 试验号	1	2	3	4	5	6	7	8	9	10	11	12
1	1	2	3	4	5	6	7	8	9	10	11	12
2	2	4	6	8	10	12	1	3	5	7	9	11
3	3	6	9	12	2	5	8	11	1	4	7	10
4	4	8	12	3	7	11	2	6	10	1	5	9
5	5	10	2	7	12	4	9	1	6	11	3	8
6	6	12	5	11	4	10	3	9	2	8	1	7
7	7	1	8	2	9	3	10	4	11	5	12	6
8	8	3	11	6	1	9	4	12	7	2	10	5
9	9	5	1	10	6	2	11	7	3	12	8	4
10	10	7	4	1	11	8	5	2	12	9	6	3
11	11	9	7	5	3	1	12	10	8	6	4	2
12	12	11	10	9	8	7	6	5	4	3	2	1
13	13	13	13	13	13	13	13	13	13	13	13	13

表 A10-2　$U_{13}(13^{12})$ 使用表

因素数	列号											
1	1	5										
2	1	3	4									
3	1	6	8	10								
4	1	6	8	9	10							
5	1	2	6	8	9	10						
6	1	2	6	8	9	10	12					
7	1	2	6	7	8	9	10	12				
8	1	2	3	6	7	8	9	10	12			
9	1	2	3	5	6	7	8	9	10	12		
10	1	2	3	4	5	6	7	8	9	10	12	
11	1	2	3	4	5	6	7	8	9	10	11	12

表 A11-1　$U_{15}(15^8)$

试验号＼列号	1	2	3	4	5	6	7	8
1	1	2	4	7	8	11	13	14
2	2	4	8	14	1	7	11	13
3	3	6	12	6	9	3	9	12
4	4	8	1	13	2	14	7	11
5	5	10	5	5	10	10	5	10
6	6	12	9	12	3	6	3	9
7	7	14	13	4	11	2	1	8
8	8	1	2	11	4	13	14	7
9	9	3	6	3	12	9	12	6
10	10	5	10	10	5	5	10	5
11	11	7	14	2	13	1	8	4
12	12	9	3	9	6	12	6	3
13	13	11	1	1	14	8	4	2
14	14	13	11	8	7	4	2	1
15	15	15	15	15	15	15	15	15

表 A11-2　$U_{15}(15^8)$ 使用表

因素数	列号							
2	1	6						
3	1	3	4					
4	1	3	4	7				
5	1	2	3	4	7			
6	1	2	3	4	6	8		
7	1	2	3	4	6	7	8	
8	1	2	3	4	5	6	7	8

参考文献

[1] Torsten Soderstrom, Ptre Stoica. 系统辨识 [M]. 陈曦, 姜月萍, 方海涛, 译. 北京: 电子工业出版社, 2017.
[2] 刘金琨, 沈晓蓉, 赵龙. 系统辨识理论及MATLAB仿真 [M]. 北京: 电子工业出版社, 2013.
[3] 程正兴. 数据拟合 [M]. 西安: 西安交通大学出版社, 1986.
[4] 蔡金狮, 等. 飞行器系统辨识 [M]. 北京: 宇航出版社, 1995.
[5] 张铁茂, 丁建国. 试验设计与数据处理 [M]. 北京: 兵器工业出版社, 1990.
[6] 韩子鹏, 等. 弹箭外弹道学 [M]. 北京: 北京理工大学出版社, 2014.
[7] 刘世平, 等. 实验外弹道学 [M]. 北京: 北京理工大学出版社, 2016.
[8] 闫章更, 祁载康. 射表技术 [M]. 北京: 国防工业出版社, 2000.
[9] 刘世平. 弹丸速度测量与数据处理 [M]. 北京: 兵器工业出版社, 1994.
[10] 郭锡福. 火炮武器系统外弹道试验数据处理与分析 [M]. 北京: 国防工业出版社, 2013.
[11] 浦发. 外弹道学 [M]. 北京: 国防工业出版社, 1980.
[12] C H 墨菲. 对称发射体的自由飞运动 [M]. 韩子鹏, 译. 北京: 国防工业出版社, 1984.
[13] Ralph A Niemann. Yaw Sonde and Radar Data Redution to Obtain Aeaodynamic Coefficients [R]. AD787074, 1984.
[14] 郭锡福. 外弹道学简史 [M]. 北京: 兵器工业出版社, 1998.
[15] 郭锡福, 赵子华. 火控弹道模型理论及应用 [M]. 北京: 国防工业出版社, 1998.
[16] 曲延禄. 外弹道气象学概论 [M]. 北京: 气象出版社, 1987.
[17] North Atlantic Treaty Organisation. NATO Standardisation Agency (NSA) Standardisation Agreement (STANAG). Procedures to Determine the Fire Control Input for Use in Indirect Fire Control Systems. STANAG 4144 (Edition 2) [S] (北约组织STANAG 4144—2005 "间瞄射击火控系统使用的火控输入诸元的确定流程", 第2版).
[18] LYSTER D. Computer Programs to Determine Aerodynamic Drag from HAWK Doppler Rader Data [R]. SRC-R-123. 1984.
[19] Chapman G T, Kirk D B. A Method for Extracting Aerodynamic Coeffcients from Free Flight Test Data [J]. AIAA Journal, 1970, 8 (4).
[20] Qi Zaikang, Lyster D. Multi—Spline Technique for the Extraction of Drag Coefficients from Radar Data [J]. Journal of Beijing Institute of Technology, 1994, 3.
[21] Marie ALBISSER, Simona DOBRE, Claude BERNER. Identifiability investigation of the aerodynamic coefficients from free flight tests [C]. AIAA Atmospheric Flight Mechanics Conference, August 19-22, 2013, Boston, MA.

内容简介

本书以弹箭研制过程和火控及射表弹道计算模型应用为背景,在简要介绍基本辨识方法和外弹道模型的基础上,系统介绍弹箭飞行试验原理及测试内容组合和与之相关的空气动力辨识方法及试验数据处理技术。其主要内容包括弹箭平射试验的气动力系数及相关弹道参数的辨识方法、弹箭全弹道飞行试验的外测速度数据辨识阻力系数的方法、弹箭转速数据旋转力矩系数的方法、飞行试验轨迹坐标数据辨识弹箭升力等气动参数的方法、弹箭飞行姿态遥测数据的气动参数辨识方法、弹箭系统气动参数辨识计算流程设计。此外,还介绍了伴随弹箭发射及飞行的外弹道气象诸元测量数据处理方法等相关内容。

在内容安排上,从介绍弹箭气动辨识的数学方法、弹箭气动参数辨识采用的弹道模型、弹箭自由飞行数据获取的试验方法入手,注重于介绍从各种试验数据群提取弹箭气动参数的辨识方法。在弹箭气动参数辨识理论及计算方法上,力求观点客观,概念描述准确,内容系统、全面,并侧重于工程应用。

本书可供从事弹道、弹箭、火炮、引信研究、火控系统设计和质量检验和从事火控设计及射表编制的科技人员学习参考,也可作为外弹道、飞行力学、弹药、火炮、引信、制导等专业高年级本科生和研究生相关课程的参考书。

Taking the research procedure of projectiles and the application of calculation models of firing control system and firing tables as the background, based on briefly introducing fundamental identification approaches and exterior ballistic models, this book completely introduces the principles of projectiles flight test, combination of testing technology, and corresponding aerodynamics identification approaches and test data processing technology. The main content of this book includes identification methods of aerodynamic coefficients and corresponding ballistic parameters for direct firing test, drag coefficient identification method using measured velocity data for full trajectory flight test, roll damping moment coefficient identification method using spin rate data of projectiles, lift force coefficient identification method using measured trajectory in flight test, aerodynamic coefficients identification method using telemetering attitude data of projectiles, and the design of calculation procedure of identifying aerodynamic coefficients for projectile system. Besides, the measurement data processing of meteorological elements in the process of projectile launch and flight, and so on, is also illustrated.

In terms of content arrangement, this book starts with the mathematical methods of projectile aerodynamic identification, the trajectory models used in the identification procedure, and obtaining methods of free flight data for projectiles. This book focuses on introducing various approaches of extracting projectiles' aerodynamic coefficients from a variety of test data populations. From aerodynamic identification theory and computational methods perspective, this book strives to express ideas objectively, describe concepts accurately, and introduces systematically and comprehensively. This book features engineering application.

This book is organized in the style of a textbook for those professional technical personnel who contribute to ballistics, projectiles, artillery guns, fuze, firing control system design, quality testing, and firing table production; but also in a book of reference for senior undergraduate students and graduate students who major in exterior ballistics, flight mechanics, projectiles, artillery guns, fuze, and guidance.

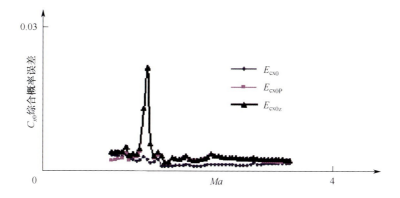

图 5.6 零升阻力系数的综合概率误差曲线

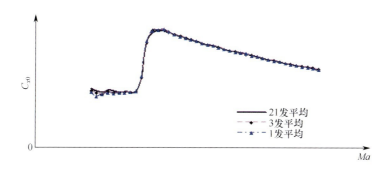

图 5.7 三种统计方法得出的零升阻力系数曲线

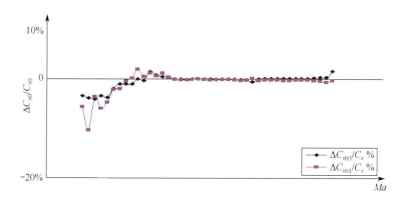

图 5.8 取 1 发和 3 发平均零升阻力系数与 21 发平均
零升阻力系数的偏差量数据曲线